国家出版基金项目
NATIONAL PUBLICATION FOUNDATION

# 长江饮食文化史

长江专门史丛书（第二辑）

姚伟钧 著

长江出版社
CHANGJIANG PRESS

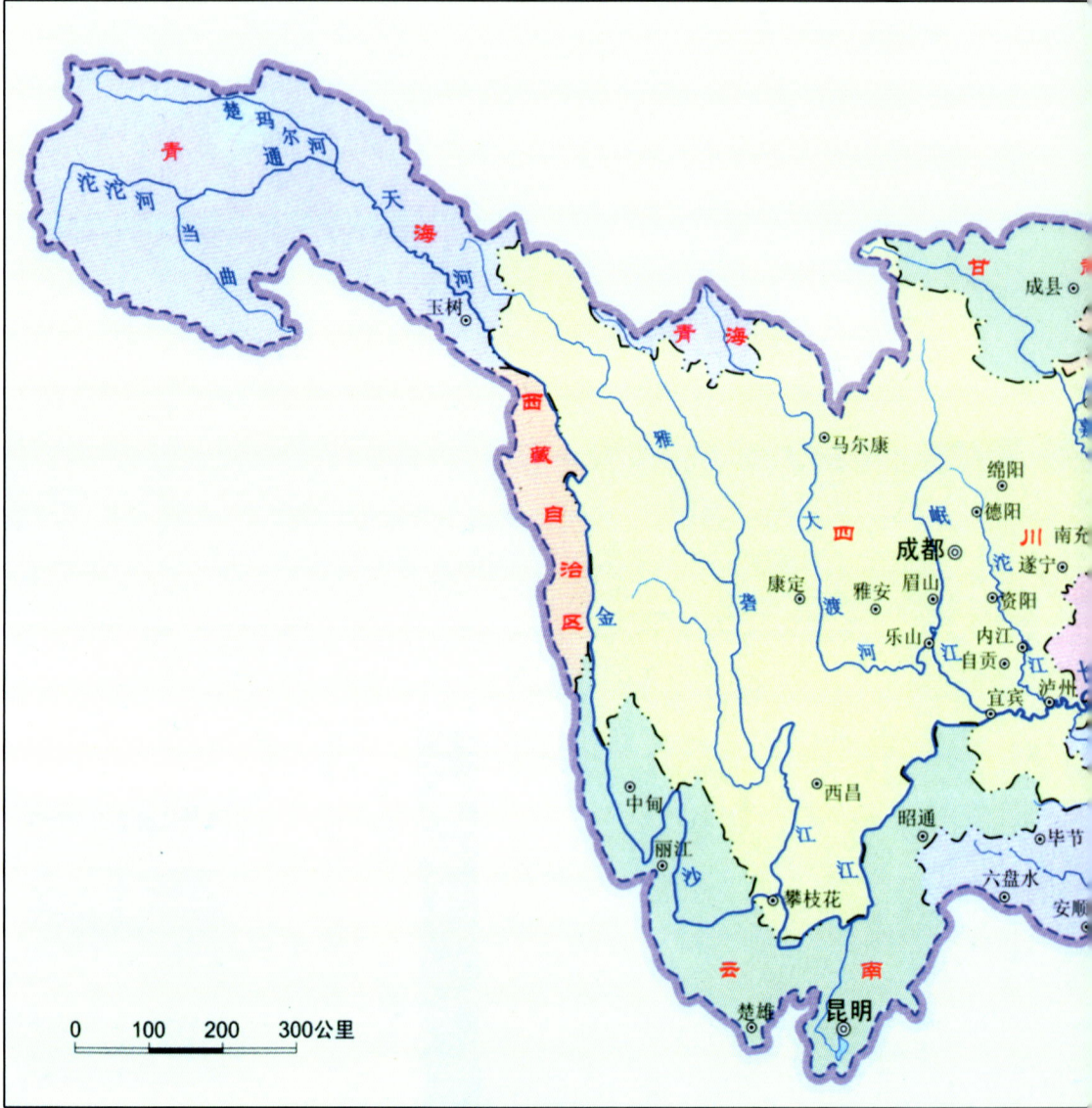

楚玛尔河

沱沱河

青

通

天

海

河

当曲

玉树

青海

西藏自治区

雅

马尔康

甘

成县

绵阳

德阳

南充

四

川

岷

成都

遂宁

大

金

渡

康定

雅安

眉山

资阳

沱

江

乐山

内江

河

自贡

江

泸州

宜宾

河

西昌

中甸

昭通

毕节

丽江

沙

六盘水

安顺

江

江

攀枝花

云

南

楚雄

昆明

0    100    200    300公里

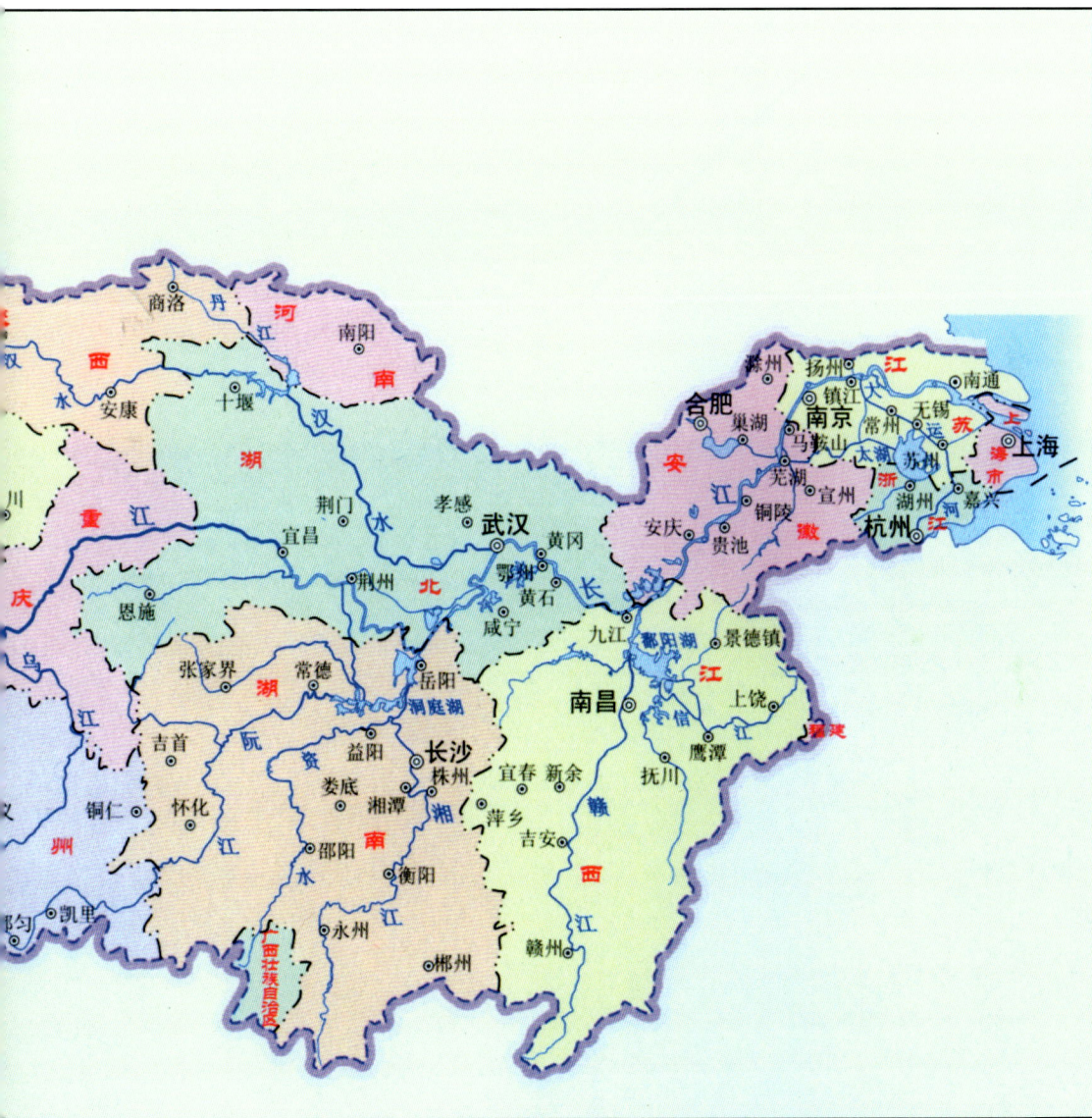

长江流域图

# 前　言

　　长江是世界第三、我国第一大河，发源于青藏高原的唐古拉山主峰各拉丹冬雪山西南侧，自西而东流经青海、四川、西藏、云南、重庆、湖北、湖南、江西、安徽、江苏、上海等11个省（自治区、直辖市）注入东海。支流展延至贵州、甘肃、陕西、河南、浙江、广西、广东、福建等8个省（自治区）。流域面积约180万km²，约占我国国土面积的18.8%。

　　长江是中华民族的母亲河，是中华民族发展的重要支撑。长江以其庞大的河湖水系，独特完整的自然生态系统，强大的涵养水源、繁育生物、释氧固碳、净化环境功能，维护了我国重要的生物基因宝库和生态安全；以其丰富的水土、森林、矿产、水能和航运资源，保障了国家的供水安全、粮食安全和能源安全；通过流域的治理与开发，养育了4.59亿人口，孕育了灿烂的长江文明，在经济社会发展中发挥了重要作用。

　　（一）重要的生态屏障

　　长江流域山水林田湖草浑然一体，是我国重要的生物基因宝库。地跨热带、亚热带和暖温带，地貌类型复杂，生态系统类型多样，川西河谷森林生态系统、南方亚热带常绿阔叶林森林生态系统、长江中下游湿地生态系统等是具有全球重大意义的生物多样性优先保护区域，其中长江中下游湿地是百余种、百万余只国际迁徙水鸟的中途停歇地和重要越冬地，也是世界湿地和生物多样性保护的热点地区；森林覆盖率达41.3%，河湖、水库、湿地面积约占全国的20%，物种资源丰富，珍稀濒危植物占全国总数的39.7%，淡水鱼类占全国总数的33%，不仅有中华鲟、江豚、扬子鳄、大熊猫和金丝猴等珍稀动物，还有银杉、水杉、珙桐等珍稀植物，是我国珍稀濒危野生动植物集中分布区域。

长江流域分布有众多的国家级生态环境敏感区，是我国重要的生态安全屏障区。目前已建立有国家级自然保护区93个，面积2399.3万hm$^2$，分别占全国的30.7%、26.3%；国家级水产种质资源保护区253个，占全国的51.0%；国家级森林公园255个，占全国的28.9%；国家级地质公园54个，占全国的29.3%；同时拥有世界文化和自然遗产地15处、国家级风景名胜区75处。

（二）重要的资源支撑

长江流域是我国水资源配置的战略水源地。长江流域水资源相对丰富，多年平均水资源量9959亿m$^3$，约占全国的36%，居全国各大江河之首，单位国土面积水资源量为59.5万m$^3$/km$^2$，约为全国平均值的2倍。每年长江供水量超过2000亿m$^3$，支撑流域经济社会供水安全。通过南水北调、引汉济渭、引江济淮、滇中引水等工程建设，惠泽流域外广大地区，保障供水安全。2017年长江流域净调出水量达92.14亿m$^3$。

长江流域是实施能源战略的主要基地。长江流域是我国水能资源最为富集的地区，水力资源理论蕴藏量达30.05万MW，年发电量2.67万亿kW·h，约占全国的40%；技术可开发装机容量28.1万MW，年发电量1.30万亿kW·h，分别占全国的47%和48%，是我国水电开发的主要基地。流域内风能、太阳能、生物能、地热能等十分丰富，是我国新能源发展的重点地区。

长江是联系我国东中西部的"黄金水道"。长江水系航运资源丰富，3600多条通航河流的总计通航里程超过7.1万km，占全国内河通航总里程的56%；通航能力大，2017年完成客运量1.84亿人次，占全国水路客运量的65.0%，完成货运量47.14亿t，占全国水路货运量的70.6%。

长江流域是我国重要的粮食生产基地。耕地面积为4.62亿亩，粮食产量1.63亿t，占全国粮食产量的32.5%。

长江流域矿产资源丰富。储量占全国比重50%以上的约有30种，其中钒、钛、汞、铷、铯、磷、芒硝、硅石等矿产储量占全国的80%以上，铜、钨、锑、铋、锰、铊等矿产储量占全国的50%以上，铁、铝、硫、金、银等矿产储量占全国的30%以上。

（三）重要的战略地位

长江流域横跨我国西南、华中和华东三大区，2017年流域总人口4.59

亿，占全国的33%，城镇化率达到49%。流域人口密度较高，约为全国平均人口密度的1.8倍。

长江流域形成了长江三角洲城市群、长江中游城市群、成渝城市群、江淮城市群、滇中城市群和黔中城市群，聚集地级以上城市50多个。2017年长江流域地区生产总值29.3万亿元，占全国的35.4%，是我国经济重心所在、活力所在，长江三角洲地区是我国经济最发达的区域之一。流域内已建立起比较完善的水运、铁路、公路、航空等综合交通运输体系，初步形成了综合立体交通走廊。

长江是长江经济带发展、长江三角洲一体化发展等国家战略的重要依托，是连接丝绸之路经济带和21世纪海上丝绸之路的纽带，集沿海、沿江、沿边、内陆开放于一体，具有东西双向开放的独特优势，在我国经济社会发展中具有重要地位。

# 长江饮食文化史

CHANGJIANG ZHUANMENSHI CONGSHU

运河人家

江西万年仙人洞遗址
出土的距今一万年左右的陶罐
*中国国家博物馆藏*

浙江余姚河姆渡遗址出土的陶猪
*中国国家博物馆藏*

河姆渡文化陶甑、陶釜、陶灶组合
*河姆渡遗址博物馆藏*

长江饮食文化史

TAOCI

TAO CI

陶瓷

新石器时代镂孔高圈足陶豆
*南京博物院藏*

新石器时代红陶盉
*荆州博物馆藏*

新石器时代彩陶圈足碗
*四川博物院藏*

商代灰陶甗
武汉市黄陂区盘龙城遗址出土
*武汉博物馆藏*

商代印纹陶单柄壶
上海马桥遗址出土
*上海博物馆藏*

元青花釉里红楼阁式
人物谷仓
江西省博物馆藏

东周云雷纹兽首提梁黑陶盉
江西鹰潭龙虎山崖墓出土
江西省博物馆藏

西汉彩绘陶鼎
武汉新洲博物馆藏

汉代绿釉印纹单眼陶灶
上海博物馆藏

西汉彩绘陶钫
武汉新洲博物馆藏

西晋青瓷长方果盘
南京博物院藏

西晋青瓷井
武汉博物馆藏

东晋青瓷鸡首壶
武汉江夏区博物馆藏

唐越窑青釉执壶
上海博物馆藏

**东汉献食陶俑、庖厨陶俑**

中国国家博物馆藏

**三国陶猪圈厕**

武汉市文物考古研究所藏

**隋灰陶女厨俑及灶具**

武汉博物馆藏

**明宣德青花缠枝莲纹菱花口盘**

武汉博物馆藏

**清乾隆景德镇窑冬青釉
暗花描金茶叶末座盖碗**

上海博物馆藏

**清宜兴窑陈鸣远制题句
紫砂四足方执壶**

上海博物馆藏

**近代宜兴窑黄泥扁豆花生等象生小品**

上海博物馆藏

商代丙父丁鼎
上海博物馆藏

商代凤纹方罍
武汉博物馆藏

商代大圆鼎
湖北省博物馆藏

长江饮食文化史

QINGTONGQI 青铜器

商代铜爵一组
湖北省博物馆藏

商代晚期兽面纹瓢
上海博物馆藏

西周早期凤纹卣
上海博物馆藏

西周中期师虎簋
上海博物馆藏

西周晚期晋侯鞘盨
上海博物馆藏

**西周晚期曾仲斿父方壶**
湖北省博物馆藏

**春秋早期山奢虎簠**
上海博物馆藏

**春秋晚期子季嬴青簠**
湖北省博物馆藏

**战国曾侯乙尊盘**
湖北省博物馆藏

战国曾侯乙墓鼎形器（附匕）
湖北省博物馆藏

战国铜镬鼎
湖北省博物馆藏

春秋"缰王之孙叔姜"铭文铜簠
十堰市博物馆藏

春秋蔡侯莲瓣盖铜方壶
安徽博物院藏

春秋晚期镶嵌狩猎纹豆
上海博物馆藏

春秋早期曾伯鬻壶
湖北省博物馆藏

商代铜鬲
盘龙城遗址博物院藏

西周"公大史"方鼎
武汉博物馆藏

商铜带錾瓠形器
盘龙城遗址博物院藏

商代铜提梁卣
盘龙城遗址博物院藏

商代铜爵、斝、瓠组合
盘龙城遗址博物院藏

**战国青铜鸟形尊**
重庆中国三峡博物馆藏

**战国方座铜簋**
湖北省博物馆藏

**战国提梁铜盉**
荆州博物馆藏

**明铜螃蟹**
上海博物馆藏

**唐铜筷子**
黄石市博物馆藏

**明锡筷**
武汉博物馆藏

战国漆木彩绘龙凤纹盖豆
湖北省博物馆藏

战国彩绘浮雕凤鸟莲花漆豆
荆州博物馆藏

西汉彩绘云凤纹漆樽
湖北省博物馆藏

战国漆木俎
湖北省博物馆藏

战国漆木酒具盒
湖北省博物馆藏

战国彩绘凤鸟双连杯
湖北省博物馆藏

秦彩漆牛马图扁壶
湖北省博物馆藏

战国漆木簋
湖北省博物馆藏

战国漆制饮食器组合
湖北省博物馆藏

战国彩绘凤鸟纹漆盘
荆州博物馆藏

战国彩绘浮雕龙凤纹漆豆
荆州博物馆藏

战国雕刻彩绘鸳鸯漆豆
荆州博物馆藏

西汉"君幸酒"云纹小漆卮
湖南博物院藏

西汉云纹漆鼎
湖南博物院藏

战国彩绘凤鸟纹方豆
老河口市博物馆藏

西汉彩绘变形凤鸟纹漆盂
湖北省博物馆藏

西汉彩绘三鱼纹漆耳杯
荆州博物馆藏

宋花瓣沿盖漆盂
荆州博物馆藏

南宋漆托盏
常州博物馆藏

民国时期木漆糌粑盒
四川博物院藏

**战国水晶杯**
杭州博物馆藏

**五代前蜀王建墓银钵**
四川博物院藏

**五代吴越国錾刻鎏金银高足杯**
杭州市临安区博物馆藏

长江饮食文化史 JINYINYUZAQI 金银玉杂器

**曾侯乙墓出土的金盏、金匕**
湖北省博物馆藏

**曾侯乙墓出土的战国早期双环耳金杯**
湖北省博物馆藏

**元瓜形银把盏**
上海博物馆藏

**明青玉螭纹盉**
武汉博物馆藏

**东周三侧面施钻圆窝纹骨筷**
湖北省博物馆藏

**唐云龙纹葵口玉盘**
上海博物馆藏

**五代十国竹筷子**
武汉博物馆藏

**清"乾隆"款双凤交颈玉执壶**
武汉博物馆藏

**明犀角雕山水人物纹杯**
南京博物院藏

**明兽面焦叶纹玉耳杯**
上海博物馆藏

**明"尤侃"犀角雕荷叶螳螂杯**
上海博物馆藏

**明兽面纹玉觥**
武汉博物馆藏

**明犀角雕兽面纹蟠螭杯**
上海博物馆藏

**清画珐琅人物纹方盘**
上海博物馆藏

**清犀角雕文人雅集杯**
上海博物馆藏

**清藏族刻花掐丝僧帽形铜酥油壶**
上海博物馆藏

**清画珐琅番莲纹菱形果盒**
上海博物馆藏

**清末锡茶叶瓶**
南京博物院藏

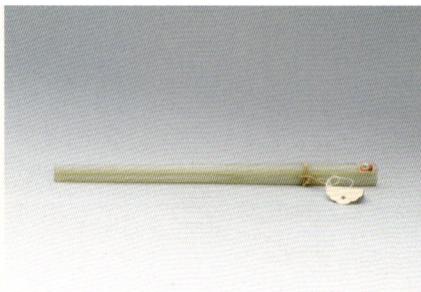

**清青玉筷子**
武汉博物馆藏

**染色象牙雕白菜草虫**
上海博物馆藏

屈家岭遗址出土的炭化稻粒
屈家岭遗址博物馆藏

江陵望山M1出土瓜子
湖北省博物馆藏

江陵望山M1出土梅核
湖北省博物馆藏

江陵望山M1出土香橙皮
湖北省博物馆藏

长江饮食文化史
GUGUOSHUYU
谷果蔬鱼

江陵望山M1出土樱桃或郁李核
湖北省博物馆藏

江陵望山M1出土芸豆
湖北省博物馆藏

江陵望山M1出土毛桃核
湖北省博物馆藏

江陵望山M2出土板栗
湖北省博物馆藏

江陵望山M2出土花椒
湖北省博物馆藏

江陵望山M2出土枣核
湖北省博物馆藏

西汉稻谷
荆州博物馆藏

汉代五谷粒
蕲春县博物馆藏

西汉稻谷
荆州博物馆藏

5000年前的古栽培稻
湖南博物院藏

江陵望山M2出土菱角
湖北省博物馆藏

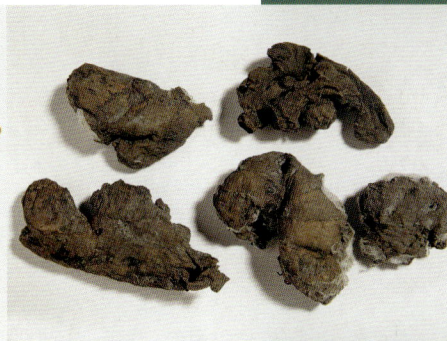

江陵望山M2出土生姜
湖北省博物馆藏

江陵望山M2出土桃核
湖北省博物馆藏

汉代小米、瓜子、枣子
南京博物院藏

荆州夏家台楚墓出土腌制鲤鱼
湖北省博物馆藏

东晋顾恺之《列女图》中饮食场面
故宫博物院藏

长江饮食文化史 YISHUPIN 艺术品

南宋刘松年《斗茶图》
台北故宫博物院藏

明代苏州唐寅《事茗图》
故宫博物院藏

碧山深处绝纤埃，面轩窗
对水闲敲鼓两个过茶事
好鼎汤初沸有明来
嘉靖辛卯山中茶事方盛
陆子传过访遂汲泉煮
而品之真一段佳话也
徵明制

明代文徵明《品茶图》
台北故宫博物院藏

元代夏永所绘的南宋临安大型酒楼丰乐楼
故宫博物院藏

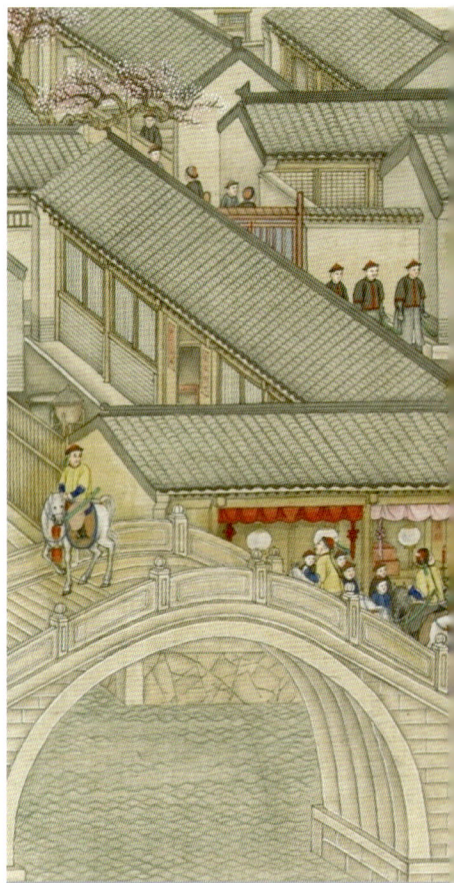

清代徐扬《姑苏繁华图》卷局部
辽宁省博物馆藏

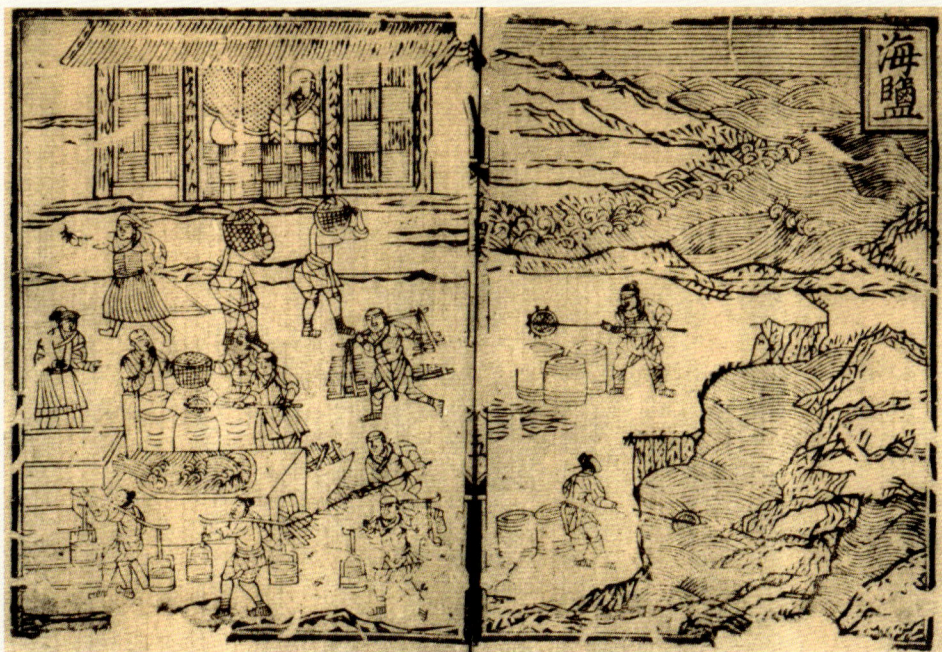

元代长江流域
海边海盐生产图
引自《中国美术全
集·版画编》

清代吴昌硕《酒坛蟠桃图》轴
上海博物馆藏

清冯宁《金陵图》
中南京街上饮食店
德基艺术博物馆藏

# 目 录

# 引　言

————————

　　长江是我国第一大河流，与黄河一起被誉为中华民族的"母亲河"，在中华文明的起源发展中发挥了极为重要的作用。千百年来，长江以水为纽带，连接上下游、左右岸、干支流，形成一个经济、社会、文化的综合系统。众多文人墨客游览、歌咏长江，面对川流不息、滔滔东去的大江，宛若目睹了悠悠千年的历史长河。

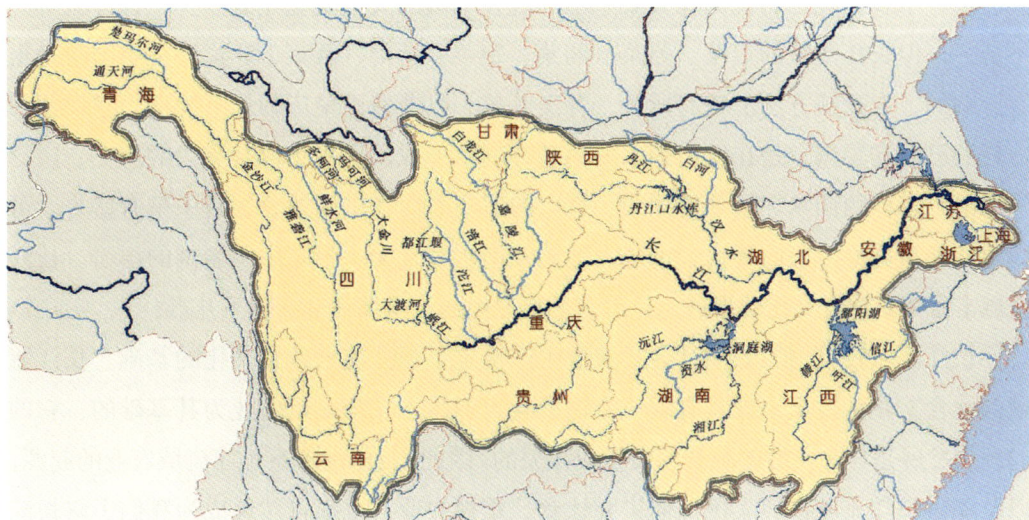

**长江流域图**

　　长江空间跨度长、流域面积广、遗产类别多、文化价值高。据统计，长江国家文化公园沿线 13 个省份拥有全国重点文物保护单位 2038 处，国家级非物质文化遗产代表性项目 841 项，国家一级博物馆 91 家。自古以来长江就是各民族、各地区交融互动的关键纽带，也是中外文明交流互鉴的重要平台。充分激活长江丰富的历史文化资源，系统阐发长江文化的精神与物质内涵，深度挖掘长江文化的时代价值，做大做强中华文明这一重要标识，对于延续历史文脉，向世人呈现绚烂多彩的长江文明，具有重大而深远的意义。

## 长江流域是中国名馔的摇篮

　　中华文化源远流长，在数千年的历史发展进程中，以多方面的成就闻名于世，其

中颇引世界瞩目和国人骄傲的乃是长江流域的饮食文化。长江流域的先民在生产生活中逐渐掌握了用火法，脱离了茹毛饮血的进食方式，完成了从生食到熟食的飞跃。随着陶器、青铜器、铁器的产生和动物油脂的运用，烹饪的内涵不断丰富，经历了千百年的技术升级和文化演变，从最初为了果腹，逐渐发展到在五味调和之中加入人的情感、期盼、记忆，成为长江流域各地区不同习俗的组成部分，进而成为相关社区、群体和个人认同感的文化标识。如今的大江南北一地一风味，各地都有自己的特色美食，都是正宗的中国味道。

从中国烹饪发展史上看，最早的地方菜只有两大派，即南方菜和北方菜。到清末民初，中国菜系才大致有了眉目。《清稗类钞·各省特色之肴馔》中云："肴馔之有特色者，为京师、山东、四川、广东、福建、江宁、苏州、镇江、扬州、淮安。"[1] 这里已包含了我们现在所说的几大菜系了。现在中国的大菜系究竟有多少，各方见解并不统一，但长江流域的川菜、苏菜、湘菜、楚菜、浙菜、徽菜、沪菜等在中国都是很有影响的，在烹饪方法上各有所长，各美其美。以消费面最广的川菜为例，它发源于古代的巴国和蜀国，是在巴山蜀水的地理环境下形成的。川菜以其悠久的历史、广泛的取材、多样的调味、繁多的样式、宽广的适应面而在中国饮食领域中享有盛誉。可以说从云贵高原、巴山蜀水、荆楚大地到江南水乡，无一不是中国名馔的摇篮。长江流域丰富多彩饮食文化的形成，是有其历史原因的，具体而言有以下几点：

长江流域较早进入农业社会，农业生产奠定了长江流域饮食文化的基础。长江流域的饮食文化从古至今虽具有万般发展变化，但是，它却是以农业为其基础的，它的起源和发展是与农业的起源和发展休戚相关的。因此，具体地考察长江流域农业的起源，以及探讨长江流域古代人民如何讲究饮食、重视农业，也很自然地成为我们了解长江流域饮食文化存在与发展的关键问题。

英国著名人类学家贝尔纳在《历史上的科学》中指出："约在八千年前，开始了食物生产革命，而这场革命是改变了人类生存的整个物质状况和社会状况的。这个革命虽不完全是，但主要是前章末尾所讲的打猎经济危机的结果。此时人们所必须面对的一些困难，导致人们尽力去寻觅新种类食物……这种追求导致了农业技术的发明，而农业技术的发明正是与火的使用和原动力的使用并称为人类历史中三个最重大的发明的。"[2] 长江中下游当时正是贝尔纳所说的这场"食物生产革命"的起源地。农业的发明，对长江流域饮食文化的形成有着巨大的作用与影响。众所周知，一定生态环境

---

[1] ［清］徐珂编撰：《清稗类钞·饮食类》，北京：中华书局，1984 年，第 6416 页。
[2] ［英］贝尔纳：《历史上的科学》，伍况甫等译，北京：科学出版社，1981 年，第 50 页。

下的农业创造和发展决定着人们生活方式的状况，物质文化的进步更是这样。人们怎样生活，首先和他们创造什么、生产什么有关。由于长江流域自然环境主要是土地与山水，因此流域内的先民们不仅创造了狩猎捕鱼、稻谷栽培和高度发达的饮食文化，也创造了村落、家族一类的社会组织，最终形成了重视农业、讲究饮食的生活传统。正因为农耕文化对人们生活方式有着巨大的影响，所以，恩格斯曾说："农业是整个古代世界的决定性的生产部门。"[①] 社会的物质财富绝大部分是由农业创造的。人们要生存，必须依靠农业生产。农业的进步，对于整个社会的兴衰、文化的发展，都有着决定性的意义。具体来说，这主要体现在以下几个方面：

第一，农业的发明改变了中国早期社会的经济面貌，丰富了人类的饮食，对早期人类历史的发展方向产生了深刻的影响。在原始采集渔猎经济时代，人们只能寻觅现成的天然食品，而后学会通过自己的劳动去培育它们，从而在由大自然的奴隶变成大自然的主人过程中，迈出了具有决定意义的一步，这就导致农业的开端。

有了农业，人类才能最终摆脱迁徙不定的生活，实现较长期的定居，结束"饥则求食，饱则弃余"的状态，并逐步有了一定数量的剩余产品，这正如贝尔纳《历史上的科学》指出的："不问起源如何，农业导致了人与自然间一种在本质上是新的关系。一旦人能从小块土地上获得食料，也像在广大地面上猎获或采集来的那么多，人就不再寄生于动物和植物。人在农业实践中，应用了对于生物界的生殖规律的知识，就控制了生物界，如此就可以大大地减少依靠外界条件，这是以前所做不到的。最早的农业也许不过是仅仅把松地面，或就是园艺性质的。……即使是在这样低下的水平，农业实践对于人类的物质文化和社会文化，曾起一种爆发性的影响。和在旧石器时代任何一次转变相比较，农业就标志着一个新进步等级，其所导致的是在质的方面有所不同的一种新社会，因为在同一块土地上可以养活的人，在量的方面已大大增加了。打猎事业非具相当继续性不可，但农业就靠季候。所以大多数从事农业者一年之内有部分时间可改做旁的工作。"[②] 这样，文化科学的进一步发展才有了可能。因为，只有当社会生产出丰富的食物，人们有了空余时间，才有可能从人群中分化出一部分从事非生产性活动的文化人，去进行科学、文学、艺术、哲学、饮食的创造，这就使文化生产从农业劳动中分离出来，成为一种专门的创造活动。

古代文化繁荣的地区，都是农业比较进步的地区。中国、古印度、古埃及、古巴比伦都是在得天独厚的大江大河流域的养育下，因农业较早得到发展，进而文化率

---

① ［德］恩格斯：《家族、私有制和国家的起源》，载中共中央马克思恩格斯列宁斯大林著作编译局编：《马克思恩格斯选集》第4卷，北京：人民出版社，1972年，第145页。

② ［英］贝尔纳：《历史的科学》，第51页。

先兴盛的国度。可见，农业不仅为人类提供生存的食物，而且也是文化发展的基础。正是从这个意义上说，长江流域，以及整个中国古代文明的大厦，就是在农业经济比较发达的基础上建筑起来的，没有农业作为经济基础，就没有高度成熟进步的饮食文化。

其次，农业的发展形成了南北不同的饮食格局。原始农业的发展，不仅改变了人类的饮食结构，奠定了我国几千年来以粮为主、以肉食蔬菜为副的饮食习惯，而且由于我国农业文化主要是北方的粟作农业和南方的稻作农业，因此，这就形成了南北饮食风格迥异的格局，并且这种格局早在汉代就已十分明显了。《史记》《汉书》等史籍对此均有记载，谓"楚越之地，地广人稀，饭稻羹鱼……"①，"民食鱼稻，以渔猎山伐为业"②。晋人张华《博物志》卷一也说："东南之人食水产，西北之人食陆畜。"③由此可知，长江流域的人民在古代是以饭稻羹鱼和山林果实为其饮食。而中原地区的情况则与此不同，由于这里历来就是"都国诸侯所聚会""建国各数百年岁"，因生齿日繁，以致"土地小狭，民人众"，非努力从事农业生产不足以维持人民的生存。同时，黄河流域缺乏江南地区的山林沼泽，不可能以"渔猎山伐为业"，这就决定了他们必须以谷物、六畜、蔬菜为主要饮食来源，这是一种以粮为主的农业经济的基本结构，也是人民生产和生活的全部内容。

其三，农业的发展促进了饮食烹饪学的发展。随着农业的发展，人们的饮食也随之不断丰富和完善，因而也就促进了饮食的发展。因为农业就是以食物生产为主要内容的。马克思说："因为食物的生产是直接生产者生存和一切生产的首要条件，所以在这种生产中使用的劳动，即经济学上最广义的农业劳动。"④按照马克思的说法，广义的农业就是指人类为谋取维持其生存所必需的食物而进行的生产活动，它包括取得食物的一切生产部门，即谷物种植业、园圃业、畜牧业、林业、渔业等。这些部门为长江流域的饮食提供了丰富的原料产品，所以，中国长江流域古代美食种类之多，令人炫目。

农业的发展不仅引起了饮食结构的变革，还导致了主食和副食的分工，而分工的结果，是真正"菜肴"的出现。菜肴又作肴馔，古作"肴烝"，始见于《国语·周语中》："亲戚宴飨，则有肴烝。"意即切肉烹调后装于食具之中，后引申为佐饭

---

① ［汉］司马迁：《史记》卷129《货殖列传》，北京：中华书局，1963年，第3270页。
② ［汉］班固：《汉书》卷28《地理志》，北京：中华书局，1964年，第1666页。
③ ［晋］张华：《博物志校证》，范宁校证，北京：中华书局，1980年，第12页。
④ 中共中央马克思恩格斯列宁斯大林著作编译局编：《马克思恩格斯全集》第25卷下册，北京：人民出版社，1974年，第715页。

食品。有了"菜肴"这个饮食概念，才算是有了中国烹调文化得以迅速发展的土壤，标志着"饮食之道始备"。

在中国古代社会里，农业水平、地理环境、物产气候、饮食风俗的地域差异，形成了不同的饮食文化类型。《黄帝内经》中的《素问·异法方宜论》云："东方之域，天地之所始生也。鱼盐之地，海滨傍水，其民食鱼而嗜咸，皆安其处，美其食。""西方者，金玉之域，沙石之处，天地之所收引也。其民陵居而多风，水土刚强，其民不衣而褐荐，其民华食而脂肥，故邪不能伤其形体。""北方者，天地所闭藏之域也，其地高陵居，风寒冰冽，其民乐野处而乳食。""南方者，天地之所长养，阳之所盛处也，其地下，水土弱，雾露之所聚也。其民嗜酸而食胕。""中央者，其地平以湿，天地所以生万物也众，其民食杂而不劳。"[①] 由此逐渐形成了各地菜肴的风味特色。我国古代多用"菜帮"来称谓地方风味菜，主要有鲁、川、粤、苏等。在主食上，黄河流域的居民以麦、粟为主；长江流域的居民以稻米为主。可见，各地的社会、自然以及农业发展情况不同，是构成不同饮食特色的物质基础。中国各地饮食风味之不同，都可以从自然条件和烹饪方法中找到内在的原因。

## 长江文化与长江流域饮食文化研究方兴未艾

长期以来，长江文化在中华文明史乃至世界文明史上的重要地位，并未得到学术界应有的重视。传统的中国历史文化著述对中国传统文化的认识似乎形成了一种定势，认为黄河是中华文明的唯一"摇篮"，即黄河中心论或中原中心论。20世纪80年代以来，长江流域越来越多的考古发现，引起众多学者对长江流域各地区文化形态研究的重视和参与，学界对巴、蜀、楚、吴、越文化及徽州、湖湘、岭南、海派等亚文化的研究得到了蓬勃的发展，发表了不少有影响的著述。长江流域饮食文化研究的力度进一步加大，形成了研究长江文化的热潮。

近年来，在以上这些区域文化研究的基础上，学界正在推动"长江学"的成立，以与现有的敦煌学、黄河学、长安学、洛阳学、徽学、藏学等领域和学科相媲。[②] 作为一项综合性的学问，长江文化研究在这方面已有相当丰富的积淀。1991年，由张正明先生首倡，《东南文化》杂志创办"长江文化研究"专栏。1995年，李学勤、徐吉军主编的《长江文化史》，由江西教育出版社出版；在此基础上，经过作者进一步修改完善，

---

① 《黄帝内经上·素问》卷4《异法方宜论》，姚春鹏译注，北京：中华书局，2010年，第115—116页。

② 详见张忠家：《创建"长江学"，为长江经济带高质量发展提供学术支撑》；路彩霞：《长江文化研究四十年概述》等文，载《中国社会科学报》2019年12月26日。

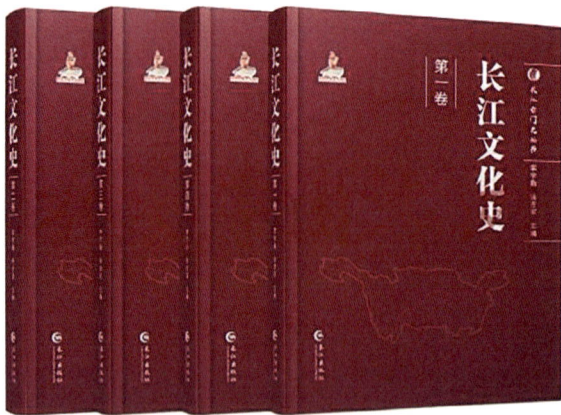

《长江文化史》书影

长江出版社于 2021 年出版了图文本《长江文化史》。

1995 年，湖北省召开首届长江文化暨楚文化国际学术讨论会，并出版《长江文化议论集》（湖北教育出版社 1995 年版）。其后，相关成果越来越丰富，目前已有好几套大型丛书问世，例如：由季羡林作为总主编，湖北教育出版社出版的"长江文化研究文库"丛书；由刘锡汉、李宗琦作为总主编，武汉出版社、中国言实出版社出版的"中华长江文化大系（一）"以及由黄强、唐冠军作为总主编，长江出版社出版的"中华长江文化大系（二）"丛书；由刘玉堂、王玉德作为总主编，长江出版社出版的"长江文明之旅"丛书；等等。其他论著更是不可胜数。仅就长江流域饮食文化研究而言，就有以下著作：

姚伟钧所著《长江流域的饮食文化》（湖北教育出版社 2004 年版），是我国第一部系统论述长江流域饮食文化的著作，也是一部将整体与局部饮食文化结合起来进行研究的开先河之作，为我们提供了一个全新的视角来理解和欣赏长江流域不同地区的饮食文化。该书从长江流域的地理环境与饮食文化谈起，分门别类地细致记述了长江流域的主食、肉食、蔬菜瓜果业、长江源头的饮食风尚、云南饮食文化、巴蜀饮食文化等内容，全书各部分内容详略安排得当，边叙边议，史论结合，是目前我国研究区域饮食文化的一部重要著作。

熊四智、杜莉的《举箸醉杯思吾蜀：巴蜀饮食文化纵横》（四川人民出版社 2001 年版）则将研究目光投射到巴蜀（四川）地区，分别从茶文化、酒文化、肴文化、馔文化、筵宴文化、饮馔人物等六大方面详细论述了巴蜀地区的饮食文化，是一部较早探讨巴蜀地区饮食文化著作。杜莉的《川菜文化概论》（四川大学出版社 2003 年版），更是一本全面、系统而又精练地介绍川菜烹饪文化与艺术、技术与科学的教材性著作。川菜之美风靡全球，但在很长一段时间里，并没有一部完整的川菜史论著，蓝勇的《中国川菜史》（四川文艺出版社 2019 年版）填补了这一空白，成为中国第一部川菜史著作，也是中国第一部菜系史著作。该书聚焦于四川盆地内的巴蜀先民创造饮食文化的历史过程，从石器时代与青铜时代的巴蜀饮食文化开始，一直写到 20 世纪中叶，以具体时间断面分别考证和研究巴蜀地区历史上各阶段相应的食材结构、烹饪方式、味型味道、成菜方式的发展变化。作者以严谨而科学的学术态度，系统梳理了川菜发展的历史脉络，展现了川菜文化的深厚底蕴和独特魅力。

姚伟钧、张志云的《楚国饮食与服饰研究》（湖北教育出版社2012年版）在充分展示春秋战国时期楚文化领异标新、瑰丽奇绝这一宏大背景下，以"饮食"和"服饰"两大最具代表性的文化事象为切入点，深入挖掘、整理和展示了春秋时期楚国的自然地理、社会生活、民风民俗，为我国古代民俗文化研究补充了丰富而重要的内容，也为新世纪的楚学研究注入了新鲜的血液。

裴安平、熊建华的《长江流域的稻作文化》（湖北教育出版社2004年版）则是以长江流域的代表性农作物——水稻为研究对象，以翔实的考古发掘资料和历史文献资料为基础，深刻揭示了稻作农业得以在长江流域盛行的原因，总结了长江流域稻作农业发展的规律和趋势及其对整个中华文明产生的重大影响。该书认为我国长江流域早在新石器时期就有先民在此活动，他们筚路蓝缕、披荆斩棘，创造出辉煌璀璨的文明，而稻作文化是其中的重要组成部分。

徐吉军在《南宋临安社会生活》（杭州出版社2011年版）一书中对南宋都城临安（今浙江杭州）的饮食作了深入、系统的考证、研究。该书利用丰富的历史文献，辅之以考古发掘，还原了一个真实南宋临安的饮食社会，有许多新的重要发现。

其他如李维冰、周爱东《扬州食话》（苏州大学出版社2001年版），杨文华《吃在四川》（四川科学技术出版社2004年版），张楠《云南吃怪图典》（云南人民出版社2004年版），承嗣荣、徐华根《澄江食林（江阴）》（上海三联书店2004年版），张观达《绍兴饮食文化》（中华书局2004年版），刘国初《湘菜盛宴》（岳麓书社2005年版），茅天尧《品味绍兴》（浙江科学技术出版社2005年版），朱锡彭、陈连生《宣南饮食文化》（华龄出版社2006年版），车辐《川菜杂谈》（生活·读书·新知三联书店2012年版）等都是这一领域较有影响的著作。

这方面有影响的著作还有马德清、杨阿洛《凉山彝族饮食文化》（四川民族出版社2000年版），王子华、汤亚平《彩云深处起炊烟——云南民族饮食》（云南教育出版社2000年版），杨胜能《西双版纳傣族美食趣谈》（云南大学出版社2001年版），刘芝凤《中国土家族民俗与稻作文化》（人民出版社2001年版），颜其香《中国少数民族饮食文化荟萃》（商务印书馆国际有限公司2001年版）、赵净修《纳西饮食文化谱》（云南民族出版社2002年版），徐南华、刘智斌《云南民族食品》（云南科学技术出版社2002年版），尹玲玲《明清长江中下游渔业经济研究》（齐鲁书社2004年版），方铁、冯敏《中国饮食文化史·西南地区卷》（中国轻工业出版社2013年版），谢定源《中国饮食文化史·长江中游地区卷》（中国轻工业出版社2013年版），季鸿崑等《中国饮食文化史·长江下游地区卷》（中国轻工业出版社2013年版）等，不一而足。

特别是 21 世纪以来，伴随科技的飞速进步和经济的高速发展，中国百姓的生活水平普遍提高，饮食生活也呈现出前所未有的活跃、丰富局面，追求"饮食文明"也就成了人们对饮食生活新的、更高的期许。正因如此，有关长江流域饮食文化的研究不仅方兴未艾，而且有更加蓬勃发展的态势，在延续传统研究范式的同时，视野进一步拓宽，力度不断加大，出现了一些新的研究视角和方法的论著，本书在其后的论述中将对这些最新的研究成果一一介绍。

## 长江流域饮食文化是中国重要的文化资源

长江流域在以往数千年的历史中对全人类的饮食文化有过影响，这种文化不仅从未中断，还在不断丰富和发展。在"和而不同"的思想引导下，长江流域饮食文化广泛地借鉴和摄取了域内外饮食文化的精华，不断给自身注入新的文化营养，从而给人们一种既传统又清新的感觉，成为长江流域重要的文化资源。习近平总书记在中共中央政治局就深化中华文明探源工程进行第三十九次集体学习时指出，"文物和文化遗产承载着中华民族的基因和血脉，是不可再生、不可替代的中华优秀文明资源"；在进一步推动长江经济带高质量发展座谈会上强调，"要保护好长江文物和文化遗产，深入研究长江文化内涵，推动优秀传统文化创造性转化、创新性发展"[1]。

从近几年中国文化的发展过程中，我们清楚地看到，无论是中国还是世界，饮食文化的发展在提升各地影响力、增强地方文化软实力方面起到了重要作用。所以现在世界各国都非常重视自己的饮食文化资源，都希望将自己的饮食文化申请成为世界非物质文化遗产。有些国家甚至把饮食文化认定为国家最重要的文化产业，例如日本，他们希望最大限度地利用饮食文化产业，提升自己的知名度和美誉度，以此开拓本国文化产业的发展空间，丰富其内涵和外延。

饮食是文化的载体，也是长江流域重要的文化资源。饮食文化是人们生活中可感可触的文化符号，具有其他文化形式所不具备的润物细无声般的感染力和强劲持久的传播力，并以鲜活的形式彰显着文化的软实力。

长江流域饮食文化源远流长、底蕴深厚、内涵广博，也是中国文化中最重要的元素，加深对这一文化资源的利用与开发，加强文化创意，繁荣中国饮食文化，使之成为中国文化发展的源头活水，有助于提高中国文化创意产业的竞争力和文化软实力。我们有理由相信，在当今对民族文化资源倍加珍视的时代，长江流域乃至整个中国的饮食文化，必将绽放出璀璨的光芒，展现出更加繁荣的景象。

---

[1] 张毅等：《保护好中华民族精神生生不息的根脉——习近平总书记关于加强历史文化遗产保护重要论述综述》，《人民日报》2022 年 3 月 20 日。

# 第一章　长江流域的生态环境与饮食文化

在自然环境中，河流是人类创造各种文化的天然摇篮，世界著名的古代文明，都与大江大河有着密切的关系。在幼发拉底河和底格里斯河两河流域，水资源的合理利用和管理，形成了先进的农业灌溉系统，促进了农业发展，同时也催生了辉煌的苏美尔文明。在古代埃及，尼罗河水的泛滥为农业发展提供了良好的条件，从而创造了灿烂的古埃及文明。

长江是亚洲第一大河流，中华民族的母亲河，干流自西向东横贯中国腹地，流径11个省、自治区和直辖市，全长6300余千米，流域面积达180万平方千米。因自然条件千差万别，农产品种类繁多，流域内各地的饮食文化也是千姿百态，不同地域、不同特色的饮食文化互相交流、互相融合，为长江流域饮食文化的发展奠定了坚实的基础。对长江流域饮食文化进行历史的、具体的考察与研究，从地域饮食文化的特殊性找出长江流域饮食文化的同一性与开放性，不仅对深入了解长江流域地域文化有重要意义，而且对建构与创新未来长江流域的饮食文化也有重要意义。

## 第一节　长江流域的生态环境

生态是指生物之间和生物与周围环境之间相互联系、相互作用的状态。当代环境概念泛指地理环境，是围绕人类的自然现象总体，可分为自然环境、经济环境和社会文化环境。生态与环境虽然相对独立，但两者又紧密联系、"水乳交融"、相互交织，因而出现了"生态环境"这个新概念。它是指生物及其生存繁衍的各种自然因素、条件的总和，是一个大系统，由生态系统和环境系统中的各个"元素"共同组成。

生态环境与地理环境既有区别又有联系。生态偏重于生物与其周边环境的相互关系，更多地体现出系统性、整体性、关联性，而地理环境更强调以人类生存发展为中心的外部因素，更多地体现为人类社会的生产和生活提供的广泛空间、充裕资源和必要条件。例如，过去有些西方学者认为地理环境决定社会发展的差别和文化的异同，认为人类的体质和心理状态的形成、人口和种族的分布、经济和文化的发展进程都受地理环境支配。这种地理环境决定论在20世纪就受到批判，但至今仍存在争议。中国

学术界对地理环境决定论一般持否定态度，但仍然高度重视地理环境对社会及其文化的影响，认为自然环境在某些阶段和某些局部地区还可能会发生巨大变化并影响社会及文化，但在一般情况下，它的发展变化和影响是缓慢的。人文地理环境的发展变化速度远比自然地理因素要快。每一个社会都处在特定的地理环境之中，每一种文化的发生发展都受到一定的自然条件的制约。地理环境为人类文化提供物质基础，人类只能在顺应自然生态规律的情况下创造着文化。因此，地理环境无时不在直接或间接地影响着文化的变化与发展。

欲了解长江流域的饮食文化，就不能不了解长江流域的生态环境。只有把长江流域的饮食文化放在特定的生态环境中考察，才能深刻准确地认识其发生发展的过程及特征。

## 一、长江流域的自然生态环境

生态环境的优劣，关系到人类生活环境的好坏，所以生态环境又包括自然生态环境与人文生态环境。自然生态环境主要指地形、地貌、气候、水文、植被等；人文生态环境主要指地域、民族、人口、经济等。

### （一）地形的多样性

中国地形多种多样，既有广袤的平原，也有纵横的山脉，还有蜿蜒的海岸线。中国大陆整体西高东低，呈三级阶梯状分布。这三级阶梯是由东、西两列山脉构成。西列山脉有昆仑山、祁连山、横断山等，由西南方向的青藏高原向东倾斜，构成第一级阶梯，海拔在 4000 米左右。东列山脉有大兴安岭、太行山、巫山、雪峰山等。东、西两列山脉之间有内蒙古高原、黄土高原、云贵高原，海拔多在 1000 米至 2000 米，构成第二级阶梯。东列山脉以东有东北平原、华北平原、长江中下游平原，海拔多在 500 米以下，构成第三级阶梯。第三级阶梯与海洋之间是大陆架和岛屿带，沿海分布着 5000 多个岛屿，有 18000 多千米的海岸线。在全国总面积中，山地占 33%，高原占 26%，盆地占 19%，平原占 12%，丘陵占 10%。

长江流域地形地貌总轮廓是西高东低，主要以高原山地和丘陵盆地为主，平原河流及湖泊水库所占的比例较少。长江流域自然条件差异很大，由江源至长江口跨越我国大陆地势的三级阶梯，形成流域内地貌的三大区域，即流域上游深切割高原地貌区、中上游中切割山地地貌区、中下游低山丘陵及平原区。[①] 长江流域的山地高原和丘陵约占 84.7%。其中高山高原主要分布于西部地区，中部地区以中等山脉为主，低山多见于

---

① 参见水利部长江水利委员会：《长江流域综合规划（2012—2030 年）》，武汉：水利部长江水利委员会，2012 年，第 11-12 页。

淮阳山地和江南丘陵区，丘陵主要分布于川中、湘西、湘东、赣西、赣东、皖南等地。平原占11.3%，主要以长江中下游平原为主。河流湖泊等水面占4%。

长江流域地形图

不同的地形，构成了不同的经济区域，孕育了不同的人文，铸就了文化的多元性。例如，中原文化受制于黄河，巴蜀、荆楚、吴越文化受制于长江，内蒙古文化受制于草原，青藏文化受制于高原，千姿百态的山水造就了林林总总的中国文化，这在饮食文化方面表现得尤为突出。

**（二）长江流域的气候特征及其变化**

在自然生态中，气候始终是一个较为活跃的因素，在以农业经济为主导的中国古代社会，气候变化对农业经济的影响尤其深刻，只要稍加注意就不难推断出中国现代农业仍不能完全摆脱靠天吃饭这个事实。就整体气候而言，中国的大部分领土处于北温带，地势高低悬殊，幅员辽阔，使得气候有以下三个特征：一是季风气候明显；二是大陆性气候强；三是气候类型多样。每到冬季，北风寒冷，而到夏季，南风和煦。气温分布的特点是北冷南暖，平原暖，高原冷，南北气温常常相差30℃以上。全国大部分地区四季分明，具有丰富的光热资源。大气降水量分布不均匀，受东亚季风影响，雨水常偏多或偏少，非旱即涝，灾害频繁。

5000年前的中国气候普遍比现在温暖湿润。黄河流域有大面积竹类，而现在的竹类大片生长基本上不超过长江流域，因而可以推测当时的黄河流域年平均气温比现在高3~5℃。有关研究成果表明，今天的年平均气温比当年大约低了1~2℃，相当于把等温线整体向南推了200多千米。这样，人们的生存条件无形中也发生了变化，住在寒冷地区的人也就会相应地向南移动，文化也会相应地发生变化。公元100—600年，也就是东汉魏晋南北朝时期，北方大旱，西北边陲的一些少数民族不断向内地迁徙，随之也就出现了魏晋南北朝时期的文化大交流。公元1050—1350年，宋辽金元时期，蒙古高原寒冷，迫使少数民族向西、向南发展。公元1600—1850年，明清之际，塞外酷寒，

灾害频仍，蒙古人不断骚扰中原，满族乘中原内乱而进关，间接导致了这一时期的满汉文化的交流与融合。

长江流域整体气候温暖湿润，降雨充沛，光照充足。年平均气温呈东高西低、南高北低的分布趋势，即中下游地区高于上游地区，江南高于江北，江源地区是全流域气温最低的地区。由于地形的差别，流域内形成四川盆地、云贵高原和金沙江谷地等封闭式的高低温中心区。

长江中下游大部分地区年平均气温为16~18℃。湘、赣南部至南岭以北地区达18℃以上，为全流域年平均气温最高的地区；长江三角洲和汉江中下游在16℃左右；汉江上游地区为14℃左右；四川盆地为闭合高温中心区，大部分地区为16~18℃；重庆至万县（今重庆万州区）地区达18℃以上；云贵高原地区西部高温中心达20℃左右，东部低温中心在12℃以下，冷暖差别极大；金沙江地区高温中心在巴塘附近，年平均气温达12℃，低温中心在理塘至稻城之间，平均气温仅4℃；江源地区气温极低，年平均气温在-4℃上下，呈北低南高分布。

中国的农业区在10世纪前后气候也有明显变化，由于这时气候转寒变干，加上战争和人为的破坏植被，水利失修，黄河流域的农业文明逐渐衰落。唐宋以后，经济重心南移，长江下游的农业在全国举足轻重。长江中游地区的农业在元明清时期有巨大进展，江汉平原成为粮仓之一。可见，复杂的气候影响着长江流域与黄河流域各地的物产和民俗，也导致长江流域的饮食文化与黄河流域的饮食文化出现较大差异。

### （三）长江流域的水文变迁与水系格局

水文指的是自然界中水的变化、运动等各种现象。人类生存离不开水，因而文化往往在近水之处发生和扩展。中国古代以农为本，水系是农业的生命线，水系的变迁必然关系到农耕型文化的变迁。

历史上，长江的河床平面摆动很小，但沿岸的湖泊有较大变化。江汉间的云梦泽在先秦本是大面积湖泊沼泽，秦汉时开始被沙洲分割成许多小湖，到唐宋时已淤积成平地；洞庭湖在唐宋时曾号称"八百里洞庭"，到清朝道光年间面积可能有6000平方千米，但其后萎缩，到20世纪90年代末，据水利部门测算，面积只有2579.2平方千米；长江的荆江段约400千米，一百多年来发生10余次冲决，最终形成新河道。

历史上的水系变迁和经常发生的水患，究其原因，与植被破坏有关。2000多年前，长江流域有大片的森林，秦汉以降不断被毁。如豫鄂川陕交界地区原有茂密的温带森林，明清时流民进山伐木，种植玉米、甘薯，将其变成了荒山秃岭。由于缺乏植被，每当雨季时，山洪倾泻，夹带泥石，导致河流淤积，频发水灾，民不聊生。

长江流域的水系格局，按水文地貌特点可以分为上游、中游、下游三段，从江源到宜昌为上游段，宜昌到湖口为中游段，湖口以下为下游段。长江干流各段又有不同的名称，分别为金沙江、川江、峡江、荆江、浔阳江、扬子江等。

长江水系发达，直接汇入长江的大小支流 7000 余条。其中在江源区汇入干流的较大支流有当曲、楚玛尔河等；在上游汇入干流的主要支流，左岸有岷江、沱江、嘉陵江，右岸有乌江；在中游汇入的，左岸有沮漳河、汉江，右岸有清江、洞庭湖水系和鄱阳湖水系；在下游汇入的，左岸有皖河、滁河、巢湖水系，右岸有青弋江、水阳江、太湖水系和黄浦江。

长江流域水系图

长江是我国的第一大河流，其流域是我国水资源最为丰富的区域之一，水资源总量居全国第一位。年平均水资源总量约 9958 亿立方米，约占全国水资源总量的 35%，可利用水能占全国的一半以上，是我国水电的主要来源。河湖水库湿地面积约占全国的 20%，淡水鱼产量约占全国总数的一半，耕地约 3.7 亿亩，占全国的 24.8%，粮食产量占全国的 36%。但水资源地区分布不均，年内年际变化较大，而且可能出现连续丰水或连续枯水年的情况，给水资源开发利用造成一定困难。由于天然来水过程与社会需水过程要求不一致，多数地区需要通过水利工程调蓄天然水资源以满足用水需要，因此了解流域水资源的时空分布状况，对水资源的合理利用以及农副产品开发有着重大的意义。

## 二、长江流域的人文生态环境

长江流域由于有丰富的自然资源，因此孕育出早熟而丰富的人文资源，形成独特而灿烂的长江文明和饮食文化。它在东亚和世界文明史上具有重要地位，并且具有可持续发展的有利条件。

众所周知，中国是世界四大文明古国之一，与古埃及、古巴比伦、古印度相比，中国的地域更加辽阔。古埃及文明发生在尼罗河流域，古巴比伦文明发生在两河流域，古印度文明发生在印度河流域和恒河流域。中华文明主要发生在长江流域和黄河流域，这两条大河都有众多的支流，构成了广阔的文化空间，这是其他文明古国所不能比拟的。

长江流域处在北半球中低纬度区域，总面积约180万平方千米，横跨中国三级阶梯，因而在长江流域的河与河之间、河与湖之间、山与水之间都容易形成不同文化区域。山川绵延，文化交融，其文化具有以下几个特点：

一、长江流域广袤的自然环境构成了大的文化土壤，因而产生了许多杰出的政治家、思想家、军事家、科学家、艺术家。

二、长江流域疆域广大，文化丰富多彩，不同区域的文化相互渗透和补充，生生不息，长期保存着旺盛的活力。

三、长江流域农业发达，物产丰富，为饮食文化奠定了深厚的基础。

"巫山人"左侧下颌骨化石

安徽繁昌人字洞旧石器文化遗址

长江流域是中国人口最密集的地区之一，也是东亚地区最早的人类栖息地。在长江上游发现的旧石器早期"巫山人""元谋人"，长江中下游出现的安徽繁昌人字洞旧石器文化遗址，时间可以早到距今200万年到170万年间，这是迄今东亚发现的最早的人类和文化遗存。此后的百万年间，长江流域一直有人类活动，在江苏南京汤山，安徽和县，湖北郧阳、大冶、长阳等地都发现了距今50万年到20万年的史前古人类化石。至于距今10万年到5万年左右的古人类及其文化遗存，更是遍布长江上中下游地区。这表明长江流域是我国乃至东亚地区现代人起源和早期发展的最重要地区之一。

从古至今，长江流域内人口总量总体保持增长，变化较大。10000年前，全球气候变暖，森林等植被线北移，人类进入新石器大发展阶段，包括长江流域在内的我国各地都出现了新石器人类活动地点。夏商周时期，我国的人口主要分布于黄河流域；秦汉时关中地区、内蒙古和河套地区、"三河"（河内、河东、河南）地区、华北平原地区人口稠密。在夏、商、西周时期，长江流域的人口数量增长不大。到春秋战国时期，长江流域的人口数量形成一个高峰，楚国和吴国人口数量都增加较快，所以可以称雄争霸，但与北方人口相比，还有较大的差距。据公元2年的人口资料，全国人口为5767万人，北方占75%，南方仅有25%，说明那时的长江流域人稀地广，所以司马迁在《史记·货殖列传》中说："楚越之地，地广人稀。"东汉、三国时期虽然人口有所增加，但南北人口比仍为1∶3。魏晋南北朝时，北方虽因战乱人口开始南迁，但仅有的户籍统计显示，公元380年全国户数为249万户，北方占54%，南方占46%。隋时，仅河北、河南、山东和陕西四省人口就占全国的64%以上。唐时，虽然长江流域和西南地区人口有所增加，但直到公元742年，全国人口为5098万，北方占59.7%，南方占40.3%。

在北宋以前，我国的人口空间分布格局一直是南轻北重，但随着自然环境的变化、南方的开发和人口的迁移，这样的人口分布格局逐渐改变。西晋时由于"八王之乱""永嘉之乱"以及西晋对少数民族实施的高压政策，社会陷入混战局面，黄河流域的人口纷纷南迁。唐中期爆发"安史之乱"后，又有大量人口从北方地区迁向南方。北宋末，由于"靖康之难"，北民再一次大规模南迁，从而改变了人口分布格局，逐步形成了南重北轻的人口分布格局。南方地区由于人口数量大增，既保障了劳动力，又从北方南迁移民那里学到了中原地区先进的文化、生产技术和经验，从而加速了社会经济的发展。宋代以后，长江流域的人口数量有较大增长，南北人口数量逐渐趋于平衡。宋、元时期，南方经济得到较快发展，在水陆交通沿线出现了许多新的商业城市，因而城市数量超过了北方。明、清时期，由于手工业和商业的发展以及海上丝绸之路的繁荣，出现了许多手工业中心、商业中心和外贸港口城市，全国70%的较大城市分布于自然条件优越、交通便利的南方地区，如苏州、杭州、景德镇、汉口、佛山、广州等。元、明、清各代虽建都于北京，但仍改变不了南重北轻的城镇分布格局与经济格局。清代长江流域人口增长很快，其人口分布如表1-1[①]：

表1-1 　　　　　　　　　　清代长江流域人口统计表

| 省别 | 人口数 | 总量序数 |
| --- | --- | --- |
| 江苏 | 39435000 | 1 |
| 安徽 | 36068000 | 2 |
| 四川 | 23565000 | 3 |
| 江西 | 22346000 | 4 |

---

① 杨华主编：《长江文明研究》，武汉：长江出版社，2020年，第65页。

| 省别 | 人口数 | 总量序数 |
|---|---|---|
| 湖北 | 19482000 | 5 |
| 湖南 | 18981000 | 6 |
| 云南 | 10299000 | 7 |
| 西藏 | 340000 | 8 |
| 青海 | 300000 | 9 |

民国时期，长江流域在中国现代化的过程中占据重要的位置，尤其是干流沿岸城市因为交通地理位置优越、经济较为发达，吸引了大量外来人口，形成了像上海、南京、武汉、芜湖之类的人口超过百万的大城市。移民为城市带来了必要的劳动力，也增加了长江中下游地区的人口数量，其人口分布如表1-2[①]：

表1-2　　　　　　　　　　民国时期长江流域人口统计表

| 省别 | 人口数 | 总量序数 |
|---|---|---|
| 四川 | 42679352 | 1 |
| 江苏 | 32791385 | 2 |
| 湖南 | 28847267 | 3 |
| 湖北 | 27025863 | 4 |
| 安徽 | 21600187 | 5 |
| 江西 | 18724133 | 6 |
| 云南 | 11767025 | 7 |
| 上海 | 1865832 | 8 |
| 西藏 | 1000000 | 9 |
| 青海 | 637965 | 10 |

1949年以来，长江流域的人口一直都处于增长状态，至今人口总量已经突破了5亿。近200年间，流域内人口总量变化见表1-3[②]：

表1-3　　　　　　　　　　长江流域人口变化表

| 年份 | 人口数量 |
|---|---|
| 1820年 | 170816000 |
| 1931年 | 189661020 |

① 杨华主编：《长江文明研究》，第66页。
② 杨华主编：《长江文明研究》，第70页。

| 年份 | 人口数量 |
|------|----------|
| 1992 年 | 453690000 |
| 1997 年 | 475300000 |
| 2002 年 | 490920000 |
| 2007 年 | 483160000 |
| 2012 年 | 497710000 |
| 2018 年 | 515730000 |

经过春秋战国时期的第一次民族大融合后，秦汉时期长江流域的民族就形成了一个比较稳定的共同体。除主体民族为汉族外，流域内"蛮""戎"也同时向前演进，衍化出许多族群，如氐羌族群、苗蛮族群、百越族群、百濮族群等，他们与汉族一同组成了"多元一体"的中华民族大家庭。现在长江流域主要民族有汉族、藏族、白族、土家族、苗族、侗族、瑶族、仡佬族、彝族、布依族、傈僳族、回族、羌族、纳西族等。

# 第二节　长江流域的农业与饮食

长江文明根植于农耕文化，如何让我国历史悠久的农耕文化在新时代展现其魅力和风采，是一个值得研究的问题。习近平总书记在 2013 年中央农村工作会议上指出："农耕文化是我国农业的宝贵财富，是中华文化的重要组成部分，不仅不能丢，而且要不断发扬光大。"长江流域的农耕文化与饮食文化是中华传统文化的"根茎"，印证着几千年来中华民族的兴衰，见证着中国的发展变迁，维系着中华民族共同的情感与生活。

## 一、长江流域的农业结构

农业是饮食文化的基础。长江流域在新石器时代早期就有了农业，并在其后的历史过程中逐渐形成了不同的农业区域。

考古与现代农业科学资料表明，世界不同地区的原始农业，之所以在粮食作物的品种选择与开始种植的时间上有异同先后之别，乃是与地理环境差异有着密不可分的关系。在古代中国，由于自然条件的差异和生产力水平低下，各地区的生产门类、饮食生活也就存在较大区别，从而形成了不同的饮食文化区域。如以黄河流域的中原地区为代表的旱地农业经济文化区，主要出产优良的小米；而长江中下游地区则以生产稻米闻名。可见，一个地区饮食文化类型的形成，是由该地区的地理环境、人民所从事的物质生产、所处的生产方式等多种因素共同决定的。[1]

根据考古发掘的材料来看，人类在陆地上开始活动的时候，出于生存本能都会选择最适于自己的优良自然环境。长江中下游地区气候温和、雨量充沛、河流密布、土壤肥沃，适于水稻生长，所以，早在一万年以前这里就产生了以稻作为特点的原始农业，并逐渐向四周延伸开去，因此栽培稻谷在长江流域有着悠久的历史。能够使人清楚地认识到这一点的是，距今10000至4000年间的长江流域新石器时代的众多遗址，如仙人洞文化遗址、玉蟾岩文化遗址、彭山头文化遗址、河姆渡文化遗址、罗家角文化遗址、马家浜文化遗址、崧泽文化遗址、良渚文化遗址和屈家岭文化遗址等，它们都以出土了大量稻谷而著称于世。

2024年1月30日，"中国社会科学院考古学论坛·2023年中国考古新发现"揭晓，湖北荆门市屈家岭新石器时代遗址入选。[2] 湖北荆门市屈家岭新石器时代遗址是以屈家岭为核心，包括殷家岭、钟家岭、冢子坝和杨湾等十余处地点为一体的新石器时代大型遗址，发现迄今规模最大的油子岭文化聚落以及多组因势而建、规模庞大的史前水利系统。新发现的水利系统见证了长江流域距今5100年的治水文明。经近3年的全面调查和系统发掘，"出土遗物、测年数据显示，熊家岭水坝早期坝的年代范围为距今5100年至4900年，是相当成熟完备的水利设施"。相关发现表明，屈家岭遗址复杂的水利系统，集抗旱与防洪、生活用水和农业灌溉等多种功能于一体，标志着史前先民的治水理念从最初被动地防水、御水，转变为主动地控水、用水，实现了从适应自然到改造自然的跨越。这一理念的转变不仅反映了史前先民对水资源管理的深入理解，也显示了他们在农业生产上的智慧和创造力。

此次屈家岭遗址新发现具有重要价值，大型水利系统是聚落人口、规模及社会复杂化程度发展到一定阶段的产物，而大型水

屈家岭水坝遗址（屈家岭管理区提供）

---

① 参见姚伟钧：《中国稻作农业起源新探——兼析稻在先秦居民饮食生活中的地位》，《南方文物》1997年第3期。

② 《"2023年中国考古新发现"揭晓 屈家岭遗址、辽上京遗址等六个项目入选》，人民网2024年1月30日电。

坝的修筑也会增强对自然灾害的调控能力，为稻作农业生产提供保障，对文明演进有重要意义。屈家岭遗址新发现的水利设施及高等级建筑、大型中心聚落，反映了长江中游不同于其他地区的文明路径，为考察史前水利社会的形成和发展、长江中游稻作农业文明的起源和演进提供了关键样本。

农业的诞生改变了长江流域文明的发展进程，让这里的先民在定居生活之余，发明了中国最早同时也是世界上最早的木结构建筑、木船、漆器等，尤其是令人惊叹的榫卯技术为后来中国的木结构建筑体系和家具工艺开启了技术先河。

西周至春秋中期，成都平原就以农业经济为主。战国时期修建的都江堰使成都平原没有旱涝之虞。汉代以降，虽然域外人口大批入蜀，却无人满缺粮之患。两千年来，成都平原一直是稳产高产的农业区，号称"天府之国"。

都江堰水利工程

秦汉魏晋南北朝时期，太湖流域和杭州湾地区人口增长，农业不断发展。唐代"安史之乱"后，这里成为全国的经济重心，两宋时更是跃居全国农业经济的首位，至今仍是中国粮食的主要产地。

自明清以来，长江流域这片鱼米之乡便以其丰饶的物产而著称，与此同时，许多域外食物品种也传入长江流域，农业与饮食文化的资源在此处汇聚，形成了一道独特的风景线。这些珍贵的资源构筑了长江流域人民文化认同的基石，以及农耕社会的价值与意义体系，使得我们能够在历史的长河中感受到长江流域农业文明的独特魅力。在某种程度上，若是没有长江流域这些丰富的农业与饮食文化资源，中华农业文明的故事将不完整。这些资源不仅承载着历史的记忆，更是连接中华儿女情感的纽带。

长江，这条奔腾不息的河流，成为增进中华民族认同的重要语境和场景。中华文明之所以能够延续不断，离不开长江几千年来源源不断的滋养和农业的贡献。在这里，我们见证了农耕文明的辉煌，也感受到了中华民族的顽强生命力和无尽创造力。

## 二、长江流域的文化生态与饮食样式

在一定历史和地域条件下形成的文化空间，以及人们在长期发展中逐步形成的生产生活方式、风俗习惯和艺术表现形式，共同构成了丰富多样和充满活力的文化生态。同时，它也始终受到自然条件与传统习惯的制约。就长江流域而言，其先民的文化生态环境，表现在生活方式上就有以下几个特点：

其一，在性格方面，长江流域先民勤劳务实。农耕民族在长期的生活和生产实践中养成了不畏辛苦、踏实肯干的品质。务农必须遵守天时，爱惜地利，付出汗水。俗语说："一分耕耘，一分收获。"只有大的付出，才有大的收获。务农容不下任何投机取巧的心理，因此农民极少有幻想，他们用自己的辛勤劳动换取生存的果实。

其二，在经济生活方面，长江流域先民由于被束缚在土地上，向来比较关注春种秋收，追求甘食美服的生活，容易满足，因而人们安土重迁、宗古尊师、孝亲敬祖、乐天安命，习惯厮守在小的环境中，顺应自然，也产生了与此相适应的风俗习惯。

其三，在日常生活方面，长江流域先民重视饮食。饮食是人最基本的生理需求，正如李贽在《焚书》中所说："穿衣吃饭，即是人伦物理。除却穿衣吃饭，无伦物矣。"[1]长江流域的先民重视饮食，而且在饮食之中又追求品位，注重饮食的艺术性、娱乐性和享受性。为了获得美味，他们在烹饪方法上不断创新，从而产生了许多著名的菜系，有川菜、湘菜、楚菜、淮扬菜、徽菜等等，这在相当程度上反映出中国烹饪文化的特色。

特定生态环境下的农业创造与发展，决定着人们的饮食样式，在物质生产较为发达的地区更是如此。人们饮食状况如何，首先和他们创造什么、生产什么有关。中华饮食文化的南北差异，深植于各自地理环境所塑造的经济生活这一沃土之中。我国古代长江流域各民族，由于地理环境多水，不仅创造了水田耕种、稻谷栽培的农业生产方式，而且还创造了与此相适应的、高度发达的饮食文化类型，最终形成了重视农业、讲究饮食的生活传统。所以说，长江凭借其得天独厚的区位优势，滋育了流域内饮食文化的形成与发展。

据中国古代文献，长江流域种植与食用水稻的历史十分悠久，如《周礼》中就认为荆州、扬州"其谷宜稻"[2]；《史记》叙述长江中下游地区的饮食生活状况为"楚越之地，地广人稀，饭稻羹鱼"；《汉书》中也认为"楚有江汉川泽山林之饶，江南地广，

---

① [明]李贽：《焚书》卷1《答邓石阳》，张建业译注，北京：中华书局，2018年，第20页。

② 《周礼注疏》卷33《职方氏》，《十三经注疏》整理委员会整理，北京：北京大学出版社，1999年，第872页。

或火耕水耨。民食鱼稻，以渔猎山伐为业"。可见，稻谷一直是长江流域人民的主食，水产品则是主要副食。

考古发掘资料也一再证明，先秦时期，长江流域人民的主粮是稻谷，黄河流域人民的主粮是黍、稷。中国饮食文化分成两大地域系统，早在公元前5000多年就已形成，并由此形成了南北迥异的饮食习俗和各自风格的饮食文化类型。

一般认为秦岭—淮河一线是我国南稻北麦的分界线，这种农业生产格局的形成与年降水量有关。该线大致与我国冬季0℃等温线和800毫米等降水量线重合，此线以北气候寒冷干燥，宜种小麦、黍、稷等旱地作物；此线以南气候温和湿润，宜种水稻等水田作物。

春秋战国以后，在长江流域，稻谷始终是人民的主食；而在黄河流域，黍、稷的主食地位逐渐被麦所取代，稻谷却被列为珍品。孔子就曾用"食夫稻，衣夫锦，于女安乎？"[1]来批评他的弟子宰予不守孝道及生活奢侈。可见，食稻与衣锦一样，是当时黄河流域民众生活水平较高的象征，但在长江流域却是寻常之事。并且稻谷作为南方人的主粮，其地位数千年未变。

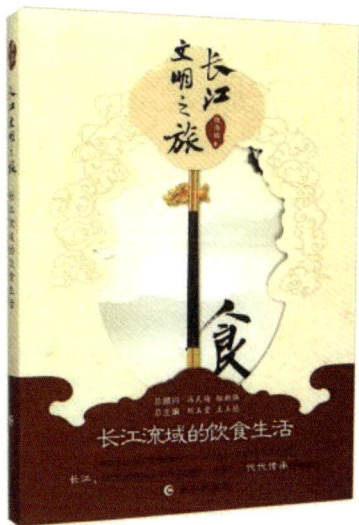

《长江流域的饮食生活》书影

---

[1]《论语注疏》卷17《阳货》，《十三经注疏》整理委员会整理，北京：北京大学出版社，1999年，第241页。

# 第二章　长江流域的主食

　　长江流域是世界上最早栽培作物的地区之一，自古以来，这里的先民就驯化选育了品种繁多的谷类作物，为中国农业的发展作出了不可磨灭的贡献。早在先秦时期，长江中下游地区的人民就将稻谷作为其主食品种之一。考察稻作农业的起源和发展，是厘清长江流域先民物质生活状况的一个重要方面。然而，在古代文献中对长江流域稻作农业起源的记载，十分简略，以至于汉唐时的经学家们对先秦时的五谷中是否有稻这一品种，还持怀疑态度。因此，本章节拟就长江流域稻作农业起源、明清以后外来作物的传入及其在长江流域人民饮食生活中的地位等问题，作一探讨，以此窥见长江流域人民饮食生活中主食系统形成的过程。

## 第一节　稻与五谷

　　《左传·襄公十四年》曰："我诸戎饮食衣服不与华同。"[①]这说明华夏族在饮食上是有别于其他民族的，而这种区别在于华夏民族人民是以谷类作为主食的。

### 一、"五谷"与"百谷"

　　根据考古发掘和文献记载，先秦人民的主食是五谷。最早见于文献中的"五谷"之说是《论语·微子》里的一则故事：有一次，孔子带着弟子出门，子路掉队落在后面，碰到一个用拐杖挑着除草用的工具的老头，子路便上前问他看见孔子没有，这位老人却讥讽子路为"四体不勤，五谷不分"的人。[②]这说明至少在春秋时已有"五谷"的说法。其后《孟子·告子篇》也有："五谷者，种之美者也。"[③]

　　在"五谷"说出现以前，还有"百谷"之说。《诗经》中《豳风·七月》有"其始播百谷"；《小雅·大田》和《周颂·噫嘻》都有"播厥百谷"；《小雅·信南山》

---

　　①《春秋左传正义·襄公十四年》，《十三经注疏》整理委员会整理，北京：北京大学出版社，1999年，第918页。

　　②《论语注疏》卷18《微子篇》，第251页。

　　③《孟子注疏》卷11《告子篇上》，《十三经注疏》整理委员会整理，北京：北京大学出版社，1999年，第317页。

有"生我百谷"。① 从百谷到五谷，是不是粮食作物的种类减少了呢？不是的。据晋代杨泉《物理论》中的解释，百谷除谷物之外，还有蔬菜、果品等多种农作物。另外，先秦时的人们习惯把一种作物的几个不同品种分别起一个专名，这样列举起来就多了。

五谷杂粮

而且这里的百谷也并非实指，而言其多。张舜徽先生指出："古人举数以名谷，时愈早则所赅愈广。良以太古始事耕稼，未知谷类孰为美恶，故必广种遍播以验其高下。经历多时，别择乃精，所留之种，由多而少，自百谷而九谷，而六谷，最后定为五谷。"② 这说明从百谷到五谷这些数字的递减，不是偶然的，它是我国先民经过长期试种后，把那些对人类最有益的谷物品种保留下来，而将那些质次的品种逐渐淘汰的结果。所以，"五谷"这一名词的出现，标志着人们对谷类作物品种的优劣已经有了比较清楚的认识，同时也反映了当时的主要粮食作物有五种之多。

## 二、何为"五谷"

五谷究竟是指哪五种谷物，先秦的文献一般都没有确切的解释，倒是后世的经学家对此作了不同的解释。东汉的郑玄在《周礼·天官·疾医》的注中认为五谷为"麻、黍、稷、麦、豆"，持这种看法的还有卢辩、杨倞、颜师古等人。③ 然而郑玄在《周礼·夏官·职方氏》的注中又认为五谷为"黍、稷、麦、菽、稻"，持这种看法的还有赵岐和高诱等人。④ 这两种不同意见，分歧在于稻与麻。但是，在中国古代社会中稻的产量终究较其他作物都要丰富而广泛，所以持后一种看法即五谷中包含"稻"是有其道理的。形成以上这种分歧的原因，早在明代宋应星《天工开物》中就有指出：五谷中不举稻，是古书作者多半起自西北，生活在长江流域较少的缘故。

---

① 《毛诗正义》，《十三经注疏》整理委员会整理，北京：北京大学出版社，1999 年，分见第 505、847、1318、827 页。

② 张舜徽：《说文解字约注》"谷"字注，武汉：华中师范大学出版社，2009 年，第 1725 页。

③ 《大戴礼记·曾子天圆》："成五谷之名。"卢辩注："五谷者，谓黍、稷、麻、麦、菽也。"《荀子·儒效篇》："序五种，君子不如农人。"杨倞注："五种，黍、稷、豆、麦、麻。"《汉书·食货志上》："种谷必杂五种。"颜师古注："种即五谷，谓黍、稷、麻、麦、豆也。"

④ 《孟子·滕文公上》："后稷教民稼穑，树艺五谷。"赵岐注："五谷谓稻、黍、稷、麦、菽也。"《淮南子·修务训》："神农乃始教民播种五谷。"高诱注："菽、麦、黍、稷、稻也。"

农业生产具有鲜明的地域性。我们知道，先秦两汉时我国经济文化中心在北方，而稻的种植主要在南方，所以后世经学家们在解释五谷时，很容易就忽视了稻。加上他们在解释前代事物时，多少有些猜测成分，例如郑玄在解释五谷时，就持有两种说法。因此，我们不应拘泥于一家之言，而应该把五谷看成古代中国主要粮食作物的泛称。用之于一个地区，即指这个地区的主要粮食作物；用之于全国，则指全国范围内的主要粮食作物。把以上两种说法综合起来，并考之甲骨文和出土遗物，我们认为古代中国的谷物品种以黍、稷、稻、麦、菽这五种为主，而长江流域又以稻谷最为重要。

# 第二节　稻作农业的起源

考古材料亦证明，长江流域是世界上发明农业最早的地区之一，早在距今 10000 年左右的新石器时代初期，这里就有了原始的农业。而且，长江流域先民们早在距今 8000 年左右便逐渐脱离以狩猎和采集经济为主要生活方式的阶段，进入到以种植和养殖为基本方式的农业社会。

## 一、仙人洞与玉蟾岩最早的稻谷遗迹

长江中下游地区气候温暖湿润，是发展水稻种植的理想之地，所以，早在 10000 多年前，这里就产生了以稻作为特点的原始农业。武汉大学长江文明考古研究院院长刘礼堂教授认为："长江流域是稻作农业的重要起源地，距今 15000 年左右，长江地区的先民在采集野生稻的同时，也开始有意识地少量栽培水稻，被认定初步掌握了驯化野生稻技术。野生稻被驯化后，又经过几千年的发展，才逐渐形成了稻作农业。考古研究表明，距今 10000 年左右，长江中游的居民率先在江西和湖南境内开始了驯化稻的成规模栽培。稻作农业的发展奠定了长江流域新石器时代发展的经济基础。距今 8000 年左右，成熟农业出现，稻田规模巨大，农田管理经验日益丰富。长江流域的水稻种植发达有多方面因素。长江流域及其支流、湖泊、丘陵、山地，构成了非常复杂的地理环境，沿江的大小河谷、丘陵或小山下的平原、河流冲积的滩涂、湖泊淤积的洲地，都是农业作物赖以生长的良好土地，加之长江流域湿润温暖的气候因素等，都为稻作农业的发展奠定了良好的物质条件。"[1]

按照年代排列，20 世纪 90 年代考古工作者在江西万年仙人洞遗址和湖南道县玉蟾岩遗址发现了迄今最早的稻谷遗迹。1995 年 9 月中旬至 11 月中旬，由北京大学考古学

---

[1] 明海英：《武汉大学长江文明考古研究院院长刘礼堂：长江流域是稻作农业的重要起源地》，中国社会科学网社科专访，2021 年 5 月 28 日。

系、江西省文物考古研究所和美国安德沃考古基金会组成联合考古队，对江西万年仙人洞和吊桶环遗址进行了发掘。在这些考古学者当中，有一位年过八旬的美国老人——马尼士博士。马尼士博士是享誉世界的考古专家，曾任美国总统科学顾问、美国科学院院士。他一生近 60 年时间都用在考古工作上。他曾在墨西哥进行农业考古发掘，发现了玉米进化过程中一系列标本，将人类栽培玉米的历史推到 10000 年前，这项成果受到墨西哥政府的嘉奖。20 世纪 90 年代中期，他又把稻谷寻根的目标定在中国。他与北京大学考古系学者来到江西万年县大源镇仙人洞遗址做考古发掘，经过艰辛的努力，终于获得了令人振奋的结果：在距今 12000 年左右的人类文化层中发现了野生稻和栽培稻并存的水稻植硅石标本，其中栽培稻还保留着野生稻、籼稻和粳稻的综合特征，这应是人类最早干预的栽培稻。这些珍贵的标本，证明人类在 10000 年前已开始种植水稻，原始稻作农业已经形成。在仙人洞文化堆积层中还出土了点播谷物的重石器、收割谷穗用的蚌镰、加工研磨谷物的石磨盘和石磨棒，这些农具都是稻作农业的佐证。《中国文物报》1996 年 1 月 28 日在头版头条显著位置以《江西仙人洞和吊桶环发掘获重要进展》为题进行了报道，标题下的导语为："发现从旧石器时代末期至新石器时代过渡的地层及中国已知最早的陶片遗存之一，对探讨华南旧石器时代末期至新石器时代早期的考古学编年和稻作农业起源等有重大价值。"报道说："两处遗址的上层大约距今 1.4 万—0.9 万年，无疑属于新石器时代早期；下层距今约 2 万—1.5 万年，结合出土遗物观察，应属旧石器时代末期或中石器时代。这是在中国发现的从旧石器时代过渡得最清晰的地层关系的证据，在学术上具有重要意义。尤其是孢粉分析表明，上层文化堆积中禾本科植物陡然增加，花粉粒度较大，接近于水稻花粉的粒；植硅石分析也证实上层有类似水稻的扇形体，从而为探索稻作农业的起源提供了重要线索。"[①]

继江西万年仙人洞和吊桶环遗址发现水稻植硅石报道之后，《中国文物报》紧接着又在 1996 年 3 月 3 日头版头条显著位置以《玉蟾岩获水稻起源重要新物证》为题，对湖南道县玉蟾岩遗址发现的稻作遗迹进行了报道，文章说："去年（1995 年）11 月，湖南省文物考古研究所在道县玉蟾

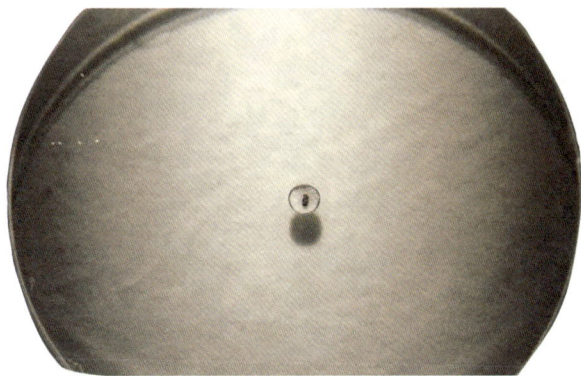

出土于浙江上山遗址距今约 10000 年的炭化稻米

---

① 刘诗中：《江西仙人洞和吊桶环发掘获重要进展》，《中国文物报》1996 年 1 月 28 日第 1 版。

岩洞穴遗址发掘中再次发现水稻谷壳，进一步验证 1993 年该遗址出土的水稻谷壳，使水稻实物的发现提前到 10000 年前。……稻壳出土时，颜色呈灰黄色，共有两枚，其中一枚形状完整。此外，还筛出一枚 1/4 稻壳残片。在层位上它们晚于 1993 年该遗址出土的稻壳。1993 年发掘的三个层位均有稻属的硅质体，进一步证明玉蟾岩存在水稻的事实。"[1]

截至目前，考古发现的距今 10000 年左右的长江流域水稻遗址共有五处，分别为玉蟾岩遗址、仙人洞遗址、吊桶环遗址、上山遗址以及荷花山遗址，依次位于长江中游地区和长江下游地区。其中玉蟾岩遗址出土的数粒古稻谷被认为是迄今为止发现的最早的古栽培稻。仙人洞、吊桶环遗址尚未发现炭化稻谷、稻米等实物遗存，但在新石器早期文化层中发现有水稻植硅体或孢粉。这些遗址将我国原始农业文明上溯到距今 10000 年前，同时也表明我国长江中下游地区在更新世晚期至全新世早期可能有野生稻分布。

## 二、彭头山、八十垱与河姆渡所见稻谷

前面列举的两则考古发掘，均为稻谷的植硅石和硅质体。作为稻谷的实物，则以湖南澧县的彭头山和八十垱的遗址为最早。

1988 年秋湖南省考古研究所在澧县大坪乡彭头山遗址中发现了这一稻谷遗址，距今约 8200—7800 年。遗址中一些红烧土块里包含许多稻谷壳，一些陶器也是掺稻壳碎屑而烧成的，成为别具一格的夹炭陶器。初步观察那些稻谷壳，颗粒较大，形状也很接近于现代栽培稻。彭头山稻谷遗存不仅是中国也是世界上已知最早的稻作农业资料。虽然目前尚无能力确定其是否属于栽培稻，但从遗址出土的土块和陶器中夹有的大量稻谷壳现象，以及在 7000 年以前长江下游的河姆渡下层文化已有较发达的稻作农业等情况分析，可以将彭头山稻谷遗存作为中国 8000 年以前已存在稻作农业的标志。

湖南澧县八十垱遗址出土的稻谷遗存（湖南博物院藏）

1993—1997 年，湖南省考古研究所又在澧县八十垱遗址（属彭头山文化）中发掘出大量

---

[1] 袁家荣：《玉蟾岩获水稻起源重要新物证》，《中国文物报》1996 年 3 月 3 日第 1 版。

距今 8000 年前的稻谷。据发掘者报告：八十垱遗址在发掘过程中，已收集稻谷稻米近 1.5 万粒。它们不仅是世界上已发现的稻谷稻米中最早的之一，而且数量惊人，超过了国内各地收集数量的总和。更喜人的是，其保存状况非常好，有的出土时甚至新鲜如初，有的还可以看见近 1 厘米长的芒。据中国农业大学水稻专家初步观察研究，这些稻谷之间个体变异幅度大，群体面貌十分复杂，粒型长宽比在最大的与最小的之间有些差距近 3 倍。还有些稻粒外形虽接近现代的籼稻或接近现代的粳稻，但颖壳硅酸体形态却完全相反。为了准确地反映和表达这里的古稻，既区别于现代的籼稻，又区别于现代的粳稻的群体特征和面貌，专家认为应将它们定名为"八十垱古稻"[①]。

长江中游彭头山、八十垱文化决定这个区域社会发展的经济基础是稻作农业，稳定的稻作农业可以养活更多的人，由此促进了人口的增长，彭头山、八十垱文化的村落也因此分化，澧阳平原上出现了更多的村落，并沿着长江，向长江中下游地区发展。

在前一章中提到的浙江省余姚市河姆渡村新石器时代遗址第四文化层中的稻谷，经浙江农业大学鉴定，属于栽培的籼稻。而且同一层还出土了为数甚多的骨耜，它们制作精致，当系开辟稻田的工具，这也证实我国在 7000 多年以前，长江中下游就已经开始一定水平的"耜耕农业"了。同时还发现了稻穗纹陶盆，上面刻有一株稻穗，直立向上，另外两束沉甸甸的谷粒分向两边下垂。稻子进入河姆渡人们的艺术生活领域，可以想见他们对于稻谷的栽培早已超过了初步认识的阶段。同时根据遗址附近耕土层下存在着泥炭层，以及这一文化层中发现水生草本植物孢粉等情

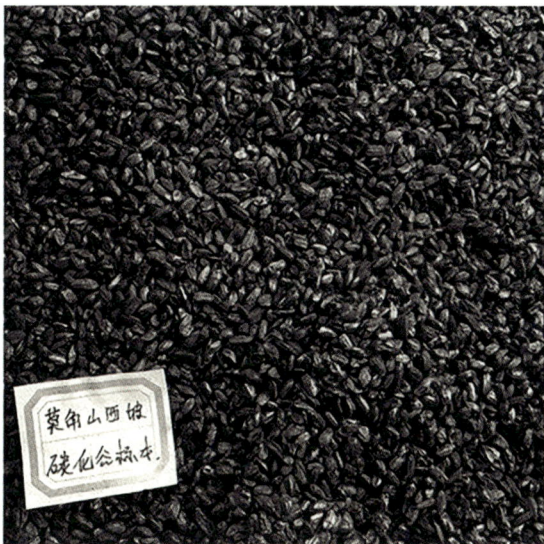

新石器时代良渚文化出土的炭化稻米
（浙江省文物考古研究所藏）

况，证明当时住地周围确有大片的沼泽地带，这就为种植水稻提供了有利条件。

### 三、屈家岭遗址中的稻谷

屈家岭遗址是我国长江中游地区发现最早、最具有代表性的新石器时代大型聚落遗址。屈家岭文化因位于湖北荆门市京山屈家岭而得名，是长江中游第一个被命名的

---

[①] 裴安平：《澧县八十垱遗址出土大量珍贵文物》，《中国文物报》1998 年 2 月 8 日第 1 版。

新石器时代屈家岭文化出土的稻谷

新石器时代文化。

在屈家岭文化以前，长江中游的稻作农业已经有了一定程度的发展，并且在全国范围内居于领先地位，屈家岭文化的稻作农业就是在这样的基础上继续发展的。经过几千年的发展，屈家岭文化时期当地已大规模种植水稻，稻作农业生产进入成熟期，农耕技术在当时处于世界领先水平，主要表现在以下四个方面。一是出现了先进的栽培技术。在屈家岭文化的遗址中出土大量的炭化稻米和谷壳，经专家鉴定，其与今天栽培的粳稻相同，且属于比较大粒的粳型品种，反映了当时人们对栽培水稻品种的改良和稻作水平的提高。二是掌握了先进的田间管理技术。有学者通过对屈家岭文化时期的孝感叶家庙遗址浮选结果的研究，认为当时人们对于田间管理，特别是对于稻田杂草的整治已拥有相当的经验，从而在最大限度上保证了稻田的多产。三是出现了先进的灌溉技术。考古发现表明当时人们在低洼地区修筑高于稻田和河流的堤埂，沿堤设有许多闸门，旱则开闸引水灌溉，涝则关闭闸门，以避泛滥之灾。四是稻作农业已占据食物结构的主导地位。在之前的诸多史前文化中，稻作农业虽然出现很早，但是在食物结构中不占重要地位，采集和渔猎等仍是获取食物的主要手段。只有到了屈家岭文化时期，人们才真正进入以稻作农业为主体的原始农业社会，稻谷作为人们食物结构的主导地位从此确立。①

考古资料证实，屈家岭文化时期经济活动主要以农业生产为主。在 1956 年屈家岭遗址第二次发掘时，仅仅发掘 800 多平方米，就发现一块面积约 500 平方米烧土面，这一大片烧土是由泥土掺杂稻壳和作物的茎做成的。烧土中夹杂有很多稻壳，密结成层。经当时中国农科院院长丁颖教授鉴定，这些稻谷属于粳稻，并且是中国比较大粒的粳稻品种，与现在长江流域普遍栽种的水稻最为接近，这也反映了屈家岭文化中的稻作技术已经十分先进。②

1995 年春季，荆州博物馆发掘湖北荆州阴湘城古城址时，在相当多的屈家岭文化灰坑中发现了大量的炭化稻米和稻谷。城址内的这些灰坑是当时人们生活的垃圾

---

① 参见林贤东：《屈家岭文化的"中国高度"解读》，《文物鉴定与鉴赏》2018 年第 2 期。
② 中国科学院考古研究所编：《京山屈家岭》，北京：科学出版社，1965 年，第 24 页。

坑，在灰坑中发现这样多的被丢弃的稻谷和稻米，说明稻谷已是人们生活的主要来源。[1]

稻作农业的兴起，导致人们会长期定居，人口繁衍增快，并促进了各种经济与文化的发展，到屈家岭文化后期就出现了石家河、马家垸等大型古城。

从屈家岭文化中后期古城的地理环境和城内布局来看，屈家岭文化时期的人们在城址和聚落地点的选择上，更加注重对农业生产条件的考虑。他们在选择城址和新的聚落地点时，很大程度上是以它是否适于稻作农业生产为取舍条件，而发展稻作农业首先需要解决的是水源问题。屈家岭文化古城除本身用于防御的壕沟外，附近都有古河流流过，如石家河古城就位于两条古河流之间，其东有东河，其西有西河。有的古城对城内的水系和水道已有总体规划，将水门与护城河及附近的河湖沟通。比如，马家垸古城就有一条古河流自西城垣外的东港河从西北角至东南角穿城而过；石家河古城东城垣有一处较低洼的缺口，在当时应是水门所在地，水门之东与古河流相通，水门之西与城内的低洼地相连。走马岭古城西南角的水门通过护城河与上津湖相通；阴湘城北部有一缺口，向外与余家湖和张家板河相通，向内与城内低洼地相通。由此可见，古人对水系的利用，一方面是为了城内生活用水，另一方面还是为了便于水稻田的灌溉、汇洪排涝，做到旱涝保收。[2]

天门石家河古城遗址

## 四、中国稻谷起源与传播

关于中国乃至世界稻作农业的起源问题，过去主要流行以下几种说法：一、起源于印度说；二、起源于云贵高原说；三、起源于中国华南说；四、起源于中国长江中下游说。若以发现实物的年代证明，印度的稻谷，最早的样品为公元前2200年，比湖南澧县彭头山遗址晚了将近4000年。从近几年世界各地出土稻谷的情况来看，长江中下游的稻谷始终是最早的。从目前的证据看，长江中下游地区不仅是我国水稻驯化起源地，也是世界上最早驯化水稻的地区，是稻作农业的发祥地，水稻由长江中下游起源目前已经逐渐成为国际学术界的主流观点。下面的表2-1反映了这一事实：

---

[1] 马世之：《中国史前古城》，武汉：湖北教育出版社，2003年，第88页。
[2] 刘德银：《长江中游史前古城与稻作农业》，《江汉考古》2004年第3期。

表 2-1　　　　　　　　　　世界各地出土稻谷年代表

| 出土地点 | 距今年代 | 相差年代 |
|---|---|---|
| 中国江西仙人洞与吊桶环 | 12000 年 | |
| 中国湖南玉蟾岩 | 12000 年 | |
| 中国浙江上山与荷花山 | 10000 | 2000 年 |
| 中国湖南彭头山 | 9000—8000 年 | 3000 年 |
| 中国浙江河姆渡 | 7000 年 | 5000 年 |
| 中国浙江罗家角 | 7000 年 | 5000 年 |
| 泰国 | 6000 年 | 6000 年 |
| 中国湖北屈家岭 | 5300 年 | 6700 年 |
| 巴基斯坦 | 4500 年 | 7500 年 |
| 印度 | 4200 年 | 7800 年 |
| 越南 | 3500 年 | 8500 年 |
| 日本 | 2300 年 | 9700 年 |

　　前面说过，据最近几十年来的考古发掘，我国最早的栽培水稻是在洞庭湖和鄱阳湖一带，然后逐步向长江下游、江淮平原、黄河中下游扩展，从而初步形成了很接近于现今水稻分布的格局。关于这一问题，向安强先生也曾有过详细考证，兹录如下："从地理位置来看，长江中游正好位于全国的核心位置，在我国史前南北文化的交流与传承过程中，成为极为重要的纽带。如长江中游地区（陕南汉水上游的梁山和湘北洞庭湖区等地）的旧石器，在文化特征上表现出了我国南北两大系的文化因素，反映了南北旧石器文化的交流和相互影响。汉水上游地区的李家村文化不仅对研究两大流域新石器文化的相互关系提供了重要资料，更表明了中原地区远古文化的发展不只与黄河流域而且与长江流域都有直接的联系。由于这里所处的地理位置特殊，在文化面貌上则显示出联结黄河与长江中游地区新石器早期文化的纽带作用。长江中游地区的彭头山文化、城背溪文化等，与中原磁山、裴李岗文化相比，亦有诸多共同因素。这些除了表明中国史前文化的统一性和人类思维及创造力发展的一般共同规律外，似乎也反映了南北各地的交往频繁和相互影响；也证明长江中游地区在人类早期文化的相互传承中，扮演了十分重要的角色。就整个中国史前稻作文化圈而言，长江中游不仅正好位居中间，且稻遗存的分布点多而密集，四周却逐渐变少变稀，这绝非偶然现象，表明长江中游在我国稻作文化的起源与传播中，作用与意义不可低估。同时，长江中游史前文化自身发展所达到的高度，足以构成对周围史前文化发生强烈影响。湖南澧县彭头山文化八十垱遗址揭露出我国最早的（距今 7000—8000 年前）环绕原始村落的

壕沟和围墙（这一时期的村落壕沟在澧阳平原还有发现），及数以万计的稻谷。澧县城头山古文化遗址则揭露出了目前我国最早的一座古城，始筑城时代为大溪文化早期，距今已有6000年；而且发现了被大溪城墙叠压着的距今6500年以前的、连半坡遗址也不能相比的大规模壕沟和水稻田。同时还发掘出大批距今六七千年前的珍贵文物，如制作精美的木桨和长约3米的木橹等。（这些发现）表明长江中游在当时已具有高度发达的原始文明，是中国文明的摇篮地之一。如此辉煌的史前文化，必然会向四周扩散、辐射。"[1]

由此可见，在新石器时代，黄河流域的新石器时代文化与长江流域的新石器文化，是互相影响、互相渗透的，只是在各个不同时期文化相互影响、相互渗透的程度不同而已。黄河流域的新石器时代文化对四周传播最广的是仰韶文化庙底沟类型，该文化类型分布的中心地区在豫西、晋南和关中地区，但其文化因素几乎遍及整个黄河流域，而其文化因素向南的扩展则抵达长江中游的汉水流域。长江中游地区的新石器文化向外扩张范围最大的是晚期大溪文化和屈家岭文化。晚期大溪文化向北的扩展抵达豫西南地区，向东的扩展到达皖西的江淮地区。屈家岭文化向外扩展的范围则超过大溪文化，其文化因素向北的扩展抵达豫中地区，向西北的传播进入陕东南地区。长江下游的新石器时代向四周传播最广的为良渚文化，其文化向南传播到粤北的石峡文化中，向西南扩展到赣西北的山背文化中，向北则扩展到鲁南的大汶口文化中。

综上所述，从旧石器时代早期起，长江流域就在中国古人类和古文化由南向北的流动和传播中起重要作用。新石器时代，长江流域和黄河流域的新石器时代文化，其经济、文化的发展水平大体相当；新石器时代晚期，长江流域的屈家岭文化、石家河文化、良渚文化和黄河流域的龙山文化一样，已孕育了许多农业因素。这些都说明，长江流域和黄河流域一样，也是中国农业文明的发祥地。

考古发现与文献记载是一致的。在中国古代文献中记载稻的起源与种植也主要是在长江中下游。《周礼·夏官·职方氏》记载荆州、扬州"其谷宜稻"。荆扬之地处于长江中下游地区，在春秋战国时期分属楚、吴，是著名的水乡泽国。这一带历来都是我国水稻高产区。《左传·襄公二十五年》云："（楚）蒍掩书土田，度山林，鸠薮泽，辨京陵，表淳卤，数疆潦，规偃猪，町原防，牧隰皋，井衍沃。"[2]楚国曾对原开垦和新开垦的土地进行过卓有成效的治理工作。对此，有学者研究认为："江陵纪南城遗址普遍存在一层浅灰色含腐殖质的文化层，厚薄结构均匀，可能是农田遗迹。

① 向安强：《长江中游是中国稻作文化的发祥地》，《农业考古》1998年第1期。
② 《春秋左传正义·襄公二十五年》，第1024—1026页。

西汉纪南城凤凰山出土的稻穗

楚国提拔修建期思陂有功的孙叔敖为令尹，十分重视水利排灌系统的建设。《汉书·沟洫志》'于楚西方则通渠汉川、云梦之际；东方则通沟江、淮之间'。考古发现纪南城内有四条古河道与城外护城河相通，并东接长湖，形成护城、排灌、交通的水利系统，与周围农田关系十分密切。在纪南城内西南部的陈家台，发现了成层成堆的呈乌黑色的炭化稻米，为楚都的储米粮仓所在。"①纪南城东南部的凤凰山，在一六七号西汉早期墓的随葬品中有成束的稻穗，年代约公元前179—前141年。②非常重要的是，在一个陶仓内发现4束完整的稻穗。据报道，稻穗出土时色泽鲜黄，穗、茎、叶外形保存完好，谷粒饱满，已经炭化。考古人员对其中5个穗的农艺性状作了测定，其中谷粒的长度为0.7~0.9厘米，平均0.8厘米；粒宽0.35~0.39厘米，平均0.37厘米，是典型的粳稻。这表明水稻在长江流域人们生活中占有重要地位。

商周时期，稻谷的种植在黄河流域也逐步推广开来。在距今3000多年的河南安阳殷墟遗存的甲骨文中，发现有卜丰年的"稻"字和不同稻种的原体字，以及关于稻谷生产丰歉的记录。另外在《诗经》中，也有不少关于水稻生产的描述，如《诗经·唐风·鸨羽》说："王事靡盬，不能蓺稻粱，父母何尝？"③《战国策·东周策》也记载说："东周欲为稻，西周不下水，东周患之。"④这些记载说明黄河流域的稻作文化已有一定程度的发展，但由于地理气候条件不如长江流域优越，所以种植也就不如长江流域普遍。

## 五、稻谷在长江流域人民生活中的地位

一定生态环境下的农业创造和发展决定着人们生活方式的状况，在物质文化不断进步的情况下更是这样。人们饮食状况如何，首先和他们创造什么、生产什么有关。我国古代长江流域各民族，由于生态环境主要是川泽山林，因此他们不仅创造了水田耕种、稻谷栽培和高度发达的饮食文化，也创造了村落、家族一类社会组织，以及相地观天一类宗教信仰，最终形成了重视农业、讲究饮食的生活传统。例如，在屈家岭

① 杨权喜：《楚文化与长江流域的开发》，载氏著《荆楚文化考古探溯与研究：杨权喜论文选集》，上海：上海古籍出版社，2021年，第164页。

② 凤凰山一六七号汉墓发掘整理小组：《江陵凤凰山一六七号汉墓发掘简报》，《文物》1976年第10期。

③ 《毛诗正义》，第396页。

④ 《战国策·东周策·东周欲为稻》，上海：上海古籍出版社，1985年，第9页。

文化遗址中出现了数量众多的红陶小陶杯，仅石家河古城遗址就出土了此类陶杯上百万件，其数量远远超过任何一种陶器。因其器形很小，不可能是饮水的器具，对此学术界普遍认为其是一种酒器。酒器的大量出现，意味着粮食的增多，说明屈家岭文化时期，人们除了将稻谷作为主食外，还将它用作酿酒原料。这一切均标志着粮食已有较多的剩余，同时也反映出当时人们掌握了较高的酿酒技术，酿酒业呈现兴盛的局面。酿酒业的兴盛，一方面为族群的生存繁衍提供了医疗保障，因为古"医"字（醫）从"酉"，"酉"同"酒"，酒为中医里的"药王"；另一方面为族群的宗教、乐舞、绘画等精神文化生活提供了催化剂。有了剩余的粮食，就可以用来酿酒、饲养家畜。饲养的家畜有猪、狗、羊、鸡等。饲养家畜的增多，为居民们提供了更多的肉食来源。

屈家岭遗址出土的陶豆

由此可见，屈家岭文化时期，稻作农业生产已经相当发达，这为丰富长江中游地区人民的生活作出了巨大的贡献。荆楚地区后世成为中国著名的鱼米之乡，可谓源远流长。

考古发掘证明：先秦时期，我国黄河流域人民的主粮是黍、稷；长江流域人民的主粮是稻谷。食的文化分成两大系统，早在5000年前就已确立。秦汉以后，在黄河流域，黍、稷的主食地位逐步让位给麦；在长江流域，稻始终是人民的主食，在北方却被列为珍品。

在西周的青铜食器中，有一种专盛稻粱的簠。《周金文存》中记载的"曾伯霥簠"，它的铭文上写有"用盛稻粱"；《攈古录金文》中记载的"叔家父簠"，它的铭文上也写有"用成（盛）稻粱"。簠的出现表明，稻米已成为贵族宴席上的珍馐。文献记载也证实了这一点，《左传·僖公三十年》说："王使周公阅来聘，飨有昌歜、白、黑、形盐。辞曰：'国君，文足昭也，武可畏也，则有备物之飨，以象其德。荐五味，羞嘉谷，盐虎形，以献其功。吾何以堪之？'"杜预注释为："白，熬稻；黑，熬黍。""嘉谷，熬稻黍也。"[①]另外，从《诗经》记载来看，黄河流域的稻谷主要的功能还是用于酿酒。例如，从《豳风·七月》"十月获稻，为此春酒，以介眉寿"中可以得知，十月里收下稻谷，酿制春酒。当时的稻谷不是供人日常食用，而是用来酿酒，给老人祝寿用的，所以相对种植得比较少。同时，酿酒的原料主要是糯米，可见当时豳地所种植的是糯谷。

---

① 《春秋左传正义·僖公三十年》，第464—465页。

《周颂·丰年》中说："丰年多黍多稌，亦有高廪，万亿及秭。为酒为醴，烝畀祖妣。以洽百礼，降福孔皆。"[1]这里的"稌"，就是带黏性的糯稻。"为酒为醴"，也反映出当时种植的黍和稌这两种带黏性的粮食作物，主要是用来酿酒的。

稻谷在黄河流域受到这种优遇，反映了它的种植在黄河流域还不够普遍，仅是上层贵族享用的珍品。正因为物以稀为贵，所以中原一带秦汉贵族墓葬中往往出土有盛稻的陶仓。但如果以此下结论，说中原一带在秦汉时期就大量生产水稻并普遍食用稻米，那就十分错误了。关中地区在西汉武帝前，以食粟为主，以后食麦才成主流。而在长江流域，稻谷却是民间常食。《汉书·地理志》记载："巴、蜀、广汉本南夷，秦并以为郡。土地肥美，有江水沃野，山林竹木疏食果实之饶。南贾滇、僰僮，西近邛、莋马旄牛。民食稻鱼，亡凶年忧，俗不愁苦。"[2]考古发现的汉代稻谷遗址有22处，其中长江中下游地区就有12处；在交趾地区还出现了"夏冬二熟"的双季稻[3]。有学者认为江南的某些地区，如豫章郡是汉代全国水稻产量最多的地区[4]，虽然此论断有夸大南方生产水平之嫌，但水稻生产在长江流域地区稳步发展则是显而易见的事实。考古发现进一步证实了文献的记载。江陵凤凰山汉墓出土的简牍里有粢米、白稻米、精米、稻糯米、稻稗米的记录，墓葬中出土有水稻。[5]马王堆汉墓出土有大量的稻粒，经鉴定"马01"至"马04"品种分别类似今湖南晚稻品种"红米冬黏"、华东粳稻、籼黑芒

东汉舂米画像砖（四川彭州出土）

和粳型晚糯，说明汉代南方地区稻作类型丰富，籼、粳、黏以及长粒、中粒和短粒并存，而粳稻占据主导地位。[6]直到汉末三国时期，长沙地区出产的稻米在全国依然很有名气。曹丕在《与朝臣书》中曾这样说道："江表唯长沙名有好米……上风炊之，五里闻香。"[7]在农业生产格局

---

① 《毛诗正义》，第1325页。

② ［汉］班固：《汉书》卷28《地理志》，第1645页。

③ ［汉］杨孚：《异物志辑佚校注》，吴永章辑佚校注，广州：广东人民出版社，2010年，第113页。

④ 许怀林：《汉代江西的农业》，《农业考古》1987年第2期。

⑤ 纪南城凤凰山一六八号汉墓发掘整理组：《湖北江陵凤凰山一六八号汉墓发掘简报》，《文物》1975年第9期。

⑥ 湖南农学院等：《长沙马王堆一号汉墓出土动植物标本的研究·农产品鉴定报告》，北京：文物出版社，1978年，第2页。

⑦ ［唐］欧阳询：《艺文类聚》卷85《百谷部》，汪绍楹校，上海：上海古籍出版社，1982年，第1449页。

的基本前提下，稻米也相应成为吴楚地区居民基本主食，这即《汉书》中所说的"民食稻鱼"，并且以稻谷为主粮，这在长江流域几千年饮食史中始终未有改变。

而中原地区的情况则与此不同。由于这里自古以来就是"都国诸侯所聚会""建国各数百年岁"，因生齿日繁，以致"土地小狭，民人众"，非努力农业生产不足以维持人民的生存。加之黄河流域又缺乏江南地区的山林沼泽，不可能以"渔猎山伐为业"，这就决定了必须以麦粟等旱作农业为人民饮食生活的主要来源，这是一种以粮为主的农业经济的基本结构。这也说明了长江流域的稻作文化和黄河流域的粟作文化是长期并存的，中国文化的发源不是单一的。

## 第三节　长江流域稻谷的种类

经过历代人民的精心培育，长江流域的稻谷品种日益丰富起来。概言之，稻是各类品种稻谷的总称。析言之，一些方言区称为"秫""秫"的，一般指粳稻；"籼"，指不黏之稻，虽早有而不普遍，文献迟见；"粳"，指有黏性之稻，秦以后见其名；"秫""秫"，是先后表黏性的形容词，可泛称黏性强的稻米；大约南宋时才有糯稻，并以"糯"称。

据李璠先生考证，"稻种的演变与气候环境条件有密切的关系。由于不同地理气候条件的影响和各地区民族文化发展的历史条件，我国很早就有陆稻和水稻、籼稻和粳稻以及各种早稻和晚稻品种。近年来我国科学工作者进行了大量稻种分布考察工作，由此知道我国水稻和陆稻的资源极为丰富。它们各因海拔和纬度的不同，受不同气候条件的影响而形成各类稻种的生态型。籼、粳型的演化，其间有过渡迹象可查，这可以从南北地理分布和海拔高度的不同观察到。籼稻主要分布在华南热带和秦岭淮河以南亚热带的低洼地区，具有耐热（和耐强光）的习性。粳稻主要分布在黄河流域以北、华南热带附近的高山区、太湖地区和淮北温度较低地带，以及西南的云贵高原，具有耐寒（和耐弱光）的习性。这种气候生态型的分布，同样可以通过地理垂直分布表现出来"[1]。

据程侃声和李璠等研究，"在云南境内由地形最低的西双版纳、临沧（海拔800米左右）到最高的德宏、维西（海拔2800米左右）的稻种垂直分布范围，海拔在1700米以下为籼稻分布带，1700米到2000米之间为籼粳交错分布带，2000米以上为粳稻分布带。在交错带中稻种的变异趋势，粒形由细长变短圆；稃毛由疏到密，由短而长；

---

① 李璠编著：《中国栽培植物发展史》，北京：科学出版社，1984年，第34页。

叶毛由多到无；脱粒由易到难；籼型渐少，粳型渐多，或者籼、粳难分；其间中间过渡类型表现显著。这个事实有助于说明籼稻和粳稻的出现与环境条件的影响是密切相关的。西南具有高原气候特点，日照较短，高原粳稻就是在这样条件下形成的。这种生态类型株高叶大，感光灵敏，在长日照下较难抽穗；基本上都是晚熟类型。这种晚熟高原粳稻发展到黄河以北，北方的长日性气候环境条件下，迫使它接受影响，逐渐形成一种长日性的早熟类型。这也就是稻种由晚熟到早熟、由感光灵敏到感光迟钝的演变过程。籼稻有各种不同的气候生态型，粳稻也有各种不同气候生态型，从生态上看生物体与环境统一的辩证关系，二者之间并不存在不可逾越的鸿沟，以上大量考察的实例是一个很清楚的说明。习惯上有籼稻、粳稻和糯稻三种稻种的称呼，这只是根据稻米的黏性程度而言的"[1]。我们认为李璠先生的研究是符合水稻分布与分类实际的。

下面我们对这三种稻种逐一辨析。

## 一、粳稻

什么是粳稻呢？

《说文解字·禾部》说："秔，稻属。从禾，亢声。粳，俗秔。"段玉裁注："凡言属者，以属见别也。言别者，以别见属也。重其同则言属，秔为稻属是也。重其异则言别，稗为禾别是也。《周礼》注曰：'州党族闾，比乡之属别。介次市亭之属别。'小者属别并言，分合并见也。稻有至黏者，稬是也。有次黏者，粳是也。有不黏者，稴是也。粳比于稬则为不黏，比于稴则尚为黏。粳与稴为饭，稬以酿酒为饵餐。今与古同矣。散文粳亦称稻，对文则别。《魏都赋》：'水澍粳稌，陆莳稷黍。'《蜀都赋》：'黍稷油油，粳稻莫莫。皆粳稻并举。'《本草经》秔米、稻米殊用。陶贞白乃不能分别，其亦异矣。从禾，亢声。古行切，古音在十部。"[2]

"秔"是指不黏的稻。《说文解字》把"粳"作为"秔"的俗写，"秔"是正体。现在一般通用字体写作"粳"，"秔""粳"都算是"稉"的异体。《汉书·扬雄传》载《长杨赋》："驰骋稉稻之地。"《文选》作"秔稻"。"秔""粳"当为一词，现在写作"粳"。

杜甫《自瀼西荆扉且移居东屯茅屋四首》其一："烟霜凄野日，秔稻熟天风。"苏轼《吴中田妇叹》诗："今年粳稻熟苦迟，庶见霜风来几时。"古今注家往往把"秔""粳"注为不黏之稻。

---

[1] 李璠编著：《中国栽培植物发展史》，第35页。
[2] ［汉］许慎撰，［清］段玉裁注：《说文解字注》，上海：上海古籍出版社，1981年，第323页上栏。

《汉书·东方朔传》："且明，（武帝）入山下驰射鹿豕狐兔，手格熊罴，驰骛禾稼稻秔之地。"颜师古注："稻，有芒之谷总称也。秔，其不黏者也。"《汉书·沟洫志》载："故种禾麦，更为秔稻。"颜氏又曰："秔，谓稻之不黏者也。"

事实上，黏与不黏本有相对性，若对比"糯""秫"，"粳"或可称为"不黏"，在未有糯稻之汉、晋时代，粳确不如秫稻之黏，但与"籼"相比，无疑又是稻之黏者。故颜师古之说也有一定的局限性。

李时珍《本草纲目》说："粳有水、旱二稻。南方土下涂泥，多宜水稻。北方地平，惟泽土宜旱稻。"现在一般吃的多是粳米。粳稻按收获的迟早可分为早、中、晚三种，"粳稻六七月收者为早粳（止可充食），八九月收者为迟粳，十月收者为晚粳"。粳米也是古人主要食粮。陶弘景曰："粳米，即今人常食之米。"唐释道世《法苑珠林》云："人寿十岁时，有谷名稗子，为第一美食，犹如今人，粳粮为上馔。"

## 二、籼稻

什么是籼稻呢？

《说文解字·禾部》曰："穅，稻不黏者。从禾，兼声。读若风廉之廉。"段玉裁注曰："凡谷皆有黏者有不黏者。秫则稷之黏者也，穄则黍之不黏者也。稻有不黏者，则穅是也。今俗通谓不黏者为籼米。《集韵》《类篇》皆云：方言江南呼粳为籼。亦作秈，作栖。按《说文》《玉篇》皆有穅无籼，盖籼即穅字音变而字异耳。《广雅》曰：籼，粳也，浑言不别也。"可见，穅是稻子中不黏的。

段注还指出"籼即穅字音变而字异"。《说文解字》没有"籼"字，籼就是穅，只是读音有点差异。不黏的稻已经有个"秔（粳）"字了，那么"穅（籼）"和秔有没有差别呢，古籍说法不一。段注引《集韵》《类篇》说明秔（粳）就是籼（秈）。而《本草纲目》则把粳与籼分列两条，"籼"条下说："籼亦粳属之先熟而鲜明之者，故谓之籼。"《清河县志》也说："籼，秔之早熟者。"徐光启《农政全书》说："粳之小者谓之籼，籼之熟也早，故曰早稻。粳之熟也晚，故曰晚稻。京口：大稻谓之粳，小稻谓之籼。其粒细长而白，味甘而香，九月而熟，是谓稻之上品，曰箭子。其粒大而芒红皮赤，五月而种，九月而熟，谓之红莲。其粒尖、色红而性硬，四月而种，七月而熟，曰金城稻，是惟高仰之所种。松江谓之赤米，乃谷之下品。其粒长而色斑，五月而种，九月而熟，松江谓之胜红莲。性硬而皮茎俱白，谓之穬种稻，其粒大、色白、秆软而有芒，谓之雪里拣。其粒白、无芒而秆矮，五月而种，九月而熟，谓之师姑粳。"综上所述，穅（籼）是粳稻中一种早熟品种，米粒长而细。宋范成大《钟山阁上望雨》诗："秔禾未实籼禾瘦，不用廉纤便需然。"不过在一般文献中"籼"比较少见，足见其物不盛。

日本学者田中静一先生曾将粳稻和籼稻的特征作过比较，兹录如下（如表2-2）：

表2-2　　　　　　　　　　　粳稻和籼稻的特征比较[①]

| 特征 | 粳粒 | 籼稻 |
|---|---|---|
| 黏性 | 大 | 小 |
| 膨性 | 小 | 大 |
| 谷粒 | 短圆大 | 细长小 |
| 颖毛 | 长密 | 短小 |
| 叶色 | 浓绿 | 淡 |
| 叶表 | 有光泽 | 茸毛多 |
| 耐热、耐湿性 | 弱 | 强 |
| 脱粒性 | 难 | 容易 |

## 三、糯稻

"糯"，糯米，也指糯稻，字或作"稬"。前面已说过，糯稻性最黏，它是从籼、粳中长期培育而成。糯稻始见的上限，有的农学史家称至明（14世纪以后）始见籼型糯稻，这种说法似乎太迟。据说云南西南部的居民以吃糯米为主，其栽培糯稻的历史比内地早。中国幅员广大，长江上游的云南等少数民族地区暂可不论，仅就文献记载主要涉及的"内地"言，也早于明代。南宋吴自牧《梦粱录》卷十八《物产》中专列"谷之品"，曰："赤稻，黄籼米，杜糯，光头糯，蛮糯。"此所罗列是俗称，但其中出现几个稻品皆以"糯"称，这无疑表明至少民间已将"糯"作为稻的一个种类。李时珍《本草纲目·谷一·稻》曰："糯稻，南方水田多种之。……其类亦多，其谷壳有红、白二色，或有毛，或无毛。其米亦有赤、白二色。"《梦粱录》所列"赤稻"之糯，盖即李时珍所述壳、米赤色之一类。

当然，至14世纪后的明代糯稻品种更多，如羊脂糯、胭脂糯、虎皮糯、矮糯、籼糯、青秆糯等[②]，不胜枚举。

据上大致可断，糯稻作为稻的一种，始于南宋。但是，"糯"字在南宋以前已有。《太平御览》卷九六一引《广志》曰："系迷（弥）树，子赤，如糯粟，可食。"又

---

① 此表见［日］田中静一：《中国食物事典》，曹章祺、洪光住译，北京：中国商业出版社，1993年，第12页。

② ［明］徐光启：《农政全书校注》卷25《树艺·稻》，石声汉校注，西北农学院古农学研究室整理，上海：上海古籍出版社，1979年，第623页。

卷八三九引《云南记》曰："雅州荥经县土田岁输稻米……炊之甚香滑，微似糯味。"黄金贵先生认为："需声有柔软意。'懦'，软弱；'嫋'，弱；'孺'，乳子，亦柔弱；'儒，柔也'（《说文·人部》）。'糯'则为柔软亦即有黏性之米，并非稻之一种，而是形容词，表黏性义。上之'糯粟''糯味'，即作此用。若据此谓早有糯稻，则误矣。其实，'糯'的形容词用法今犹见，如于壮实的菜、菱、藕等，皆可赞为'很糯''糯得很'之类。"①

　　一般而言，稻分为以上三种，这只是根据稻米的黏性程度来说的。实际上，在这三种以外，还有一些稻种，例如在云南地区有一种软米稻，是当地人民选育出来的一种有历史性的栽培稻类型。那么糯稻和软米稻是怎样演变而成的呢？在我国云南景洪一带的傣族以糯稻为主食，而德宏一带的傣族则以软米稻为主食。软米饭气味香腴，最好吃，以前所谓的"八宝米"就是指这种稻米。在田间有时出现一种天然变异的"油身米"，也是一种软米稻。现在知道，可以从籼稻中选出籼糯，从粳稻中选出粳糯，而软米稻则是从一般黏性到高一级黏性之间的一种过渡类型。可以认为不论糯稻或者软米稻，都是由籼稻或粳稻特性之一的淀粉变异所形成的栽培类型，仅是米粒淀粉及其化学结构不同，即淀粉向糊精过渡的程度不同而已。这些类型的出现，与山区小气候和民族生活习惯有密切关系。从籽实黏性看，籼米最弱，粳米较强，糯米最强，而一般粳型糯稻又比籼型糯稻要强，软米居其间。

　　农史学家李璠先生在《中国栽培植物发展史》中对稻种的不同变异作过分析，他指出："由于不同小气候的影响，不论旱稻和水稻都存在着各种不同气候的生态型；而如此复杂多变的生态型中，又随着农业区域和海拔高度的不同，或者由于高寒的山区和低热河谷（或平原）地势的不同，稻种的性质又分别为粳稻、籼稻和籼粳之间的种种过渡类型……还有一种特殊情况，如果低洼沼泽地水位升高，即由沼泽状态变成了湖泊状态时，一种深水稻（浮稻）的特殊类型被迫产生出来。文献中记载的'一丈红'和现在分布在云南滇池周围的'水涨谷'，以及南方的'深水莲'等深水栽培品种都属此类。据考察，这种深水稻叶中裂生通气组织，特别发达，并与根内的气腔相通连，茎部地上节能发根分蘖并随水伸长而快速生长，在深水中只要能露出叶尖，隔日即长出水面。这种惊人的适应性，充分说明生物体的这种性状与水位涨落的既矛盾而又能统一起来的辩证关系。"②

　　在数千年的历史长河中，长江流域的劳动人民培育出许多优良的水稻品种。汉魏

---

① 黄金贵：《古代文化词义集类辨考》，上海：上海教育出版社，1995年，第831页。
② 李璠编著：《中国栽培植物发展史》，第35-36页。

以来,据记载在长沙地区有一种香稻,"上风吹之,五里闻香"。后魏记载有"大香稻""小香稻"。宋代记载有"九里香"的"香子稻"。明代记载有一种香稻,稻花午开暮合,香甚。清代记载,在长江流域的泰州(今江苏中部)和湖州都有香稻的栽培,"以香子少许入他米煮饭,即芳香扑鼻"。还有一种米色微红、粒长、气香而味腴的早熟香稻。现在在云南澜沧江一带,有一种地方品种名叫"旱稻香谷"的,真是一家煮饭,一寨皆香!此香稻与一般栽培稻不同,除稻粒品质香腴外,它的生存能力特强,能压住杂草的生长。李璠先生在云南南部景谷收集到的一种香糯更奇特,在它生长期间,苗期叶香,抽穗期花香,脱壳时米香,煮饭更香。这种稻谷生长发育的一生,就是香气满田的一生。香稻长江流域各省都有。香稻之所以散发芳香气味,是因为其在化学结构上含有挥发性有机物香豆素(Coumalin 或 Coumarin)。它的形成与气候有关,许多热带草本植物都含有这种挥发性有机物。在水稻中出现这种变异,经过人工选择,发展成为各种各样的香稻品种。此外,湖北汉川的青黏、油红黏,黄州的下马籼、长腰粳,罗田的水葡萄,五峰县的冰水稻都是稻中佳品。

当然,在长江流域,人们的主食种类不仅只有各种稻谷,还有麦、豆、菰米、豆类等等,这些在考古发掘中都有实物出土,文献中也有记载,但不及稻谷普遍。

# 第四节　长江流域外来的主食

明清时期是中国继西汉张骞通西域以后又一次大规模引进外来农作物的时期。玉米、番薯、马铃薯等原产于美洲的高产作物相继引入中国,并在长江流域广泛种植。这不仅丰富了粮食作物的品种,使粮食作物构成发生了重大变化,而且对于缓解人口迅速增加而出现的粮荒问题具有重要意义。

## 一、玉米

玉米又称苞谷、玉蜀黍、玉茭等,原产墨西哥和秘鲁,1492 年哥伦布到达美洲后陆续传播到世界各地。明嘉靖年间(公元 1522—1566 年),玉米沿海路和陆路,分别从东南、西南和西北三个方向传入中国,随后又相继传入长江流域。长江流域引种玉米,大体经历了三个阶段。

### (一)玉米的初步引种

我国最早记录玉米的方志是明正德六年(公元 1511 年)安徽的《颍州志》,当时称其为"珍珠林"。这是记载的年份,而首次引进的年份应当更早。孙机先生在《中国古代物质文化》写道:"哥伦布发现美洲是在 1492 年,玉米的传入距此只不过 10 年,快得惊人。"玉米在传入之初，被人们视为珍稀的进贡之物，故被称为"番麦""御麦"。如明朝嘉靖三十九年（公元 1560 年）甘肃的《平凉府志》："番麦，一曰西天麦……"万历元年（公元 1573 年）浙江学人田艺衡在其《留青日札》中说："御麦出于西番，旧名番麦，以其曾经进御，故名御麦。"由于其晶莹的种粒类似珠玑的高粱，所以玉米又被称为"玉高粱"。高粱原称"蜀黍"或"蜀秫"，玉米又得到"玉蜀黍"及"玉蜀秫"的别名。李时珍在《本草纲目》中有"玉蜀黍种出西土，种者亦罕，其苗叶俱似蜀黍而肥矮"的描述。徐光启《农政全书》则称："别有一种玉米，或称玉麦，或称玉蜀秫。"

　　明嘉靖年间到清康熙年间，是玉米的初步引种时期。玉米由于有高产稳产、抗逆性强、适应性广、味道好等特点，广受各个地区百姓的喜爱。玉米更适合山区种植，为山区垦殖开发提供了基本条件，加之贫民开荒，条件艰苦，不可能精耕细作，又因其能够增加粮食总产量，所以解决缺粮问题只有选择玉米这种适应性强、产量高的物种。因此，玉米首先在长江上游的山区得到发展，并逐渐向全国推广发展起来。这一时期，长江中游地区引种最早、最普遍的是襄阳地区。湖北引种玉米始于康熙年间，由四川进入湖北西部和西北部地区。乾隆年间玉米种植日盛。乾隆二十五年（公元 1760 年）《襄阳府志》记载："（玉米）俗名包（苞）谷，最耐旱，近时南漳、谷城、均州山地多产之，遂为贫民所常食。"其他如房县、荆州、竹山、郧西等地在乾隆时都已经有了种植玉米的记载。如同治《房县志》载："玉麦自乾隆十七年大收数岁，山农恃以为命，家家种植。"乾隆二十二年（公元 1757 年）《荆州府志》称："玉蜀黍，俗名玉米。"这一时期玉米引种的广度和深度都不够，这是由于明清之际社会动荡不安，农业生产受到战争的严重破坏，人们面临的问题是如何恢复生产，而无暇顾及新作物品种的引种问题，加之受到传统习惯的影响，人们尚未认识到玉米耐旱涝、适于在山地沙砾土壤种植的优点。

### （二）玉米的快速推广

　　从清雍正年间到道光年间，玉米推广较快。这一时期社会相对稳定，便于新的农作物品种的推广。同时，由于土地兼并日益严重，大批失去土地的流民为了寻求生活出路，流入人口稀少的山区进行垦荒，而山区丘陵正适合种植玉米，这样玉米便得到了较快推广。据有关县志统计，嘉

玉米

庆、道光、同治年间，四川、湖北的玉米种植迅速发展，并在许多州县种植。同治《房县志》载："玉麦……七八月晴暖则倍收，山乡甚赖其利，间或歉收，即合邑粮价为之增贵。"同治《宜昌府志》记述："玉蜀黍……自彝陵改府后，土人多开山种植。今所在皆有，乡村中即以代饭，兼可酿酒。"同治《来凤县志》记载来凤县则是"山田中多种之"。同治《巴东县志》记其玉米也是"山中种此者甚多"。同治《咸丰县志·艺文志》记有黄裳吉的《玉蜀黍》诗云："黍名玉蜀满山岗，实好实坚美稻粱。"道光时，《鹤峰州志》记载此时鄂西鹤峰的"邑产包谷"已经是"十居其八"了。

### （三）玉米的普遍推广

玉米的收获期在中国传统上被认为是"青黄不接"的夏秋之交，可以"乘青半熟，先采而食"，应急作用十分明显，故而玉米在清代经常被看作是最易备荒的粮食作物之一而加以利用。清代乾隆年间及以后，随着种植的推广，玉米逐步成为长江流域仅次于水稻和小麦的第三大粮食作物（如表 2-3）。从清咸丰年间到中华民国时期，玉米在长江流域的山区得到普遍种植，特别是在武陵土家族地区传播迅速，成为当地居民的一种主要粮食。这是民间与官方两方面共同作用的结果。民间的作用主要体现在，由于改土归流，原来较为封闭的土家族地区迎来了大批的外来人口，玉米能够为农业生产不发达的土家族地区急剧增长的人口提供足够的粮食。官方的作用是指清廷为玉米的传播与种植创造了适宜环境，并予以技术指导。但在平原稻区，玉米仅种在田边地埂或傍山处，作为粮食品种的补充。如光绪《应城县志》载："包谷……可炊饭充实，境内间有种者。"光绪《江陵县志》记载："傍山及洲田多种之，可作饭酿酒。"

表 2-3 　　　　　　　　　明清时期的外来食物引种表

| | 番麦（玉麦、玉米、苞谷） | 中美洲 |
|---|---|---|
| | 番薯（红薯、朱薯、红苕） | 南美洲 |
| | 番豆（花生、长生果） | 南美洲 |
| 明清时期 | 向日葵（西番菊、迎阳花） | 北美洲 |
| | 番瓜（南瓜、饭瓜） | 中南美洲 |
| | 马铃薯（洋芋、土豆） | 中南美洲 |

## 二、番薯

番薯又称红薯、白薯、金薯、红芋、红苕、地瓜等，原产于墨西哥和哥伦比亚一带，明朝万历年间（公元 1573—1620 年）分两条路线传入中国：一是沿海路自吕宋（今菲律宾）传入福建；二是沿陆路通过印度、缅甸，传入云南、四川、贵州，并在长江上游山区广泛种植。

番薯是一种适应性极强的作物，耐旱耐瘠，还可以在沙碱荒滩上栽种，而且产量特别高。清人陆耀《甘薯录》称："亩可得数千斤，胜种五谷几倍。"特别突出的是番薯灾后极好的救荒作用，"若旱年得水，涝年水退，在七月中气后，其田遂不及艺五谷。荞麦可种，又寡收而无益于人。计惟剪藤种薯，易生而多收"，如遇"蝗蝻为害，草木无遗……惟有薯根在地，荐食不及，纵令茎叶皆尽，尚能发生，不妨收入"①。这些优良特性使番薯受到广泛的欢迎。但乾隆以前，由于北方冬季寒冷，在技术上尚未解决薯种越冬难题，因此番薯的种植主要限于中国南方各省，直到乾隆初年利用窖藏法加以解决越冬问题后，长江流域各地才广为引种番薯。

在长江中游，番薯种植主要分布在湖北西部地区。湖北在康熙年间未见到有关番薯的记载，到乾隆五年（公元1740年）时已经有了引种番薯的记载。②另乾隆三十八年（公元1773年）《郧西县志》中有"红薯，可以疗饥"的记载。总体来讲，番薯此时尚处于引种阶段。但此后番薯在湖北的推广也比较缓慢。道光时期的记载也不多，道光十四年（公元1834年）《施南府志》记载："薯有数种，其味甚甘，山地多种之。"同治《咸丰县志》卷八《食货志》中也记载："薯有数种，其味甘，山地多种之。清明下种，芒种后剪藤插之，霜降后收，掘窖藏之，可作来年数月之粮。"道光十六年（公元1836年）《蒲圻县志》记载："至田家所食，惟薯、芋。薯谓之苕，种山上。"直到同治年间，番薯的种植才有了较大发展。同治年间，在枝江县"山人以之代谷，歉岁活人甚多"③。宜昌府东湖县则"旱地多种之"④，咸丰县亦是"山地多种之"⑤。同治十一年（公元1872年）《广济县志》亦有番薯"处处有之"的记载。

湖北有一部分地区种植的番薯来自四川，如同治《东湖县志》言"红薯蓣，种自蜀来"。而湖北北部地区则因靠近较早种植番薯的河南，当地种植番薯很可能是从河南传入的，因为在乾隆中期，番薯已成为河南重要的粮食作物，并开始遍及全省，特别是中北部各州县。林龙友《金薯咏》曰："孰

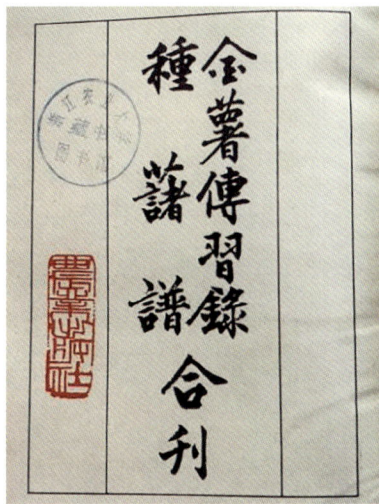

陈世元编《金薯传习录》

---

① ［明］徐光启：《农政全书校注》卷27《树艺·甘薯》，第692页。
② 万国鼎：《古代经济专题史话·五谷史话》，北京：中华书局，1997年，第28页。
③ ［清］查子庚修，熊文澜纂：同治《枝江县志》卷7《赋役志下·物产·蔬属》。
④ ［清］金大镛修：同治《东湖县志》卷5《疆域志下·物产·杂类》。
⑤ ［清］张梓修，张光杰纂：同治《咸丰县志》卷8《食货志·物产》。

导薯充谷，南邦文献存。种先来外国，栽已遍中原。"①例如，红安靠近河南，种植的番薯有可能是从河南传入的。清宣统元年（公元 1909 年）的《黄安乡土志》对红安番薯的品种、种植、加工、收藏和功用有着详细记载："外有非穀非蔬非果而有益民食者，曰薯芋，曰芋。不甚种薯。则冬月窖藏其种，二三月畦种之；五月截蔓寸余，雨中插之；九十月割其蔓而掘其实。红白二种，味甘性平；生熟皆可食，可酿酒，可取粉，可为饴。贫人半岁之食，多者百数十石（担）。茎叶且可豢豕（喂猪），（黄）安已遍植矣。"

## 三、马铃薯

马铃薯又名土豆，原产于南美洲。中国最早引种马铃薯大约是在 18 世纪。马铃薯在中国传播和推广远比番薯为慢，这主要由于马铃薯味淡，不如番薯好吃。其虽可以佐食，有救荒功能，但在番薯普遍栽种以后，这种作用也难以充分发挥。

乾隆三十八年（公元 1773 年）湖北《郧西县志》记有"土豆"，但长江中游关于马铃薯的记载在 18 世纪下半叶才逐渐多了起来。道光二十一年（公元 1841 年）《建始县志》记载："邑境山多田少，居民倍增，稻谷不足以给，则于山上种包谷、洋芋、荞麦、燕麦或蕨蒿之类。……民之所食者包谷也，洋芋也，次则蕨根，次则艾蒿，食米者十之一耳。"

咸丰二年（公元 1852 年）《长乐县志》记载："洋芋有红、乌二种。红宜高荒，乌宜下隰……土人以之佐粮，又可作粉卖，出境外换布购衣。"

同治三年（公元 1864 年）《宜昌府志》记载："山居者……所入甚微，岁丰以玉黍、洋芋代粱稻。"

同治四年（公元 1865 年）《宜都县志》记载："山田多种玉黍，俗称包谷。其深山苦寒之区，稻麦不生，即玉黍亦不殖者，则以红薯、洋芋代饭。"

同治五年（公元 1866 年）《保康县志》记"洋芋粉"可充饥。

同治五年（公元 1866 年）《长阳县志》记"洋芋有黄、白、乌三种"。

同治五年（公元 1866 年）《恩施县志》记载："洋芋，种时用草薪，经火烧，则大获。夏种秋收，春种夏收。"

同治五年（公元 1866 年）《房县志》记载："洋芋产西南山中……至深山处，包谷不多得，惟烧洋芋为食。"

同治五年（公元 1866 年）《宜昌府志》记载："内保所种之洋芋，可当半年粮。但洋芋喜冷地……且洋芋不可生食，薯可生咦，但薯不如洋芋之可以作米打粉耳……

---

① ［清］陈世元：《金薯传习录》卷下，北京：农业出版社，1982 年，第 139 页。

乐邑僻处万山中……稻菽荞麦几平畴，玉黍以外惟洋芋。"

同治七年（公元1868年）《恩施县志》记载："环邑皆山……最高之山，唯种药材，近则遍植洋芋，穷民赖以为生。"

同治十年（公元1871年）《施南府志》记载："郡在万山中……近城之膏腴沃野，多水宜稻……乡民居高者，恃包谷为正粮，居下者恃甘薯为救济正粮……郡中最高之山，地气苦寒，居民多种洋芋……各邑年岁，以高山收成定丰歉。民食稻者十之三，食杂粮者十之七。"

综上可见，马铃薯的种植主要分布在长江中上游地区，其他地区种植面积相对少一点，一般作为蔬菜种植在园圃中，大面积种植的则不多。

玉米、番薯、马铃薯等农作物能够在长江中上游地区迅速种植的一个重要原因就在于其与传统的水稻、麦子相比，对土壤、水分等自然条件的要求比较低。它们不仅产量高，而且耐旱，可以种植在传统作物难以生长的贫瘠、崎岖的山区，不与传统的农作物争夺土地，这就使得人们可以在种植传统的稻谷、荞麦、小米等农作物的同时，在海拔更高的山地上种植玉米、番薯这些农作物，不仅扩大了作物种植面积，也相应提高了粮食总产量，从而极大地丰富了长江中上游地区人们的饮食生活。

在道光咸丰年间，李焕春担任宜昌府长乐县令时，曾创作了一首脍炙人口的《种薯歌》。这首诗深情地描绘了玉米、番薯、马铃薯这三种作物在清代武陵山区农耕中的重要地位。然而，这首诗更应当被看作是对这些新引进和推广的作物所发挥的巨大作用的由衷赞美。这些新作物不仅丰富了当地的农业生态，也为农民们带来了丰收的喜悦，成为他们生活中不可或缺的一部分。通过这首诗歌，可以感受到李焕春对这些作物的深深热爱和对其在当时人民生活中扮演的重要角色的高度认可。其歌云："天地自然之美利，百产菁华各有异。乐邑僻处万山中，硗确陂陀难尽记。稻菽荞麦几平畴，玉黍以外惟洋芋。内保衣食多赖之，外保何为生全计。天生红薯与白薯，窖种下土迎春至。大哉美利利穷民，乐岁凶年均有济。但祝彼苍晴雨时，胼手胝足功无弃。我歌种薯念楚箴，民生在勤勤不匮。"[1]

---

①[清]李焕春：《种薯歌》，引自《湖北文化简史》，武汉：湖北人民出版社，2023年，第365页。

# 第三章　长江流域的肉食

长江流域人民并非是单一依靠谷类生活，肉类食物在他们的生活中也占有一定的比例。"如果不吃肉，人是不会发展到现在这个地步的。"[1]

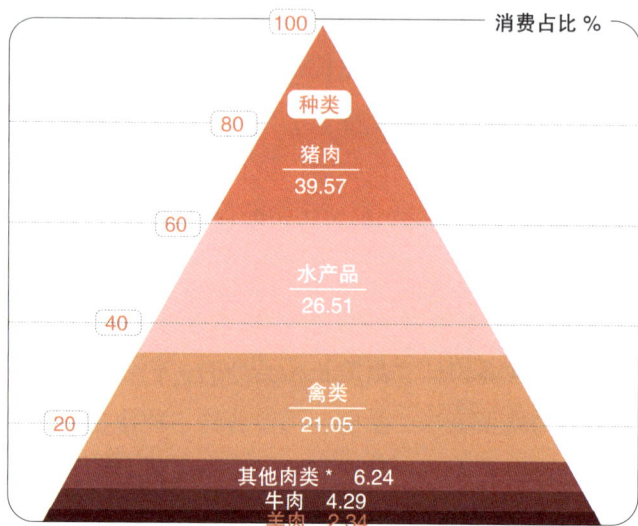

消费占比 %

100

80　种类

猪肉　39.57

60

水产品　26.51

40

禽类　21.05

20

其他肉类 *　6.24
牛肉　4.29
羊肉　2.34

数据来源：国家统计局

注：①表中的数据为每种肉的 2019 年人均消费量占该年肉类人均总消费量的比重。②其他肉类中包含兔肉、驴肉等肉类。③因数据缺失，未统计香港特别行政区、澳门特别行政区、台湾省。

**当代中国肉食品种消费图** [2]

## 第一节　由狩猎到畜牧业

在远古时期，由于农业不甚发达，人类先民的生活来源主要是依靠渔猎和采集植物，所以，有人把这一时代称之为"肉食时代"[3]。恩格斯指出："根据所发现的史前时期的人的遗物来判断，根据最早历史时期的人和现在最不开化的野蛮人的生活方式来判

---

①〔德〕恩格斯：《劳动在从猿到人转变过程中的作用》，载中共中央马克思恩格斯列宁斯大林著作编译局编：《马克思恩格斯全集》第 20 卷，第 515 页。

②黄可乐：《中国吃肉地图》，网易数读（ID：datablog163）https://m.thepaper.cn/baijiahao_14945790。

③吴其昌：《甲骨金文中所见的殷代农稼情况》，载胡适等：《张菊生先生七十生日纪念论文集》，北京：商务印书馆，2012 年，第 289 页。

断，最古老的工具是些什么东西呢？是打猎的工具和捕鱼的工具，而前者同时又是武器。但是打猎和捕鱼的前提，是从只吃植物转变到同时也吃肉，而这又是转变到人的重要的一步。肉类食物几乎是现成地包含着为身体新陈代谢所必需的最重要的材料，它缩短了消化过程以及身体内其他植物性的即与植物生活相适应的过程的时间，因此赢得了更多的时间、更多的材料和更多的精力来过真正动物的生活。这种在形成中的人离植物界愈远，他超出于动物界也就愈高。正如既吃肉也吃植物的习惯，使野猫和野狗变成了人的奴仆一样，既吃植物也吃肉的习惯，大大地促进了正在形成中的人的体力和独立性。但是最重要的还是肉类食物对于脑髓的影响；脑髓因此得到了比过去多得多的为本身的营养和发展所必需的材料，因此它就能够一代一代更迅速更完善地发展起来。"[1] 可见，吃肉对人是十分有益的，在一定程度上说，肉类食物是人类发展的重要促进因素。

中国古代文献中也记载着在远古时先民的饮食是以食肉和植物籽实为主的。《礼记·礼运篇》说："昔者……未有火化，食草木之实，鸟兽之肉，饮其血，茹其毛。"东汉王充《论衡·齐世篇》中也说："上世之民，饮血茹毛，无五谷之食，后世穿地为井，耕土种谷，饮井食粟，有水火之调。"随着社会的进化、农业生产的发展，人类逐渐摆脱了饮血茹毛的生活，野兽被家畜所代替。农业和畜牧的发明，是人类社会经济的巨大飞跃，对人类社会的发展产生了极为深远的影响。但是，对于农业和畜牧业谁先产生的问题，至今人们的看法还未完全统一。

东半球的农业，按照摩尔根的观点，是在畜牧业发明之后。当时人们种植谷物，是为了饲养家畜。马克思据此在《摩尔根〈古代社会〉一书摘要》中认为："园艺在东半球的兴起，看来与其说是由于人类的需要，倒不如说是由于家畜的需要。"恩格斯在《家庭、私有制和国家的起源》中也有相似的见解，他说："十分可能，谷物的种植在这里起初是由牲畜饲料的需要所引起的，只是到了后来，才成为人类食物的重要来源。"马克思和恩格斯在这里用了"似乎"或"可能"等词，很有分寸，这说明马克思和恩格斯对于他们的这个观点是有所保留的，并不认为它是一个可以到处套用的公式。但是在我国的一些著作中，部分学者也套用了这一观点，肯定我国局部或全部地区，先有畜牧业，然后在此基础上再发明农业。

事实上，中国古代长江流域许多民族的社会经济生活，并非是单一的，而是多元且复杂的。大体而言，在漫长的旧石器时代，先民主要从事渔猎和采集；到了新石器时代，农业开始发展，华夏族还兼营畜牧业。在长江流域的浙江河姆渡、湖南城头山、湖北屈家岭等许多考古发掘都充分证实，这时华夏族已形成以农业为主、畜牧为辅的

---

[1] ［德］恩格斯：《劳动在从猿到人转变过程中的作用》，载中共中央马克思恩格斯列宁斯大林著作编译局编：《马克思恩格斯全集》第20卷，第515页。

经济文化类型。然而，有些氏族部落则沿着另一条路径，由于原始农业停滞或衰颓，主要采取游牧或渔猎方式，如中国西部与西南部等少数民族，大都如此，但他们还是需要农业作为补充经济，或逐步向农业过渡。考古学上大量新石器时代出土遗存和民族学上的大量材料，均可说明这一问题。因此，农业从采集经济发展而来，畜牧与狩猎有密切关系，前者源于后者，这是基本情况，是大体符合历史实际的。即使在比较发达的农业经济中，渔猎和畜牧仍然占据一定的地位。

总之，农业和畜牧业的发明是变更人类饮食的首次革命，它标志着人类能控制住自己的食物补给，从此有了稳定的食物来源。农业为人类提供谷食和家畜饲料，家畜饲料的需求在促使人类扩大谷物种植面积的同时，也就推动了农业的发展；畜牧业为人类提供了可靠的肉食来源，吃肉使得人类体质增强，从而有充沛的精力去从事农业生产，也增强了人类征服自然的能力。因此，畜牧业丰富了人的饮食生活，自它产生以来，人们就再也离不开它。

从下图可知，当代长江流域肉食消费量在全国的比重也是比较高的。

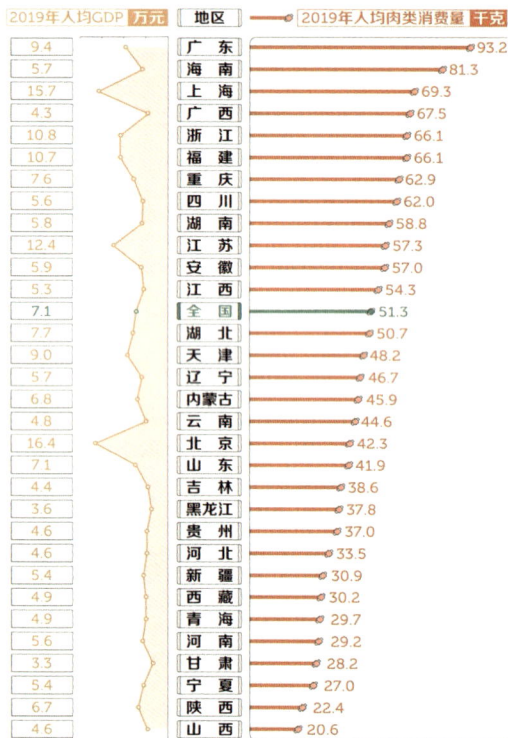

| 2019年人均GDP 万元 | 地区 | 2019年人均肉类消费量 千克 |
|---|---|---|
| 9.4 | 广 东 | 93.2 |
| 5.7 | 海 南 | 81.3 |
| 15.7 | 上 海 | 69.3 |
| 4.3 | 广 西 | 67.5 |
| 10.8 | 浙 江 | 66.1 |
| 10.7 | 福 建 | 66.1 |
| 7.6 | 重 庆 | 62.9 |
| 5.6 | 四 川 | 62.0 |
| 5.8 | 湖 南 | 58.8 |
| 12.4 | 江 苏 | 57.3 |
| 5.9 | 安 徽 | 57.0 |
| 5.3 | 江 西 | 54.3 |
| 7.1 | 全 国 | 51.3 |
| 7.7 | 湖 北 | 50.7 |
| 9.0 | 天 津 | 48.2 |
| 5.7 | 辽 宁 | 46.7 |
| 6.8 | 内蒙古 | 45.9 |
| 4.8 | 云 南 | 44.6 |
| 16.4 | 北 京 | 42.3 |
| 7.1 | 山 东 | 41.9 |
| 4.4 | 吉 林 | 38.6 |
| 3.6 | 黑龙江 | 37.8 |
| 4.6 | 贵 州 | 37.0 |
| 4.6 | 河 北 | 33.5 |
| 5.4 | 新 疆 | 30.9 |
| 4.9 | 西 藏 | 30.2 |
| 4.9 | 青 海 | 29.7 |
| 5.6 | 河 南 | 29.2 |
| 3.3 | 甘 肃 | 28.2 |
| 5.4 | 宁 夏 | 27.0 |
| 6.7 | 陕 西 | 22.4 |
| 4.6 | 山 西 | 20.6 |

数据来源：国家统计局
注：①本表的肉类包含哺乳动物肉、禽类肉、水产品等。②因数据缺失，未统计香港特别行政区、澳门特别行政区、台湾省。

**当代中国肉食消费量图** [1]

---

[1] 黄可乐：《中国吃肉地图》，网易数读（ID：datablog163）https://m.thepaper.cn/baijiahao_14945790。

## 第二节　家畜品种

中国古代驯养家畜、家禽的历史是相当久远的，传说黄帝"时播百谷草木，淳化鸟兽虫蛾"[1]。考古发掘也表明，从史前的新石器时代文化到商代青铜文化来临之前，我国畜牧业在长江流域各地已经有了一定的基础。人类饲养的主要家畜（通常称为"六畜"）——马、牛、羊、鸡、犬、豕，在长江流域的上游或下游都已普遍饲养，有的还育成较稳定的品种。所以到了商代，猪、马、牛、羊等都已有了相当好的品种，并且与后来的品种很接近，可以说后世的主要家畜、家禽品种在当时都已具备。春秋以后，伴随着战争的日益频繁和农业的发展，马、牛等大牲畜已成为军事、农耕和交通的役力。较小的畜禽，如羊、猪、犬、鸡、鸭等，自然而然地成了长江流域人民肉食的品种，它们宜于小农饲养，同时也是增长最快的畜禽。《诗经·大雅·公刘》中的"执豕于牢，酌之用匏。食之饮之，君之宗之"，《诗经·王风·君子于役》中的"鸡栖于埘，日之夕矣，羊牛下来"等诗句，就反映了这种情况。畜牧业的兴旺在考古材料中亦有反映。在战国时期的湖北江陵望山一号墓出土的铜鼎里，就有牛、羊、猪、鸡等动物的遗骸[2]，说明这些牲畜主要是供人们食用的。

### 一、猪

从已经发掘的材料来看，新石器时代我国数量最多的家畜是猪，家猪饲养的地位在长江流域各原始社会部落中仅次于农业。这是因为家猪腿短体重，不同于牛羊，不能远距离放牧，只有在人类开始定居下来以后才有可能圈养，而人类定居是以从事农业生产为前提的。再则，只有农业发展了，才能给猪提供必要的饲料。从考古材料中可以看出，长江流域凡出现原始农业的地方，都有养猪的遗迹（如表3–1所示），说明养猪与农业一开始便结下了不解之缘。家畜和农业的相互依存，在艺术上也有反映。如在浙江河姆渡出土的一块稻穗纹陶盆残片中，赫然刻着一只猪。

河姆渡文化遗址出土的猪纹陶钵
（浙江省博物馆藏）

---

① ［汉］司马迁：《史记》卷1《五帝本纪》，第6页。
② 陈振裕：《湖北农业考古概述》，《农业考古》1983年第1期。

表 3-1　　　　　　　　　新石器时代长江流域猪遗存统计 [1]

| 地点 | 内容或名称 | 地点 | 内容或名称 |
| --- | --- | --- | --- |
| 江苏常州圩墩 | 猪牙床、猪骨 | 湖北枣阳雕龙碑 | 猪骨 |
| 江苏连云港二涧 | 猪骨 | 湖北丹江口朱家台 | 猪骨 |
| 江苏邳州刘林 | 牙雕、猪骨、猪牙床 | 湖北天门邓家湾 | 陶猪 |
| 江苏吴江龙南 | 猪骨架 | 湖北天门石家河 | 红陶猪 |
| 江苏新沂花厅 | 猪骨架、猪形罐 | 湖北洪湖乌林矶 | 猪牙床 |
| 江苏邳州大墩子 | 猪骨 | 湖北郧县 | 猪骨 |
| 江苏南京北阴阳营 | 猪牙床 | 湖北房县七里河 | 猪颌骨 |
| 上海青浦崧泽 | 陶器、猪骨 | 湖北宜昌杨家湾 | 猪骨 |
| 上海马桥 | 猪骨 | 湖北随州西花园 | 猪骨 |
| 浙江桐乡罗家角 | 猪骨、陶猪 | 湖南临澧胡家屋场 | 猪骨 |
| 浙江余姚河姆渡 | 陶猪、猪头骨 | 湖南澧县三元宫 | 猪骨 |
| 浙江吴兴邱城 | 陶猪 | 湖南石门皂市 | 猪骨、猪牙 |
| 湖北黄梅陆墩 | 猪下颌骨 | 重庆巫山大溪 | 猪头形器 |
| 湖北黄冈螺蛳山 | 猪下颌骨、牙床 | 四川广汉三星堆（新石器至夏商） | 猪牙 |

在我国长江流域的几个较早的新石器时代遗址中，都有家猪的骨骸出土。如河姆渡的家猪骨骸较多，根据对出土的 72 头较完整的标本鉴定，少年个体（包括幼猪）约占总数的 54%，成年个体（2～3 岁）占 34%，老年个体仅占 10%。这种比例说明两种现象：第一，养猪是为了食肉，所以少年与成年两类标本约占 90%；第二，农业生产水平尚低，没有充足富余的粮食饲养，所以小猪的宰杀率较高。这与黄河流域新石器时代出土的猪骨资料基本上是一致的。

浙江省文物考古研究所的动物考古专家宋姝认为，5000 年前的良渚古国创造了辉煌的文明，而这一文明的基础就是发达的稻作农业。不过，"良渚人"并不是仅吃米饭，他们的餐桌上少不了鲜美的肉食。"'良渚人'

河姆渡文化遗址中出土的陶猪

① 此表引自任继周主编：《中国农业系统发展史》，南京：江苏凤凰科学技术出版社，2015 年，第 447 页。

应该吃猪肉最多，其次是鹿肉。"在良渚古城遗址里出土的哺乳动物骨骼中，猪骨约占80%，鹿骨约占10%。"综合各方面的因素，可以判断'良渚人'当时已在饲养家猪。"家猪在1岁半成年，以后肉量和体型就不会发生太大的变化，因此人们选择在这时杀猪是最经济的，而出土的猪骨显示，良渚遗址里的猪也就活到1~2岁。①

长江流域地区河流湖泊众多，水网密布，缺乏开阔的牧场和食草动物（牛、羊、马）赖以生活的草被。因此先民畜养不是牛或绵羊，而是猪。中国文明的影响既深且巨，华夏族的人民不喝乳类，不吃乳酪，和西方民族截然不同，可以说，这种差别早在新石器时代就已形成。

殷商以后，肉猪在人们生活中的地位日趋重要。甲骨文中的"家"字反映了这一情况，其从"宀"从"豕"，说明猪已成为人类家居必养之物。"陈豕于室，合家而祀"，这正是"家"字的本义。② 由此看来，殷商时，每家必养猪，若一家不养，何以用于家祭。

家猪生长快，繁殖力强，饲养方便，特别是到秦汉时期，外形肥壮、肉质佳美的良种猪已经培育成功，有的品种延续至今，如四川的内江猪等。因此，有些专家根据新中国成立以来各地出土的汉代陶猪模型的外形认为，目前我国的某些优良家猪品种可以在汉代陶猪的外形上看到各自的早期形象，它们之间显然存在着血缘继承关系。③从史料上来看，养猪在秦汉时期长江流域极为普遍。许多"牧豕人"分布在南北各地，年龄不同，经历各异。如西汉时蜀地富人家奴"持梢牧猪"④。据梁家勉先生主编的《中国农业科学技术史稿》，中国在汉代就已经形成了五个类型的优良猪种，它们分别是：

华南猪。华南广东等地出土的青瓦猪，从外形看，头短宽，耳小而直立，颈短阔，背腰宽广，臀部及大腿发育极为良好，四肢短小，可以代表华南小耳型猪。从这种体态可以推知，我国汉代的华南猪已具备早熟、易肥等优良特点。

华北猪。天津市武清区等地汉墓出土的青瓦猪及其仔猪，从外形看，头部长而直，耳大下垂，体形较大，具有华北大耳型猪的特征。

四川猪。四川出土的东汉陶猪，从外形看，头短宽，颜面凹曲，耳中型半垂，体躯短宽，四肢坚实，当为著名的荣昌、内江猪的祖先。

大伦庄猪。江苏泰州、如皋等市的大伦庄猪，是我国优良种猪之一。泰州新庄汉墓出土的滑石猪，头嘴短小，颈短，腿短而小，背宽微凹，腹部下垂，臀部发达，具

---

① 参见新华社专稿：《动物考古揭开5000年前"良渚人"的餐桌美食》，2022年5月9日。

② 王仁湘：《新石器时代葬猪的宗教意义——原始宗教文化遗存探讨札记》，《文物》1981年第2期。

③ 张仲葛：《出土文物所见我国家猪品种的形成和发展》，《文物》1979年第1期。

④ [汉]王褒：《僮约》，引自[清]严可均辑：《全汉文》卷42，任雪芳审订，北京：商务印书馆，1999年，第434页。

**三国青瓷猪及青瓷猪屋**（武汉博物馆藏）

有大伦庄猪的特征。

贵州猪。近年贵州出土的汉代陶猪，从外形看，体形小而丰圆，嘴尖细而短，为脂肪型猪种。这是西南少数民族精心选育的适合当地条件的优良猪种。

其中三个猪种就来自长江流域。由于汉代许多地区养猪以放牧为主，因此贫穷百姓亦能够以此为业；放牧成本低廉，故猪的饲养量也比较可观，这对改善人们的饮食结构，增加肉食成分起到了重要作用。

东汉魏晋南北朝时，我国大部分地区气候变冷，降水量减少，使养猪业由放牧为主转向舍养为主，在民间再也看不到"泽中千足彘"或大群养猪的情况。舍养需要大量的粮食，但猪能为农民提供肥料和农副产品，因此小规模的家庭养猪业作为农民一项重要的副业，仍保持着兴旺的势头。成书于唐前期的《朝野佥载》记载："洪州（治今江西南昌）有人畜猪以致富，因号猪为乌金。"

宋代以降，长江流域的养猪技术取得了较大的进步。以猪的喂养为例，"田家多豢豕，皆置栏圈，未尝牧放。乐岁尤多，捣米有杜糠以为食"①。此外，各地还因地制宜发展养猪业。如近水地区利用萍藻和水生植物饲猪，以扩大饲料来源。元代王祯《农书》中记录宋元时期的养猪经验曰："尝谓江南水地多湖泊，取萍藻和近水诸物，可以饲之。"又曰山区养猪："凡占山者用橡食，或食药苗，谓之'山猪'，其肉为上。"②这是一种瘦肉型的肉猪，肉味鲜美。苏轼《仇池笔记》引宋代佚名僧人创作的《蒸豚诗》曰："嘴长毛短浅含膘，久向山中食药苗。蒸处已将焦叶裹，熟时兼用杏浆浇。红鲜雅称金盘钉，熟软真堪玉箸挑。若把膻根来比并，膻根自合吃藤条。"③酒糟也被人们用作饲料，如"浮梁人张世宁，淳熙癸卯暮冬之月，酿白酒五斗，欲趁新春沽卖，除夕酒成，既篘取之矣，复汲水拌糟于瓮，规以饲猪"④。

由于猪喂养面广，所以猪肉是人们生活中最普通的肉食来源。《淮南子·氾论训》

---

① ［宋］谈钥：《嘉泰吴兴志》卷20《物产》，嘉业堂刻本。

② ［元］王祯：《农书·农桑通诀集之五》"养猪类"，缪启愉、缪桂龙译注，济南：齐鲁书社，2009年，第127页。

③ ［宋］苏轼：《仇林笔记》卷下，华东师范大学古籍研究所点校注释，上海：华东师范大学出版社，1983年，第257页。

④ ［宋］洪迈：《夷坚志·丁》卷7《张方两家酒》，何卓点校，北京：中华书局，1981年，第1022页。

指出：猪肉之所以成为祭祀时的上牲，"夫飨大高而荐为上牲者，非荐能贤于野兽麋鹿也，而神明独飨之，何也？以为荐者，家人所常畜，而易得之物也"[1]。但是，一般平民也不是经常能够有肉吃的。这是由于猪要吃掉大量谷物，人民只有在谷物有多余的情况下，才有可能喂养猪，一般平民家庭喂养的猪不会过多。

在汉代，一些地方的官吏"劝民农桑"，提出的标准就是户养"二母荐、五鸡"[2]或"一猪、雌鸡四头"[3]。史书之所以颂扬这些官吏的"德政"，正说明了许多地区并不能达到这个标准。喂猪不多，就不可能经常宰杀，因此，平民只有逢年过节才有机会吃上肉。《礼记·王制》制定："士无故不杀犬豕，庶人无故不食珍。"什么人可以经常吃上猪肉呢？除了诸侯大夫以外，孟子的理想是70岁以上的可以吃肉，《孟子·梁惠王》中说："鸡、豚、狗、荐之畜，无失其时，

| 地区 | 单位：千克 | 2019年人均猪肉消费量 |
|---|---|---|
| 重 庆 | | 33.7 |
| 四 川 | | 33.4 |
| 广 东 | | 30.7 |
| 云 南 | | 27.7 |
| 贵 州 | | 26.0 |
| 湖 南 | | 25.7 |
| 广 西 | | 25.0 |
| 江 西 | | 23.5 |
| 福 建 | | 22.3 |
| 浙 江 | | 22.0 |
| 安 徽 | | 20.6 |
| 湖 北 | | 20.4 |
| 全 国 | | 20.3 |
| 海 南 | | 20.3 |
| 上 海 | | 19.8 |
| 内蒙古 | | 19.5 |
| 辽 宁 | | 17.9 |
| 江 苏 | | 17.8 |
| 吉 林 | | 16.7 |
| 黑龙江 | | 15.1 |
| 天 津 | | 15.0 |
| 山 东 | | 14.6 |
| 北 京 | | 14.6 |
| 河 北 | | 13.7 |
| 甘 肃 | | 13.6 |
| 河 南 | | 12.0 |
| 陕 西 | | 10.9 |
| 山 西 | | 10.2 |
| 青 海 | | 8.7 |
| 宁 夏 | | 6.3 |
| 西 藏 | | 5.7 |
| 新 疆 | | 3.1 |

数据来源：国家统计局
注：因数据缺失，未统计香港特别行政区、澳门特别行政区、台湾省。

中国人均猪肉消费图[4]

七十者可以食肉矣。"他认为家畜是每家都有力量和工夫去饲养的，那么，70岁以上的人就可以有肉吃了。这从反面说明，即便是老年人也不是经常有肉吃。秦汉时期，一般平民吃不起肉，就买些猪下水来调剂一下生活，如舌、心、肺、胃、肠、肝、头、

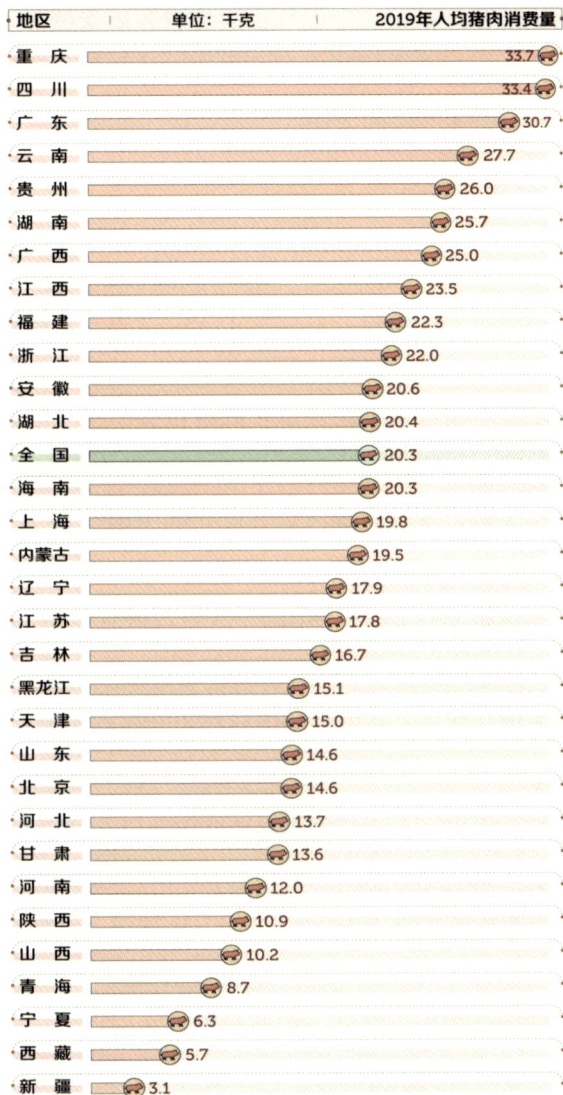

①《淮南子·氾论训》，陈广忠译注，北京：中华书局，2012年，第781页。

②［汉］班固：《汉书》卷89《龚遂传》，第3640页。

③［北魏］贾思勰：《齐民要术校释·序》，缪启愉校释，缪桂龙参校，北京：农业出版社，1982年，第3页。

④黄可乐：《中国吃肉地图》，网易数读（ID：datablog163）https://m.thepaper.cn/baijiahao_14945790。

蹄。《东观汉记》中记载：闵仲叔客居安邑，老病贫寒，不能买肉，日买一片猪肝。有钱人家对于食用猪肉非常讲究，从长沙马王堆出土的肉食标本分析，食用猪以出生二个月至半年之间为佳。

## 二、牛

牛类驯化历史之久，不会晚于猪。牛在新石器时代已成为家畜。在考古遗存中，如浙江余姚河姆渡，长江中下游的圩墩、菘泽和马桥等处新石器时代遗址，大都出土过水牛的遗骸，说明从河姆渡文化、马家浜文化、良渚文化，直到湖熟文化的长江下游居民，可能已饲养水牛；同时也表明水牛的畜养与水稻的种植有密切的关系，因为在上述文化遗址中，大都也有水稻的遗存发现。

大致以秦岭与淮河为界以北的中国北方，包括中原地区，这里已知最早的新石器时代文化是距今 7000 多年的磁山、裴李岗文化，有些考古学家认为，这一时期的居民已经开始饲养黄牛[1]。中国北方新石器时代的水牛，首先出现在大汶口文化（前 3835—前 2240）的遗存中。在大汶口遗址和王因遗址，除了黄牛以外，还有家水牛的遗骸出土。到龙山文化中，在邯郸涧沟村和长安客省庄也都有水牛遗存出土。[2] 在殷墟中，所发现的水牛骨也比黄牛骨要多。[3] 这说明，在先秦时期，水牛不一定是长江流域居民的专有物，它也可以生活在黄河流域或淮河以北的地区。

在新石器时代，人们养牛的目的是食其肉，用其皮骨。殷商时，牛成为一种隆重的祭祀用的牺牲。事实上，牛作为牺牲的历史很悠久，所谓"伏羲氏教民养六畜"的传说，曾被认为是我国进入原始畜牧业的标志。《史记·五帝本纪》认为尧时就"用特牛礼"，即选用牡牛作为祭品。在商代甲骨文中，关于牛的记载，最多的就是指用于祭祀的牺牲，有时每次达三四百头，比用羊和猪充当牺牲的数量多。陈梦家在《殷墟卜辞综述》中指出："甲骨文字中有牢、宰，是牺品，乃指一种圈养的牛羊。"牛作为祭祀的牺品，其实还是被人当作肉食，《尚书·微子》就指出："今殷民乃攘窃神祇之牺牷牲用以容，将食无灾。"可见殷人已在暗自分享祭祀的牛肉了。

由于牛在商代还没有应用于农业生产中，因而它在商代人的饮食生活中就不显得特别珍贵。郭宝钧先生认为："殷代祀典，卯牛用羊的卜辞多至不可胜数，用牲少者数十，多者数百，在埋葬遗迹中，我们也确曾于小屯 C 区房基旁发现祭牲数百，这些

---

① 中国社会科学院考古研究所编著：《新中国的考古发现和研究》，北京：文物出版社，1984 年，第 194 页。

② 中国社会科学院考古研究所编著：《新中国的考古发现和研究》，第 195 页。

③ 北京大学历史系考古教研室商周组编著：《商周考古》，北京：文物出版社，1979 年，第 41 页。

兽类，骨架齐全，可知当日是全骨肉掩埋的。以此推证，当日纣王之'悬肉为林'，积肉为圃的奢靡（《韩非子·喻老》'纣为肉圃'）并非必无之事。这时贵族们食肉，自不虑缺乏，所以肉祭或数十人共肉食的大鼎，如司（后）母戊鼎、牛鼎、鹿鼎等即适应需要而制。"[①] 这反映出商代的畜牧业是很繁盛的。贵族们食肉，主要是取之于牛，以牛肉为肉中上品。

在西周，牛在六畜中是最贵重的一种，在周代祭祀和享宴中，用牛的数量比商代有所减少，如成王于洛邑王城告成之祭，对文王只用一只骍牛，对武王也是只用一只骍牛，这比之商代祭祀逊色很多。到东周时，物质生活虽然有了发展，但大量用牛作祭祀的现象也不多见，用三百头牛作祭祀的在文献中仅一见，这就是《史记·秦本纪》中所说："德公元年……以牺三百牢祠鄜畤。"

中国古代礼制规定，太牢是最隆重的祭礼。所谓太牢，是三牲齐备，即牛、羊、猪三种牺牲俱全，牺牲二字皆从牛，可见古代珍贵的食物是以牛作为标志的。没有牛的即称少牢，《礼记·王制》指出："天子社稷皆太牢，诸侯社稷皆少牢。"《国语·楚语》中也有类似的论述："其祭典有之曰：国君有牛享，大夫有羊馈，士有豚犬之奠，庶人有鱼炙之荐，笾豆、脯醢，则上下共之。"即说牛是国君的祭品，羊是大夫的祭品，猪是士以下人员的祭品。在西周还有规定哪个阶级和阶层的人们才有权利享受吃牛肉的制度，《礼记·王制》说："诸侯无故不杀牛。"虽然这种规定并没有被严格施行，但表明牛肉较为尊贵。春秋战国时期，牛肉还是比较稀贵。《左传·僖公三十三年》记载，秦师袭郑，到达滑国，恰巧郑国的商人弦高准备到成周去做买卖，碰到秦军，为了稳住秦军，他先送给秦军 4 张熟牛皮，后送 12 头牛犒劳秦军，同时又派人向郑国报告。给几万人的秦军送去 12 头牛犒劳，这在当时已算是一份厚重的礼物了。

在中国，包括长江流域，养牛始终为历代王朝所重视。早在周代，朝廷就设有专门向贵族供应肉牛的官员，即牛人，他的职掌为："掌养国之公牛，以待国之政令。凡祭祀，共其享牛、求牛，以授职人而刍之。凡宾客之事，共其牢礼、积膳之牛；飨食、宾射，共其膳羞之牛；军事，共其犒牛；丧事，共其奠牛。"[②] 这就是说牛人掌理畜养国家的公有牛，供给国家的需要，凡有祭祀，供给享牛、求牛；招待宾客、天子与诸侯宴饮及行射礼时，都要供给膳馐所需的牛；有军旅事，供给犒劳将士的牛；有丧祭，供给祭奠所需的牛。

周代的牛人对后世出现的养牛管理机构有着较大的影响。从秦汉以来的 2000 多年

① 郭宝钧：《中国青铜器时代》，北京：生活·读书·新知三联书店，1963 年，第 116 页。
② [清] 孙诒让：《周礼正义》卷 23《地官司徒·牛人》，王文锦、陈玉霞点校，北京：中华书局，1987 年，第 923—930 页。

中，凡属朝廷所需的肉类，无论是大小宴会所需，或供应皇室祭祀的牺牲，均归九卿中的光禄和太常二卿直接掌理。到隋唐时太常寺的廪牺署，以至宋朝光禄寺的牛羊司，都是这样发展起来的。这些机构主要为皇室、京官管理牲畜，并把经过挑选的肉畜献给他们去享受。

汉唐时期，养牛规模和数量有显著增长。在《史记·货殖列传》中，不少人家有"牛蹄角千"（合166头），富比"千户侯"，养牛规模比周代大幅度增长。伴随着养牛业的发展，长江流域各地牛的品种也在增多。除了通用的耕牛外，还培育了一些肉牛品种。《广志》记载的十余个品种中，就有一些是肉牛，如犎牛，如牛而大，肉数千斤，出蜀中；麟牛，似鹿又似羊，肉美。三国初年刘表在荆州"有千斤大牛，啖刍豆十倍于常牛，负重致远，曾不若一羸牸。魏武入荆州以享军"[1]。这种大牛不能负重犁地，只堪作专供食用的肉牛。马王堆一号汉墓也出土有炙牛肉的残骸。

汉唐时期牛的价钱较高。在《九章算术》里，一头牛的价格在1800钱左右，羊约250钱，豕在300钱至900钱之间。[2]因此只有王公贵族和豪富之家才能吃得起牛。曹植《箜篌引》称"置酒高殿上，亲交从我游。中厨办丰膳，烹羊宰肥牛"。各级官员置办宴会都要杀牛。

宋代以降，养牛技术也达到了较高的水平。如周去非《岭外代答》卷四云："今浙人养牛，冬月密闭其栏，重藁以藉之，暖日可爱，则牵出就日，去秽而加新，又日取新草于山，唯恐其一不饭也。浙牛所以勤苦而永年者，非特天产之良，人为之助亦多矣。南中养牛若此，安得而长用之哉！"此外，《陈敷农书》对此也有详细的阐述。

这些牛除用来耕作外，有的也作食用。如江西"饶州乐平县白石村民董白额者，以侩牛为业，所杀不胜纪"[3]，由于食者众多，故有人作《食牛诗》曰："万物皆心化，唯牛最苦辛。君看横死者，尽是食牛人。"[4]如果单家独户的贫苦百姓买不起牛，他们就合资共买，宰杀分肉。如《九章算术·盈不足章》第四题，内容为126家共买一牛，就是这种情况的反映。以上这些史料也都证明，牛肉在长江流域人民的饮食生活中，虽然占有一席之地，但不可能经常食用，牛是一种较稀贵的肉食品种。

## 三、羊

家养羊的出现晚于猪和牛。中原地区几个时代较早的新石器时代遗存里都没有羊

---

① ［宋］李昉等：《太平御览》卷898《兽部（十）》，北京：中华书局，1960年，第3988页。
② 宋杰：《〈九章算术〉与汉代社会经济》，北京：首都师范大学出版社，1994年，第68页。
③ ［宋］洪迈：《夷坚志·甲》卷13《董白额》，第112页。
④ ［宋］洪迈：《夷坚志·乙》卷13《食牛诗》，第295页。

的骨骸。磁山的动物群中没有羊；裴李岗也没有发现羊骨，只有陶制的羊头，但造型简单，羊角粗大，形状似野盘羊的角，不大可能是家羊；西安半坡的绵羊标本很少，不能确定是家羊；郑州西郊仰韶文化遗址的家羊骨，仅是骨制的半圆形细长的食器，也难断定为家羊。所以中原地区仰韶文化遗存中是否有家羊，尚需作深入的研究。三门峡庙底沟二期文化遗存中的家山羊，是中原地区新石器时代最早的记录，为公元前 3000 年左右；山东城子崖的羊骨被鉴定为殷羊，是一种与殷代的绵羊同种的家绵羊。这说明在龙山文化（公元前 2400—前 2000 年）遗存中已经有家山羊与家绵羊了。长江流域的家羊较普遍地出现在良渚文化的遗存中。[①]

在商代考古发掘的遗存中，羊的发现逐步多了起来，是仅次于猪、牛的三大肉食来源之一。在北方草原地区居住的人民，肉食来源主要是依靠羊；但在长江流域，羊的喂养不如北方，主要肉食来源是猪肉。

历代供祭祀的牺牲和肉食都少不了羊，商代甲骨文中用羊作牺牲的记载就非常多，如"三百羊，用于丁"[②] 等。在周代，还专设一职掌理羊牲的供给："羊人，掌羊牲。凡祭祀，饰羔。祭祀，割羊牲，登其首。凡祈珥，共其羊牲。宾客，共其法羊。凡沈辜、侯禳、衅、积，共其羊牲。若牧人无牲，则受布于司马，使其贾买牲而共之。"[③] 这就指出羊人掌理羊牲的职能：凡是祭祀，羊人都要洗净所用的羊只，并剖割羊牲，升羊首；行衅时，供给所需的羊牲；接待宾客，供给法定所需的羊只；凡沈辜、侯禳、衅与祀天神等祭，供给羊牲；如果牧人没有羊牲，便向司马领取货币，派商人买来供应。

在中国古代，羊是吉祥如意的象征，《说文解字》释"羊"为"祥也"。羊肉甘美，所以《说文解字》释"美"为"甘也，从羊从大，羊在六畜主给膳也"。羊在六畜中的地位仅次于牛，《礼记·王制》规定："大夫无故不杀羊。"在乡饮酒礼中，只有乡人参加，就吃狗肉；如有大夫参加，就另加羊肉。《礼记·月令》中说："孟春之月……天子食麦与羊。"可见，羊在先秦时期主要是供给权势者享用的。

烹羊炮羔，是中国烹调的一个传统。古代羊肴品目繁多，据《礼

三国吴青瓷羊舍（武汉江夏区博物馆藏）

---

① 中国社会科学院考古研究所编著：《新中国的考古发现和研究》，第 196-197 页。
② 罗振玉：《殷墟书契续编》，台北：艺文印书馆，1970 年，第 47 页。
③ 孙诒让：《周礼正义》卷 57《夏官司马·羊人》，第 2393-2394 页。

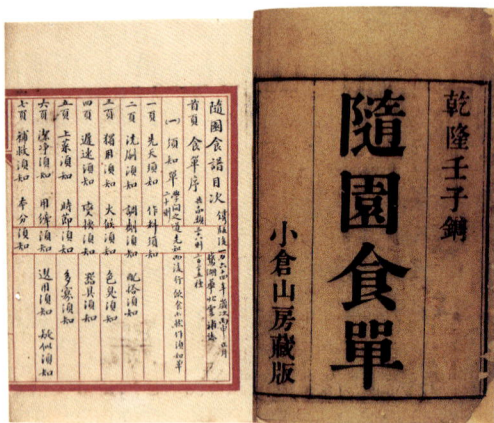

《随园食单》书影

记》等书记载，西周"八珍"之一就有"炮羊"[1]，北魏贾思勰的《齐民要术》中载有14种羊菜，品名有：脯炙（烤羊肉）、肝炙、羊盘肠（羊灌肠）、豉丸炙（煎丸子）、五味脯（五香腊羊肉）、羊蹄臛（煨羊蹄）、羊节解、胡炮肉（烤羊灌肠）、蒸羊（清蒸羊肉）、筒炙羊（竹筒烤羊）、羊肉酱等。

在宋代饮食中，羊肉占有重要的地位。若以肉食而言，则以羊肉为最主要的食品，从皇宫到民间，无不以食羊肉为美事。皇宫内的肉食品几乎全用羊肉，而不用猪肉。这不但是习惯，而且还上升到作为宋朝"祖宗家法"之一的高度。如《后山谈丛》所言："御厨不登彘肉。"李焘《续资治通鉴长编》记载辅臣吕大防为哲宗讲述祖宗家法，其一即"饮食不贵异味，御厨止用羊肉，此皆祖宗家法，所以致太平者"[2]。所以，皇宫每年要从陕西等地运来数万只羊。宋仁宗时，宫中食用量达到最高额，竟日宰羊280只，一年即十万余只，食用量之大是惊人的。

宋王朝南渡后，黄河流域的居民也随之大批南移。他们把原来生长于冀鲁豫地区的绵羊携带到江南，利用当地丰富的野草资源和养蚕剩下的桑叶、蚕沙来饲养绵羊。

全羊大菜

由于蚕沙、桑叶含有丰富的蛋白质，性凉能清湿热，可预防羊体受湿热生病。经过漫长的风土驯化，结果在南宋培育成耐湿热的著名品种——湖羊。《嘉泰吴兴志》中所说的"今乡土间有无角斑黑而高大者曰胡羊"[3]，即指此。这种羊具有肉质肥美、皮裘花纹美丽、繁殖力强等优点，非常适合当地的自然条件。

---

① ［清］孙希旦：《礼记集解》卷28《内则》，沈啸寰、王星贤点校，北京：中华书局，1989年，第757页。

② ［宋］李焘：《续资治通鉴长编》卷480，上海师范大学古籍整理研究所、华中师范大学古籍研究所点校，北京：中华书局，1995年，第11417页。

③ ［宋］谈钥：《嘉泰吴兴志》卷20《物产》，嘉业堂刻本。

清代时，食羊之风更为盛行，羊肉的烹制技术也更高超，全羊席就是这时出现的，它集中国古代羊肴之萃。清人袁枚在江宁（今南京）小仓山筑随园，他在《随园食单》中称：“全羊法有七十二种，可吃者不过十八九种而已。此屠龙之技，家厨难学。一盘一碗，虽全是羊肉，而味各不同才好。”徐珂《清稗类钞》记载，清代淮安府“清江庵人善治羊，如设盛筵，可用羊之全体为之、蒸之、烹之、炮之、炒之、爆之、烤之、熏之、炸之，汤也、羹也、膏也，甜也、咸也、辣也、椒盐也。所盛之器，或以碗，或以盘，或以碟，无往而不见羊也。多至七八十品，品味各异。吃称一百有八品者，张大之辞也。中有纯以鸡鸭为之者，即非回教中人，亦优为主，谓之全羊席”，展示了古代长江流域厨师烹制羊菜的聪明和才智。

## 四、狗

狗是被人类最先驯化的动物，它第一个走进家畜的行列，在世界上所有地区概不例外。狗的驯服是在狩猎的基础上产生的，狗被驯养之后，人类发现狗繁殖较易，人们不太费气力就可以获得肉食，这引起了人类对其他动物驯服的兴趣。所以，狗的驯养开创了人类驯服动物的道路。

在我国新石器时代遗址中，无一例外都有家犬遗骨，其时代可以早到距今8000—7000年前左右。如浙江余姚河姆渡、河南新郑裴李岗等新石器时代早期遗址都有家犬的遗骸出土。黄河下游的大汶口文化遗址中有大量的家犬遗骸出土，在山东胶县（今胶州市）三里河出土的狗形鬶[①]，造型逼真，生动地表现了我国新石器时代家犬的形态特征。在商周时期的墓葬中，家犬遗骸仍占出土家畜遗骸的大宗。可以认为，无论是在长江流域，还是在黄河流域，狗是中国新石器时代一直到商周时期最主要的家畜之一。

狗除容易喂养、繁殖力强等特点之外，宰杀也容易，因而在先秦时期食狗之风十分盛行，狗肉是人们喜食的肉类之一。《左传·昭公二十三年》记载：鲁国的大夫叔孙被晋国扣留，“吏人之与叔孙居于箕者，请其吠狗，弗与。及将归，杀而与之食之”。《国语·越语》记载，越王勾践为鼓励繁殖人口，规定：“生丈夫，二壶酒，一犬；生女子，二壶酒，一豚。”生男孩的奖一条狗，生女孩的奖一头猪，这种奖励方法，可能是因为狗肉比猪肉好吃，同时也反映出在先秦时期长江下游一带狗肉的地位可能比猪肉要高一些。《晏子春秋》记载，齐景公的猎狗死了，要用棺殓之，还准备祭祀，后来晏婴提了意见，于是齐景公“趣庖治狗，以会朝属”。可见在先秦时狗肉也可以登大雅之堂。

---

① 吴汝祚：《山东胶县三里河遗址发掘简报》，《考古》1977年第4期。

《礼记·王制》规定："士无故不杀犬豕。"这种规定到战国时期就没有什么约束力了，屠狗者日渐增多，以至成了社会上的一种专门职业。如战国时期侠客聂政，即"家贫，客游以为狗屠"①；刘邦的大将樊哙在泗水郡沛县也"以屠狗为事"②。狗屠专业户的出现，说明社会上养狗普遍，食狗肉的人多；同时还意味着饮食不再受社会阶级的限制，有钱买肉，即可食肉，这是人们生活条件稍有改善的一个标志。秦汉时期，人们食用狗肉十分讲究，选择的原则是选幼不选壮，选壮不选老。也就是说，以食小狗为上，从长沙马王堆汉墓出土的肉食标本分析，小狗以豢养一年以内的为佳。

一般而言，在魏晋以前，北方杀狗食肉之风似比长江流域盛行一些，文献记载比比皆是。而魏晋南北朝以后，大批北方人口涌入长江中下游地区，带动了长江流域养狗业的发展，北方的食狗之风迅速在长江流域流行起来。文献中有很多关于长江流域养狗的记载，如《三国志·吴书》、《晋书》（《吴隐之传》《艺术传》《杜预传》）以及《搜神记》《续搜神记》《述异记》《列仙传》《华阳国志》《南齐书》等，涉及建康、吴郡、会稽、闽中、鄱阳、荆州、南中等地区，也就是说今天的江苏、浙江、湖北、江西、四川、福建都是当时长江流域养狗的主要地区。

《续搜神记》中记载有狗救主人的故事，《述异记》中记载有陆机养狗送信的故事。一般在普遍养狗之后，就容易产生有关狗的趣事。这些记载表明狗已进入长江流域人民的生活，为长江流域人民所喜爱。长江流域养狗业的兴起，使不少人从事屠狗、贩狗行业。南齐开国功臣王敬则，少时屠狗，商贩遍于三吴，后为吴兴太守，"入乌程，从市过，见屠肉枡，叹曰：'吴兴昔无此枡，是我少时在此所作也。'召故人饮酒说平生，不以屑也"③。这些材料说明长江流域的屠狗贩肉之风是很盛行的，唐宋以后，狗在长江流域逐步淡出肉用畜的范围，但在近现代食狗肉之风又在长江流域流行开来。

## 五、鸡

中国是世界上最早养鸡的国家，在长江流域新石器时代早期的一些遗址中，如湖北京山屈家岭、天门石家河等遗址，出土了一些陶鸡模型，可见当

四川三星堆遗址出土的铜鸡

---

① ［汉］司马迁：《史记》卷86《刺客列传》，第2522页。
② ［汉］班固：《汉书》卷41《樊郦滕灌傅靳周传》，第2067页。
③ ［唐］李延寿：《南史》卷45《王敬则传》，北京：中华书局，1975年，第1129页。

时这些地方的先民已开始饲养家鸡。①这说明家鸡在长江流域的驯化已有五六千年历史。

在商代，鸡大量用作祭祀中的牺牲。郭沫若在《中国古代社会研究》一书中指出："用鸡的痕迹，在彝字中可以看出，彝字在古金文及卜辞均作二手奉鸡的形式。鸡在六畜中应是最先为人所畜用之物，故祭器通用彝字，竟为鸡所专用，也就是最初用的牺牲是鸡的表现。"殷墟中就曾发现大批用作牺牲的鸡骨，甲骨文中也有鸡字，这说明商代的养鸡业是十分兴盛的。周代还设有"鸡人"官职，掌管祭祀、报晓、食用所需的鸡。战国至秦汉时，鸡是上自贵族下至平民都爱饲养和食用的家禽，鸡肉和鸡蛋在秦汉饮食生活中有重要位置。在大多数汉墓中，我们都可以找到鸡骨，而长沙马王堆一号汉墓和江陵凤凰山一六七号汉墓则出土有成批的鸡蛋。马王堆一号汉墓遣策中有"鸡白羹一鼎瓠菜"的简文（简15），居延汉简（简10·12）则有入"鸡子五枚"的记录。在长江流域一般的家庭中，鸡肉与鸡蛋是待客的常菜。

西周鸡蛋（南京博物院藏）

历代统治者都很注重民间养鸡业，并把民间养鸡业的兴旺与否作为衡量地方官员的政绩好坏的标准之一。民间理想的户养是两头母猪、五只母鸡或一头猪、四只母鸡②。

湖南长沙出土的东汉彩釉陶鸡笼
（中国国家博物馆藏）

秦汉以后，养鸡成为中国最为发达、最为普及的家禽饲养业，遍布大江南北的家家户户。滕白《观稻》诗中"稻穗登场谷满车，家家鸡犬更桑麻"之句，可为明证。《嘉泰吴兴志》卷二十《物产》载道："鸡……今田家多畜，秋冬月乐岁尤多，盖有牺谷之类为食也。"农家往往以其作为补贴日常生活

东晋青瓷鸡首壶（武汉江夏区博物馆藏）

---

① 王仁湘主编：《中国史前饮食史》，青岛：青岛出版社，1997年，第81页。
② ［北魏］贾思勰：《齐民要术校释·序》，第3页。

的一种手段。如"郝轮陈别墅，畜鸡数百"，谓之"羹本"①。而有的人家养鸡数更是多达百数。②

据记载，梁朝吴兴太守谢朏曾"以鸡卵赋人，收鸡数千"，可见当时长江流域家鸡的饲养已经非常普遍。另据《吴兴备志》载，养鸭者也很多，梁朝始兴太守陈霸先以夹了鸭肉的荷叶包饭劳军；其子"送米三千石，鸭千头……今水乡乐岁尤多蓄"；贾思勰在《齐民要术》中记有一则关于制作成鸭蛋的内容，并注云："吴中多作者，至数十斛，久停弥善，亦得经夏也。"这些史料表明，魏晋南北朝时期太湖地区对于鸭的养殖和利用已达到较高程度。至宋元时期，鸡、鸭等家禽的饲养更为普遍，且收益颇丰。据王祯《农书》载，"若养二十余鸡，得雏与卵，足供食用，又可博换诸物。养生之道，亦其一也"，又载"夫鹅鸭之利，又倍于鸡，居家养生之道不可阙也"。③除此之外，长江流域在这一时期还出现了"蓬放""蓬鸭"等较大规模牧养的新方式，以及鸡卵、鸭卵的人工孵化技术，极大促进了养禽业的大规模发展。④

养鸡业的发达还可从人们食用鸡的数量得到表现。如洪迈《夷坚志》载："唐州相公河杨氏子，娶于戚里陈氏，得官至宣赞舍人。平生喜食鸡，所杀不胜计。"⑤又，"（嘉州）杨氏媪嗜食鸡，平生所杀，不知几千百数"⑥。

我国劳动人民在长期的养鸡实践中，精心培育出许许多多鸡的优良品种。早在战国时代，就已有鲁鸡和越鸡的区分。《庄子·庚桑楚》说："越鸡不能伏鹄卵，鲁鸡固能矣。鸡之与鸡，其德非不同也。"释文引司马向曰："越鸡、小鸡，或云荆鸡；鲁鸡，大鸡也，今蜀鸡。"这说明此时长江流域已经形成了鸡的原始品种类型⑦。《尔雅·释畜》云："鸡大者蜀。"又云："鸡三尺为鶤。"郭璞注："阳沟巨鶤，古之名鸡。"《艺文类聚》卷九十一引《庄子》佚文提到"羊沟之鸡"，司马彪注："羊沟，斗鸡之处。"可见"鶤"是一种体大善斗的鸡。

《齐民要术》中也记载了鸡的众多不同品种。宋代陆佃说："鸡有蜀、鲁、荆、越诸种，

《本草纲目》书影

① ［宋］陶谷：《清异录》卷2《禽名门·羹本》，四库全书文渊阁本。
② ［宋］庄绰：《鸡肋编》上卷，萧鲁阳点校，北京：中华书局，1983年，第18页。
③ ［元］王祯：《农书·农桑通诀集之五》"养鸡类""养鹅鸭类"，第129、131页。
④ 参见李群：《太湖地区畜牧发展史略》，《农业考古》1998年第3期。
⑤ ［宋］洪迈：《夷坚志·丙》卷14《杨宣赞》，第485页。
⑥ ［宋］洪迈：《夷坚志·丙》卷3《常罗汉》，第385页。
⑦ 梁家勉主编：《中国农业科学技术史稿》，北京：农业出版社，1989年，第151-152页。

越鸡小，蜀鸡大，鲁鸡又其大者。"[1] 并对比了各地鸡种的优劣。明代李时珍在《本草纲目》中也列举了鸡的 7 个变种，介绍了各地不同的鸡。[2]

清代张宗法在《三农纪》中记载，"产朝鲜者尾长，江南产者足短，蜀产臀团无尾，楚产并高三尺"，指出了不同鸡种的特征。长江流域历史上培育的优良鸡种有四川的鹎鸡、湖北的郧阳乌鸡、江西的崇仁麻鸡、湖南的桃源鸡等等。

中国古代历史上用鸡制作的名菜可谓种类繁多，不胜枚举，如四川的宫保鸡丁、江苏的叫花鸡、安徽的无为熏鸡、湖南的东安仔鸡、江西的三杯鸡、湖北罗田的板栗烧仔鸡等，这反映出鸡是人们最常食用的家畜品种，只有在这种常食的基础上，人们经过千百次实践，才有可能创造出味道万千、风格迥异的各种鸡的菜肴来。

| 地区 | 单位：千克 | 2019年人均禽肉消费量 |
|---|---|---|
| 广东 | | 25.9 |
| 广西 | | 24.8 |
| 海南 | | 24.7 |
| 安徽 | | 14.7 |
| 湖南 | | 13.7 |
| 四川 | | 13.2 |
| 上海 | | 13.1 |
| 福建 | | 13.0 |
| 江苏 | | 12.4 |
| 重庆 | | 11.9 |
| 浙江 | | 11.9 |
| 全国 | | 10.8 |
| 江西 | | 10.6 |
| 云南 | | 7.9 |
| 宁夏 | | 7.7 |
| 湖北 | | 7.0 |
| 河南 | | 6.9 |
| 内蒙古 | | 6.5 |
| 山东 | | 6.5 |
| 北京 | | 6.5 |
| 天津 | | 6.1 |
| 黑龙江 | | 6.0 |
| 贵州 | | 5.6 |
| 辽宁 | | 5.6 |
| 吉林 | | 5.6 |
| 甘肃 | | 5.6 |
| 河北 | | 5.4 |
| 新疆 | | 5.3 |
| 陕西 | | 3.5 |
| 青海 | | 3.4 |
| 山西 | | 2.9 |
| 西藏 | | 1.7 |

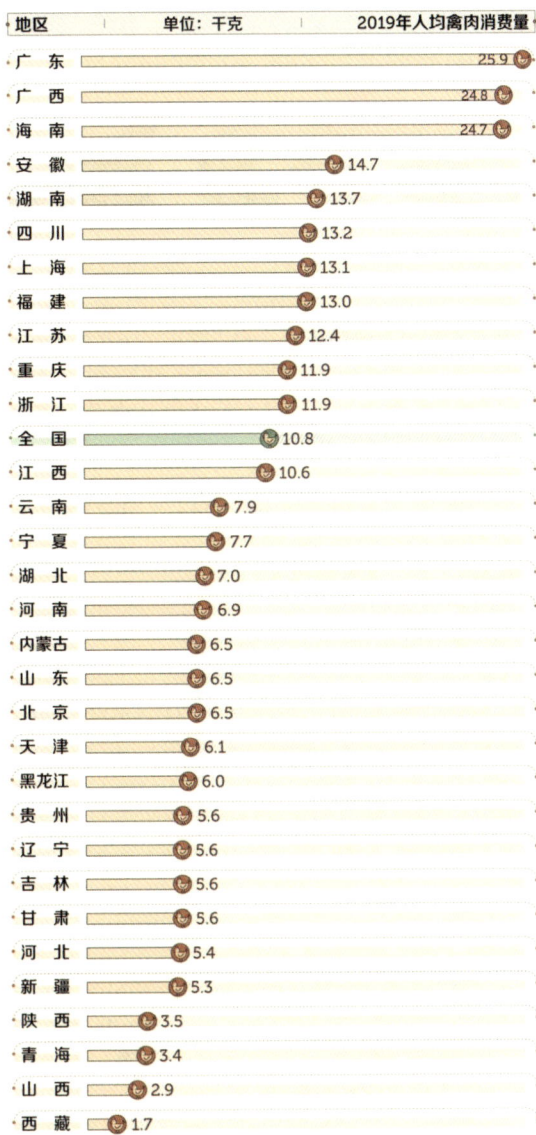

数据来源：国家统计局
注：因数据缺失，未统计香港特别行政区、澳门特别行政区、台湾省。

江西的三杯鸡 　　　　中国当代人均禽肉消费图[3]

① ［宋］陆佃：《埤雅》卷 6《释鸟·鸡》，王敏红校点，杭州：浙江大学出版社，2008 年，第 52 页。

② ［明］李时珍：《本草纲目》第 48《禽部（二）·鸡》，北京：人民卫生出版社，2004 年，第 2583−2590 页。

③ 黄可乐：《中国吃肉地图》，网易数读（ID：datablog163）https://m.thepaper.cn/baijiahao_14945790。

# 第三节　渔猎经济

渔猎经济是古代长江流域人民生活的一个重要来源，特别是在中国古代早期社会，渔猎业在人们的饮食生活中更占有不可缺少的地位。

俗话说，"靠山食兽，近水食鱼"。从长江流域的新石器时代文化遗址的地理位置分布状况可以看出，当时人们的居址多坐落在靠近小河的丘陵或高地上，这就决定了当时人们的经济生活除以农业为主外，渔猎仍然是人们饮食生活的辅助手段。大体上而言，时代愈早，渔猎经济在人们的饮食业中所占的比重愈大；时代愈晚，农业愈进步，渔猎经济在人们饮食中所占的比重就愈小。

明代陶釉祭品模型（鱼、鸡、豕头）（武汉博物馆藏）

## 一、渔

长江流域特别是中下游湖泊以及与其相连的众多江河构成了完整的水生态系统，是东亚特有淡水鱼类的起源和演化中心，也是我国渔业的起源地之一，因此，渔业资源十分丰富。据统计，长江流域分布着 4300 多种水生生物，其中鱼类 400 多种，长江特有鱼类 170 多种；拥有白鱀豚、白鲟、中华鲟、长江鲟、长江江豚等国家重点保护水生生物 12 种。

长江流域鱼种保护区示意图

自从人类学会用火之后，鱼类便成为人类的主要食物来源之一。在浙江余姚河姆渡文化遗址中，鱼和龟鳖类遗骨数量很多，淡水鱼骨随处散见，滨海河口的鲻鱼骨也不少，说明早在新石器时代长江流域的先民就已经普遍食用鱼类。此外，在长江流域的多处文化遗址中均发现有石制和陶制的网坠等渔具，下游遗址中更有精致的骨制织网器、竹鱼篓、浮标和木桨等。在浙江吴兴钱山漾遗址中，不仅出土了船、桨等遗存，还发现有"倒梢"的篾编渔具，以及多种原始捕鱼工具，有带倒刺的鱼骨镖头、骨制钓鱼钩、木浮标、鱼叉等等，表明在新石器时代，长江流域的渔业技术已经颇为先进。

据《竹书纪年》记载，夏朝君主芒曾"东狩于海，获大鱼"，可见海洋渔业在上古时代也开始兴起了。以天然捕捞为主的原始渔业形式一直持续到殷商时期，而后出现人工养殖渔业。在殷墟出土的商代后期甲骨文卜辞中即发现有"贞其雨，在圃渔""在圃渔，十一月"等养殖渔业的相关记载。"圃渔"，指在人工的池圃中捕鱼，说明早在3000年前中国已开始进行鱼类的人工饲养。春秋战国时期，长江流域养殖渔业进一步发展，下游地区已出现专供鱼类饲养的地方。如《吴地记》中即有"鱼城，越王养鱼处""夷亭，养鱼之亭"等相关记载。从越国大夫范蠡所著的被认为是中国最早的养鱼著作《养鱼经》来看，当时长江流域的鱼类饲养技术已经达到较高水平，而且养殖范围也比较普遍。

长江流域淡水鱼类的品种极为丰富，宋代著名文学家苏东坡曾感叹"长江绕郭知鱼美，好竹连山觉笋香"[①]。据文献记载，长江流域主要水产有鲫、鳜、鲤、鲈、鲌、鳊、青鱼、鳢、鲥、鲢、鳟、鲩、鲚、鳝、鲋、鳅、鲔、鳗、鳇、鲂、鲇、鲷、鳙、蚌、龟、鳖、蚬、蛤、螺等数十种。

在长江流域众多的淡水鱼类中，人们经常食用的有以下几种：

### 1. 鲥鱼

鲥鱼是一种肉味极其鲜美的名贵鱼类，分布于长江、珠江和钱塘江等江河中，为洄游鱼。吴自牧《梦粱录》卷十八《物产·虫鱼之品》曰："鲥，六和塔江边生，极鲜腴而肥，江北者味差减。"梅尧臣《时（鲥）鱼》诗曰："四月鲥鱼逴浪花，渔舟出没浪为家。甘肥不入罟师口，一把铜钱趁桨

**糟香鲥鱼**

---

① 徐中玉：《苏东坡文集导读·初到黄州》，北京：中国国际广播出版社，2009年，第159页。

牙。"①王安石《后元丰行》诗:"鲥鱼出网蔽洲渚,荻笋肥甘胜牛乳。"②《扬州画舫录》记载乾隆下江南时,曾专门去扬州吃糟香鲥鱼。

2. 鳜鱼

鳜鱼,又叫鳜、桂鱼、季花鱼、花鲫鱼、鳜豚、石桂鱼、季花、桂花鱼、胖鳜、老虎鱼、刺婆鱼、鳌花鱼等,古称"水底羊"。鳜鱼与石斑鱼同科,又被誉为"淡水石斑",分布于全国各地的江河湖泊中,肉质洁白细嫩,为中国著名水产品。叶岂潜《鳜鱼》诗:"渔翁今度等箸富,正是桃花水腻时。网得文鳞如墨锦,贯来杨柳是金丝。"③李时珍《本草纲目·鳜鱼》云:"小者味佳,至三五斤者不美。"

3. 鲤鱼

鲤,自古以来就是名贵鱼类,在先秦时,黄河中的鲤鱼比长江的鲤鱼要有名一些,《诗经》中有"岂其食用,必河之鲤"。南北朝陶弘景《神农本草经集注》中记载:"鲤为诸鱼之长,形既可爱,又能神变,乃至飞越江湖,所以仙人琴高乘之。"鲤鱼是古时人们最主要的食用鱼,现在在长江流域各地,鲤鱼也是最常见的食用淡水鱼。

湖北荆州夏家台楚墓出土的腌制鲤鱼
（荆州博物馆藏）

4. 鳣

《说文解字》及一些注释家认为鳣是鲤鱼,这是错误的。郭璞《尔雅注》指出:"鳣,大鱼,似鲟而短鼻,口在颔下,体有邪行甲,无鳞,肉黄,大者长二三丈,今江东呼为黄鱼。"张舜徽指出:"鳣之不同于鲤者,以体形特长为异耳。长鱼谓之鳣,犹长木谓之梃也。"④实际上,鳣即今长江中之中华鲟,中华鲟作为食用鱼类,是有悠久历史的。

5. 鲔

鲔即白鲟,商周时期以鲔为上品,多用于祭祖。《大戴礼记·夏小正》说:"祭不必鲔,记鲔何也?鲔之至有时,美物也。鲔者,鱼之先至者也。"《周礼》说:"渔人,春献王鲔。"《礼记·月令》说:"季春,荐鲔于寝庙。"鲔是何物呢?郭璞《尔雅注》指出:"鲔,鳣属也。大者名王鲔,小者名鲔鲔。"李时珍《本草纲目》也说:

---

①［宋］梅尧臣:《梅尧臣集编年校注·时鱼》,朱东润编年校注,上海:上海古籍出版社,1980年,第787页。

②［宋］王安石:《王安石文集·后元丰行》,刘成国点校,北京:中华书局,2021年,第1页。

③［清］厉鹗辑撰:《宋诗纪事》卷70,上海:上海古籍出版社,1983年,第1742页。

④张舜徽:《说文解字约注》"鳣"字注,第2850页。

"其状如鳣，腹下色白。"鲟体长一般为 2~3 米，体重 10~30 公斤，现在主要生活在长江中下游地区，但在先秦时，在黄河也可捕到。

白鲟现在为濒危动物。1989 年，白鲟被列为国家一级保护野生动物，于 1996 年被国际自然保护联盟（IUCN）列为"极危级"物种，最后一尾白鲟活体记录是 2003 年 1 月在长江上游四川宜宾江段被误捕，经成功

1993 年在葛洲坝下发现的白鲟是留存于世最清晰的白鲟照片

救护后放流。2009 年白鲟再次评估时被确定为"极危（可能灭绝）"。另外，白鲟是《濒危野生动植物种国际贸易公约》（CITES）附录 Ⅱ 的保护物种，也是长江上游珍稀特有鱼类国家级自然保护区的主要保护对象之一。

6. 鲂

《诗经》中多次提到鲂，郭璞《尔雅注》指出："江东呼鲂鱼为鳊。"鳊与鲂亦双声一语之转，鳊鱼头小，缩项，穹脊阔腹，扁身细鳞，大者长约 60 厘米，腹内有肪。鲂类中的团头鲂即今日脍炙人口的"武昌鱼"，以肉质细嫩肥美著称于世。《本草纲目》记载："鲂鱼处处有之，汉沔尤多。"[1]武昌一带所产者为最佳。清蒸武昌鱼尤负盛名，它入口鲜美柔嫩、清香可口，回味无穷。

苏轼《鳊鱼》诗云："晓日照江水，游鱼似玉瓶。谁言解缩项，贪饵每遭烹。杜老当年意，临流忆孟生。吾今又悲子，辍箸涕纵横。"[2]周密《癸辛杂识》后集《桐蕈鳆鱼》载："贾师宪（即贾似道）当柄日，尤喜苕溪之鳊鱼。"

7. 鳏

郭璞《尔雅注》指出："今鳏，额白鱼。"鳏，又名翘嘴鲌，分布较广，体长 200 毫米左右，重 150~200 克，为长江流域习见食用鱼类之一。

8. 鲫鱼

鲫鱼，古称鲋，又称鲫瓜子、鲫

丹江口翘嘴鲌

---

① ［明］李时珍：《本草纲目》卷 44《鳞部（四）·鲂鱼》，第 2444 页。
② ［清］王文浩辑注：《苏轼诗集》，孔凡礼点校，北京：中华书局，1982 年，第 78 页。

壳子、喜头鱼、土附鱼等，因其有两块味美的脊肉，故古称"鲹"，但秦汉以前多称"鲋"，据说直到东方朔发明"鲫"字后才称鲫鱼。《大招》中有道菜"煎鳘臛雀"，王逸注："鳘，鲋也。"鲋就是鲫鱼，头小而尖，背部高，尾部窄，迄今仍为长江流域常见的食用淡水鱼。宋陆佃《埤雅》称"鲫鱼旅行，以相即也，故谓之鲫；以相附也，故谓之鲋"①。

鲫鱼以产于湖北梁子湖、江苏六合龙池湖者最佳。梅尧臣《蔡仲谋遗鲫鱼十六尾余忆在襄城时获此鱼留以迟欧阳永叔》诗："昔尝得圆鲫，留待故人食。今君远赠之，故人大河北。欲脍无庖人，欲寄无鸟翼。放之已不活，烹煮费薪棘。"黄庭坚《谢荣绪惠贶鲜鲫》诗："偶思暖老庖玄鲫，公遣霜鳞贯柳来。薑白方看金作屑，鲙盘已见雪成堆。"这些诗都是吟咏鲫鱼的。

### 9. 鮰鱼

鮰鱼又称江团、肥沱、肥王鱼、淮王鱼等，主产于长江流域，为传统名贵水产品之一。早在宋代，鮰鱼已经为人们熟识，它的美味让苏东坡赞不绝口，创作了一首《戏作鮰鱼一绝》，将其与河豚和鲥鱼作比，其诗云："粉红石首仍无骨，雪白河豚不药人。寄语天公与河伯，何妨乞与水精鳞。"②鮰鱼肉嫩刺少，口感爽滑，非常鲜美。民间有"不食江团，不知鱼味"之说，因此鮰鱼被誉为淡水食用鱼中的上品。此鱼最鲜美之处在带软边的腹部，干制后为名贵的鱼肚。湖北省石首市所产的"笔架鱼肚"素享盛名。它胶层厚，味醇正，色半透明，制作工艺独特，对着光源照看，

**长江鮰鱼宴**

与屹立在石首市城里的笔架山酷似，由此得名"笔架鱼肚"，并有"此物唯独石首有，走遍天下无二家"之说，实属食中之珍。

### 10. 鳗

鳗是名贵食用鱼类，鳗鲡有数百种，俗叫白鳝。鳗鲡为暖温性降河洄游鱼类，生

---

① 陆佃《埤雅·释鱼》谓：鲋似鲤，色黑而体促，腹大而脊隆，即鲫鱼。程大昌《演繁露》卷8《土部·鱼》谓：鲋即土附鱼，吴兴人名此鱼曰鲈鲤，以其质圆而长，与黑鱜相似，而其鳞斑驳，又似鲈鱼，故两喻而兼之。

② ［清］王文浩辑注：《苏轼诗集》，第1257页。

长肥育期5—8年，并开始性成熟。每年冬季十二月和早春二月鳗苗到达长江口区，在河口区形成一年一度的鳗苗汛。鳗苗溯河而上，到长江各干支流索饵、肥育、生长，成熟后又进行降河生殖洄游。鳗鲡肉质细嫩，味鲜美，含有丰富的蛋白质和脂肪，营养价值高，可鲜食、熏制、醋渍、制罐，皮可制工艺品。徐铉《稽神录》卷三《渔人》云："因取置渔舍中，多得鳗鲡鱼以食之。"

11. 河豚

河豚是一种分布于东南沿海与通海的长江下游一带的海产洄游鱼。肉质极其鲜美，但其肝脏、血液等含有剧毒，因此常常发生吃河豚中毒死亡的事件。然而，长江下游一带的民众喜食河豚之风一直盛行不衰，如苏轼谓食河豚值得一死，宋人袁褧《枫窗小牍》卷下云："东坡谓食河豚值得一死。余过平江姻家张谏院，言南来无它快事，只学得手煮河鲀耳。须臾烹煮，对余方且共食，忽有客见顾，俱起延款，为猫翻盆，犬复佐食，顷之猫犬皆死，幸矣哉！夺两人于猫犬之口也。乃汴中食店，以假河鲀饷人，以今念之，亦足半死。"

12. 鲈鱼

鲈鱼是长江流域入海口一带的近海鱼类，秋末到长江口产卵，以肉味鲜美著称于世，盛产于吴地松江。据《后汉书·左慈传》记载，曹操大宴宾客时曾遗憾地对众宾客说："今日高会，珍馐略备，所少吴松江鲈鱼耳。"可见松江鲈鱼在当时已是高档酒宴上的佳肴，没有它终不为完美。

西晋文学家张翰酷爱家乡的莼菜、鲈鱼，他的"莼鲈之思"成为千古美谈。张翰是吴（今江苏苏州）人，曾在齐王司马冏手下做官，见司马冏骄奢淫逸，海内失望，觉得没有前途，又见秋风起，思念故乡，尤其思念故乡的菰菜、莼菜羹、鲈鱼脍，于是说："人生贵得适志，何能羁宦数千里以要名爵乎！"[1]毅然辞官还乡。后来司马冏被长沙王打败，张翰得以幸免。张翰辞官归里，当然不单纯是想吃鲈鱼莼羹，但莼羹鲈脍作为江南美味在当时的声誉确是名至而实归。胡仔《苕溪渔隐丛话》前集卷二十七引张耒云："陈文惠有《题松江》诗，落句云：'西风斜日鲈鱼香。'言惟松江有鲈鱼耳，当用此乡字，而数处见皆作香字，鱼未为羹哉，虽嘉鱼直腥耳，安得香哉？"《松江诗话》云："鱼虽不香，作羹芼以姜橙，而往往馨香远闻。故东坡诗曰：'小船烧薤捣香虀。'李巽伯诗曰：'香虀何处煮鲈鱼？'鱼作'香'字未为非也。""余谓作者正不必如是之泥。刘梦得诗曰：'湖鱼香胜肉。'孰谓鱼不当言香耶？但此'鲈

① ［唐］房玄龄等：《晋书》卷92《张翰传》，北京：中华书局，1974年，第2384页。

鱼香'云者，谓当八九月鲈鱼肥美之时节气味耳，非必指鱼之馨香也。"①

以上仅是长江流域几种分布较为广泛的鱼类，人们可食用的鱼远不止这些品种，《楚辞》《诗经》中出现的鱼名，有 10 多种鱼可供食用。约成书于西汉的《尔雅》，记载了 30 多种食用鱼；东汉时期的《说文解字》，鱼名已达到 70 多种。鱼类品种的名称不断增多，反映出人们对于鱼已有了比较精细的分类认识，对于食用鱼也越来越讲究。

淡水鱼的养殖在商周时已出现，春秋时就十分普及。当时人工养鱼的方式有二。一是池塘养鱼，见于记载的国家有越②和吴③。而在越国主持养鱼的是楚人范蠡，由此可以推知，楚国开始养鱼的时间还要比越国早④。二是稻田养鱼，这可能是包括楚人在内的南方民族人工繁殖鱼类的一个主要方面。有学者推测楚人"饭稻羹鱼"的饮食习惯与稻田养鱼的生产经营方式密切相关，苗族稻田养鱼是对楚国传统养鱼方式的继承。⑤这一见解比较有说服力。当然，人工养鱼只是对捕捞野生鱼方式的补充。不过，也有人靠养鱼致富，齐国的陶朱公就是如此。⑥为了防止竭泽而渔，夏天人们就不从事捕鱼。《逸周书·大聚》中指出："禹之禁，夏三月，川泽不入网罟，以成鱼鳖之长。"夏季鱼长势快，捕鱼不利于鱼的生长，所以在先秦时，人们在夏季是很少食鱼的。而在春、秋、冬三季可以有 5 次捕鱼的机会，人们食鱼，也主要在这些季节。

战国木鱼（荆州博物馆藏）

秦汉以来，近海捕鱼有了一定程度的发展，在长江流域沿海一带人民的饮食中，海鱼占了一定的位置。三国吴人沈莹所作《临海水土异物志》记载了东南沿海出产的海鲜情况，其品种计有：鹿鱼、鲎鱼、海狶、鳝鱼、大鱼、镊鱼、乌贼、鲮鱼、比目鱼、板鱼、人鱼、鲤鱼、石首鱼、鲍鱼、牛鱼、槌额鱼、鲲鲍鱼、松刀鱼、琵琶鱼、黄雀鱼、石斑鱼、戴星鱼、蚶、蛎、石华、蛤蜊等 60 多种。这些海鲜中，除了书中明确指出的芦虎、蜂江等个别品种不能吃或不好吃外，其余均为当地人民所喜食。海鱼在整个海产品中所占的比重最大，也最为重要。特别是到唐宋以后，近海捕捞业在东南沿海民

---

① ［宋］王楙：《野客丛书》卷 7 引《松江诗话》，王文锦点校，北京：中华书局，1987 年，第 76 页。

② 《吴越春秋》载越王勾践在会稽时，范蠡说有鱼池两处，可以养鱼。

③ 《吴郡诸山录》有吴王鱼城在田间，当时养鱼于上的记载。

④ 参见宋公文、张君：《楚国风俗志》，武汉：湖北教育出版社，1995 年，第 13 页。

⑤ 参见杨昌雄：《试论苗族稻田养鱼是对楚国传统养鱼方法的继承》，未刊稿。

⑥ 参见《陶朱公养鱼经》，载《齐民要术·养鱼》。

众的经济中占有一定的地位。江浙一带，"濒海小民业网罟舟楫之利"[①]；"海濒之民，以网罟蒲蠃之利而自业者，比于农圃焉"[②]。特别是浙东庆元府"濒海，细民素无资产，以渔为生"。近海的舟山渔场（即"砂岸"），"即其众共渔业之地也"[③]。

鱼在中国古代长江流域人民生活中占有十分重要的位置，早在周代，朝廷中设有"渔人"[④]职司，向王者进献饮食中所需的各种鲜鱼、干鱼；还设有"鳖人"这一职司，他的职责是"春献鳖蜃，秋献龟鱼"。渔人和鳖人的分工，说明鱼在周人饮食中是不可缺少的副食。鳖人的职务还告诉了我们，先秦时龟、鳖、蚌、蛤、螺都是可以上国宴的美味。事实上，早在商代，人们食龟肉就十分普遍，并把龟甲作为占卜之用，仅目前出土的甲片就达十多万，其中的龟肉已先被食用。周代用龟甲占卜亦如商朝。春秋时期，龟鳖已作为国家的贵重礼品，《左传》记载："楚人献鼋（大鳖）于郑灵公，公子宋与子家将见，子公之食指动，以示子家，曰：'他日我如此，必尝异味。'及入，宰夫将解鼋，相视而笑。公问之，子家以告。及食大夫鼋，召子公而弗与也。子公怒，染指于鼎，尝之而出。公怒，欲杀子公。"[⑤]后子公先下手，杀了灵公，分鼋不均导致父子相杀，其鼋味的珍美及其在他们饮食中的地位可想而知。

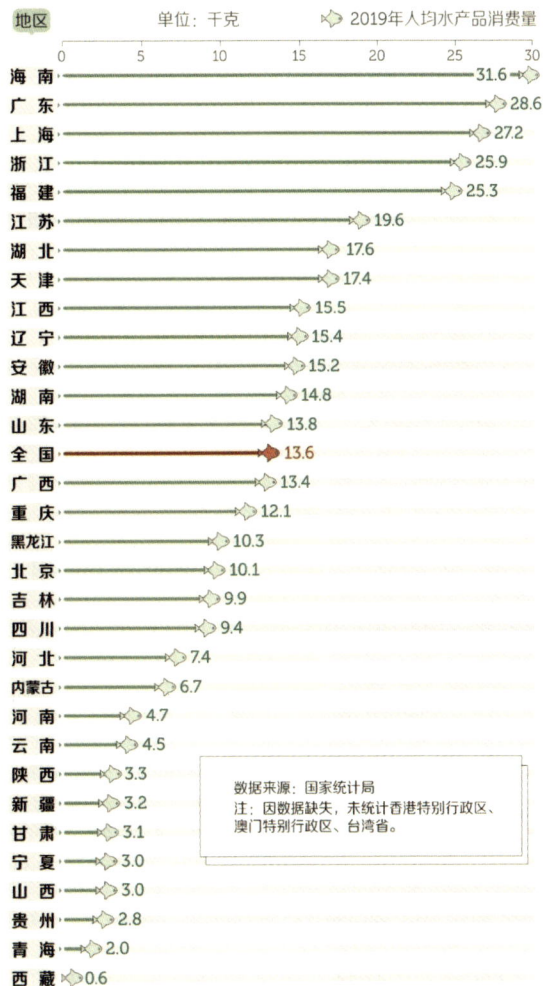

| 地区 | 2019年人均水产品消费量 单位：千克 |
|---|---|
| 海南 | 31.6 |
| 广东 | 28.6 |
| 上海 | 27.2 |
| 浙江 | 25.9 |
| 福建 | 25.3 |
| 江苏 | 19.6 |
| 湖北 | 17.6 |
| 天津 | 17.4 |
| 江西 | 15.5 |
| 辽宁 | 15.4 |
| 安徽 | 15.2 |
| 湖南 | 14.8 |
| 山东 | 13.8 |
| 全国 | 13.6 |
| 广西 | 13.4 |
| 重庆 | 12.1 |
| 黑龙江 | 10.3 |
| 北京 | 10.1 |
| 吉林 | 9.9 |
| 四川 | 9.4 |
| 河北 | 7.4 |
| 内蒙古 | 6.7 |
| 河南 | 4.7 |
| 云南 | 4.5 |
| 陕西 | 3.3 |
| 新疆 | 3.2 |
| 甘肃 | 3.1 |
| 宁夏 | 3.0 |
| 山西 | 3.0 |
| 贵州 | 2.8 |
| 青海 | 2.0 |
| 西藏 | 0.6 |

数据来源：国家统计局
注：因数据缺失，未统计香港特别行政区、澳门特别行政区、台湾省。

**当代中国水产品消费图**[⑤]

---

①［宋］胡榘、罗濬纂修：《宝庆四明志》卷14《奉化县志卷第一·风俗》。

②［宋］朱长文：《吴郡图经续记》卷上《物产》，金菊林校点，南京：江苏古籍出版社，1999年，第10页。

③［宋］胡榘、罗濬纂修：《宝庆四明志》卷2《颜颐仲申状》。

④［清］孙诒让：《周礼正义》卷1《天官冢宰·渔人》，第300页。

⑤杨伯峻编著：《春秋左传注·宣公四年》，北京：中华书局，2016年，第740页。

⑤黄可乐：《中国吃肉地图》，网易数读（ID：datablog163）https://m.thepaper.cn/baijiahao_14945790。

中国古代，普通人家平日要改善生活，大约是以鱼来补充，因为《礼记》中曾规定牛、羊、猪、狗不得无故宰杀。特别是士阶层以下人们的平常食用，多系鱼鲙，《国语·楚语》指出："士食鱼炙。"《孟子·告子》篇也说："鱼，我所欲也；熊掌，亦我所欲也：二者不可得兼，舍鱼而取熊掌者也。"可见，鱼是可欲之物，也是能经常吃得着的。《战国策·齐人有冯谖者》曰："长铗归来乎，食无鱼。"鲍彪注解为"孟尝君厨有三列，上客食肉，中客食鱼，下客食菜"。三种人的饮食区别，就形象地说明了鱼在古代人民饮食生活中的地位。

## 二、猎

在长江流域古代人民的饮食生活中，渔与猎常常是连在一起的。狩猎活动最早发端于旧石器时代，人们的食物大部分靠狩猎获得。新石器时代以后，随着人们实践经验的不断丰富，对动物活动规律的进一步熟悉，狩猎方法越来越多，狩猎效率也越来越高。在新石器时代和商代的文化遗址中，经常可以发现狩猎工具，如镞、弹丸、网坠、木矛等，甲骨文中的矢、弹、网等字，都是猎具的象形。当时打猎的方法，见于甲骨文的有车攻、犬逐、焚山、矢射、布网、设阱等。

在商代，人们已能捕获种属颇多的野兽、野禽等，甲骨文中已识别的野兽字有麋、鹿、狐、獐、兕、野猪等，从殷墟和其他商代遗址出土的动物遗骸中已鉴定出更多的野生动物，如麋鹿、梅花鹿、獐、虎、獾、猫、熊、兔、黑鼠、竹鼠、犀牛、貘、狐、豹、乌苏里熊、扭角羚、田鼠等。这些野兽为商代人民提供了各种野味，丰富了他们的饮食。

周代对狩猎也十分重视，并有"兽人"专掌这一事务，即"兽人掌罟田兽，辨其名物。冬献狼，夏献麋，春秋献兽物。时田，则守罟。及弊田，令禽注于虞中。凡祭祀、丧纪、宾客，共其死兽、生兽。凡兽入于腊人，皮、毛、筋、角入于玉府"[1]。这是说兽人掌管用网来捕取野兽，辨别它们的名号物色。冬天贡献狼，夏天贡献麋鹿，春秋两季贡献各种兽物。四时田猎的时候，负责守候兽网。停止田猎时，命令参加田猎的人把捕取的野兽集中在虞人所植虞旗的地方。凡有祭祀、丧祭及招待宾客，供应活的或死的野兽。

商周时期，王公贵族都喜田猎，《礼记·王制》指出："天子诸侯无事则岁三田，一为干豆（肉晒干后放在豆盘里供祭祀用），二为宾客，三为充君之庖。"可知这些猎物主要是用于饮食的。《周礼·夏官·司马》记载：每年冬季，王府都要举行大规模的田猎，而猎的禽兽是"大兽公之，小兽私之"。这个记载和《诗经·七月》所

---

① ［清］孙诒让：《周礼正义》卷1《天官冢宰·兽人》，第296-300页。

记"言私其豵，献肩于公"是一致的，狩猎的战利品中，大动物首先献给周王，然后才顺次分给各级贵族享用，个人能够私有的只能是那些小动物。

《左传》记载：楚成王废太子商臣，欲立王子职，商臣闻之，"以宫甲围成王，王请食熊蹯而死，弗听"[1]。孟子也说过想吃熊掌的话。可见，珍禽野味在贵族饮食中是占有一席之地的。身居山区的平民也能时常享受野味，《汉书·地理志》记载，秦汉时期长江流域的人民就是以"以渔猎山伐为业"。

总体而言，长江流域的畜牧与渔猎业自起源之初便在人们的生活中占据了举足轻重的地位，是当地居民获取肉类食物的主要途径。特别是在先秦时期，畜牧业、渔猎业与农业三者相辅相成，共同为长江流域的居民提供了丰富多样的饮食选择。然而，随着时间的推移，农业与畜牧业的蓬勃发展使得狩猎业在生活中的比重逐渐降低。尽管如此，猎物因其独特的美味而愈发受到珍视。但如今，为了维护长江流域的生态平衡，狩猎活动已被严禁，人们更应当自觉抵制食用野味。

---

[1] 杨伯峻：《春秋左传注·文公元年》，第 563 页。

# 第四章　长江流域的蔬菜瓜果

　　蔬菜瓜果业是农业经济的一个重要组成部分，从新石器时代起，蔬菜瓜果就开始作为长江流域先民生活中的副食来源。《国语·鲁语》记载，中国远古传说时代烈山氏之子柱"能植百谷百蔬"，说明我国古代种植蔬菜，同谷物几乎具有同样悠久的历史。所以，《尔雅·释天》在解释"饥馑"二字时说："谷不熟为饥，蔬不熟为馑。"这里谷、蔬同时并提，正好揭示了主食和副食之间的密切关系。

## 第一节　中国蔬菜瓜果的起源

　　长江流域地域广阔、环境复杂、水土丰美，为本地人民创造璀璨的农业文明提供了良好的地理基础。从目前的考古发现看，长江中下游地区是世界上最早栽培蔬菜的地区，也是中国蔬菜瓜果种植的发源地之一。考古资料证明，在距今五千年左右的浙江吴兴钱山漾和杭州水田畈等处的良渚文化遗址中，都发现有花生、蚕豆、两角菱、甜瓜子、毛桃核、酸枣核、葫芦等植物的种子，这表明长江流域在新石器时代也已有了初级园艺。与此同时，在新石器时代遗址的考古发掘中，"除栽培作物遗存外，大多会同时发现大量的采食植物遗存。例如，距今八千年左右的湖南澧县八十垱遗址，除栽培稻外，还发现了大量的菱角遗存，且多为空壳，表明它们是被采食之物。裴安平先生认为：'如将它们折合成食物量，当绝不亚于已发现的稻谷与稻米。'距今八千年左右的浙江萧山跨湖桥遗址、距今六七千年的浙江余姚河姆渡遗址和田螺山遗址，情况也相似，除栽培稻外，都同时发现有成坑的菱角或橡子。中国史前遗址发现的采食类植物遗存十分丰富，有菱角、橡子、薏苡、大麻子、野生稻、芡实、槐树子、栗、梅、杏梅、杏、李、野葡萄、樱桃、桃、柿、枣、酸枣、榆钱、核桃、山核桃、胡桃楸、

汉代榛子核（南京博物院藏）

朴树子、榛子、松子、梨、山楂、南酸枣、甜瓜、大豆、橄榄等等。这些采食遗存中，可以直接食用的水果和坚果应该是最先被采食的"①。

在商代甲骨文中，出现过"囿""圃"等字，可知在商代就有以蔬菜瓜果为主要栽培对象的菜园了，园圃经营已与大田谷物经营存在着一定的区别。西周以后，这种区别更为明显，蔬菜瓜果生产已逐渐成为一种脱离粮食生产而独立的专门职业。《论语·子路》记载："樊迟请学稼。子曰：'吾不如老农。'请学为圃。曰：'吾不如老圃。'"②可知在春秋时期，"圃"与"农"已经成为分开的两种专业了。到战国时，见于记载的，更有不少人"为人灌园"。那么当时园艺确与农耕分了家，园圃经营的专业性大大加强。这种分工的产生和发展，是为了适应人类物质生活多方面的需要，这是社会生产不断进步的一种表现。

从文献记载中可以看出，长江中游地区园圃种植比较普遍而且兴旺发达。《楚史梼杌·虞丘子》载庄王"赐虞丘子菜地三百"。《庄子·天地篇》云："子贡南游于楚，反于晋，过汉阴，见一丈人方将为圃畦，凿隧而入井，抱瓮而出灌。"《韩诗外传》卷十记载："楚有士曰申鸣，治园以养父母，孝闻于楚。"这说明当时楚国已有人种植蔬菜，并且将种植园圃作为职业，以供养家人。这也反映了楚国园圃业的规模及技术已经十分成熟，收获亦相当丰富，足以供给时人的消费。战国时期楚墓中的出土实物有甜瓜、菱白、芋、芥、蒁等，证实了当时蔬菜的种类繁多。例如，在湖北江陵望山二号楚墓出土的植物果实有瓜子 3 粒，生姜 38 块，栗子 367 颗，梅核 91 颗，樱桃核 81 颗。

湖北江陵雨台山楚墓中出土的植物果实有菱数颗，莲子数粒。湖北荆门包山二号墓出土的植物果实有栗子数百颗；荸荠数百个；藕 12 节；菱百余颗；大枣数百颗；小枣数百颗；花椒数万粒，约 5 公斤；梨核数十颗；柿核百余颗；生姜 30 多块等。③同时，楚地的气候及地理条件决定了这里的野生植物从种类到数量都远远多于黄河流域，这为野菜的采集与驯化种植提供了可

湖北江陵望山一号楚墓出土的核桃

---

① 俞为洁：《中国食料史》，上海：上海古籍出版社，2011 年，第 10 页。
② 《论语注疏》卷 13《子路篇》，第 172 页。
③ 林奇：《楚墓中出土的植物果实小议》，《江汉考古》1988 年第 2 期。

能。比较而言，长江流域副食构成中很大一部分为中原地区所没有，丰富的副食必然为长江流域的饮食习俗特色增添更多更广的内涵。

秦汉时期，园圃业的经营有了较大程度的发展。当时的各主要农业区域，或是"橘柚之乡"，或多"园圃之利"，或有"枣栗之饶"，或为"果布之凑"，普遍经营园圃业。在一些新开发的农业区域，园圃业也得到迅速发展。各地城郊地区的园圃业更是发展显著，蔬菜瓜果生产已成为人们致富的重要途径。司马迁在《史记·货殖列传》中列举了当时一些可以致富到与"千户侯"相等的产业部门，如经营"千树"以上的果木、"千亩""千畦"以上的蔬菜。这时，不仅在城郊出现了大量以经营园圃为业的菜农、果农，而且城居的贵族官僚、豪强地主也往往在城郊地区经营大规模的果园、菜圃。《晋书·江统传》指出："秦汉以来，风俗转薄，公侯之尊，莫不殖园圃之田，而收市井之利。渐冉相放，莫以为耻。"当时皇室苑囿占地辽阔，其中有不少果园。仅据《西京杂记》和《三辅黄图》所记，在这些果园中，就有果木十多种。如梁孝王"筑东苑，方三百余里"[①]，其中"奇果异树……毕备"[②]。曹植自言"寡人之圃，无不植也"[③]，拥有"园果万株"[④]。这都是大规模经营园圃的实例。可以认为，长江流域蔬菜瓜果的种植，在秦汉时期就初具规模了。

## 第二节　长江流域蔬菜品种考辨

当种菜成为专门职业以后，人们在长期栽培的过程中很快便使蔬菜品种丰富起来。单就取用的部位来讲，有采食其叶的（如白菜之类），有采食其茎的（如芹菜之类），有采食其根的（如山药之类），有采食其花的（如金针菜之类），有采食其果的（如辣椒之类），有采食其芽的（如豆芽之类），等等，品种繁多，不可尽举。今天我们日常吃的蔬菜有百余种，每种之中又各有许多不同品种，比世界上任何国家的蔬菜品种都要多。这是我们祖先在长期种菜工作中不断改进、向前发展的结果，也是留给后世的宝贵生活遗产。

在比较常见的一百种蔬菜中，我国原产和从异域传入的大约各占一半（见表4-1）。

---

① ［汉］班固：《汉书》卷47《文三王传》，第2208页。

② ［晋］葛洪辑：《西京杂记全译》，成林、程章灿译注，贵阳：贵州人民出版社，1993年，第82页。

③ ［三国魏］曹植：《籍田赋》，引自［清］严可均辑：《全三国文》卷13，马志伟审订，北京：商务印书馆，1999年，第133页。

④ ［三国魏］曹植：《转封东阿王谢表》，引自［清］严可均辑：《全三国文》卷15，第152页。

表 4-1 异域传入蔬菜瓜果表

| 时期 | 品种名称 | 原产地／来源地 |
|---|---|---|
| 汉魏 | 葡萄（蒲桃） | 伊朗等西亚地区、地中海沿岸 |
| | 安石榴（石榴） | 中亚等地 |
| | 胡桃（核桃） | 伊朗等西亚地区 |
| | 苜蓿 | 伊朗 |
| | 胡瓜（黄瓜） | 印度 |
| | 胡豆（蚕豆） | 中亚、西亚、地中海沿岸等 |
| 汉魏 | 胡葱（蒜葱） | 中亚及地中海沿岸 |
| | 落苏（茄子） | 印度及东南亚 |
| | 胡蒜（大蒜） | 中亚 |
| | 胡荽（芫荽） | 中亚及地中海沿岸 |
| | 胡麻（芝麻） | 非洲 |
| | 楄梓（蛮楂） | 伊朗及中亚 |
| | 阳桃（杨桃） | 东南亚 |
| | 胡芹（芹菜） | 地中海沿岸 |
| | 扁豆（蛾眉豆） | 印度及印尼 |
| | 胡椒 | 印度 |
| 唐宋 | 波斯枣（海枣、椰枣） | 西亚、北非等地区 |
| | 扁桃（偏桃、巴旦杏） | 西亚 |
| | 婆那娑（波罗蜜、树波罗） | 西亚、印度等南亚地区 |
| | 阿驿（底珍、无花果） | 西亚、地中海沿岸 |
| | 阿月浑子（开心果、胡榛子） | 伊朗等西亚地区 |
| | 芒果（庵罗果、香盖） | 印度、缅甸等东南亚地区 |
| | 莴苣（千金菜） | 地中海沿岸 |
| | 菠薐菜（菠菜、波斯菜） | 西亚 |
| | 齐墩果（油橄榄） | 西亚及地中海沿岸 |
| | 莳萝 | 地中海沿岸 |
| | 占城稻 | 越南 |
| | 胡萝卜（黄萝卜） | 西亚及亚洲西南部 |
| | 丝瓜（天丝瓜） | 印度、印尼等东南亚地区 |
| 明清 | 番麦（玉麦、玉米、苞谷） | 中美洲 |
| | 番薯（红薯、红苕） | 南美洲 |
| | 番豆（花生、长生果） | 南美洲 |

| 时期 | 品种名称 | 原产地／来源地 |
|---|---|---|
| 明清 | 向日葵（西番菊、迎阳花） | 北美洲 |
| | 番瓜（南瓜、饭瓜） | 中南美洲 |
| | 马铃薯（洋芋、土豆） | 中南美洲 |
| | 番茄（西番柿、西红柿） | 南美洲 |
| | 苦瓜（锦荔枝、癞葡萄） | 印度及亚洲热带地区 |
| | 番椒（辣椒、海椒） | 中南美洲 |
| | 番木瓜 | 中南美洲 |
| | 番荔枝（释迦果） | 南美洲 |
| | 菠萝（凤梨） | 南美洲 |
| | 结球甘蓝（莲花白、包菜） | 地中海沿岸 |
| | 花菜（花椰菜） | 地中海沿岸 |
| | 西葫芦（茭瓜） | 中美洲 |
| | 佛手瓜（瓦瓜） | 中美洲 |
| | 荷兰豆 | 印尼 |

我国原产的蔬菜，最早和最多的记载见于《诗经》，其中有葵、韭、菽、荷、芹、薇等十多种，下面我们对古代长江流域蔬菜的几个主要品种作一介绍。

## 一、葵

葵在古代被称为"百菜之主"[①]。它是人类在采集活动中较早从野生变栽培和直接采食营养体的蔬菜植物之一。葵作为菜蔬，最早见于《诗经·七月》："七月亨（烹）葵及菽。"葵、菽并列，说明它们都是当时比较重要的农作物，据此推知，葵菜在西周时已被人们驯化。春秋时，葵的地位更加显赫，《汉书·董仲舒传》记载："公仪子相鲁，之其家见织帛，怒而出其妻，食于舍而茹葵，愠而拔其葵，曰：'吾已食禄，又夺园夫红女利乎？'"[②]可见葵是当时园夫的主要种植物。明李时珍《本草纲目·草五·葵》载："六七月种者为秋葵，八九月种者为冬葵。""古人采葵必待露解，故曰露葵。今人呼为滑菜，言其性也。古者葵为五菜之主，今不复食之。"清吴其濬《植物名实图考·蔬一·冬葵》载："冬葵，《本经》上品，为百菜之主，江西、湖南皆种之。"

---

① ［宋］罗愿：《尔雅翼》卷4《释草（四）》，石云孙点校，合肥：黄山书社，1991年，第43页。
② ［汉］班固：《汉书》卷56《董仲舒传》，第2521页。

古代葵菜还是祭祀佳品，《周礼·醢人》中有："馈食之豆，其实葵菹。"祭祀进食的豆中，盛的是酱秋葵。葵的种植遍及长江流域，巴地有葵园[①]，马王堆一号汉墓出土有葵的种子[②]。采葵时只采葵叶，所谓"采葵莫伤根，伤根葵不生"[③]。葵可以做羹，可以制作成腌菜，也可以晒干后食用。汉诗中有"采葵持作羹"之语[④]，《四民月令》说："九月作葵菹干葵。"[⑤]据黎虎先生统计，在魏晋南北朝时，葵的品种已有 10 余个[⑥]，著名的有紫茎葵、白茎葵、鸭脚葵、蜀葵、落葵、防葵等，这些品种在长江流域都有种植。

紫茎葵是这个时期新开发的品种，《齐民要术·种葵》中首先记载。紫茎葵不仅北方有种植，在长江流域也有种植，著名田园诗人陶渊明《和胡西曹示顾贼曹》中就有"流目视西园，晔晔荣紫葵"的诗句。

白茎葵以前就有，大叶小花，比紫茎葵略胜，宜做干菜。

鸭脚葵也是这个时期的新品种，《齐民要术》中首先记载。鸭脚葵花短而叶大，南北方均有种植。南朝刘宋文学家鲍明远《葵赋》曰："别有鸭脚、豚耳。"鸭脚即鸭脚葵。

蜀葵又称吴葵、胡葵、戎葵，这是前代就有的品种，魏晋以来种植很广。南朝刘宋颜延之有《蜀葵赞》，称之为"物微气丽，卉草之英，艳逾众葩，冠冕群英"。其他人也有咏蜀葵的作品，如梁王筠有《蜀葵花赋》、陈虞繁有《蜀葵赋》等。唐代也有不少歌咏蜀葵的诗。

落葵又名露葵、蔠葵，南朝陶弘景《别录》中介绍说：落葵又名承露，人家多种之，可作酢食，冷滑。

宋·佚名《蜀葵图》（台北故宫博物院藏）

防葵的叶似葵叶，香味似防风，防葵既可以自然生长，也可以人工栽培。

在长江流域古老的蔬菜品种中，唯有葵最脍炙人口，但是，葵菜由于变异性比较狭窄，在历史的演变过程中竞争不过同一时期从十字花科植物的野油菜中发展起来的白菜，所以古葵自宋代以后就逐渐脱离人们的餐桌，沦为野生，或作为药用了。现在

---

① ［唐］常璩：《华阳国志校注·巴志》，刘琳校注，成都：巴蜀书社，1984 年，第 25 页。
② 湖南农学院等：《长沙马王堆一号汉墓出土动植物标本的研究·农产品鉴定报告》，第 16 页。
③ ［唐］欧阳询：《艺文类聚》卷 82《草部（下）》，第 1417 页。
④ ［宋］郭茂倩编：《乐府诗集》，北京：中华书局，1979 年，第 365 页。
⑤ ［汉］崔寔：《四民月令校注》，石声汉校注，北京：中华书局，1965 年，第 66 页。
⑥ 徐海荣主编：《中国饮食史》第三卷，杭州：杭州出版社，2014 年，第 38 页。

重庆、四川、鄂西等地区尚有葵菜，别名又为冬寒菜、滑肠菜。食法是取其嫩叶作汤，但如超过嫩叶期，就不好吃了，作为蔬菜的意义不大。

## 二、菘

菘，即白菜，是十字花科芸薹属草本植物。芸薹属的栽培植物在我国蔬菜中占有极其重要地位，它们被利用的历史可能比其他粮食作物还要古远，因为它们不需要等到结实就可以作为食物被采集，在距今 6000 多年的西安半坡遗址中发现的菜籽就属芸薹类植物，专家鉴定为白菜或芥菜的菜籽。

菘是我国古代的常见蔬菜之一，一年四季均有食用，宋代陆佃《埤雅》中说："菘性隆冬不凋，四时常见，有松之操，故其字会意。"

"菘"字大约出现在汉代以后，以前菘菜归为"葑"类，大概在秦汉之时那种吃起来无滓而有回甜味的真正"菘菜"，才从"葑菜"之中分化出来。关于菘在长江流域种植的历史记录有数种，例如三国时期吴人张勃《吴录》记载：陆逊攻襄阳时，为了给军队筹备给养，曾"催人种豆、菘"[1]。《三国志·吴书·陆逊传》中也有类似的话。南朝陶弘景《别录》中说："菜中有菘，最为常食。"《南齐书·周颙传》中有"春初早韭，秋末晚菘"的话。有关记载还有很多，这些都说明白菜在江南的地位正不断上升。

现在菘的种类较多，但主要分为小白菜和大白菜，由于它们都原产于我国，所以国际上小白菜的学名叫 Brassica chinensis，大白菜的学名叫 Brassica pekinensis（即结球白菜），就是在芸薹属后边加上了"中国"和"北京"的字样。一般而言，大白菜主要产于北方，长江流域种植的多为小白菜，当然，也有一定数量的大白菜。

南齐时，"尚书令王俭诣晔，晔留俭设食，盘中菘菜、鲍鱼而已"[2]。这些记载说明，自秦汉以来菘菜在我国长江流域已成为一种重要的蔬菜。

在很长时期内，菘只产于长江中下游地区。苏恭（即苏敬）《唐本草》说："菘菜不生北土，有人将子北种，初一年半为芜菁，二年菘种都绝。将芜菁子南种，亦二年都变。土地所宜，颇有此例。"这种现象也表明菘是在长江流域自然环境条件下形成的地方性栽培类型。之后，由于栽培技术的改进，菘菜逐步形成各种适应不同风土条件的新品种，原有的风土限制被突破了。宋代以后，特别是明代以后，白菜生产已

---

① ［宋］李昉等：《太平御览》卷 979《菜茹部（四）》，第 4339 页。
② ［唐］李延寿：《南史》卷 43《齐高帝诸子（下）》，第 1083 页。

遍及南北各地了。[①] 白菜尤以秋后打过霜的最为鲜美。王象晋《群芳谱·蔬谱》有"春初早韭，秋末晚菘"的说法；刘禹锡《送周使君罢渝州归郢州别墅》诗云："只恐鸣驺催上道，不容待得晚菘尝。"对他而言，没吃上打过霜的白菜竟是一种遗憾。

菘菜传到南北各地栽培之后，出现许多新品种。在唐代，苏恭《唐本草》中记载："菘菜，不生北土。其菘有三种：有牛肚菘，叶最大厚，味甘；紫菘，叶薄细，味小苦；白菘，似蔓青也。"据宋人苏颂的《本草图经》中考察说："扬州一种菘，叶圆而大……啖之无滓，绝胜他土者，此所谓白菜。"唐时已选育出白菘，宋时已正式称呼为白菜。所以白菜品种的出现和命名大概在唐宋时期。长江流域的青菜如油菜、瓢儿白之类的白菜大概来源于"牛肚菘"，而武昌特产的红菜薹在唐时已经是著名的蔬菜了。

## 三、芥

芥菜是我国特产的蔬菜之一，是十字花科芸薹属一年生草本植物，由于古代人民对芸薹属中某些植物甘辣风味的爱好，在经常采集野生种类的过程中，芥菜这种具有辛辣风味、滋味爽口的类别，就被选择并保留下来。

在先秦时期，人们食芥是重籽而不重茎叶的。在湖南长沙马王堆一号汉墓中，就出土有外形完整的芥籽。[②]《礼记·内则》中有："鱼脍，芥酱。"郑玄注为："食鱼脍者，必以芥酱配之。"芥菜籽还具有"发汗散气"的功能[③]，所以我国古代有"菜重姜芥"的说法[④]，可见芥菜还可以帮助人们驱除风邪，减少疾病。

重庆涪陵榨菜

芥菜在长江流域内种植十分广泛，经过长期培育，变种也很多，有利用根、茎、叶的不同品种，如叶用的变种有雪里蕻、大叶芥等；茎用的变种有著名的重庆涪陵榨菜；根用的变种有云南的紫大头菜等，这都是我国古代劳动人民在改造植物习性上的成就。

---

① 叶静渊：《从杭州历史上的名产"黄芽菜"看我国白菜的起源、演化与发展》，载中国农业遗产研究室编：《太湖地区农史论文集》，南京：南京农业大学，1985年，第65页。

② 湖南农学院等：《长沙马王堆一号汉墓出土植物标本研究》，第16页。

③ 张宗祥辑录：《王安石〈字说〉辑》，曹锦炎点校，福州：福建人民出版社，2005年，第118页。

④《三字经·百家姓·千字文·弟子规》，李逸安译注，北京：中华书局，2009年，第137页。

## 四、芜菁

芜菁，即葑，又名蔓菁。殷周以来，芜菁就已成为我国的重要菜蔬之一，它起源于一种具有辛辣味的野生芸薹属植物，其根与萝卜很相像。《诗经·采苓》中有："采葑采葑，首阳之东。"[1] 张舜徽《说文解字约注》指出："葑即芜菁也，亦名蔓菁也。蔓与芜，声之转耳。盖缓言之则为芜菁，急言之则为葑矣。此乃芸薹之变种，今俗称大头菜，又此物之变种也。"芜菁的根在先秦时就已被加工成腌菜，《周礼·天官·醢人》中有"菁菹"。现在驰名中外的湖北襄阳腌大头菜，就是用芜菁制作的。

在先秦时，芜菁以产于长江流域的江苏太湖一带最好，《吕氏春秋·本味篇》指出："菜之美者，具区（高诱注：具区，泽名，吴、越之间）之菁。"

湖北襄阳大头菜

栽培芜菁的好处是四季常有，管理可粗可细，抗病能力强，如果年成不好，种一些芜菁可以补充粮食的不足，所以，古代人们是十分重视种植芜菁的。唐人《刘宾客嘉话录》有一段关于三国时期诸葛亮种芜菁做军粮的记载，说："公曰：'诸葛亮所止，令兵士独种蔓菁者何？'绚曰：'莫不是取其才出甲者生啖，一也；叶舒可煮食，二也；久居则随以滋长，三也；弃去不惜，四也；回则易寻而采之，五也；冬有根，可斸食，六也。比诸蔬属，其利不亦溥乎？'曰：'信矣。'三属（蜀）之人今呼蔓菁为诸葛菜，江陵亦然。"[2] 自此以后，在长江中上游一带，蔓菁的种植有了较大的发展。

## 五、芹

芹有水芹和旱芹之分，我国古代，芹主要指水芹，《诗经·鲁颂·泮水》中的"思乐泮水，薄采其芹"，就是指的水芹。芹菜原产于长江中游湖北蕲春一带，这里是明代著名医学家李时珍的故乡，因此，他在《本草纲目·菜部》中指出：芹"其性冷滑如葵，故《尔雅》谓之楚葵。《吕氏春秋》：'菜之美者，有云梦之芹。'云梦，楚地也。楚有蕲州、蕲县，俱音淇。罗愿《尔雅翼》云：'地多产芹，故字从芹。蕲亦

---

① 《毛诗正义》卷6《唐风·采苓》，第404页。
② ［唐］韦绚：《刘宾客嘉话录》，陶敏、陶红雨校注，北京：中华书局，2019年，第35页。

音芹。'"① 可知芹原产于湖北蕲州，即现在蕲春县，后才传播到各地的。

芹菜是一种味道鲜美的蔬菜，在先秦时期，还可作为祭品。《周礼·天官·醢人》说："加豆之实，芹菹兔醢。"这也反映出芹菜的食法是多种多样的。古代人们不仅把芹菜作为蔬菜食用，而且还了解到芹的药用价值。《神农本草经》中记载芹菜能"止血养精，保血脉，益气，令人肥健嗜食"，这些看法已被现代医疗科学所证明。

## 六、萝卜

莱菔，俗称萝卜，在长江流域各地都有种植。李时珍《本草纲目·菜部》中说："莱菔乃根名，上古谓之芦萉，中古转为莱菔，后世讹为萝卜，南人呼为萝菔菔（与雹同）。"萝卜是我国最古老的栽培作物之一，《诗经·邶风·谷风》中有"采葑采菲"，这里的菲即指萝卜。

萝卜在我国最初是作为药用，后才发展为食用。例如，湖北安陆南城出产的一种南乡萝卜，白色，圆形，富含水分，清淡甜脆，调理温和，自古就有"南乡的萝卜进了城，城里的药铺要关门"之说。

萝卜菜用于食用，一般只食其根。根有红有白，有长有圆，有大有小；有一二两重的，也有一二十斤重的；有适于生吃、色味俱佳的，也有供加工腌制的。李时珍《本草纲目·菜部》中指出："大抵生沙壤者脆而甘，生瘠地者坚而辣。根、叶皆可生可熟，可菹可酱，可豉可醋，可糖可腊，可饭，乃蔬中之最有利益者，而古人不深详之，岂因其贱而忽之耶？抑未谙其利耶？"

## 七、胡萝卜

胡萝卜原产欧洲，李时珍《本草纲目》认为元代时其从西域传入，但是南宋江浙的地方志中已提及此物②，这说明李时珍的说法不太确切。胡萝卜来自海外是没有疑义的，但最初传入可能是在宋代，到了元代随着中外经济文化交流的加强而广泛传播开来。镇江地方志记载："又有一种名胡萝卜，叶细如蒿，根长而小，微有荤气，故名。"③元代宫廷饮食著作《饮膳正要》亦载此物，称："味甘平，无毒，主下气，调利肠胃。"④此后胡萝卜成为长江流域菜蔬中一个重要品种，现在长江流域各地都有栽种。

① ［明］李时珍：《本草纲目》卷26《菜部（一）·水芹》，第1633页。

② ［宋］罗叔韶修，常棠纂：《澉水志·物产门·菜》，见《宋元方志丛刊》第五册，北京：中华书局，1990年，第4667页。

③ ［元］脱因修，俞希鲁纂：《至顺镇江志》卷4《土产》，清道光二十二年丹徒包氏刊本。

④ ［元］忽思慧：《饮膳正要》卷3《菜品》，刘玉书点校，北京：人民卫生出版社，1986年，第141页。

## 八、莲藕

食用莲藕在我国长江流域有悠久历史。如马王堆一号汉墓出土有藕的实物；四川出土的汉代画像砖的采莲图，形象地展现了汉代人取藕的场面[①]。

马王堆一号汉墓云纹漆鼎内残存的"藕片"

莲的不同部位均有不同名称。《尔雅》说："荷，芙蕖，其茎'茄'，其叶'蕸'，其本'蔤'，其华'菡萏'，其实'莲'，其根'藕'，其中'的'，的中'薏'。"

早在先秦时期，人们就爱好食藕。《诗经》和《楚辞》中有不少对莲的描写，莲藕既可当水果吃，又可烹饪成佳肴，还可做粥饭和制成藕粉。

莲藕有栽培的，也有野生的。李时珍《本草纲目》中指出："白花藕大而孔扁者，生食味甘，煮食不美；红花及野藕，生食味涩，煮蒸则佳。"可见古人对于食藕是有一定研究的。

在马王堆一号汉墓曾出土过一些蔬菜，蔬菜虽然全部炭化，但个别的形状仍隐约可见。最令人惊讶的是打开一号汉墓出土的云纹漆鼎时，竟发现里面盛有 2000 多年以前的汤，而且在汤的表面还漂浮着一层完整的藕片。但令人遗憾的是，由于藕片内部纤维早已溶解，出土后与空气接触，再加上提取过程中不可避免的震荡，藕片迅速消失，全部溶解于水中了。地质工作者认为，这一现象说明 2000 多年来长沙地区没有发生过较大的破坏性的地震。

## 九、茄子

茄在我国的栽培历史非常久远。李璠先生考证："可以上溯到秦汉以前。例如成书于战国至秦汉间的《山海经》和郦道元的《水经注》，其中记载有'茄子浦'，表明在我国大自然气候环境下茄的分布是普遍的。据考察，在我国西南某些地区，如甘孜一带野生茄漫山成片地生长。这个事实与古代记载可以相互印证。"[②]但直到魏晋南北朝时期，茄才在各地广泛传播和种植。

在长江流域，特别是长江下游的江南地区，茄子种植非常普遍，以致有些地方用

---

① 四川省博物馆：《四川彭县等地新收集到一批画像砖》，《考古》1987 年第 6 期。
② 李璠编著：《中国栽培植物发展史》，第 113 页。

茄子命名。《资治通鉴》卷九十四记载晋成帝咸和三年（公元 328 年）政府军平定苏峻叛乱事，多次提到建康（今江苏南京）附近有地名茄子浦，如"陶侃、温峤军于茄子浦""（郗）鉴帅众渡江，与侃等会于茄子浦"。《类篇》注云："盖其地宜茄子，人多于此树艺，因以名浦。"建康是当时南方的政治经济中心，人口众多，商品交换活跃，在郊区很可能有专门种植茄子等蔬菜的基地，以满足城市需要。种植时间长，规模大，则名气也大，这些地方以所种蔬菜得名是很正常的。南朝梁代文学家沈约的《行园诗》有"紫茄纷烂熳，绿芋郁参差"①的句子，描写的就是建康郊外茄菜园的风光。梁吴兴（今浙江湖州）太守蔡撙在任职期间，"不饮郡井水，斋前自种白苋紫茄，以为常饵"②。蔡撙在屋前自种茄子，作为日常饮食用菜，清廉节俭可嘉，由此亦可知茄子当时已是老百姓的家常菜。宋人苏颂也说："茄子，旧不著所出州土，云处处有之。今亦然。……茄之类有数种：紫茄、黄茄，南北通有之。青水茄、白茄，惟北土多有。"③郑清之《咏茄》诗云："青紫皮肤类宰官，光圆头脑作僧看。如何缁俗偏同嗜，入口元来总一般。"④

茄子的烹饪方法很多，蒸、炒、煎、炸均可。《齐民要术》卷九《素食》还介绍了一种茄子加工方法——"㸽茄子法"：把还没有长成的茄子用竹刀或骨刀破成四条（不要用铁刀，用铁刀会使茄子变黑），用开水焯去腥气，细切葱白，把油熬香，将香酱、葱白连同茄子一起下锅，煮熟后再放入花椒和姜末，这是一种大众美食。

## 十、蕹菜

蕹菜，又名空心菜，系旋花科番薯属一年生或多年生草本。"所谓蕹菜，蕹与壅同。原来蕹菜在亚洲热带地区分布最多，我国岭南和中部长江流域有较久的栽培历史。在南方，此菜九月入土窖过冬，三四月取出，用肥土壅埋，所以叫作蕹菜，经过壅埋的蕹菜蔓，很快节节生芽，茎干柔软，叶片有点像菠菜，开白花或花芯淡紫色。蕹菜既可以栽培在畦内，也可以浮生在池塘水面。"⑤

长江中下游是其原产地，此菜富含胡萝卜素和维生素 C。江苏邗江出土有蕹菜籽

---

① ［唐］欧阳询：《艺文类聚》卷 65《产业部（上）》，第 1162 页。

② ［唐］姚思廉：《梁书》卷 21《蔡撙传》，北京：中华书局，1973 年，第 333 页。

③ ［宋］苏颂：《本草图经》卷 17《菜部·茄子》，尚志钧辑校，合肥：安徽科学技术出版社，1994 年，第 590 页。

④ ［清］厉鹗辑撰：《宋诗纪事》卷 62，第 1549 页。

⑤ 李璠编著：《中国栽培植物发展史》，第 112 页。

实。<sup>①</sup>东晋裴渊《广州记》曰："蕹菜，生水中，可以为菹也。"<sup>②</sup>嵇含《南方草木状》记述更为具体，说："蕹菜叶如落葵而小，性冷味甘。南人编苇为筏，作小孔，浮于水上，种子于水中，则如萍根浮水面。及长，茎叶皆出于苇筏孔中，随水上下。南方之奇蔬也。"<sup>③</sup>由此可见，蕹菜也应属于水生蔬菜，如今长江流域各地均有种植。

## 十一、韭菜

韭菜起源于我国，在我国各地栽培的历史可以上溯到远古，《大戴礼记·夏小正》中记载："正月囿有韭。"韭菜是古代五菜之一，很受人们重视，先秦时曾作为祭品，《诗经·七月》中有："四之日其蚤，献羔祭韭。"《礼记·王制》中有："庶人春荐韭。"即指春日祭祀用韭。长江流域各地都有韭菜的种植。例如，云南野生韭菜分布十分普遍，有些地区全山皆是，野生韭叶宽，成丛生长，当地民众经常采吃；江苏《句容县志》记载，句容有仙韭山，说明在这里曾生长过大量野韭菜；安徽凤阳也有韭山，亦因当地多产韭菜而得名。

郫县唐元韭黄

古代长江中游的人们认为韭是对人体极有好处的食物，长沙马王堆汉墓出土的《十问》将韭说成是"百草之王""草千岁者唯韭"，它受到天地阴阳之气的熏染，胆怯者食之便勇气大增，视力模糊者食之会变得清晰，听力有问题者食之则听觉灵敏，春季食用可"苛疾不昌，筋骨益强"<sup>④</sup>。因此，与葵、芹等蔬菜一样，长江流域韭的种植十分广泛。

韭菜四季常青，一生可剪数十次，终年供人食用，所以古人曾把韭菜和稻子相提并论，《尔雅》中说："稻曰嘉蔬，韭曰丰本，联而言之，岂古所重欤！"

韭菜属于时令性蔬菜，季节性强，对气温要求高，因此长江流域种植韭菜比黄河流域要广泛。长江流域各地区均有韭菜种植，如上游的四川及汉中地区有"弱韭长一尺"<sup>⑤</sup>。南朝萧齐尚书驾部郎庾杲之生活俭朴，"清贫自业，食唯有韭菹、瀹韭、生韭

① 扬州市博物馆：《扬州西汉"妾莫书"木椁墓》，《文物》1980 年第 12 期。

② ［北魏］贾思勰：《齐民要术》卷 10《菜茹》，崔祝、郭庆等编译，沈阳：沈阳出版社，1995 年，第 206 页。

③ ［晋］嵇含：《南方草木状》，广州：广东科技出版社，2009 年，第 22 页。

④ 国家文物局古文献研究室编：《马王堆汉墓帛书（肆）》，北京：文物出版社，1985 年，第 106 页。

⑤ ［北魏］贾思勰：《齐民要术》卷 3《种韭》，第 48 页。

杂菜，或戏之曰：'谁谓庾郎贫，食鲑常有二十七种。'言三九也"[1]。常食韭菜被认为是生活贫穷的标志，可见当时韭菜是下层贫穷百姓日常食用的蔬菜，随处皆有。南朝梁元帝萧绎《玄览赋》中有"金盐玉豉，尧韭舜荣"的句子，表明皇室的餐桌上也有韭菜。梁沈约《行园》有"时韭日离离"的诗句，则正是对江南兴旺的韭菜种植景象的描绘。

韭菜还可以通过培土、遮光覆盖等措施，在不见光的环境下经软化栽培后生产出黄化韭菜。元初的王祯《农书》卷八《百谷谱·蔬属》中记载："至冬，移根藏于地屋荫中，培以马粪，暖而即长，高可尺许，不见风日，其叶黄嫩，谓之韭黄。"四川郫县唐元韭黄是当地的著名特产，唐元镇因此被誉为"中国韭黄之乡"。唐元韭黄种植历史悠久，至今已 300 多年历史。唐元韭黄色泽黄白如玉，具有鲜、香、脆、嫩、回味甜的特征；营养价值丰富，富含多种维生素、胡萝卜素以及硒、磷等矿物质，具有温中健脾、活血化瘀、增强体力等食效。

## 十二、竹笋

竹笋是一种根茎类蔬菜烹饪原料。《尔雅·释草》云："笋，竹萌。"时人认为笋是美味蔬菜，长江流域各地都有，品种繁多。据宋代僧人赞宁《笋谱》所载，主要供食用的竹笋，按产地划分有旋味笋、筀笋、钓丝竹笋、木竹笋、庐竹笋、对青竹笋、慈母山笋、钟龙竹笋、汉竹笋、邻竹笋、少室竹笋、新妇竹笋、茎竹笋、簟竹笋、鸡头竹笋、篔筜笋、簜笋、篥竹笋、蓟竹笋、服伤笋、狗竹笋、慈竹笋、棘竹笋、鸡胫竹笋、扁竹笋、篸竹笋、水竹笋、古散竹笋、荻芦竹笋、鹤膝竹笋、石笾竹笋等 30 余种。按品味，可分为苦笋、淡笋 2 种。按采获季节，又可分为冬笋（腊笋）、春笋和夏初的笋鞭；其中品质以冬笋最佳，春笋次之，笋鞭最劣。

临安天目山雷笋

腌笃鲜

---

[1] ［南朝梁］萧子显：《南齐书》卷 34《庾杲之传》，北京：中华书局，1972 年，第 615 页。

徐吉军先生在《中国饮食史》一书中认为,长江流域各地的人们普遍喜爱食笋。[①]周密《齐东野语》卷十四《谏笋谏果》载:"里人喜食苦笋……黔人冬掘苦笋萌于土中,才一寸许,味如蜜蔗,初春则不食,惟僰道人食苦笋。四十余日出余土尺余,味犹甘苦相半。"苏轼《送笋芍药与公择二首》之一云:"久客厌虏馔,枵然思南烹。故人知我意,千里寄竹萌。骈头玉婴儿,一一脱锦褓。庖人应未识,旅人眼先明。我家拙厨膳,黉肉芼芜菁。送与江南客,烧煮配香粳。"[②]又《和黄鲁直食笋次韵》曰:"饱食有残肉,饥食无余菜。纷然生喜怒,似被狙公卖。尔来谁独觉,凛凛白下宰。一饭在家僧,至乐甘不坏。多生味蠹简,食笋乃余债。萧然映樽俎,未肯杂菘芥。"[③]梅尧臣《腊笋》诗曰:"南冈深竹养,下有鹧鸪鸣。破腊初挑箘,夸新欲比琼。荐盘香更美,案酒味偏清。马援当时见,曾将《禹贡》评。"[④]笋菜里面,以腌笃鲜最为知名,这道江浙沪一带的名菜,又以上海本帮菜的代表菜而闻名。腌笃鲜,就是笋子炖咸肉,讲究的就是文火慢炖,正宗的腌笃鲜要做8个小时以上,才能成为一道完美的菜肴。

## 十三、芋

芋,又称芋头、毛芋和芋艿。《管子·轻重甲篇》云:"春日傅耜,次日获麦,次日薄芋。"古教民种芋者,始于此矣。可见,芋在中国种植有悠久的历史,而且芋在魏晋南北朝时期有飞跃性的发展,是这一时期重要的蔬菜品种。[⑤]

四川是芋的主要产区,早在晋代已形成系列品种。据《齐民要术·种芋》引《广志》记载:"蜀汉既繁芋,民以为资。凡十四等:有君子芋,大如斗,魁如杵簏;有车毂芋,有锯子芋,有旁巨芋,有青边芋,此四芋多子;有谈善芋,魁大如瓶,少子,叶如伞盖,绀色,紫茎,长丈余,易熟,味长,芋之最善者也,茎可作羹臛,肥涩,得饮乃下;有蔓芋,缘枝生,大者次二三升;有鸡子芋,色黄;有百果芋,魁大,子繁多,亩收百斛,种以百亩,以养豨;有早芋,七月熟;有九面芋,大而不美;有象空芋,大而弱,使人易饥;有青芋,有素芋,子皆不可食,茎可为菹。凡此诸芋,皆可干腊,又可藏至夏食之。又百子芋。出叶俞县(今云南大理东北)。有魁芋,无旁子,生永昌县(今湖南祁阳)。有大芋,二升,出范阳(今河北定兴)、新郑(今河南新郑)。"这十四等中,大多产于四川,其中以谈善芋品质最好,为当时的名芋种。

---

① 徐海荣主编:《中国饮食史》第四卷,第41页。
② [清]王文浩辑注:《苏轼诗集》,第817页。
③ [清]王文浩辑注:《苏轼诗集》,第1170页。
④ [宋]梅尧臣:《梅尧臣集编年校注·腊笋》,第503页。
⑤ 徐海荣主编:《中国饮食史》第三卷,第40页。

除《广志》外，其他文献也有关于四川产芋的记载。与《广志》几乎同时成书于晋代的《华阳国志》说："汶山郡都安县（今四川都江堰市）有大芋，如蹲鸱也。"芋又有蹲鸱之名。书中还记述三国末年蜀被魏灭亡后，原蜀安汉县令何随去官，行无干粮，乃"辄取道侧民芋，随以帛系其处"，作为补偿。左思《蜀都赋》中有"瓜畴芋区"的句子。西晋末年，李雄攻成都，军队缺粮，"掘野芋而食之"[1]。这些都说明，在魏晋时期四川种芋非常普及，芋田随处可见，芋是人们日常饮食中的一部分。李雄部所掘野芋，其实不一定是野芋，很可能是荒芜多年的芋田，后来自生自长。

长江下游地区也有许多芋田。左思《吴都赋》中有"徇蹲鸱之沃，则以为世济阳九"，都是当时真实情况的反映。

芋既可以当蔬菜，也可以作主食。魏晋南北朝时期，人们更多的是把芋当作主食。芋的吃法很多，可以煨烤，可以蒸煮，也可以腌制。煨烤是直接放在小火上烤熟；蒸煮则是将芋放入釜甑中加热至熟；腌制是在蒸煮至熟后加盐制成。前两种是主食的加工方法，可以代替主食充饥。《齐民要术》卷二把芋放到粮食类来介绍，并说："芋可以救饥馑，度荒年。"后一种则可以长时期保存，为日常用菜。以芋作原料可制成芋子酸臛，具体配方和加工方法为："猪羊肉各一斤，水一斗，煮令熟。成治芋子一升，别蒸之，葱白一升，著肉中合煮，使熟。粳米三合，盐一合，豉汁一升，苦酒五合，口调其味，生姜十两，得臛一斗。"[2]当然这种羹臛不是那些为糊口而终日劳作的下层百姓所能享受的，而是有钱人家餐桌上的美味。能将简单的芋头加工得如此精细，显示了当时的饮食水平。

## 十四、茭白

茭白，别名菰菜、茭旬、菰手、茭瓜。其盛产于长江流域，特别是江南。陆游《邻人送菰菜》诗曰："张苍饮乳元难学，绮季餐芝未免饥。稻饭似珠菰似玉，老农此味有谁知？"[3]可见茭白主要产于长江中下游一带。"菰的嫩苗可食，茎基部膨大的部分为茭白。如果茎基部不膨大，即菰在正常生长情况下，八月开花，到秋季抽穗结实，一般叫籽实为菰米，即茭米，米白而滑腻，做饭香脆。现在我们采用的对象是茭白，专作为蔬菜。"[4]

---

①［唐］房玄龄等：《晋书》卷121《李雄载记》，第3035年。
②［北魏］贾思勰：《齐民要术校释》卷8《羹臛法》，第463页。
③［宋］陆游：《剑南诗稿校注》，钱仲联校注，上海：上海古籍出版社，2015年，第4250页。
④李璠编著：《中国栽培植物发展史》，第122页。

## 十五、莼菜

莼菜为水生类蔬菜烹饪原料，既有野生又有人工栽培。莼菜在中国有4个较大产区：江苏太湖地区、浙江西湖地区、四川螺髻山和湖北利川地区。其中又以湖北利川的莼菜品质最好，因为利川气温较低，莼菜的果胶更为丰富。

凉拌莼菜

西晋文学家张翰在外为官，因思故乡"吴中菰菜、莼羹、鲈鱼脍"，弃官"命驾而归"①。可见莼菜为吴、越人所珍。

《太平寰宇记》卷九一《江南东道·苏州·吴县》云："在砚山馆娃宫旁，有石鼓一枚，山顶有池，池上生莼菜，岁充贡献，虽亢旱，池水未曾枯竭。"这些遗址应有悠久的历史。宋人杨蟠《莼菜》诗："休说江东日日寒，到来且觅鉴湖船。鹤生嫩顶浮新紫，龙脱香髯带旧涎。玉割鲈鱼迎刃滑，香炊稻饭落匙圆。归期不待秋风起，漉酒调羹似去年。"②莼菜与茭白在当时并称江东名菜。

莼菜"目前只有中国和日本有栽培。嫩茎叶可供食用，根部含有淀粉，也可用来作糕点馅"③。

## 十六、姜

生姜既是人们日常生活中不可缺少的调料，又是香料，也是药用植物资源，早在先秦时长江流域各地就有种植。湖北江陵战国楚墓中曾出土过生姜，现藏湖北省博物馆内；马王堆一号汉墓也出土有姜片实物④。

我国古代把葱、薤、韭、蒜、兴蕖（阿魏）这五种带有刺激味的蔬菜称之为"五辛"。佛教徒按戒律不许吃五辛，认为五辛有浊气，唯独姜气清，不在戒食之列。深通饮食之道的孔子在《论语·乡党》中也说过："不撤姜食。"

姜在古代还被广泛用于治病除邪上。姜，《说文解字》释为"御湿之菜也"。王安石《字说》中也认为："姜能强御百邪，故谓之姜。"

姜的食法很多。《本草纲目》中指出："生啖熟食，醋、酱、糟、盐、蜜煎、调和，

---

① ［唐］房玄龄等：《晋书》卷92《张翰传》，第2384页。
② ［清］厉鹗辑撰：《宋诗纪事》卷16，第414页。
③ （日）田中静一编著：《中国食物事典》，第99页。
④ 湖南农学院等：《长沙马王堆一号汉墓出土动植物标本的研究》，第16页。

无不宜之，可蔬可和，可果可药，其利博矣。"特别是在烹调和腌制肉时放一点姜，能除去肉的腥膻，又可使菜味清香可口，《礼记·内则》中记载古代腌制牛肉时，要放一点"屑桂与姜，以洒诸上而盐之"。

我国产姜之地甚多，但以长江流域较为著名。如先秦时有"和之美者，阳朴之姜"[①]的说法，阳朴在古代的蜀郡。后世如湖南茶陵东乡姜、湖北来凤凤头姜等等，都享有一时一地的盛誉。

湖北江陵望山二号楚墓出土战国时期的姜

（湖北省博物馆藏）

## 十七、葱

葱，古代五菜之一，先秦时期长江流域就广为种植，如巴蜀地区有"别落披葱"[②]的记载。《礼记》的一些篇章中就有不少用葱的记录，如《曲礼》篇中有"凡进食之礼，葱渫处末"；《内则》篇中有"脍，春用葱"。这说明古人进食喜用葱，吃肉更须用葱以佐口味。所以宋代陶谷《清异录》指出："葱即调和众味，文言谓之和事草。"同时，由于各种菜肴均可用葱，增加香气，故葱又有"菜伯"之称。

葱有大葱、小葱之别，《齐民要术》中说："三月别小葱，六月别大葱。七月可种大小葱。夏葱白头小，冬葱白头大。"此外还有洋葱，俗称葱头，它是由西亚传入我国，在我国古代尚无栽种，只是近代才在长江流域发展起来。洋葱营养丰富，已成为长江流域人民喜爱的蔬菜。

以上蔬菜品种是长江流域人民经过人工栽培和人工保护的常食蔬菜。在古代文献中，还可以看到长江流域其他一些蔬菜名称，如荻芽、棕笋、巢菜，各种野生菌、荠、马齿苋、藜、蒲、蕨、蒿、蓼、荼、苏等等，这些蔬菜，由于产量小，且多为野生，经济价值不高。

①《吕氏春秋·本味篇》，张双棣等注译，北京：北京大学出版社，2011年，第332页。
②［唐］欧阳询：《艺文类聚》卷35《人部（十九）》引王褒《僮约》，第633页。

## 第三节　长江流域瓜果品种考辨

　　长江流域热量充足，降水丰沛，适宜瓜果的生长。古代长江流域的瓜果种类繁多，种植历史也很悠久。《诗经·七月》中说"六月食郁及薁""七月食瓜，八月断壶"。[①]而在《周礼·场人》中明确指出：场人的职责是"掌国之场圃，而树之果蓏珍异之物"。可见，在先秦时期，人们已注意到种植瓜果。

汉代瓜子（南京博物院藏）

　　原产于长江流域的瓜果种类很多，我们现在食用的一些基本瓜果在古代文献中都能见到，如甜瓜、葫芦、柑橘、枇杷、龙眼、荔枝、桃、杏、李、枣、柿、梅、苹果等等，其中绝大多数原产于长江流域。我国的许多瓜果对世界各国瓜果生产的发展，起过重要作用。如西洋梨在国外受梨火疫病侵染特别严重，但原产于我国的杜梨、沙梨对这种病具有很强的抵抗能力，因而传播于世界各地。在世界各国广为栽种的一些果树中，有不少是从中国引种过去的，如银杏、中国李、柑、橙、桃、枣、猕猴桃、荔枝、龙眼等等，可见，我国栽培果树的种类是世界上最多的，历史是最长的，中国是世界上最大的瓜果原产地。下面仅就长江流域几种常食的瓜果品种，作一介绍。

### 一、甜瓜

　　古代单言"瓜"者，一般指甜瓜，是当水果吃的。甜瓜，又称甘瓜、果瓜。"甜瓜之味甜于诸瓜，故独得甘、甜之称。"[②]

　　甜瓜是我国最古老的瓜种之一，在浙江钱山漾和杭州水田畈等新石器时代文化遗址中就已出现过甜瓜子。《诗经·大雅·生民》中的"麻麦幪幪，瓜瓞唪唪"，《夏小正》中的"五月乃瓜"，均指的是甜瓜，说明在先秦时期，长江下游地区就已栽培甜瓜了。另外，1972年在长沙马王堆汉墓的一具保存完好的女尸的食道中，还发现了138粒半甜瓜子，籽粒外形完整，呈褐黄色，经鉴定，它和我们今天所栽培的甜瓜种子

---

　　① 《毛诗正义》卷8《豳风·七月》，第503页。
　　② ［明］李时珍：《本草纲目》卷33《果部（五）》，第1879页。

相似。[①] 这一发现说明，长江中游栽培甜瓜也有悠久的历史。《广志》云："旧阳城御瓜。有青登瓜，大如三升魁。有桂枝瓜，长二尺余。蜀地温良，瓜至冬熟。有春白瓜，细小小瓣，宜藏，正月种，三月成；有秋泉瓜，秋种，十月熟，形如羊角，色黄黑。"[②] 阳城为春秋时楚地，所谓"旧阳城"当指此。这里出美瓜，秦汉时是贡品，故称"御瓜"。更令人惊奇的是，长江上游的蜀地，瓜可以在冬天成熟。

甜瓜亦名香瓜，种类很多。王祯《农书》指出："瓜品甚多，不可枚举。以状得名者，则有龙肝、虎掌、兔头、狸首、羊髓、蜜筒之称；以色得名者，则有乌瓜、白团、黄瓤、白瓤、小青、大斑之别。然其味不出乎甘香。"

甜瓜多为生吃，作膳用的很少。用作膳的是菜瓜，即如李时珍《本草纲目·菜部》所言："俗名稍瓜，南人呼为菜瓜。"明代王世懋所作的《瓜蔬疏》中认为："瓜之不堪生啖而堪酱食者曰菜瓜，以甜酱渍之，为蔬中佳味。"其实菜瓜也可生吃，只是滋味比甜瓜稍次而已，这些品种至今在长江流域各地都广为种植。

## 二、葫芦

先秦时期把葫芦称为瓠、匏壶、匏瓜等。葫芦是我国最古老的用于蔬菜的栽培植物之一，在不少新石器时代遗址中都发现过炭化葫芦遗物。距今 7000 年的浙江余姚河姆渡遗址出土的葫芦籽，是迄今最早的葫芦标本。稍晚的杭州水田畈新石器时代晚期遗址，也有葫芦的遗存。《酉阳杂俎》说："儋崖种瓠成实，率皆石余。"这是海南省黎族地区的情况。"西南夷"的地区亦然。如唐代樊绰《蛮书》卷二提到四川永昌西北的大雪山地区"其土肥沃，种瓜瓠长丈余，冬瓜亦然，皆三尺围"。这些都是长江流域种瓠的较早记载。

葫芦全身均可利用，匏叶小时可采嫩叶作为蔬食，所以《诗经·小雅·瓠叶》中有："幡幡瓠叶，采之亨之。君子有酒，酌言尝之。"到了成熟期，叶子老了有苦味，就吃果实，故又有"八月断壶"之说，瓠干硬的外壳还可作瓢勺和乐器。张舜徽先生在《说文解字约注》中指出："今湖湘间称细长者为护瓜，殆即瓠音之变。又称圆大而形若壶卢者为瓢瓜，谓其可中剖为二，用以作瓢也。许以匏训瓠，犹以瓢训瓠也。瓢、匏为古双声，浑言无别耳。若析言中，则未剖者为瓠，亦通作壶，皆状其形之圆也。"[③]

葫芦至今在长江流域已广为种植，成为最普遍的蔬菜品种之一。

① 湖南农学院等：《长沙马王堆一号汉墓出土动植物标本的研究》，第 9 页。
② ［北魏］贾思勰：《齐民要术校释》卷 2《种瓜》，第 110 页。
③ 张舜徽：《说文解字约注》"瓠"字注，第 1765 页。

### 三、南瓜

李时珍《本草纲目》云："南瓜种出南番，转入闽、浙，今燕京诸处亦有之矣。"元代王祯《农书·农桑通诀》记载："浙中一种阴瓜，宜阴地种之，秋熟色黄如金，肤皮稍厚，可藏至春，食之如新，疑此即南瓜也。"有学者认为我国现有南瓜栽培种中的"中国南瓜"，有可能原产于浙中的这种阴瓜[①]。但据李昕升博士研究，南瓜起源于美洲，学名 Cucurbita moschata Duch，是葫芦科南瓜属一年生蔓生性草本植物。南瓜在中国的产地不同，叫法各异，南瓜无疑是该栽培作物最广泛的叫法。南瓜是中国重要的蔬菜作物和菜粮兼用的传统作物，栽培历史悠久，经由欧洲人间接从美洲引种到中国，已有 500 余年的栽培历史。目前，中国是世界南瓜的第一大生产国和消费国，南瓜的栽培面积很广，全国各地均有种植，产量颇丰，南瓜除了作为夏秋季节的重要蔬菜，还有诸多妙用。[②]

李昕升认为，根据方志记载，南瓜是在 16 世纪初期首先引种到东南沿海和西南边疆一带，它作为菜粮兼用的作物迅速在全国推广，"随着大多数作物新品种的传播，一种以新引进的食物为底层的新的食物层次出现了，一般来说，只有那些没有办法的穷人、山里人、少数民族才吃美洲传入的粮食作物。南瓜的引种和推广或多或少也遵循这种规律"[③]。所以，长江上游少数民族地区盛产南瓜。如《金川琐记》载："两金川俱出南瓜，其形如巨囊，围三四尺，重一二百斤，每岁大宪，巡宪必携数枚去，每枚辄用四人昇之。"大小金川在四川省大渡河上游，是藏族等少数民族聚居地区。在云南栽培的南瓜中有一种"面条瓜"，瓜肉呈条丝状，煮熟后很像面条，是大理剑川一带特产。昆明附近又有一种"无壳瓜子南瓜"。这说明长江上游少数民族长期栽培和选育了十分宝贵的农家品种，只是没有被记载下来罢了。"长江中游地区（皖、赣、湘、鄂）较早地分别从东南沿海和西南边疆引种南瓜，之后推广迅速，但不同省份在具体的引种、推广过程中又呈现出各自的特点。清中期南瓜已经在长江中游地区推广完成，近代时期形成了稳定的产区。"[④]

南瓜传入长江流域以后，由于产量高，营养好，而且只需很少的劳力，对恶劣的气候也有很强的抵抗能力，从而广受欢迎。南瓜凭借这种巨大的自然因素优势，迅速成为瓜类大宗，产量和面积都后来居上，从而改变了长江流域农作物尤其是蔬菜作物

① 李璠编著：《中国栽培植物发展史》，第 143 页。
② 李昕升：《中国南瓜史》，北京：中国农业科学技术出版社，2017 年，第 3 页。
③ 李昕升：《中国南瓜史》，第 79 页。
④ 李昕升：《中国南瓜史》，第 135 页。

的种植结构，在园圃中占了相当的比例，挤占了原有蔬菜作物的生存空间，成为长江流域最重要的瓜菜品种之一，是农家不可或缺的作物。

## 四、丝瓜

丝瓜，是云贵高原的原生植物。我国云南西双版纳等地有野生丝瓜。丝瓜首先在长江流域栽培，以后才逐步传到北方。宋代诗词中有不少歌咏丝瓜的，如杜汝能《丝瓜》："寂寥篱户入泉声，不见山容亦自清。数日雨晴秋草长，丝瓜沿上瓦墙生。"赵梅隐《咏丝瓜》："黄花褪束绿身长，白结丝包困晓霜。虚瘦得来成一捻，刚偎人面染脂香。"李时珍《本草纲目》说："丝瓜，唐宋以前无闻，今南北皆有之，以为常蔬。……嫩时去皮，可烹可曝，点茶充蔬。老则大如杵，筋络缠纽如织成，经霜乃枯，惟可藉靴履，涤釜器，故村人呼为洗锅罗瓜。内有隔，子在隔中，状如栝楼子，黑色而扁。其花苞及嫩叶、卷须，皆可食也。"①

陆游在《老学庵笔记》里还记述了丝瓜络的别样之用："用蜀中贡余纸，先去墨，徐以丝瓜磨洗，余渍皆尽，而不损砚。"

## 五、苦瓜

苦瓜为一年生藤蔓植物，叶似葡萄叶，花似牵牛花，果实呈青绿色，布满大小颗粒，成熟的苦瓜俗称"癫葡萄"，其瓜皮泛黄，内藏有红色籽粒。有人认为苦瓜"原出南番，今闽广皆种之"②，但也有人认为长江上游的云贵高原也可能是其原产地之一③。至今，长江流域各地已广为种植。清代王孟英的《随息居饮食谱》说："苦瓜青则苦寒，涤热，明目，清心。可酱可腌……熟则色赤，味甘性平，养血滋肝，润脾补肾。"它是长江流域人们喜食的蔬菜品种之一。

## 六、枣

中国是枣的故乡，在湖北荆州楚墓和汉墓以及长沙马王堆汉墓中，都保存着较完整

湖北江陵望山二号楚墓出土的枣核
（湖北省博物馆藏）

---

① ［明］李时珍：《本草纲目》卷28《菜部（三）》，第1702页。
② ［明］李时珍：《本草纲目》卷28《菜部（三）》，第1706页。
③ 李璠编著：《中国栽培植物发展史》，第144页。

的枣干果。

翻开古代文献，在《诗经》《夏小正》《山海经》《尔雅》《广志》中都有种枣食枣的记载。枣是古代人们非常喜欢的果品之一，营养价值很高，几乎全身都是宝。李时珍《本草纲目》记载：大枣"主治心腹邪气，安中，养脾气，平胃气，通九窍，助十二经，补少气、少津液、身中不足，大惊四肢重，和百药。久服轻身延年"。枣不仅可生吃，还能调剂主食，代替粮食，又能加工成各种副食品。

农谚说："桃三杏四梨五年，枣树当年就还钱。"因为枣树耐旱，栽培容易成活，一般栽植两三年或者一两年就见果了，如果管理得好，百年以上的"老寿星"照样果实累累，可谓"一年栽树，百年受益"。

## 七、栗

栗在我国的栽培历史很早。在浙江河姆渡等新石器时代遗址中均有栗果遗存，在湖北荆州楚墓和长沙马王堆汉墓中都有栗果出土，湖北罗田县还有"板栗之乡"的美称。

湖北江陵纪南城出土的栗（湖北省博物馆藏）

栗自古以来就受到人们重视，被列为五果之一。所谓五果，宋代罗愿《尔雅翼》说："五果之义，春之果莫先于梅，夏之果莫先于杏，季夏之果莫先于李，秋之果莫先于桃，冬之果莫先于栗。五时之首，寝庙必有荐，而此五果适于其时，故特取之。"[①]

在古代，人们食栗的方法很多。可做成甜食，《礼记·内则》说："枣栗饴蜜以甘之。"还可以蒸食，《仪礼·聘礼》说："夫人使下大夫劳以二竹簋方，玄被纁里，有盖。其实枣蒸栗择，兼执之以进。"另外，还可炒食，这种方法后世尤为盛行，风味别具一格。板栗经过糖炒后是消遣聊天、品茶清谈时的好零食。据说女作家张爱玲民国时期住在上海赫德路口的爱丁顿公寓（今常德公寓），附近有一家售卖糖炒栗子的炒货店，她在回家途中，都会在这里买上一包，她喜欢闻炒栗时饴糖和黑砂散发的那股焦香。直至若干年后，这种滋味依然萦绕在张爱玲的回忆文章里。

① ［宋］罗愿：《尔雅翼》卷10《释木（二）》，第108页。

## 八、桃

桃是我国最古老的栽培果树之一，在浙江余姚河姆渡、吴兴钱山漾、杭州水田畈、上海青浦崧泽等新石器时代遗址中都先后发现过桃核。《左传》《尔雅》《礼记》中都有关于桃的记载，《诗经》中"桃之夭夭，灼灼其华"的诗句更为人所共知。此外，《诗经》还明确记载"园有桃，其实之肴"。考古和文献资料都反映出我国在先秦时期长江流域就广泛地种植桃树了。

桃的种类很多，《本草纲目》中说："桃品甚多，易于栽种，且早结实。……其花有红、紫、白、千叶、二色之殊。其实有红桃、绯桃、碧桃、缃桃、白桃、乌桃、金桃、银桃、胭脂桃，皆以色名者也。有绵桃、油桃、御桃、方桃、匾桃、偏核桃，皆以形名者也。有五月早桃、十月冬桃、秋桃、霜桃，皆以时名者也。并可供食。"[1]

桃在西汉初年由我国西北传入伊朗和印度，再由伊朗传到希腊，以后再传到欧洲各国，所以印度现在还把桃称为"秦地持来"。举凡生长桃树的国家以中国最古，现在国际上公认桃是我国原产。

## 九、李

李与桃在古代往往并提，因为它们同属蔷薇科，又同于春天开花，并且都属古代五果之列。如《诗经·大雅·抑》中有："投我以桃，报之以李。"可见桃、李在先秦时已为人们所并重。在湖北江陵凤凰山西汉墓葬中曾出土过李核，足证李树在我国长江流域早已栽培成种。

李以品种多、产量高、口味独特，深受人们的欢迎。晋文学家傅玄在《李赋》中写道："或朱或黄，甘酸得适，美逾蜜房。浮彩点驳，赤者如丹。入口流溅，逸味难原。见之则心悦，含之则神安。"明代王象晋《群芳谱》亦云："李实有离核、合核、无核之异。小时青，熟则各色，有红有紫有黄有绿，又有外青内白、外青内红者，大者如卵如杯，小者如弹如樱，其味有甘酸苦涩之殊。性耐久，树可得三十年，虽枝枯，子亦不细。"

李的种类可达数百，在长江流域著名的李种有缥李、麦李、青皮李等。缥李在南北方都有种植，但长江中游的房陵（今湖北房县）缥李则为有代表性的良种。晋人傅玄《李赋》、潘岳《闲居赋》、王廙《洛都赋》等作品中，都把房陵缥李作为李子的代表提及，可见其在当时的知名度。

---

① ［明］李时珍：《本草纲目》卷29《果部（一）》，第1741页。

## 十、梅

梅原产我国江南，栽培历史十分悠久，在湖北江陵楚墓中有梅核出土。《诗经·秦风·终南》记载："终南何有，有条有梅。"说明梅在先秦时就已在我国广泛栽种了。

最初人们种梅是食用梅果，后来才发展为一种观赏性的珍贵花木。在商周时期，梅树果实广泛用于人们的饮食之中，作为一种调味品。《尚书·说命》中指出："若作和羹，尔惟盐梅。"可见梅与盐一样重要。

古往今来，不知有多少辞赋品题吟咏梅，毛泽东同志也作过《卜算子·咏梅》："风雨送春归，飞雪迎春到。已是悬崖百丈冰，犹有花枝俏。"这是一首我国人民广为传诵的美丽诗章，说明了梅的特性和品质。

**马王堆汉墓中出土的杨梅**
（湖南省博物馆藏）

梅果可分为青梅（绿色）、白梅（青白色）、花梅（带红色）三种，除供调味和食用外，还可制作蜜饯和果酱。未熟的果经过加工就是乌梅。三国沈莹《临海水土异物志》记载，长江下游一带的杨梅"其子如弹丸，正赤，五月中熟。熟时似梅，其味甜酸"。《南方草木状》也记述了杨梅的性状，并指出它"出江南、岭南山谷"。在马王堆汉墓中就曾出土过杨梅，杨梅出土时仍然呈紫红色，而且绒刺也非常清楚。曾有位考古工作者十分好奇地尝了一颗，发现味道是苦的，这是因为杨梅已经炭化了。今天杨梅主要产于长江中下游地区，江苏、浙江、湖北、湖南等地种植十分普遍。

## 十一、奈

奈是苹果的古代名称，是我国最重要的果树之一。湖北江陵楚墓中曾出土过奈核。关于奈的最早记载，出自西汉司马相如的《上林赋》"亭、奈，厚朴"之句。古代的奈除指今天的苹果外，还包括花红、海棠果（红果）、林檎等品种。

长江下游的东吴之地，林檎品种较多。据范成大《吴郡志》卷三十《土物下》载："蜜林檎，实味极甘如蜜，虽未大熟，亦无酸味。本品中第一，行都尤贵之。他林檎虽硬大，且酣红，亦有酸味，乡人谓之平林檎，或曰花红林檎，皆在蜜林檎之下。"又曰："金林檎，以花为贵。此种，绍兴间自南京得接头，至行都禁中接成。其花丰腴艳美，百种皆在下风。始时折赐一枝，惟贵戚诸王家始得之。其后流传至吴中，吴之为圃畦者，自唐以来，则有接花之名。今所在园亭皆有此花，虽已多而其贵重自若。亦须至八九月始熟，是时已无夏果，人家亦以钉盘。"

我国古代的苹果比较小，现在广泛栽培的大苹果，是近代从欧美等国引进的。

## 十二、梨

梨的原产地在中国，我国的先民很早就开始对梨进行选择和培育。《诗经·秦风·晨风》中有"隰有树檖"，《诗经·召南·甘棠》中有"蔽芾甘棠"，其中树檖与甘棠即野梨。由此可见，早在3000年前，我国已注意到野生梨的利用。到汉代时，梨已成为一种十分重要的果品了。当时已培育出许多优良品种，有果形特大、味甜多汁、香气宜人等各种特色。

梨在全国各地都有种植。如杭州就产有雪糜、玉消、陈公莲蓬梨、赏花（甘香）霄、砂烂数个品种的梨①。而苏州韩墩"产梨为天下冠，比之诸梨，其香异焉"②。范成大《吴郡志》卷三十云："韩梨，出常熟韩丘。皮褐色，肉如玉。每岁所生不多，价极贵。凡梨削皮切片，不移时，色必变。惟韩梨虽经日不变，所以独贵。"秀州（即嘉兴）所产的丑梨，"貌虽恶，而味绝胜"③，亦曾作为贡品，供皇帝品尝。江东宣、歙二州所产的梨，质量也较好，如宣州所产的乳梨，"皮厚而肉实，其味极长"；歙州之梨，"皆津而消"④。江宁府、信州等地出产的石鹿梨，形小，其叶如茶，其根如小拇指，颇为奇特。四川果、普、夔数州也生长着大片的梨树，其中不乏佳果。如夔州巫山，"出美梨，大如升"⑤。

到明代，梨的种类更多，据《本草纲目》记载："梨有青、黄、红、紫四色。乳梨即雪梨，鹅梨即绵梨，消梨即香水梨也。俱为上品，可以治病。御儿梨，即玉乳梨之讹。或云御儿一作语儿，地名也，在苏州嘉兴县，见《汉书》注。其他青皮、早谷、半斤、沙糜诸梨，皆粗涩不堪，止可蒸煮及切烘为脯尔。昔人言梨，皆以常山真定、山阳钜野、梁国睢阳、齐国临淄、钜鹿、弘农、京兆、邺都、洛阳为称，盖好梨多产于北土，南方惟宣城者为胜。"⑥宣城就在长江中游的安徽。

---

① ［宋］吴自牧：《梦粱录》卷18《物产·果之品》，杭州：浙江人民出版社，1980年，第164页。

② ［宋］叶绍翁：《四朝闻见录》戊集《韩墩梨》，尚成校点，上海：上海古籍出版社，2012年，第126页。

③ ［清］厉鹗辑撰：《宋诗纪事》卷53，第1359页。

④ ［宋］赵不悔修，罗愿纂：《新安志》卷2《木果》，见《宋元方志丛刊》第八册，第7620页。

⑤ ［宋］张世南：《游宦纪闻》卷2，张茂鹏点校，北京：中华书局，1981年，第11页。

⑥ ［明］李时珍：《本草纲目》卷30《果部（二）》，第1763页。

## 十三、柑橘

柑橘在我国种植至少有 3000 年的历史，《尚书·禹贡》记载了当时长江流域古扬州栽种"包橘柚"以充赋税的情况。战国时楚国诗人屈原曾作《橘颂》，对橘树的高贵品质进行歌颂，借以自况坚贞。

屈原故里制作的橘颂菜肴

我国柑橘主要产于南方，有橘、柑（甜橙）、柚三大类。我国古代柑橘往往并称，李时珍《本草纲目》对此作了区别，他说："橘实小，其瓣味微酢，其皮薄而红，味辛而苦。柑大于橘，其瓣味甘，其皮稍厚而黄，味辛而甘。"

长江中游荆楚之地，自古就以盛产橘柚而驰名。《禹贡》荆州"包瓯菁茅"，孔传认为"包"也是指橘柚。《山海经·中山经》载"荆山""纶山""铜山""葛山""贾超之山""洞庭之山"等均多"橘櫐（柚）"。《吕氏春秋·本味篇》"果之美者……江浦之橘，云梦之柚"[①]，都在楚地，故当时楚国的"橘柚之园"为各国所垂涎。《晏子春秋·内篇杂下》记载了晏子使楚，楚王用当地特产橘来招待他的故事。《楚辞》中有屈原著名的《橘颂》："后皇嘉树，橘徕服兮。受命不迁，生南国兮。"[②]《史记·货殖列传》说"蜀汉及江陵千树橘"，收入可"与千户侯等"。这表明从战国到秦汉，蜀、楚柑橘生产的规模和收入是很可观的。

在长沙马王堆西汉墓中，记载死者随葬品的竹简上有"橘一笥"字样，又发现了几个香橙种核，为楚地自古盛产柑橘类果树提供了物证。三国时期孙吴丹阳太守李衡非常赞赏太史公"江陵千树橘，当封君家"的话，"衡每欲治家，妻辄不听，后密遣客十人于武陵龙阳汜洲上作宅，种甘橘千株。……吴末，衡甘橘成，岁得绢数千匹，家道殷足"[③]。六七十年后，即东晋咸康年间（公元 335—342 年），李衡所种的柑橘树还在。这一带的其他地区，如洞庭湖流域，也有一定规模的柑橘种植。隋唐时期荆湘一带成为柑橘重要产地，就是这一时期打下的基础。宜昌出产的宜都柑，为当时的著名品种。

---

① 《吕氏春秋·本味篇》，第 332 页。
② ［宋］洪兴祖：《楚辞补注》，白化文等点校，北京：中华书局，1983 年，第 153 页。
③ ［晋］陈寿：《三国志》卷 48《吴书·孙休传》，［南朝宋］裴松之注，北京：中华书局，1964 年，第 1156-1157 页。

长江流域上游的巴蜀地区也是柑橘的传统产区，三国蜀及晋政府还设有专门的官员负责柑橘的生产和征收，称橘官或黄柑吏。据《华阳国志》记载，巴郡江州巴水北（今重庆江津一带）、鱼复（今重庆奉节）、朐忍（今重庆云阳、开州及万州等地直到湖北利川等地）都设有橘官，犍为南安县则有柑橘官社。西晋张华《博物志》记载："成都、广都、郫、繁、江源、临邛六县生金橙。"柑、橘、橙类水果，古代文献常常混称。至于巴蜀所产柑橘的品种，文献记载不多，《广志》中说成都有"平蒂柑"，"大如升，色苍黄"；又说"南安县出好黄柑"。

湖北荆州望山一号楚墓出土的橙皮
（湖北省博物馆藏）

长江下游的江浙地区，秦汉以来柑橘种植相当发达，以致形成了一批以种柑橘为生的橘户被政府编入橘籍。据任昉《述异记》载，三国吴之绍兴地区，"越多橘柚园。越人岁多橘税，谓之橙橘户，亦曰橘籍"。橘户每年向政府交纳大批柑橘以充税赋，一般情况下不允许脱离橘籍，以保证柑橘的生产。至南朝时，这一带的柑橘园随处可见，在沈约、徐陵等著名文学家的作品中，都有许多关于柑橘及柑橘园的内容。江浙出产的柑橘中，以黄柑最负盛名，晋及南朝的文人多有诗赋赞美。北方少数民族统治者对黄柑也非常喜爱，北魏太武帝拓跋焘于宋元嘉二十七年（公元450年）攻打刘宋时，曾在汝南、彭城、瓜步等地向对方索要黄柑[①]。可知江浙黄柑早已驰名北方了。

宋代以后，柑橘在江南的种植又有了长足的发展，名品辈出，韩彦直在《橘录》序中说道："然橘也出苏州、台州，西出荆州。而南出闽、广数十州。皆木橘耳，已不敢与温橘齿，矧敢与真柑争高下耶？"而温州又推泥山之柑为最好。泥山为平阳所属的一个孤屿，"泥山地不弥一里。所产柑其大不七寸围。皮薄而味珍。脉不黏瓣。食不留滓。一颗之核才一二。间有全无者"[②]。

苏州洞庭之柑橘，堪与温州相颉颃。洞庭橘场在太湖之中的洞庭山，这里"四面皆水也，水气上腾，尤能辟霜。所以洞庭柑橘最佳，岁收不耗，正为此尔"[③]，其果皮细而味美。范成大《吴郡志》卷三十云："其品特高，芳香超胜，为天下第一。浙东、

---

① ［清］陈梦雷编：《古今图书集成·草木典》卷229《橘部》，北京：中华书局，1934年影印本，第34页。

② ［宋］韩彦直：《橘录》卷上《真柑》，文渊阁《四库全书》本。

③ ［宋］庞元英：《文昌杂录》卷4，北京：中华书局，1958年，第45页。

江西及蜀果州皆有柑，香气标格，悉出洞庭下，土人亦甚珍贵之。"

关于金橘，张世南《游宦纪闻》记载："金橘产于江西诸郡。有所谓金橘，差大而味甜。年来，商贩小株，才高二三尺许。一舟可载千百株。其实累累如垂弹，殊可爱。价亦廉，实多根茂者，才直二三镮。往时因温成皇后好食，价重京师；然患不能久留，惟藏绿豆中，则经时不变。"[①] 梅尧臣有诗赞曰："南方生美果，具体橘包微，韩弹有轻薄，楚萍知是非。甘香奉华俎，咀嚼破明玑，欲换畜盐腹，盈奁忽我归。"[②]

## 十四、枇杷

枇杷原产长江流域，最早种植的应是长江流域西南地区。如今枇杷是长江流域常见的水果，在很多地方都有种植，但较有名气的是江苏、湖北、四川和云南。

晋人郭义恭《广志》云："枇杷，冬花，实黄，大如鸡子，小者如杏，味甜酢。四月熟，出南安、犍为、宜都。"[③] 犍为正是"西南夷"故地，南安亦应是犍为郡之县，在今四川夹江县。《南中八郡志》说："南安县出好枇杷。"[④] 宜都在今湖北省宜都市，属楚国故地。《荆州风土记》说："宜都出大枇杷。"现在湖北西部（长阳、恩施一带）

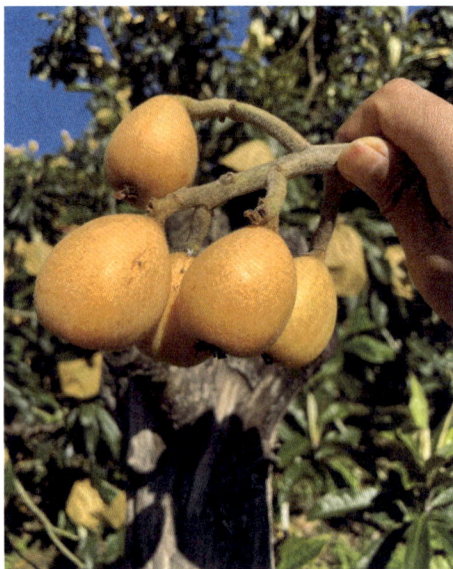

云南蒙自枇杷

海拔 300~1000 米地带以及在宜昌北部和南部高山悬崖处有野生枇杷生长。在四川大渡河流域汉源县朝路口海拔 1100 米处，泸定县烹坝乡的后山一带和会理市内西乡海拔 1800 米处，以及西藏察隅海拔 2000 米左右的地方，都有野生枇杷的分布，可见长江中上游地区是枇杷的原产地，并沿长江向下游传播。唐宋时，长江下游的江南地区已普遍种有枇杷。《梦粱录》卷十八《物产·果之品》曰："枇杷无核者名椒子。东坡诗云：'绿暗初迎夏，红残不及春。魏花非老伴，卢橘是乡人。'"梅尧臣《依韵和行之枇杷》诗云："五月枇杷黄似橘，谁思荔枝同此时。嘉名已著《上林赋》，却恨红梅

---

① ［宋］张世南：《游宦纪闻》卷2，第11页。
② ［宋］梅尧臣：《梅尧臣集编年校注·刘元忠遗金橘》，第908页。
③ ［北魏］贾思勰：《齐民要术校释》卷10《五谷、果蔬、菜茹非中国物产者·枇杷》，第584页。
④ ［宋］李昉等：《太平御览》卷971《果部（八）·枇杷》引，第4304页。

未有诗。"①宋代范成大《两木》诗云："枇杷昔所嗜，不问甘与酸。黄泥裹余核，散掷篱落间。春风拆勾萌，朴樕如榛菅。一株独成长，苍然齐屋山。去年小试花，珑珑犯冰寒。化成黄金弹，同登桃李盘。"当时杭州、苏州、绍兴等地的枇杷都十分有名，至今也是如此。日本栽培的枇杷就是在唐代由江南地区引入的。

综上所述，可以看出，蔬菜瓜果在长江流域人民生活中占有不可缺少的地位，人们很早就懂得了"五谷为养，五果为助，五畜为益，五菜为充"②的道理。它们之间是相辅相成的，正如李时珍《本草纲目》中所指出的："木实曰果，草实曰蓏。熟则可食，干则可脯。丰俭可以济时，疾苦可以备药，辅助粒食，以养民生。"在记载古代长江流域人民生活的文献中，有关"百姓饥饿，人相食，悉以果实为粮""皆以枣栗为粮""饥饿皆食枣"之类的记载不胜枚举，反映出蔬果作物在救灾度荒中所起的作用。

《管子·立政》篇中提出："瓜瓠荤菜百果不备具，国之贫也；瓜瓠荤菜百果备具，国之富也。"可见管子已把蔬菜瓜果的发展状况作为衡量国家贫富的标准之一。《尔雅·释天》说："蔬不熟为馑，果不熟为荒。"蔬菜瓜果的丰歉是确定整个农业收成好坏的重要依据，可见其重要性。

随着社会的发展，特别是长江沿岸城市的形成，各地园圃业相继完善，长江流域所提供的蔬菜瓜果的栽培品种也越来越多，逐步地满足着人们日常生活的需要。同时，园圃业在长江流域社会经济中的地位也日趋重要。

---

① ［宋］梅尧臣：《梅尧臣集编年校注》，第 503 页
② 《黄帝内经·素问·脏气法时论篇第二十二》，第 218 页。

# 第五章　青藏高原的饮食文化

　　长江发源于"世界屋脊"的青藏高原，有些外国的专家学者把青藏高原与地球的南北极相提并论，称之为"世界第三极"，长江的源头就位于这"世界第三极"的腹部，是一块自西向东倾斜状的高地平原。这里雪山绵亘、湖泊广布、地广人稀，平均每十平方千米才有一个人，当地居民主要为藏族。

　　长江之源饮食文化区是以青藏高原为基本区域，兼及四川、云南等文化相近的部分地区构成。青藏高原区饮食文化区是基于自然地理环境、民族分布以及政治历史原因等因素而形成的。

　　唐代到宋元时期的史籍多把藏族先民称为"吐蕃"，明代文献又称作"西蕃"，清代普遍称作"藏蕃"。唐代藏族先民和内地的政治、经济、文化的交往已相当密切，元代就正式把西藏纳入中国的版图。藏族也是在千百年历史进程中，与汉族和西部地区各少数民族接触、融合，最终形成和发展为分布在今西藏、青海、四川、云南等境内的民族。在长江的源头，藏族是主体民族，因而其饮食文化便为藏族饮食风尚。

## 第一节　四千年前的面条

　　2002年，考古工作者从青海省民和回族土族自治县喇家村发掘出了一碗面条状物体。科学家对其进行检测后，证实它是一碗大约4000年前的面条，是全世界范围内发现的时间最为久远的面条实物。2005年，介绍该项研究成果的文章《中国新石器时代晚期的小米面条》在世界顶级学术刊物——英国《自然》杂志上刊发，后很快被美国《国家地理》、美国国家广播电台、英国广播公司、路透社、日本时事通讯社以及德国、加拿大、荷兰等国的媒体加以报道，在学术界引起了极大反响。

　　此后，《科学通报》2015年第60卷第8期发表了吕厚远等人撰写的《青海喇家遗址出土4000年前面条的成分分析与复制》，详细介绍了喇家遗址出土面条陶碗中面条与充填沉积物样品采集过程和分析方法，通过对出土残留物、面条碎片的植硅体、淀粉和分子标志物等成分的综合分析，证明喇家遗址古代人类以粟、黍为主制作了面条；并进一步利用类似制作饸饹面条的挤压糊化凝胶成形的方法，复制模拟了与出土面条成分、形态较一致的粟类面条。喇家面条是真实存在的罕见的古代食物遗存，对研究古代人类饮食文化体系具有重要的意义。需要指出的是，喇家遗址面条已经提取出了油脂等成分，是否还加入了盐、汤料等其他物质，仍然需要进一步研究。该文的研究结果为深入认识史前人类饮食文化特点提供了新证据和新视角。

以上分析结果证明，喇家出土的条状物体的的确确是一碗4000年前人类制作的面条。4000年前，突如其来的地震和洪水袭击了喇家村，这碗面条倾覆在地，被泥沙掩埋，形成了一种密闭的真空状态，正是这种特殊的环境使它得以保存到今天。

喇家遗址出土的面条实物，是迄今为止所知的最早的面条实物证据。虽然人们习惯把最早出现的地方作为起源地，但面条起源时间有可能还要更早。更早的面条会在哪里起源？有学者试图利用制作面条的农作物起源的线索判断面条的起源地，例如韩国KBS电视台李正旭博士在拍摄的所谓纪录片《面条之路》中，无视喇家小米面条的证据，把新疆苏贝希墓地出土的约2400年前黍做成的面条，说成是小麦做成的面条，并以小麦起源于中东为理由，认为面条起源于中东地区。

中国对于面条的最早记载，始于东汉末年经学家刘熙，他在《释名》中记载："饼，并也，溲面使合并也。"当然，由于没有

喇家遗址出土的4000年前面条

图片，所以很多西方学者不认可"饼""水溲饼""煮饼"之类是面条。正因如此，在喇家遗址出土面条之前，国际上普遍认为意大利人最早发明了面条。当然，之所以得出这一结论，除了考古物证之外，还和意大利面名闻天下以及西方话语权强大有关。其实，除了意大利面，还有阿拉伯面、韩国面，都在争世界面条最早的历史。但喇家遗址面条出现之后，世界终于安静了下来。总之，喇家遗址面条的出现，可谓改写了世界面条史。面条虽小，却是世界上使用范围极广的食品，具有重要的意义。考古学家王仁湘先生认为："虽然它的具体加工工艺还不清楚，但是这个过程中对植物籽实进行脱粒、粉碎、成形、烹调的程序一定都完成了，而且这成品小米面条做得细长均匀。在中国乃至世界食物史上，这应当算是一个重要的创造，也是一个重要的贡献。"

中国古代人类很早就学会了栽培耐旱的粟、黍农作物，粟、黍起源于中国已经有了系统的实物证据。喇家遗址出土的以粟、黍为主制作的面条，无疑增加了中国作为面条起源地的可能性。中国面条种类众多，源远流长，具体到饸饹面制作方法，则类似贾思勰《齐民要术》中《饼法第八十二》的"粉饼法"。从喇家面条到今天种类众

多的面条，中国人具有善于变化食物和烹调创新的传统，在这些创新成果中，面条不仅成为中华饮食文化的代表，而且也为世界饮食文化作出了独特的贡献。

## 第二节　青藏高原的农业与食物品种

藏族是我国历史悠久的少数民族，从四五千年前开始，藏族的祖先就生活在青藏高原。由于平均海拔在 4000 米以上，加上空气稀薄、降水量小、日照充足等方面的原因，藏族地区的饮食文化十分独特。"青稞和荞麦是藏族先民最早种植的作物之一。据考古发现，在卡若和贡嘎两处新石器时代遗址中，均有青稞、粟的炭化物出土。"[①] 由此可以看出，青藏高原的先民应以青稞和粟为主要栽培作物和主要粮食。

早在唐代，他们便在青藏高原上建立了藏族历史上第一个地方政权——吐蕃王朝。据《新唐书》记载，早期藏人是"凝麨为碗，实羹酪并食之，手捧酒浆以饮"[②]。他们大概是把炒面捏成碗一样的形状，把奶酪和肉汤羹盛在里头，然后连着面做的碗盏一起吃掉。而且，他们喝酒时也不用杯子，用双手捧起酒来喝。这种饮用方法与汉族先民的方法也是一样的。由此我们亦可看出，吐蕃人饮食的基本内容是炒面、羹酪和酒浆。直到近现代，我们研究藏族的食谱，发现他们的饮食结构还是以这些食品为主要内容的。

在吐蕃时期，由于农业经济有了长足的发展，谷类作物已经普遍生产，所以，唐人记载："其稼有小麦、青稞麦、荞麦、豆。"[③]《第穆萨摩崖刻石》（公元 798—815 年之间，赤德松赞赞普时立）中有这样的词句："工布噶波小王之奴隶、土地、牧场尔后绝不减少，亦不摊派官府差役，不科赋税，不征馈遗，在其境内所产之物中，以酿酒、粮食、青稞、稻米任何一种（奉献）均可，而驿送之役，不得远延。"[④]

从这些史料中可以看到谷物在藏人食谱中占有一定比例，但由于高原气候特别，需要高热量的食品，而且必须充分利用当地资源，所以《新唐书·吐蕃传》说："其兽，牦牛、名马、犬、羊、貔……其宴大宾客，必驱牦牛，使客自射，乃敢馈。其畜牧……逐水草无常所。"可见，动物肉类是吐蕃人食谱中的重要部分。我们从目前所得的资料来看，吐蕃人可能只食用牛羊肉和猪肉，对其他动物肉没有多大兴趣，尤其是厌恶水生动物和多足类动物，并发展成为一种饮食禁忌。蟹、虾、海蜇一类海味，藏人视之为可怕的虫豸，从来不予问津，更引不起任何食欲。

---

① 方铁等：《中国饮食文化史·西南地区卷》，北京：中国轻工业出版社，2013 年，第 37 页。
② ［宋］欧阳修、宋祁：《新唐书》卷 216《吐蕃传（上）》，北京：中华书局，1975 年，第 6072 页。
③ ［宋］欧阳修、宋祁：《新唐书》卷 216《吐蕃传（上）》，第 6072 页。
④ 王尧编著：《吐蕃金石录》，北京：文物出版社，1982 年，第 101 页。

在《西藏王臣记》和《王统世系明鉴》二书中，分别记载了松赞干布的曾祖父仲念德如赞普的一位妃子背着丈夫暗地里偷吃蛙肉，不料被赞普窥见，赞普心生厌恶，妃子犯了禁忌，因而满身生癞（麻风）的故事。牛羊以外的动物，如马、犬、驴等，藏人至今还认为是不该食用和不值得食用的牲畜。

藏人肉食谱如此狭窄，引起外界的种种讹传，很多人把它归之于宗教上的信条，或者属于某种图腾观念。其实，若是深入了解一下藏人的生活习性，从吐蕃时代留下的文献中看出，主要原因是这里地广人稀，仅仅饲养的牛羊和野生的牦牛、野羊就足够人们食用，因此人们用不着去探索其他动植物是否可以食用。关于吐蕃人的肉食习惯，在《礼记·王制》中有一点比较笼统的原始记载："中国戎夷，五方之民，皆有性也，不可推移。东方曰夷，披发文身，有不火食者矣。南方曰蛮，雕题交趾，有不火食者矣。西方曰戎，披发衣皮，有不粒食者矣。北方曰狄，衣羽毛穴居，有不粒食者矣。"

古人一直把吐蕃人称之为西戎，他们以肉为主要食品，所谓"不粒食"，即不把谷类放在主要位置，这与汉族以谷类为主食者迥然不同。可能是由于吐蕃畜牧业发展远远早于农业的耕作，最后形成牧、农并举的格局，并没有形成纯农业区，这在客观上构成吐蕃人以肉食为主的条件。此外，也是由于高原气候严寒，非有高热量的肉食不足以御寒的地理环境所决定。对于烹调技术，我们能引用的材料，大概只是官方的饮宴记载，刘元鼎在《使吐蕃经见记略》中说吐蕃人在招待会盟使节时"大享于牙右，饭举酒行，与华制略等"，酒宴上还有"乐奏《秦王破阵曲》，又奏《凉州》《胡渭》《录要》、杂曲，百伎皆中国人"[1]，以此助兴。

如今，生活在长江上游的藏民，饮食结构并没多大变化，主要的食物来源还是畜牧业，所以他们一直从事牧业生产。饲养的主要牲畜有牦牛、黄牛、犏牛、绵羊、山羊及骡、马、驴等。其中牦牛和绵羊分布最广，数量最多，是牧民食物的主要来源。牦牛藏语中按牡、牝分别称"雅"和"执"，统称"诺尔"，肉可食，乳汁可制作各种奶制品。牦牛肉是藏族人民的主要食品，一头成年牦牛体重一般达400~500斤，屠宰肉160~230斤，出肉率达40%以上。母牦牛泌乳期为14~15个月，产乳旺季在7—9月份，日挤牛奶2~5斤，冬春季日挤奶0.4~0.6斤，牛奶出酥油率在7%左右，每头母牦牛年产酥油10~25斤。牦牛酥油，色泽鲜黄，味道香甜，口感极佳。

古代藏族地区没有黄牛，现有黄牛是唐代时吐蕃与唐朝发生密切接触后传入的，主要用来耕地和配种。黄牛与牦牛配种而产生的牛叫犏牛，据藏文史籍记载，达布聂

---

① ［宋］欧阳修、宋祁：《新唐书》卷216《吐蕃传（下）》，第6103页。

塞赞普时，已有"犏牛、骡子等杂交牲畜"[1]。犏牛产乳量比牦牛多，可制作多种乳制品，也是牧民的主要食物。牧业中另一种牲畜是藏族先民由野羊驯化为家畜的藏系绵羊，品质甚佳，其肉和乳是牧民的主要食物。牧民以肉类和奶类为主食，但他们也吃一定的粮食。由于牧区不种粮食，完全依赖农区供应，牧民的肉和乳制品通过交换向农区换取自己所需的粮食。近世一些牧区已成功试种了青稞。

至今长江上游这些地区的农作物主要还是青稞、小麦、豆类、荞麦、玉米、高粱等。其中又以青稞为主，小麦次之，这是藏人的主要粮食作物。

过去藏族农业区蔬菜种植不多，传统的蔬菜仅有芜菁、白菜、萝卜、洋芋及辣椒等为数不多的几种耐寒蔬菜。近代由于受汉族和其他民族的影响，经过试种，蔬菜种类不断增多，如今除上述几种传统菜外，还有油菜、茄子、芹菜、菠菜、胡萝卜、四季豆、黄瓜等。

## 第三节　独特的食品加工方法与饮食品种

长江上游藏民的饮食品种比较简单。由于藏族生活在中国西部高寒地区，因为酥油、牛羊肉、糌粑可以提供足够多的热量和营养，所以这些食物成为主食，在青藏高原，不吃糌粑、不喝酥油茶的藏族人恐怕难以找到。所以，自古以来，他们就以糌粑、牛羊肉、乳制品、酥油茶为主要食物，有时也吃一些杂粮食品，均以盐来调和，副食较少，饮料的加工方法基本上大同小异。这一地区食品的种类和加工方法虽不算多，却有独特的民族风味。

### 一、糌粑

糌粑是藏民的主食，汉族称之为炒粉，是用青稞或豌豆制成。他们将青稞糌粑称之为"珠糌"，将豌豆糌粑称之为"珍糌"。

糌粑的制法是将青稞或豌豆洗净、晒干、炒熟，然后磨成粉，农区尚细，牧区尚粗，而有钱人家则还要去除麸皮。这种粉状物就是糌粑。

糌粑的食法是先在碗里倒点酥油茶，再

糌粑

---

① 本书编写组编：《藏族简史》，拉萨：西藏人民出版社，1985年，第19页。

加上糌粑，用手不断地搅匀，捏成"粑"（糌粑团）吃。也有用"唐古"（揉糌粑的小皮口袋）把糌粑捏成团食用。有的还在糌粑中放奶渣粉、白糖、酥油，然后捏成团，藏语叫"玛粑"。还有一种吃法，是把糌粑熬成稀粥，里面加些肉、萝卜或者青白菜之类，称为"突粑"。"粑杂麻古"也是藏族喜欢吃的一种食品，是用白面捏成小团，煮熟后捞出，放入热酥油、奶渣、白糖，合拌在一起稍炒一下，又香又甜，特别好吃。

糌粑木盒（云南民族博物馆藏）

糌粑营养丰富，香酥甘美，不仅藏人在藏地终生食用不厌，而且在异地他乡亦不能戒，就连身居藏地的汉族等其他民族的人民久食也会上瘾，可谓是一种良好的主食。

## 二、牛羊肉

藏民过去很少食用蔬菜，副食以牛、羊肉为主，猪肉次之。藏民食用牛、羊肉讲究新鲜，在牛羊宰杀之后，立即将大块带骨肉入锅，用猛火炖煮，锅开后即可捞出食用，以鲜嫩可口为最佳。

民间吃肉时不用筷子，而是将大块肉盛入盘中，用刀子割食，或用手抓。藏族有一道名菜——抓羊肉，它的做法为，现宰羊，肉带骨切大块入锅煮沸即出锅，外表变色，里面的肉仍有鲜肉红色。吃时用刀割，蘸盐食用，肉较软嫩，鲜香味突出。煮时一般不加盐，也不加其他调味品。有时因客人习惯需要，煮至断生食用，但决不长时期熬炖。羊为藏羊，肉肥嫩鲜美，毫无膻味。此为牧区藏胞常食，与糌粑同为主食。半农半牧区和农业区煮肉一般都要调味，肉块略小，喜用花椒、八角等香料，煮至软烂供食。作菜肴食时要蘸酱油、醋、油泼辣子、蒜泥等。至于饭馆酒家，更加讲究烹调方法，煮时加酱油等多种调味品，熟烂后将汤汁煮浓，吃时仍用手抓。

藏民还喜欢吃风干的牛羊肉，每当气温在零度以下时，取肥壮牛羊肉，剔骨，切成薄长条，串挂于阴凉通风处，使其风干。冬季制作风干肉既可防腐，又可使肉中的血水冻附，能保持风干肉的新鲜色味。风干肉可烤吃、煮食或直接生吃，不加调味，细细咀嚼，味道清新隽永，回味绵长。

云南迪庆藏区的藏人擅长做"琵琶肉"，其制法是将宰好的猪开膛取出内脏，剔去骨头，加盐后再缝好，压上石板即可。《滇南新语》所说的"薄腻若明珀，形类琵琶"即指这种肉，是当地藏民的传统腌肉法。

### 三、面食品

面食也是藏民主要食物之一。长江上游的藏民长于做面食。小麦收获时脱粒方法和青稞一样，这里的藏民习惯将脱粒后的麦粒磨成连麸面，用连麸面做成面饼或肉饼，放在铁锅里用火烙熟食用，也有将做好的饼埋在牛粪烧成的灰里烤熟来吃，味道很香。外出驮运时，带上些连麸面、肉和盐，进餐时，先将连麸面放在牛皮上一和，把肉放在牛皮上切成碎块，调上盐做成肉饼，用石头堆成灶，以薄石片架在上面代替锅，把做好的肉饼放在石片上用火烧熟。[①] 连麸面营养丰富，藏人常以其做成精美食品，作为馈赠之物。

有的藏区的藏民还把磨好的小麦面和好，捏成小丸，与牛羊肉、羊油、芫根等一起放进锅里，加水煮成汤来吃，藏人将其称为"帕突"。藏人还习惯用小麦面一和，做成条状，类似内地的麻花，用酥油炸成油果子，以充点心，或作为礼物送给亲朋好友。每逢年节和吉庆宴客，藏人都炸油果子。

青藏地区还有一种很著名的面食，名叫"锅榻"。它的制作并不复杂，用料也可随意，先把青稞面粉或小麦面粉，甚至是豆粉、玉米粉、荞麦粉，经过发酵，待其酥软后，注入植物油，摊薄，再加上苦豆粉、红曲之类，做成馍，放进锅内，锅口加草圈，用锅盖盖严密封，再用文火间歇性地烧烤约莫一个小时，锅榻即成。锅榻底部被烙成发黄的硬壳，上半部却像馒头一样，膨松酥软，色泽鲜艳，滋味也好。

提起青海锅榻，当地人民还乐于诉说着它曾经有过的一段传奇经历。

在很久以前，有一位皇帝微服私访，体察民情，走着走着，不知不觉来到青海的老鸦峡。这一带人烟稀少，可怜这位皇帝平生没遭受过一点磨难，这次已经徒步跋涉了两天，竟没能弄到一点水来进肚，渴得嘴唇发裂，饿得前胸贴着后背，两腿直发抖。眼看前面有个村子，皇帝陡然来了点精神，总算坚持着进了村庄，来到一个农户家里。青海人民素来十分好客，见有远方的客人光临，主人就拿出最好的小麦面粉，特地精制了一锅锅榻，来款待这位疲惫不堪的客人。皇帝饿极了，不管是什么东西，也来不及讲什么礼节，拿到手里就吃。塞饱了肚皮，皇帝再仔细一回味，感觉到这真是人间第一等美食，好像从来没吃过这么香美的东西似的，锅榻给他留下了十分美好而深刻的记忆。

皇帝返回宫中，又过着养尊处优的生活，照常每餐山珍海味，然而他还是不能忘怀在青海老鸦峡小村庄农户家里的那顿饭，忘不了给他留下美好印象的锅榻，于是，

---

① 任乃强：《西康图经·民俗篇》，拉萨：西藏古籍出版社，2000年，第286—287页。

他下令宫中御厨再做上来给他品尝。御膳房的厨师烹调山珍海味倒是拿手好戏，哪里会做穷乡僻壤的山野风味呢？使皇上不能忘怀的美食究竟是什么样子，他们从来没见过，又怎么能做得出来呢？没有办法，他们只好诚惶诚恐地先向皇帝打听一番，得到的唯一印象就是：锅榻是一种"下烙上蒸"的馍馍。御厨模拟着做了一些送了上来，皇上一尝，根本不是这么个味儿，一怒之下，把厨师给杀了。再让一个厨师做，还是不行，厨师又被皇帝给杀了，就这样一连杀掉了三四个无辜的厨师。

皇帝还是下令厨房做，这下可把主管皇帝膳食的光禄寺卿吓坏了，赶紧暗地里查问了出产"下烙上蒸"馍馍的地方，又了解到皇上是在连饿两天的情况下吃锅榻的，于是就派人星夜奔赴青海学艺。

光禄寺卿是个极精明的人，待厨师青海学艺归来后，一面安排他们严格按照青海的制作工艺去加工，一面启奏皇上，进食美味必须空腹，请皇上忍着点，在一两天之内不要吃别的食物。皇帝为了再次一饱口福，也就点头应允了。这一着果然奏效，锅榻端上来后，皇帝由于连续两天饿肚子，加上锅榻又是仿照青海的制作方法做成的，所以他吃起来特别香，感觉到又品尝到了记忆深刻的地方风味，不由得一边吃着，一边连连夸赞"锅榻确实好吃"，显得格外满足。

后来，皇帝微服私访青海吃锅榻，又在宫中专门做锅榻的事情，渐渐传了出来，传到了青海地区，使此地制作锅榻更加风行起来。品种在不断增加，花样也不断翻新，特别是有些心灵手巧的妇女还将锅榻做成多种花形，如做成许多小花卷的形状，把它们用筷子连在一起，就形成了一组造型别致的大型锅榻，极具观赏价值，口味也是越来越好。现在，青海的锅榻不仅成为当地人们的日常主食，并且是迎来送往馈赠亲友的佳品。

## 四、酥油茶

酥油茶是藏族人民每日必备的自饮及待客的饮料，酥油能产生很大热量，有很好的御寒作用，食肉后饮用酥油茶可以帮助消化。

西藏高原气候干燥，高寒缺氧，茶叶成为当地人民必不可少的生活必需品，尤其是常吃牛羊肉的游牧民，依靠饮茶可以去腥除腻，帮助消化，"宁可三日无饭，不可一日无茶"，这句俗语告诉人们，藏族同胞比汉族更离不开茶。但是，古时西藏是不产茶叶的。提起茶叶，藏族同胞就会饮茶思源，缅怀1300多年前带茶入藏的友好使者——文成公主。

7世纪前期，青藏高原新崛起的吐蕃王朝三十三世赞普（吐蕃对王的称呼）松赞干布继位后，为了加强唐蕃友好和发展吐蕃经济文化，于唐贞观八年（公元634年）派出使者到唐朝国都长安朝贡并求婚。唐王朝亦派人回访，并正式建立了唐蕃友好关系。贞观十五年（公元641年），唐太宗令礼部尚书、江夏郡王李道宗主婚，持节护送宗室养女文成公主入藏完婚。入藏时，文成公主带去了丰厚的嫁妆，包括大批精美的工艺日用品及酒、茶叶等土特产，随行的还有侍女、乐队和工匠。由此可知，茶叶是因文成公主与松赞干布联姻而开始输入西藏的。

布达拉宫法王洞，文成公主、松赞干布、尺尊公主塑像

《藏史》云："藏王松岗布之孙（即松赞干布）时，始自中国输入茶叶，为茶叶输入西藏之始。"这里明确而详细地记载了茶叶输入的事实。据文献记载，文成公主当时带去的茶叶为唐代名茶"灉湖含膏"。宋人范致明《岳阳风土记》记载："灉湖诸山旧出茶，谓之灉湖茶，李肇所谓岳州灉湖之含膏也。唐人极重之，见于篇什。今人不甚种植，惟白鹤僧园有千余本。土地颇类北苑，所出茶，一岁不过一二十两。土人谓之'白鹤茶'，味极甘香，非他处草茶可比并。""灉湖含膏"属蒸青团茶，可惜在宋元时即失传。

据1388年成书的《西藏王统记》记载，文成公主不仅带去茶叶，还利用当地的特产创制了奶酪和酥油，熬制"酥油茶"招待客人。时至如今，酥油茶仍是藏族同胞的主要饮料，藏族主妇一天之中最重要的事便是熬制酥油茶。这种茶既能御寒，又能解渴，还具有丰富的营养价值，常喝可滋补强身，延年益寿，因而最为藏民所喜爱，并有"不喝酥油茶就脑壳痛"的说法。

藏族同胞把制成的酥油茶装入茶壶放在文火上保温，随饮随取。家中来了客人，进门先敬茶。藏族同胞特别敬重从内地来的汉族贵客，招待必以这满含汉藏深情的酥油茶敬客。在通常情况下，一般要敬喝三碗，当然客人喝得越多主人越高兴，这里面也倾注着思念友好使者文成公主的情谊。

文成公主入藏成婚，除带去茶叶外，还带去了茶杯茶具。西藏山南地区至今还流传着一首《公主带来龙纹杯》的民歌，以表达藏族人民对她深切的怀念。歌词大意是这样的："龙纹茶杯啊，是公主带来西藏，看见杯子啊，就想起公主的慈祥模样。"

酥油茶的制作方法，既复杂，又简单。将若干砖茶或沱茶捣碎放入铁锅内，掺水熬煮，几度开沸后，撒少量土碱，催出茶色。将煮沸的茶叶水倒进碗口粗、半人高的圆筒，放进一些酥油和少许盐巴，抓住筒中的木杵，上下搅动，轻提、重压，反复数十次，使茶汁、油脂和水

**酥油茶**

融合，就制作成了色、香、味俱全的酥油茶。这种制作方法比较费时间，但随着社会的发展，人们的生活水平也提高了，现在青藏地区的许多家庭中，打酥油茶的不再是传统的圆木筒了，而是比较先进的酥油筒。不似以前的酥油茶是人工打成的，现在是用电打成的。把所有的配料准备好后倒入酥油筒内，盖紧盖子，把筒上的开关接通电源，茶、油脂和水就在筒内翻滚，待一分钟后它们就成了香喷喷的酥油茶。这种打法特别方便，又很省时间。生活条件较好的人家在打制酥油茶时，还加进核桃仁、牛奶、葡萄干，酥油茶因此更加柔润清爽，余香满口，成为茶中上品。

茶也有不用酥油而用别的东西打成的，如菜油、牛奶、骨头汤，这些茶都比酥油茶档次低一些，但青藏地区的人喝这些茶的也很普遍。这些人家多数生活条件比较差，市场上酥油卖得很贵，消费不起，不得已求其次。这些原料虽比酥油茶的等级略低一些，但喝起来也别有一番风味。在滚开的茶叶水中，撒一些盐巴，便成了清茶，清茶是最平常的饮料，家家都有。在清茶中放一小块酥油，让它在茶水面上自由漂浮，散出一圈油汁。干力气活的人，常常如此饮用，因为他们既没有时间打酥油茶，也没有条件打酥油茶，但又要保证身体的营养健康。

饮酥油茶也同饮青稞酒一样有许多习俗。一般的习俗是：当客人走进某位藏族人家中，主人会请他坐下，接着从藏柜里取出一个干净的瓷碗，摆在客人面前的茶几上，然后捧一个装满酥油茶的茶壶或水瓶，轻轻晃荡数次，倾倒在客人面前的茶碗中，并双手捧奉于客人。客人饮茶时，主人手捧茶壶或水瓶，恭立一侧，或在几个客人中轮转。客人喝一次就添一次，而且每次都会添满以表示尊重客人。有时主人自己也给自己添上茶陪着客人一起喝，但给自己添茶总是放到最后，一定要先给客人添，这表示主人有礼貌。

客人喝茶时，不能太急太快，也不能一饮到底，要轻轻吹开茶上的浮油，分饮几次，最后总留一半左右等主人添上，过了一阵子再喝。喝茶不能发生响声，而要轻饮，

喝茶发出声响会被人认为缺少修养。另外不能只喝一碗就走，一般以喝三碗为吉利，青藏有句谚语："一碗成仇人。"所以客人只饮一碗茶是十分忌讳的。

酥油茶色泽淡黄，味道鲜美，香气扑鼻，既能止渴，又能充饥，还能暖身，更重要的是它含有丰富的营养，能使人强健身体，今天青藏高原人民之所以普遍都身强力壮，离不开酥油茶起的作用。另外，喝酥油茶也能治疗疾病，如喝了酥油茶可以消除眼疾病等。

### 五、奶制品

奶渣，是藏族人民日常生活中的乳制品之一。提炼酥油时，把剩下的稠汁再倒入锅中煮沸，煮的时间要稍长些，然后倒入过滤袋内，滤去水分，将剩在袋内凝固成块的蛋白质倒出来后，经过晾晒即成奶渣，这种奶渣的颜色呈黄绿色。如果将稠汁一直熬至水分全部蒸发，剩下的半固状物质，倒出晒干后是白色奶渣。用同样的稠汁制作绿色奶渣要比制作白奶渣少一半，但绿奶渣无酸味，含油质多，滤出的残汁还可以饮用。奶渣可以放进糌粑、突粑里食用，也可做成奶饼、奶块食用，还可做零食吃，是牧区藏民不可缺少的食物。

拉拉，是一种嫩黄色、柔韧、略带点酸味的高级奶制品。其制法：一种是将煮过的奶汁倒入瓦罐里，罐内盘有细枝条，盖好罐使其发酵后再倒入锅中煮，边煮边搅动，煮至出现类似面筋的东西时，取出来做成饼状或条形晾起来；另一种做法是将奶倒入打酥油用的木桶后盖好，待其发酵后，再入锅中煮。藏人常将这种奶制品作为待客、送礼之物，自己食用多留在冬天或外出时。

索谢，制作酥油的木桶久用后，桶的内壁附着一层油质，或做拉拉的瓦罐内盘的枝条上凝聚的一层油质，取出装在羊肚子里，晾干，以备冬季外出驮运时带上此物，路上吃糌粑时与糌粑和在一起食用。

酸奶，是藏族地区的奶制品之一。其制法有两种：一种是把鲜奶放在锅里加热，待冷却后，把浮在上面的奶皮取出，再将奶倒入容器中发酵后就成酸奶，藏语叫"俄雪"；另一种是把提炼过酥油剩下的奶汁制作成奶酪，藏语叫"达雪"。由于酸奶经过糖化作用，营养非常丰富，又易于消化，适于小孩和老年人食用，尤其夏天食用给人以一种凉爽的感觉。总之，在零食品种不多的藏族地区，乳制品不仅是藏民的重要食品，也是居家或外出时藏民的零食。

## 第四节　饮食器具

藏族饮食器具自成一体。就炊具而言，日常生活所用的炊具比较简单。一般每家都有一个灶和一个三脚支架，用来架锅和壶，也有用三块石头代替三脚架的。锅有铜锅和铁锅。随着经济的发展和对外往来的日益频繁，近代藏族使用的炊具逐渐增加，铝制器具早已使用。另外藏族制陶历史久远，昌都卡若遗址出土的新石器时期的陶器，距今有4000多年，至今陶器在藏族中还普遍使用。皮火筒是藏民家中烧火时用来助燃的一种工具。藏民做饭或熬茶，一般是烧牛粪或木材，不易燃烧，为了帮助燃烧，藏民用整张羊皮制成吹火筒。

藏族日常用的食具主要是木碗和刀。有的家庭也有瓷碗，作为待客用。木碗有抓糌粑的大碗，也有喝酥油茶的小木碗，还有专门储存食物的盖碗。过去一般平民百姓所用的木碗是用松柏与白桦等木料制作。上层官员、大喇嘛及土司头人用的木碗是用黑松或紫桠树的虫瘿剜制而成，质地结实，不易破裂，木料多来自云南等地。木碗是藏民随身携带的物品，形影不离地揣在怀里，随时用它抓糌粑或喝酥油茶，甚至有的人外出做客也带上自己的木碗。藏民的木碗喜用红、黄橙色的油漆，比较讲究的有钱人家还在碗上包上金银。碗是一种食具，也是寺院的标志，如拉萨三大寺的喇嘛们所用的木碗就不一样。

藏族进餐不用筷子，吃糌粑用手抓，吃肉则用刀削食，所以刀是藏民的食具之一。藏族没有菜刀，都用短刀来切菜、宰杀牲畜、剥皮等，一般藏民都随身带有刀。

银镶金执壶（*西藏博物馆藏*）

## 第五节　岁时饮食礼俗

藏族普遍信奉藏传佛教，即喇嘛教，青藏地区许多传统节日都与宗教活动有关。

藏族民间最大的传统节日为每年正月初一的藏历年。过年时，家家户户都做"卓索切玛"，它是用麦穗、炒麦花、糌粑、酥油等做成的，是一种表示吉祥的供品。过年的食品还有蕨麻饭，这是用人参果与大米做成的甜饭；"衮登"，这是用红糖、奶渣、酥油、青稞啤酒做成的汤食，酸甜苦香；"卓突"，即麦片肉末粥；"普鲁"，这是

一种油炸盘香状食品，用鸡蛋、酥油、牛奶一起和面，里面夹蜜糖，彩色相间。此外，过年食品还有肉包、酥油茶、青稞酒、各色水果等。

正月十五，大部分藏区都要举行宗教法会活动。这一天是庆祝释迦牟尼战胜"外道"的胜利节。明成祖永乐七年（公元1409年），西藏佛教格鲁派祖师宗喀巴在拉萨创办大昭法会，于藏历正月十五之夜，在大昭寺南侧露天广场上张挂无数酥油花灯供品，以纪念释迦牟尼降伏邪魔，后形成藏族的一个宗教节日。有的地方寺庙，还喜用酥油加料塑成绚丽多姿的宗教人物像及花卉等，称为"酥油花"，展示出来，供群众玩赏。酥油花做工细致，是一种价值很高的工艺品。值此节日，寺庙僧人要吃素面，一般民众在饮食上则无定规。

除过藏历年外，每年藏历七月一日要过"雪顿节"。"雪顿节"原意为"酸奶宴"，届时家家都要制作大量的酸奶食用，后来又增加了演藏戏的内容。雪顿节很多人都要提酥油筒、茶壶、保温瓶，带上食品到风景优美的地方饮茶喝酒。

在每年秋收以前要过"望果节"，彼时要互相宴请并进行各种野餐活动，以迎接秋收。此外，藏族还有"沐浴节""降冬节""萨嘎达瓦节""瞻部林吉桑节""自拉日绕节""古突节"等传统节日。其中"古突节"的饮食活动很有特色，"古突"本意为"腊九粥"，因粥而得节名。这一天，藏族以喝腊九粥活动来表示除旧布新之意。粥由九物熬成，九物是麦、杏、羊毛、辣椒、瓷片、内向捻线团、外向捻线团、豌豆、木炭。每种物质都有一定意义，如食得羊毛者，预示心肠软；食得辣椒者，嘴不饶人；食木炭者，心黑；等等。新中国成立后，藏族民众并不再深究这些带宗教色彩的含义，只不过以此形式增加节日气氛，阖家逗乐而已。

凡是到过藏区的人，第一个最深的印象是藏族同胞的殷勤好客。藏族有句谚语："孔雀是森林的装饰，客人是家里的贵人。"青藏高原人烟稀少，交通不便，外界消息闭塞，方圆数十里，甚至几百里仅有一两户人家。有的地区马行数日竟见不到一家帐房，因此难得亲朋团聚、过客来往。哪家帐房里来了客人，便全村轰动，争相供给食宿，笑问客从何处来，倾听外界信息，主客谈笑风生，极为快乐。同时，帐房的主妇会给客人斟上茶，双手捧敬，不一会儿，又端来酒和肉，杯盘罗列，轮番饮酒。主人一手提壶，一手拿杯，把酒斟得满满的，一边唱着歌，给客人敬酒。在祝酒时，长辈先用中指蘸酒朝上、中、下轻弹三下，以表示祭天、地、神灵。迎接客人时除用手蘸酒弹三下外，还要在谷斗里抓一点青稞，向空中抛撒三次。

酒席上，主人端起酒杯先饮三口，然后斟满一饮而尽，主人饮完头杯酒后，大家才能自由饮用。而且，藏族有个习惯，客人每喝一口，主人立即又给斟得满满的，一连三口，最后干完，这叫"三口一杯"。藏族给客人斟酒、倒酥油茶，一定斟满倒足，以示对客人的诚恳和热情。以农业为主的藏族，在给客人盛饭时忌讳盛得太满，盛满就被认为是对客人不尊敬。客人一旦要留宿，主人会拿出最好的被子给客人用。若客人告辞，缺少路费盘缠，主人还要给客人备足旅费和食物。倘若有人不敬过客，那就败坏了本村名声，事关大局，人人会以口诛之。所以藏族群众有句俗语："投石于河是问渡之方，献美食于人是尊客之道。"

藏族的主妇常常将最好的食物珍藏起来，不让孩子看见，为的是一旦客来，备不时之需。所以，藏家的孩子们往往是盼客人来。有客进村，孩子们就争相引道，希望把客人请到自己家中，以便沾美餐之余惠。家中有客，主妇会把牛羊肉最好的部位献给客人，若客人见肉多吃不完，可把自己的一份分些给主人家的长辈或孩子们。受分者视之为客人的赏赐，会连连称谢。

按一些农业地区藏族的规矩，在陪同客人吃饭时，先不盛饭，待客人吃完酒盛上饭之后，主人才盛自己的饭。主人吃饱了，也要等客人吃饱之后，同客人一起放碗。

藏族待客之丰盛菜肴，是他们平时节俭下来的，平时他们对能食之物极为珍惜。因此他们对一粒米、一叶菜，凡经加工后能吃的，尽量食之，否则就是暴殄天物。而对待客人，则不吝啬，以丰盛为上，否则就要受到奚落和谴责。

藏族传统宴席为分餐式，无饭菜、小吃之分。首道为足玛米饭，次道为肉脯，第三道为猪膘，第四道为奶酪，第五道为血肠等等，还可以上很多道，最后一道为酸奶。首道和最后一道必须食用，前者象征吉祥，后者表示圆满。吃饭时讲究食不满口，嚼不出声，喝不作响，拣食不越盘。用羊肉待客，以羊脊骨下部带尾巴的一块肉为贵，要敬给最尊敬的客人。制作时还要在尾巴肉上留一绺白毛，表示吉祥如意。

居住在长江上游青藏高原的藏族群众有只吃偶蹄动物肉的习俗。放牧的牛、羊和草原上野鹿等动物的蹄是双瓣的，是偶数，其肉是可食的。而牧养的马，豢养的狗以及鸡、鸭、驴等，这些动物有的蹄子不分瓣，有的是爪，是奇数，青藏高原的藏民是不食用的。

# 第六章　云南饮食文化

以"彩云之南"得名的云南省，地处我国西南边陲，为青藏高原向东南延伸的部分，是一个高原山区省份。万里长江从"世界屋脊"——青藏高原奔腾而下，在德钦境内进入云南，从云南的西北部穿行而过，流经云南省迪庆州、丽江地区、大理州等地。

云南省少数民族众多，主要有汉、彝、哈尼、白、纳西、傈僳、拉祜、阿昌、基诺、景颇、怒、独龙、藏、普米、傣、壮、布、水、苗、瑶、佤、德昂、布朗、回、蒙古族等，这些民族都有其独特的社会结构、生活方式、风俗习惯。从民族要素上说，云南有汉族和25个少数民族，仅昆明的少数民族人口就有90多万（截至2021年底）。各民族独具特色的饮食习惯与多样化的口味，势必对云南的饮食文化产生较大的影响，口味之"杂"、内容之丰富是理所当然的。

## 第一节　云南地理环境与食物原料

考察云南各民族的饮食风味特色，首先要认识云南地理环境的特点。

云南的地貌特征为西北高、南部低，地形错综复杂，山脉绵亘，平坝与湖泊镶嵌其间，形成绮丽多姿的风光景致和立体气候。总的来看，云南地貌比较破碎，地形复杂，一些适合人类生存与文明发展的坝子与河谷之间交通困难，缺少交流，这一方面使当地文化之间缺乏统一性和向心力，难以形成较大规模的统一的生活模式，但另一方面又有利于保存丰富多彩的民族文化生活样态。而且，云南这种多样的地貌与气候也极其有利于各种农作物的生长，因此云南享有动物王国、植物王国和药材之乡、花木之乡的美称。

滇东高原一般海拔在2000米左右，岩溶地形分布广泛，以路南石林最著名，山间盆地众多，是农业发达的地区。滇西北属横断山脉，海拔多在3000米以上。滇西和滇西南的高原已被河流分别侵蚀切割为低山、平顶的高山和狭峭的河谷形态。主要河流有金沙江、南盘江、元江、澜沧江、怒江、独龙江等。东南部和石灰岩分布区多伏流河，地表水系不发达。著名湖泊有滇池、洱海、抚仙湖、澄江海等。滇池面积约340平方千米，是省内第一大湖。洱海在大理，面积约250平方千米。矿藏资源以有色金属和磷著称。

云南气候干湿季分明，5—10月为雨季，占全年降雨量的80%，其余时间为干季。由于地处高原，多高山大河，云南气候垂直变化显著，俗称"立体气候"，但气温季节变化不太明显。由于自然条件的差异，各地区农作物有一年一熟、两年三熟、一年两熟、一年三熟之分。全省耕地有1/3集中在肥沃的坝子里，粮食作物占全省播种面积的4/5以上。主产稻谷、玉米、小麦，经济作物有油菜、烟草、茶叶、甘蔗、水果，还有三七、天麻、虫草等珍贵药材。畜牧业分布较广，以黄牛、水牛、马、猪、羊为主。江河湖泊盛产淡水鱼类。高原森林覆盖面积较大，山中栖息着各种珍禽异兽，生长着各种食用菌和调味香料。

云南一年四季花不谢，据统计，云南已发现高等植物种类占全国（近3万种）的一半以上，低等植物更是琳琅满目，数不胜数，仅野生食用菌类就有200多种。动物种类之丰富在全国首屈一指，鸟、兽种类均占全国的50%以上；淡水鱼类就有300余种，约占全国鱼类总数的44%。

云南拥有多种可食的野生植物和可供猎取的野生动物。早在2000多年前，鸡枞等食用菌已为人们发现并写进书里，鸡枞菌、松茸和竹荪遍地都是。我国松茸产自四川、西藏、云南高原地区，其中四川松茸产量最多，西藏松茸品质最佳，云南松茸名气最大。世界上食用菌类600多种，我国500多种，而云南就有350种，占世界食用菌类一半以上，占我国食用菌种类2/3。以木耳属为例，国内有8个品种，云南就占了其中7种；银耳属国内8种，云南占了6种；牛肝菌在全世界有36种，国内有26种，云南有其中23种，其中22种是可食用的。

云南美食多种多样，和其物产丰富是分不开的。在明代云南嵩明人兰茂所著的《滇南本草》中，记载云南有很多种菌，既能食用，也能药用。这证明早在600多年前，菌类已经广泛运用于美食，所以云南有"春食花、夏食菌、秋食果、冬食菜"的习俗。另据樊绰《蛮书》（又名《云南志》）记载："鹿，傍西洱河诸山皆有鹿，龙尾城东北息龙山，南诏养鹿处，要则取之。"其他如象鼻、竹鼠以及各种昆虫食品入馔历史也非常久远。

云南四季如春，常年时鲜蔬菜不断，星罗棋布、大小不一的高原湖泊繁衍着各色鱼类。这使得云南饮食文化呈现出用料广泛，以山珍水鲜见长，味别各异，区域菜式明显等独到之处。有学者用"四独特、四多样"来概括云南饮食文化的特点，这就是："1.气候独特，四

**鱼篓（采集渔猎工具）**（云南民族博物馆藏）

季如春，食材物产多样。2.风情独特，民族众多，饮食风味多样。3.帮口独特，口味包容，烹饪技法多样。4.历史独特，建城久远，古滇食俗多样。"[1]

## 第二节　云南饮食文化的沿革

云南东部在战国时为滇国辖地，故云南称为滇，云南菜又称为滇菜，其风味又为滇味。滇菜发源于春秋战国至两汉时期的古滇国，唐宋时期（南诏、大理国时期）初具雏形，经历了元明时期的大变动、大发展，形成于清代中叶，是中国菜体系中一个具有鲜明民族菜系特色、又具有突出地方菜系特点的菜种。

**元谋大墩子遗址出土的新石器时代鸡形陶壶**
（云南省博物馆藏）

**云南耿马石佛洞新石器时代遗址出土的稻谷**
（云南省博物馆藏）

目前，学术界公认腊玛古猿是人类的直系祖先，其化石在云南有两处重大发现：开远和禄丰。腊玛古猿吃杂食，以植物性食物为主，肉食次之，吃生食。云南元谋猿人为我国最早的人类，距今约170万年，已会利用自然火熟食，迄今为止，世界各国还未发现如此古老的人类用火熟食的历史。我国烹调技法在世界上享有盛誉，和我们的祖先最早学会用火来烹制熟食有关。熟食使人类不仅扩大了食物的品种和范围，而且使人体能吸收更多的营养，从而大大促进了人类体质的发展，特别是促进人类大脑的发育。

人类进入新石器时期，烹饪必备的食物、火、炊具，在云南已经齐全了。稻谷是其主食，这为人类和饲养的家畜提供了经常的、稳定的食物来源，狩猎和捕鱼工具的出现也为人们获取肉食创造了条件。云南罕见用三足器，而是用陶釜、陶罐做炊具，且各地炊具、食具、饮具形式并不一致，这反映了云南新石器时代各地烹调的多样性。

据考古工作者在云南省滇池、景洪、勐腊、孟连等地和其他省、自治区发掘出的

---

① 参见关明等编：《昆明菜：滇池区域饮食文化圈的探索》，昆明：云南科技出版社，2022年，第2页。

新石器时代文化遗址，以及近年来在泰国出土的大量石器、青铜器等历史文物证明，远古傣族的先民就生息在滇、桂和老挝、泰国、缅甸等广大区域，他们是最早栽培稻谷和使用犁耕的民族。晋宁河泊所新石器时代遗址，有一个长80米、宽30米、高8米的螺壳堆积区。有趣的是，全部螺壳尾部都被敲出一洞，以利吸取螺肉，直至今天滇池地区居民仍用此法吸取螺肉。

在数十万年前直至新石器时期，云南的人类活动可能走在中原地区的前面，这当然与云南得天独厚的自然环境分不开。但是，殷商时期汉族的祖先在中原地区进入青铜时代之后，云南古代民族便开始落后于内地中原民族了。

春秋战国时期，云南正处铜器时代，人们过着《史记·西南夷列传》所说的"耕田，有邑聚"的生活，农业为主要经济产业，家畜种类增加，狩猎业的地位大为下降，制造炊具也以铜代替了陶。在广东、广西、四川、贵州等地一些战国至西汉墓中，常有与云南青铜器相类的器物出土，可见，在我国南方广大地区，云南的青铜文化是发展程度较高且影响较大的。因此，研究云南菜的起源与发展，应该以生息在云南独有的少数民族菜为代表，这是当代云南菜的源。

公元前300—前280年之间，楚国起义军领袖庄蹻来到滇池地区，当时这里"有池，周回二百余里，水源深广，而末更浅狭，有似倒流，故谓之滇池。河土平敞，多出鹦鹉、孔雀，有盐池田渔之饶，金银畜产之富。人俗豪忲。居官者皆富及累世"[1]。同时，庄蹻又带来了楚国的先进文化和生产技术，因而加速了滇池地区的社会发展，滇池地区成了云南最早的政治、经济、文化中心。公元前109年，汉武帝出兵征讨云南，滇王拱手降汉，汉武帝在其故地设益州郡，封滇王国国王为"滇王"。跟随汉武帝出兵征讨而来的秦、晋、豫、陇等地的人民便在滇寓居，汉文化与日俱增，中原的饮食纷纷涌现。到了东汉，中原农业文明与饮食文化逐渐在云南占据了主导地位。例如，在对云南汉代时期的墓葬考古发掘中，考古学家挖出一批陶制水田模型随葬品，以圆盆形陂池水田模型最为有特点。其通高8厘米，直径53.9厘米，中摆有陶鸭子、青蛙、龟、鳖、鱼及荷叶、藕、莲蓬等，展现出一派水乡泽国的繁荣景象。这种模型所代表的设施地点靠近居所，水流相对稳定，有机物质较为丰

**东汉时期云南水田模型**

---

① [南朝宋] 范晔：《后汉书》卷86《南蛮西南夷列传》，[唐] 李贤等注，北京：中华书局，1965年，第2846页。

富，比较适宜于精细化的农业灌溉和水产养殖。随着汉代丧葬观念的变化，这类陂塘和水田开始被制成象征性的陶制模型随葬到墓中，意味着将生前财产制成模型纳入墓中，成为死后可以继续占有的财富，这实际上是汉代厚葬观念的另一形式的反映。从这批陶制水田模型中，我们可以了解云南在两汉时期的农业经济状况，知道此时社会生产力的发展巩固了封建地主庄园经济，同时生产关系、社会性质也在发生着进一步的改变，这对于研究滇文化的消亡和中原先进文化的传播具有重要意义。

据有关史籍记载，昭通酱在西汉时期就已有生产，因而昭通在历史上就有"酱乡"之称。其酱色泽棕红，鲜艳油润，酱香浓郁，酯香宜人，味鲜醇厚，麻辣咸香，入口回甜。昭通居民多为各省迁徙而来的移民，这些移民带来了各自家乡制作酱菜的技术，相互取长补短，不断改进配方、工艺；加上昭通独特的原材料、气候、水质等条件，才形成了昭通酱这一特有的地方产品。

两汉时期，稻谷仍是云南人民的主食。汉代云南畜牧业非常发达，《华阳国志·南中志》记载，在汉武帝时，司马相如、韩说曾从云南"得牛马羊属三十万"。此时云南大多数地区的饮具仍为釜，食具有案，江川李家山出土的"牛虎铜案"堪称云南青铜器中的艺术杰作。云南大多数民族喜欢饮酒，有的甚至饮酒成风，云南晋宁石寨山十三号墓出土的西汉鎏金八人乐舞扣饰，现收藏于云南省博物馆。它分上下两层，上层四人头戴冠冕，冠后垂两带，嘴里唱歌，手作舞蹈状；下层四人是伴奏的乐师，其中两人吹葫芦笙，一人吹短管乐器，一人抱鼓而击，用情至极。每两人间均置一酒瓮，几乎与人同样高。出土的贮贝器面部外圈的舞蹈人之间，均置一酒樽；房屋模型中，一妇女持酒筒对背墙而坐的四人敬酒。这反映了当时的饮酒风尚。

**傈僳族竹节酒壶**（云南民族博物馆藏）

公元前 221 年，秦始皇统一中国，在云南设置郡县，从四川宜宾至云南曲靖附近开辟道路，因路宽仅五尺，故称"五尺道"。到西汉武帝执政的公元前 112 年，五尺道完工，从僰道（今四川宜宾）经朱提（今云南昭通），达建宁（今云南曲靖），川滇之间"栈道千里，无所不通"。由此，"西南夷"各部落和内地的经济文化联系更加密切起来。建兴三年（公元 225 年）诸葛亮出师南征，五月渡泸，收其英杰，以为官属，并派吕凯、李恢治滇，劝导云南人民"去山林、属平地、建城邑、务农桑"，随之而来的川陕等地凉人大部分也留居南中。各少数民族菜初露头角，傣家的"鲊什锦"应运而生。

从公元 618 年至 621 年间，唐朝在云南先后设置了 92 个州。公元 746 年，南诏皮逻阁进兵安宁，进入滇池地区，占据姚州，引起唐与南诏多年的战争。唐多次进兵南诏，鲜于仲通、李宓带领大军南征，战败后仅以身免，先后丧师 20 多万人。这些士兵当中，有很大一部分逃亡辗转后成了寓居云南之民。

五代十国时期，段氏在公元 937 年夺取南诏政权，建立大理国，统一了云南。此后赵宋王朝建立，它在政治上虽无力顾及云南，但云南与内地的联系并未中断，宋与大理曾在广西邕州横山寨设市，开始是买卖马匹，后"他货亦至"。云南所产的胡羊、长鸣鸡、披毡、麝香、药材及云南刀，都运至横山出售。买回来的东西除絮缯、器用之外还有文书，从而推动了云南经济文化的发展。

唐宋王朝时期，滇菜异常兴盛。云南民间有俗语"邓川弓鱼美，洱源乳扇香"，白族的乳扇、弓鱼被列为贡品奉献唐皇；雪梨、宝珠梨有口皆碑；调味品草果和傣族的喃泌的出现，扩大了烹饪调料的范围。

公元 1253 年，元世祖忽必烈率兵 10 万，渡过金沙江占领云南。公元 1274 年，元朝派赛典赤·赡思丁来云南任平章政事，设云南行中书省，修了松华坝、金汁河与海口的水利工程，奖励农耕，修建文庙和创办学校，向少数民族人民介绍内地文化。

明朝初年，傅友德、沐英、蓝玉等带领 30 万大军讨平云南，后来又有王骥三征麓川。明代先后在云南用兵十多次，中原士兵来云南的特别多。云南既平，明朝统治者又下诏留江西、浙江、湖广、河南四都司兵留守，同时又实行"调北填南"的政策，徙江南一带人民实滇，这些留守的官兵和移民大都带有妻室，寓居云南。明末中原官吏和世家大族，由于社会变革，追随桂王朱由榔流落在滇的不计其数；至吴三桂来滇开藩，带来的军队又是 8 万人，因此北八省、南七省的人在云南各地都有。其中能工巧匠、名厨居滇后，进一步促进了滇菜的发展。这一时期，始于元朝的八角栽培已有记载，禄丰香醋、甜酱油已开始生产，妥甸酱油、石屏豆腐、八宝米、鸡枞、抗浪鱼等物品都被列为贡品。宣良烧鸭、弥渡卷蹄、腾冲饵丝、宝珠梨炒鸡丁等名菜已享盛名，山珍烹调已趋成熟。相传明熹宗朱由校最喜欢吃鸡枞，也像唐杨贵妃喜欢吃鲜荔枝那样，每年由驿站飞骑送京。

清朝康熙继位以后，灭掉了割据云南的吴三桂政权。清代中叶以后，湖广两江的人，来滇负贩做生意留而不去者，难以计数。鸦片战争以后，通商口岸经济发达，滇越铁路建成，各地餐馆云集云南，滇味形成。宣威火腿、玫瑰大头菜、太和豆豉、路南卤腐应时而生，汽锅鸡、过桥米线、锅巴油粉、督都烧卖、破酥包子等名菜佳点层出不穷。清光绪年间，云贵总督李经羲的跟官大厨师已在菜海子（今翠湖公园）开设"玉春园"

酒楼。当时，翠湖南路西段以及蒲草田一带有好几家高级酒席馆，如彩珍园、长美居、同庆园、临春园、第一楼等，是属于专售高档食品的特级餐厅，专订包席，做满汉全席、烧烤席，至少亦是八山珍、八海味等酒席，专为达官贵人、富商巨贾服务。民国以后稍微降低点规格，售卖十大件之类的菜肴。其中有一家"翠海春"酒楼，紧临翠湖，在这里凭窗饮宴，还可饱览"十里荷花鱼世界，半城杨柳拂楼台"的翠湖景色。虽然也分什么"燕翅帮""蒸炸帮"，但都以滇味驰名。除擅办烧烤席、鱼翅席、海参席等高级宴席外，传统的宴席如八大碗、三冷荤、四热炒、四座碗、八小碗、十二围碟等也更加丰富，蒸、炸、卤、炖样样齐全，厨师世家以此立业。

民国初年袁世凯称帝，蔡锷在滇发动"护国运动"；抗战时期国民党政府迁都重庆，加速了云南与内地的交往。各帮口名厨云集云南，分布在交通沿线的滇东北和滇西，但多数云集于昆明。他们为生活所迫，多数到滇味馆事厨，由于有选择饭馆的自由，有的今天进滇味馆，明天进川味馆。为了适应云南各族人民的口味、消费特点，加之有丰富的原材料和频繁的技艺交流，滇菜在此时发展壮大起来。如海产品类的菜肴，加于三鲜、鸡茸、滑溜、酿烩菜中，兼具北方清醇的特点；锅巴、锅贴、红烧吸取了川菜的长处；鲁菜擅长的清汤、奶汤、扒菜、九转大肠、葱烧海参等均在云南安家落户，有力地促进了云南菜的发展，各菜系风味饭馆如雨后春笋在春城破土而出。罗养儒先生《云南掌故》中《谈谈往昔昆明人口福上之享受》篇谈道，自1916年后，社会上的应酬变得越来越频繁，每个宴会，动辄十桌八桌，多一点就到二三十桌，如果再用旧式的宴席，显然效率就会大打折扣，因此"十大件"的新式宴席就慢慢兴起，如共和春、得意春、海棠春、冠生园、第一楼等，虽能包办旧式的鱼翅、海参席，但更多的还是做新式宴席。当然，这里的家常菜不是那些常见的炒猪肝、炸肉圆、炒鸡蛋、青辣子炒肉等菜，而是像芙蓉鱼翅、锅巴海参、红烧鸽蛋、鸡腰竹生、糯米鸡、什锦冻鱼、凉拌鱼肚这些上档次的菜。除了大酒楼，在大众消费的炒菜馆里面，要数杨品家的馆子最有名，其菜品约有二十几种，如宫保鸡、千张肉、火腿乳饼等。在五六月间还有炒鸡枞、炒牛肝菌、炒青头菌以及一些应时而出的新鲜小菜，如茄子、小瓜、茭芽、鲜笋、豌豆米、蚕豆米等。[1]

综上所述，可以看出滇味于先秦已奠定基石，初具规模于汉魏，兴于唐宋，盛于元明，形成于清。滇菜的形成发展，是与其政治、经济、文化的兴衰、地理位置、气候水土以及人们的生活习惯密切相关的，与中国各地饮食文化又是互相影响和借鉴的。

---

[1] 参见罗养儒：《云南掌故》，李春龙等点校，昆明：云南民族出版社，1996年，第86页。

## 第三节  滇味构成

饮食风味以及食品的制作、烹调技艺，受到各民族社会经济特点和发展水平的制约，呈现出不同的类型和层次。同时，它还受到不同民族的宗教信仰、社会伦理、习惯等因素的制约，因而云南的饮食风味具有多元的特色。但随着各民族之间长期的经济、文化交流，各民族的饮食文化也在相互吸收，使得他们之间的饮食文化也产生了不少相似的风味。

### 一、云南菜的区域构成

由于云南的汉族人口最多，经济文化也较发达一些，又多居住在城镇和交通沿线，因此汉族的饮食风俗及菜肴风味对云南许多少数民族都产生过影响，其中白族、纳西族、彝族、壮族、傣族和瑶族所受到的影响大一些。当然，汉族的饮食风味及菜肴风味也吸收了少数民族饮食文化的精华。

如今的云南菜，主要是由昆明、滇南、滇西、滇西南和滇东北等几个区域的菜系所构成：

昆明菜。昆明为云南的省会，昆明城已有 2000 多年的历史，自古以来又无大的毁灭性战争，因而市区逐步扩大，当地的烹饪技艺也不断提高。元代以后昆明又是云南政治、经济、文化中心，昆明菜除在明代末年受长江下游诸省较大影响以外，近代以来又吸收了川、鲁、粤、苏等菜系的烹饪技艺。昆明菜以其优良的地理位置和四季如春的气候特点，较充分地发挥了滇菜用料广泛、鲜美时新、品种多变、善治山珍的特点。汪曾祺先生在《四方食事·昆明菜》中说："昆明菜是有特点的。昆明菜——云南菜不属于中国的八大菜系。很多人以为昆明菜接近四川菜，其实并不一样。四川菜的特点是麻、辣。多数四川菜都要放郫县豆瓣、泡辣椒，而且放大量的花椒——必得是川椒。中国很多省的人都爱吃辣，如湖南、江西，但像四川人那样爱吃花椒的地方不多。重庆有很多小面馆，门面的白墙上多用黑

彝族彩绘饮食器具

漆涂写三个大字'麻、辣、烫'，老远地就看得见。昆明菜不像四川菜那样既辣且麻。大抵四川菜多浓厚强烈，而昆明菜则比较清淡纯和。四川菜调料复杂，昆明菜重本味。比较一下怪味鸡和汽锅鸡，便知二者区别所在。"①

滇东北菜。这里交通较为方便，接近内地，与中原交往较多，烹饪技法受内地影响较深，特别是与四川接壤的地方，其烹调口味近似川菜。

滇西和滇西南菜。这里与泰国、缅甸、老挝接壤，少数民族众多，形成聚居少数民族菜点，如清真菜、傣族菜、白族菜、哈尼族菜、纳西族菜等。

滇南菜。这里雨量充沛，气候温和，自然资源丰富，特别是修建滇越铁路以后，交通十分方便，城镇人口猛增，饮食业十分兴旺，名馔"过桥米线""汽锅鸡""石屏烧豆腐""鸡丝草芽"均源于此。

## 二、云南菜的主要特点

滇菜擅长蒸、炸、卤、炖、烤、腌、冻、舂，以山珍、水鲜见长。其口味特点是鲜嫩、清香、回甜、酸辣适中、偏酸辣微麻，讲究本味和原汁原味。烹饪出的菜肴酥、脆、粑、重油醇厚，粑而不烂，嫩而不生，点缀得当，造型逼真。上述滇菜的烹调技法和口味特点，与云南各族人民所处的地理位置、气候水土特点、风俗消费习惯以及历史原因分不开。正如著名饮食学家张起钧教授在《烹调原理》一书中所说：云南烹饪水平如此之高，"据我揣想第一是受了吴三桂带来的那一些懂得生活艺术的'京游子'的影响，第二则是受了充军到云南的落魄官员们的影响"②。

云南菜充分利用自然资源，用料非常广泛，像时鲜果菜、山珍野味、家养野生、高低等动植物均可入馔。云南四季如春，常年时鲜蔬菜不断，所以人们喜欢"吃青"，如青蚕豆、青豌豆、青玉米等等。同时，人们还喜欢吃"五香生炸麂子""清蒸竹鼠""黑芥炒肉丝""鸡丝炒草芽""红烧羊肚菌""烩双笙""紫米八宝饭"等菜点，这都是以主料或烹调方法而命名的菜点，充分利用了云南独有的原料，并结合云南人民的口味特点而制成。这一类菜突出了"鲜"和"广"字，"鲜"在选用新鲜的原料，制出鲜嫩回甜的菜品；"广"在用料广泛，制出味道各异的菜品。

滇菜调味料非常丰富，家种、野生均有，一般菜肴在烹调过程中离不开辣椒、胡椒、花椒、葱、姜、蒜、芫荽、甜酱油，故菜肴味酸辣、麻香、回甜，百菜百味。例如，就辣椒而言，种类就十分齐全，既有微辣回甜的灯笼辣，又有含油量高、辣味适度的各种长角椒，亦有小圆状的小米椒，更有辣味特殊的涮辣椒。醋有各种名醋，如禄丰

---

① 汪曾祺：《四方食事·昆明菜》，北京：中国文联出版社，2009年，第165页。
② 张起钧：《烹调原理》，北京：中国商业出版社，1985年，第172页。

香醋、剥隘七醋，还有少数民族的梅子醋、酸木瓜醋及各种酸水。酱油亦有甜咸之分，咸者如妥甸酱油；甜者以通海酱油为最，色泽油亮，甜咸适口，酱色醇厚，滋味鲜美，是滇菜特有的调料。云南厨师能据云南水质含碱重、气候上干湿季节分明、各少数民族嗜酒好客之特点，烹制出风味万千的菜肴。

## 第四节　云南名食考

云南各民族一般都有冬季宰杀猪牛的习惯，并逐渐积累、形成了一套加工、腌制、贮藏、便于食用的菜品，如回族的"牛干巴""腊鹅"、彝族的"乳饼"、白族的"乳扇"、傣族的"喃味"、拉祜族的"血鲊"、藏族的"琵琶肉"、汉族的"生炸肉"等。各族人民还善于利用当地资源调制出各种风味菜，如傣族的香茅草烧鸡、怒族的烧羊肚、拉祜族的烧牛肉、独龙族石板粑粑、纳西族的火烤粑粑等。在此基础上形成的云南各民族的名食，可谓是琳琅满目、花样繁多，非常丰富。

云南的名菜主要有菊花银耳汽锅鸡、白油鸡枞、野生菌火锅、老昆明羊汤锅、宣威小炒肉、酸辣大头鱼、酸辣螺黄、金竹棕包白鱼酸汤、红油麻辣鲜笋、黄酸笋、太极干巴菌、宜良烤鸭、黑芥炒肉丝、大理乳扇、鲜花饼等，其中进入国家级非物质文化遗产名录的有过桥米线和宣威火腿。

### 一、过桥米线

过桥米线是云南独具风味的食品，尤为当地人民所喜好。有人评价说："一套过桥米线，能抵一桌宴席。"此话说得虽有点夸张，但其内容还是较实在的。因为它的用料很丰富，有各种鸡、鱼肉片和其他辅料，有荤汤及调味作料，有以优质大米制成的米线，且制作精细、营养丰富。这种食品以其食法特殊、风味别具一格而深受人们的好评，其制作技艺已经列入中国非物质文化遗产名录。

米线的历史悠久，据有关材料考证，其最早萌芽于南北朝时期，主产于江西、湖南、福建、广东、云南等地，它的本名原叫"米缆"，宋人楼钥《玫瑰集》中有《陈表

过桥米线

道惠米缆》诗："江西谁将米作缆，卷送银丝光可鉴。仙禾为饼亚来牟，细剪暴乾供健啖。如来螺髻一毛拔，卷然如蚕都人发。新弦未上尚盘盘，独茧长缫犹轧轧。"当时的米线已可干制，洁白光亮，细如丝线，可馈赠他人，也称"米糷"和"米糤"。陈造《江湖长翁诗钞》中有《旅馆三适》："厥初木禾种，移殖云水乡。粉之且缕之，一缕百尺强。匀细茧吐绪，洁润鹅截肪。吴侬方法殊，楚产可倚墙。嗟此玉食品，纳我蔬藋肠。匕箸动辄空，滑腻仍甘芳。岂惟仆糍饵，政复奴桃榔。即今弗泊感，颇思奉君王。"自注曰："予以病愈不食面，此所嗜也。以米糤代之，且宜烧猪。客有惠清白堂酒者，同时餐。作三诗识之。"陈造《徐南卿招饭》诗中有"江西米糤丝作窝，吴国香粳玉为粒"之句，可见当时的米线干品是制成鸟窝状的。

明清之际，又称作"米线"。宋诩《宋氏养生部》载："米糷，音烂，谢叠山云'米线'。"其制法记有两种。其一："粳米甚洁，碓筛绝细粉，汤溲稍坚，置锅中煮熟。杂生粉少许，擀使开，折切细条，暴燥。入肥汁中煮，以胡椒、施椒、酱油、葱调和。"其二："粉中加米浆为糷，揉如索绿豆粉，入汤釜中，取起。"

如今，米线以云南的"过桥米线"最为人所称道。何以叫"过桥米线"呢？据说它的由来有一段生动的故事。大约在清朝的道光年间，滇南蒙自有一位名叫张浩的秀才为了赶考，便带上行李、书籍，住在家乡南湖中的一个绿树成荫、环境幽静的小岛上埋头攻读。他的妻子非常贤惠，每天在家为他烧菜煮饭，然后再赶好远的路到小岛送饭。张秀才嗜好吃米线，他妻子就经常做米线给他吃。由于小岛离家较远，还要越过一座长桥，待送到时饭菜皆凉。为此，妻子曾想了很多办法，保温效果都不佳。尤其到了冬天，她看着丈夫吃那冻得冰凉的饭菜，心疼得不知如何是好，生怕丈夫吃出什么病来。

一天中午，秀才妻子将一只煮熟的鸡倒入罐内与米线同炖，因鸡肥，汤上浮起了一层厚厚的油脂。正当准备给丈夫送去时，她突然感到一阵晕眩，昏倒在地。等苏醒时，太阳已经偏西了，她立即伸手去摸炖鸡汤米线的陶罐，觉得它仍然烫手，于是赶忙给丈夫送去。秀才吃到了一顿热乎乎的鸡汤米线，感到格外满意，深情地望着妻子直点头称谢，秀才妻子也高兴地笑了。由此得到启发，以后她便常常将肉片、鱼片等油水多的荤腥用汤汆熟后倒入陶罐内与米线同炖，使之能够保持较长时间的热量，从此秀才就经常吃到热乎乎的米线了。此事传开后，人们仿效此法并流传于世。因为这个贤能的妻子每次到南湖的湖心小岛给丈夫送米线时都要经过一座长长的石桥，后人就将用这种方法烹制的米线称作"过桥米线"。后来，又有个叫李马田的人到锁龙桥外开设了一家米线馆，专门烹制过桥米线，很受顾客欢迎，人们常常相约结伴跨过锁龙桥去该馆子里吃米线，尤以青年男女居多，所以"过桥米线"名声越来越广，越传越远。

"过桥米线"的特色，主要在于汤和其食品配料的制作：汤，要求用鸡、鸭、猪筒子骨混合熬煮成原汁汤，海碗内放鲜猪油、味精、胡椒粉、食盐等调料，沸汤盛到碗内，油即刻封住汤面，汤碗内温度经久不降。"过桥米线"的配料：素菜有豌豆尖、韭菜，以及芫荽、葱丝、草芽丝、姜丝、香菜、葱头、玉兰片、氽过的豆腐皮等；荤菜有猪里脊肉片、鸡脯肉、猪肚头、猪腰子、乌鱼肉、水发鱿鱼、油发鱼肚、火腿、净鸡块等等。

吃"过桥米线"时，先将汤盛好，再将各种切成薄片的肉、鱼、鸡、肝等副食品氽入汤中，待这些肉类食品在沸汤中烫熟后，再逐次加入青菜类的副食品，最后再挟米线氽进汤碗，即可品尝。

"过桥米线"以其别具一格的滋味，赢得了人们的欣赏。1958年，郭沫若在他写的《茶花》诗中，赞扬"过桥米线"为云南食品中一朵瑰丽的山茶。20世纪80年代，"过桥米线"传入首都北京，一时风靡京城，继而还被选送到国宴，登上了大雅之堂。

此外，云南玉溪的"小锅米线"也十分有名。据说，清末以来，玉溪因为人丁兴旺，土地狭窄，出外谋生的风气十分盛行，不少玉溪人来到昆明一时找不到职业，便架起锅灶，摆摊设点，以卖"小锅米线"为生。在20世纪20年代，昆明已有七八家专卖"小锅米线"的食馆；到30年代至40年代，地处五华地区的玉溪街上，开设"小锅米线"的店堂已有20多家，清晨就开店堂，到午夜1时才收堂，如玉春园、宝庆园、文和园在玉溪街颇有名气。翠湖边的翠海春、金马坊旁的金顺园，也都以出售"小锅米线"而闻名。

别有风味的"小锅米线"灶具简单，只需一口薄底小铁锅，一个长把炒勺。"小锅米线"主要特点是米线都是在炭火上用小锅煮沸，里面加入的都是鲜肉，给米线增添鲜和香。锅里盛上肉汤、米线、作料，5分钟即可出锅装碗上桌，供顾客品尝，既方便、卫生，又较有滋味。"小锅米线"还因帽料（又称潦料）不同，品种名称多种多样，如潦肉、脆哨、叶子、鳝鱼、焖鸡、肉丁等，色香味俱全。它将玉溪口味的鲜、辣、脆、嫩、酸、麻、甜，熔为一炉，吃后余味无穷。

## 二、宣威火腿

宣威火腿是云南省著名地方特产之一，因产于宣威而得名。宣威是云南省的一个县级市，位于滇东北，自秦修"五尺道"以来，就有"入滇锁钥""滇东门户"的美称。宣威最值得骄傲的美食名片是"云腿之乡"。

宣威火腿，究竟起源于何时，已难详其考。据《宣威县志》记载，清雍正五年（公元1727年），城乡集市贸易市场上就普遍上市火腿，当时到宣威赴任的流官知州张汉

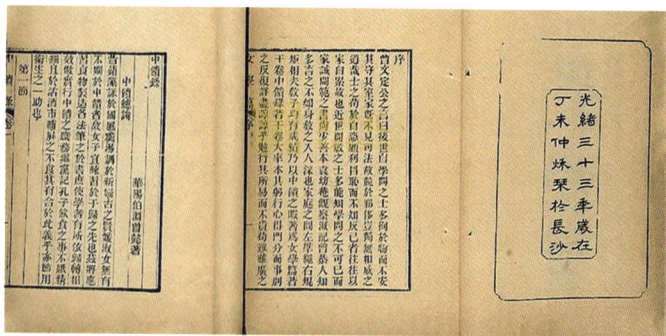

《中馈录》书影

问这是何物，销货者答曰"宣威火腿"，其以"身穿绿袍、肉质厚、精肉多、蛋白丰富、鲜嫩可口"而享有盛名。清光绪年间，曾懿编著《中馈录》中也有《制宣威火腿法》。

清末至民国年间，以浦在廷先生为代表的宣威工商业先驱，将宣威火腿生产推上了一个全新阶段。清宣统元年（公元 1909 年），浦在廷、陈时铨等人集资 4 万银圆，创办了"宣和火腿股份有限公司"，收购鲜腿，腌制加工宣威火腿，或从市场购进优质宣威火腿，从事火腿贸易事业。同时他派人入粤学习，并尝试摸索土法加工火腿罐头，获得成功。火腿罐头由于品味可口、装潢美观、携带方便，一上市就深受欢迎，供不应求。民国七年（公元 1918 年），为扩大规模、改进工艺，浦在廷先生又创办"宣和火腿罐头股份有限公司"，派专人到日本和上海学习制造罐头技术，并从美国购进机械设备开发生产罐头，除蒸煮用土法装置外，制罐、打盖、切肉均用机械化，日产 300 罐，年产 10 万罐，产品有"火腿罐头""蹄筋罐头"等。1920 年，"宣和火腿罐头股份有限公司"改名为"浦在廷兄弟食品罐头公司"（即"大有恒"商号）。1923 年，该公司生产的火腿罐头在广东举办的全国地方名特产品赛会上获优质奖章，远销东南亚。孙中山先生为此亲笔题词"饮和食德"。宣威火腿从此声名大振，香飘四海，载入当时许多食谱之中。

宣威火腿盛名远播，经久不衰，主要是取决于其色香味美、营养丰富、风味独特。而宣威火腿的形成又取决于宣威独特的地域地理气候环境。《宣威县志稿》载："宣腿著名天下，气候使然。"的确如此，宣威的邻近地区用与宣威相同的猪种、相同的饲养方法、相同的腌制工艺，制作出来的火腿其味道与宣威火腿相差甚远。宣威火腿肉香馥郁、口感纯美的秘密，在于宣威独特的自然环境及气候条件。其风味的形成，除与猪种、饲养、加工技术有关外，发酵过程是最重要的关键环节。云南省微生物研究所的研究表明，国内外各种类的火腿，其主系列成分大

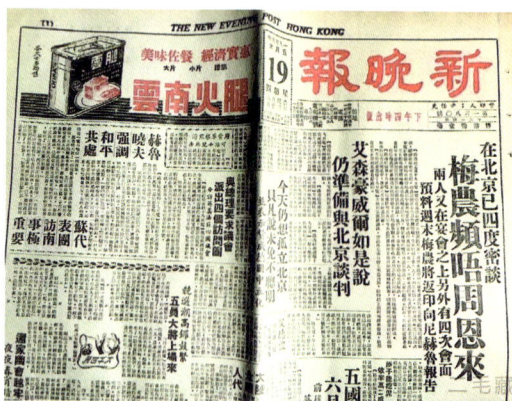

1955 年 5 月 19 日出版的香港《新晚报》头版
左上角 "云南火腿" 广告

同小异，但非主系列成分（营养成分及色香味）因发酵方法的不同而不同。外地人通过来宣威学习，可以利用其加工技术，但是所加工火腿不在宣威贮存、发酵或用外地鲜腿在宣威加工腌制、贮存，都是形不成宣威火腿的。如云南昭通、四川以及缅甸曾经派人来宣威学习火腿加工技术，回去后如法加工，但因气候、水土等条件不同，腌制出的火腿都不如宣威火腿。

在外地工作的宣威人回老家，都要带一点鲜猪肉和宣威火腿回工作所在地，这是因宣威境内所产鲜猪肉肉质滋嫩，味道鲜美。而带宣威火腿则要选发酵成熟的老腿，否则因气候、水土环境的改变，好腿变成坏腿。宣威周边邻近地区所产火腿，即使加工腌制方法一样，也因气候、水土不同而在品质上始终与宣威火腿有很大差距，尤其是在色香味上差距相当明显，因此这些周边邻近地区所产火腿，长期以来都要冠以"宣威火腿"头衔，才卖得出去。这说明了宣威火腿营养风味的形成，主要是在宣威特殊的地域气候环境条件下，经过风干、发酵成熟而形成的。宣威火腿的理化指标、外观形状、营养风味决定了其质量特色。

宣威火腿腌制时只用食用盐，不加任何食品添加剂，其理化指标优于国标，特别是亚硝酸盐含量很低，这成为宣腿的一大特性。宣威火腿的精加工产品美观营养、风味独特、质量上乘、食用方便。宣威人民根据其特定的生产环境不断总结完善，依据消费需求，立足国际市场，并与先进的食品加工技术结合，使宣威火腿在保持传统风味的同时，更加精美。

宣威火腿广受吃货青睐，其特点是个大骨小、皮薄肉厚、肥瘦适中，因形似琵琶，故也称"琵琶脚"。宣威火腿中猪脚腕骨以上、猪大腿以下的部分称"金钱腿"，是宣威火腿中的极品，肉香味浓，有人形容为"身穿绿袍，形似琵琶，入肉三针无异味，离骨三寸即可食"。早在1915年巴拿马国际博览会上，宣威火腿就荣获金质奖，成为云南省最早进入国际市场的名特食品之一。

传统火腿腌制时间是在农历冬月之后，早年宣威火腿的猪种、喂养方法、腌制方法、烹饪方法都有讲究。老品种用的是金沙猪，毛色偏白，长不太大，最多也就100来公斤，现在一般是用老品种猪和杜洛克猪杂交，大的能长到三四百公斤。火腿腌制需一年左右的自然发酵期，尤其陈年（隔年）腿，要一年半时间，属上品。选火腿方法，一般要求为皮肉干燥、内外紧实、薄皮细脚、腿头不裂，形如

琵琶脚的宣威火腿

琵琶，完整均匀，皮色棕黄或棕红，并显亮光。可用一竹签刺入肉中，拔出后闻一闻，如果可以闻到浓郁的香气，那么这就是上等的火腿。

宣威火腿的最佳吃法是炖、煮，传统滇菜中的炖汤，几乎都要用宣威火腿提味。其煮的方法，一是下锅后放清水没过肉，猛火催沸，把头道汤倒掉不用；其二，把甘蔗（也可用适量红糖）切两段垫入锅底，加清水没过火腿，炖煮二三小时熟透后即可。煮火腿时可以放一些黄豆之类的辅料，炖时香气四溢。切片之前要用汤养火腿，切成大片或小片时要带皮，肥、瘦一起切，吃起来才过瘾。煮熟的老火腿，入口肉质滋嫩，具有鲜、酥、脆、嫩、香甜等特点，油而不腻，香味浓郁，咸香回甜。

火腿是宣威最负盛名的文化标志，其制作技艺已经被列入中国非物质文化遗产名录。可以说，宣威火腿是宣威人对中国饮食文化的一大贡献。

# 第五节 《徐霞客游记》与云南饮食文化

徐霞客是中国明代著名的地理学家和旅行家，他所撰写的《徐霞客游记·滇游日记》，为我们展示了一幅真实、生动、丰富的明代云南饮食生活画卷。通过对《徐霞客游记·滇游日记》的梳理与分析，我们可以揭示明代以来云南民族饮食文化形成的物质基础；通过对丽江木府饮食的个案研究，我们可以看到云南民族饮食文化中蕴含着丰富的文化内涵。《徐霞客游记》对于促进这一文化开发具有较高的文献价值。

云南是徐霞客一生中所到的民族最多的省，也是《徐霞客游记》记录的民族最多、游历时间最长的省。他旅游时经过了彝、布依、壮、仡佬、纳西、白、傣、景颇、回等少数民族聚居区，途中还涉及有傈僳、布朗、阿昌等族，此外还述及了普米、藏族等，在《徐霞客游记》中他对这些民族的社会生活都作了详细的描述，由此反映出云南多彩而又独特的饮食文化。

## 一、《徐霞客游记·滇游日记》中的云南饮食资源

考察明代云南民族饮食文化的特色，首先要认识云南地理环境的特点，这也是《徐霞客游记·滇游日记》中介绍云南的一个重点。

1638年夏天，51岁的徐霞客开始了他在云南近两年的游历生活。他几乎走遍云南的山山水水，写下了内容极其丰富的《游滇日记》十三卷[①]。其篇幅之巨，占了整个《徐霞客游记》的五分之二，为我们留下了有关云南山川走向、河流起源、山形地貌、温

---

[①]［明］徐弘祖：《徐霞客游记校注》，朱惠荣校注，北京：中华书局，2017年，第745-1366页。

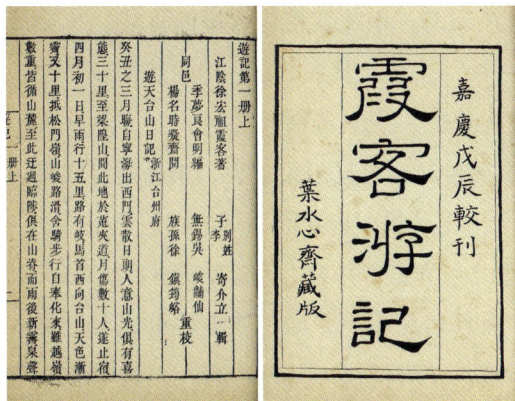

《徐霞客游记》书影

泉古洞、历史文物、民族风情、社会生活等方面的记载，其中记载的云南民族饮食文化资源，尤其值得我们关注。

云南民族地区的自然条件，有利于多种粮食作物的生产，主产稻谷、玉米、小麦。宋应星在《天工开物·乃粒》卷中说到明代的粮食生产："今天下育民人者，稻居十七，而来（小麦）、牟（大麦）、黍、稷居十三。"在谈到麦的时候，他又说："西极川、云，东至闽、浙、吴、楚腹焉，方长六千里中，种小麦者，二十分而一。磨面以为捻头、环饵、馒首、汤料之需，而饔飧不及焉。种余麦者五十分而一。"

但徐霞客认为云南不完全如此，《徐霞客游记》中云南到处是"秧绿云铺""丰禾被陇"，鹤庆更是"川中田禾丰美"。明代云南水稻种植普遍，而且商品性比较强。但小麦和其他旱地粮食作物生产也很普遍，鹤庆鸡足山山顶西望"翠色袭人者即此，皆麦与蚕豆也"。看来明代云南民族地区的旱粮与水稻具有同等重要的地位。粮食生产还重视良种培育，云南鹤庆冯密的瑞麦"以粒长倍于常麦"；鸡足山"炼洞米食之易化"。

云南畜牧业分布较广，以黄牛、水牛、马、猪、羊为主。江河湖泊盛产淡水鱼类，淡水鱼类就有 300 余种，约占全国鱼类总数的 44%。畜牧水产是云南古代农家的主要副业，如云南大理"千骑交集"，弥渡"皆驼骑累之"。猪到处都有养殖，而且往往"人畜杂处"。徐霞客在广西受到过"宰猪杀鸡"的礼遇，在丽江还吃过烤乳猪。《徐霞客游记》中还有牦牛的记载，如在丽江描述"其地多牦牛，尾大而有力，亦能负重……盖鹤庆以北多牦牛，顺宁以南多象"。云南甸头村"潭中大鱼三、四尺，汛汛其中"；滇池金线鱼"鱼大不逾四寸……为滇池珍品"。云南鲫鱼、鳝鱼之类也很多，《徐霞客游记》中常有"加鲜鲫饷客""以溪鲫为饷"等记载。由此可见明代云南的一些地区也是"鱼米之乡"。

隋唐五代以后，农业各部门地位的次序，粮食种植为首位，桑麻棉次之，以培养和生

鳝鱼夹（云南民族博物馆藏）

产奇珍果蔬、名花异卉的园艺居第三位。但在云南，果蔬栽培为云南的优势。《徐霞客游记》记载，明代云南亦佐县的木瓜梨"一钱得三枚，其大如瓯，味松脆而核甚小，乃种之绝胜者"；昆阳"其内桃树万株，被陇连壑，想其蒸霞焕彩时，令人笑武陵、天台为熠火"；大姚龙马哨"一路梅花，幽香时度"，可见规模之大、果品类型之多。徐霞客在鸡足山还曾出席过一次宴会，目睹了"出茶果，皆异品"的盛况。

云南是中国的茶叶起源地之一，种茶饮茶之风尤甚，并有"野者上，园者次"之分。至明代，云南茶既有野生的，也有园栽的，而且名品不少，如《徐霞客游记》记载在昆明筇竹寺所饮"乃太华之精者，茶冽而兰幽，一时清供，得未曾有"；大理感通寺的茶树"皆高三四丈，绝与桂相似，时方采摘，无不架梯升树者，茶味颇佳"。

《徐霞客游记》对明代云南民族地区特有的中草药材、经济林木、大量野生动植物的采集加工等方面亦有一定记载，从多方面展现了明代云南民族地区农业丰富多彩的内容。

明代云南农业经济处在一个重大的历史转折时期，也是饮食文化发展较快的时期，《徐霞客游记》见证了这一时期饮食变革的情况。

## 二、丽江饮食文化一瞥

丽江属于长江上游，"万里长江第一湾"就位于丽江市玉龙县石鼓镇。自古以来有不少人误以为云南民族的饮食操制简陋、食之不精。殊不知，徐霞客到云南丽江一看，并非如此，丽江之行使他难以忘怀。

徐霞客在游记中首先对明代丽江的历史人文作了介绍，他说："其地土人皆为麽些（今纳西族）。国初汉人之戍此者，今皆从其俗矣。盖国初亦为军民府，而今则不复知有军也。止分官、民二姓，官姓木（初俱姓麦，自汉至国初，太祖乃易为木），民姓和，无他姓者。其北即为古宗，古宗之北，即为吐蕃，其习俗各异云。"[1]

1639年农历一月二十五日，徐霞客应丽江世袭知府木增之邀来到丽江。农历二月初一，木增设宴款待徐霞客。木增原姓麦，汉代起就居住在云南丽江，权势很大；明太祖时赐姓为木，成为世袭土知府。木增著有数本书籍，喜欢与文人交往。《明史·土司传》记载："西南诸土司，知诗书，好礼守义，以丽江木氏为首。"木增早闻徐霞客有千古文章，志向远大，特设宴款待他，并请他为其辑文《云薖淡墨》作序。徐霞客在《徐霞客游记》中写道：二月初一日下午，"（木增）设宴解脱林东堂，下藉以松毛，以楚雄诸生许姓者陪宴，仍侑以杯缎（银杯二只，绿绉纱一匹）。大肴八十品，

---

① ［明］徐弘祖：《徐霞客游记校注·滇游日记（七）》，第1074页。

罗列甚遥，不能辨其孰为异味也。抵暮乃散。复以卓席馈许生，为分犒诸役"。在第一天的接风宴上，木增就摆出盛大的场面，大肴八十多种，排列起来很长很长，使走南闯北的徐霞客都感叹说，菜肴多得不能一一品尝辨味，由此也反映明代丽江饮食文化的风味独特、多样以及当地人待客的热情。

二月初十日，徐霞客应允为木增四儿子指导作文。文章修改好后，木增极为高兴，令四儿子设宴招待徐霞客。《徐霞客游记》记录道："已还松棚，则设席已就。四君献款，复有红毡、丽锁之惠。二把事亦设席坐阶下，每献酒则趋而上焉。"宴会设在花园中，用松木搭成，座位上铺有松毛以示礼仪隆重，铺设红毡，悬挂鲜花。二管家在厅下伺候，每上一道菜，每添一杯酒，都由管家亲自而行。宴会中，宾主互相交谈，"肴味中有柔猪、牦牛舌，俱为余言之，缕缕可听"。徐霞客居留期间，木家父子还不时派人送来酒果点心之类的食品给徐霞客。《徐霞客游记》中记载的美食就有：

木府家酒。此酒为丽江纳西族独创的水酒，它以优质的大米为原料，将米洗净泡好，放在火上蒸熟，取出晾干，再按一定比例撒上酒曲，并搅拌均匀，然后进行发酵，使酒饭糖化，装缸入罐，以烧白酒代水落缸（罐），形成盖面，低温发酵月余，即可取出榨酒。把酒渣滤去之后，清酒再入缸（罐）内密封贮存。此酒绵和醇香、甘美爽口，为徐霞客所钟爱，常因饮此酒而醉。

丽江土鸡。木增曾派人给徐霞客送过一只丽江土鸡，《徐霞客游记》中说这只"生鸡大如鹅，通体皆油，色黄而体圆，盖肥之

丽江土司木增和妻子阿勒邱的画像

极也。余爱之，命顾仆咸为腊鸡"，徐徐品尝。这种鸡在丽江又称之为"相（骟）鸡"，即公鸡在很小时候就被阉养起来，长大后较为肥美，一般在除夕夜才享用。

火烤柔猪。木增之子曾宴请徐霞客，"肴味中有柔猪"，徐霞客品尝后，询问其制作方法。"柔猪乃五六斤之猪，以米饭喂成者，其骨俱柔脆，全体炙之，乃切片以食"，其味香嫩可口。这道菜实际上是烤乳猪，也许有人要问，云南有烤乳猪吗？云南在300多年前就能烤乳猪吗？当时的云南，是朝廷将犯人流放充军的地方，怎么会有这样奢侈豪华、工艺精湛的烤乳猪呢？回答是肯定的。云南是人类的发源地之一，虽然在长期的封建社会中因山高路险致经济一度落后，但在唐代以后历代的统一战争中，中原

文化和人才涌入，带动了云南的经济文化发展，门阀势力出现，饮食文化也带有一些豪华侈性，烤乳猪也由此出现并进入筵宴。正如张起钧教授在《烹调原理》一书中所说："云南虽是僻处西南，但在文化上则与中原反倒较之湘黔为近，而在生活艺术方面尤其有极高的水准。"[1] 据调查，在楚雄一带至今仍有吃小乳猪、吃全羊的习惯，或煮食，或烤食。《云南烹饪荟萃》一书中还收有楚雄彝族的"羊皮煮羊（全羊）"菜式。20 世纪 40 年代的昆明，滇味富春楼、三合楼也以滇味烤乳猪为招牌菜，曾有一天烤十只乳猪、开百桌筵席的盛况。

**东巴给畜神祭献食物文献**（云南民族博物馆藏）

牦牛舌片。丽江产牦牛，木增公子宴请徐霞客的肴味之中有一道菜为"牦牛舌片"。徐霞客记载道："牦牛舌似猪舌而大，甘脆有异味。惜余时已醉饱，不能多尝也。"

纳西胙肉。徐霞客在丽江期间，"有把事持书，挈一人荷酒献胙"。胙是丽江纳西族祭祀神灵的一种贡品，也是纳西族的一道家常菜肴。其制作方法是先把肉骨剁碎，糅拌以花椒粉、盐、八角粉、炒米面、姜丝及醇酒，然后盛入扑水罐中，腌制半年后即成胙肉。食时夹出一些放入碗中上火蒸熟，其味酸辣爽口，为佐餐佳肴。

酥饼、油线及发糖。徐霞客在丽江时，木增曾多次派人送一些丽江产的糕点给他吃，其中就有酥饼、油线。酥饼即油酥面饼，现有人认为即丽江粑粑。油线又为油丝，因为它细若发丝，中缠松子肉为片，甚松脆。另一种糕点为"发糖"，《徐霞客游记》中介绍这种糖："白糖为丝，细过于发，千条万缕，合揉为一。以细面拌之，合而不腻。"徐霞客把"酥饼""油线"和"发糖"称之为"奇点"（奇特的点心）。

### 三、云南民族饮食文化特色管窥

1639 年农历二月十一日，徐霞客离开丽江，游历了剑川、洱海后，进入了大理，后又到了保山。《徐霞客游记》中又记述了两道云南民族美食：

大理蒸糕。徐霞客在大理时，一僧人请他吃饭，"饭后继以黄黍之糕，乃小米所蒸，而柔软更胜于糯粉者"。

---

[1] 张起钧：《烹调原理》，第 171 页。

云南鸡枞菌。这是云南食品菌中的珍品，素有"云南珍品忆鸡枞"之美誉。徐霞客尤喜食此菌。在保山时，恰逢鸡枞上市，徐霞客花银五钱，即购得鸡枞六斤，后来在返回洱海卫（今祥云县治）时，"觅店而饭"。这顿饭徐霞客吃得很舒服，因为他想不到在鸡枞落市时，还能在旅途中购得"甚巨而鲜洁"的鸡枞，用此鸡枞煮汤下饭，不啻是一种口福和享受。

　　总之，在《徐霞客游记·滇游日记》中，徐霞客用他的亲历亲见和亲口品尝，把 400 多年前明代的云南民族美食一一展现在我们面前。这些美食记录不但为我们研究云南明代民族的饮食文化提供了珍贵的第一手资料，同时也使我们看到云南各民族饮食文化的丰富多彩、内涵深厚，且富于民族性和地域性，是极为珍贵的文化

**云南野生鸡枞菌**

旅游资源。由《徐霞客游记·滇游日记》，并结合其他文献资料，我们可以看出云南民族饮食文化的一些基本特色。对于寻求异域文化差异以开阔眼界、增长知识、满足猎奇心理需求的旅游者来说，更具诱惑力。但民俗具有变异性，徐霞客所见所闻所记是 400 多年前的事，摆在我们面前最为急迫的任务就是要像当年徐霞客一样，对这一文化资源进行认真发掘清理，并积极开发和保护。

# 第七章　巴蜀饮食文化

川菜发源于古代的巴国和蜀国，是在巴蜀文化的背景下形成的。川菜以其悠久的历史、广泛的取材、多样的调味、繁多的菜式、宽广的适应面而在中国饮食领域中素享盛誉，名闻中外。

川菜作为中国四大菜系之一，赢得了"食在中国，味在四川"的美名。川菜在其形成、发展过程中，积累了丰富的物质财富和精神财富，产生了深厚的文化，即川菜文化。川菜文化内涵丰富，不仅展示了川菜的独特魅力，推动川菜和巴蜀地区经济社会的发展，更为传承弘扬中华饮食文化作出了重要贡献。从古至今，川菜文化一直不断被挖掘、弘扬、传承、创新，成为中国饮食文化中一份珍贵的文化遗产。

汉代庖厨俑（成都博物馆藏）

## 第一节　川菜探源

巴蜀位于长江上游，气候温和，雨量充沛，良田沃野，物产丰富。得天独厚的自然条件，富饶的自然资源，为川菜烹饪技术的发展提供了良好的条件。山林茂密，笋菌丰盛，江河纵横，鱼鲜肥美。猪牛羊肉、禽蛋、野味、干鲜蔬菜，四季皆有。嘉陵江、青衣江之中生长的江团、岩原鲤、雅鱼，可称鱼类上品。山川丘陵之间盛产银耳、虫草、贝母，皆为营养丰富的珍馐。雪山草地所出熊、鹿、獐、麂，更属上乘肴馔。优越的地理环境和丰富的物质基础，造就了巴蜀民众休闲

东汉庖厨画像砖（四川博物院藏）

安逸的生活形态。大量移民与原住民不断融合，五方杂处，兼收并蓄，包容创新，铸就了川菜别具一格的风味体系与独特魅力。许多名厨巧手云集四川，逐步形成了具有巴蜀独特风味的烹调方法和川菜品种。

汉代以来，巴蜀之地的王公富豪"娶嫁设太牢之厨膳""良辰列金罍以御嘉宾"，繁肴绮错、宴饮作乐是习以为常的事情。出土文物中宴饮画像砖、画像石、餐具食器和一些历史文献都可以证实这一点，一些诗赋对此亦有描述。汉代扬雄的《蜀都赋》写宴食的肴馔，就有"乃使有伊之徒，调夫五味。甘甜之和，勺药之羹。江东鲐鲍，陇西牛羊。粲米肥猪，糜麑不行。鸿獭獐乳，独竹孤鸽。炮鸮被纸之胎，山麈髓脑，水游之腴。蜂豚应雁，被鶏晨凫"等珍稀的野禽野兽及"五肉七菜"，其品种之多，不亚于战国时屈原在《招魂》中描述楚宫筵席之品数。

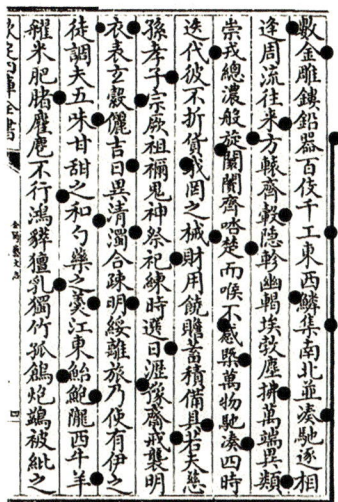
扬雄《蜀都赋》书影

西晋左思的《蜀都赋》说，四川豪富经常选择"吉日良辰，置酒高堂，以御嘉宾。金罍中坐，肴烟四陈。觞以清醥，鲜以紫鳞。羽爵执竞，丝竹乃发。巴姬弹弦，汉女击节。起西音于促柱，歌江上之飋厉。纡长袖而屡舞，翩跹跹以裔裔。合樽促席，引满相罚。乐饮今夕，一醉累月"[1]。有"巴姬""汉女"组成的乐队演奏《西音》和《江上》等歌曲助乐，还有长袖飘洒飞舞流丽的舞蹈队表演。主客双方尽情享受宴食之乐，哪怕醉一个月也不在乎。宋代苏轼写的《老饕赋》，也有对文人学士们宴饮习俗的描写。

明清以降，特别是清代，满汉官员纷纷入川，不少厨师随行，促进了内地与四川烹饪技术的交流。在四川的饮食业中，

东汉宴饮画像砖（四川博物院藏）

餐馆承包筵席时仍有南堂、南馆、南菜之称。川菜鱼翅海参的烹制，常采用干烧、收汁、浓味或家常味的方法。家常海参用碎肉、豆瓣，经微火慢烧至亮油，稍勾薄芡成菜后，色泽红亮，香辣醇鲜，既吸取了南菜的长处，又区别于它偏重清淡的做法。清

---

① 瞿蜕园选注：《汉魏六朝赋选》，上海：上海古籍出版社，2019年，第149页。

代袁枚著的《随园食单》中论述烧烤、粉蒸之类的菜肴，北京、山东一带已早有此菜。川菜中的叉烧全鸡、火锅毛肚、酱爆肉丝等，受到北菜烤鸭、涮羊肉、京酱肉丝的影响；粉蒸肉、粉蒸排骨则有山东、山西菜肴的烹调特点。所以，著名历史学家蒙文通先生曾对谢国桢先生说："川菜是山东的烹调汇合而成的，所以菜味清腴。"[1] "南菜川味，北菜川烹"，川菜既取优于南北菜，又发扬自身之长，兼收并蓄，从而逐步形成了独特风格。

## 第二节　川菜的风味

川菜的灵魂在于味。过去人们常以为川菜只是"麻、辣、烫"，其实川菜虽以麻辣见长，但并不以麻辣压其他味道，是麻、辣、咸、烫、嫩、鲜诸味皆备。四川盆地湿度大，川人自古"尚滋味""好辛香"，川菜厨师略施技艺，用辣椒这个调味品做出了香辣、麻辣、咸辣、酸辣、冲辣、微辣等不同风格的菜肴，十分微妙。川菜味型多种多样，变化无穷，一般有家常味、鱼香味、荔枝味、咸鲜味、酸辣味、麻辣味、糖醋味、姜汁味、酱香味、蒜泥味等30多种。川菜讲究综合用味并突出主味，有主有次，将酸、甜、咸、麻、辣五味的调味品掌握好，即可"五味调和百味出"，故川菜有"一菜一格，百菜百味"的赞誉，人称"味在四川"。下面就川菜的各种味型作一说明：

家常味型。源于民间的调味法，特点是咸鲜微辣，回味有的带甜，有的带醋香。

鱼香味型。源于四川民间独特的烹鱼调味法，广泛用于热冷菜式之中，咸、甜、酸、辣兼备。

怪味型。特点是咸、甜、麻、辣、酸、鲜、香并重，所有调料互不压抑，相得益彰，颇为奇妙。

红油味型。以特制的红油与酱油、白糖、味精调制而成，有的还加醋、蒜泥或香油。这种味型多用于凉菜，特点是咸鲜辣香，但辣味比麻辣轻，回味略重于家常。

麻辣味型。这是最典型的川味，麻辣味厚，咸鲜而香，广泛应用于冷热菜式，其主要由辣椒、花椒、川盐、味精、料酒调制而成。据蓝勇先生考证："历史上四川地区是花椒最重要的产地，食用也最为普遍。研究表明，中国古代平均有四分之一的食品中都要加花椒，与今天中国菜谱中花椒入谱比例相比，这个比例非常大了。从北魏开始到明代，使用花椒的比例是在逐渐增大，最高的唐代达五分之二，明代也达三分之一。但从清代开始，花椒在食谱中的比例大大降低，降至五分之一。这可能与番椒（辣

---

[1] 谢国桢：《瓜蒂庵文集》，沈阳：辽宁教育出版社，1996年，第353页。

椒）的传入、侵夺辛辣调料有关。同时，清代胡椒的大量使用，可能也侵夺了花椒在饮食中的份额。于是，清代以前在全国流行十分广泛的花椒麻味被逐渐挤到四川一角，使川菜形成麻辣兼备的格局，中原地区惟有山东等地还有一定食麻的传统。"[1]

酸辣味型。以川盐、醋、胡椒粉、味精、料酒调制而成，也常以酸菜或泡菜、红油或元红豆瓣调制，其特点是醇酸微辣，咸鲜味浓。

糊辣味型。以川盐、干红辣椒、花椒、酱油、醋、白糖、姜、葱、蒜、味精、料酒调制而成，其特点是香辣咸鲜，风味略甜，辣香是这种味型的重点。

陈皮味型。这种味型只用于凉菜，它以陈皮、川盐、酱油、醋、花椒、干辣椒、姜、葱、白糖、红油、醪糟汁、味精、香油调制而成，其特点是陈皮芳香，麻辣味厚，略有回甜。

椒麻味型。以川盐、花椒、葱花、酱油、醋、味精、香油调制而成，特点是椒麻辛香，味咸而鲜。

椒盐味型。以川盐、花椒、味精调制而成，具有香麻而咸的特点。

酱香味型。以甜酱、川盐、酱油、味精、香油调制而成，可根据不同菜肴风味的需要，酌加白糖、胡椒和姜葱，特点是酱香浓郁，甜咸兼鲜。

五香味型。以山柰、八角、丁香、小茴香、甘草、沙头、老蔻、肉桂、草果、花椒等传统香料烧煮食物，其特点是浓香咸鲜，冷热菜式都广泛运用。

甜香味型。以白糖或冰糖为主要调味品，也可根据不同菜肴的需要，加适量的香精，并辅以各种蜜饯、水果、果汁等，其特点是纯甜而香，多用于热菜。

香糟味型。以醪糟、川盐、味精、香油调制而成，根据不同菜肴的需要，可以酌加胡椒粉、花椒、冰糖、姜、葱，特点是醇香咸鲜而回甜。

烟香味型。根据不同菜肴的需要，选用不同的熏制材料和调味涂料，如稻草、柏枝、松叶、茶叶、竹叶、樟叶、花生壳、核桃壳、糠壳、锯木屑等，熏制涂抹了调料的鸡、鸭、鹅、兔、猪肉、牛肉等，特点是咸鲜醇和，独具芳香。

咸鲜味型。以盐为主调料，酌情添加味精、酱油、白糖、香油及姜、胡椒等，特点是咸鲜清香，突出蔬菜的本味。

荔枝味型。以盐、醋、白糖、酱油、味精、料酒调制，并取姜、葱、蒜末，其特点是酸甜似荔枝，咸鲜在其中，多用于热菜。

糖醋味型。以糖醋为主要调料，佐以川盐、味精、姜、葱、蒜调制而成，特点是甜酸味浓，回味咸鲜。

姜汁味型。以川盐、姜汁、酱油、味精、醋、香油调制而成，特点是姜味醇厚，

---

① 蓝勇：《中国辛辣文化与辣椒革命》，《南方周末》2002年1月25日。

咸鲜微辣。

蒜泥味型。以蒜泥、精制红酱油、香油、味精、红油调制而成，特点是蒜香味浓，咸鲜微辣。

麻酱味型。以芝麻酱、香油、川盐、味精、浓鸡汁调制而成，特点是芝麻酱香，咸鲜醇正。

芥末味型。以川盐、醋、酱油、芥末、味精、香油调制而成，特点是咸鲜酸香。

咸甜味型。以川盐、白糖、胡椒粉、料酒、姜、葱、蒜等物调制而成，特点是咸甜并重，兼有鲜香。[①]

川菜之所以异于其他地方菜，其魅力所在，首推味道丰富。由于川菜调味变化多端，菜式繁多，可以做到一年 365 天，天天不吃重样，一日三餐，餐餐花样翻新。

川菜之所以能"以味取胜"，与它所用的本地多种调料是分不开的。如烹制回锅肉、鱼香肉丝，如果不用四川郫县的豆瓣和泡辣椒，就会失去"正宗川味"。所以，川人将郫县豆瓣称为"川菜之魂"[②]。郫县豆瓣的出现，使得川菜麻辣的特色更为鲜明。郫县豆瓣已有 300 年的历史，它对川菜个性化的发展可谓功勋卓著，川菜许多重要的味型都离不开它，许多赫赫有名的川菜比如"麻婆豆腐""回锅肉""豆瓣鲫鱼"都要靠它捧场，并因它的加持，成为民众耳熟能详的美味菜肴。就连如今非常时髦的新派川菜和川味火锅，离开了它，确实就像掉了魂似的。郫县豆瓣是浸润着川乡水土的香辣，它是任何辣味都无法取代的。

郫县豆瓣除了影响到本土的餐饮习惯和饮食文化外，也对全国其他一些菜系发挥

郫县豆瓣老字号——益丰和号

了一定作用。郫县豆瓣的外销始于民国初年，从水路和陆路出川的郫县豆瓣可以东经成、渝而入湘、鄂，南转宜宾而行销云、贵，西由雅安而远销康藏，北经广元而至陕、甘。如今，它更是不远万里跨越重洋远销至国外。作为川菜必不可少的辅料，郫县豆瓣对四川的文化和川菜的烹饪风味均产生了深远的影响。

---

① 以上味型分类参见黎莹：《中国的食品·中国的菜系和名菜》，北京：人民出版社，1987 年，第 75-80 页。

② 刘学治：《人间吃话——刘学治餐饮评论集》，乌鲁木齐：新疆科技卫生出版社；成都：四川科学技术出版社，2000 年，第 58 页。

# 第三节　川菜流派

明清以来，随着川菜体系的形成和完善，饮食烹饪业中也逐渐形成了不少流派[1]。四川旅游学院杜莉教授在《中国烹饪概论》一书中认为，现代的四川风味菜主要由川东、川西、川南、川北四个地方风味组成。从历史上来看，川菜还可以分为成都帮、重庆帮、大河帮、小河帮、自内帮，另外还有"面食帮"（指面点小吃铺摊）。各帮之间各行其是，素不往来。如成都市内，东门、北门冷包席居多，至于帮会地址，东门在永新街，北门在庙高楼；南门、西门饭铺较多；市中区则是"宴蜀帮"集聚之地。各帮互不往来，如"宴蜀帮"缺人需雇零工，都不愿去找冷包席的人。重庆亦有"九门十三帮"的说法。

**车马出行宴乐图画像石**（重庆中国三峡博物馆藏）

成都是座历史名城，酒楼、小吃遍布全城，所以川菜以成都风味最为有名，称为"川菜正宗"。其特点是荤素并用，如一席高贵筵席，其中必有一素菜，另有一样带麻辣味的；注重调料，专用郫县豆瓣、德阳酱油、保宁醋等；辅料注重色彩，以青、红、绿色相衬。许多著名川菜都来源于成都，如驰名中外的麻婆豆腐、有口皆碑的宫保鸡丁、全国有名的香花鸡片和樟茶鸭子等。

重庆是我国西南的最大商埠，市场繁荣，餐厅较多。在民国初年，即有开设于江家巷的陶乐春餐厅，以办筵席为主。所烹制的一品海参，采用乌参、火腿、金钩、猪肉、冬笋、口蘑等为原料，色味俱佳。抗日战争时期，重庆为"陪都"，居

**宫保鸡丁**

---

[1] 参见王大煜：《川菜史略》，载全国政协文史资料委员会编：《中华文史资料文库》第13卷《经济工商编·商业·川菜史略》，北京：中国文史出版社，1996年，第30-40页。

民国宋美龄重庆祝寿银杯
（重庆中国三峡博物馆藏）

于大后方，一时人口剧增，五方杂错，许多省外有名的餐馆都迁来重庆，如京菜的同庆楼、迎宾楼，苏菜的大吉楼、状元楼、无锡饭店、松鹤楼，粤菜的冠生园、大三元、广东酒家、国民酒家等。因此，重庆菜也吸取了外省的一些烹技，在配质、配色、配形上均有所创新。

重庆菜是"下河帮"的重要代表，也是川菜的重要组成部分，现在简称渝菜。在重庆成为直辖市之后，渝菜得到很大发展。因此，重庆市质监局和重庆市商务委员会在 2011 年开始组织开展渝菜标准化研究与建设工作，目前已编制完成了《渝菜标准体系表》，制订了近 50 个渝菜菜品的烹饪技术规范，确定了"渝菜纲领"，还根据地域及文化的不同，将渝菜菜品分为宴席菜、江湖风味菜、民间小吃菜、药膳滋补菜、少数民族菜和火锅风味菜等 7 大类，并且都对其食材、烹饪工艺、菜品风味和烹饪设备使用等方面的标准进行了明确的阐述与规定。

"大河帮"属长江上游江津、合江、泸县、宜宾、乐山一带，具有川南风味，出名的菜肴有"东坡肘子"，此菜以在苏轼家乡眉山餐厅制作的最为精美。其传统做法是选择猪肉"前膀"或肥嫩的五花肉，洗净后放入清水中炖，炖至八分熟，将肘子捞起来，再上蒸笼蒸。经两次脱脂后，肘子已达肥而不腻的境地，再加生姜、花椒、盐、糖、醋、酒等配料烹制而成。其菜色泽金黄，肉质粑嫩，甜中带酸，食之不腻。

东汉酿酒图画像砖（四川彭山出土）

宜宾地区有夏令时名菜叫"冬瓜盅"，闻名遐迩。其做法是以小型冬瓜一头去盖，将口切成锯齿形，在外侧雕出花鸟、山水，去瓤后将干贝、金钩、竹荪等撕切放入，再加入食盐、味精、胡椒等，然后渗鲜汤，放置高笼蒸熟成菜，其味鲜美，清淡可口。

其他如宜宾肺片、五香牛尾、蝶式腊猪头，珙县洛表猪儿粑、金丝牛肉，江安红桥磕粉、兴文县刘抄手、双河豆花，宜宾鹅肉干竹海老腊肉、宜宾板鸭、金钱井水煮白肉、葡萄井凉糕、南溪豆腐干等，也均有传统特色。泸县的玉牌脆肚，将猪肚去净油筋，刮成十字花刀，加以红椒、姜块等配菜，用旺火炒熟，使肚头洁白、发亮，形同玉牌，鲜嫩适口。还有罐罐鸡、糖醋脆皮鱼、清蒸杂烩、烘蛋等均颇出色；江津肉片、芝麻丸子、合江肥头鱼等，同为川南名菜。总的说来，"大河帮"以家常味见长，如家常肉丝、家常肝片、家常鳝鱼、家常田鸡、糯米酿小肚等，烹制煎、炒、蒸、烧俱多，其味偏于甜酸。

"小河帮"，在嘉陵江上游及川北一带，习惯于传统菜、民间菜，如"九大碗"中的芙蓉蛋、豆皮蒸肉、坨子肉、扣鸡、扣肉、春芽炒蛋、回锅肉、炒杂拌、原汤酥肉等。著名的地方菜有"顺庆羊肉"，这是南充的特产，毫无膻味，清如鸡汤。川北凉粉也是南充的著名食品，人皆称道，其色、香、味、形均佳，可贮存多日不变质。它本来是地区的民间小吃，不登大雅之堂，近年来由于作料考究，在筵席摆开时上一道川北凉粉，可以解腻去油，调剂口味。

绵阳野味在四川也很有名，因邻近山地，山羊、野鸡、野兔等较多，有一种特殊的烹制方法。一般是先将新鲜的野生肉用酱油和香料、清油腌浸几天，然后取出熏烤或风晾，用不同的火力干蒸。这样做出的野味，肉质细脆，色深味浓，鲜美可口。

达县盛产牛肉，如特制的灯影牛肉，既供内销，又装罐头出口，相传是清光绪年间梁平人刘仲贵所创。鲜牛肉馆也很多，其中如"醉竹轩"有90多年历史，经售清蒸牛肉很有特色，精制的牛肉酥丸、锅蒸汽水牛肉等10余种菜肴均受群众欢迎。此外，达县荷包鱼、羊尾，合川肉片，三台豆豉、盐煎肉，遂宁苕泥也都驰名各地。

"自内帮"分布自贡、内江、荣县、威远、资中一带。自贡原是盐商集聚之地，官商往返频繁，讲究排场，常有宴会，筵宴名菜颇多。

**灯影牛肉**

内江是成渝交通要道，在未修建成渝铁路之前，旅客必在此住宿，餐馆也不少。自贡的水煮牛肉、灯影牛肉很有名。水煮牛肉相传是北宋年间，自贡盐工将淘汰役牛的肉，用盐和花椒、辣椒等作料，加以水煮而成。起初方法比较简单，但成菜后却较宜人。后经厨师们在烹调中多次改进，于是水煮肉片渐为地方风味很浓的四川名菜。该菜用瘦猪、牛肉为原料，色深味浓，肉片鲜嫩，麻辣咸鲜，下锅不直接用大火炒，仍用汤煮，故名"水煮"。自贡菊花火锅也是当地的时令佳肴，它以鸡肉、瘦肉、鱼片、鸡肝、猪腰等，切成极薄而不穿孔的长片，抹上蛋清、豆粉和盐，采用不同的图案，装于盘中镶好，再把菊花瓣、豌豆尖、菠菜、白菜心等生菜，以及馓子、糯米花等放入盘中，将酱油、麸醋、香油、食盐、辣椒油、姜米、葱花、芽菜、花椒粉、辣椒面等，置于小碟，桌中央放火锅，将生菜生片烫熟，蘸自己喜好的味碟食用。

"甜城"内江以夹沙肉、冰糖银耳、什锦果羹、豆瓣鱼、红椒肉丝、干煸肉丝、冬菜肉饼、皮蛋汤、回锅肉等较佳。内江蜜饯为川菜筵席冷盘中的佳品，亦可作甜菜中的辅料，所制的橘饼、蜜樱桃、佛手、天冬、瓜元等50余个品种，透明香甜滋补，有传统特色，誉满全国。下表7-1为四川比较有代表性的菜点：

表7-1 川菜名食表

| 序号 | 申报名菜 | 序号 | 申报名菜 | 序号 | 申报名菜 |
|---|---|---|---|---|---|
| 1 | 鱼香肉丝 | 21 | 犀浦鲢鱼 | 41 | 广汉缠丝兔 |
| 2 | 蒜泥白肉 | 22 | 白果炖鸡 | 42 | 什加板鸭 |
| 3 | 开水白菜 | 23 | 水煮黄辣丁 | 43 | 连山回锅肉 |
| 4 | 担担面 | 24 | 川味老腊肉 | 44 | 纹江鳜鱼 |
| 5 | 赖汤圆 | 25 | 四川泡菜 | 45 | 孝泉裹汁牛肉 |
| 6 | 龙抄手 | 26 | 宝光禅排 | 46 | 江油肥肠 |
| 7 | 钟水饺 | 27 | 自贡美蛙 | 47 | 绵阳米粉 |
| 8 | 宫保鸡丁 | 28 | 自贡冷吃兔 | 48 | 梓潼镶碗 |
| 9 | 麻婆豆腐 | 29 | 荣州麻辣鸡 | 49 | 盐亭软烧藿香鳜鱼 |
| 10 | 夫妻肺片 | 30 | 火边子牛肉 | 50 | 仙海生态火锅鱼 |
| 11 | 回锅肉 | 31 | 鲜锅兔 | 51 | 崩山豆腐 |
| 12 | 鸡豆花 | 32 | 富顺豆花 | 52 | 天麻罐罐鸡 |
| 13 | 樟茶鸭子 | 33 | 盐边油底肉 | 53 | 女皇蒸凉面 |
| 14 | 炖蹄花 | 34 | 盐边牛肉 | 54 | 朝天核桃饼 |
| 15 | 水煮牛肉 | 35 | 攀枝花羊肉米线 | 55 | 青川铜火锅 |
| 16 | 姜汁热窝鸡 | 36 | 泸县头碗 | 56 | 青豆肥肠 |
| 17 | 麻辣兔头 | 37 | 泸州酒香排骨 | 57 | 遂州红苕丸子 |
| 18 | 油烫鹅 | 38 | 泸州白马鸡汤 | 58 | 灵芝白苕丸 |
| 19 | 简阳羊肉汤 | 39 | 泸州叙永豆汤面 | 59 | 半筋半牛肉 |
| 20 | 豆瓣鱼 | 40 | 古蔺麻辣鸡 | 60 | 射洪手撕牛肉 |

## 第四节　川味餐馆

从经营形式上来说，川菜经历了一个由包席馆到餐馆的变迁过程。所谓包席馆是指承包筵席，自带半成品上门烧菜或送菜上门。

清代以来，川地官员升迁、富豪喜庆、会馆活动等，常包席宴饮，讲究排场。这些筵席有的在家中进行，有的是借地设筵（当时有专供开筵的场所）。包席馆适应了这种需求，十分盛行，它不仅集中了许多名厨，而且所做的菜也是大菜、名菜。包席馆不设堂座，不营小吃，只操办筵席，客人提前预订席桌，厨师先将各种菜点制成半成品，届时来到顾客家烹制成菜。著名的包席馆有成都的长盛园、正兴园、秀珍园、姑姑筵和重庆的宴喜园等，尤以正兴园较早且名气大。

正兴园开设于清朝咸丰末年，设在成都棉花街，其开业之初，菜肴烹制多承古法，后博采众长，勇于革新，成为四川包席馆中的佼佼者。据《成都通览》载，成都"席面之讲究者，只官正兴园一处。因其主人素来收藏古器甚多，故官场上席均照顾之。其瓷盘、瓷碗，古色斑驳，菜亦讲究，汤味甚佳，所谓排场好而派头高也"[1]。正兴园于1912年初关门歇业，其特色为荣乐园所继承。至20世纪30年代，包席馆已经不适应当时情况，逐渐歇业或改为餐馆。

与包席馆大致相同的还有一种是冷包席。所谓冷包席，是只供碗盏、工具，厨师到雇主处代办席桌，仅收工资和餐具租金，不包原材料，所办的一般都是普通筵席。四川大中小城市或农村，在婚丧嫁娶中常用冷包。冷包席以蒸、烧、炒、爆、拌为主，多为"三蒸九扣"及杂烩席。过去，四川人婚丧寿庆，饮食方面有约定俗成的一些不成文的规矩。如婚礼，晚清以来就有迎亲、谢亲之俗，并要操办筵宴。这些喜庆筵宴，在城镇、乡间，均要既丰盛又实惠，因此常常有"八大碗"或"九斗碗"，餐桌上摆得满满的。参加筵宴的客人吃饱喝足后，主人还允许"带杂包"，把事先准备好的杂糖、点心或席上剩的酥肉、烧白之类菜肴，用菜叶子包起来，拿回家去"散"。这种乡土风味浓郁的民间筵席，人们便称之为"三蒸九扣"席。"三蒸"大约是泛指蒸的方法多样；"扣"则是把蒸好的菜反扣倒入另外的碗或盘内上席，"九扣"言扣碗菜很多。

"三蒸九扣"菜式多就地取材，不尚奇异，菜重肥美，朴实无华。在新中国成立以前，劳动人民生活贫苦，并不是经常能吃鸡鸭鱼肉，日常饮食多为淡饭粗食，参加一次筵席就是"打牙祭""吃油大"的。所以"三蒸九扣"席中的菜肴，肥腴的原料多一些。现在，四川饮食业编写的菜谱中所载的清蒸杂烩、鲊肉、鲊海椒蒸肉、扣肉、扣鸡、扣鸭、

---

① 傅崇矩：《成都通览》下册《成都之包席馆》，成都：成都时代出版社，2006年，第253页。

成都九斗碗宴席

甜烧白、咸烧白、夹沙肉、酥肉、酥肉汤、清蒸肘子等，便是传统的"三蒸九扣"菜式。当然，随着人们生活水平的提高，"三蒸九扣"的菜品内容也不断翻新。

餐馆的兴起，是20世纪初的事，因为到包席馆预订席桌后，在家中设宴，往往宴席时间长，有的甚至要一天。而到餐馆请客，则省去了繁文缛节，最多几小时就可终席。民国以来，风气渐开，生活节奏加快，雇主为减少麻烦，纷纷到餐馆请客，一时餐馆生意兴旺。一些包席馆见餐馆能招徕顾客，也纷纷在馆中设客堂。餐馆营业范围比包席馆更广，内设雅座、包房、包厅，还可预订席桌；外设堂座，顾客可自行点菜，随到随吃，有的还附设小吃、面点。著名的餐馆有成都的荣乐园、竞成园、芙蓉餐厅、玉龙餐厅、带江草堂、成都餐厅，重庆的小洞天、浣花餐厅、会仙楼、颐之时、适中楼等。

成都的餐厅饭馆居全省之冠者，首推荣乐园，由蓝光鉴等人于1911年创办。它经营四川菜之所以著名，主要是不墨守成规，善于吸收全国各地烹饪技术的长处，又严格保持四川菜肴的特殊风味，所以它的格调清新，独树一帜，被誉为"川菜正宗"，名冠西南。

荣乐园对于菜肴烹饪特别认真，随时增添和改变品种，以满足广大顾客的需要，这是它经营的主要方法。由于长期不断地改进、创新，它制作的菜肴品种花色竟达数百种之多，把全国各大菜系的名菜和佛教、道教、伊斯兰教的菜肴都加以糅合改制，纳入川菜的体系，使原来非常单纯的川菜变得丰富多彩，美不胜收。如广式的生片火锅、蝴蝶馄饨，江浙的虾爆鳝、醉蟹，山陕的醋熘鱼、南边鸭子、莼菜鸽蛋等，都是省外名菜，经过蓝光鉴改制后，完全适应了四川人的口味，成了川菜。

再如佛教中的罗汉菜、素烩，伊斯兰教中的炸羊羔、炒锅蒸，都经过改制用来上席。炒锅蒸原是用肥儿粉

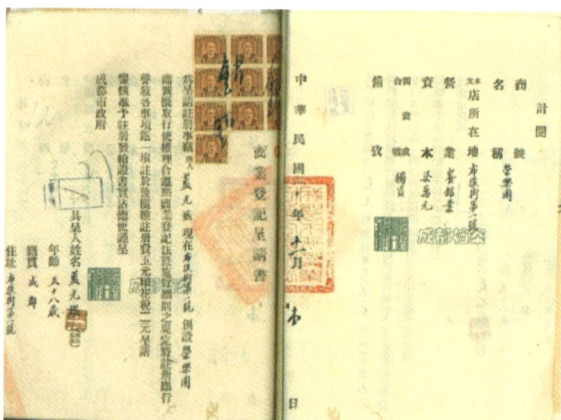

荣乐园商业登记呈请书（成都档案馆藏）

作原料，配以菜油炒制而成。蓝光鉴认为菜品太简单，不适合席桌上的需要，便叫孔道生改用面粉，配以各种蜜饯佳品试制，经多次试验终获成功，定名为"八宝锅蒸"。道教九皇会吃的素菜，多是用萝卜、莴笋、蒿笋做成，受到一些人的喜爱。荣乐园将其改制，加上猪牛肉丝，起锅后撒上一把馓子，又是一种风味，取名为"回挠汉"，又名"野鸡红"，也用在席桌上。

蓝光鉴还把一般民间菜与席桌上的上等菜融合，粗菜精做。如一般家常的鱼香油菜苔加上鱼片，黄豆芽加上鱿鱼丝、冬笋丝，品味就特别不同。甚至街头巷尾叫卖的蒸蒸糕，加上精美的心子，也搬上席桌。

他们还大胆地引进西菜，改为西菜中吃，非常成功。如美国的芦笋，改成芦笋鸽蛋；印度的咖喱鸡，改成碗装小块上席；法国蘑菇，改成蘑菇鸽蛋；美国的樱桃，改成樱桃冻，作为最后的糖碗上席，既可帮助消化，又有醒酒的功效。其中难度较大的是国外的火鸡，它原是整个推出，由主人分割敬客。荣乐园把它改成外包网油用叉烧做好后，分三部分上席，取名为"叉烧鸡"。

与此同时，遍布四川各地的则多为一些小饭铺、炒菜馆、面馆，这里有着浓郁的地方风味。炒菜馆主要经营炒菜和酒；而饭铺则以卖饭为主，兼代客加工菜肴。炒菜馆、饭铺规模较小，许多就是夫妻店，所售之菜都是家常肉食、蔬菜，经济实惠，很受下层人民欢迎。周询《芙蓉话旧录》称："官商无入此馆者。"饭铺还爱将饭锅置于铺门前招徕顾客。旧时成都饭铺多是焖锅饭，将锅安在铺前以作标志，饭味喷香，热气腾腾；重庆饭铺则喜用甑子蒸饭，盛饭入碗为半球状，俗称"帽儿头"。

以往炒菜馆和饭铺分工严格，各为一业，互不越犯，直至清末，两者方互相兼营，人们统称其为"四六分饭馆"。四六分的"分"，是旧时饭馆中的一种计价单位，炒菜一般每份四分，六分则为一份半。顾客买菜多买四分或六分，人们遂把"四六分"作为饭馆的称呼。时至今日，这些称呼已不存在了，也无饭铺、炒菜馆之别，人们把卖饭菜的地方通称为"馆子"，到馆子吃饭叫"上馆子"。馆子既卖炒菜，又卖饭，所售之菜也是中低档兼有，有的也能承办席桌。

无论是在重庆或是成都，过去餐馆、饭铺都有堂倌负责迎送顾客。堂倌又叫幺司、跑堂、店家、店小二。堂倌要眼快、口快、手快，还要穿戴整洁，当顾客还在张望，堂

川菜群英会蜡像（成都博物馆藏）

倌就迎上去招呼道："里头坐哇！"这时便把适当的桌子抹好，并从围腰兜里取出筷子，按来客人数摆好，同时询问道："吃点啥子？"接着一口气把店内花色品种通通报上，待顾客确定后，就用大嗓子喊起来，即所谓"鸣堂叫菜"。其用语取材于歇后语、谜语、俗语等等，幽默诙谐、风趣多变，如"大年初"指一，"天长地"指酒，面叫"两不见"（面），抄手叫"夜战马"（超），鸡叫"太子登"（基），猪腰叫"拦中半"（腰）……整个店你应我答，妙趣横生。不要小看了堂倌，一家餐馆、饭铺生意的好坏和它的堂倌关系很大。

## 第五节　日常食俗

四川人相见爱问三餐，"你吃饭没有""消夜没有"，犹如问早安、晚安、你好般常见，可见三餐在人们心目中不同寻常。

四川人一日三餐，讲究"早饭吃得少，午饭吃得饱，晚饭吃得好"。

四川人三餐饭多为大米，按照四川人的说法，世界上最养人的，除了"糠壳心"无二，"糠壳心"指的就是大米。大米的吃法首推"甑子饭"，顾名思义，就是用甑子做的米饭。甑子是一种从古代延续至今的炊具，外围是几块大小均匀的木块，用铁丝或者竹片箍紧，看起来像个桶，上口略大于下口。甑子里需要放置一个笆子，笆子是用竹篾编成的，呈现圆锥形，与草帽的模样类似。把笆子的尖尖朝上，从甑子的上方往下推，直到固定在甑子的底部。将米煮至七八分熟，沥去米汤，入甑桶蒸透即成，米粒散疏爽口。其次是焖锅饭，焖时爱加入红薯、嫩胡豆、腊肉粒等物。丘陵地区的农民除喜吃大米外，还常以玉米、红薯、土豆等杂粮作为辅助，面粉在城乡人的饮食生活中多做小吃，是为点缀。

成都、重庆等城镇有许多茶馆，人们吃早点喜欢到茶馆去，是为"饮早茶"。四川人喜爱在茶馆吃早点的风俗由来已久，名闻全国。成都、重庆一带茶馆的座位是靠背竹椅，平稳、贴身，或靠或坐不觉累，闭目养神不怕摔。茶具用的是"三件头"，即瓷碗、瓷盖和托盏。

成都茶馆有三个显著特点，即一早、二大、三多。所谓一早，即开门时间早，一般清晨五点就开门营业；二大，即茶馆面积大，如过去的华华茶厅，处于春熙路商业中心地段，有1000多个座位，宏大壮观居全国之首；三多，即茶馆多，据1909年出版的《成都通览》记载，当时成都有街巷516条，开设茶馆454家。另据新中国成立前成都《新新新闻》报道，当时成都有街巷667条，开设茶馆599家，每天茶客约12万人次，而当时全市人口还不到60万人，即每天有五分之一的人进茶馆。

成都人一般爱喝茉莉花茶。坐茶馆并非单为品茶吃早点，看、听、闻都是享受，茶客坐满了，卖小吃的也来了，选几样，打个尖儿，边吃边喝边聊天，四川人叫"摆龙门阵"。一般老年人要坐到中午才纷纷离座，早茶到此收场。

午饭前去街头转转，顺便买点下酒肉。最常见的午饭是一碗"甑子饭"、几样炒菜，如炒猪肝、酱爆肉、鱼香肉丝，外搭一个时鲜小菜汤、两样泡菜。饭后一般要休息一下，在家看看书，喝喝茶，或去茶馆打打牌。下午的茶馆，茶客较杂，各色人等都有。

晚饭时老人们喜欢在饭前喝点酒，一家人聚在一起，其乐融融。晚饭后，也有人喜欢到茶馆去饮点晚茶，或作消夜。茶馆是四川人爱去的场所，目前尚保留原来面貌的老茶馆还有著名的春兰茶社、大安茶社等。店堂摆设虽陈旧，但足可领略地方风土人情。当地有名的老艺人，多爱在这几家茶馆聚集"打围鼓"，届时总是济济一堂，连过道、大门口都挤满了观众。

坐落在成都春熙路南段的饮涛茶厅和顺城街的晓园茶厅，全部采用现代建筑材料和具有民族风格的庭院设计，布置了假山、喷水池和盆花等，服务项目除供茶水外，还销售冷饮、面包、点心，堪称现代化茶厅，青年朋友多爱光临这里。

成都、重庆的大学生也爱坐茶馆。成都望江公园里近200座的茶园内常见四川大学的学生在此落座，品茗畅叙。每逢大考之前，四川大学东门外的小茶馆更是热闹非凡，学子们在此一边饮茶，一边诵书，沉着悠闲之至。

# 第六节　川味小吃

四川小吃与四川菜一样闻名中外。四川小吃是指受到广大群众普遍欢迎、分量小而特色浓的四川小食品，主要是蒸、煮、炸的糕点面食，具有品种丰富、食用方便、经济实惠、物美价廉等特点。

四川小吃源于民间，历史悠久。清末《成都通览》中记载的小吃有200多种，这些著名的小吃今天不仅大部分被继承了下来，而且还不断有所发展、创新，现在已达500余种，其中比较著名的有200种左右。

四川小吃取材广泛。就所用的主要原料来划分，不仅有以米、面为主的馒头、面条、包子、锅盔、汤圆、白糕、醪糟、叶儿粑等，而且有以豌豆为主料的川北凉粉，有以黄豆为主料的豆花，以绿豆为主料的片粉、绿豆团，以糯米、籼米和黄豆为主料的三合泥，以红苕为主料的玫瑰红苕饼，以甜杏仁为主料的冰汁杏淖等，还有以蛋品和禽畜肉为主料的蛋烘糕、棒棒鸡丝、夫妻肺片、火边子牛肉等等，不胜枚举。

四川小吃特别注重传统工艺。如"赖汤圆"的制作就有一整套严格的传统工艺，

鸡豆花

首先要选上等糯米，浸泡、磨浆、制馅，然后制成不同形状、不同风味的生坯，煮熟后盛碗上桌，每碗呈现四个形状、四种馅心的汤圆。

制作的豆花，必须严格选豆、淘洗、泡发、磨浆、熬浆、点卤，才能达到白嫩绵软、开整不烂的效果。四川各城市都有专门的豆花馆。如浑浆豆花，是成都小竹林餐厅的名作，是豆腐脑经微火煮后变得较老的一个品种。成都制作豆花有名的除"小竹林"外，还有"谭豆花""吴豆花"；重庆有名的豆花馆有"白家馆""高豆花""永远长"等。

制作的阆中白糖蒸馍，必须按照传统的发酵工艺，才能使成品松软绵实，滋润香甜，久存不变质，回笼不破皮。

小吃在熟制阶段，还要十分注重火候，强调相物而施，区别对待，不能过度也不能不及。如煮汤圆，要沸水下锅，汤圆入锅后微沸不腾，使之慢慢熟透，这样吃时便不黏筷、不黏牙；小笼蒸牛肉，则要求旺火熟透，一气呵成；炸波丝油糕，火大则顶端无蘑菇状波线网隆起，火小则顶端隆起的波丝网会飞脱，只有把火候、油温控制在合适的限度内，才能炸制出色正、形美、味鲜的波丝油糕。

抄手也是人们喜爱的小吃。春熙路南段的"龙抄手"制作精美，别具一格。其皮薄如纸，馅嫩如泥，汤味鲜浓，有原汤、炖鸡、海味、清汤、红油等多种。"龙抄手"与许多名小吃不同的是，它并不是龙姓开设，而是"浓花茶社"的几个伙计。之所以取名"龙抄手"，一是谐"浓花茶社"的"浓"字音，二是取"龙凤呈祥"之意。

四川小吃一般以分量小、花样多、制作奇、味道美、价格低、质量高而著称，因而它的适应面特别广，受到越来越多的消费者喜爱。著名的川味小吃有：重庆的山城小汤圆、九园包子、鸡汁什锦熨斗糕、牦牛肉、提丝发糕、八宝枣糕、鸡丝凉面、鸳鸯叶儿粑等，成都的赖汤园、钟水饺、龙抄手、担担面、波丝油糕、珍珠丸子、三合泥、夫妻肺片、萝卜丝饼、青城白果糕等。此外，还有自贡的火边子牛肉，泸州的白糕、猪儿粑，宜宾燃面，乐山的棒棒鸡丝，南充的川北凉粉，顺庆羊肉粉，大竹醪糟，达县灯影牛肉，通江银耳羹，等等。

成都还有一种小吃值得特别介绍，那就是青羊宫花会上的"油炸果子三大炮"。"三大炮"又叫"一炮三响"，是一种糍粑团。小贩从锅里抓起一团，用力往竹簸箕内一掷，又借力弹入第二个簸箕，再弹入旁边小碟子内，在这二弹三跳中，糍粑团已浑身粘满簸箕内分别盛着的炒芝麻、炒黄豆面、白米等物，只待顾客品尝了。

赶花会吃"三大炮"的游客，不仅仅为了一饱口福，而且还要饱眼福和耳福。一是最爱看那糍粑团在手艺高超的师傅手中怎样巧妙地弹入一个簸箕又弹入另一个之中；二是喜欢聆听师傅手中不时敲响的小木杖脆响声，以及糍粑团在竹簸箕中蹦蹦跳跳的"炮声"。这些也许都是四川小吃文化的一大特色吧。

如今在吃惯了大鱼大肉、品过山珍海鲜之后，人们又开始对小吃刮目相看了。因此，四川小吃不仅仅为寻常百姓所喜爱，也常常成为相当规格的席上珍品。小吃配大嚼，大嚼带小吃，也是四川饮宴的传统特色。发展到今天，四川的小吃不但可以单吃，组合吃、以小吃为中心的宴席亦很盛行。最近，四川小吃的生产、经营的形式也开始迈向现代化。

# 第七节　巴蜀名面

巴蜀地区的面条制作也十分讲究。据说四川在宋代就已有"大爊面""素面""担担面"等，其后又有驰名的"宋嫂面"。成都厨师刘万发、彭绍清等人，曾仿宋嫂做鱼羹之法制成面馅，遂取名"宋嫂面"。这种面的原料以鱼肉、芽菜、香菌等为主，味道鲜美。此后巴蜀地区的名面频出，清末傅崇矩的《成都通览》上就记载了200余种著名小吃，其中也包括面条。巴蜀地区的面条丰富多样，素有盛名的有担担面、宋嫂面、甜水面、铜井巷素面、牌坊面、四川凉面、红油燃面等，仅从名字就可以看出，每一种面条都有自己的传奇。这里我们将其主要者作一介绍。

## 一、担担面

担担面是中国五大名面之一，享有盛誉。可以毫不夸张地说，华人中不知道此面的人委实不多，只要是喜爱面食的人，无不被其独到的风味与特点所折服。其特有的红中透亮之色泽、柔韧筋道之口感、咸鲜香辣之口味、醇香浓郁之香气，无不给吃过的人们留下了面一入口余味无穷的美好印象。

### （一）担担面的由来

一方菜系的风味性菜肴，特别是那些标志性的佳肴名馔，并非一定产生于高档的山珍海味，绝大多数出自一般档次的烹饪原料。它们的制作往往并非开始于酒楼饭店，而更多地产生于作坊规模的"鸡毛小店"，甚至源自根本就没有固定经营场所的流动摊点，担担面就是如此。最初，担担面就是小贩挑着担子到处吆喝叫卖的一种面食。相传，清末时自贡有一个挑着担子卖面的小贩，名叫陈包包，他挑的担子里有一口铜锅，

成都担担面

锅中隔为两个格子：一个格子用来煮面条，另一个格子炖着鸡或蹄筋。他每天早出晚归，一边在大街小巷慢慢地走着，一边悠游地敲着手中的梆子，叫卖着面条，当时，人们都称他卖的面条为"担担面"。陈氏的担担面制作十分讲究，面条是手工擀制，调料更是独特，用了宜宾叙府芽菜、资阳口蘑酱油等，可谓咸鲜微辣，酥香扑鼻，五味俱全。自然，陈包包的"担担面"越做越红火，生意越做越大，他索性就开了一家小面馆。虽然他不再挑担沿街叫卖了，但人们还习惯称其面为"担担面"。随着岁月的流逝，担担面渐成为自贡的特色名食之一。担担面既然成了特色名食，必然会广为流传，后来成都有人仿效，继而流行于整个四川。

担担面之所以能够成为百姓喜闻乐见的大众美食，扁担的功劳可谓功不可没。由于老成都街巷众多，店铺林立，于是扁担便成了运输的首选，《四川省志·民俗志》中就有"肩挑背磨，创业维艰"之说。傅崇矩《成都通览》中有一章特别描绘了老成都的《七十二行现相图》，其中，靠扁担营生的就近50种，有凉粉担子、柴担子、席担子、茶汤担子、小菜担子等，其中虽然没有直接提到担担面，但是有抄手担子。据上了年龄的老成都人回忆，早期的担担面小贩并不仅仅只卖担担面，有的也兼卖抄手，即北方人说的馄饨。

从《成都通览》上描绘的抄手担子可看出其制作相当讲究。它用硬木制成，一头是一张小方桌的模样，"桌"面约一尺六七寸见方，高可二尺许；"桌"下的四条腿之间和底下装有木板，中间有隔层，靠里的一方装有两扇门，俨然是一个玲珑的小柜。柜内的上层放面条、抄手皮、肉馅，下层放碗盏及蔬菜。桌面上放有酱油钵、醋罐、熟油辣子缸、盛肉臊子的大碗、装蒜泥的碟儿以及小葱花、芽菜末、芝麻酱、味精瓶、胡椒粉……总之，包括了川味面馆所需的全部作料。桌面上方是一个"门"字形木架，横梁上安有一个铁环，用以穿扁担。木架上挂着竹编的筷子笼和夜晚照明用的陶质菜油灯。如果说，"担担"这一头是"操作台"兼"储藏室"，那么另一头便是"灶披间（即厨房）"兼"鼓风机"。同样也是大小一张"方桌"，桌面挖开长约一尺二三，宽约八九寸的洞，洞上放着大小与洞大致一样的铜锅，并有间隔隔出，分别用来炖母鸡、棒骨和煮面，并用锅盖盖严。锅下是一个陶质焦炭炉，炉子两旁的空间，一边放小木风箱，另一边是装焦炭的竹篮。这一头与那一头一样，也有穿扁担的木架和铁环。另外，扁担上还挂有一小木桶清水，用来洗碗、洗菜和添锅。

**（二）好原料，做好面**

成都是"天府之国"，它优越的物质条件和自古以来"俗好游乐"的民俗传统造就了这个城市优裕与悠闲的风情。朱自清先生也曾言，若要概括成都这座城市的特点，那便是"闲适"了。也正是这种闲适的风情造就了成都人在吃上特别讲究。成都小吃很大的一个特点便是精巧、细致，担担面亦是如此。一碗面看似简单，但是能够名扬四海，跻身成都十大名食之一和中国五大名面之一，其制作绝对不是那么简单的。

先说原料，主要包括以下几种：面粉、鸡蛋、猪肉、豌豆芽、味精、醋、葱花、芽菜、酱油、芝麻酱、化猪油、豆粉、红油辣椒、上汤等。原料看似简单，其实里面大有学问。首先，芽菜必须是叙府芽菜。这个前文也提到过，芽菜原产四川宜宾，宜宾古称叙府，故又称叙府芽菜。叙府芽菜始创于清道光年间，可谓历史悠久、久负盛名，为四川四大腌菜之一，其特点是香、脆、甜、嫩、味美可口。有人甚至说没有芽菜是不可以称为担担面的，主要因为芽菜具有的浓香气味，是其他蔬菜不具备的。另外，芽菜的切制也十分讲究。其采用"干菜"制作方法，在切制前需用清水稍泡（注意：不可久泡），以适当去除咸味和杂质。切的时候也应当注意须一刀一刀有规则地切成粒状，这样能更好地增强口味浓度和质地脆嫩之口感。另外，芽菜是喜荤的，故在调菜前需要先用油煸一下。

酱油要选德阳的酱油。德阳酱油始创于清同治年间，距今也有100多年的历史，其色泽红褐发亮、汁液浓稠、脂香浓郁、醇厚柔和、余味绵长，氨基酸含量极高，绝对是上好的调味佳品。

醋则是保宁醋。说到保宁醋，那可绝对是当地人的骄傲！保宁醋产于四川阆中，为中国四大名醋之一，始创于明末清初，迄今已有400多年的历史。阆中古称保宁，故名"保宁醋"。《阆中县志》记载：阆中小麦最知名，"以其麸为醋，色微黄而味不甚酸，携之出境，则清香四溢，闻者咸知其为保宁醋也"。其以纯粮为料、名贵中药为曲、"松华"井水为体精酿而成，色泽棕红、酸味柔和、酸香浓郁，四川有"离开保宁醋，川菜无客顾"之说。另外，北京大学杨辛教授曾给阆中保宁醋题词："不是醇酒，胜似醇酒，异乡保宁独有！"保宁醋不仅是调味佳品，而且含有18种人体必需的营养元素，具有开胃健脾、增进食欲、平血压、抗病抑癌之功效，被誉为中国唯一的"药醋"。担担面有如此营养且美味的调料调味，也无怪乎会如此美味了。

原料备好后就要做面了。担担面的制作工艺中最关键的在于臊子的炒制和底味的调制。先说炒制臊子，也就是外省人叫的面卤或者浇头。其制作方法如下：把猪肉剁成绿豆大小的肉粒，用中火将化猪油烧热，下肉颗粒炒散籽，加入料酒、川盐、酱油适量，臊子的炒制要十分注重火候的把握，炒至微微吐油，待酥香时方可起锅，然后盛入碗内即成面臊子。另外，炒制臊子时也可加入甜面酱，臊子也可以选用鸡肉、鸭肉、鱼肉等，这个依个人口味而定。

再说调制底味。可以说，担担面的口味完全来自调味品的调制，这也是担担面制作程序中技术含量最高的一道工艺。从某种意义上说，味汁调好了，担担面也就等于做好了。味汁的调制要注意两个比例：一是调味品的总量与面条用量两者之间的相互比例，味汁不能过多，只要能把面条调散、调匀就可。具体来说，调料要依面而定，否则，料少面多则无味，料多面少则味咸。正宗的担担面吃完后，碗中几乎是不剩汤的，只有少量的味汁。二是调味品之间的用量比例，调味品之间的用料其实也是有规律的，担担面的总体口味是咸、香、辣（不吃辣的话也可以不放辣椒油）。在进行口味调制时要清楚每种口味的调味品是什么，只有这样，调味品的放入才是有针对性的。构成咸味的主要有芽菜、酱油；构成香味的则主要有芝麻酱、香油；构成辣味的则是辣椒油。另外，调味品的放入顺序与投放时间也是有讲究的。比如芝麻酱就不宜早放，且不宜多放。因为其味道较浓，一旦香味调入，其他调味品的味道则被掩盖，多放的话也会影响担担面的口感和味道。搞清楚这些注意事项，把酱油、味精、醋、红油辣椒、葱花、芽菜（先用油煸过）、芝麻酱等放入碗中即可。

### （三）担担面的发展

现在成都最有名的小吃街莫过于号称"西蜀第一街"的锦里了。据说锦里曾是西蜀历史上最古老、最具有商业气息的街道之一，早在秦汉、三国时便闻名全国。今天的锦里依托成都武侯祠，以秦汉、三国精神为灵魂，明清风貌做外表，川西民风民俗作内容，可以说完全浓缩了成都生活的精华，有茶楼、客栈、酒楼、酒吧、戏台、风味小吃、工艺品、土特产等，是名副其实的"成都版清明上河图"。就在武侯祠大街，有家老字号的成都担担面，成都人在拜完武侯、逛完锦里往往会进去小坐，来上一碗担担面，小巧的细瓷碗里装着面条，红亮的色泽，一看就勾起人的食欲，吃的过程是享受；吃过了，是酣畅淋漓的快感与爽气；吃完了，再喝杯茶，与同来的朋友闲聊，实为人生一大乐事也。另外，提督街的担担面也是远近闻名的。

重庆正东的担担面也有60多年的历史了，20世纪50年代由董德民、陈淑云夫妇在今八一路设摊，因门前保留一副担担面的担子而取名"正东担担面"。前段时间，消失了近10年的正东担担面又重出江湖，《重庆晨报》等各大新闻报刊都做了报道，开业当天人数爆满，场面差点失控，火爆程度大大超出了人们的想象，可见老字号担担面的魅力。

2010年，担担面以其悠久的历史和绝对高的民众认可度而成为上海世博会川菜入选料理。

2011 年，时任美国副总统的拜登抵达成都前，美国驻成都总领事馆官员和新任驻华大使骆家辉特意先到成都"试吃"，打算让拜登延续"炸酱面热潮"，来场"川菜秀"。在网友的热情推荐下骆家辉特地去成都品尝了担担面，并且吃得十分尽兴，赞扬说"This is very great"。

如今，担担面已不仅仅是一种面，而是一种文化符号，一种代表四川、代表中华面食的符号。它已走出四川，跨过国门，甚至名扬海外。对于在异地、在他乡甚至在海外的四川游子，担担面也是浓郁乡愁的一种寄托吧。

## 二、豆花面

如担担面一样，还有一种面在美丽的蓉城也足以称得上家喻户晓，正如很多初到成都的游客碰到的那样，一经问起成都的著名面食，很多当地人都会脱口而出——豆花面。作为成都以及很多其他四川人喜闻乐见的大众小吃，它已经融入了人们的日常生活，其独特的美味让很多人都在不知不觉中深爱上了它而无法自拔。

### （一）得之偶然，传承千年

豆花面，顾名思义，是以豆花为作料做成的面，那么可想而知，豆花的优劣也就直接决定了豆花面口感的好坏了。

豆花的历史已相当久远。《本草纲目》中说"豆腐之法始于汉淮南王刘安"，认为豆花发源于西汉时期的淮南国，一说是因为炼丹而产生的，还有一说是刘安为淮南王太后治病而无意间发明的。《少城文史资料》第 7 辑则认为豆花产生于 2000 多年前的成都市郫县（今郫都区）。虽因年代久远无法考据，但豆花也正是经过了千年的不断发展，技艺日益成熟，慢慢进入千家万户，逐渐变得家喻户晓起来。

### （二）选材做法皆讲究

豆花吃起来简单，做起来其实颇有讲究。首先就是选取上好的黄豆，浸泡一段时间，然后将黄豆打成豆浆煮熟之后冷却。而豆花制作中最重要的技艺就是豆花的成形阶段——"冲豆花"，需冲入凝固剂后再静置 5~15 分钟才能完成，可以说豆花美味的技巧就出于豆浆与凝固剂融合的温度控制，以及冲豆花的速度和技巧，故特别考验厨师的技艺。从选材到整个制作过程中有如此之多的讲究，豆花能成为众人皆赞的佳品也就不足为奇了。

勤劳朴实的四川人民似乎天生就在烹饪方面有着绝高的天赋，在豆花的技艺上也是煞费苦心，取得了很大的成绩。整个四川很多地方做出的豆花都很有特色，各地豆花的制作过程虽然基本一致，但烹调配菜不同，花样也很多，可以配备的系列豆花席

桌也各具特色，如乐山半边桥豆花、富顺豆花等，这些组成了四川城乡各地最大众化的豆花饭。而整个豆花饭系列中最为出名的又莫过于豆花面了，以至于来到成都，一说起豆花，人们都会首先想到豆花面。

也许很多人会想，豆花已经做得如此精致好吃，随便拿出一种面来把做好的豆花浇上，应该就算得上人间美味了吧。虽是如此，可细心聪慧的四川人断不会放弃让美食更上一层楼的绝佳机会，他们精益求精，不只是把豆花做得精致，为了做出一碗上等的豆花面，他们还会加上很多其他的作料，而这些作料也是经过多年的精挑细选仔细品尝之后最终形成的必备佳品，其中比较常用的有作为面臊的炒黄豆、炒花生碎粒、大头菜颗粒。将每一味作料都研磨成颗粒，使作料与面条充分搅拌混合，相较于很多地方的大叶大块的调料，这足以体现出四川人民在吃食上的精致实在是罕有人及。美味的豆花添加以磨碎的精致作料，看到这里人们不禁会问，这样豆花面终于成形了吧？如果你问的是四川的师傅们，那他们一定会笑而不语，然后会用行动来告诉你，豆花面的加工远非"精致"一词就可以形容的，面也是有着很多讲究的。一般认为最好的豆花面面条应该是韭菜叶子形的水面，而且当面条下锅煮至八分熟之后就要捞出，这样经过装碗、放调辅料和从厨房到餐桌的这段时间后，软熟度刚刚好。

由此最终成形的豆花面再加以独具川味特色的辣子，第一口豆花面入口，初时即会有着丰富的口感刺激，让你食欲大振，仔细咽下，麻辣香鲜之后伴着豆花的爽口、花生的清脆，让你品味之余不禁思量感叹，这样几类东西搭配在一起形成的竟是那般的珍馐美味，人世间的搭配组合真是已经做到了极致。豆花面就是如此，它不仅仅是满足果腹之欲的普通吃食，更是一种胃口和精神上的双重享受。

豆花产生可谓历史悠久，而它之所以能获得大的发展在很大程度上却要归功于豆花面。大约在清朝末年的时候豆花面就已经出现，整个民国时期，豆花面一步步成长发展，给那个时代的成都人留下了很多美好的回忆。据说新中国成立前经营最好也是经营较早的一家豆花面店在成都安乐寺，由谭玉先先生于1924年开办，由于他制作的豆花细嫩，面条为韭叶形，造型别致，一碗面做到了色香味俱全，加之为人厚道，价格也经济实惠，所以在很长的时间内都受到了成都市民的喜爱。不得不说谭先生手艺好，经济头脑也同样出众，店址选在安乐寺，这里地处闹市，人口密集，自开店之初生意就一直红火，积累了一定的资金。为了扩大经营，这家店面迁到了盐市口，今天到北门大桥桥头，仍能看到这一承载了几代成都人美好回忆的老字号小店的招牌。此外，唐大富的豆花面也是广受老一辈蓉城人赞许的一家名店，这个在《四川文史资料选辑》中有提及。两家店共同的特色就是豆花白嫩，配料酥香，麻辣味浓，面条滑爽。

### （三）豆花代有新面出，各领风骚数十年

豆花面的调味料并非一成不变，它根据调味料的不同又分几个支系，其中最富传奇特色的便是酸菜豆花面了。相传清朝末年，阆中下新街有家姓丧的，以做、卖酸菜为生。下新街有一个地利之便，那就是靠近嘉陵江码头，在码头做苦力的人生活困苦，丧家就用廉价的酸菜做臊子，做成酸菜面卖给那些工人吃，就这样一直传到了第四代丧文喜。丧文喜头脑灵活，肯下苦功，他在酸菜臊子的制作上着实下了一番功夫：用酸菜水点豆花，用豆花水来煮酸菜，用作料熬保宁醋，不断试做、改进，渐渐地把平民化的酸菜面做成了一种酸辣爽口、清香解腻、别具风味的名小吃了。而且，这样的工艺加工出的酸菜面清香爽口，吃多了也不油腻。

一旦找寻到好的途径和手艺，酸菜豆花面的改进也就一步步地开展，变得更加精致起来。首先在选料上就做得格外严格。酸菜都是采用上好的青菜做成，多次淘洗之后切成细丝，加菜油、椒面、生姜、

川菜离不开的保宁醋

胡椒粉煎炒，然后加上点豆花的水，用文火煨炖，这时再加入豆花，臊子也就做成了。实际上，青菜采用的是其清香味，煮出的汤呈白色，看上去犹如鸡汤一般。至于酸菜豆花面的酸味，实际上也是经过特别熬制过的保宁醋的酸味。跟其他的豆花面不同，点豆花的水不是用的卤水，而是用酸菜的酸水，所以豆花在原有的细嫩之外还带着一股清香味。吃面的时候，作料仍然是必不可缺的，芫荽、蒜苗、椿芽、红油自然是再好不过。这时候的一碗酸菜豆花面的成本自然也已经脱离了它原本的平民路线，所花工本要远在肉臊子之上。但酸菜豆花面仍然是物有所值的，其含有丰富的蛋白质、碳水化合物、胡萝卜素等营养成分和钾、钙、镁等微量元素，有健脾消肿的功效，绝对称得上是养生爽口的必备佳品。

### （四）四川豆花不遑让，遵义豆花亦争先

好吃自然流传甚广，要是以为豆花面只在成都兴盛那就大错特错了，各地人们的风俗习惯或许会有较大的差异，但人们对于美味美食的追求却是相同的。在四川以至整个西南地区各地都有着深具地方特色的豆花面，遵义豆花面就是其中的代表。这里的豆花面对面条的要求也很高，一般也都是要手工制作的，首先是面粉加鸡蛋、清水、碱拌和均匀成硬面团，充分揉和压成薄片，折叠起来切成 1 厘米宽的"宽刀面"，平

均分作几份，堆摆放在瓷盘里，用湿纱布盖好，即成鲜蛋宽刀面。接下来是将豆浆和清水烧开，下面条煮至翻滚熟透时捞入碗内（这与成都新式豆花面煮至八分熟有着较大的差异），舀入含浆豆花盖在面条上，之后取一中碗，放入辣椒油、鸡肉丁、鲜鱿丁、花椒油、味精、香油、酱油、姜末、蒜米、豆豉、腐乳汁、鱼香菜、葱花、酥花生米等成蘸碟，最后随面一起上桌，食客挑面条和豆花蘸碟食用。1957年，邓小平视察遵义，在品尝了豆花面后，称赞其味道不错，说这是值得发展的地方风味小吃。如今遵义的大街小巷也林立着许许多多的豆花面馆，经济实惠，顾客满堂，深得当地人民和广大游客的喜爱。

豆花面成为人们喜闻乐见的大众美食，其发展也越来越好，逐渐遍布成都的很多地方，走在大街上想吃到一碗豆花面也变得容易起来。方便之余，口味也在不断进步。若是来到成都，单单一碗豆花面就会让你大叹不虚此行。

## 三、简阳牌坊面

四川人爱说："面食面食，只管一时。"虽然把面食当作小吃，但想要做好，也是要花上一些工夫的。心灵手巧的四川人当然会使用浑身解数把它们做到精细，做出品位，做够花色品种，做成四川广大市民酷爱的名牌美食。而今天向大家介绍的这种面食美味，便是来源于四川省简阳市的牌坊面。

简阳位于四川盆地西部，地处龙泉山东麓、沱江中游，素有"天府雄州""蜀都东来第一州""成都东大门"之美誉。简阳不但位于沟通川渝的交通要道上，而且众多少数民族在此聚居融合，使这里成为各色美食的聚集地。据《简阳县志·食货篇》记载，这里自古盛产各种畜类和水产，如牛、羊、猪、鱼等，为当地居民的饮食提供了丰富食材，因此，这里才有了享誉四川的羊肉汤和羊肉串、石桥镇的空心粉和三星米花等名优小吃。不过在简阳，最负盛名的还是牌坊面。

### （一）历久弥新，口碑流传

但凡真正品尝过牌坊面的食客，都会被其鲜香绵滑的口味深深吸引，于是，大家不免心生疑问，这么独特的牌坊面从何而来呢？关于简阳牌坊面的起源，地方志上并无确切记载，但是坊间至今流传着不同的说法。一说是20世纪30年代，由当地王姓家族代代相传，经改良后面世，颇受民众喜爱；另一说则是根据《我的父亲卢作孚》一书的记载，推断其出现于20世纪初。不管怎样，牌坊面以其自身的魅力经历了时间的考验，立足现世，美味流传。

牌坊面原本并不叫牌坊面，只是王寿喜家的家传小吃。因为家道中落，王寿喜为养家糊口，制了卖面挑子，模仿担担面的口味，在县城走街过巷，卖起了"简阳担担面"。因为当时四川周边陆路交通还极不便利，由成都至重庆仅有一条成渝公路可走，乘车人需从成都出发，路上由于过往车辆众多，道路拥挤不堪，到了中午还未到达目的地，过路人便下车至简阳"打尖"过午，渐渐便形成了习惯。彼时简阳县车站旁有座古老的龙王庙贞节牌坊，聪明的王寿喜发现那里人多，就干脆定点在牌坊下经营面食。由于此面做法讲究，鲜香浓郁，味道颇好，且经济实惠，食用的人越来越多，渐渐便打出了名堂，又因其在牌坊下售卖，故人们以"牌坊面"称之。后来面摊传至儿子王成均，他对父亲配制的牌坊面进行了一番改良，把那小小一撮面加入宽汤（指汤多）中，七八样作料加上去，于咸鲜中透出辣香。面对这样一碗热腾腾、香味四溢的牌坊面，来往食客怎能抵住这美食的诱惑。

这牌坊面之所以出名，主要在一个"鲜"字。俗话说，川人食不厌精，相信"无鸡不鲜"。师傅以鸡、猪骨、鱼、金钩等制汤，调和出来的汤面鲜美异常，再用豆瓣、芝麻油、辣椒油等调味，形成独特风味。李笠翁在《闲情偶寄》中就有一段话提到如何对面、汤进行搭配，认为味在汤里而面索然寡味，应该是汤在面里然后才有味。而牌坊面正是做到了这点，故受到人们喜爱。一来二往，这看似普通的面条便成了人们来到简阳后不得不尝的招牌美食。

20世纪30年代，《新新新闻》曾撰文盛赞牌坊面，这一报道使牌坊面声名远播，成为四川著名小吃，仿制者群起。时间一长，这种美食不仅在简阳当地广为流传，也在周围各市县，包括成都地区，引起了很大反响。

说到牌坊面，还有一位名人不得不提，那就是近代著名实业家卢作孚。卢作孚15岁时，第一次从家乡重庆到成都求学，路过简阳，在这贞节牌坊下歇脚，就见到了这个龙王庙贞节牌坊下的面摊。他的儿子卢纪国在《我的父亲卢作孚》一书中回忆了1941年7月底他和哥哥随父亲去成都的经历，也引出了卢作孚与牌坊面的一段佳话。卢作孚生性简朴，带两个儿子出远门很不容易，在简阳停车后，他们来到面食摊前，卢作孚请儿子吃面。书里还有一段形象的对话："请给我们煮4碗面。"卢纪国对卖面人说。"单碗还是双碗？"卖面的人反问。"双碗。"卢作孚回答。"嗨，来4个双碗！"卖面人一边吆喝，一边在碗里放作料。他们坐在面摊前的长条凳上，等着煮面，卢作孚给儿子解释："这面味道好，远近闻名，就是分量太少了点。等到面端上来，所谓'双碗'，分量还顶不上重庆的一碗担担面多。"风卷残云过后，几人也只是塞了个牙缝，卢作孚又为儿子和司机再叫了3个双碗，这才勉强吃饱。

到了新中国成立后，又有两位响当当的人物对这小小的面条赞不绝口，那便是陈毅和贺龙两位元帅。20世纪60年代，陈毅、贺龙来成都视察，其间特意到简阳牌坊面老店品尝，吃后都对这面大为赞许。可见，牌坊面的名声早已在外了！

转眼时间到了 2010 年，此时牌坊面已转给了第三代传人王毓英，她感慨地说："（20 世纪）40 年代曾有一个川军军长的太太，过两天就要坐滑竿来简阳吃面，还要打包带回去。后来军长给我们送过一块金匾，可惜金匾连同这贞节牌坊都毁于'文革'，不复存在了。"想不到，这不起眼的牌坊面却承载着无数动人的回忆。

**（二）特色食材，精心烹制**

说起这牌坊面，大家都说好吃，那么如此美味的面条是怎么制作出来的呢？

据徐海荣主编的《中国美食大典》描述，想要做出这一碗小小的面，用的材料还真不少，各种蔬菜、肉禽、调味料不下数十种，包括蛋清面条、青腿菇、火腿、虾米、金钩、菜籽油、豆油、川盐、料酒、味精、熟猪油、胡椒粉、高汤、湿豆粉、鲫鱼、五花猪肉、母鸡、猪骨头、净熟冬笋、水发青菌（鸡枞菌）、白酱油、老姜、净大葱、花椒等。

接下来就要考验厨师的功夫了。在炒制好的猪肉中掺入熬制好的鸡汤，再放入切成指甲片大小的冬笋和青菌、料酒、川盐、豆油、胡椒粉，上色后下入高汤和金钩，用小火慢慢煨约半小时，起锅装盆即成臊子。然后把煮好的面条捞入放有少量酱油、鸡汤、葱花、胡椒粉、味精的碗内，浇上臊子即成。大量特色食材经过厨师的精心烹制，使牌坊面既好看又好吃，而且营养也特别丰富。

先说面条，师傅在和面时放入了蛋清液，经过加水搅拌，均匀地揉搓，这面条既爽滑筋道又富有营养，可谓双丰收。

再说，这林林总总的各色食材和调料也是很有讲究的。其中，冬笋便是一种富有营养价值并具有医药功能的食材，质嫩味鲜，清脆爽口，含有蛋白质和多种氨基酸、维生素，以及钙、磷、铁等微量元素和丰富的纤维素，既有助于消化，又能预防便秘和结肠癌的发生，有利于健康。

众所周知，鱼肉是一种高营养、低脂肪肉类，而牌坊面中普遍采用的鲫鱼更是一种优质鱼类。鲫鱼肉质细嫩，肉味甜美，营养价值很高，而且富含蛋白质、脂肪，并含有大量的钙、磷、铁等矿物质。此外，鲫鱼药用价值极高，其性味甘、平、温，入胃、肾，具有和中补虚、除湿利水、补虚羸、温胃进食、补中生气之功效。鲫鱼分布广泛，全国各地水域常年均有生产，为我国重要食用鱼类之一。早在古代，先民们就已开始注重食用鲫鱼药膳，在唐代孙思邈的《千金要方》中就提到了"千金鲫鱼汤"，以鲫鱼为主要食材，加上钟乳石、漏芦，有补气养血之功效。牌坊面中适量添加鲫鱼，便发挥了鱼肉的鲜美和较高的营养价值。

而鸡枞菌更是我国西南、东南地区才有的高营养菌种。《黔书》道："鸡枞菌，秋七月生浅草中，初奋地则如笠，渐如盖，移暮纷披如鸡羽，故名鸡，以其从土出，故名坆。"它肉厚肥硕、质细丝白、味道鲜甜香脆，含有人体所必需的多种氨基酸、蛋白质、脂肪以及各种维生素和钙、磷、核黄素等物质。而猪肉、鸡肉、鱼肉、虾米等肉禽材料，更使牌坊面不仅味鲜汤美，而且营养价值极高。吃着这样一碗面，心里和嘴里都很满足。

现在的人们对于食物的要求越来越高，也更注重食物的营养价值，而牌坊面恰恰能够与时俱进、适时革新，满足大众的口味，因此受到越来越多人的喜爱。

### （三）名牌小店，享誉四川

并非仅在简阳能够吃到地道的牌坊面，就算到了成都，您也能品尝到这一美味。著名的就要数 20 世纪 40 年代开办的成都师友面了，这是一家专业的面食小店，因几个朋友合伙开店，就把店名起成了"师友"。师友面经营的主要品种有"宋嫂面""牌坊面"和"海味煨面"等。开业后，小店因用料优良、制作精细、味美适口，在食客中有很高声誉，成为成都一家独具特色的风味面馆。店址设在成都北门大桥桥头，依傍一江春水，格调古朴典雅，加以经营的面食颇具风味，食客众多，名声越来越大。而"简阳牌坊面"的引进更是给小店增加了不少人气。另一家老字号成都龙抄手餐厅擅于博采众家之长，把别家的烹调技艺变为自己的效益。该店制作的牌坊面，既继承了传统风味，又有所发展，特别是以之入席，更显身价。牌坊面的盛誉更是有目共睹，接连被授予"成都名小吃"和"中华老字号"的称号，得到了一致认可。

不容置疑，简阳牌坊面是四川面食中的精品，也蕴含着制作者的辛勤劳动，要想做出这样的美味面食，要功夫，更要心意。一碗看似平凡的牌坊面，却有着不同寻常的乡土气息，令人回味，也令人陶醉。

## 四、四川甜水面

在成都五花八门的小吃中，甜水面算得上是不得不尝的老风味。

### （一）甜水面的起源

甜水面，传说出现于清朝晚期，是一种著名的成都面食，以其面条粗壮、筋道十足、口味甜辣为特色，流传于四川省各地。其名称的由来可以参照徐海荣主编《中国美食大典》中《小食》一章的记载："甜水面，食点。因面中无碱，调味又重用复制甜红酱油，煮面的水中略带甜味，故名。"关于甜水面的由来，史料上没有确切记载，只是在清末的《成都通览》上出现过，被归于小吃的一种，面粗味浓。

说到甜水面早期的经营方式，我们可以从吴先忧先生谈到的巴金先生的一段回忆中体会一下："巴金先生特别喜爱吃北门的那家甜水面，是位师傅挑着担担卖的，做面就在担前两尺不到的木板上揉和面团、分张，做成工艺程度很细致的甜水面，用成

都北门正府街一家酱园铺特做的红酱油、熟油辣子、麻酱、花椒油、蒜泥调和。秋末冬初，还要把川西特有的豌豆尖烫熟加进去，使人感觉清香诱人。"巴金先生出生在四川成都，他热爱家乡，并对家乡的美食甜水面钟爱有加，也许这不仅仅是一碗面，更是他对家乡的一种留恋。

不过，我们可以体会到这四川特有的小吃风情，它们并不是出现在那些豪华酒店，而是以一种平民姿态吸引千家万户的目光，没有高档的厨台，有的只是担子前的木板；没有著名的厨师，有的只是一位功夫娴熟的师傅……但手艺、调料、味道样样不差，也许这就是小吃的魅力所在。

说到甜水面，还有一位作家不得不提，他就是抗战文学的代表萧军。这位出生于辽宁的东北汉子，在抗战初期访问过成都，并对这种独特的成都小吃上了瘾。他曾经对甜水面做过评价："你们的甜水面我不大理解，你们在面中加红酱油都是甜味，这在我吃过全国的面食中，也是少见的。甜味中加上辣椒，这就更奇特了，但是吃在口里，却很受吃，好吃，有回味，别的地方没有这样的做法。"我们可以从萧军先生的话语中体会到他对这种南方小吃的好奇与喜爱。还有一则趣谈，说54年后再访成都的萧老，居然专门去小店连吃三碗甜水面，不料却因此迟到出席以他做主角的座谈。可见，这种又甜又辣的甜水面，不仅能够得到巴金先生这种当地人的夸奖，也使远在北方的外地人连连称赞，其魅力不可小视。

**（二）甜水面的制作**

关于甜水面的配料与制作，在《中国美食大典》中有相关描述："制作时用特制面粉加清水和适量精盐和匀，先揉成团，用湿帕蒙锅盖面，案上揉熟菜油少许，然后将面团擀成面皮，切成细长均匀的面条。再用红辣椒油、复制甜红酱油、蒜泥、芝麻油、芝麻酱、味精等调制酱料。把面条入锅煮熟，捞入碗内拌上酱料即成。成品面条绵韧滑爽，味咸鲜略甜，香辣并重。" 可见，甜水面口味之所以独特，是因为其独特的面条制作工艺与调料的搭配。

就拿面条的制作来说，甜水面就与其他小吃有很大区别。制作甜水面需要优质特精粉，这就能使面条看起来晶莹雪白，吃起来嚼劲十足。制作之前，先在面粉里加上少许的盐，以求其味鲜，加水用手工揉成面团，静置半个小时。然后用擀面杖把面团擀成大约4~5毫米厚的面饼，用刀切成约宽4~5毫米厚的长条，然后抓住两头，用力将其扯长，放入沸腾的锅中，注意火候，煮至刚刚熟便捞起晾凉，以保证面条的筋道。最后，用菜籽油将其拌匀，以防面条粘连。经过揉面、扯面、煮面、拌面这几道工序，爽滑筋道的面条就制作好了。在这之中，一些老师傅特别提醒，为了增加面条的绵韧，扯面是一项必不可少的工序，当然扯面时切忌用力不均，否则，粗细不匀的面条吃在口里，全没正宗甜水面给人的爽滑之感。

　　除了讲究面条的制作，甜水面中调料的搭配更是起到了锦上添花的作用。众多的调料，包括熟菜油、辣椒油、复制甜红酱油、蒜泥、芝麻酱、花生碎、豌豆尖、味精、盐、花椒粉等，其中复制甜红酱油的使用起着举足轻重的作用。这种独特的调味品常常出现在各色川味小吃中，它是以八角、桂皮、甘草、山柰、小茴香、花椒、生姜为原料制作而成的，既可以使面条味道鲜美，又使其看起来色泽红润。当然，其他调料同样起着提味、加香的作用，只有适量地取用，才会使味道恰到好处。

　　而豌豆尖也是我国西南地区盛产的一种植物。顾名思义，豌豆尖就是豌豆枝蔓的尖端，通常在豌豆播种 30 天后便可采摘豆尖，在我国四川、云南、湖北等地栽培最多。豌豆尖茎叶柔嫩，味美可口，是一种质量优良、营养丰富、食用安全、速生无污染的高档绿色蔬菜，深受食客喜爱。清明时节，青青的豌豆也悄悄地梳妆打扮起来，伸出一枝枝嫩芽、一片片幼叶。菜农下田采撷，菜贩上市叫卖，城乡人的餐桌上多了几道鲜美的时令菜肴：炒豌豆尖、烧豌豆尖、凉拌豌豆尖、豌豆尖汤。连甜水面中添入几根这青的嫩芽、绿的幼叶，也增加了一丝清爽。

　　四川地区由于气候温暖潮湿，故盛产辣椒。《资阳县志》就提到："味辣性芳……特出蜀中者曰蜀椒。"辣椒在 16 世纪末才传入中国，明代《草花谱》记载了一种外国传来的草花，名叫"番椒"。据傅崇矩编撰的《成都通览》记载，到了清代，成都农家辣椒品种已有六七种之多。所以古有"川人好辣"之说，对于小吃也不例外。在甜水面中，便使用了自贡朝天椒，它是所有四川带辣小吃菜肴里辣之最，即使耐辣度相当高的人也会被辣得泪汗满面。甜水面的特点就是充分发挥了辣、甜和芝麻酱的极端浓香。在食用时，将已抹油的面在锅里烫一下盛入碗中，依次淋上这些汤汁，加上花生碎或豌豆尖，一碗甜辣美味的甜水面就做好了。粗粗的面条裹着调料吃进嘴里，那是相当有嚼头，调料集合了麻、辣、甜、鲜，多一味嫌太腻，少一味便寡淡。有趣的是，如果将甜水面中的辣、甜或芝麻酱中任何一种味道去掉，便美味全无。无论是夏天还是冬天吃，都让人有口留余香的满足感，它吸引了八方食客慕名而来。甜水面在钟水饺、龙抄手、赖汤圆、张老五凉粉店等都可以吃到，如果有机会，当然一定要去文殊院的张老二凉粉店一试正宗。

　　昔日甜水面有两种吃法，以适应不同季节的需要：一是冬季热吃，卖者现拉下锅煮熟后浇调味料；二是夏季冷吃，将其完全拉好下锅煮熟捞于案板上，洒清油或香油使其不黏，冷后盛入笤箕内，要一碗抓一碗，浇上味料即成，有时还要加入新鲜的豌豆尖。昔日售甜水面者不少，有摊，有担，有店。而铜井巷的甜水面是最有代表性的一家甜水面铺，当时在成都很有名气。甜水面有嚼劲，味咸甜、麻、辣、香，色泽红亮。

正是它面的筋道和味的刺激，让成都不少太太小姐和"五香嘴"们，不时地牵肠挂肚。

### （三）甜水面的传承

地道的甜水面不仅在成都能够吃到，在四川省其他地方也有它的身影。"巧姑传"是浦江大北街上的一家小吃店，每天慕名前来品尝"巧姑"甜水面的游客络绎不绝。这个不足10平方米的小店，厅堂里摆放着三张不大的方桌，几个顾客正埋头享受着美食。"'巧姑'甜水面味道不错，我每天都会在此来上两碗。"一位正在大快朵颐的王先生如是说。

"'巧姑'甜水面可是蒲江小吃一绝，和成都小吃甜水面相比有着自己独特的味道。""巧姑"甜水面的传人是戴婆婆，名叫戴舜华，鹤山镇人。只见她抓面、煮面、捞面、拌面一气呵成，动作简洁明快，丝毫让人感觉不到她是位70岁的老人。"我们祖上是卖小吃的，凉粉、凉面、甜水面都卖。我做'巧姑'甜水面虽然只有二十几个年头，但做小吃却是几十年了。"戴婆婆说。"巧姑"甜水面做工最为考究，从和面、制作甜面酱到下锅煮的时间都要有讲究，正是因为这样细致的工序，"巧姑"甜水面才获得了大家这么多年的青睐。其主要原料为手擀的面条，约筷子头粗，具有筋力。和面时要用上等面粉加盐、水，揉匀静置半小时，然后用力去揉，把揉好的面用面杖擀成适当厚的面皮，切成面条，最后两手抓住面条两头，用力扯长，待面条变长时放入沸水锅中煮熟，捞出抖散晾冷，放入碗中，淋上辣椒油、甜面酱即可。

现在戴婆婆在西来、石象湖等地开了分店，申请了"巧姑传"的注册商标。"巧姑传"小吃店不仅卖"巧姑"甜水面，还卖凉粉、凉面。一个店同时出售这三款小吃，虽同为辣味，但凉粉的细嫩、光滑与甜水面的硬朗、弹韧大异其趣，各尽其妙，只有真正吃过才能体会得到其中的滋味。

甜水面这个四川风味小吃中的"男子汉"，以其粗壮的面条、劲辣的口味、硬朗坚韧的风格，让您一上嘴就能感觉到它的力度。总之，在"天府之国"的成都，品一碗地道甜水面，也是一件令人神往的美事。

## 五、宋嫂面

宋嫂面是四川名小吃之一，在成都又叫宋嫂鱼面。宋嫂面来源于宋嫂鱼羹，是成都人仿效宋代汴梁人宋嫂的做法，结合四川特点，加以改进而来。此面用鱼肉、芽菜、香菌等做臊子，筋道光滑，味道鲜美。

### （一）前世本是君王爱

宋嫂面并不是四川土生土长的，要了解宋嫂面，得先来说一说宋嫂面的前身——宋嫂鱼羹。宋嫂鱼羹是一道距今已有800多年历史的杭州传统风味名菜，由宋五嫂始创。

宋五嫂本是北宋汴梁（今开封）人，靖康之变时随南逃的人群迁至临安（今杭州），和小叔一起在西湖以打鱼为生。一次，小叔得了重感冒，宋五嫂用鳜鱼和椒、姜、酒、醋等作料烧了一碗鱼羹，小叔喝了鱼羹，不久即痊愈。小叔觉得鱼羹鲜美可口，可以开一家小店专卖。于是宋五嫂就开始卖起了鱼羹，小店成为西湖苏堤上小有名气的餐馆。

宋五嫂做的鱼羹，先将鳜鱼蒸熟剔去皮骨，加上火腿丝、香菇竹笋末及鸡汤等作料烹制，成菜色泽悦目，鲜嫩润滑，味似蟹肉，故又被誉为"赛蟹羹"。杭州有民谚赞曰："桃花春水鳜鱼肥，宋嫂巧烹赛蟹羹。"如今不仅杭州的很多菜馆模仿宋五嫂的制法经营此鱼羹，就连上海、北京、广州等地也有宋嫂鱼羹。

### （二）宋嫂鱼羹入川

宋嫂面于20世纪40年代前始创于成都"徐来小酒家"。店老板在一次西湖游玩中，品尝了宋嫂鱼羹，觉得此羹很有特色，可以引入自己的酒家，便将宋嫂鱼羹的羹汁"拿来"用作了面条的浇头。此"宋嫂鱼面"一出，别出心裁，酒家生意更加红火，后来宋嫂面一度成为成都有名的"师友面馆"的当家面点。

在四川各式各样的面条中，以鱼做浇头的，宋嫂面是独家，但较之传统宋嫂鱼羹，做法上又大有不同。西湖边上的宋嫂鱼羹本是用鳜鱼蒸熟剔去皮骨后，取鱼肉加鸡汤制羹，鲜美而味清灵。而宋嫂面色浓汤红，用葱、姜、蒜、胡椒不必说了，还要加入郫县豆瓣、宜宾芽菜、花椒油，面条里面的酱油、红油辣椒更是少不了的。这是因为四川人爱吃辣，川厨因地制宜改造了杭帮菜，宋嫂鱼羹入乡随俗了。

宋嫂面的特点是面条滑嫩，汤鲜香微麻辣。整碗面的制作最考究的是面的浇头——"鱼臊子"。宋嫂鱼羹用的是鳜鱼，而鳜鱼不是蜀地的盛产，做鱼臊子的鱼早已换成了鲤鱼。鲤鱼肉厚，臊腥略重，以豆瓣酱、葱、姜、蒜、胡椒、花椒、辣椒等各味作料来制服，鱼的美味才能出来，这样也才能让一碗面条有声有色。制作过程变蒸鱼为勾芡油炸，然后煸炒豆瓣酱出汤，放入火腿、香菇、冬笋片等配料稍煮，最后放入鱼片，勾湿淀粉，加花椒油而成臊子。此过程中鱼臊子要用微火炼，勾芡时锅离火，均匀适度，不能出现疙瘩与粉块。

宋嫂面用的面条多为韭菜叶面条等细面，面条软硬适度，柔韧滑爽。锅内加水稍宽，水开后放入面条煮熟，捞出放酱油、醋、味精、胡椒粉，在少许高汤的碗内浇上臊子，撒上葱花，一碗鲜香可口的宋嫂面就做好了，真是让人忍不住一饱口福啊！此面做法并不复杂，不仅自己可以享用，也是招待亲朋的好选择。若要显得隆重，还可以将火腿换成虾仁，这样一碗家常面体面又美味，朋友们不禁夸赞："真是好手艺啊！"那主人心里可真是乐开了花儿。

### （三）飞入寻常百姓家

昔日帝王喜爱的菜肴如今已经上了普通老百姓的饭桌，现在人们懒得做了，只要花几块钱就可以在小吃街吃到一碗可口的鱼面，真是"旧时王谢前堂燕，飞入寻常百姓家"啊！宋嫂面在四川流行以来，许多饮食店也将此面引入了店内，成为吸引顾客的美食之一。成都青羊区人民中路（担担面总店对面）的宋嫂鱼面店是成都市民经常去的面店，可以说是成都宋嫂面的一个代表。随着饮食业竞争的激烈，此店又在面中加入了煎蛋、猪肉等食材，此做法对食客更有吸引力，店家也相应地将面提到了15元一碗，真是顾客吃着过瘾，老板盈利颇丰啊！不过，老板，鱼丁好像少了点，可以加鸡蛋，可以加猪肉，但鱼丁不能少哦！

成都光荣北路的宋嫂鱼面店面虽小，却相当红火，市民们争相品尝，是经营宋嫂面的后起之秀。店老板结合老百姓的日常需求改进了宋嫂面，他将鲤鱼换成了价格相对便宜的草鱼，鱼丁用淀粉和鸡蛋勾芡，然后小火油炸，保持了鱼丁的形状，且外酥里嫩；然后用豆瓣酱、番茄酱烹炒提色，加入肉屑、火腿、香菇、笋片等配料，鱼臊子就做好了；最后店老板还将鱼头用葱姜蒜炒香，加入大骨熬汤，面中加入鱼臊子的同时加入鱼汤，味道更加鲜美。此种做法比较简便，但味道鲜香，中性偏辣，基本保持了宋嫂面的特色。改良后的宋嫂面既可吃面又可喝汤，经济实惠，易于制作，广受成都市民的喜爱。

宋嫂面在四川已是一种"家常菜"，成为人们向往的成都名小吃之一。随着时代的发展，这道传统面食也不断与现代生活接轨，民间对宋嫂面的成功改造正是宋嫂面的与时俱进。从古代到现代，宋嫂面从帝王的宠儿蜕变为百姓的新喜，四川人喜欢说："鱼面撒，快来一碗！"

## 六、铜井巷素面

一座老城，一条小巷，一碗面，却演绎了一段传奇。

2011年《成都商报》推出了"寻找成都特色小巷，发现成都另一种美"系列报道，正如编辑所说，在每个成都人的心中，都有一条特别的小巷。也许，小巷模样大致相仿，或有一间老字号的商铺，或有一名老手艺人的坚守，或有一面长满青苔的城墙……这些小巷，在人们心中，在这座城市之间，便是如此独一无二。在许多成都老居民心中，铜井巷就是这么一条独一无二的小巷，之所以被那么多人怀念，皆是因为这条小巷里小面馆里卖的素面。时过境迁，虽然面馆早已不见，但是，铜井巷素面的余香却留在了人们的记忆深处，且久久不忘。

铜井巷素面创制于20世纪30年代，由陆少云创制，最早的时候也是"饮食担子"，陆少云每天挑着担子走街串巷地卖素面。素面，是成都极其大众化的一种小吃，就是不加肉臊的面，而靠独特的调味取胜，这便更考验做面人的技巧了。无论是面条还是调味，陆少云都做得相当精细。每天天不亮他就起身在案板上擀面，擀出的面条细而耐煮，软硬适度，与众不同。调料的制作更是匠心独运。据《成都市志·民俗卷》记载，由于成都酱油品质不好，陆少云就专门去置办有名的德阳酱油，然后加进冰糖，微火熬炼成一种醇香鲜美、色红汁稠的复制红酱油；熟油辣子的海椒，也只选用红得扎眼睛的朝天椒；芝麻酱也是小磨细磨的上好芝麻酱。这样做出来的面条色泽红亮，作料鲜香，软硬适度，入口爽滑。

素面虽为麻辣面食，但由于加有芝麻酱、复制酱油，既减弱了麻辣的刺激，同时又保持了面条的香味依旧。在口味上，芝麻酱和复制酱油除了本身的香味外，还具有很好的附着力，将德阳酱油、蒜泥、麻辣味结合于一体，使香味更浓郁，入口更滋润。加之面条煮制得法，捞在碗中利索、爽滑，更是风味突出，口感极佳，余味浓厚。另外，相较于牛肉面等其他面条，素面的价格也十分便宜。于是，陆少云的素面广受当地人的欢迎，一传十，十传百，口口相传，陆少云的素面的名声便不胫而走。

由于陆少云的素面十分抢手，一担面很快便卖完了，很多人都难尝美味，很不过瘾，于是大家纷纷建议陆少云开个面馆。可是，开面馆对于相对贫穷的陆少云来说不是件容易的事，当时陆少云的妹妹陆淑佩家境还算殷实，于是，在妹妹的资助下，素面馆在铜井巷5号开张。在众多成都面馆中，铜井巷素面自成一味，众人闻香而来，原本寂静的小巷变得每天都热闹非凡，食客如流。

在陆少云的苦心经营下，铜井巷素面的火热场面一直持续到新中国成立后。后来，陆少云夫妇不幸先后因病去世，铜井巷素面便戛然而止。1953年，由于生计所迫，其妹陆淑佩决定重开面馆，于是，铜井巷素面开始了它的另一段传奇。

陆淑佩的烹调技艺当时被人评作"青出于蓝而胜于蓝"。她在其兄陆少云的基础上更进一步，当时被誉为"烹坛巾帼"。陆淑佩对于铜井巷素面最大的改造不在面上，而在料上，她对海椒的选择十分讲究。这里的"海椒"便是我们常说的辣椒，因为辣椒不是由陆路而是由海外传入中国，难怪四川人要称"海椒"了。陆淑佩选辣椒以四川特产的"二荆条"为主，别小看这细微的差别，辣椒的选用是否适当对面的口味好坏起着至关重要的作用。特产的二荆条辣椒，皮薄、肉厚、色艳、籽少，营养丰富，煎油色泽红亮，据说红油能自动地向盘边溅射上爬。而且与一般辣椒的辣味不同，二荆条辣椒辣味适中，味道香醇，另外再辅以少量朝天椒及其他品种，这样做出来的调料可谓独一无二，而且都是由陆淑佩亲手调制。1954年底，面馆迁至华兴正街，由于毗邻川剧院的黄金地段，铜井巷素面更是很快"面名"远播，当时的川剧名家唐云峰、

竞华等人都是面馆的常客。1958年铜井巷素面获评"成都名小吃"。

"文革"期间，铜井巷素面一度销声匿迹。20世纪90年代，为保留和传承铜井巷素面，陆家后辈吴宇洪和陆淑佩的儿子罗定洲又重操旧业，沉寂了10多年的铜井巷素面在华兴街和东升街再现，共开两家店，且由著名画家赵蕴玉先生题匾，画家李正武先生赠画。凭着铜井巷素面的老招牌，面庄的生意异常火爆，一时旧人云集，声名再度远扬。当时已经80多岁高龄的陆淑佩也会时常来店里走走，把把关。遗憾的是，尽管名声在外且效益不错，但由于吴宇洪和罗定洲都有自己的事业，对面馆难免有心无力，五六年后，两店相继关闭。至此，正宗陆家铜井巷素面彻底沉寂。

铜井巷素面的制作看似简单，原料只有面条、复制红酱油、德阳酱油、芝麻酱、麻油、葱花、味精、花椒面、红油辣椒，但是，把这几种原料组合起来配制成美味绝对不是一项简单的技术。

现在，成都仍有店名为铜井巷素面的面馆，但也只是挂着铜井巷素面的招牌而已，却很难达到当年铜井巷素面咸、鲜、麻、辣、香五味俱全，爽滑柔韧的口感了。为此，曾经志在延续铜井巷素面的罗定洲也十分惋惜地感叹：与其马马虎虎延续铜井巷素面这张老招牌，还不如让它沉入历史。

时代的变迁总是会留下许多遗憾，也许铜井巷素面的余香只能存于人们的记忆深处了。不过，尽管已没有机会再尝到当年正宗铜井巷素面的美味，但铜井巷素面作为四川小吃的一朵奇葩已被广大市民所熟知，另外还被编入了烹饪学校的教材。现在一些怀旧的成都人自己在家也会时常做碗素面，也算是对铜井巷素面的一种追忆。在经历过那个时代的人心中，铜井巷素面已不仅仅是一种面，同时也是关于那个时代最美的记忆。

## 七、宜宾红油燃面

四川的厨师凭着一根擀面棒、一把菜刀就能制作出多种规格和型号的面条。当然，四川面条的特色不仅仅表现在手工擀制这一点上，其汤头和辅料的制作，或是烹制中的巧妙心思和精巧技艺，亦令远近食客们称赞不已。

### （一）叙府奇闻，声名在外

与"牌坊面"一样，红油燃面的诞生地并非成都，而在宜宾。宜宾是"万里长江第一城"，古称叙府，所以红油燃面原名"叙府燃面"。清晨的宜宾是宁静而祥和的，当初升的太阳在天边露脸的时候，整个城市还在沉睡之中。然而，大街小巷面馆里的伙计们可不能偷懒睡觉，他们早早起来，打扫店铺卫生，用大铁锅烧开水，准备葱、芽菜、花生米等作料，好迎接第一批顾客的到来。

宜宾人早晨有吃面条的习惯。宾面条的臊子花色也是非常丰富的，有牛肉、肥肠、三鲜、排骨、口蘑、杂酱、干筋、蹄花、炖鸡、辣鸡等一二十个品种，因此，宜宾面食不仅历史悠久、品种多样，而且独具特色。过去比较有名的是合江园的炖鸡面、黄州馆的担担面、中山街的鱼羊面、魁顺酒家的炒面等等。许多外乡人在吃到宜宾面食之后，都交口称赞，一致认为宜宾的面食：好吃！

宜宾红油燃面

宜宾面食中最出名、最具特色的当然得数红油燃面。你随便走进哪家面馆，都能尝到地道的燃面，保证好吃得让你舌头打结。1961 年，朱德委员长到宜宾视察工作，在品尝了正宗宜宾燃面后赞不绝口，给予了高度评价："几十年来未吃到过这种面了，希望继承下来。"

### （二）一点即燃，营养升级

宜宾燃面由于其独特的口味被收入《中国美食大典》一书，书中载："因为面条煮熟用多种油脂拌味后不带汤汁，竟能用火点燃，似灯芯，又如线香一般从头至尾燃尽，可谓旷古奇闻，故名'燃面'。"关于其由来，坊间有不同说法。一说是在 100 年前，也就是 20 世纪由四川一庖人创制，庖人是对古代厨师的称谓。另一说，燃面是由民间小吃摊逐步流传下来的，然并无确切史料记载，只说在清光绪年间便开始有人经营，是宜宾当地的传统名小吃，常伴以一碗面汤解辣。

燃面有两种吃法，一种加入猪肉臊荤吃；一种不加肉臊，仅采用猪油，综合荤、素两类面条的风格，独具特色。宜宾红油燃面是在素面干吃的基础上发展起来的，其美味在于无论是面的制法，还是特色食材、辅料的添加，都与众不同。这种小吃选用本地优质水面条为主料，再以宜宾芽菜、小磨麻油、鲜板化油、八角、山奈、芝麻、叙府花生、核桃、金条辣椒、上等花椒、味精以及香葱、豌豆尖或菠菜叶等数十种蔬菜、坚果、调味料作为辅料，食材丰富，口味考究。

制作时以辣椒碎和白芝麻、花生、冷油、花椒一起入锅，炒制出香辣红油，拌入煮好的面条内，加入生抽、红油、炸花生碎、炸核桃碎、葱花、香菜碎，拌匀即可。

可见，这红油燃面的独特之处在于面条和作料的适量添加。

首先，燃面的面条与一般机制面条有很大区别。它的面条经纯手工和面、揉面、擀面、切面而成，在和面时还加入鸡蛋，面条筋道爽滑。此外，面条要干，在揉面时掺入的水分相对少一些，制成的面条要求条圆硬挺，待面条煮熟后才有筋力和骨力，用油揉散时不会断节，在入口时有爽滑的感觉，咀嚼到末尾时竟然还有小麦回香的味道。

其次，煮面条时火候的掌握也是至关重要的。通常以沸水下锅，待面条断生、漂锅，即刚好煮熟变软后捞起。此时面条中的淀粉质在受热之后糊化，形成了外表的保护层，加之受热时间短，面条汲水有限，煮熟后的面条既柔软润滑，又柔中带韧，含水量不多，骨力较好。

最后，要把面条甩干。这同样是整个制作要领中很重要的一个环节，只有将黏附在面条上的水分甩干，才能使油脂和调味料与面条粘裹融合，既上味，又利用油脂的可燃性，使面条具有点火即燃的独特品性。

红油燃面在制作过程中，其特色食材的运用也是恰到好处。燃面用料主要是油脂，一般采用芝麻油、红油和八角、山柰、核桃等熬炼而成的菜籽油，也有的使用熟猪油。待面煮好后，用油脂将面条反复揉捻、挑散，使其不互相粘连结块，然后再加花生碎末、花椒面、芝麻油、叙府芽菜末、葱花、味精、精盐等等，其中只放少许酱油调味。这样，由于面条干，油脂中水分少，以火点之，焉能不燃？

说到这些食材，叙府芽菜便不得不提。《成都通览》一书在列举的"宜宾县之出产"中特别提到了"芽菜"，而在《宜宾文史资料》中也常常可见它的身影。芽菜历来是巴蜀四大酱腌菜之一，宜宾所产的芽菜自然被称为"叙府芽菜"。作为宜宾的名优特产，早已蜚声国内外。叙府芽菜历史已久，源于南溪，但几经改进，又优于南溪芽菜而成为后起之秀。1841年，南溪县酱园工人肖明金利用当地青菜的嫩茎，划成细条晒干，腌制成咸芽菜。50年后芽菜传入宜宾县。到1904年，清代史册《光绪甲辰四川省行销货物志》中已把芽菜列为南溪、宜宾两县特产。叙府芽菜质嫩条细，色泽黄亮，甜咸可口，味道清香，人们常用它来蒸肉、烧汤，使川味食品的色、香、味更臻完美。现在厨师把它制成面食的臊子，使面条更添别样风味。曾有一首民歌《宜宾芽菜香》，说的是把叙府芽菜添加到面中，使面鲜香沁人："我在宜宾吃碗面，成都闻到香。"诚然，歌词是夸张的，但是我们仍可从中体会到面是宜宾人民喜爱的小吃，芽菜也是人们生活中十分喜爱的一种物美价廉的地方特产。

这红油燃面中添加的花生也是宜宾地区的特产。《宜宾文史资料》中记载宜宾的花生被称为"天府花生""叙府花生"，滋香可口，营养丰富，老少皆宜，中外驰名。宜宾县的天府花生，历史由来已久，尤以观音区、柳嘉区一带即越溪沿岸出产的又多又有名气。这种豆科植物，果实长在枝茎上，饱满圆润，从红壤土里挖出，几乎不带泥沙，真可谓宜宾得天独厚的珍品。它含有丰富的蛋白质、脂肪、维生素，营养十分丰富，通过炒制后，香脆可口，待冷却，碾成碎末，就成为红油燃面中必不可少的辅料。

此外，辣椒中含有丰富的维生素 C、β–胡萝卜素、叶酸、镁及钾；辣椒中的辣椒素还具有消炎及抗氧化作用，有助于降低心脏病、某些肿瘤及其他一些随年龄增长而出现的慢性病的风险。有辣椒的饭菜能增加人体的能量消耗，帮助减肥。经常进食辣椒还可以有效延缓动脉硬化的发展及血液中脂蛋白的氧化。在红油燃面中加入四川独有的金条辣椒，不仅为其增加了美味，也增加了营养。所以说，四川人吃辣椒也是一种健康的生活方式。

### （三）走出四川，共享美味

因为口碑良好，宜宾燃面不仅在四川地区广为流传，就连居住在临近四川的黔西北地区的居民也对燃面颇为熟悉。燃面在黔西北被称为"脆臊面"，因为其最重要的作料就是脆臊。燃面的脆臊比较讲究，采用五花肉，把肥瘦分开，取用瘦肉居多，切成小粒状，慢慢煸出油后，放入红糖一起炒，这时候的脆臊看起来色泽红润油亮，很有卖相，让人眼馋。燃面的脆臊比较小粒，伴随在面中，随面入口，咬下去有面有肉，脆生生的感觉，那叫一个劲爽。脆臊不腻，却香脆可口，越嚼越有味，这可能是最受当地人们喜爱的肉类食品了，所以在每家燃面馆，都会看到不少食客会告诉老板多加一份脆臊。吃燃面也少不了燃面伴侣，一碗特制的汤。这碗汤由猪油、紫菜和豆芽组成，撒上细盐和胡椒等调料，清淡鲜美，去除了干面干脆臊的燥嘴，滋润了口舌肠胃，吃面前喝上几口，清理食道，打开食欲，吃完面后，再喝上几口，鲜汤化食。不少当地人有在汤里加点醋的习惯，我觉得也很好，醋更开胃，更消食了，喝下去让人解除劳累的疲倦，精神饱满地去回味这碗好面。一碗面，一碗汤，即能让你领略黔西北特有的油重无水、一点即燃的燃面。

有人以为燃面的特点就是辣，其实这是一种误解。对于爱食辣椒的川人来说，固然喜欢多放一些辣椒红油，但是对于燃面来说，鲜香麻辣才是其主要风味。但见面条松散红亮、香味扑鼻、辣麻相间、味美爽口，不愧为巴蜀一绝。只是吃后口辣、耳辣、心口辣得直咂嘴，不停地抱怨不吃了，不吃了，再也不吃了！次日出去仍然还是：燃面小份！

这样带给我们无限回味的经典小吃，当然得到了无数食客的认可。它曾摘取"四川省名小吃"金奖，并被认定为"中华名小吃"，成为古城一道新风景。

如今，燃面名店有位于宜宾市鲁家园路段的宜宾燃面馆，而成都也有许多店家技术娴熟、精湛，并且各具特色。最为有名的当属成都担担成小吃店、成都龙抄手餐厅。成都龙抄手餐厅常以精制的燃面入席，以烘托筵席的气氛，成为小吃精品。

## 八、四川凉面

此外，还有一款面条深受人们青睐，那便是四川凉面。尤其是盛夏时节，来上一碗凉面，其清凉爽心之口感、柔和筋道之特色、麻辣醇香之口味、红中透亮之色泽，

不仅引得人胃口大开，还具有提神醒脑及防暑的作用。在人们的印象中，四川凉面早已不仅仅是一种小吃，更是以主食或者点心之名普遍出现于川菜的高档宴席之中。当然，凉面在各大街小巷的小面馆里更是随处可见。总之，凉面之于四川人，可以说是夏日不可或缺的消暑美味。当然，凉面已不是四川所独有，北京、山东、陕西等地也都有凉面。不过，作为美食胜地的川蜀地区，四川凉面独具一格，尤为大众喜爱。

## （一）历史悠久

凉面的历史十分悠久，最早应起源于唐代。《唐六典》记载："太官令夏供槐叶冷淘。凡朝会燕飨，九品以上并供其膳食。"这里的"冷淘"，即现在的凉面，槐叶冷淘就是用新鲜的槐叶汁做的凉面。"太官"则属光禄寺，负责掌管皇帝的膳食及宴会。由此可见，当时凉面应该仍属于宫廷饮食，只有九品以上的官员才有机会品尝。后来，凉面才逐渐传入市肆民间，成为百姓甚至是达官贵人都竞相追逐的美食。

说到槐叶冷淘，不仅唐人十分喜欢，宋元时期仍十分有名，甚至还有不少文人雅士特意写诗赞颂。唐代杜甫有《槐叶冷淘》："青青高槐叶，采缀付中厨。新面来近市，汁滓宛相俱。入鼎资过熟，加餐愁欲无。碧鲜俱照箸，香饭兼苞芦。经齿冷于雪，劝人投比珠。愿随金騕褭（即骏马），走置锦屠苏……君王纳凉晚，此味亦时须。"[1] 在众多杜诗释者中，有的说《槐叶冷淘》写于成都，有的说写于瀼西，即奉节瀼水西岸，总之，大多是倾向于蜀地的，由此可见，四川人在盛唐时就已经吃上了凉面。这种食品的做法是采来新鲜的槐叶，剁碎，连汁带渣掺入面里，和匀，做成面食，上锅蒸，但火候不宜过大，蒸熟后，其色"碧鲜"，咀嚼之间，口齿清凉。杜甫写道"愿骑上千里马，把槐叶冷淘送到皇宫……君王纳凉晚了，也须品尝这凉爽的美味"，这也说明了唐朝时四川不仅仅是吃上了凉面，而且还非常善于制作，味美无双，难怪诗人愿驰骏马献君王了。而且，现在四川仍有翡翠凉面，保持了槐叶冷淘的绿色，只不过用的不是槐叶汁，而是菠菜汁了。

到宋朝时，苏轼在《二十九日携白酒鲈鱼过詹使君食槐叶冷淘》中写道："青浮卵碗槐芽饼，红点冰盘藿叶鱼。醉饱高眠真事业，此生有味在三余。"面条最早又称"汤饼"，这里的槐芽饼也就是槐叶冷淘了，东坡作为一代美食家，称其为"此生有味在三余"，可见此面应是美食中的极致了。另外，据宋人孟元老《东京梦华录》记载，北宋汴梁（今开封）"有川饭店，则有插肉面、大燠面、大小抹肉、淘煎燠肉、杂煎事件、生熟烧饭"。有人认为，这种"大小抹肉"可能便是加了肉料的凉面。另外，南宋《梦粱录》中也记载了当时临安城食肆出售的凉面还有"银丝冷淘"和"丝鸡淘"等品种。这里

---

[1] ［唐］杜甫：《杜甫集校注》，谢恩炜校注，上海：上海古籍出版社，2015 年，第 879 页。

提到的"丝鸡淘"也就是我们现在的鸡丝凉面。

到明代，凉面已广行且花样繁多。蒋一葵在《长安客话》中记述："今蝴蝶面、水滑面、托掌面、切面……拨鱼、冷淘、温淘秃秃麻失之类是也。"与此同时，市面上已有专门经营凉面的餐馆，"京城市肆著名者，顺承美大街刘家冰淘面也"。清代，凉面更加普遍。清潘荣陛《帝京岁时纪胜》记载："夏至，京师于是日家家俱食冷淘面，即俗说过水面是也，乃都门之美品，爽口适宜，天下无比。"

可以说，自唐朝凉面起源，四川的凉面便也伴随着凉面的发展而逐渐闻名。杨文华在《吃在四川》中记载，民国至抗战时期，凉面由于价廉物美、风味突出，深受人们喜爱。当时老成都的凉面摊、凉面馆甚多，凉面品种也标新立异，花样甚繁，但尤以华兴街的志生餐馆以经营"鸡丝凉面"而最为知名。俗话说"无鸡不鲜，无鸭不香"，凉面做好后，再撒上一层鸡丝、火腿丝，临上桌时，放上蒜泥、葱花、白糖、味精，浇上陈醋、红油、花椒油和高级酱油，色泽红白相映，一看便令人馋涎欲滴，当时有"不怕满城凉面馆，还是志生数第一"之说，老板黄子诚也荣获了"鸡丝状元"的美称。

现在，四川的鸡丝凉面仍是深受人们喜爱的凉面品种之一，大到星级饭店，小到街头摊铺，都可以吃到筋道清爽的鸡丝凉面。平常百姓人家更是离不开它，可以说是家家会做，人人爱吃。

**（二）制作精细**

四川凉面无论是面条还是调料的制作都非常讲究。

先说面条。做凉面最好选用富强粉圆条切面，当然，自己擀制再切丝更好，等水烧开后再将面条下锅，水要宽，火要旺。面条煮至八成熟便可捞出，太过的话则影响口感，不够柔软爽口。面条捞出后，切记不可用凉水淘，而是要用风扇或者人工即可吹凉。这样做可以避免面条在捞出后黏成一团，正宗的四川凉面在制好后是呈一根一根的状态的。面条吹凉后要适量淋入香油，这样既可以增加面条的香味，又可保证其不相互粘连，还能增强色泽。

面条做好后，便要准备调料了。先把红酱油、糖、醋和在一起，放点味精，调成糖醋汁，用一小块姜切成末，放凉开水里做成姜汁水，再准备点蒜泥水、花椒面、辣椒油、调好的芝麻酱。注意芝麻酱要以纯小磨制作的为佳，且不要用水调，而要用熟花生油，这样调出的才会更香。最后，可撒入黄瓜丝、青笋丝等。另外，也可在淋味后撒上熟鸡丝、火腿丝、蛋皮丝等，成为鸡丝凉面、三丝凉面等。这样做成的凉面清凉爽口，味浓而不腻，味辣而不燥，汁浓而利口，无汤而不干，咸、甜、麻、辣、酸、香数味合一，可谓满口生香，风味十足。

有一味特别值得一提，那就是四川凉面的"辣"，准确点来说是"香辣"。蜀人嗜辣由来已久。晋代常璩《华阳国志》将蜀人饮食特点概括为"尚滋味""好辛香"，可谓经典至极。从成都流行的《竹枝词》也可看出蜀人对辣味的情有独钟。刑锦生在《锦城竹枝词钞》中写道："豆花凉粉妙调和，日日担从市上过。生小女儿偏嗜辣，红油满碗不嫌多。"另外还有"端来凉粉两三盘，味调宜辣复宜酸。腮旁嘴角红犹在，就向街前念戏单"。如此生动形象的描述足可见蜀人对辣的喜爱了。所以，无论是担担面、铜井巷素面还是红油燃面，皆离不开"香辣"这一味。四川的辣，辣得够味，辣得爽心，辣得畅快！即便是不能吃辣的人，如果到了四川不尝下其特有的香辣之味，那就实为可惜了。所以，来到四川吃凉面，也要淋上多多的红油辣椒，那才叫地道，才叫爽快，才叫过瘾！

### （三）凉面至尊——女皇蒸凉面

除了鸡丝凉面，四川地区还有一款地方特色浓郁的凉面广受人们欢迎，即广元蒸凉面，又名女皇蒸凉面和夫妻米凉面。

一个地方的特色往往会跟当地的名人联系到一起，即便没有联系也会附会出一个动听的传说，广元蒸凉面也不例外。四川广元，是中国历史上第一个女皇帝——武则天的诞生地，自然而然，广元凉面跟武则天便有了"某种"联系。

相传，武媚娘进宫前有一个青梅竹马的恋人，名叫常剑锋，两人闲暇之余经常去游河湾，河湾渡口有家削面店，两人每次游完河湾总要去吃上一碗面。但是，夏天的时候吃面太热，很影响食欲，于是两人便和面馆的老板一起试验，终于用米浆研制成了一种柔软可口、绵韧不黏的米凉面。面馆老板看二人感情甚好，又一起研制了此面，就打趣道："这面不如就叫'夫妻米凉面'吧。"至于"女皇蒸凉面"，更是在后来附会的吧。传说难以考证，但广元的女皇蒸凉面却是名副其实的广元特色美食。

广元蒸凉面只能在广元当地才能做得出，因为广元地区的水质碱性较重，恰好能使凉面蒸出来后最为筋道，据说在外地的人们曾尝试模仿，但始终都没有成功。故俗语有"凉面不过剑门关"之说，足可见广元凉面的神奇。

另外，和其他地区用面粉制成的凉面所不同的是，广元蒸凉面是用大米制成的。其以上等大米为原料，大米淘洗干净后，用清水浸泡一天，再加十分之一的大米饭，然后磨成适度稀浆，放入有屉布的蒸笼蒸熟，蒸熟后倒在抹有香油或菜油的案桌上，晾冷后切成条状即成。这种凉面耐嚼、爽口，吃法多样，最普通的吃法是在碗内放凉面，加入酱油、香醋、辣椒、辣油、香油、白糖、花椒面、蒜水（蒜泥＋水）等调料，搅拌后有酸、甜、麻、辣、香五味，可谓川味十足，深受人们喜爱。夏天吃细冷的，冬天吃宽热的！吃起来酸、甜、麻、辣、香兼具，开胃爽口，味道浓久。

### （四）凉面热着吃——阆中热凉面

作为中国名特食品小吃之乡，阆中的小吃堪称一绝，其既具有四川小吃的一般特点——色、香、味俱全，又具有浓厚的地域特色，阆中热凉面便是典型代表。当地俗语有"阆中四大怪"之说，凉面热着吃便是其中一怪。凉面之所以热，是因为要淋热的牛肉臊子，所以又称"牛肉臊子凉面"，其特点是热而不烫，温而不凉，麻辣清香。据说牛肉凉面为回民所创制，其子高登发继承母业，阆中的牛肉凉面便流传了下来，所以大家叫这种面为"高老妈子面"。民国时期，唐顺先一家在郎家拐街开凉面馆，兼卖红烧牛肉，因做工严格、用料考究、质优味美，从而远近闻名，所以"热凉面"又叫"唐凉面"。据说当时就连英国传教士回国时也会带上这种牛肉凉面作为旅途食品。抗日战争期间，美驻蓉空军常来阆中，皆慕名来买凉面，装入饭盒再飞回成都，由此可见阆中凉面的魅力之大。

热凉面面条的制作与普通凉面无异，面条煮熟后晾冷，用香油拌匀，面丝金黄油亮，散而不黏。最体现凉面特色的是牛肉臊子。阆中的牛肉自古有名，《阆中县志·食货志》中也特别提到了阆中的牛肉，实为佳品。制作臊子要选用当天刚宰杀的阆中黄牛肉，把牛肉切成拇指大小的块，加豆瓣酱、山奈、八角、花椒等调料煨粑，然后加水用湿豆粉搅成糊状，再用特制红糖上色，微火待用。吃凉面也有一定的章法：先在碗内放少许豆芽做底，再将凉面条抖松装入碗内，然后淋上滚热的牛肉臊子，再撒上少许焯好的芹菜、香菜等，最后再加红油辣椒、保宁醋和蒜水等调味料拌匀而食。做成的凉面热而不烫、温而不凉、麻辣鲜香，食后余味悠长，且四季适宜。

如今，四川成都的街头小巷随处都可找到卖凉面的小摊、面馆，虽然环境有点简陋，几张摆着酱油、醋、辣椒油等调味品的小桌，再加几个方凳，但是，也许真正的美味恰恰就在这隐于市井的简单小摊之中。在夏日，在黄昏，出来乘凉的成都人在街头小店或夜市小摊吃碗凉面，爽心的色泽，清凉的口感，霎时暑气就去了一半。可以说夏日的凉面之于四川人是不可或缺的，如果没有凉面，许多人心头会少许多清凉，多很多浮躁，夏日也会少很多惬意吧。

## 九、重庆小面

富饶的西南大地，有一个地方古称江州，至今已有几千年的历史，嘉陵江在这里汇入长江，气势磅礴的江水，绵延漫长的山川，构成了这个传奇性的西南重镇——"山城"重庆。重庆一度归属四川所辖，地理上也是离得极近，所以川渝两地很多事物和习俗都是不分家的，其中就包括以辣著称的川菜。可以说，重庆菜在很大程度上支撑和促进了川菜的发展。成都的小吃出名，重庆的小吃也是毫不逊色。

很多人都知道重庆的火锅出名，已经走向了全国。如果你问重庆人当地的美味佳品是什么，他们一定会在火锅之外告诉你另一样让所有重庆人都交口称赞的名吃，那就是重庆小面。

### （一）虽谓之小，亦有其大

重庆人管素面条叫小面，有小面那自然也就有大面了。大面有多大？看看北京炸酱面，一碗热腾腾的面后面跟着七八个小碟，里面的调料真是五花八门，都叫不上名，吃碗面要折腾半天；再看成都的面，鸡蛋的、牛肉的、排骨的、炸酱的、怪味的、脆膘的、海鲜的……重庆小面有多小？水面、小菜再加酱油、醋、味精、油辣子、花椒面。现在的重庆小面有了些改进，也无非是加了榨菜粒、芽菜末。在以火锅美食著称的重庆，最下里巴人的小面成为极简主义催生的"尤物"，一道极具味觉冲击力的美食。

看过这些想必大家已经清楚小面之所以被称为"小"，并非因其面小抑或者碗小，而是配料上简单明了，最主要的是并不因配料的简单而影响其美味。重庆小面就是如此，以简单的原料却能勾勒出纷繁复杂的美味，这才是真正的不凡之处。正是这一"小"字，衬托出了重庆小面的"大"和不平凡。

重庆小面的另一个重要特点就是灵活多变，二两的小面可以做出百种口味来。所以重庆小面只是一个统称，在这一名称下面还有着许许多多细分后的具体的名字，在一副担子上的小面品种就有担担面、麻辣小面、酸辣小面、清汤小面、素条面等许多种，重庆小面的灵活性就体现于此。据当时的成都老师傅刘金和说，抗战前后和新中国成立初期，吃担担面的大都是太太、小姐、公务员等，他们是来吃味品鲜的，担担面的面条少，用精美的小细瓷碗盛装，作料讲究。而吃麻辣小面等的，大多是经济不富裕的人，是来填饱肚子的。麻辣小面里面条多，用大土碗盛装，作料大众化。针对不同的顾客口味特色，重庆小面都会提供相应的小面，无论是当时所谓的上层人士还是劳苦大众，都能在一碗小面中找到属于自己的那份满足。改革开放后，小面在质、味上大有提高，其中在小巷内供应的最有特色：一口锅、一个液化气罐、几张桌子、几把椅子就齐活了；作料齐全，每样作料中都有专门工具；锅内面汤翻滚，热气腾腾。小巷内的吆喝声、从这里飘来的香味，引起那些过往行人驻足，情不自禁地说声"好香"，足以称得上"好面不怕巷子深"了。早上的小面，是早餐的主打品种，无论是论方便、味道还是价格，都毫不逊于西式快餐。

### （二）技艺简单，以心制胜

其实重庆小面并没有秘而不宣的绝技，也没有前朝传承至今的汤料，一锅开水，一把水面，几根时鲜蔬菜，就足以弄得人为之痴狂。很多人是不是觉得有些费解呢？面条本来是最普通不过的果腹之食，不管天南地北，要想把面条做成美食，那必然都是需要下足功夫的。不管是面还是臊子，两者都讲究得不得了，调料五花八门，臊子林林总总，只有重庆小面，用几乎最草根的做法就直达美食境界。

重庆小面的制作是要用心的，真正用心做，才是小面制胜的关键。其加工过程称不上复杂，但制作中的细心却是缺不得的。作为川菜大家庭中的一员，辣椒的制作自然是要放在首位的。重庆小面用的是红油辣椒，这种辣椒需要油炸烹制，首先要将油倒入锅中烧开，但并非直接用，而是要先冷却至七成热，然后将其倒入一个准备好的钵中，往里加入一定量的海椒面。当然料子的加入对于灵活多变的重庆小面来说也并不是单一的，根据经营者的理解，有放入花椒、葱节增香的，有放紫菜提色的，也有加白芝麻增香的，各有特色。在这一步之后，就可以调制味碗了，也就是俗称的臊子，不过是事先放在碗里的而非直接浇在面条上，这直接决定着面的口味。将红油辣椒、酱油、花椒面、榨菜颗粒、碎花生米、蒜泥水、姜汁、芝麻酱、小葱、味精依次放入味碗，如果顾客有要求，再往里面加入一点排骨汤也是极好的。诸项调味料已经准备好后，剩下的就是煮面了。与其他很多面食一样，将面条下入煮沸的水中，但是面一定要是新鲜的水面，面里边只需一点碱就可以，待第一次水开后打去沫子，放入蔬菜；待再开后，将蔬菜挑起放入味碗里；面好后用篾兜将面挑入味碗，一碗香喷喷、热腾腾的重庆小面就诞生了。

制作重庆小面，在调味品的选材上同样也马虎不得。重庆小面调料中最为重要的技术指标是油辣子海椒（重庆称辣椒为海椒，用热油溅炒辣椒面制成油辣子海椒，辣椒、辣油并存而用），其品质的好坏决定了一碗小面的味道好坏，因此，所有小面店的油辣子海椒均自制而成。新鲜程度是油辣子质量的保证，重庆市民几乎每年都会评选出小面制作的年度前50强，而进入小面排名前列的面店，一定有油辣子海椒。花椒面也要新鲜，麻味有劲、椒香出色，才能做到麻与辣的完美结合。酱油出味，猪油蕴香，这是小面的两个基本点。水、葱花是让麻辣出香味重的关键要素，缺一不可。碎米芽菜与榨菜颗粒是小面的底蕴，有则和谐醇厚。碎炒花生、油炸黄豆则为麻辣小面添上浓墨重彩，加上小面的热气儿，可让香气长久不减。碗边放置的青菜可以是藤藤菜，折的时候老点无所谓，但要折成一段一段的；豌豆尖，要嫩的才好；莴笋尖，吃起来清爽，也是绝佳的配料，但叶子太长，可以折断再煮；菠菜，富含铁元素，而且颜色鲜嫩，放在碗边也会更增美感。其他的诸如重庆当地的包包白、黄秧白、瓢儿白、小白菜等等也都可以拿来煮制，放置在碗边。青叶子菜煮的时间长短也有不同，豌豆尖最好是用筷子按入水中稍煮即好，不可煮久了，否则会像草一样老；藤藤菜煮下去后水重新开了就行了；莴笋可以多煮一会儿；包包白等白菜系列最好煮粑后再捞起来。

加工过程中加入配菜，这就需要师傅们根据经验来准确地把握了。同样，面的口

感取决于自己的习惯，成败却在于挑面师傅的火候掌握。有了得当的调料与调配手艺，面条的软硬要根据你的要求让师傅来把握，这是考验师傅手艺的终极难题。

### （三）"小"面也有"大"前途

重庆特有的人文风貌、地域特产造就了小面，小面自诞生之日也就与重庆结下了不解之缘，它不只体现着重庆市的特色，同时也深具重庆人特有的风格风貌。重庆地处长江上游，周围山川密布，大多数城市人口都是性格直率、脾气火暴的广大群众，他们性格直爽，天生不喜欢繁文缛节、拐弯抹角，这一性格也影响到小面的简约质朴、避繁趋简，单从这一"小"字就足见一斑。而且大多数小面历来走的都是薄利多销的基层大众化路线，卖小面的以前都是挣几分钱，之后就是挣几角钱，现在也不过就是挣一块或者两块钱，好在是在重庆，小面实在不用担心它的顾客群，无数的小面店靠薄利多销仍然可以运营得不错。当然情况也不是那么绝对，在这一类的重庆小面面馆之外，还有一类比较霸气的小面，其中的代表就是一家叫作"眼镜面"的。相较于其他的小面来说，它的价格确实高了许多，但是当你亲自品尝过后就会发觉，其实这个价格实在也是公道至极。单从面制作的精致程度和配料的实诚程度上来说，就足以让人们叹服，牛肉肥大，称得上十足的牛肉块，而非很多店中普遍用的牛肉丁。这家店的老板蒋先生曾说过，选取的牛肉在部位上也是有讲究的，而且在入锅添油时会加入适量的牛油，这样香气浓郁，像辣椒、花椒、海椒等调料经这种油烹炸之后，它们的香味、色泽、辣度也会被最大限度地激发出来。价格虽高，但也是客流不断，赶早的顾客能吃得上一碗牛肉面，来晚点的就只能吃到麻辣小面了。

重庆有着孕育小面得天独厚的条件，很多人都会纳闷重庆小面为什么在其他地方发展不好，其实这仍与配料相关。并非种类不同，而是像海椒、花椒、酱油等调味品都是重庆当地特产的，小面能在重庆诞生并且长盛不衰，自然是与重庆的地理特产以及重庆人的饮食爱好分不开的。

## 第八节 巴蜀名食典故

### 一、麻婆豆腐的来历

麻婆豆腐尚传名，豆腐烘来味最精，

万福桥边帘影动，合沽春酒醉先生。

这是清代《锦城竹枝词百咏》中一首赞美"麻婆豆腐"的竹枝词。"麻婆豆腐"

作为四川成都的一道传统名菜，向来以麻、辣、酥、香、嫩、烫闻名于世。这一色泽鲜艳、浓香扑鼻的豆腐菜，是以滤渣石膏豆腐作主料，配以川产红海椒、去筋净瘦牛肉、镜面橙黄的菜油、浓香刺鼻的花椒面、碧绿脆嫩的蒜苗、陈年鲜香豆豉，再配上其他调料，成品色泽淡黄，红黄色碎牛肉末与嫩白豆腐和青绿蒜苗相映生辉，上桌时再淋上一层红色辣油，色、香、味俱佳，是上等的大众佳肴。

陈麻婆豆腐

麻婆豆腐源于清代同治年间。当时成都有个叫陈春富的人在成都北门外万福桥头开了家陈兴盛饭铺，卖米饭及一些小菜。万福桥是彭县、新繁等地通向成都的要道，挑担行人络绎不绝。陈春富的老婆姓刘，因出天花脸上留下痘疤，被人称为"陈麻婆"。陈春富跑堂，陈麻婆掌灶，有时顾客买来豆腐、牛肉，他们也乐意加工，只收一点火钱。

清代成都的菜油要从彭县、新繁等产油区运进，大担小篓接连不断地从万福桥头经过，挑夫走到这里已近中午，便歇脚休息吃饭。陈家饭铺旁边有个豆腐坊，所出豆腐细嫩绵软，挑夫就近买来牛肉、豆腐，再从自己油篓内舀出一勺菜油，请陈麻婆代为加工。陈麻婆晓得这些脚夫吃得辣，吃得麻，也吃得烫，她就用家常做法，选上好的花椒、辣椒，小锅单烧，做出的豆腐麻、辣、烫、嫩、香，且形整不烂。红彤彤的几大碗豆腐端上来，饥肠辘辘的脚夫举箸吃后，无不称赞，名声也不胫而走。再加上陈麻婆总是"你拿多少东西来，就给你做多少"，从不克扣，她又珍惜自己的声誉，精心操作，食者接踵而至，甚至城内的市民和食客也专程前来品尝豆腐。

一日，有个客人提了两斤刚剁好的牛肉末，路过陈麻婆店门口，想起平时听说这里的豆腐好吃，心想今天何不去吃上一盘呢，于是便走进店来，谁知，他刚刚坐定，却被一女子叫了出去。

这时，又进来几位客人，陈麻婆连忙迎上去，请坐倒茶，问客人吃些什么。客人坐定，看见桌上有牛肉，便说："就吃牛肉炒豆腐吧。"陈麻婆就把牛肉做给客人吃了。

谁知，这牛肉末炒豆腐又香又有味，顾客吃了之后还想来吃。这样一来，陈麻婆制作的豆腐又改进了一步，生意越来越兴旺了。对门那家豆腐店的老板娘又眼红、又气恼，阴阳怪气地在顾客面前说陈麻婆是麻子、丑鬼。陈麻婆听后，干脆在自己的店门口挂起了一块大招牌"陈麻婆豆腐店"。后来，陈麻婆豆腐店的名声越来越大，"麻婆豆腐"这道大众佳肴也随之远近闻名、流传各地了。

陈麻婆豆腐现在已经成为闻名世界的代表性经典川菜，也是中国豆腐菜肴中最具地方特色的名菜，深受广大中外食客喜爱。经过100多年的传承，其制作技艺已被列入四川省级非物质文化遗产保护名录。

## 二、杜甫与五柳鱼

"五柳鱼"本是四川成都的一道普通鱼菜，如今却登上了大雅之堂——人民大会堂宴会厅。《国宴菜谱集锦》中介绍了它的做法：取鲭鱼一条，加工去内脏后，用沸水烫一下，然后剖成两片，再在鱼身上剞上花刀，用绍兴酒、精盐等调味品上味后，腌渍一刻钟左右，将熟火腿、冬菇、冬笋、红辣椒切成细丝，姜、葱也切丝，将鱼上笼蒸约一刻钟后取出，把各种丝用高汤烩制后，浇在鱼身上即成。其特点是：鱼肉鲜香，色彩鲜艳，味略酸甜，清淡适口。

据说"五柳鱼"是由唐代诗人杜甫命名的。

唐乾元二年（公元759年），诗人杜甫为躲避安史之乱，随着逃难队伍漂泊流落到四川，在朋友们的资助下，居住在成都郊外浣花溪畔的草堂。由于没有俸禄，杜甫生活十分贫困，经常过着"百年粗粝腐儒餐""恒饥稚子色凄凉"的日子。草堂周围风景如画，浣花溪畔绿竹依依、佳木葱葱、芳草青青，杜甫在此地常与朋友吟诗抒怀，或与邻里对饮畅谈，倒也不以为苦。

有一次，杜甫闻知一位多年相交的好友要路过成都返归故里，急投一书，邀请朋友到他家小聚。书中写道："舍南舍北皆春水，但见群鸥日日来。花径不曾缘客扫，蓬门今始为君开。盘飧市远无兼味，樽酒家贫只旧醅。肯与邻翁相对饮，隔篱呼取尽余杯。"投出后，迟迟未收到朋友复信，他以为朋友未接到信，于是也就不再在意了。

一天，天上下着毛毛细雨。杜甫亲手栽种的翠竹杨柳在雨中显得格外婀娜多姿，引得杜甫诗兴大发，他不禁吟道："风含翠筿娟娟静，雨裛红蕖冉冉香。"刚吟到这儿，忽见朋友自雨中来，他喜出望外，忙迎客人入室，嘘寒问暖，二人谈得十分融洽。时到中午，杜甫猛然想起近日家中经济拮据，没有东西可以款待朋友，怎么办呢？恰巧这时家人冒雨在溪里钓上一条大鱼，杜甫高兴异常，拿过鱼来，亲自为朋友烹制。朋友尝后，觉得此鱼酸、甜、辣味俱全，还伴有酱香，吃来别有风味，问其名称，杜甫道："这鱼背上有五颜六色的丝，形如柳叶，干脆就叫'五柳鱼'吧。我们的先贤陶渊明，采菊东篱，弃官隐居，人称'五柳'先生，叫五柳鱼也表表我们对他的敬仰之情。"

从此，五柳鱼的名称便传至后世。

### 三、诸葛亮与馒头

馒头，是我国具有悠久历史的发酵面团蒸食，是面食家族中最大的一支。这一中华民族传统的面类蒸制食品，其形圆而隆起，原本有馅，后由于形制的演变，又出现有实心的，其形也有枕头状的。古今称谓亦有不同，有的称包子，是指有馅的花色馒头；有的称蒸馍或馍馍，是指实心的白馒头，叫法因地而异，一般多随形命名。馒头有一个共同的特点，都是用发酵面粉为主料入笼蒸制而成，其制作比较简单，松软可口，还可根据所需制成各种风味，是一种大众化食品。

作为人们普遍喜爱的食品——馒头，据说最初它是作为祭品而产生的，它的创造者还是妇孺皆知的诸葛亮。据《事物纪原》载："诸葛武侯之征孟获，人曰：'蛮地多邪术，须祷于神，假阴兵一以助之。然蛮俗必杀人，以其首祭之，神则飨之，为出兵也。'武侯不从，因杂用羊豕之肉，而包之以面，像人头以祠。神亦助焉，而为出兵。后人由此为馒头。至晋卢谌《祭法》'春祠用馒头'，始列于祭祀之品。而束皙《饼赋》亦有其说。则馒头疑自武侯始也。"

这段话是说在距今 1800 多年前蜀汉建兴三年（公元 225 年）秋天，诸葛亮采取著名的攻心战，七擒七纵收服了孟获，与西南少数民族建立良好关系后，班师回朝。大军行进到泸水时，忽然阴云密布，狂风大作，巨浪滔天，致使军队无法渡河。诸葛亮知识渊博，对天气变化非常熟悉，但是，面对这天气恶变，他也迷惑不解，连忙请教前来相送的孟获。孟获对这一带地理、气候非常了解，他告诉诸葛亮说："多年来这里一直打仗，战争不断，许多兵士都战死在这里，这些客死异乡的冤魂野鬼经常出来作怪，凡是要在这里渡水的，必须祭供，否则风浪不止，无法渡过河去。"

听了孟获的这番话，诸葛亮心头一沉，他想到这些兵士为了国家的利益，抛尸他乡，如今战争结束了，幸存的将士们得胜回朝，而他们却永远成为异乡孤魂，祭奠他们是完全应该的。于是他问孟获用什么东西作祭品，孟获道："要用七七四十九颗人头祭供才会平安无事，而且来年此地会是个丰收年。"诸葛亮一听，心里又不是滋味，更觉得为难，这些作祟的既然是冤魂，如果再用 49 颗人头去祭奠，不是又平白无故地增加 49 个冤魂吗？这样循环往复，冤魂就越积越多，泸水便永无宁日。再说，用人头作祭品，这代价也太大了，对于爱民如子的诸葛亮来讲，他是断然不能如此做的。

诸葛亮决定不以人头祭泸水，他来到泸水边，只见阴气四起，恶浪汹涌，人想站立都很困难，士兵的战马也处在惊乱之中，看来不祭是不行的。当地土人还对诸葛亮说："上次丞相渡泸水之后，水边就夜夜鬼哭神号，从黄昏至天明，从不断绝。"诸葛亮心想，看来罪在我身上，怎么能牵连无辜军民呢，于是他决定亲自祭供。怎么个祭法呢？

诸葛亮苦思冥想，终于想出一个用其他物品替代人的绝妙办法。他命令士兵宰羊杀牛，将牛羊肉剁成肉酱，拌成肉馅，在外面包上面粉，并做成人头模样，入笼蒸熟，这种祭品被称作"馒首"。

诸葛亮叫人将这肉与面粉做的七七四十九个馒首端到泸水边，他亲自一一摆在供桌上，拜祭一番，然后一个个丢入泸水。果然灵验，受祭后泸水顿时云开雾散，风平浪静，大军顺顺当当地渡了过去。所以《三国演义》中云："诸葛亮平蛮回至泸水，风浪横起兵不能渡，回报亮。亮问，孟获曰：'泸水源猖神为祸，国人用七七四十九颗人头并黑牛白羊祭之，自然浪平静境内丰熟。'亮曰：'我今班师，安可妄杀？吾自有见。'遂命行厨宰牛马和面为剂，塑成假人头，眉目皆具，内以牛羊肉代之，为言'馒头'奠泸水，岸上孔明祭之。祭罢，云收雾卷，波浪平息，军获渡焉。"

从此以后，人们就经常用馒首作供品进行各种祭祀，馒首作了供品祭祀后被食用，人们从中得到启示，逐渐以馒首为食品。由于"首""头"同义，后来就把"馒首"称作"馒头"。正如明人郎瑛《七修类稿》云："馒头本名蛮头，蛮地以人头祭神，诸葛之征孟获，命以面包肉为人头以祭，谓之'蛮头'，今讹而为馒头也。"

自诸葛亮以馒头代替人头祭泸水之后，馒头逐渐成为宴会祭享的陈设之用。晋束晳《饼赋》曰："三春之初，阴阳交至，于时宴享，则馒头宜设。"三春之初，冬去春来，万象更新，俗称冬属阴，夏属阳，春初是阴阳交替之际，祭以馒头，为祷祝一年风调雨顺，当初馒头都是带肉馅的，而且个儿很大，后世才将无馅的称为馒头，而有馅的则被称为包子。

## 四、蛋烘糕的产生

成都有一著名小吃——蛋烘糕，深受人们欢迎，尤其是老年人和小孩子特别喜爱。其制作方法是将鸡蛋去壳，加入糖或蜂蜜调匀，再放些发面搅拌，上炉烘烤。有的还加进一些芝麻、核桃、花生或樱桃为馅。蛋烘糕酥软香甜，鲜美可口，人尝人爱。曾经有人写了副对联赞赏蛋烘糕：

> 齿存蛋香，锦绣文章增异彩；
> 口留甜酒，龙凤巨像生奇花。

如此美妙的糕点，其产生经历却十分偶然而有趣。清朝道光年间，成都文庙街石室书院旁有一间低矮的小屋，里面住着一位在南河里以拉纤为生的师姓老汉。有一年，锦江水位很浅，那老汉拉船不小心闪了腰，只得退工回家。师老汉此时已年过半百，妻子也是长年生病，儿子尚幼，一家三口的生活十分艰难，常常是吃了上顿愁下顿。

一个风雪交加的冬日，老两口正围坐在烘笼旁取暖，忽听屋角鸡笼里母鸡咯咯叫，老汉妻正要起身去捡蛋，谁知五岁的儿子已先下手，拿到鸡蛋就敲破在碗里，还放了些红糖、发面，用筷子胡乱搅拌着，意欲和小伙伴们办"姑姑筵"，玩游戏。

这鸡蛋本是用来换些油盐的，见儿子如此胡来，老汉妻气急了，举手就要打。儿子怕挨打，放下蛋碗就跑，结果不料踢翻了小铜锅，追赶的老汉妻又一脚把铜锅踏扁。这下老汉妻更是火上浇油，气得将儿子抓住狠揍了一顿。师老汉一边劝慰妻子消消气，一边心疼地拉住儿子哄着，并抱着坐在身上一起烧烘笼。儿子仍啼哭不止，硬是不听哄，老汉想了想，给他来点儿吃的东西兴许有效。老汉便将已踩扁的小铜锅放在烘笼上，吹旺炭火，舀了点儿子刚调的鸡蛋汁放在铜锅里，想烤张蛋饼哄儿子。片刻工夫，蛋饼烤熟了，儿子吃着吃着，破涕为笑，一张吃完了，又吵着还要吃，老汉干脆把剩下的蛋汁全烤完了。妻子吃了一些，赞不绝口，老汉也尝了点儿，果然香甜酥软，觉得味道非同一般。正为生计发愁的师老汉见用鸡蛋烤成的蛋饼有如此美好的滋味，心想，何不摆个专卖蛋饼的小摊，说不定生意会很好哩。他把主意对妻子说了，妻子也赞同。

打定主意后，老汉便将家中积攒下来的几十枚鸡蛋用来试制蛋饼。他摸索着加发面，控制加糖的分量，注意火候的掌握，选择合适的烤具，终于制作出了理想的蛋饼。师老汉将一些蛋饼分给左右邻居们品尝，大家都说好吃，并建议他开个专卖店，也有人建议给蛋饼取个好名字。师老汉见邻居们的建议和自己想的差不多，就更加增添了开店做生意的信心。他把自己缺本钱的难处和大伙一说，热心的邻居们东家借一点，西家凑一点，有的还借给他桌凳等物。不久，小小的生意门店开张了，师老汉将自己创制的蛋饼正式取名叫"蛋烘糕"。

文庙街师老汉制作的蛋烘糕进入市场后，深受人们的欢迎，蛋烘糕店的生意很快兴旺起来。一个老学究吃了蛋烘糕，文绉绉地说道："蠢长八旬，无此口福，食之晚矣，真乃天宫珍馐味，人间哪得几口尝！"

后来，师老汉制作的蛋烘糕名气越来越大，买蛋烘糕的人也越来越多，已是供不应求，于是，一些精明的生意人也开始制作、经营蛋烘糕。这样，成都蛋烘糕日渐风行起来。随着时代的发展和烘烤技术的改进，蛋烘糕的制作愈加精细，配料也不断增多，最终成为人们普遍喜爱的风味小吃。

**成都蛋烘糕**

## 五、什锦包子

什锦包子，原名为"包罗万象"，是成都有名的风味小吃，深受人们喜爱。相传什锦包子的来历，与妇孺皆知的刘备三顾茅庐有关。

三国时期，诸葛亮虽有建功立业的思想，却不愿贸然出山，而是隐居隆中，"聊寄傲于琴书兮，以待天时"。而刘备彼时寄托于刘表，无立锥之地，处境十分艰难，前途未卜，但他胸怀大志，一心匡复汉室，正苦于无贤能之才相佐，后闻知天下奇才诸葛亮大名，便亲往拜访，意欲请他出山，共图大业。

刘备偕关羽、张飞前往襄阳隆中卧龙岗，一访不遇，再次寻访。二访时，正值隆冬，那天朔风凛凛，瑞雪纷飞，山如玉簇，林似银妆，这样天寒地冻，刘备却没有裹足不前，而是冒着严寒前访，"正欲使孔明知我殷勤之意"。二访不遇，又三次往访。

三访前，刘备令卜者揲蓍，选择吉日，斋戒三天，熏沐更衣，才往卧龙岗谒诸葛亮。选择吉日，可见这位皇叔觅才之心诚，求贤之心切；斋戒、熏沐更说明他对诸葛亮的无限尊敬。也许这天正巧碰着好日子，加上刘备求贤的诚心感动了诸葛亮，这次诸葛亮果然在家。可是，刘备众人一早来叩门，诸葛家人说，先生正在睡觉。思贤如渴的刘备听后喜出望外，心想这次总算能见到诸葛亮了，便告诉其家人，待先生醒时再报。当时正值"北风吹，雪花飘"，刘备一行拱立阶下，关、张等了好久有些不耐烦了，而刘备仍耐心等候。这时，刘备将诸葛亮所卧的房间看了一眼，见诸葛亮翻身将起，忽又朝里壁睡着，童子欲报，刘备说："切勿惊动。"又过了一个时辰，这位卧龙才不再卧，口吟其"大梦谁先觉"之作，十分优哉游哉。

其实，诸葛亮睡觉是假，试探是真，见刘备这么礼贤下士，深受感动，早就准备了酒菜，并吩咐家人做了两种点心。到了掌灯时分，诸葛亮才把足足等了一整天的刘备等人请进屋去，并叫家厨准备开饭。不一会儿，酒菜上桌，刘备入座之后，并不像《三国演义》所说的"请教复兴汉室之计"，而是指着一干一稀两种食品拜问诸葛先生。诸葛亮笑着回答："刘皇叔，这稀的叫'闭门羹'，那干的叫作'包罗万象'。"又说："亮只愿在家耕种几亩薄田，不愿出山外打理偌大国事。"刘备听后，泣曰："先生不出，如苍生何？"说罢，泪湿衣襟。诸葛亮见其意甚诚，才说："将军即不相弃，亮愿效犬马之劳。"继则把盏举杯，开怀畅饮。刘备众人吃着那一干一稀两种点心，觉得味道十分可口，尤其对那"包罗万象"赞不绝口，真是感到别有一番滋味。

后来，刘备在诸葛亮的辅佐下，以弱小的蜀国终能与魏、吴两国抗衡，鼎足三分。刘备自从三顾茅庐吃了那一干一稀两种点心后，始终忘不了"包罗万象"，他在成都称帝的盛宴上，也专门陈列了上述一干一稀两种食品。

"包罗万象"这个点心，后改名为"什锦包子"，包子呈菊花状，肉馅包含了蛋枣、青梅、百合、橘饼、桂圆肉、荔枝肉、葡萄干和香蕉干，果然是"包罗万象"。

这虽然是民间传说，却非常质朴可爱，它不像史志或演义那样，言必称"经邦济国"，话不离"鼎足而三"，它的情节发展巧妙地插入了"民以食为天"的饮食凡事，使圣贤英雄从不食人间烟火的"神龛"上走下凡间，使人们更觉亲近。

如今，当你看着这热气腾腾的什锦包子，品尝着这甜香不腻、杂味纷呈的小吃，自然会想起有关诸葛亮机智幽默回答刘皇叔的故事，怎能不惊叹这个"三顾茅庐"新"版本"有嚼头，耐寻味？

### 六、从腌菜到涪陵榨菜

说起榨菜，人们就会想到四川榨菜，其实，四川最有名的榨菜产于涪陵。涪陵榨菜是选用上等原料，加盐、辣椒、花椒等调味品，精心腌制而成，味道鲜、辣、脆、嫩，是佐餐开胃的佳品。榨菜产生的历史并不久远，但它经历了一个由泡菜、腌菜到榨菜的过程。

川东长江沿岸一带，自古以来就盛产青菜头。每当春季丰收时，各地人民除作鲜菜食用外，也多把它切成丝、颗、片，做成泡菜和腌菜供佐餐，自食有余，还拿到市场上零星出售。青菜头肥嫩鲜美，但有一个缺点，所含水分较多，不易保存和运销。清光绪年间，涪陵商人邱寿安在宜昌开设荣生昌酱园，兼营运销四川芽菜、大头菜等业务。而在城郊荔枝乡田湾村邱家大院老家中，他雇用资中人邓炳成做技工，负责运往宜昌干腌菜的清口、整理、包装、运输工作。清光绪二十四年（公元1898年）邓想把肥嫩的青菜头腌制起来，能作长期的佐餐之用，就同邱家妇女仿照资中做大头菜的办法腌制青菜头，并带往宜昌两坛，供邱寿安尝试家制小菜新产品。经宜昌亲友共尝，

他们一致赞誉此菜鲜美可口，为其他腌菜所不及。这位富有商场经验的商人立即想到这个新制品会有广大销场，有大利可图，乃于次年春赶回涪陵老家，要大制腌青菜。他和邓炳成研究改进风晾、脱水和用木榨压除盐水的加工办法，并将此新产品取名为榨菜。当年运往宜昌的数十坛榨菜，很快销售一空。每坛重50斤，

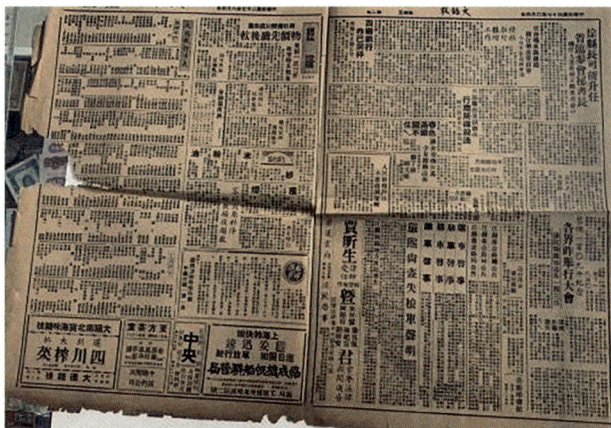

民国《大锡报》四川榨菜的广告

售价银圆 32 元。邱得此厚利，乃令家中增加产量到年产几百坛，并严令保密加工法，使他获得独家专利 16 年。

清宣统三年（公元 1911 年），邱家厨师谭治合将榨菜加工秘方告知邻人欧秉胜，欧即在李渡石马坝设厂仿造。次年，涪陵街上的商人骆培之也开始仿造。同年，邱和其弟邱翰章为了开辟销场，以榨菜 80 坛运上海东望平街裕记栈设行庄，进行试销。他们在报上登载宣传广告，在公共场所以切细的小包榨菜，附以吃法说明书，分送行人。尝者都交口赞美，销路大畅，并有人转运他地销售者。当时，上海的榨菜销价每坛 18 元，而成本和运费一共不过 6 元，计利润大于本钱两倍。丰厚的利润促使邱寿安扩大了他的生产计划，在荣生昌酱园附属的榨菜作坊外又开设道生恒榨菜庄，增加产量。涪陵榨菜的名声也逐步传扬到各地。

榨菜自 1898 年于涪陵邱家创制后，销路大、利润优厚，逐渐发展成了一个产、运、销的新行业。自开辟了上海的销路，引起了 1915 年的第一次大发展，榨菜也由独家垄断变为自由竞争的局面，并开始传播到附近其他地区去。经过世代相传，特别是 20 世纪 80 年代以来，榨菜已成为涪陵的一大产业，全国各地都有涪陵榨菜的销售，涪陵已成为"榨菜之乡"。

## 七、重庆火锅

火锅是川菜代表性的饮食品种。火锅古已有之，在汉代便已出现，因时代的不同而被称为"拨霞供""仆僧""暖锅"等，现代也因地域相异而被称为"火锅""涮锅""菊花锅""打边炉"等。

重庆火锅，又被称为毛肚火锅或麻辣火锅，起源于明末清初的重庆嘉陵江畔、朝天门等八码头船工纤夫的粗放餐饮方式，原料主要是牛毛肚、猪黄喉、鸭肠、牛血旺等。由于巴蜀人素来"尚滋味""好辛香"，有用辣椒、花椒等调味的饮食习惯，所以，毛肚火锅一出现就大受欢迎。大约在清道光年间，重庆的筵席上开始出现毛肚火锅。

毛肚是指水牛的千层肚子（胃），它肉刺很多，乍看如毛，俗呼"毛肚"。毛肚等水牛内脏价格便宜，在 20 世纪 30 年代初期，当时重庆江北的

开在成都的重庆朝天门火锅店

一些小贩便将它买来，洗净后煮一煮，再将其切成小块，然后挑上一个担子，一头放炭炉，炉上置一大铁盆，煮着麻、辣、咸的卤汁，装上井形木格或竹格子，一些卖劳力的穷苦人和讨得几文钱的乞丐便围着担子，各人认定一格，边烫边吃，特别是在寒冬腊月，既可增加热量，又花不了几个钱，颇受欢迎。抗战时期，重庆的火锅餐饮有较大发展，大街小巷遍开火锅店，其中著名的有云龙园、

**民国外铜内锡火锅**（重庆中国三峡博物馆藏）

述园、一四一、不醉无归、桥头等等。他们在桌面中部挖一圆形孔，下置炉灶，上安赤铜小锅，用牛骨汤、固体牛油、豆瓣、辣椒粉、花椒粉等配制卤汁，将卤汁煮开后，先煮蒜苗，然后将已半熟的牛肚等用筷子夹住放入锅中烫食。为照顾各人的口味，蘸料也由顾客自行配制，菜肴有荤有素，食者可丰可俭，择善而从。这样，毛肚火锅慢慢也得到了中上层人士的青睐。卤汁中又增加豆豉、甜醪糟、冰糖、料酒等，有的火锅店还将顾客食过的卤水保留，下次添入些作料食用，据说卤水越老，其味越佳。火锅中的菜也越吃越广，不再限于毛肚，水牛的内脏和生鱼片、鳝鱼片，以及鸡血、鸭血、猪肝、猪腰、猪肉，还有白菜、豌豆尖、豆芽等素菜均可加入，逐渐形成了麻辣味厚、鲜香脆嫩的特色。在此基础上，锅子逐渐演变为现在重庆的火锅。

由于重庆火锅的影响，四川各地的火锅文化也兴盛起来，使得火锅的内容更加丰富。四川火锅，川东以重庆为龙头，川西以成都为代表，并列称雄，各有特色。由于气候的火辣及爬坡上坎的地理因素，重庆火锅更具刺激性，更讲究痛快、正宗，麻辣用量可谓川人之冠。食客们喜好三伏天赤膊上阵，吃个大汗淋漓，称之为"以毒攻毒""大热压虚火"。重庆的火锅颇具创造性，每一次火锅新潮流，都是由重庆人发起的，从毛肚火锅发展到红白鸳鸯火锅、酸菜鱼火锅、啤酒鸭火锅、火锅鸡、鳝鱼火锅、兔火锅等等。

在地处平坦开阔及气候温和的成都，火锅则偏重温柔，注重情趣、环境、文化气氛。成都人也嗜麻辣，但他们比较注重养生，在饮食上没有重庆人那样具有拼搏精神，所以多数成都人讲究麻辣而不燥肝火。他们更喜

**重庆火锅**

食鸳鸯火锅，使阴阳互补。

重庆火锅文化积淀深厚，独具特色。其一是表现了中国烹饪的包容性，"火锅"一词既是炊具、盛具的名称，还是技法、吃法与炊具、盛具的统一，包容了四者的内涵。其二是表现了中国饮食之道蕴含的和谐性，从原料、汤料的采用到烹调技法的配合，同中求异，异中求和，使荤与素、生与熟、麻辣与鲜甜、嫩脆与绵烂、清香与浓醇等巧妙地结合在一起。特别在民俗风情上，重庆火锅体现出一派欢乐和谐与淋漓酣畅相融之场景和心理感受，营造出一种"同心、同聚、同享、同乐"的文化氛围。其三是普及性，重庆火锅来源于民间，升华于庙堂，无论是贩夫走卒、达官显宦、文人骚客、商贾农工，还是红男绿女、黄发垂髫，其消费群体涵盖之广泛、人均消费数量之大，都是他地望尘莫及的。山城人喜食火锅、会食火锅，一年四季钟情于火锅，已路人皆知；三伏天挥汗如雨而大吃特吃火锅，是重庆一道亮丽的风景线。作为一种美食，火锅已成为重庆美食的代表和城市名片，以至于人们说："到重庆不吃火锅，就等于没到重庆。"

改革开放以来，重庆的火锅餐饮得到了历史上从未有过的大好机遇。重庆火锅在重庆以外开店3000多个，遍布北京、上海等主要大中型城市和美国、英国、澳大利亚等10多个国家，出现了"德庄""小天鹅""秦妈""奇火锅""孔亮""刘一手""苏大姐""骑龙""巴将军""君之薇""五斗米"等火锅大型品牌企业。此外，获得中国驰名商标和著名商标的火锅企业有10多家，年营业额超亿元的火锅企业近20家，许多品牌火锅企业已发展成为雄秀西南、辐射全国、饮誉海外的知名餐饮品牌企业，它们还建设了自己的原辅材料生产基地、食品加工中心和物流配送中心，并且把生产的火锅底料或其他食品、饮品销售至国内外。重庆举办的"万人火锅宴"摆放火锅餐桌1000桌以上，绵延1.3千米，30多万市民集聚现场，10多万人就餐，可谓场面宏大、世界罕见。重庆街头大大小小的火锅店遍布，数量众多，同时在器具、原料、技法等方面也不断变革发展。

重庆火锅能够从市场需求出发，立足传统但不拘泥于传统，大力改进创新，使火锅餐饮呈现出丰富多变、绚丽多彩的景象，基本形成了丰简皆备、贵贱均具、咸辣随意、浓淡由人、注重营养健康、百花齐放、雅俗共赏的特点。

首先是在原料上广采博用。传统火锅取料相对单一，仅局限于牛下水、白菜、血旺、大葱、蒜苗等不多种类，现在火锅的选料则包罗万象，菜品发展到几百种，囊括了几乎所有可食用之物。其次在汤类味型上，改变了早期仅有麻辣、一锅一味、味型单调的状况，创制出"鸳鸯锅""子母锅"和三味锅、四味锅；由多人一锅发展到一人一锅等。火锅汤则由传统的红汤发展到红白汤、海鲜汤、药膳汤、酸辣汤等等；出现了全牛锅、全羊锅、龙飞凤舞锅、狗肉锅、鱼头锅、鸭火锅、鸡火锅、山珍锅、粥底锅和冷火锅等。调味则出现了清油碟、麻油碟、干油碟、蒜油碟、茶油碟、蛋清碟等等，美不胜收。

其次是更加注重现代营养健康观念，使火锅饮食更进一步强化营养搭配，符合人体健康需求。传统火锅以厚味重油著称，现在则进行科学兑配，适量减少麻辣或改变用油，使营养结构不断趋于合理。

再次是生产工艺、烹制方法不断走向科学合理。根据原料的不同，有的先进行初加工，有的减少烹煮时间，在保证安全的基础上，尽量减少营养元素的损失，如应用生物酶嫩化技术、一次性火锅底料等。同时尝试推出既符合宴会标准、又具有自己特色的重庆火锅宴席，如增加火锅的科技与文化含量，在企业店堂中悬挂、摆放、展示与火锅有关的历史典故、实物、文字或绘画，在餐具、饰品上彰显与火锅或本店有关的文化内容，在客人消费时讲解有关典故传说、普及营养知识等，使消费者在得到美食享受的同时，又得到精神享受或科学膳食的陶冶。

这些也是重庆火锅善于从其他菜系、风味甚至外国烹饪中吸取营养，采取"拿来主义"，兼收并蓄，以丰富自己、提高自己的结果。有容乃大，因此形成了重庆以本地火锅为主、兼有南北东西各地不同风味火锅的格局，显现出百花齐放、异彩纷呈的独特风采。

重庆火锅以其餐饮规模之大、就餐人数之众、层次之丰富、种类之齐全、民俗风情之浓烈、文化积淀之深厚，在全国首屈一指。因此，2007年，中国烹饪协会授予重庆市"中国火锅之都"的称号。

## 八、丰都麻辣鸡

丰都历史源远流长，丰都素以5000年凤凰城、2000年县城、1000年鬼城闻名天下，是重庆历史文化的"书签"。丰都先秦时期属巴国，为巴子别都，自东汉永元二年（公元90年）从巴都枳县分出置县，迄今已有1900多年。1958年周恩来总理来丰都视察时，建议并经国务院批准定名为"丰都县"。

丰都县位于四川盆地东南边缘、长江上游三峡库区腹心，距重庆市主城区120千米。这里属丘陵地带，境内山峦绵亘，溪河纵横，地势起伏，山区约占全县面积的五分之三。丰都属亚热带湿润季风气候，平均气温18℃左右，年降水量1091毫米，独特的自然条件为众多动植物生长提供了有利的条件。

千百年来，由于受气候、地理环境、历史文化、生活习惯和口味偏好等多种因素影响，和所有的川渝人一样，丰都人日常饮食素有无麻不菜、无辣不欢的饮食习惯，麻辣鸡便由此产生。据《丰都县商贸志》记载，由孙氏鼻祖孙德旺创建于康熙年间的孙记麻辣鸡，距今已有 300 多年的历史。丰都麻辣鸡类似川菜白砍鸡，受江湖菜"水八块"的影响，丰都民间腊月有杀"年猪"过大年的习俗，有人在无意中将"水八块"作料与鸡肉拌在一起，鸡本身的鲜香与辣椒、花椒等搅和一起，特别美味，于是便逐渐流传开来，成为鬼城丰都的特色美食。加之丰都是农业大县，农、林、牧、渔业发达，良好的地理和生态环境孕育了土鸡、辣椒、花椒、牛、羊、生态鱼等特色食材，为丰都及周边区域的餐饮业发展提供了强有力的资源保障。俗话说：七分原料三分烹。丰都麻辣鸡能闻名遐迩，其主要原因是原料"鸡肉"来自丰都本土的散养土鸡，即便是麻辣鸡作料中的辣椒、花椒、茶籽油、草本香料等二三十种辛香料也是"就地取材"。

丰都麻辣鸡块，也叫"鬼城麻辣鸡"。它是选用当地 6 个月以上的散养土公鸡，处理后宰块与姜、葱、花椒、桂皮、八角等多种香料卤煮，起锅后凉透切片装盘，然后将调制好的作料浇上拌匀即可。作料讲究三油三重，三油即油辣子、红油、香油；三重即辣椒重、花椒重、油重。这样加工过的麻辣鸡，集色、香、味、形于一身，其特点是色泽红亮，鸡肉细嫩，麻辣鲜香，香而不腻，辣而不燥，麻而不苦，回味悠长，好吃不上火，对肠胃不刺激。丰都麻辣鸡不仅可以成为主菜，也可以成为配菜。麻辣鸡拌饭可谓绝配。

如今，丰都麻辣鸡不仅是当地百姓桌上的常见佳肴，也是游客们争相品尝、购买的丰都土特产。丰都麻辣鸡已经成为丰都的一种饮食文化符号，在美食界广为流传、影响深远，逐渐形成了具有名宴、名菜、名小吃的"丰都特色菜系"。2023 年，中国烹饪协会授予丰都"中国麻辣鸡美食地标城市"称号。

# 第八章 鄂西饮食文化

长江流过川江后，便进入湖北西部，俗称鄂西，这里是古代巴人生活的地方，如今这里的主要少数民族为土家族。

鄂西土家族人民世世代代生息繁衍的这块广袤土地，山势雄伟，河流纵横，物产丰饶，风景秀丽。气势磅礴的武陵山脉，山峦起伏，云雾缭绕，珍木遍布，奇花丛生。大大小小萦回环绕的河溪，曲折逶迤，特别是八百里清江水，波浪翻滚，奔流不息，两岸风光秀美雄奇。

清江古名夷水，又称盐水，因流域内岩溶地貌广布、植被覆盖率高、江水清澈而得名。清江是湖北境内除长江、汉江干流外的第一大河，源头位于利川齐岳山脉福宝山麓清水塘。干流自西向东横贯鄂西恩施土家族苗族自治州和宜昌市下辖的 10 个县市，在宜都市陆城镇北注入长江，河源海拔 1430 米，河口海拔 48 米，干流总落差 1382 米，平均坡降 1.88%。清江干流全长 423 千米，流域面积 16700 平方千米，呈狭长形，干流两岸支流呈羽毛状排列，比较短促。河长超过 100 千米的支流只有忠建河和马水河，集水面积 500 平方千米以上的支流有 7 条。

清江流域位于西南气流通道上，水汽来源比较充足，降水丰沛，是湖北暴雨中心地区之一。全流域多年平均降水量超过 1400 毫米，比全省均值高出 250 毫米左右。其中位于武陵山区鹤峰县的太平站多年平均雨量达 2175 毫米，为全省之冠。五峰站 3 日暴雨量为 1076 毫米（出现于 1935 年 7 月），长阳都镇湾站 24 小时雨量达 630.4 毫米，12 小时雨量达 545.6 毫米（出现于 1975 年 8 月 9 日），三项记录均为长江流域之冠。

清江流域气候温暖湿润，雨量充沛，因而具有发展农业经济的优越自然条件。武陵山脉峰岭重叠，蕴藏着相当丰富的植物资源。大面积的原始森林里，密集生长着温带、亚热带落叶乔木树种，堪称世界上少有的绿色宝库，是国家重点植物保护区。有"中国鸽子树"之称的孑遗植物珙桐，在此分布有大面积原始群落；这里分布有植物"活化石"杉木林；银杏、香榧、鹅掌楸、红花木兰、伯乐树、红豆杉、林莲等数十个珍稀树种，根深叶茂，常年旺盛。在清江流域的良田沃土里，种植着水稻、苞谷、薯类、麦类等农作物。漫山遍野之中，油桐、洞茶、生漆、茶叶、烤烟等经济作物应有尽有。鄂西的"坝漆"，是饮誉中外的名产。

# 第一节　宜昌的饮食文化

由于长江的黄金水道使得长江上、中、下游内的经济、文化交流比其他河流要频繁快捷得多，位于长江上、中游分界点的宜昌受各方影响，其饮食文化也异常丰富多彩。

## 一、宜昌的地理环境

宜昌位于湖北省西南部，地处长江上游与中游的接合部、鄂西秦巴山脉和武陵山脉向江汉平原的过渡地带，地势西高东低，地貌复杂多样，境内有山区、平原、丘陵，大致构成"七山一水二分田"的格局。

宜昌历史悠久，远在七八千年前先民已在宜昌这块土地上繁衍生息，城背溪文化遗址就充分证明了这一点。宜昌在春秋战国时为楚西塞，西汉初年为县治，东汉建安年间又为郡治，此后各代称郡、州或府，是鄂西政治、军事的中心。近代以来，进出口四川、重庆的物资都要在宜昌换载，这里成为重要转口码头，1876年《中英烟台条约》

城背溪文化时期的小口冬瓜状泥质
红陶罐（宜昌博物馆藏）

签订后被辟为通商口岸。宜昌古名较多，使用时间较长的是夷陵和峡州。古称峡州，因位于长江西陵峡口而得名。称夷陵，缘于旧志所说"水至此而夷，山至此而陵，峡至此而阔"。1648年改"夷陵"为"彝陵"，1735年撤州升府置县，名府"宜昌"，名县"东湖"。民国时期，废府留县，定名宜昌，寓意"宜于昌盛"。

宜昌地区资源广阔，物产丰富，加上百姓十分勤劳，一直都能自给自足，出产米、麦、鱼，盛产橘、柚、茶等。宜昌为鄂、渝、湘三省市交会地，"上控巴蜀，下引荆襄"，素以"三峡门户、川鄂咽喉"著称。自古以来，宜昌就是鄂西、湘西北和川（渝）东一带重要的物资集散地和交通要道。

## 二、宜昌饮食的文化资源

宜昌是伟大的爱国诗人、世界文化名人屈原的故乡，也是民族友好的使者——王昭君的故乡。这片神奇的土地吸引了无数古往今来的历史名人。古城周围山川形胜，天下称奇，历朝历代30多位赫赫有名的文学家、诗人、学者先后来过宜昌。他们在陶醉于此、流连于斯的同时，也记录与发展了宜昌的饮食文化资源，值得我们深入挖掘。

宜昌不仅是楚文化的发祥地，而且也是古代巴文化的摇篮，堪称巴楚文化之乡。

在长期的历史发展中，宜昌地区的土家族人民凭借富饶的土地和丰富的自然资源，逐渐形成了独具特色的饮食习俗。同时，这里相对封闭的地理环境也有利于保存丰富的原生态饮食文化，具有很大的研究及开发利用的价值。例如，土家族人以苞谷、土豆、红薯、大麦为主食，这与居住深山有关，"乡人居高者，恃包（苞）谷为接济正粮；居下者，恃甘薯为接济正粮"。高山乡民用苞谷熬糖，再用苞谷、稻谷炒制的米花制作成"糖苞谷托"和"鲜谷饼"，加上核桃、板栗、葵花籽等，成为高山特有的点心；低山乡民用糯米做米酒，又称醪糟，用糖和芝麻做饼以及柿子晾晒成饼，成为低山地区特有的点心；城里人用芝麻、阴米和糖制作各式各样的糕点，糖食就更为丰富。

人们日常所食，几乎餐餐不离酸菜和辣椒。酸菜是将青菜、萝卜、辣椒等用盐水腌泡而成，成品酸脆爽口。土家族常将辣椒作为主料食用，而不是作调配料。他们习惯用鲜红辣椒为原料，切开半边去籽，配以糯米粉或苞谷粉，拌以食盐，入坛封存一段时间，即可随时食用，因配料不同称为"糯米酸辣子"或"苞谷酸辣子"。烹调时用油炸制，光滑红亮，酸辣可口，刺激食欲，为民间常备菜。这些美味佳肴也是

宜昌味道

糍粑油饼

夹货

窝窝酥

炸口麻圆儿

油香儿

金果条

油脆儿

蜘蛛蛋

冰凉糕

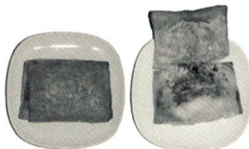
豆饼

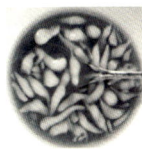
凉虾

萝卜饺子

顶顶糕

赤花籽

米圆子

宜昌传统小吃图

宜昌与鄂西地区特有的非物质文化遗产。

### 三、宜昌饮食的创新发展

千百年来，勤劳淳朴的宜昌人薪火相传，突出"江河水鲜"与"山乡土特"的选材风格，讲究"鲜而不腥、咸而不重、肥而不腻、辣而不烈"，逐渐形成了"原汁、油重、香鲜、酸辣、软嫩"的峡江饮食传统风味。由于饮食文化的传承性特别强，今天宜昌的饮食文化，既有巴地特色的麻辣烫，又有楚地特色的甜淡腥；既有河鲜鱼虾，又有山珍野菜；既可品尝到酒店的高档宴席，又可吃到街边地摊的风味小吃。然而，宜昌的美食与南北菜系相通又有诸多不同，特殊的地理环境又造就了宜昌美食独特的魅力。这里既有川菜善于利用麻辣而又不囿于麻辣的优点，又有楚菜善于烹鱼和蒸菜的特长；既有山村田坎的野趣，又有鱼米水乡的清醇。鲜香楚菜、麻辣川菜、清淡粤菜等各大菜系在此相互交融，在传统饮食风味的基础上，敢于创新的宜昌人兼收并蓄，多种美味佳肴、名席名宴与风格流派交相辉映，土家菜、山野菜、柴火菜、渔村菜等缤纷多彩，三国宴、屈原宴、昭君宴、三峡风情宴、清江民俗宴等群宴争辉，由此推动并造就了"原鲜味，一点辣"、风味自成一体的宜昌巴楚菜，丰富了楚菜的内容，也充实了楚菜的内涵。

**秭归屈原家宴菜单**

冷菜：家国情怀、六围碟、屈乡三品、香溪银鱼、泗溪笋尖、桃叶橙皮、九碗腊兔、椒味河虾

热菜：古法炮羊、椒浆胹鳖、鲟回故里、大夫鳜鱼、橙香腱盅、屈家茶雉

汤：鹿肉大羹

点心：脐橙香饼、蜜饵荞粑、菰米饭团、清白箬粽、菜菔脆饺

酒水饮料：琼酒瑶浆

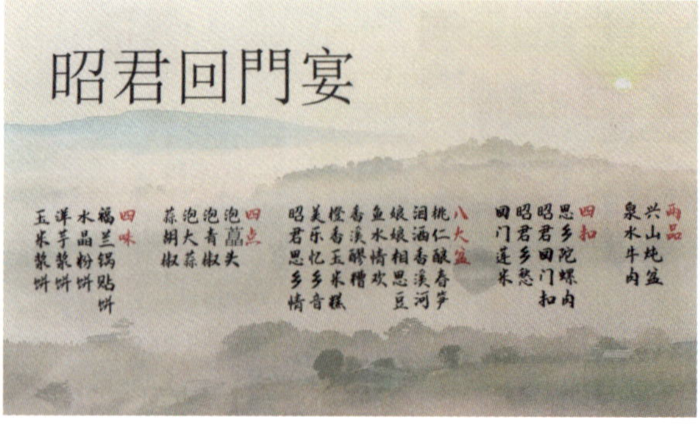

宜昌兴山昭君回门宴菜单

从口味上来说，"喜辣"已经成为今天宜昌人口味的一大特点，而在辅助调味和定性调味中，宜昌味型属于以香辣咸鲜为主、原汁原味并重的地方家常味，进而形成了宜昌饮食的主要风格，即"原汁、咸鲜、偏辣"，反映了宜昌饮食文化内部的交融性。

在烹饪方法上，如今宜昌的烹饪文化，也由过去单纯的蒸、炒、爆等，发展到了今天的煮、炖、煨、烤、涮等，讲究"鲜而不腥、咸而不重、肥而不腻、辣而不烈"，使饮食结构趋于合理，实现了主次分明、营养均衡、口感丰富、多元并存，具有浓厚的地方特色，使传统的饮食结构与现代饮食时尚相互交织、相映生辉。所以，宜昌的饮食文化，就像神奇的三峡一样，总能给人美食之外的遐思。

饮食文化作为一种非物质文化遗产，反映了一个地区居民的生活状态和生活习惯，与传统艺术、民俗等"非遗"一样需要保护和传承。历史悠久、独具特色的宜昌饮食文化尤其值得我们加以保护和传承。

## 第二节　鄂西土家族原生态饮食文化

从大量文物考古资料看，鄂西土家族地区也是我国早期人类发祥地之一。鄂西的建始、巴东等县的"南猿"化石，是更新世地质年代的遗存。长阳县的"长阳人"化石，说明清江流域在距今 10 万年以前已有古人类繁衍生息，也说明远在有关巴人的记载之前，该地区就有古人类活动。在长期的历史发展中，鄂西土家族人民凭借清江流域富饶的土地和丰富的自然资源，逐渐形成了独具特色的饮食习俗。同时，相对封闭的地理环境也使得这里保存了丰富的原生态饮食文化，具有很大的研究及开发利用的价值。

### 一、原生态饮食特色浓郁

任何原生态饮食文化的形成都与当地的地理、气候等自然环境密切相关，鄂西土家族的饮食文化也是如此。他们世代聚居的自然环境主要有如下几个特征：

第一，境内山峦起伏，岭谷切割明显，交通不便。土家族所聚居的鄂西山区属于云贵高原的东延部分，武陵山脉余支从东南部蜿蜒入境，西有大娄山脉向北延伸，北有巫山山脉环绕。在地形上，西北及南部两翼高，近似山原地貌，平均海拔1800~2000米；西南及东北大部分地区海拔900米左右，有较大的山间坝槽坐落其间；中部地区丘陵起伏，由于地层下陷，形成陷落盆地，比较开阔，海拔500米左右。整个地势高低起伏，岭谷切割明显，河流纵横，众多短促的支流呈羽毛状注入清江。高山大河给当地的交通带来了诸多不便。

第二，气候阴冷湿润，森林覆盖率较高，各种动植物资源丰富。鄂西土家族所处的地区属于中纬度，本应为冬无严寒、夏无酷暑的亚热带气候，但由于山区海拔较高，所以气候比较阴冷。同时，该地区又处于西南气流北上的通道上，故水汽来源比较充足，雨量充沛，清江全流域多年平均降水量超过 1400 毫米，比湖北省全省均值高出 250 毫

米左右。多雨湿润的气候使清江流域的山区森林覆盖率较高，各种动植物资源丰富。

第三，岩溶地貌广布，水质较硬。由于鄂西山区属于云贵高原的东延部分，该地区的多数山体与云贵高原一样，多由石灰岩构成。流水长年对石灰岩山体的侵蚀，造成该地区岩溶地貌广布，同时也造成了该地区水体中所含的碱性离子较多，饮用水的水质较硬，多呈碱性。

以上这些自然环境特征对鄂西土家族的饮食结构、饮食风味、食物储存烹饪方式等都产生了较大的影响。

首先，就饮食结构而言，多山的地理环境不适于稻作的发展，却利于玉米、甘薯、土豆、荞麦、小米、高粱等粗粮的种植，因此鄂西土家族的主食普遍以本地产的各种粗粮为主。如晚清时期的巴东县，"里中以脱粟、大小麦为上食；荞麦、燕麦次之；采蕨根作粉，佐以大豆，则为下食"[①]；来凤县的山谷贫民"不常饭稻，半以包谷、甘薯、荞麦为饔飧"[②]。加之山区交通不便，外地粮食输入困难，即使有少量大米等细粮的输入，也难以改变鄂西土家族以粗粮为主的饮食结构。如靠近长江的巴东县，"食米皆仰给川东"[③]，但所运之米较少，远远不能满足人们日常生活所需，故巴东有民谣云："好玩不过鹤峰州，包谷洋芋是对头。要想吃碗大米饭，八月十五过中秋。"由于缺少大米等精粮，高山乡民遂开发出替代粮食，他们将苞谷泡涨后再用石磨磨成面，将苞谷面发酵后，用桐树叶包裹蒸熟，制成带有浓郁桐叶味的"桐树粑粑"，作为节日食用和待客的佳品。高山乡民还用苞谷熬糖，再用苞谷、稻谷炒制的米花制作成"糖苞谷托"和"鲜谷饼"，加上核桃、板栗、葵花等，制成鄂西高山区特有的点心。

多山的地理环境对鄂西土家族的副食结构也产生了很大影响，即以各种野生动植物为原料制成的菜肴品种较多。勤劳的土家族人充分利用山区优势，猎捕各种野禽、野兽。清人顾彩《容美纪游》中对鄂西山区人们的饮食做过这样的记述："入馔以野猪腊为上味，鹿脯次之。竹鼬即笋根，稚子以谷粉蒸食，甚美，然不恒得。洋鱼味同鲂鱼，无刺，不假调和，自然甘美，龙溪江所产也。民间得之，不敢蒸食。犯者辄致毒蛇，贵官家则不忌。麂如鹿无角而头锐，连皮食之，惜厨人不善烹饪。"[④]除捕食各种野生动物外，鄂西土家族人对山间丰富的野果、野菜资料更是充分利用，制作出不少别具特色的山间菜肴。如人们把橡果浸泡磨浆后做成"橡子豆腐"，这种"橡子豆腐"

---

① 丁世良、赵放主编：《中国地方志民俗资料汇编·中南卷》，北京：书目文献出版社，1991年，第440页。

② 丁世良、赵放主编：《中国地方志民俗资料汇编·中南卷》，第448页。

③ 丁世良、赵放主编：《中国地方志民俗资料汇编·中南卷》，第440页。

④ ［清］顾彩：《容美纪游》，吴柏森校注，武汉：湖北人民出版社，1998年，第154页。

在外形上和普通豆腐一样，吃起来却有一股香甜的橡子味。

其次，就饮食风味而言，鄂西土家族人普遍嗜食酸辣的饮食习惯也与当地特定的自然环境密切相关。由于鄂西山区的水质较硬，多呈碱性，故需多食酸以中和之。鄂西土家族所食之酸并非来自作为调味品的醋，而是来自本地自产的各种酸菜、酸鱼、酸肉等。酸菜是鄂西土家族腌制的大宗菜，几乎家家户户都有几个或十多个酸菜坛子，一年到头，餐餐不离酸。在土家族人那里，几乎各种蔬菜都可以制成酸菜，如酸青菜、酸萝卜、酸洋姜、酸豇豆、酸大兜菜（即大芥菜）等，多用盐水腌泡而成，成品酸脆爽口。鄂西土家族人腌渍的酸肉、酸鱼也别具风味。酸肉是以猪肥膘肉为原料，切成重约二两的块，配以食盐、五香、花椒粉腌渍数小时，再以玉米粉拌和，入罐存放半月即成。食时配以其他作料焖制，其味微酸有黏性，油而不腻。酸鱼的制法是：在春耕季节，土家族农户购回鱼种，当地称它为"呆鱼"，利用稻田养殖，秋收捕捞，每条约重半斤以上，制作时去内脏洗净，肚内填以玉米粉或小米、燕麦粉、面粉均可，拌以食盐，置坛中密封，存放一两年之久而不变质，生熟皆可食用。一般用油炸制，色泽金黄，具有焦、香、酸、脆特点，不加作料，民间常备，以待宾客。由于鄂西山区海拔较高，森林茂密，降水丰富，深山幽谷之中日照不足，空气潮湿，加之"水泉冷冽"[1]，故需驱寒散湿，而辛辣具有除湿利汗、温胃健脾的作用，因此鄂西土家族人多有嗜辣的习俗。

同全国其他地区一样，鄂西土家族所食之辣多源于辣椒，但鄂西土家族常将辣椒作主料食用，而不是作调配料。除辣椒外，花椒和胡椒也是鄂西土家族广为食用的辣味剂，特别是当地产的一种野生山胡椒尤其受到人们的喜爱。山胡椒，"似胡椒，色黑，颗粒大如黑豆。味辛，大热，无毒。主心腹冷痛，破滞气，俗用有效"[2]。每年的端午前后为山胡椒收获季节，家家户户都要加工、贮存一些山胡椒，以供来年调味之用。由于花椒和胡椒在土家族菜肴烹饪上的大量使用，鄂西土家族菜肴的辣，不是单一的辣，而是麻、辣、香兼备的复合味，这正是巴人及其后裔土家族人擅于将花椒、辣椒混合使用的结果，也是土家族人调味的特殊之处。

土家腌熏肉

① 丁世良、赵放主编：《中国地方志民俗资料汇编·中南卷》，第448页。

② ［明］李时珍：《本草纲目》卷32《果部（四）》，第1861页。

土家腊猪蹄

其三，就食物储存烹饪方式而言，鄂西山区多雨潮湿的气候使各种食物原料易于腐败变质，而不便的山区交通更为当地土家族人储存各种食物原料增加了不少困难，因此山民辛苦劳作收获的粮食和鱼、肉等产品很难像交通发达的平原地区那样拿到市场上销售。在长期的生活实践中，鄂西土家族人民发明了不少防止食物原料腐败的方法。如清同治五年（公元1866年）的《来凤县志·民俗》载："收藏甘薯必挖土窖，欲其不露风也……收藏包谷及杂粮，或连穗自悬屋角，或于门外编竹为困，上覆以草，欲其露风也。"不少人认为，露风晾干的苞谷杂粮比放在屋内炕烘而干的食用起来香醇得多。对于肉、鱼等更易腐败变质的副食原料，土家族人往往采用腌渍或熏制的方法来储存。

除前文所述腌渍的酸肉、酸鱼外，鄂西土家族人熏制的腊肉也很有特色。土家族熏制腊肉的时间一般在每年的春节前夕。熏制之前，要先将猪肉切成大条块，用食盐、花椒、山胡椒腌渍一星期，随后用烟熏两三天，抹灰除尘，将植物油烧沸，浇淋在腊肉的整个表层，放在阴凉处吹干，存放在稻谷堆内埋藏，也可放入植物油内浸泡。这样制作储存的腊肉可以保证两三年不变质。熏制好的腊肉，精肉色嫣红，肉鲜嫩，味清香，炒回锅肉片，肥而不腻，色泽橙黄，是宴中佳品。土家族的腊羊肉也特别香，炒时加以辣椒、生姜、大蒜等，是很好的下酒菜。

鄂西相对封闭的地理环境，又使得这里原生的饮食结构、饮食风味、食物储存烹饪方式等受到外部影响较少，因此鄂西土家族地区保存了丰富的原生态饮食文化。

## 二、众多古老的文化因子

鄂西土家族在其饮食文化中保留了众多古老的文化因子，如社饭、油茶汤、咂酒等。这些文化因子在全国大部分地区基本上都已消失了，它们是研究中国传统文化不可多得的"活化石"，因此显得弥足珍贵。

### （一）社饭

社日吃社饭是中国古老的一种风俗。社日是以祭祀社神（土地神）为中心的一个古老节日，"它起源于三代，初兴于秦汉，传承于魏晋南北朝，兴盛于唐宋，衰微于元明及清"①。中国古代的社日有二：一是春社，在每年立春后的第五个戊日，时间约在二月中旬；二是秋社，在每年立秋后的第五个戊日，时间约在新谷登场的八月。明清以来，社日作为节日在全国大部分地区都已经消失，但在鄂西的土家族地区，春社习俗却较为完整地保留了下来。

吃社饭是社日的重要饮食风俗，这种风俗在鄂西不少地方志中都有记载。如清同治二年（公元1863年）的《宣恩县志·风俗》载："'春社'，作米粢祭社神。"清同治五年（公元1866年）的《来凤县志·风俗》载："'社日'，作米粢祭社神……切腊豚和糯米、蒿菜为饭，曰'社饭'，彼此馈遗。"民国二十六年（公元1937年）的《恩施县志·风俗》载："'社日'，采蒿作炊，杂以肉糜，亲邻转相馈赠，谓之'社饭'。"从文献记载上看，传统社饭的主要原料为蒿菜、糯米和腊肉。目前，鄂西土家族的社饭还基本保持了这种传统特色，"人们采摘鲜绿的蒿子，洗净切碎，装入布袋，在清水中反复揉捻，除净苦水，再在锅中用文火焙干，制成社饭的主要原料——社菜。将社菜配以大蒜苗、野蒜苗、腊肉丁、豆干丁，拌在浸泡后的糯米中，再加入盐与胡椒粉，盛入木甑蒸熟，便成了油油、绿绿、糯糯、香香，味道特殊的社饭"②。

吃社饭还是亲朋邻里联络感情的大好时机，因为吃社饭必请亲朋邻里参加。社日期间，家家请，户户接，鄂西土家族地区的城市乡村，到处弥漫着社饭的香气，到处是人们请吃社饭的欢声笑语。社宴散时，主人还要让赴宴者带一些社饭回去。对于因故未来者，主人还往往派人把社饭送到府上。吃了别人家的社饭，是要考虑还席的，因此社日期间鄂西土家族人互相邀请吃社饭，形成吃"转转席"的饮食格局。如今，在鄂西土家族地区，社日吃社饭的风俗依然盛行不衰。一到社日，从城市到乡村，数万个家庭、数十万人吃社饭，形成一道独特的人文风景奇观。目前，鄂西土家族人的社饭制作和销售也逐渐走向市场化。市场上，可以购买到已经做好的"社菜"，使社饭的制作更加方便快捷。对于不方便在家做社饭的人或外来人员，还可以到超市购买现成的社饭或到餐馆吃社饭餐。

恩施土家族社饭

① 萧放：《岁时：传统中国民众的时间生活》，北京：中华书局，2002年，第133页。
② 贺孝贵：《恩施社节》，《民族大家族》2008年第1期。

### （二）油茶汤

鄂西土家族地区是中国茶树的发源地之一。陆羽《茶经·一之源》云："茶者，南方之嘉木也。一尺、二尺，乃至数十尺。其巴山、峡川有两人合抱者，伐而掇之。"中国最早的饮茶法为粥茶法，陆羽在《茶经·七之事》中转引晋代张揖《广雅》云："荆、巴间采叶作饼，叶老者，饼成，以米膏出之。欲煮茗饮，先炙令赤色，捣末，置瓷器中，以汤浇覆之。用葱、姜、橘子芼之，其饮醒酒，令人不眠。"唐代中期以后，随着茶圣陆羽所倡导的"三沸煎茶法"的流行，古老的粥茶法便逐渐被世人所遗忘了。但在茶树发源地的土家族地区却保留着这种古老粥茶法的遗迹，这便是土家族常喝的油茶汤。在清同治五年（公元1866年）的《来凤县志·生活民俗》中记载有"油茶"的制作方法："土人以油炸黄豆、包谷、米花、豆乳、芝麻、绿蕉诸物，取水和油，煮茶叶作汤泡之，饷客致敬，名曰'油茶'。"从中，我们可以大致看出土家族的"油茶"和晋代张揖《广雅》所记的粥茶是一脉相承、前后相因的。如今，土家族的油茶汤制作得也更为精细了。制作时，"先将菜油倒入锅内，烧开后放入茶叶油炸。然后加水煮沸，加入阴米、粉丝、豆腐干、腊肉粒和炒黄豆、花生米、芝麻、玉米，再加入盐、姜、葱、蒜、辣椒等调料做成"[1]。

这样制作的油茶汤，红、黄、黑、白，色彩鲜亮悦目，闻起来浓香扑鼻，沁人心脾。喝起更是令人疲乏顿失，神清气爽。每逢佳节或喜庆日子，土家族人民群众往往煮上油茶汤，合家畅饮，并献给自己最尊敬的客人。

### （三）咂酒

土家族是一个"好酒"的民族。凡客至家，必以酒招待；婚丧喜庆，必设酒宴。鄂西土家族酿酒的历史悠久，并创造了独特的咂酒饮品。咂酒的酿造工艺十分独特，将已酿好的高粱糟或糯米糟贮藏于土坛里，用泥封好坛口，一个星期后，糟料再次发酵浸出半透明的酒水，无须蒸馏过滤，即可饮用。一般储藏一年或多年后，取出来打开坛口，注入开水，使酒液浓度适中，用小竹管伸入坛中吸饮，可边饮边注水。其酒香纯正而不郁浊，酒味绵甜而不酸涩，酒性平和而不浓烈，男女老少皆可饮用。从现代土家族咂酒的酿造工艺来看，咂酒属于古老的粮食发酵酒酿造系统。粮食发酵酒的酿造在中国已有数千年的历史了。宋代以后蒸馏白酒（烧酒）逐渐兴起，在全国大部分地区粮食发酵酒慢慢被蒸馏白酒所取代。然而，在鄂西土家族地区，古老的粮食发酵酒并没有退出历史舞台，它以咂酒的形式流传下来。就咂酒的饮用形式而言，相传与明代土家族士兵赴东南沿海抗倭有关。当时，为了让壮士们临走喝上一口饯行的家

---

[1] 丁世忠主编：《重庆土家族民俗文化概况》，重庆：重庆出版社，2006年，第79页。

乡酒，同时也不延误战期，村长遂将酒坛置于道口，插上竹筒管，每过一个士兵呷上一口。

在鄂西土家族的许多地方志中都有人们酿造、饮用呷酒的记载。如清同治五年（公元1866年）的《来凤县志·风俗》载："九十月间，煮高粱酿瓮中，至次年五六月灌以水，瓮口插竹管，次第传吸，谓之'呷酒'。"同治八年（公元1869年）的《长乐县志·风俗》载："其酿法于腊月取稻谷、包谷并各种谷配合均匀，照寻常酿酒法酿之。酿成携烧酒数斤置大瓮内封紧，于来年暑月开瓮取糟，置壶中冲以白沸汤，用细秆吸之，味甚醇厚，可以解暑。"光绪六年（公元1880年）的《巴东县志·风俗》载："盖以酒连糟贮坛，饮时泡以沸汤，插筒其中，主宾递吸之也。"民国三年（1914年）的《咸丰县志·风俗》载："乡俗以冬初，煮高粱酿瓮中，次年夏，灌以热水，插竹管于瓮口，客到分吸之曰呷酒。""饮时开坛，沃以沸汤，置竹管于其中，曰呷。先以一人吸呷，曰开坛，然后彼此轮吸，初吸时味道甚浓厚，频添沸汤，则味亦渐淡。盖蜀中酿法也，土司酷好之。"清代土家族诗人彭淦还写有一首竹枝词，专门歌咏喝呷酒的习俗："蛮酒酿成扑鼻香，竹竿一吸胜壶觞。过桥猪肉莲花碗，大妇开坛劝客尝。"从这些文献记载中，我们可以看出清代以来鄂西土家族人酿造和饮用呷酒的习俗一直长盛不衰，呷酒还成为土家族招待尊贵客人的特色饮料，由此形成了颇具土家族民族特色的呷酒文化。

### 三、粗放淳朴的饮食风俗

封闭山区的地理环境还造就了鄂西土家族粗放淳朴的饮食风俗，而这种饮食风俗又恰是浓郁的原生态特色和丰富的古老文化因子的具体体现。鄂西土家族饮食的粗放主要体现在食物烹饪和食风上。

#### （一）食物烹饪的粗放

鄂西土家族食物烹饪的粗放首先表现在菜肴的刀工成形上。土家族的菜肴大多不太讲究刀工成形，多大块切割，如"年肉，一块足有四两半斤重""尺鱼斤鸡鲜羊羔，半百猪娃儿五香烤"[①]，显得比较粗犷。如果与鄂东楚地菜肴的刀工成形相比较，就更能看出鄂西土家族菜肴烹饪的粗犷来。楚地菜肴在刀工成形方面，片、丁、丝、条、块、段、茸、末、粒、花，均因菜定形。特别是楚地茸泥类菜肴，使用广泛，且颇费刀工，如鱼圆（丸）、鱼糕、鱼线等，加工复杂，技术性强，是楚地精细菜肴的代表。就拿"鱼圆"来说，据说其起源于楚文王时期，在荆楚传承2000多年，如今在荆楚民间，仅鱼

① 廖康清：《鄂西土家食俗探源》，载方培元主编：《楚俗研究》（第2集），武汉：湖北美术出版社，1995年，第416页。

圆就能做出几十个品种。

鄂西土家族食物烹饪的粗放还表现在原料的"混杂"上，即习惯于用多种不同原料混合烹调，类似"大杂烩"。如土家族的名菜"年合菜"（又称"合菜"），就是将粉条、豆腐、白菜、香菇、猪肉、下水等多种原料混合炖制而成，味鲜辣而杂，往往一炖就是一大锅。"羊杂絮"则是利用山羊内脏，如肚、肠、肺、蹄及头等物，配上陈皮、八角、茴香、干辣椒、花椒等作料，混合煮制而成。在主食上，土家族人也同样喜欢掺杂，如常见的"苞谷饭"，是以苞谷为主，掺少许大米蒸制而成；"豆饭"，是将绿豆、豌豆等与大米混合烹制；"合渣"是将黄豆磨浆，浆、渣不分，煮沸澄清加青菜等其他配料煮熟而食；民间还常常将豆饭、苞谷饭加合渣汤一起食用。

鄂西土家族食物烹饪粗放的另一个表现是烹饪方式较为单调。在鄂西土家族那里，虽然也有蒸、煮、炖、炸、焖等不同的烹饪方法，但在具体制作一道菜点时，人们却很少应用先煮后炸、先炸后焖等二次、三次烹调，所烹饪的菜点多为一次烹调成熟。相比而言，鄂东楚地菜点有许多是二次、三次烹调，如楚地鱼圆（丸）、肉圆（丸），必须先经过氽熟或炸熟，然后或烩或焖；又如楚地名菜"虎皮扣肉"，先要煮肉断生，再要炸制上色，继而扣碗蒸熟，最后调汁上味，要经过四次加热过程。这种复杂的工艺过程，正说明楚菜工艺"精"之所在。

### （二）豪放淳朴的食风

鄂西土家族的食风十分豪放。平日土家族人普遍喜欢用大大的土碗吃饭喝酒。如果饭碗太小，就觉得吃不舒服；酒碗太小，就觉得喝不爽快。这种豪放的食风在接待客人的筵席上，更是得到了十足的体现。一般说来，客人临门，夏天要先请客人喝一碗糯米甜酒，冬天则先请客人吃一碗开水泡团馓，再待以酒菜。鄂西土家人待客还喜用盖碗肉，即以一片特大的肥膘肉盖住碗口，下面装有精肉和排骨。为表示对客人尊敬和真诚，土家族待客的肉要切成大片，酒要用大碗装。在鄂西土家族地区的地方志中我们屡屡可以发现有这样的记载，如清同治五年（公元1866年）的《来凤县志·风俗》载："土人以四月十八日为大节，宰豕为大脔糁，糯米蒸之，祭祖先兼延客。"光绪六年（公元1880年）的《巴东县志·风俗》载："（猪）肘至膝以上全而献之，谓之'脚宝'，特以奉尊客。切肉方三寸许，谓之'拳肉'。酒以碗酌，非此不为敬。"这种豪放的食风与鄂西土家族淳朴、豪放的民族性格有密切的联系。

实际上，鄂西土家族人平时生活十分俭朴，往往是粗茶淡饭。如光绪六年（公元1880年）的《巴东县志·风俗》载："厨馔必啬，其积习然也。"但淳朴的土家族山民十分好客。同治五年（公元1866年）的《来凤县志·风俗》载："邑中风气，乡村厚于城市，过客不裹粮，投宿寻饭无不应者。入山愈深，其俗愈厚。"许多穷户人家如有酒、肉、蛋类，必留存到有客人来访时才肯食用。平时自己的饮食不甚讲究，但客人来访时却热情接待，尽其所能让客人吃好喝好，这正反映出鄂西土家族人的淳朴。

### 鄂西土家族家宴菜单 [①]

| | | | |
|---|---|---|---|
| 烟熏野山兔 | 酸辣拌黄瓜 | 鲊广椒炒肥肠 | 冬笋焖老鸭 |
| 马齿苋熏肉 | 酸菜煮鱼片 | 熏肉炒豆干 | 张关仔鸡合渣 |
| 香菇炒菜心 | 来凤姜蒸鸡 | 土家油茶汤 | 香煎野菜粑 |
| 葛仙米蒸饭 | | | |

鄂西土家族宴

综上所述，鄂西独特的自然环境，使鄂西土家族的饮食文化呈现浓郁的原生态特征，并保存有丰富的古老文化因子。浓郁的原生态特色和丰富的古老文化因子，使鄂西土家族的食风食俗以粗放淳朴的形式体现出来。在经济全球化和进行西部大开发的今天，许多原生态文化受到了强烈的冲击，有的有所改变，有的荡然无存。在这种时代大背景下，鄂西土家族原生态特色浓郁的饮食文化自然具有很大的研究及开发利用价值。

# 第三节　巴楚饮食习俗之比较

从文化类型上分析，川东与鄂西属于古代巴文化的范畴；而在此下游地区的湖南、湖北之辖地，则属于古代楚文化的范畴。如果说巴人的饮食习俗形成于高山峡谷的特殊自然环境的话，那么楚人饮食之嗜好，则是由坦荡的平原，众多的河流、湖泊孕育而成的。

---

① 湖北省商务厅、湖北经济学院编著：《中国楚菜大典》，武汉：湖北科学技术出版社，2019年，第310页。

巴、楚由于所处的自然环境不同，文化背景各异，因此两地饮食习俗各有特色，并且在许多方面存在着明显的差异。从传承至今的饮食民俗事象来看，这种差异性主要表现在以下几个方面[①]。

## 一、食料的文、野之别

这里所谓的"文"是相对"野"而言的，它特指食物原料的大众、普通，并有精细之意。而"野"（或曰"土"）特指在其他地方很少使用而为本地所特有的食物原料，亦指原料的粗野之意。就主食而言，如果我们把大米、面粉视为"文食"的话，那么苞谷、小米、红苕等即为"野食"。就副食而言，我们把鸡、鸭、鱼、肉（猪肉）、园种蔬菜、大宗水果视为"文食"，则可把野禽、野兽、野菜、野果等视为"野食"。

众所周知，中国素有"南米北面"之说。古楚国的主要区域在长江流域，因此大米成了楚地最重要的主食原料。就副食而言，以黄豆为原料制作的系列豆制品，以家庭种植的萝卜、白菜、瓜、果等为主的季节性蔬食，以鸡、鸭、鱼、肉为礼赠、待客、节庆饮食的荤食品，构成了楚地副食结构系统，这些食物原料都可称之为"文食"。

而巴地虽处在长江流域，但多为山地，不适宜种水稻，其主食比较粗野，苞谷、小米、高粱、洋芋、红苕等在巴人主食结构中占有十分重要的地位。巴地副食充分利用山区优势，采集野果、野菜，狩猎野禽、野兽。

巴人用料的"野"，还表现在他们能巧妙地利用本地资源，制作一些外地不曾制作的地方食品，例如"桐树粑粑"和"橡子豆腐"，这是在其他地方少有的巴地特产，由此可见巴人在食物原料的用料方面"野"的特点。

## 二、加工的精、粗之异

从菜点的加工烹调来看，楚地菜点加工制作比较精、细，而巴地菜点制作则比较粗、简。从菜肴刀工成形来看，巴地菜肴总体比较粗犷，楚地菜肴在刀工成形方面则比较细腻。

巴地菜肴的"粗"还体现在另一层含义上，那就是原料的"混杂"，也就是习惯于用多种不同原料混合烹调。楚地菜肴虽不乏用多种原料混合烹调的例子，但多有主料、配料之分，每道菜都以一种原料为主，其他原料量少为辅，并重在配色、调味。

表现为精、粗之异的第三个方面，前已论及，即巴地菜点多为一次烹调，而楚地菜点有许多是二次、三次烹调。这种复杂的工艺过程，正说明楚菜工艺之"精"。

---

① 参见方爱平：《巴、楚饮食风俗之比较》，载彭万廷、屈定富主编：《巴楚文化研究》，北京：中国三峡出版社，1997年，第274—282页。

### 三、调味的鲜、辣之分

就巴、楚两地的口味特征来看，巴地味型偏重酸辣，楚地味型偏重咸鲜，这是千百年来受自然地理环境和本地物产资源等因素影响的结果。

巴人居住的地区以山地峡谷为主，森林茂密，降水丰富，日照不足，空气阴冷潮湿。而辛辣具有除湿利汗、温胃健脾的作用，于是当地居民在烹调时总喜欢放些辣椒或花椒，嗜辣成了当地一大饮食习俗。

据考证，辣椒是在明朝由南美洲传入中国的新植物品种，在此之前巴人主要是用花椒和胡椒增辛调味。巴人除嗜辣外，口味还偏酸，这是山区水质硬、碱性大，吃酸菜则可中和的缘故，所以巴地的许多菜都具有"酸辣"的味型特征。

楚地口味总的来说以"咸鲜"最为普遍，这可能与楚地盛产淡水鱼有关。鲜的本义为鱼鲜，引申为"新鲜"，再引申为"滋味好"，现已成为一种固定的味型。楚地常用的副食原料鸡、鱼、猪肉，都含有丰富的鲜味物质成分，而且烹调时只需加适量盐，味道就十分鲜美。楚地民谚"好厨师一把盐"，既说明盐在烹调中的重要性，同时也说明楚地调味比较单一。

### 四、食效的疗、补之差

饮食除了具有充饥、饱腹的功能外，人们在饮食中往往还追求更高层次的养生治病功用。巴人注重饮食疗疾，楚人讲究滋补养生，这是巴、楚两地在追求高层次饮食功用上的又一区别。

巴人注重食疗，这与巴人所处地理环境不无关系。据《吴船录》载："大抵自西川至东川风土已不同，至峡州益陋矣……山水皆有瘴，而水气尤毒，人喜生瘿，妇人尤多，自此至秭归皆然。"[1]《华阳国志》亦云："（巴）郡治江州，时有温风，遥县客吏多有疾病。"[2] 可见川东鄂西历来阴冷潮湿、瘴气弥漫、疾病流行，给巴地人民生活带来了严重威胁。因此古代巴人所开发的药用物产多有祛湿、散寒、驱虫等功效，并且都有味道辛香的特点，这些用来治病的药物同时又可用来作为调味品。《华阳国志·巴志》中记载的巴地名产，其中有许多是兼作调料的天然药物。例如：胡椒，巴人和盐、蜜渍以为酱，味辛香，能下气，消谷；蒟蒻，即今之魔芋，能消肿、攻毒；巴戟天，能壮筋骨、祛风湿；天椒，即花椒，能温中、祛寒、驱虫；姜为"御湿之菜也"，它

---

① [宋] 范成大：《吴船录》卷下，爱如生中国基本古籍库：清乾隆三十七年，知不足斋丛书本，第 54 页。

② [晋] 常璩：《华阳国志校注·巴志》，第 49 页。

的散寒功能，对于多雾、潮湿的巴蜀地区尤为重要。

巴人还擅长以茶疗疾。陆羽《茶经》载：古巴国境内有一种较粗的泸茶，"其味辛，性热，饮之疗风"。《舆地纪胜》卷181载：大宁监（今巫溪）"地接胸臆，多瘴，土人以茱萸煎茶饮之，可以避岚气"。可见巴人在食疗方面积累了丰富经验。

与巴人不同的是，楚地多平原，地势开阔，日照充足，没有明显的因地理因素带来的疾患。楚人饮食是为了滋补养生、强健身体，所以楚人十分重视食物的滋补作用。楚人滋补重在汤补、粥补。民谚："饭前若是先喝汤，强似医生开药方。十冬腊月喝热汤，暖身活血身体壮。"楚地民间的瓦罐鸡汤、八卦汤、奶汤鲫鱼、甲鱼汤等均是常见的滋补佳品，大凡老人身体羸弱、小孩营养不良、妇女产后补身均离不开汤补。

## 五、宴会的风情不同

古巴国的历史，基本上是由战争构成的历史，在短暂的时期内，竟在川东鄂西沿江一线留下近10个都城，这反映了巴人在战争中求生存的一种近似于"行国"的生活方式，这种生活方式自然对他们的饮食生活带来影响。

在今日巴地土家族饮食生活中，仍然遗留着"战争"的痕迹。例如土家族有过"赶年"的习俗，即提前一两天过年，这是因为古代巴人为了抗击外侮，提前过年设伏迎防。过"赶年"要吃大块的"年肉"和切细合煮而食的"年合菜"，据说"年肉"切大块是为了打仗便于携带；"年合菜"是因战情紧急，合煮而食，以便紧急赶路。过年的酒宴上也富有"烽火硝烟"的味道，如糍粑上插满梅枝与松针，上挂纱布，表示征战的"帐篷"；坐席时大门一方不设位，这是为了"观察敌情"。

### 现代土家族赶年宴菜单 [①]

冷菜：烟熏白鱼块、豆豉金钱肚、酸辣顺风耳、冬菇拌腐竹

热菜：祥和煮合菜、泡姜炒腊肠、竹笋焖牛腩、小米蒸年肉、腊蹄焖莲藕、恩施炭烤鱼、石磨豆腐圆、山菌腊鸡汤

主食：土家甑子饭、恩施桃片糕

相比之下，楚人的宴饮生活却显得安宁、祥和，富有人情味。楚地过年，称"吃团圆饭"，全家人围坐宴饮，辞旧话新。即使家中有人因故不能团聚，家人也要在席桌上为他摆上一套碗筷，以示团圆。年席菜肴也极富有吉祥意、人情味，如：全家福、

---

① 湖北省商务厅、湖北经济学院编著：《中国楚菜大典》，第328页。

元宝肉、如意蛋卷、金果、银丝卷等，家家户户少不了肉圆（丸）、鱼圆（丸）、全鱼，寓意团团圆圆、年年有余、新年发财。总之，楚地食品寄寓的浓郁情感与巴地饮食遗留的征战痕迹，形成鲜明对照，从一个侧面折射出巴、楚两地不同的历史文化背景。

## 六、巴、楚饮食习俗的交融

历史上巴、楚饮食习俗虽然存在着一定的差异性，但两者毕竟相邻，不仅在邻近地区饮食习俗往往相互渗透，难分彼此，即使在巴、楚腹地，常常由于战争迁徙、民间往来、商品贸易等原因，相互交融，你中有我，我中有你。

古代巴人以山区特产如木品、果品、竹品、草品、药品、干货、野味等通过长江、清江运往荆楚，换回江汉平原的粮食、丝绸、麻类及地方食品，以互通有无。

清代改土归流，大量汉民及其他民族人口迁入巴地，给巴地带去了先进的生产技术、优良的作物种子和烹调技术，也给巴地饮食习俗带来一定的冲击和影响。及至近代，巴、楚饮食文化交流达到水乳交融的境地，我们从土家族民间歌手载歌载舞的民歌《端公招魂词》中即可窥见一斑，歌词唱道：

> 堂屋为你设宴席，火坑为你把汤熬。
> 武昌厨子调甜酱，施南厨子烹菜肴。
> 熊掌是你枪下物，团鱼是你各人钓。
> 山珍海味办得齐，川厨子专把麻辣焦。
> 白狸子尾巴炖板栗，小米年肉五指膘。
> 仔鸡合渣酸酢肉，尺鱼斤鸡鲜羊羔。

歌词中既有"武昌厨子"献艺，又有楚地食物原料，同时在烹调方法、菜点味型等方面都体现了楚地饮食文化对巴地的影响。

### 恩施土家十碗八扣席菜单[①]

第一碗：土家鲜肉糕（以肉糕、粉条、黄花菜为主要原料，鲜香滑嫩，醇厚适口）

第二碗：千张鱿鱼丝（以鱿鱼、千张、肥瘦肉丝为主要原料，咸鲜香辣，色泽和谐）

第三碗：香菇扣蒸鸡（以土鸡、香菇为主要原料，鲜香味醇，骨酥肉烂）

第四碗：笋干蒸猪脚（以猪脚、笋干为主要原料，咸鲜香辣，肥而不腻）

第五碗：粉蒸五花肉（以猪五花肉、米粉、山药为主要原料，鲜香粉嫩，滚烂醇和）

第六碗：土家扣蒸肉（以猪五花肉、梅干菜、豆豉为主要原料，咸鲜香辣，酥嫩不腻）

---

① 湖北省商务厅、湖北经济学院编著：《中国楚菜大典》，第 317 页。

第七碗：米辣子扣河鱼（以酸黄豆辣子、小河鱼鲜为主要原料，酸辣味醇，鱼肉细嫩）

第八碗：凤头姜扒羊排（以羊排、凤头姜为主要原料，鲜咸辛辣，酥烂脱骨）

第九碗：土家蒸社饭（以腊豆干、腊肉干、糯米为主要原料，芳香味鲜，松软可口）

第十碗：虾米肉丝汤（以瘦肉丝、虾米、莼菜为主要原料，鲜香味美，滑嫩可口）

新中国成立以后，随着交通条件的改善、国家政治的稳定、民族政策的改善，特别是近些年旅游事业的发展，巴、楚饮食文化交流进一步密切，楚地居民逐渐开始接受麻、辣、酸，巴地辣椒、花椒源源不断运往楚地城镇。巴地的辣子鸡丁、缠蹄、天麻炖鸡、酸菜鱼、合菜火锅在楚地城市十分盛行。作为巴、楚接合部的宜昌市，其饮食风俗更是分不清巴、楚，巴中有楚，楚中有巴，交相融合发展创新。

**巴楚八扣**

总之，巴、楚饮食习俗的交融一方面有利于本地人民生活水平的提高，促进了饮食文化的发展；另一方面，融合后的巴、楚食俗其地方特色并没有被磨灭，反而更增添了它的独特风韵。

# 第九章　荆楚饮食文化

长江中游的荆楚大地，由于境内河网纵横交错，湖泊星罗棋布，湖北在历史上有"千湖之省"的美称，是中国主要的鱼米之乡，因而在饮食上也形成了与其相应的文化习俗。同时，省会武汉位于九省通衢之地，其饮食文化有兼收并蓄的包容性，自然成为历史上中国饮食文化融合和创新之地。

## 第一节　荆楚饮食文化的发展脉络

湖北地处长江中游，土地肥沃，气候湿润，四季分明，湖泊众多，动植物品种十分丰富，是中国猿人起源地之一。在 2022 年国家文物局通报的考古中国重大项目新发现中，其中"学堂梁子遗址位于湖北省十堰市郧阳区，是一处旧石器时代早期的大型旷野遗址。1989 年与 1990 年，该遗址先后出土 2 具古人类头骨化石，年代距今 80 万年至 110 万年左右，属于直立人，被命名为'郧县人'。2021 年以来，湖北省文物考古研究院对学堂梁子遗址进行了系统的考古发掘，发现 1 具保存较为完好的古人类头骨化石，命名为'郧县人 3 号头骨'。这是迄今欧亚内陆发现的同时代最为完整的直立人头骨化石。中国社会科学院古脊椎动物和古人类研究所研究员高星介绍，'郧县人'处于直立人演化历程的关键节点上，是探讨直立人演化及其在中国乃至东亚地区起源与发展的重要证据"[1]。这一重大发现实证了我国百万年的人类史，湖北是古人类发祥地之一。郧县人会制作先进的石器，而且有了简单分工。这一时期的人类，可能学会了用火烹饪。

人们一提起湖北，总是将其与"鱼米之乡"联系起来，其实早在新石器时代晚期，湖北就已成为"鱼米之乡"。荆楚先民以稻米为主食，多用、善用鱼类等水产品的饮食文化传统在新石器时代就已经逐渐形成，这种传统一直绵延不断，如司马迁《史记·货殖列传》中称楚越之地"饭稻羹鱼"，班固《汉书·地理志》中亦谓江南"民食鱼稻"。如今，"鱼米之乡"更是成为湖北饮食文化的一个闪亮标签。可见，优越的地理环境

---

① 王珏、王者：《"考古中国"重大项目发布一批成果》，《人民日报》2022 年 9 月 29 日第 11 版。

是荆楚饮食文化发展的基础。

## 一、荆楚饮食文化的兴起

楚文化是在湖北省优越的地理环境中发展起来的，而荆楚饮食文化则是伴随着楚文化的崛起而兴旺发达起来的。所以，湖北菜又称为楚菜。位于荆楚腹地的江汉平原，西有巫山、荆山耸峙，北有秦岭、桐柏、大别诸山屏障，东南围以幕阜山地，恰似一个马蹄形的巨大盆地，唯有南面敞开，毗连洞庭平原。在这里，长江横贯平原腹部；汉江自秦岭而出，逶迤蜿蜒；源出于三面山地的1000多条大小河流，形成众水归一、汇入长江的向心状水系。千万年来，来自上游的巨量泥沙在此地淤积，形成了肥沃的冲积平原。尤其是在古代，这里"地势饶食，无饥馑之患"①，"荆有云梦，犀兕麋鹿满之，江汉之鱼鳖鼋鼍为天下富"②。至今长江中下游各地，仍被誉为"鱼米之乡"。

优越的地理环境，使楚人可用较粗放的农耕渔猎方式就能获得美食，比中原人较少生存之忧和劳作之苦，心情性格自然开朗活泼，闲暇时间也相对要多一些。这样，他们自然也就有条件来发展、丰富自己的饮食生活。另外，由于楚人主食为稻米，稻米不如麦面可以制出许多花色品种，因此楚人便设法以多样的副食和菜肴品种来改善

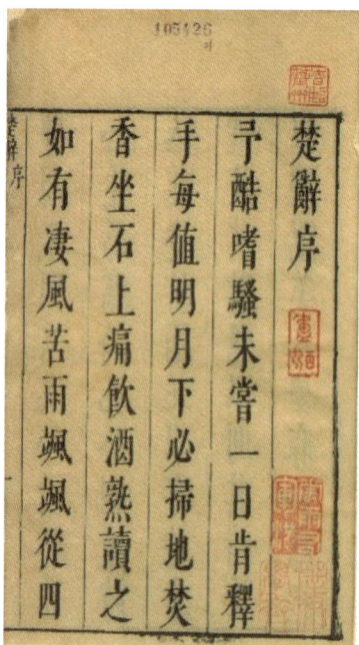

《楚辞》书影

主食的单调状况。加之东周以来，楚国生产力获得了突飞猛进的发展，以此为基础，楚人的衣食住行也就在内容与形式两个向度上均得到了尽善尽美的发展，特别是在饮食文化方面达到了一个新的高峰，当然也最能代表当时的烹饪水平。《楚辞》对楚人的饮食结构及菜肴品种做过具体的记载，《楚辞·招魂》中说："室家遂宗，食多方些。稻粱穱麦，挐黄粱些。大苦咸酸，辛甘行些。肥牛之腱，臑若芳些。和酸若苦，陈吴羹些。胹鳖炮羔，有柘浆些。鹄酸臇凫，煎鸿鸧些。露鸡臛蠵，厉而不爽些。粔籹蜜饵，有餦餭些。瑶浆蜜勺，实羽觞些。挫糟冻饮，酎清凉些。华酌既陈，有琼浆些。"③有专家认为，这实际上就是一份楚国国宴菜单，当然也不一定十分准确。这份菜单的内容大致如下：

① ［汉］司马迁：《史记》卷129《货殖列传》，第3270页。
②《墨子·公输》，方勇译注，北京：中华书局，2011年，第470页。
③《楚辞·招魂》，董楚平译注，上海：上海古籍出版社，1986年，第258—259页。

主食：五味杂粮饭

主菜：香草炖牛肉、吴国羹汤、清炖甲鱼、烤羊羔肉、醋烹天鹅、红烧野鸭、香煎大雁、油炸灰鹤、卤鸡、龟肉汤

甜品：甜麻花、糕饼、饴糖

饮品：蜂蜜酒、冰清酒、琼花酒

在《楚辞·大招》中也列有一些美味菜肴，这就是："五谷六仞，设菰粱只。鼎臑盈望，和致芳只。内鸧鸽鹄，味豺羹只。魂乎归来，恣所尝只。鲜蠵甘鸡，和楚酪只。醢豚苦狗，脍苴蒪只。吴酸蒿蒌，不沾薄只。魂兮归来，恣所择只。炙鸹烝凫，煔鹑陈只。煎鰿膗雀，遽爽存只。魂兮归来，丽以先只。四酎并熟，不涩嗌只。清馨冻饮，不歠役只。吴醴白蘖，和楚沥只。"①

《楚辞》虽然是一部文学作品，但它表现出的楚国饮食文化却是源于现实生活的。如果要了解这一时期楚国的烹饪技艺和菜肴品种，以上两段文字是不容忽视的，它的篇幅不长，但内容却相当丰富和完整，可以说是两份既有文学价值又有荆楚特色的楚人食谱，显示出楚人精湛的烹饪技艺。这一食谱中诱人的美味，被称为当时的珍肴，《淮南子·齐俗训》中就有"荆吴芬馨"的赞语②，反映出楚国已成为春秋列国的美食之乡。

在上面这些佳肴里，肉食就达 30 多种，除常见的六畜外，还有鳖、蠵（大龟）、鲤、鰿（鲫鱼）、凫（野鸭）、豺、鹌鹑、鹄（天鹅）、鸿（大雁）、鸧（黄鹂）、乌鸦等等。在烹饪技艺上，楚人讲究用料选择，以楚地所产的新鲜水产、禽鸟、山珍野味为主，制作中又重视刀工和火候，富有变化。如"胹鳖炮羔"中"炮羔"的做法，就与西周"八珍"中的"炮豚"相似，这个菜要采用烤、炸、炖、煨等多种烹饪方法，工序竟达 10 道之多。在调味上，楚人更为讲究，"大苦咸酸，辛甘行些"，就是说在烹调过程中把五味都适当地用上，开中国饮食五味调和之先河。《楚辞》在对膳馐的描述中都涉及了五味调和的问题，反映了楚国菜肴味道的丰富多样，堪称中国美味的源泉。

由于楚国夏季气候炎热，人们爱喝冷饮，所以《楚辞·招魂》中说："挫糟冻饮，酎清凉些。""挫糟"就是去除酒滓；"冻饮"就是将冰块置于酒壶外，使之冷冻，这样饮用起来就清凉爽口。冻饮制作十分复杂，首先要有冷藏设施，即冰窖，类似于井。据考古发现，在楚都纪南城中部有不少冰窖，考古人员一次就发现了 18 眼窖井③。每

① 《楚辞·大招》，第 273-275 页。

② ［汉］刘安：《淮南子译注》，陈广忠译注，北京：中华书局，2012 年，第 623 页。

③ 陈祖全：《一九七九年纪南城古井发掘简报》，《文物》1980 年第 10 期。

第九章　荆楚饮食文化

213

到隆冬季节，就将冰藏入，到天热时，作冰镇美酒佳肴之用。当时有一种青铜器，称为"鉴"，类瓮，口较大，便是用来盛冰，作冷冻酒浆和菜肴之用，后人称为"冰鉴"，这在楚墓中较为多见。如 1978 年湖北随州曾侯乙墓就出土了两件冰（温）酒器[①]，这也证实了《楚辞·招魂》中的记载。

另外，从考古发现的资料来看，特别是从 1978 年湖北随州曾侯乙墓中出土的 100 多件饮食器具，以及同一时期楚墓中出土的饮食器具来看，楚人所用器具主要由铜、陶、金、漆木、竹等 5 种材料制作而成。其中曾侯乙墓发现的一件煎盘，由上盘下炉两部分组成，是一种可烧、可煎、可炒的炊食器具。煎盘的腹部两侧各有一副提链，炉的口沿上立有四个兽蹄形足，出土时盘内有鱼骨（经鉴定为鲫鱼），盘内有木炭，炉底有烟炱痕迹，显然是煎烤食物的炊器。在 2400 多年前楚菜就能运用煎、炒等烹调方法，这在各大菜系中是领先的，同时也充分证实了楚菜历史源远流长。

曾侯乙铜鉴缶（湖北省博物馆藏）

曾侯乙卷云纹提链炉盘（湖北省博物馆藏）

彩绘凤鸟纹漆盘（荆州博物馆藏）

楚国饮食不但讲求色、香、味、形，而且还非常重视饮食器具的美，色、香、味、形、器是楚国饮食文化不可分割的 5 个方面。楚国最富特色的是漆制饮食器具。楚墓中出土的木雕漆食器有碗、盘、豆、杯、樽、壶、勺等，其形制之精巧、纹饰之优美，常令人惊叹不已。漆食器具有轻便、坚固、耐酸、耐热、防腐、外形可根据用途灵活变化、装饰可依审美要求变换花样等优点，所以它逐渐在华夏各诸侯国的生活领域中取代了青铜食器。而楚国是当时产漆最多的国度，楚国漆食器最负盛名，无论数量还是质量，都堪称列国之冠，并大量输往各国，成为各诸侯国贵族使用和收藏的珍品。楚食与楚器相得益彰，这从一个侧面也反映出

---

① 后德俊：《从冰（温）酒器看楚国用冰》，《江汉考古》1983 年第 1 期。

楚国饮食文化的发展水平。[1]

## 二、荆楚饮食文化的发展

秦汉以后，荆楚地区的农业生产发展到一个新的水平。例如，秦汉时期荆楚地区的水稻种植有了一定的发展，在江陵凤凰山一六七号汉墓出土了"4束世界上最早、最完整的稻穗"，其品种为粳稻。游修龄教授将它与20世纪50年代初期长江中下游地区推广的粳稻品种进行比较，结果发现西汉古稻在穗长、千粒重、生育期、芒谷粒形状等方面与现代粳稻优良品种都很相似，足见西汉时期江汉地区的水稻栽培已取得相当成就。江陵地区西汉完整稻穗的出土，为我们研究汉初甚至战国后期江陵地区稻作提供了实物标本，也显示出江陵水稻种植业在西汉初已取得了值得称道的成就。此外，此时荆楚地区还普及了一些谷物加工类的农具，如臼、磨、碓等。臼是一种用石头制成，样子像盆的舂米器具。秦汉时期，臼在长江中游已经得到普及，湖北鄂州出土有东吴青瓷臼。荆楚地区的东汉墓葬中，已经可以看到一些磨的明器，如鄂州六朝墓中出土了12件磨。碓是利用杠杆原理、相比臼更加省力高效的一种舂米工具，湖北云梦的东汉墓、武昌莲溪寺东吴墓、鄂州六朝墓等墓葬中都出土有碓。这些都反映了荆楚地区粮食加工技术的发展。

与此同时，荆楚地区的铁制农具也有了进一步的发展。早在先秦时期，楚国就有开采铁矿、冶造铁农具的记载；在云梦睡虎地秦简中，记录有铁器；江陵凤凰山汉墓中出土了一批铁锄等农具的木俑；西晋时，武昌有官置冶铁场，设有铁官。另外，当时荆楚之地，牛耕已经十分普遍，许多墓葬中都出土有牛的形象，如云梦睡虎地秦墓出土的扁

三国吴青瓷杵臼俑（武汉博物馆藏）

壶漆器上，绘有一头牛；鄂州六朝墓中，也出土有陶牛。这一时期，荆楚地区对牛十分重视，对于伤害牛的行为有严厉的惩处。这些都表明，牛已经普遍用在农业生产中了。

另外，蔬菜瓜果品种也有显著的增加。荆州江陵的大量楚墓中，如望山一号墓和二号墓、雨台山楚墓、荆门十里铺包山二号墓等所出土的各类农耕植物不少于20种。除粮食作物外，还有南瓜、藕、菱角、莲子、荸荠、栗子、樱桃、大枣、小枣、梨、柿、梅子、李、杏、花椒、葱、葫芦籽等。可见"这个时期发现的蔬菜果品的品种与数量，

---

① 后德俊：《漆源之乡话楚漆》，《春秋》1985年第5期。

比前一时期有显著的增多。云梦大坟头一号汉墓出土了甜瓜子和李子核；光化五座坟西汉墓发现了板栗和杏核；而江陵凤凰山西汉墓简牍所记与出土实物的品种和数量最多，据不完全统计，有瓜、笋、芥菜、甜瓜、李、梅、葵、菜、生姜、板栗、红枣、杏、枇杷、小茴香等等"①。在纪南城的发掘中也发现了不少植物，如核桃、杏、李、瓜子、莲叶、菱角等。同时，橘、柚的栽培在当时已有很高的水平。这些发现与记载表明，当时江汉地区和整个楚地的农业作物是十分丰富的。另外，从江汉地区楚人的生活习俗及其丧葬祭祀的食品来看，楚地除食稻米、麦、黍、粱之外，还有大量果类、水产品、兽肉以及调味品。这可以看出楚人对饮食文化的注重，也说明了楚人对各种自然植物的认识和了解已经有了很高水平。正是在这种农业经济较为发达的基础之上，荆楚饮食文化才在秦汉魏晋南北朝时期绽放出繁荣之花。

进入汉魏，枚乘《七发》记载了牛肉烧蒲笋、狗肉羹盖石耳菜、熊掌调芍药酱、鲤鱼片缀紫苏等荆楚佳肴；《淮南子》也盛赞楚人调味精于"甘酸之变"；这时还制成"造饭少顷即熟"的诸葛行锅和光可鉴人的江陵朱墨漆器，均反映了这一时期楚地饮食文化的进一步发展。

降及唐宋，黄梅五祖寺素菜风靡一时，苏东坡命名的黄州美食脍炙人口。晚唐诗人罗隐在《忆夏口》中吟唱道："汉阳渡口兰为舟，汉阳城下多酒楼。当年不得尽一醉，别梦有时还重游。"反映了汉阳地区的饮食业在1000多年前就有了一定的规模。

到了明清两代，楚菜更趋成熟。在《食经》《随园食单》《闲情偶寄》和《清稗类钞》等著名食书中，记载的楚菜就更多了。这时，不仅有楚菜代表菜品，更多名菜也应运而生，如"沔阳三蒸""江陵千张肉""黄陂烧三合""石首鱼肚""咸宁宝塔肉""武汉腊肉炒菜"，以及黄梅五祖寺著名的素菜"三春一汤"——煎春卷、烧春菇、烫春芽、白莲汤，如此等等。在鱼菜技艺上也有较大的创新，如钟祥的"蟠龙菜"，主料是鱼和肉，而成品却是鱼不见鱼，肉不见肉；黄州的"金包银"，以蛋黄调制的肉茸包鱼茸合制成丸，表面色泽黄艳；"银包金"是以鱼茸包肉茸合制成丸，色泽洁白，技艺之精湛可谓登峰造极。此外，黄云鹄的《粥谱》集古代粥方之大成。楚乡的蒸

唐代武昌灰陶厨房操作俑（湖北省博物馆藏）

① 陈振裕：《湖北农业考古概述》，《农业考古》1983年第1期。

菜、煨汤和多料合烹技法见之于众多的食经，楚菜作为一个菜系已基本定型。

民国时期是武汉饮食文化发展比较快的时期之一。清末的洋务运动和口岸开放，促进了武汉工商业的繁荣，周边农民大规模地涌入汉口。至 20 世纪初，武汉已经成为一个具有相当规模的大城市。依托九省通衢的交通条件，"汉货"得以名满中华。到新中国成立前，武汉已是中国内地工商业最发达的地区，诸多经济指标仅次于上海，居中国第二，与上海一起享有"殊荣"，可在城名前冠以"大"字，并享有"东方芝加哥"之誉。

民国时期，大量西方人涌居中国，带来了西方的物质文明、精神风尚和风俗礼仪，自然也包括西式饮食。由于西餐的原料、烹饪方法、调味均与中餐迥然不同，中国厨师在吸收西菜烹制精华的同时，也创造出符合中国人口味的西式中菜。这不但丰富和发展了湖北人的饮食品种，同时也对湖北传统饮食文化产生了较大的影响。具体表现有两个方面：一是由西餐引发的中国人饮食结构的变化，二是大量西式餐馆的兴起。正是这些因素，促进了民国时期武汉餐饮业的兴旺发达。

民国时期武汉饮食文化与饮食市场之所以能够取得较快的发展，从根本上来说，还是得益于近代武汉的开放，尽管这一开放是被迫的，但它给武汉饮食文化带来了巨大的变化，这使得武汉的饮食文化成为率先由封闭走向开放、不断适应时代潮流的地域饮食文化。事实上，武汉的饮食文化在西俗东渐和各地风味夹击之下并未萎缩，相反发展迅速，并逐渐形成融中国各地风味之所长、传统与现代结合的风味特色，充分显示了武汉饮食文化的巨大包容性。

综上可见，湖北文化的源头主干是灿烂辉煌的楚文化，湖北菜在楚国时期就已基本奠定了其菜品的传统与风格。秦汉以后，以楚国菜品为源头主干的湖北菜不断发展进步、融合创新，逐渐形成了具有鲜明地域特色的饮食传统和饮食文化风格，以及独具地域特色的饮食文化风貌和文化意味。湖北菜既有中华食文化的共同特征，又有着不同于其他地区的食文化特点，表现出鲜明的地域特色和文化特征。

### 楚宴[①]

楚味餐前小吃：麻果、麻糖、麻叶、翻饺

楚味餐前水果：三峡脐橙、夷陵猕猴桃、保康蓝莓

楚味凉菜：鄂式卤拼、恩施富硒核桃仁、五香熏鱼、洪湖酱鸭、香辣卤藕片、番茄脆菇沙拉、洪湖烧椒皮蛋、凉拌毛豆

楚味头汤：石首笔架鸡汤鱼肚

楚味热菜：荆沙甲鱼焖鲜鲍、赤壁草船借箭（加干冰）、襄阳三顾茅庐、沔

---

① 北京湖北大厦楚宴菜单。

阳五福蒸、古法炭烤粉蒸肉、红烧汉江鮰鱼、海参烧武昌鱼、五花肉焖菱角米、黄州东坡肉、酥炸藕三样、麻鸭烧湖藕、宜昌烧鸡公、潜江小龙虾、楚乡脆皮乳鸽、房县小花菇、恩施腊蹄子/位、丹江口野鱼虾、湖北时令蔬菜

　　楚味主食：汉口小面窝、公安牛肉饼、襄阳牛杂面

黄州东坡肉

楚味茶饮：恩施玉露、赤壁羊楼洞青砖茶、神农架葛根汁（3选1）

　　楚文化经过2000多年的发展，其内部因地理环境以及政治、经济、文化的发展水平不一，又表现出若干差异性，形成了江汉文化和湖湘文化，这在饮食文化上的表现就是形成了两大菜系——湖北菜和湖南菜。这两大菜系均为全国十大菜系，其风味有同有异，相同之处就是继承了楚人注重调味，擅长煨、蒸、烧、炒等烹调方法；不同之处在于湖南菜偏重酸辣，以辣为主，酸寓其中。这实际上与湖南的地理环境有关。湖南多山区及地势低下潮湿之地，常食酸辣之物有祛湿、祛风、暖胃、健脾之功效，而且，由于古代交通不方便，海盐难于运达内地山区，人们不得不以酸辣之物来调味，因此养成了人们偏爱酸辣的饮食习俗。湖北菜的调味则偏重咸鲜。湖北素称"千湖之省"，淡水鱼虾资源丰富，而咸鲜口味的形成"可能与楚人爱吃鱼有关，因为鱼本身很鲜"[①]。又由于湖北有"九省通衢"的雅称，因而在饮食上的兼容性很强，湖北菜吸收了长江上游的巴蜀、长江下游的吴越乃至中原、粤桂各地饮食文化的精华，既有荆楚传统，又有时代的风味特色，体现了长江中游区域的饮食文明。

## 第二节　荆楚饮食文化的特色

　　如果说"味在四川"的话，那么说"鲜在湖北"似不为过。楚菜在楚文化的影响下，凭借"九省通衢"和"千湖之省"的地理优势，形成了"鱼米之乡、蒸煨擅长、鲜香为本、融合四方"[②]的特色。"鱼米之乡"是从历史发展层面体现了楚菜选材用料的主要特点；"蒸煨擅长"突出了蒸和煨是楚菜最具特色的烹调方法；"鲜香为本"表明了楚菜最

---

[①] 姚伟钧、刘朴兵：《汉味之洞天：武汉食话》，武汉：武汉出版社，2008年，第37页。

[②] 卢永良、方爱平：《楚菜特点论略》，载《楚菜论丛》（第一辑），武汉：湖北科学技术出版社，2021年，第125页。

基本的口味特点；"融合四方"从地域性角度体现了楚菜兼容并包、善于吸纳的多元风格。这16个字具体体现在以下几个方面。

## 一、丰富的原料

湖北沃野千里，水网密布，得天独厚，又地处华中腹地的长江中下游，是全国有名的"鱼米之乡"，历来有"两湖熟，天下足"之说。湖北土地利用结构是"五分林地三分田，一分城乡一分水"，故木耳、香菇、冬笋等山珍无不富有，稻米、小麦、大豆、牲畜、禽蛋、果蔬等农副食品亦十分丰足。尤其是淡水鱼品种之多（常食就有50多种）、产量之大（年产量居各省之首）、食用之广为其他任何菜系所不及。如此丰富的烹饪原料，为楚菜的发展奠定了坚实的基础。

不仅如此，湖北各地还有许多独特的烹饪原料。正如一首湖北民间歌谣唱道："罗卜豆腐数黄州，樊口鳊鱼鄂城酒。咸宁桂花蒲圻茶，罗田板栗巴河藕。野鸭莲菱出洪湖，武当猴头神农菇。房县木耳恩施笋，宜昌柑橘香溪鱼。"此外，笔架山鱼肚、鹤峰葛仙米、沙湖盐蛋、洪山菜薹、襄阳大头菜等等，都是著名的土特名食。而在这众多的名特食品中，尤以武昌鱼、洪山菜薹最有名。传说清代慈禧太后嗜爱洪山菜薹，常派人到武昌洪山一带索取。洪山菜薹还有著名的"刮地皮"典故。据王葆心《续汉口丛谈》记载："光绪初，合肥李勤恪瀚章督湖广，酷嗜此品（指洪山菜薹），觅种植于乡，则远不及。或曰'土性有宜'。勤恪乃抉洪山土，船载以归，于是楚人谣曰：'制军刮湖北地皮去也。'"由此洪山菜薹的声名大振。历代不乏文人墨客对武昌鱼的赞美，尤其是毛主席对武昌鱼的吟诵，使武昌鱼成为饮誉中外的著名烹饪原料。这些独特的烹饪原料是形成楚菜特殊风味的基础。

## 二、别具一格的烹调风格

众所周知，各大菜系都有自己独特的烹调风格。如川菜讲究调味，以干煸、干烧等烹调方法较为擅长。鲁菜善于制汤，对扒、爆比较熟练。而楚菜在烹调技法上以蒸、煨、炸、烧运用最广，也最为擅长。鲁菜厨师讲究"勺功"（即翻锅技巧），川菜厨师讲究调味，苏菜厨师讲究菜肴外形，这些统称为勺上功夫（即锅上功夫）。而湖北厨师则十分讲究勺上与勺底功夫的结合，注重菜肴火候的掌握，对火候的要求十分严格。楚菜的蒸、煨、烧等烹调方法特别讲究火候。比如"蒸"，原料在锅或笼内，人的眼睛无法观察它的成熟度，全凭厨师的经验来控制火候的大小和时间的长短，有的菜肴需用大火长时间蒸，如"粉蒸牛肉"；有的需用大火短时间蒸，如"清蒸武昌鱼"；有的需用中小火短时间蒸，如"天门蒸鱼丸"等。否则，不及则生，过之则烂，没有

天门蒸鱼丸

丰富的实践经验是难以掌握的。这也反映了楚厨对火候的考究。

楚菜的烹调风格还体现在擅长主、副食结合烹调，这在其他地方菜中是没有或很少见的。例如粉蒸系列菜（以米粉拌和原料蒸制）、珍珠系列菜（以泡制的糯米与原料混蒸）、锅巴系列菜等，都具有浓郁的地方特色。

## 三、繁多的菜品

楚菜菜品繁多，据有关资料不完全统计，楚菜现有菜点千余种，其中传统名菜不下500种，典型名菜点不下100种。仅以黄州为例，历史上因为苏轼被贬为黄州团练副使，当地就出现了一系列以东坡为名、以当地物产为原料的系列菜。

黄州濒临大江，山清水秀，民风淳朴，物产亦丰富，相传城内有金甲井，水清味醇，做的豆腐好吃，远近有名。离黄州50里的巴河盛产莲藕，别处藕只有7孔，巴河藕却有9孔，肥嫩甜脆。与黄州隔江相望的鄂城樊口，盛产缩项鳊鱼，肉嫩味美，又称武昌鱼（因古代鄂城称武昌）。鄂城出产一种醇酽的白酒，被苏东坡称为"江城白酒三杯酽"。当地人编了这样一首民谣："过江名士笑开口，樊口鳊鱼武昌酒，黄州豆腐本味佳，盘中新雪巴河藕。"以"东坡肉"为代表的东坡系列佳肴正是在黄州淳厚乡风民俗背景下形成的。

东坡美食文化是东坡文化最具象的内容，是东坡文化最鲜活的表现。苏东坡在黄州的饮食生活简朴而精致，享自然之味，求味外之美，以自己的大智慧和平淡心塑造的美食之道，独具特色，别有风味。后人以苏东坡诗文中记载的制作方法和风味特点为依据，进行整理和开发，逐渐形成东坡荤菜、东坡素菜、东坡小吃、东坡饭粥和东坡饮品等5大类以及"东坡肉""东坡饼""东坡羹"等近百品种的黄州东坡菜，每道东坡菜都融文学性、知识性、艺术性于一体，既有制作工艺，又有文化渊源，形成了黄州美食的一个熠熠生辉的文化标识，为黄州、湖北乃至中国留下了一份宝贵的饮食文化遗产。

刘醒龙在《黄州赤壁文化丛书总序》中说："后来者多将苏轼在黄州研习厨艺，给世人留下一道名为'东坡肉'的美食作为美谈。往深处看，这本是一时的无奈之举。宋时食物以羊肉为第一尊贵，牛肉第二，而吃猪肉的人是要被嘲笑和瞧不起的。可叹苏轼当时囊中羞涩，又好面子，唯有将自己的才情投入进去，给猪肉披上艺术的外衣，同时也是给自己一个治疗内伤的说法，当然也给了黄州及黄州以外将粗俗幻化为斯文的方法。如此掌故，所对应的不再是时势造英雄，而是英雄造时势。时势之下，草莽中也可以蹦出英雄来，然而能够造时势的英雄非才子莫属。"[1]

黄州东坡菜是湖北菜的一个重要组成部分，也是中国菜的一朵奇葩。以黄州东坡菜为载体的东坡美食文化，对推动中国传统饮食文化的发展和创新产生了重要影响并发挥着积极作用。

黄州东坡肉皮薄肉嫩，色泽红亮，味醇汁浓，酥烂而形不碎，香糯而不腻口，是黄州东坡菜的经典代表。1990年5月，黄州东坡肉被录入《中国名菜谱·湖北风味》。1992年4月，黄州东坡肉被录入《中国烹饪百科全书》。2008年5月，黄州东坡肉被录入《中国鄂菜》。2015年11月，黄州东坡肉被中国烹饪协会评为"中国名菜"。

此外，沔阳三蒸、清蒸武昌鱼、瓦罐鸡汤、蟠龙卷、腊肉菜薹、千张肉、皮条鳝鱼、红烧鲴鱼、橘瓣鱼氽等等，无不为楚菜之佼佼者。豆皮、汤包、东坡饼、热干面、面窝等皆为湖北小吃之精华。而在这众多的名菜点中，武昌鱼则被誉为"楚菜之冠"，老通城豆皮被誉为"湖北小吃之王"，至今在国内外还享有极高声誉。

### 四、浓厚的楚乡风味

湖北位居华中，北接河南，东邻徽赣，西依川陕，地域辽阔，资源丰富。历史的原因和地理环境的影响，使楚菜形成了许多不同的地方风味流派，加之荆楚各地地理环境不同，又形成了不同的地方流派与特色，大体上可以分成5个支系。

#### （一）以古云梦泽为中心的汉沔风味

具体包括武汉、孝感、仙桃（古称沔阳）等地，以武汉三镇为中心。选料严格，制作精细，擅长烹制大水产（即鳊鱼、黑鱼等体型相对较大的淡水鱼类和水生植物），尤以"蒸菜"和"煨汤"见长，米类小吃颇具特色，菜肴口感柔嫩滑爽，口味鲜香微辣，被誉为"湖北菜之精华"。代表名菜有沔阳三蒸、排骨煨藕汤、清蒸武昌鱼、珊瑚鳜鱼、菜薹炒腊肉、泥蒿炒腊肉、黄陂烧三合、全家福等。

#### （二）以荆州为中心的荆江风味

具体包括荆州、荆门、宜昌等地。此地为湖北菜的发祥地，擅长烹制小水产（即鳝鱼、甲鱼等体形相对较小的淡水特种鱼类和水生植物）和野味，尤以鱼糕、鱼圆（丸）著称，菜肴芡薄爽口，咸鲜微辣，被誉为"湖北菜之正宗"。代表名菜有橘瓣鱼氽、公安牛肉三鲜、荆州鱼糕、潜江油焖小龙虾、皮条鳝鱼、冬瓜鳖裙羹、蟠龙菜、千张肉等。

① 史智鹏：《黄州东坡赤壁文化》，武汉：武汉大学出版社，2019年，《总序》第2页。

荆州名食

### （三）以汉水流域为中心的襄十风味

具体包括襄阳、十堰、随州等地，以畜禽类辅以淡水鱼鲜和山珍野味，菜肴口感软烂，汁少味重。代表名菜有清蒸翘嘴鲌、宜城大虾、襄阳缠蹄、应山滑肉、太和鸡、武当素菜等。

### （四）以鄂东丘陵为中心的鄂东南风味

具体包括黄石、黄冈、咸宁等地，擅长加工粮豆蔬菜和畜禽野味，尤以大烧、油焖、干炙见长，菜肴口感醇香味重，山乡气息浓郁。代表名菜有黄州东坡肉、金包银、银包金、贺胜桥鸡汤、通山包坨、簰洲湾鱼丸、蜜汁甜藕、鄂南石鸡等。

### （五）以鄂西南山区为中心的土家风味

具体包括恩施土家族苗族自治州以及宜昌市下辖长阳土家族自治县等地区，擅长烹制山珍野味和杂粮，喜食熏腊，菜肴酸辣醇香，民族气息浓郁。代表名菜有鲊广椒炒腊肉、恩施腊蹄子火锅、菜豆腐、腊猪蹄炖小土豆、小米年肉等。

## 五、"三无不成席"

楚菜的"三无不成席"即无汤不成席、无鱼不成席、无圆（丸）不成席，集中反映了楚菜的特色。湖北人爱喝汤，也会做汤，瓦罐鸡汤、排骨藕汤、鲫鱼汤、鳊鱼汤、鱼丸汤、龟鹤延年汤、峡口明珠汤等，均为汤中杰作。举凡筵宴，压轴戏必然是一钵鲜醇香浓的汤，"无汤不成席"已成为一条不成文的规定。

从历史上来看，地方特色最浓的要数"八卦汤"，所谓"八卦汤"就是乌龟汤。因为楚地巫师往往用龟壳占卦，所以湖北人便把乌龟肉称为八卦肉，把龟肉汤称为"八卦汤"。作家秦牧在一篇文章中写道："我在武汉虽然仅仅是在解放初期住过十几天，但印象却是十分深刻。……那次我到武汉时，武汉中小饭馆里有一样菜式引起了我强烈的兴趣，那就是'八卦汤'。当时饭馆里普遍都卖这道菜。这使人想起古代云梦泽的遗迹……"是的，湖北人的饮食习俗，不仅与自然环境和食物资源有关，而且与灿烂的楚文化有关。

近代武汉有许多以煨八卦汤著称的餐馆。抗日战争前，以"佘胖子煨汤馆"最为著名；抗战胜利后"筱陶袁"又取代了"佘胖子"的地位。1946年冬天，两个失业厨工陶坤甫和袁得照，在汉口兰陵路被飞机轰炸的废墟上搭了个10多平方米的小棚，合伙卖豆浆、面窝谋生，生意十分惨淡。他们看到大智路有一个卖八卦汤和牛肉汤的小店生意很好，便登门请教。二人回来改为卖八卦汤和牛肉汤，生意逐渐兴隆，于是更加精工细作，终于以味美价廉在顾客中赢得了信誉。许多顾客热情地说："这样好的煨汤，有个招牌不是更俏吗？"陶坤甫便同袁得照商量："我姓陶，你姓袁，三国时有个桃园三结义，我们俩也来个陶袁结义。我们店小，就叫'小陶袁'吧？"袁得照听后摇摇头说："小字只三划，三天就要垮台，不吉利！"老陶灵机一动说："有了，不是有个越剧名角叫筱牡丹吗？我们把'小'字改成'筱'字就可以了。"渐渐地"筱陶袁"便在三镇出了名，

汉口里的"小桃园"

以后又改名为"小桃园"，如今的"小桃园"以汤菜名闻三镇。

楚菜鱼馔在国内独树一帜，其品种之多、烹调之精为其他菜系所不及，大凡楚地筵宴，必少不了一条全鱼，逢年过节鱼菜更是必不可少。

湖北的"丸子"亦可谓一绝，一般人们只用动物性原料做丸子较多，因为动物肉类含有较丰富的胶原蛋白，具有一定的黏性，便于成形。而荆楚各地，不仅能用肉、鱼作丸子菜，还能用各种植物原料作丸子菜，如藕丸、豆腐丸、糯米丸、绿豆丸、黄豆丸、红苕丸等等。丸子同汤和鱼一样，也是各种筵席不可缺少的一道菜，据说在筵席临近结束时端上一盘丸子（当地人称"圆子"）菜，有"圆满结束""事事圆满"之意。这些饮食习俗和烹调特色，均带有浓郁的荆楚气息，散发着江汉平原的泥土芳香。

### 2018 年外交部湖北全球推介活动楚菜冷餐会菜单 [1]

冷菜：泡拌洪湖藕带、巧手泡三鲜、樱桃山药、武汉新农卤牛肉、水晶莲子

热菜：沔阳三蒸、草船借箭、香煎武昌鱼、随州菜卷、房县小花菇、三顾茅庐、香酥鸡卷、老汉口炸三样、湖北鱼丸、松鼠鳜鱼、恩施烷小土豆、五祖寺素鱼、潜江小龙虾球、大别山黑山羊排

主食：糯米鸡、武汉豆皮、象形面点拼、曹祥泰绿豆糕、咸宁桂花糕、秭归粽子

水果：保康蓝莓、夷陵猕猴桃、天兴洲西瓜、三峡脐橙

---

① 湖北省商务厅、湖北经济学院编著：《中国楚菜大典》，第 333 页。

## 第三节　近代武汉的餐饮市场

武汉地处江汉平原东部，世界第三大河长江及其最大支流汉江横贯市境中央，将武汉城区一分为三，形成了武昌、汉口、汉阳三镇隔江鼎立的独特格局。在长达千年的历史中，武汉的地理地位并不是特别突出。在元朝之前，离武汉不远的荆州、襄阳才是湖北的中心。随着中国国土面积不断变大，武汉作为东西南北交通的交会点，成为全国水陆交通枢纽，并享有"九省通衢"的美誉。自此，武汉的地位开始不断上升。在近代餐饮历史上，武汉就扮演了重要的角色。

中西饮食文化的交流，不同地区的饮食文化互相渗透、互相影响在民国时期日趋加剧。川味东下，苏味西上，武汉成了四方风味交汇之地，这些不同风味的交流与融合，使得武汉的餐饮市场发生了较大变化。武汉餐饮老字号大多是在这一时期发展起来的，并都有自己的特色菜。如鄂帮大兴园酒楼（1838年开业）的鱼类菜肴及"红烧鮰鱼"；京津帮德华酒楼（1924年开业）及"煎鸡煸""抓炒鱼片""爆双脆""焦熘里脊"等菜肴；川帮蜀菜雅川菜馆（1946年开业，今川味香餐馆的前身）的成都、重庆风味菜肴；粤帮冠生园酒楼（1930年开业）及"蛇羹""烤乳猪"等菜肴；浙宁帮冀江楼（1915年开业）的海鲜类菜肴；徽帮新兴楼（1936年开业）的"红烧划水"菜肴；京味东来顺清真馆（1939年开业）及其"涮羊肉""烤牛肉"等菜肴；以及四季美的汤包、福庆和的湖南米粉、老通城的豆皮、祁万顺的水饺、小桃园煨汤、蔡林记的热干面、马福盛的清真牛肉面等等，各种风味争奇斗艳。

### 一、近代武汉餐饮业概况

民国时期，汉口已经是"路衢四达，市廛栉比，舳舻衔接，烟云相连，商贾所集，难觏之货列隧，无价之宝罗肆，适口则味擅错珍，娱耳则音兼秦赵"[1]。叶调元在《汉口竹枝词》中也指出，当时汉口是"四通八达巷如塍，路窄墙高脚响腾"。在武汉市内"无数茶坊列市圜，早晨开店夜深关"。小江园和楚江楼两茶馆在龙王庙同巷对门，店面如此稠密，仍然是"客到先争好座头"，生意十分兴旺。餐馆已有菜面馆、豆丝馆、炒菜馆、素菜馆、杂碎馆、包席馆等多种类型。炒菜馆可供顾客点菜；杂碎馆和百余家"热酒坊"供应鱼杂猪肠兼辣酱，供人喝靠杯酒。所谓靠杯酒，就是店主不提供坐的凳子，大伙都站着喝酒，要上一二杯白酒和一盘花生米下酒，没有其他的菜肴，边喝边聊，谈笑风生，故谓之喝"靠杯酒"。玉露斋熟食店的烧腊羊羔，大通巷的散子、豆丝，

---

① ［清］范锴：《汉口丛谈校释》，江浦等校译，武汉：湖北人民出版社，1999年，第367页。

祖师殿的汤圆等风味小吃已很普遍。这正如叶调元《汉口竹枝词》所云："银牌点菜莫论钱，西馔苏肴色色鲜。金谷会芳都可吃，坐场第一鹤鸣园。"所谓西馔即指山西、陕西饮馔，苏馔则为江苏饮馔，西馔馆和苏馔馆将菜肴的各种花色品种介绍给武汉居民。而面馆业除本帮外还有徽帮、湖南帮、小京帮、川帮的佳肴面食，极大地丰富了武汉人的饮食习俗。

清季五十年间（公元1861—1911年）可以说是武汉饮食风俗大幅度嬗变的滥觞时代。西方列强的冲击，客观上揭开了武汉城市近代化的第一页，由此也带动了武汉饮食文化的近代化进程。武汉市场由国内贸易转变为世界市场的一部分，商业和手工业不断发展，近现代工业的诞生，都是在此时出现的，并且首先表现在武汉饮食业中。例如，自19世纪末期机器制面的方法行于中国后，"华人厌故喜新，面粉舶来进口日夥"①，面包和各式西式糕点也日益盛行。当时的上海是中国面粉工业最发达的地区，而汉口则为第二。

武汉近代工业的发展也导致武汉城市规模的扩大和人口的猛增，商旅食宿、手工业者打尖歇脚等等，给饮食业带来大量业务，促进了饮食市场的发展。1809年，武汉三镇共有茶馆411家、餐馆992家、旅馆329家，其中汉口有茶馆250家、餐馆445家、旅馆194家。到1918年，汉口的茶馆已达696家、餐馆1712家、旅馆489家。②有些地方还形成了餐饮一条街，如硚口的升基巷。老硚口的人都有这样的说法："饿不死的升基巷，干（渴）不死的大火路。"这句话的意思就是说升基巷吃的东西多，大火路喝的东西多。

升基巷在汉正街下段，横连汉正街与大夹街，巷子东面是原老凤祥金号的侧面和沥泉池浴池，没有其他门面。西面整条巷子都是餐馆和熟食店，先后有老大兴园酒楼、新大兴园酒楼、景阳酒楼、张汉记牛肉馆、爱雅亭粉面馆、芙蓉川菜馆、黄天兴酒楼等。南面巷子口有一家熟食店卖生煎包子和蒸饺。因此，该巷也就由于吃的东西多而得名。相传在清代道光年间就有这条巷子，至今已有百余年的历史。最早来此巷的是汉阳人刘木堂开设的大兴园酒楼，刘病殁后由徒弟吴云山与刘的遗孀合股经营，后来又在招牌上加了一个"老"字，显示自己是有几十年传统的"老大兴园"。老大兴园是以鱼菜为主的餐馆，吴云山特别重视鱼的质量，亲自把关挑选。在鲴鱼价格上，只要货好，他总是要照价付款。所以，鱼贩子云集而来，货源充沛。由于原料新鲜，菜肴味道好，

---

① ［清］刘锦藻：《清朝续文献通考》卷384《实业（七）》，上海：商务印书馆，1936年，第11314页。

② 武汉市地方志办公室编：《（民国）夏口县志校注》卷12《商务志》，武汉：武汉出版社，2010年，第246页。

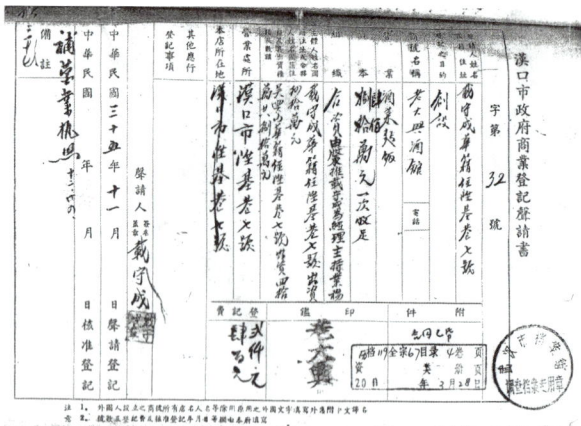
民国时期老大兴酒馆登记申请书

颇受顾客欢迎，生意日益兴隆。1936年，吴云山看中了名厨师刘开榜的手艺，用重金聘请他到老大兴园，挂出了"鮰鱼大王刘开榜"的牌子，使老大兴园声名大振，这就是第一代"鮰鱼大王"。

升基巷中的张汉记牛肉馆也是汉阳人张新汉开设的，专门经营牛肉菜肴。蒸、炸、烹、煮均以牛肉、牛心、牛肝、牛肚、牛筋等作为原料，在汉正街一带独具特色。还有一样产品"牛肾筋汤"，具有滋补强壮的功效，深受人们喜爱，因货源有限，每到秋、冬两季供不应求。此菜肴独此一家，曾享誉武汉三镇，并在原汉口新市场（民众乐园）内电影院和当时汉正街建国电影院（文化电影院）放映过幻灯片广告。该餐馆规模虽然不大，但在饮食业中还小有名气。过去汉口的餐馆业能在电影屏幕上登广告的还不多见。其他餐馆、煨汤馆、熟食店也都有各自的特色。所以，当时人们称升基巷为"好吃巷"所言不虚。

不仅餐馆有一条街，茶馆也有一条街，这就是上面提到的大火路。大火路在长堤街的中段，贯穿于长堤街与大夹街之间。相传在辛亥革命前后，汉正街商业市场繁荣，各行各业兴旺，黄陂、孝感、汉阳、天门、沔阳、汉川等县农民进城经商的逐渐增多，他们都是自营的小手工业者。当时，在长堤街、汉水街、汉中路、大夹街、宝庆街和集家嘴等地就出现了不少手工业个体户和手工业作坊，如园木业（木桶、木盆）、竹篾业（竹器、篾器）、红炉业（铁器用具）、驳船业（驾木船）、车木业（小型模具）、铜器修理业（铜匠担子）、旧货业（收废品）等等。这些人来汉口谋生，相互之间联系，就要有个落脚的地方，为此，茶馆应运而生。当时在大火路就有汉江、龙泉、协兴、合兴、联兴、清香、洪发、万利、春来、汉泉等17家茶馆。这些茶馆没有旧时社会的残渣余孽作背景，而是为行业议事、交易往来、相互联系、谋事雇工、乡亲往来、寻亲访友、闲暇休息而服务的。当时有民间歌谣赞曰："大火路长又长，家家户户是茶房，宾客进门茶一杯，笑问客人去哪方？不去东、不去西，找乡亲，会同行。"这些茶馆起到了同业公会和同乡会的作用。每遇当地元宵节玩龙灯、中元节的盂兰会、太阳节的太阳会等民间祭祀活动，他们都利用茶馆聚会商议，集资筹办。[1]

---

① 皮明麻、吴勇主编：《汉口五百年》，武汉：湖北教育出版社，1999年，第41页。

## 二、近代武汉餐饮业之类型

近代以来，由于租界中西方生活方式日益对社会产生影响，武汉追求西方生活方式成为时髦，这就产生了对饮食服务高消费的市场需求。于是，一批近代大餐馆陆续出现在武汉街头。

汉口开埠以前，叶调元《汉口竹枝词》中提及的"有名"餐馆只有鹤鸣园等 5 家。到 1909 年，武汉三镇较大的餐馆共有 152 家，其中汉口占去 111 家。1913 年，武汉第一家西餐馆——汉口大旅馆瑞海西餐厅开业以后不久，普海春、海天春等大型西餐馆相继面市，12 家具有风味特色的大型酒楼也于 1920 年在汉口注册，这批餐馆为汉口著名的中西餐馆，足以大宴嘉宾。民初的这批大餐馆，在经营规模和豪华程度上均与以前的所谓较大的餐馆不能同日而语，其中又以吟雪、蜀珍、味腴三家酒楼为最。

20 世纪 30 年代，在汉口江汉路的联保里有一家高级酒楼，名为吟雪，颇为雅致，此酒楼的鱼翅席堪称武汉最高档的酒席。价格 16 元（银圆），四拼盘，采用双拼形式，实际八样，不外乎鸡鸭与猪肉之卤制品。十大菜，两道点心，四盘水果。大菜首先推出海参丸子，即大海参条子与大肉丸混合烩成；第二道菜是滑熘鳜鱼片；第三道菜是番茄虾仁。红烧鱼翅则在上完四五样菜后端出，一大盆，热气腾腾，每人盛一小碗分食。继之以挂炉填鸭，宛如北京烤鸭制法，一大盆，亦盛以小碗，分而食之。另将鸭皮烤脆，切成小片，附以烤制之小块面皮，包裹而食。再继之以小炒数样，如腰花、肚片之类，最后为糖醋鳜鱼与全鸡或全鸭。两道点心在中间穿插而上，为糊油包子与油炸起酥之面点。糊油包子用桂花白糖猪油作馅，颇具特色。吟雪大酒楼每日开数十桌鱼翅席，该酒楼之鱼翅、海参皆从上海直接进货，而不在汉口之海味商号购进。来吟雪吃酒席者各界人士均有。

味腴与蜀珍酒楼等级更高，均系四川人创办。味腴为别墅，在汉口岳飞街口一栋小洋房内。蜀珍为酒家，在洞庭街原上海电影院旁。味腴较蜀珍更为高级，一桌酒席非 20 元（银圆）不办，每日只开数桌，不超过 10 桌。因场地较小，价格较高，一般人家望而生畏，来此饮宴者多为达官贵人。其酒席极别致，有爆虾仁、爆双脆（即肚尖腰花合爆）、炖银耳鸽蛋，亦有鱼翅海参。两处均有豆瓣鲫鱼，即伴以四川特制之郫县豆瓣酱烧制，为四川名菜。最珍贵者为炒山鸡片，山鸡即野鸡，其肉较家鸡更嫩，故更可口。

当时武汉上层社会饮食豪侈，除传统的山珍海味、满汉全席外，请吃西餐大菜已成为买办、商人与洋人、客商交往应酬的手段，有的人家还雇有西餐厨师。西点、西式糖果以及三星白兰地等洋酒和茄力克、三五牌、绿炮台等高级洋烟已进入日常

生活。

**（一）民国时期武汉餐馆类型：**

1. 酒楼。即中餐大型餐馆，一般有两三个楼面的餐厅，陈设布置雅致，高级的备有银、象牙、细瓷等餐具，以风味酒席、菜肴供应为主要业务，兼营小吃、点心，既有坐堂营业，也可出堂下灶。

2. 包席馆。又称包席赁碗馆，是一种有门面、字号，无店堂，专门应顾主约定上门操办筵席和出租饮食餐具的馆子，资金大小，厨师、服务员、采购人员多寡，技术高低不等，因此服务层次各不相同。高层次服务对象是富户、公司、商号，低层次的是为一般家庭红白喜事筵席服务。

3. 饭馆。大致分为四种：一是科饭馆，即夫妻小店，常年供应小菜饭，夏卖凉菜，冬熬骨头萝卜汤；二是扒笼馆，以供应蒸菜故名，稍大于科饭馆；三是饭铺，供应家常风味炒菜，承办低档酒席，规模大于前者，是劳苦大众充饥、小酌的"经济饭馆"；四是低档餐馆，如升基巷之老大兴与景阳楼，不外乎粉蒸肉、黄焖丸子、烧青鱼之类。此两处尚有零拆碗菜，便于一人独食或二人合食。另有三鲜面，面条用老方法制成，即用粗竹竿压制而成，一大海碗，三鲜盖满，年轻人一碗即饱；价格5角，小商小贩多乐于就食。

4. 熟食小吃店。供应卤菜、油条、饼子、包子、水饺、面、粉、豆丝、煨汤等，遍布三镇街头巷尾，品种繁多，各方风味尽有，供市民过早、过中、夜宵。

5. 西餐厅。主要由中国人经营，但厨师大多出身洋行帮厨，陈设、餐具全盘西化，供应份菜、套餐、点菜，食客主要是买办和民族资本家。比较著名的有普海春、一江春、万国春等七八家。

6. 西餐小吃馆。这多由外国人在汉口租界内经营，主要为外国在汉侨民、外轮水手服务。供应俄式菜肴的居多，如邦可、美尼琦等，也有少数英、美、日风味的馆子，个性、风味比西餐厅正宗。此外，还有一些酒吧。[①]

**（二）武汉的番菜馆**

1861年汉口开埠以后，汉口逐渐成为西方国家对华中地区进行经济掠夺、文化渗透的基地，来汉口经商办企业、传教、办教育的洋人逐渐增多。为了满足这些外国人的口味，武汉出现了一些国外风味的餐馆，它们在当时被人们称为番菜馆（后又称为西餐馆、西餐厅）。

和北京、上海、广州、天津等地的番菜馆相似，老武汉的番菜馆最初是外国人在

---

① 参见张崇明：《旧武汉的茶馆、餐馆、旅馆及其文化、经济功能》，载杨蒲林、皮明麻主编：《武汉城市发展轨迹——武汉城市史专论集》，天津：天津社会科学院出版社，1990年，第245-261页。

汉口租界内经营的，主要为外国在汉侨民、外轮水手服务。例如位于汉口鄱阳街和洞庭街交会处的"邦可"，1930年由俄国人邦可和俄国面包师杨格诺夫合资开办，初名邦可食品店，专营俄式西点，如油炸俄式牛肉面包、什锦水果面包、吐司面包、奶油花蛋糕、奶油哈斗、开面点心等。"文化大革命"中，店铺先后改为临江食品厂、韶山食品厂、江岸食品厂，1979年又恢复为邦可食品厂。

随着时间的推移，番菜馆逐渐走出租界，开办番菜馆的也不限于洋人，服务对象更是面向整个社会。武汉第一家番菜馆为瑞海番菜馆，1913年开业。这时的汉口番菜馆主要经营者多是中国人，但厨师大多出身洋行帮厨。番菜馆一向以洁净著称，且有情调，除悠扬的西乐以助兴外，纯无喧哗之声，灯光、炉火皆得适度。西餐厅不仅有优良的进食环境，而且还具有浪漫高雅的就餐氛围。西餐经营的高额回报率也驱使更多的人经营西餐。武汉当时的番菜馆中，西式的饭菜、洋酒、蛋糕等价格都要高于中式食品，因而经营西餐较中餐更加有利可图。

民国时期，在我国主要流行的西式蒸点是法式菜、美式菜、英式菜、俄式菜、德式菜和意式菜，共6大菜系。其中，法式菜肴以烹调讲究闻名；美式菜肴以营养和随心所欲而让人喜爱；德式菜肴以生、酸为特色；俄式菜肴以其油大、味厚而独树一帜；英国菜肴则以烹制手法简单、午茶独特而吸引人们。总之，这6大类番菜是各有各的绝招。

近代的中国，在欧风美雨的影响下，趋洋求新一时成为社会风尚，因此，去番菜馆品尝一下异国口味也成为一些新潮人物的选择，一些婚丧嫁娶、迎来送往的大型宴会也有在西餐馆举办的。如武汉沦陷时期，伪立法院委

汉口老牌西餐厅德明饭店

员雷阀肆之子雷景源的婚礼就在主要经营西餐的汉口德明饭店（现名江汉饭店）厅堂内举行。婚礼场面颇大，新郎着礼服，新娘披婚纱，乘汽车至饭店门口步入，乐队即奏婚礼进行曲，证婚人为伪汉口市市长石星川。婚礼完毕后，百余宾客在两条长桌上吃西餐。当时的西式餐厅，一方面是环境布置典雅，富有浓厚的异国情调；另一方面厨师技艺较高、口味纯正、厨房设备先进，能制作出典雅高档的各式西菜。当时政府很多重大活动都安排在武汉各大饭店举行，这样，就进一步扩大了西菜在中国的影响。

此时的番菜馆生意兴隆，番菜在对中国传统的菜肴产生影响的同时，为适应广大中国食客的口味，番菜自身也在走中国化的道路。因此，在近代中国的番菜馆里品尝

到的所谓正宗"西洋大菜"大多是采用"中西合璧"的方法烹制而成的。一些番菜馆的菜肴干脆就直接命为"中西大虾"等，体现了近代以来外国饮食文化与中国传统饮食文化的互相影响、互相融合。

### （三）武汉的素菜馆

素菜是中国菜肴中的一朵清新靓丽的奇葩。素菜作为一支独立的菜系，至迟在宋代就已经形成了。据宋代孟元老《东京梦华录》记载，当时市肆上已有专门经营素菜的素菜馆了。中国古代的素菜可分为市肆素菜、寺观素菜和宫廷素菜三大流派，在长期的发展过程中，它们互相影响、互相融合。近代以来，老武汉的素菜馆可分两类：一类是市肆素菜馆，一类是寺观素菜馆。前者以菜根香素菜馆为代表；后者以归元寺云集斋素菜馆为代表。

菜根香素菜馆，位于江汉路冠生园旁。新中国成立前，素菜馆分上、下两层。楼下经营经济客饭，一钵饭、一盘菜、一碗汤，只需5角钱。菜多为芹菜、干子、面筋合炒而成，汤则为冬瓜汤，别有风味。座上客一般多为公务员和学生。楼上经营筵席大菜。新中国成立前汉口洪帮大亨杨庆60大寿即假该处楼上举行拜寿庆典，国民党党政要人袁雍等均前往拜寿，拜寿毕即吃素酒席。

归元寺云集斋素菜馆，创办于1933年，其前身是归元寺素菜馆。当时其由僧人主理，归元寺方丈昌明法师是素菜馆的第一任经理。昌明法师在经营管理上很得法，使素菜馆不断发展、壮大。过去主要供应的对象是出家之人、居士和社会上的善男信女，每天的素食供不应求，生意兴隆，声名远扬。

**武汉归元寺素菜**

现在汉阳归元寺云集斋素菜馆的素食品种花样繁多，吸引了成千上万的游客，大获好评。归元寺云集斋素菜馆经过多次维修和改建，设备齐全，环境幽雅，目前已成为武汉市最大的一家素菜馆。

在保持和发扬传统素食的前提下，云集斋素菜馆不断创新产品。如该店制作的"素什锦"，又名"罗汉大江""罗汉斋供"，原是佛门流传于民间的名菜，由精制豆制品、冬笋、木耳制作而成，后经厨师们从营养学、美学角度进行改革，加以冬菇、玉米笋、红枣及时令蔬菜等材料精心制作，命名为"罗汉上寿"，意在祝福善男信女食后多福多寿、祛灾消病。此菜观之悦目，食之清淡爽口，颇受食客欢迎。云集斋素菜馆每天可供应素菜品种100多个，能承办素席、素宴。著名的传统素菜有罗汉上寿、佛手冬笋、归元全鸭、香酥雀头、红皮素鸡，名点有东坡饼、什锦素包、什锦素面、欲长寿、常食素等。

### （四）武汉的"徽馆"

徽菜在民国时期的武汉餐饮市场上占有较大的份额。新编《绩溪县志》说："县人自唐代即设酒店于长安，宋代设菜馆于徽州府，明清时期发展到大江南北，民国时期徽菜馆遍及海内。"由此可见，"徽馆"业出现较早，但形成群体规模还是在清朝中后期，因为当时的徽商已发展到饱和阶段，大利润的行业早已被先行者垄断殆尽。绩溪徽商向外开拓时，便有目的地选择了投资数额较小、收入相对均衡的旅外饮食业为其经营方向。绩溪商人跟随着徽商群体到外埠谋业，在徽商较为集中的经商地区开店设馆，从而使得徽州人在外埠也能够享用到家乡特有的风味餐食，聊慰乡恋之情，同时也让外埠居民品尝到了正宗的徽菜。

"徽馆"这一名称始于清乾隆年间，当时徽班进京，绩溪徽商随之北上，开始涉足京城餐饮业，他们所设的徽菜馆被简称为徽馆。可以说，为在外经商的徽州人提供饮食服务，为徽商谋取另一片餐饮天地，这就是徽馆业最初的立馆之本，也是徽馆业最初的市场定位。

据《绩溪县志》介绍，徽馆的发展路线是这样的："烹调业也是吾绩新兴事业之一。此业创始于何时不可考，其始仅创设于徽州府、屯溪、金华、兰溪、宣城等县市；继则扩展及于武汉三镇、芜湖，南京、苏州、上海、杭州等各大都市，则是随近百年来海禁大开，工商业的发展而日臻发达。"他们最早是先在徽州府境内营业，后来随着徽商群体其他行业的辗转迁徙，其中一支经宣城、郎溪、广德至浙江孝丰、安吉一带；另一支由新安江进入杭州、嘉兴、湖州各重镇。徽馆业在长江中下游一带渐成气候，形成徽籍旅外经济的一大产业。在绩溪徽商的推动下，徽菜进一步拓宽了向外发展的空间。

武汉徽菜馆始于清末，最早经营的也是绩溪人，首创者是绩溪湖村的章祥华。章氏年少时曾随父亲去浙江淳安航头一家杂货店当学徒，后因不甘三尺柜台的严束，便专事外出采购土特产。1900 年，他经人介绍改行到上海徽馆学厨，1904 年又与同乡好友章正权赴汉口开辟店业。章祥华因在淳安任采购时跑过武汉，对三镇并不生疏，这次抵汉，见市面上或明或暗地盛行公私鸦片交易，尽管当地政府查禁甚严，但他还是冒险做了几笔鸦片生意，获得可观利益后便戒而绝之。次年，他以其所蓄，并在其父的资助下，与章正权于汉口的华景街首创了华义园菜馆。由于章祥华专心经营，勤俭守业，店事日隆，后陆续于中山大道开办了华兴园、华旗园、兴华园，在华景街开设了华义园、华盛园，又在民权路、民生路、大智门、花楼街和新安街开设华庆楼、民乐园、汉华楼、醉白楼和庆云楼等。15 年中他先后创办徽菜馆 11 家，其声名也誉满三镇。[①]

与此同时，在武汉创办徽菜馆的还有胡桂森。胡氏系绩溪胡家村人，少时在郎溪当学徒，后到芜湖同庆楼任打面师傅，经友人推荐，赴汉口徽馆从厨。1903年，他与家乡人合伙筹资在武昌斗级营创办同庆楼菜馆。在清代末至上世纪30年代期间，武昌曾流传着这么一句话："登黄鹤楼，不到同庆楼，等于'黄鹤'没有游。"将一家同庆楼与武汉标志的黄鹤楼相提并论，可见当时的同庆楼有多么大的吸引力。1910年，辛亥革命前夕，市面尚未繁华，他又与人合资开设了胡庆园菜馆，生意红火。于是，1912年他又招股于汉口中山路创办胡庆和菜馆，3年后又在汉口大夹街设立胡庆和酒楼。此外，为推销家乡土产徽州绿茶，民国元年（公元1912年），他还在汉口江汉路胡元泰茶号。

1921年至抗战初，是汉徽馆的鼎盛时期，共设有大中华、新兴楼、新苏、大中国、大江等馆店39家。抗战胜利后，伏岭下村邵之琪、邵培柱等又在汉口设大上海、中央大酒楼、新上海、四季美、大中元等徽州酒菜馆10余家。

绩溪人在武汉开设的徽菜馆，多数集中在汉口，有54家；另武昌有15家，共计69家。开设徽馆酒楼的多数为伏岭镇人，开办35家；瀛洲乡22家；扬溪镇8家；上庄镇4家。武汉三镇所开的徽馆中，一部分在抗战间收歇，另一部分至新中国成立后转为公私合营。至20世纪末，在武汉尚保留的徽馆有武昌大中华酒楼。

大中华酒楼创办于1930年，主要创始人为安徽绩溪人章在寿。章在寿12岁时即在武昌的同庆酒楼当学徒。同庆酒楼以经营徽面、徽菜为主。章在寿由于勤劳肯干，不怕吃苦，深得老板胡桂生的喜爱，因而很快学到一手做徽帮菜的手艺。1930年，章在寿离开同庆酒楼，与程明开等人合伙，盘下了芝麻岭（今彭刘杨路武昌邮局对面）的五香斋餐馆，自立门户，仍以经营徽面、徽菜为主，兼营炒菜。这家徽帮馆子便是后来闻名全国的大中华酒楼的前身。我们根据武汉档案馆的档案资料考证，大中华酒楼登记的时间在民国二十一年（公元1932年）十月，因此其创办时间在1930年左右比较可靠。

民国时期大中华酒楼登记申请书

由于章在寿等人齐心协力，注重

---

① 参见姚伟钧：《武汉徽馆与大中华酒楼》，《武汉文史资料》2011年第5期。

特色，讲究质量，生意很快就兴旺起来。股东中有3人曾在上海学烹饪手艺，因为上海当时有3家徽州餐馆的招牌都叫"大中华"，而他们也想搞徽州风味，于是就把自己的这家餐馆取名为"大中华酒楼"。1932年因武昌修建马路，芝麻岭的餐馆被拆除，大中华酒楼搬到了武昌柏子巷口至今。

20世纪30年代初的武昌，餐饮业一度比较繁荣，行业竞争日趋激烈。在大中华酒楼附近就开了汤四美汤包馆、蜀珍川菜馆，加上汉宾酒楼、味腴餐馆的兴盛和发展，都对大中华酒楼构成了直接挑战，其中尤以汤四美为最。它既卖汤包，又兼营小炒，还承办筵席。但由于各自都有其特色，所以这些餐馆都能够经营下去。当然，大中华酒楼获得了长足发展是在新中国成立以后。

### 三、当代武汉餐饮的发展

当代武汉不仅是湖北的政治、经济、文化中心，也是整个华中地区唯一的超大城市。武汉不仅人流、物流密集，水、陆、空交通运输便利，同时也是连接全国其他大区的重要枢纽与中转站。武汉所具有的独特区位优势，为餐饮业的快速发展提供了有利的条件，餐饮业在武汉市的经济发展战略中占有重要地位。改革开放以来，在政府有关部门的大力扶持及广大餐饮业从业者的努力经营下，武汉餐饮业取得了较快的发展，并形成了以烹制淡水鱼鲜为主的特色。

武汉地处江汉平原东部，境内江河纵横、湖港交织，上百座大小山峦遍布三镇，160多个湖泊坐落其间，水域面积占全市面积约1/4，构成了极具特色的滨江滨湖水域生态环境。

先秦时期，楚文化光彩夺目。《楚辞》中的《招魂》和《大招》篇给我们留下了两张相当齐备的菜单，列有"煎鱼""臛蠵""胹鳖"等鱼龟鳖佳肴。三国时期，吴国左丞相陆凯上疏孙皓时，引用了当时流传于民间的童谣："宁饮建业水，不食武昌鱼。"这句童谣不仅反映出东吴人对家乡水质的偏爱，也间接证明了早在1700多年前，武昌鱼肴就以其独特的美味而闻名遐迩。宋代文豪苏东坡谪居湖北黄州时，曾在品尝过鲴鱼的美味后，即兴挥毫写下了《戏作鲴鱼一绝》，将其与河豚相比。这一时期，鱼菜不仅是黄州风味美食，也是江城人的餐桌佳肴。清代叶调元《汉口竹枝词》中讲武汉过节时客人来了要"殷勤留坐端元宝，九碟寒肴一暖锅"。春节"三天过早异平常，一顿狼餐饭可忘。切面豆丝干线粉，鱼餐丸子滚鸡汤"，豆丝、鱼丸、鸡汤三味均是武汉独具地方特色的菜品和小吃。虾鲊是一道武汉乡土风味名菜。民国十年（公元1921年）出版的《湖北通志》记载："鲊，酢也。以盐糁鲊酿而成，诸鱼皆可为之。"此菜是以河虾或湖虾为主料，拌以米粉及调料入坛腌制成虾鲊后，采用炕焖法制成，成品咸、鲜、辣、香俱全，风味独特，是武汉民间年节喜庆之时的美食。

湖北是千湖之省，武汉是百湖之市。湖北淡水产品总产量连续 23 年居全国第一。2018 年，全省池塘养殖面积 796 万亩，占全国 20.1%，水产品总产量 458 万吨。主要经济鱼类有青、草、鲢、鳙、鲤、鲫、鳊、鲴、鳜、鳜、鳗、鳝等 50 余种，还富产甲鱼、乌龟、泥鳅、虾、蟹、蚌等小水产，许多质优味美的鱼类如长吻鮠、团头鲂、鳜鱼、铜鱼等闻名全国，青鱼、草鱼、鲢鱼、鳙鱼、小龙虾、黄鳝、黄颡鱼 7 个品种产量居全国第一。餐桌上平均每 7 条鱼就有 1 条来自湖北。截至 2018 年底，全省水产商标品牌超过 1000 个。1990 年中国财政经济出版社出版《中国名菜谱·湖北风味》的 236 道名菜中，以淡水鱼为主的水产菜所占比例高达 31.4%，加上其他菜中以淡水鱼等水产原料作主料的菜肴，总占比达 43.2%。武汉利用全市及全省丰富的水产资源，创制了清蒸武昌鱼、红烧鮰鱼、珊瑚鳜鱼、明珠鳜鱼、黄焖甲鱼、虫草八卦汤、炸虾球、酥微糊蟹等一系列颇具地方特色的淡水鱼鲜名菜，成为楚菜特色的典型代表。

## 武汉大中华酒楼经典全鱼席菜单[1]

冷盘：金鱼戏莲、四味围碟

头菜：鸽蛋裙边

热荤：油爆鳝花、韭黄鱼丝、粉蒸石鸡、莲菱鱼饼、红烧鮰鱼、财鱼焖藕、清蒸樊鳊、珊瑚鳜鱼

座汤：虫草金龟

主食：云梦鱼面、蟹黄鱼饺

**清蒸武昌鱼**

毛泽东主席于 1956 年 6 月视察湖北，在品尝过"清蒸武昌鱼"等鱼肴后，挥毫写下壮丽诗词《水调歌头·游泳》，其中一句"才饮长沙水，又食武昌鱼"使武昌鱼驰名中外，名扬天下。武汉烹饪人才荟萃，烹饪科教实力雄厚。汪显山、陈昌根、黄昌祥、卢永良、孙昌弼、余明社、涂建国等著名楚菜大师，都是身怀绝技的烹鱼高手，在国内餐饮界享有盛誉。武汉厨师曾在各类烹饪技术大赛中摘金夺银，硕果累累。湖北经济学院、武汉商业服务学院等高校设置有烹饪类本科专业，华中农业大学设有中式菜点产业化研究生培养方向。

---

① 湖北省商务厅、湖北经济学院编著：《中国楚菜大典》，第 301 页。

他们共同为全省乃至全国各地同行业培养输送的淡水鱼制作技术人才数以十万计。另外武汉建有湖北省淡水鱼加工技艺非物质文化遗产传承人大师工作室，湖北经济学院楚菜研究院，武汉商学院湖北省非物质文化遗产保护中心，华中农业大学国家大宗淡水鱼加工技术研发分中心（武汉）、楚菜研究院，它们均以淡水鱼菜品创新及研发作为研究重点。

武汉淡水鱼鲜类非物质文化遗产丰富。武汉小桃园煨汤技艺、老大兴园鮰鱼制作技艺、武昌鱼制作技艺等先后入选湖北省级非物质文化遗产代表性项目名录。老大兴园以鱼菜著称，其烹制鮰鱼的名师辈出，有四代相传的"鮰鱼大王"。大中华酒楼以擅长烹调鱼菜在顾客中享有盛誉。"小桃园"专营煨汤，有"甲鱼汤""八卦汤"等特色汤品。

2018年9月，中国烹饪协会在河南省郑州市发布《中国菜——全国省籍地域经典名菜、主题名宴名录》，原汤氽鱼丸、葱烧武昌鱼、粉蒸鮰鱼、排骨莲藕汤、腊肉炒菜薹等5道武汉菜品入选中国菜之楚菜十大经典名菜；长江鮰鱼宴、武昌全鱼宴、惟楚有才宴等7桌武汉宴席（含与其他城市共同享有的宴席）入选中国菜之楚菜十大主题名宴。目前，淡水鱼鲜美食已成为武汉市的一个特色品牌和一张鲜活名片，在推动武汉餐饮行业和湖北楚菜产业发展方面发挥着越来越重要的作用。

# 第四节　风味小吃

在历史的长河中，湖北人民创造了许多风味各异的地方小吃。这些风味小吃不仅味美可口，更是荆楚文化独特魅力的物质再现，展现了这片土地上深厚的文化底蕴。

## 一、湖北小吃的起源与发展

早在战国时期，屈原在《楚辞·招魂》中就记述有楚王宫的筵席点心，如粔籹、蜜饵之类，这也就是甜麻花、酥馓子、蜜糖团子、糕点的雏形。例如粔籹之类，就是如今的馓子。宋人庞元英《文昌杂录》云："今岁时……油煎花果之类，盖亦旧矣。"贾思勰《齐民要术》中也说："细环饼，一名寒具……入口即碎，脆如凌雪。"所谓"细环饼"，就是馓子，因其形状酷似妇女之环钏而得名。宋代诗人苏轼《寒具》诗曰："纤手搓来玉数寻，碧油轻蘸嫩黄深，夜来春睡浓于酒，压褊佳人缠臂金。"迨及近现代，馓子一直是荆楚名牌风味小吃之一，丝粗细均匀，质地焦脆酥化，造型新颖别致，有扇形与枕形两种。它既属点心，又可当菜食，为南方广大顾客所喜爱的传统风味小吃之一。

蜜饵，是用糯米和大米加上蜜掺和做成的十分柔软、可口的食品，鄂湘等地俗称"团子"。这种食品历史悠久。先秦古籍《周礼·天官·笾人》中已有"羞笾之食，糗饵、粉糍"的记载。汉代郑玄注云："此二物皆粉，稻米黍米所为也。"宋代《东京梦华录》载述："冬月虽大风雪阴雨，亦有夜市……糍糕、团子、盐豉汤之类。"可见其历史久远。

魏晋南北朝时，湖北已有众多的节令小吃。《荆楚岁时记》中有楚人立春"亲朋会宴啖春饼"和清明吃大麦粥的记述；《续齐谐记》介绍了楚地端午用彩丝缠粽子投水祭奠屈原的风俗；而且东晋荆州刺史桓温常在重阳节邀约同僚到龙山登高、品尝九黄饼。

唐宋时，湖北小吃创造出了许多流传至今的名品，如禅宗圣地黄梅五祖寺的白莲汤和桑门香（油炸面托桑叶）、黄冈人新年祭祖的绿豆糍粑、秉承石燔法的应城砂子饼、可存放一旬的丰乐河包子、酷似荷花的荷月饼，以及泉水麦面香油煎的东坡饼等。[①]

明清两代，湖北小吃不断充实新品种，又推出孝感糊汤米酒、黄州甜烧梅、郧阳高炉饼、光化锅盔、宜昌冰凉糕、荆州江米藕、沙市牛肉抠饺子、江陵散烩八宝饭，以及武汉的谈炎记水饺等。《汉口竹枝词》中所谓："芝麻馓子叫凄凉，巷口鸣锣卖小糖，水饺汤圆猪血担，深夜还有满街梆。"这便是清末汉口小吃夜市的真实写照。

20世纪以来，湖北小吃有了较大的发展，品种增多，质量提高，出现了一些名特小吃，如四季美汤包，老谦记炒牛肉豆丝，蔡林记的热干面，归元寺的什锦豆腐脑，杨洪发的豆皮，金大发的红油牛肉面，曾天兴的炒汤圆，高公街的油炸米泡糕，怡心楼的一品大包，存仁巷的发米粑，顺香居的油香、油糍粑，老通城的豆皮等。

如果您有机会来湖北，丰富多彩的湖北小吃一定会使您流连忘返。

## 二、湖北小吃的特色

湖北地处祖国中部，长江横贯其境内，可谓是"得中独厚""得水独优"。从古至今，湖北汇集了天南海北各地人，同时兼收并蓄了东西南北的饮食文化，湖北小吃在兼容博采各地风味的基础上发展起来，呈现出精品荟萃的特色。

湖北小吃能够满足不同地区人的口味。例如，作为"九省通衢"的武汉，流动人口多达百万，这些人口味、习惯各不相同，而武汉品种丰富的各色小吃，风味各异，正好满足他们的需要。此外，即使是某一食品，也可任人调味，如武汉名吃热干面，客人可根据自己的口味任意加入芝麻酱、香醋、酱油、辣椒等。而且诸多小吃是大众

---

① 参考湖北省饮食服务公司编：《中国小吃·湖北风味》，北京：中国财政经济出版社，1986年。

食品，其价格也为一般平民所接受。

据此，也有人认为湖北小吃的特色不甚明显。事实上，我们细究起来，湖北小吃可概括为以下几个主要特色：

1. 湖北小吃品种丰富，口味各异。

2. 湖北小吃的主料多为米、豆制品，兼及面、薯、蔬、蛋、肉、奶。

3. 因时而异，轮流上市，一年四季，小吃的上市品种不相同。

汉味早点第一巷：户部巷

4. 小吃是湖北人过早（吃早餐）的主要品种，武汉居民不论是春夏秋冬，都习惯在小食摊上过早，可谓是"神州一奇"。

5. 包容性强，对外来品种大胆移植和改进。

荆楚小吃在形成独特的地方风味的过程中，涌现出众多的名食名点，如东坡酒楼的黄州烧卖、孝感鲁源兴的糊汤米酒、武汉蔡林记的热干面、老通城的三鲜豆皮、四季美的汤包、荆州聚珍园的散烩八宝饭、沙市好公道的早堂面、宜昌甜食馆的冰凉糕、随州张三口的羊肉面、浠水味稀楼的藕粉丸、襄樊隆中酒楼的炒薄刀、光化马悦珍的锅盔、马口餐馆的发面包、阳新王腊子的酥麻花、鄂城大众酒楼的东坡饼、郧阳回民餐馆的三合汤、黄石挹江亭的夹板糕、蕲春酒楼的糍粑鸡汤、云梦鱼面和汉川荷月等等。这些小吃都有其丰富的历史文化内涵，值得我们细细品味。

### 三、湖北小吃品种撷萃

#### （一）热干面

武汉的热干面，与山西刀削面、北京炸酱面、四川担担面、两广伊府面齐名，合称中国五大名面。

迄今为止，热干面已有近百年的历史，据说它是在一个偶然的情况下形成的。大约在 20 世纪 20 年代末，汉口长堤街住着一个名叫李包的人，他每天在关帝庙一带卖凉粉和汤面。做小本生意的人，特别注意进货、出货数量，生怕亏本。但武汉是个出了名的"火炉"，夏天天热时食物容易变质。有一天，时辰已近傍晚，但面条还是没有卖完，李包担心面条发馊变质，就把剩下的面条用开水煮后摊在案板上，想保存到第二天再卖，忙乱之中，一不小心碰到了麻油壶，把麻油全泼洒在面条上了，面条散发出阵阵香气。正在懊恼之时，李包忽然又灵机一动有了主意，索性将所有的面条与泼洒的麻油拌和均匀，再摊晾在案板上。

武汉户部巷蔡林记热干面馆

第二天早上，李包将头天晚上拌了油的熟面条放在沸水里烫几下，滤出水，放在碗里，再加上卖凉粉所用的芝麻酱、葱花、酱萝卜丁等作料，弄得热气腾腾，香气扑鼻，可谓三鲜俱全，诱人食欲。人们顿时涌了过来，争相购买，吃得津津有味，个个赞不绝口，都说从来没吃过这等美味的面条呢！有人问李包这叫什么面，李包不假思索地脱口而出，说是"热干面"。又有"好事者"打听是从哪里学来的，李包半开玩笑半认真地说道："这是咱自己独创的！"人们当然信以为真。此后，李包便专卖热干面，后来有许多人向他学艺。渐渐地，经营热干面的人越来越多，吃过热干面的人更是被其美味所深深折服，一传十，十传百。由此，热干面开启了它在武汉的传奇。

没有到过武汉的人大概只是听闻武汉人喜爱吃热干面，但是很难体会到武汉人对热干面包含了怎样的一种感情。现在，在武汉经营热干面的大店小摊随处可见。由于武汉商业发达，生活节奏快，于是武汉人便习惯用一次性的纸碗盛饭。走在武汉的大街小巷，随处都能看到端着纸碗的人们，有的步履匆匆，边走边吃；有的则随便蹲在路边，细嚼慢咽。看他们吃得那种满足的神情，你也许难免会好奇纸碗中装的究竟是何许美味，但当你走过的一刹那，那诱人的芝麻酱香便瞬间蹿入鼻腔，直沁心脾，这时你往往会忍不住脱口喊出："呀，热干面！"这时吃面的人也会抬头冲你一笑，颇有心照不宣的幸福与满足在里面。

武汉人习惯把吃早餐叫作"过早"，意思是吃了早晨这一餐，这一天的"早"才算"过"了，可见人们对早餐的重视。热干面在武汉人的"过早"中充当着绝对的主角，可以毫不夸张地说，与江城清晨的薄雾一起飘荡的满是碱水面条芝麻酱的味道，武汉每天都是在热干面的氤氲中醒来的。这点往往会令北方人惊诧不已，热干面不带汤不带水干巴巴的，怎么大清早也吃？如果你问武汉人这个问题，有趣的是他们也颇为惊诧你会产生这样的疑问。对于武汉人来说，大清早吃热干面是理所当然，就是一种习惯，并不需要理由。另外，正宗地道的热干面因为有芝麻酱等调料的佐助，吃起来的时候也颇为爽口。

有人说，一个地方的风味，与当地的地域文化、水土气候密切相关。热干面大概便是如此。武汉依长江而兴，龟、蛇二山雄踞两岸，连绵的江水穿城而过。水与城的融合，山与水的交错，令武汉人的性格既锋芒毕露，又绵里藏针。而武汉的气候，严冬滴水成冰，盛夏酷暑逼人，正因为有如此强烈的反差，才有了热辣、干爽、豪气、火爆的热干面。武汉人喜爱热干面，热干面最像武汉人：生性耿直，豪情万丈，又爽又有劲。两者仿佛浑然一体，是如此的般配，如此的切合，这也是武汉人喜爱热干面很重要的一个原因吧。

以最简单的材料、最简单的方法烹制出美味的食物，是烹饪的最高境界。热干面就是以简简单单的面条，加点葱花、肉末、作料等制成的美味。因为热干面极具平民色彩，作为寻常人家的早餐，能干的家庭主妇在自家的厨房里就能把热干面操办得有声有色：先将面条用开水煮熟，搁在案板上抖开吹凉后刷上小麻油；将面条略烫一下放在大碗里，盖上芝麻酱、干红辣椒丝、黄瓜丝，配上葱姜末、葱花、生抽、甜醋、味精、香油、胡椒粉、榨菜丁等，一碗黄澄澄、油亮亮的面条，红的、绿的、黑的、白的，宛如一幅山水画般动人。热干面油黄柔韧，芝麻酱浓郁，辣椒丝刺激，黄瓜丝爽口，榨菜丁提神，咸辣酸甜，各色各味综合在一起，美不胜收，浑然天成。

吃热干面也是有一定讲究的，如果不喜太干的话，大可预备一小碗清米酒。另外，热干面中最主要的调料是芝麻酱，这就需要你慢慢地拌了，这既是吃热干面的基本功，也是一道不可或缺的程序。芝麻酱的香味，只有在拌的过程中通过热干面的干热逼出来，才会持久而悠然。香味出来了，就不宜再拌了，否则香味损耗，亦不可取。如此拌匀了再吃得一两口，香、咸、鲜、辣皆有了，再抿一两口米酒，添上一丝清甜，米酒伴着热干面缓缓进入腹中的感觉实在妙极了！

现在，武汉三镇大大小小的餐馆、面食摊子都有热干面供应，但是，吃热干面一定要选正宗的老字号。武汉热干面最负盛名的当然要数"蔡林记"了，在武汉甚至流行这样一句俗语："不到长城非好汉，到了武汉，不吃蔡林记热干面，好汉也遗憾。"由此足见蔡林记热干面的魅力之大了。

蔡林记热干面由蔡明伟于1930年创立，因店门口有两棵大树，双木成林，郁郁葱葱，便定名为"蔡林记"，取生意兴隆之意。

当年，老板蔡明伟对"蔡林记"的经营颇具匠心，不仅请当时来自山西的书法家路达题写了"蔡林记"金字匾额，对面条和酱料的调制更是精益求精。他从和面、掸面、烫面、配料、制作芝麻酱等项目上对热干面的制作工艺反复加以改进。例如选用上好的精白面粉，和面时精准控制下碱量，变手工掸面为机器压面，反复轧成筋道光滑的细圆长条；面条小批量用旺火猛煮，刚熟就捞起，随即抖开吹凉，拌匀芝麻油，薄薄摊放8小时；烫面时用小笊篱，一次二两（100克）左右，在沸水锅中来回浸烫，抖动五六次，使之熟透滚热；作料中再添加小虾米和叉烧肉丁，用白胡椒粉取代辣椒面，芝麻酱用小磨香油调匀，还要浇点香卤汁，并且用上了当时价格昂贵的味精。这

样一包装，蔡林记热干面就"鸟枪换炮"，今非昔比，档次跃上一层楼。面条纤细秀美，根根筋道有咬劲，黄亮油润爽口，香醇鲜美耐饥。它既不同于凉面，又不同于汤面，更有别于捞面，可以说，热干面的创制使中国的面条家族又增加了一个风味特异的新成员。

蔡林记的热干面不仅制作工艺独到，而且十分注重品种花样的更新以满足更多消费者口味的需求，现在的热干面种类有全料热干面、虾仁热干面、牛肚热干面、雪菜肉丝热干面等多个品种。另外蔡林记热干面的特色口味更是其他任何小吃都无法比拟的。黄色的油面、褐色的酱汁、白色的盐、绿油油的葱花、焦黑的胡椒末儿，再来点儿红色的萝卜丁儿，筷子拌匀了，再高高挑起，香气扑面而来，耐嚼有味。难怪老武汉的食客曾发出 "蔡林记的热干面——香喷了"这样的赞叹了。

其实，一座老店，不仅仅是一个商号，也是一个地域文化的载体，一种特定文化的象征，一种牵动乡土情怀的称谓。蔡林记的热干面大概就担负了这样一种感情。现在，武汉市江汉路步行街上蔡林记热干面的铜像前每天都有不少游人在拍照，这是游客对热干面的肯定；另外，蔡林记热干面还获得了"中华名小吃"等美誉，其制作工艺还被列入了首批非物质文化遗产名录，这是中国面食文化对热干面的认可。

武汉的热干面里不仅混杂了长江、汉江水的灵气和神韵，更凝聚着武汉人的精气神。正如易中天先生所言：热干面作为一种餐饮早点，它已成了表现楚文化的一种载体。作为江城的文化符号，热干面—武汉，两个名词已紧紧融合在一起。

### （二）老通城的豆皮

江城武汉的风味小吃品种很多，誉满海内外的名点也不少，其中老通城豆皮更是首屈一指，美名远扬。

老通城，原名通成饮食店，是1929年汉阳人曾厚诚在大智路口开办的。开张之初，只供应早、中、晚点。1945年抗日战争胜利，曾厚诚携家眷从重庆返回武汉，在原址复业，大事修饰，扩充店堂，增加经营品种，改招牌为老通城食品店，以示其资格老、知名度高。

曾厚诚是经营饮食业的行家，他认为再经营一般的小吃不会有大的起色，必须有叫得响的名产品撑住门面，才能使生意红火。几经打听探访，他了解到曾在武汉几处工作的名厨高金安制作豆皮的手艺出众，于是便以重金聘用，有意以高金安师傅擅长的"三鲜豆皮"为突破口，作为本店产品的特色，并在三楼高处安装"豆皮大王"的霓虹灯，招徕顾客，这一招果然大奏奇效。

豆皮原是湖北农村的食品，传到城市，用糯米、香葱作馅，很受食客欢迎。武昌王府口"杨洪发豆皮馆"开业于清同治年间，是武汉最早的豆皮馆，当时只出售光豆皮，具有油重、外脆内软的特色，故人称"杨豆皮"，名号虽不雅，但食客趋之若鹜。

高金安师傅之所以被称为"豆皮大王"，是因为他善于琢磨，他在民间制作技术的基础上，经过精工细作，用大米和绿豆磨的浆粉烫成豆皮，最初因配鲜肉、鲜蛋、鲜虾仁作馅制成，故得名"三鲜豆皮"。而后在馅里又配有猪心、猪肚、冬菇、玉兰片、叉烧肉等，制馅十分讲究，煎制出来的豆皮色泽金黄，外酥内软，两面油光透亮，吃起来爽口，且回味香醇。其豆皮由于选料严格，用料齐全，制作精细，形成了一种独特风味。由此可见，老通城豆皮的独具一格，不是一朝一夕之功，也非一人一手之劳，而是经历了一个较长发展阶段，是博采众长而成的。正如"豆皮大王"高金安所言："不能说武汉豆皮由我高金安首创，因为在我之前已有不少的同行前辈，我是汲取他们的经验，并有所改进。"

名噪武汉三镇的老通城豆皮，具有皮薄色艳、松嫩爽口、馅心鲜香、油而不腻的特点，武汉人一提起它，总是津津乐道，赞不绝口。真正使老通城豆皮美名远扬、驰誉国内外的，是新中国成立以后，许多名人、要人的亲口品尝和赞扬。

1958年，毛泽东主席视察武汉时，曾品尝过三鲜豆皮，并赞美它味道好、有特色，从此老通城豆皮声名大振。据说，毛泽东主席曾4次品尝老通城豆皮，都是由该店"豆皮大王"高金安和"豆皮二王"曾延林分别执厨做出来的。在这之后，到过武汉的中央领导人如周恩来、刘少奇、董必武、邓小平、贺龙等，也都品尝过老通城豆皮，无不大加称赞。许多外国贵宾和友好人士参观、访问武汉，都曾光临老通城，亲口品尝三鲜豆皮。至于海外归国华侨和港澳同胞及外地慕名者，更是难以计数。久而久之，老通城豆皮的名气越传越远，真是闻名遐迩，蜚声中外。

### （三）四季美的汤包

说起四季美汤包，江城老武汉市民无不津津乐道。这种小笼汤包味美好吃，独具一格，确实名不虚传。正如清人林兰痴《灌汤肉包》诗云："到口难吞味易尝，团团一个最包藏。外强不必中干瘪，执热须防手探汤。"突出描写了汤包内藏热汤、"到口难吞"、易烫手的特点。因此，当你初次品尝汤包时，千万要留意小心，切勿性急一口咬下去，而是要用筷子夹住后，要先咬破包皮吸取汤汁，然后再吃包子，否则，吃法不当，汤汁喷出，就会弄脏你的衣服，甚至还会烫伤嘴巴。

小笼包原是下江风味的小吃食品，最早源于镇江。武汉自古商旅云集，饮食汇集各地风味，小笼汤包被引进后，经过不断革新，便逐渐成为武汉著名的美点。四季美汤包的问世、演变、发展，直到形成鲜明的地方特色风味，有一段历史过程。

据说，清末民初时期，在汉口回龙寺、长堤街一带，就曾出现了几个经营小笼汤包的临街小食摊，颇受广大食客的青睐。

"汤包大王"钟生楚与他的徒弟

1922 年，汉阳人田玉山在后花楼交通路对过一个侧巷内开了个熟食店，经营小笼汤包和猪油葱饼。这个店，是个只有几张半圆桌靠墙摆设的小而窄的店堂，取名叫"美美园"，因地处闹市，生意颇为红火。

1927 年，武汉四季美汤包馆开业，当时店名之意是取一年四季都有美味供应，如春炸春卷、夏卖冷饮、秋炒毛蟹、冬打酥饼等。后来，该店第一代门人、被誉为"汤包大王"的名厨师钟生楚，潜心研制汤包。他汲取历代名师经验，又根据本地人喜咸重油的口味习惯，在配料和制作技巧上进行了改进，使汤包皮薄、馅嫩、汤鲜、花匀，从而形成四季美特有的小笼汤包。刚出笼的四季美汤包，佐以姜丝、酱油、陈醋等进食，别具风味。

四季美汤包吃起来滋味香美，制作起来却程序严格。第一步熬皮汤、做皮冻，第二步做肉馅，第三步制包，最后"一口气"火候，都要一丝不差。用料也很讲究，肉皮要绝对新鲜的，肉馅要一指膘的精肉，蟹黄汤包要用阳澄湖大鲜蟹等，不得以次充优。如此食鲜物美，自然备受江城人民的喜爱。

四季美汤包这一诱人的美食，不仅是受广大民众欢迎的风味小吃，也是贵宾宴席上的佳肴。在中国共产党的八届六中全会期间，毛泽东等中央领导同志都曾多次品尝过四季美汤包，朝鲜人民的领袖金日成将军也亲口品尝过四季美汤包，均对其赞不绝口，给予了很高的评价。还有许多社会名流也曾先后慕名而来，一饱口福。

### （四）沙市大连面

湖北省荆州市沙市区（原湖北省沙市市，现已经和荆州市合并为一个城市）地处江汉平原，是灿烂辉煌楚文化的发源地，素有"鱼米之乡"和"江汉明珠"之美誉，在 20 世纪 80 年代是中国十大明星城市之一，号称"小香港"。如今的沙市虽不复当年之风采，但丝毫不妨碍沙市人以善吃、好吃、会吃而自居，其创造的沙市小吃贯通南北，花样繁多，令南来北往的人流连忘返，其中尤以沙市特有的大连面系列（其中分大连面、中连面、小连面）受大众喜爱，广受赞誉。大连面对于沙市人来说几乎就是早点的代名词，正如武汉人对热干面、北京人对豆汁、兰州人对拉面一样的情感。

说起大连面系列的由来，就不得不说风靡沙市 170 余年经久不衰的沙市早堂面。其实大连面、中连面、小连面都属于早堂面，只不过是由于放的面码（即面的浇头，往汤面里加放的各种各样的肉制品）不同而形成了不同档次。

沙市人一向豪爽敦厚，早堂面的商家秉承了这一优良之风。他们都很实在而且爽快，即使是一碗素汤面，都会用昨天夜里就熬好的大骨头和一整只老母鸡做素面的汤料，再加上精心调配的猪肉肉末、葱花来食用。如果在素汤面里加入猪肉片就叫作"小连面"；在"小连面"的基础上加入用滚油炸好的鳝鱼丝就叫作"中连面"；在"中连面"里再加上清炖好的手撕鸡丝即大名鼎鼎的"大连面"。早堂面之所以被称作"大连面"，其意有二：一为分量多、大，满汤、大碗；二为形容其面码之多、之高级、之丰富。"大连大连"，取其"大"者，顺口"连"成面矣。沙市早堂面是不放酱油、醋、辣酱等各种调料的清汤面，要边吃边喝汤，不仅有面的鲜美，更有汤的醇香，让人入口难忘。

　　沙市早堂面的起源有两种说法。一说其产生于清道光年间，据资料记载，它是170多年前由"汉剧大王"余洪元的父亲余四方创制的。清道光十年（公元1830年），湖北咸宁人余四方来沙市谋生，在沙市刘大人巷口开了家"余四方面馆"，后来迁到了闹市区的毛家巷。为了把生意做起来，他总结出沙市一般市民"三多"（即起早床的多、爱吃"油大"的多、喜欢在外面"过早"的多）的特点，把卖面的开堂时间提早到凌晨。他每晚从上半夜起，就开始用鸡架、猪大骨、鳝鱼骨等熬汤，把汤熬得乳白鲜美、酽而不腻。汤在锅里熬，人就在锅旁赶制大、小码子。他做的面汤鲜味正，受到人们的普遍欢迎。当年住在荆州城内的龚将军为吃此面，每天清晨特地骑十多里路的马赶到沙市，一时传为佳话，这无形中又提高了余的声誉。日长月久，食客频增，余家面几经改进便成了沙市的著名传统小吃。早堂面经过余四方的开创定型后，立即就成了沙市的一项著名的传统小吃，成为沙市人过早的首选。

　　另一说法为1895年左右，即中日甲午战争结束后，清政府与日本签订了丧权辱国的《马关条约》，沙市被迫开放为通商口岸之一，自此被划入全球经济的版图，现代工业的码头文明开始在沙市生根发芽，同时沙市的第一批码头工人也就此产生。当地一面馆老板根据这里的码头工人因从事体力劳动喜欢吃油水大的东西的特点，制作了这种油厚码肥、汤鲜味美的面条。由于码头工人多在凌晨时分到面馆吃面后上工，故得"早堂面"之名。

　　这两种说法时间相差60余年，且都有据可凭，似乎彼此矛盾，其实不然。早堂面确由余四方于道光年间所创，有创早堂面之"实"，这在任百尊主编的《中国食经》里也有记载，只是那时还未叫早堂面之"名"。直到沙市开埠，早堂面因汤浓味厚深受广大码头工人喜爱，形成了极好的市场反响。于是，经过码头工人的口口相传，"早堂面"之名迅速在整个沙市流行开来，因此，余四方于19世纪30年代创制出的面条在60余年后的90年代后期最终以"早堂面"之名风行整个沙市。而由于早堂面一般都是早上的汤最浓，随后由于逐渐加水而变淡，所以要吃到汤厚油重的面必须要在6

点左右排队，故沙市人又称其为"头汤面"或"早汤面"。

二十世纪三四十年代，经营正宗沙市早堂面较有名气的有望风、汪小食、满洲馆、本地生、川和、义和、黄炳兴、王洪发、好公道等一二十家。而现在，沙市早堂面早已遍布荆州城区的街头巷尾，处处飘香。

早堂面始有"大连面"之称据说始于20世纪80年代后期。据称当时面馆师傅在早堂面的基础之上加入小肉丸子、油炸鳝鱼、鱼糕、香菇丝等配菜，再加上特有的早堂面面汤，就形成了更为考究的大连面。随后又根据面条所加面码的不同而形成了中连面、小连面，自此，沙市大连面系列开始在沙市乃至整个荆州地区享有盛誉。其实，这种说法还有待考证。根据加面码不同而划分不同层次的做法在早堂面诞生之时就已有之，只是由于社会环境，大家为生活所迫，早堂面作为一种面向底层大众的面食，也是以朴素实惠为主，并未加入过多的面码及配菜，大连面之名因此没有得到传播。到了20世纪80年代，随着沙市经济的不断发展，人们的生活水平也在不断地提高，人们更愿意去享受生活。因此，早堂面的做法也日益考究和精细，作料也是日益丰富，于是大连面迅速被人们接受，成为沙市人过早的必选面食。

沙市早堂面之所以受到广大沙市人和南来北往食客的喜爱，是与其独特的制作工艺、鲜美醇香且极富营养价值的汤底以及丰富多彩的面码子分不开的。正所谓："小小连面里有大名堂。"

首先是汤底。沙市人有爱喝汤的习惯，许多人即使生活再困难，过年时也要煮一砂锅藕汤。与其说好多人喜欢吃早堂面，不如说是为了喝一碗鲜美的汤，因此早堂面"汤"的制作特别讲究。先是将一大锅水烧沸，放入适量的盐，然后将冲洗好的活鳝鱼（或鲫鱼）投入锅中，盖紧锅盖，十几分钟后将鳝鱼捞出，加入数斤洗清摘净的黄豆芽煨烂捞出，再将淘净的糯米用白布包好投入锅中，使汤水更加白净悦目。以上都是用文火，叫"熬汤"。汤熬好后再放进洗剥好的母鸡、猪大骨，用武火猛烧，这称为"吊汤"。这一"熬"一"吊"，鳝鱼、老母鸡、猪大骨等食物的精华被浓缩到一锅乳白色的高汤里，满堂喷香，岂能不令人食欲顿开。凡吃过沙市"早堂面"的人，都对"汤"特别钟情，将早堂面称为"早汤面"。一些面馆的老主顾，经常是喝完还要添，甚至随身携带一个保温饭盒，将汤带回家。某些食量大的，还买一二两糯米泡在汤内，所以一些面馆除卖早堂面外，门口都放着一个饭甑，附带卖糯米，很受大家欢迎。

其次就是面码子。码子分大码和小码。大码有外酥里嫩的油炸鳝鱼，纹理一致的瘦肉片、剔骨成片的鸡肉（以上都是熬汤后从锅里捞出来的），有时还要加几片荆沙鱼糕和腰花、几个鱼丸子。小码则是经过烹调加味的肥肉丁。顾客吃面时可以随意选择，有不愿吃肥肉的，可以不要小码加点大码。码子多样而又味鲜，有的顾客干脆请面馆掌勺的师傅将码子另打在小碗里，酌上一二两酒，将码子作为下酒菜。在这里不得不提一下，沙市人有喝"早酒"的习惯，据说是旧时码头工人为了能在冬日清晨上洋码头卸货更暖和一点而开始的，至今仍是沙市人过早的一大习俗。

其三就是面。旧时的面都是人工和的面，和面有很多讲究，在精细的面粉里放进碱、盐和水，碱能使面粉中的淀粉不因糖化而发酸，这样和出的面特别有韧性，面条有"劲"。如果碱放多了（行话称"伤碱"）会苦涩；放少了（行话称"掉碱"）便有酸味。面和均匀后，在陶钵上盖上湿布让其"醒"半小时。然后是揉面，将面团置于案板上，通过横揉、直揉、摊揉、叠揉，使盐碱更加均匀分布，将面揉出"精神"来。然后是将生面煮成熟面。"煮面"是一道关键的工序，每次最多下三四斤面为宜，边来食客边下；水要烧至翻滚，煮到八成熟即捞出，时间煮短了会成夹生面，煮过了又会将面煮烂，吃起来没有嚼劲，所以，煮面掌握"火候"就显得十分重要。而现在的面都是机器压制的碱面，似乎总觉得缺少点什么。

沙市早堂面除了做工精细，装碗时也很讲究，师傅将叠起窝来、排栉如梳的面条装到碗里，浇上汤锅中的汤，放上油和码子，再撒点葱花，做到色、香、味俱全，让人看着就胃口大开。这面、汤、码子的精巧集合成就了令沙市人赞不绝口的特色面食——沙市大连面。

沙市自开埠以来便是长江中下游的重要口岸。沙市码头通南贯北，生活习俗受到外来影响很大，你能尝到上游四川之麻辣，也会品出下江上海之绵甜，更容易吃到汉口的热干面。可沙市人又极富创造性，他们在海纳各地美食的基础上又把口味调制得颇有独特之处。同样是吃碱水面，沙市的大连面系列，既没有简单做成汉口的酱浓干拌的热干面，也没有做成四川的料足麻辣的燃面，而是取碱面为本，佐上好骨汤，配精制肉片，制成一碗面爽汤香肉嫩的早堂面。

大连面口感颇为清爽，面条像用梳子梳过似的，一丝不乱地盘在碗中，肉片、鳝鱼丝黑白分明地浮在汤上，还有绿色的葱花和黄而透明的油花，升腾着氤氲的白气，散发出鲜美的香味，令人舌底生津，诱得人忍不住拿起筷子就将面条搅拌均匀，然后哧溜一口，咀嚼那煮得恰好、掸得到位的面条，再喝上一口鲜汤，顿时觉得自腹内升起一股热气，使得浑身舒畅极了。每当冬晨，人们吃上一碗大连面，必然全身温暖，精神焕发。一碗大连面吃完会让人回味无穷，这种回味不是那种强烈的口鼻刺激，而是入口下肚之后那种绵长的、柔软的丝滑，久久不会散去，颇有"余音绕梁，三月不知肉味"之感觉。只是在这里，"余音"改为"余味"似乎更为合适。曾有人这样赞誉大连面道："荆沙好，汤面（即大连面系列）十分娇，三更老火煨汤底，各式荤码面上浇；过早不可少，充饥也能饱；传统小食它最美，享誉荆沙堪称宝！"也曾有人评它为"楚天第一面，美誉满荆沙"。虽有所夸大，但沙市人对大连面之喜爱由此可见一斑。

同时，我们不能忽视大连面那富含胶原蛋白和多种营养成分的高汤。沙市有个顺口溜：先生吃碗大连面，像喝红牛不疲倦；女士吃碗大连面，赛过去趟美容院。可见其营养价值之高。曾有词赞曰："荆楚小吃三件宝：连面、抠饺和鱼糕。"可见大连面系列在沙市乃至整个荆州地区人们心中的位置之高。

沙市是荆州小吃品种最丰富的地区，小吃有上百种之多，如大连面、鱼糕、水煎包、米丸子和牛肉抠饺子等，这些物美价廉的小吃不仅让沙市人赞不绝口，更让那些途经沙市的游客停住了脚步。与其说花色品种齐全、名特食品丰富是沙市饮食文化的特点，倒不如说沙市人的"吃"本身就是别具一格、独具特色的。他们善于吸纳全国各地各式各样的饮食风味，同时又善于改造创新，创造出属于自己的饮食文化并能一如既往地传承下来。在这种不断传承、创新的过程中，未来的沙市人都会吃些什么呢？我们或许不能设想，但有一点是肯定的，那就是具有浓郁楚文化特色的饮食文化会代代相传。

### （五）襄阳牛杂面

古城襄阳是湖北省的第二大城市，建城已有 2800 多年的历史。作为国家历史文化名城，襄阳地区的特色小吃可以说是琳琅满目、花样众多，但在早餐市场上占据绝对优势地位的是一种极具本地特色的地方面食——牛杂面。牛杂面是襄阳人早餐的首选，它的特点是辣、麻、鲜，味道可口，回味悠长，久食不厌。鲜香的牛杂、厚厚的红色牛油配上黄嫩的豆芽再加上一碗黄酒，这就是襄阳人早点的精华。

襄阳地处湖北西北部、汉江中游，自古以来就是南北经济文化的交会之地和兵家必争之地，族群多元，文化形态多样，尤其是清真饮食文化与川陕豫饮食文化对本地饮食文化影响颇为深刻，同时襄阳菜又具备湖北菜香鲜醇嫩的特点，所以襄阳在小吃文化上显示出多样性和南北交融的双重特点。这一点在其面食文化上就显得尤为突出，襄阳牛杂面的饮食口感和风味就明显受四川面食麻辣风味的影响，注重口感，喜麻辣。

牛杂面于 20 世纪 70 年代在襄阳兴起，而见证牛杂面的兴起和繁盛的，是一条不大的友谊街。据《襄樊市地名志》（襄阳旧称襄樊，2010 年 12 月 9 日恢复襄阳名）记载：友谊街原称教门街（这里现在还保存有清朝中期所建的清真寺），是樊城（襄阳城区之一）回族居民聚居地，为标志汉、回两族人民的团结，1964 年改名友谊街，沿用至今。

20 世纪 70 年代有很多回民在友谊街做牛肉生意，因此牛杂、牛油会有大量剩余，部分贩卖者将本地人早餐喜食的碱面与香辣醇厚的风味结合，在精心制作面条汤底卤水的基础上，加入预先熬制的香辣牛油，便形成了牛杂面的雏形——牛油面。随着时间推移，炖煮入味的牛杂成为这道小吃的主配料，受到广大襄阳人的喜爱。而首创此举的就是友谊街上开面馆的回民赛师傅。

1985年，赛师傅在友谊街正式开办面馆，首先将牛杂加入面条，市场一时反应奇佳，牛杂面自此诞生。一年后，赛师傅又在顾客建议下，将牛肉加入面条，再一次反响甚好，牛肉面也就此诞生。而友谊街另一家老字号的牛肉面馆马家餐馆也是在1986年开办的。正是这一年，友谊街以地道的牛杂面一炮打响，为越来越多的襄樊市民所知。到1990年后，襄阳人过早吃面成为普遍现象。据友谊街面馆老板回忆，那时的面馆生意，牛肉牛杂没有现在充足，来吃面的人都得赶早，来晚了就吃不到。因为开牛杂面馆本钱低、风险小，越来越多的人投入其中，友谊街上的牛肉面馆开始形成气候。与此同时，襄阳另一街道——定中街的牛杂产业也逐渐形成，成为襄阳市民吃牛杂面的又一去处。

现在的襄阳街头，牛肉、牛杂面馆已不分回、汉，成为真正为襄阳老百姓所喜爱的早点，风靡整个襄阳城。虽然面馆在襄阳遍地开花，但在襄阳人眼中，友谊街回民餐馆的牛杂面依旧是首选，因为正宗的回民面馆，牛肉肉质好、味道鲜，吃起来特别香。如果你在襄阳看到大大小小的市民为了吃一碗牛杂面而排起了长长的队伍，千万不要惊讶，这已是襄阳多年以来的习俗了，而此种为了吃一碗面条而排起长队的习惯估计也只有在襄阳才能看到吧。

襄阳牛杂面有三个最讲究的特点：一是味香，二是味厚，三是有回味，正所谓色香味俱全。牛杂面不仅让人们大饱口福，更让广大的食客回味无穷，这份回味让襄阳人牵挂，更让他们骄傲。

牛杂面的汤要好喝，牛肉要好吃。配料就着粉面，还有特别熬制的红油、卤牛肉、牛杂，三口大锅一字摆开，让人大开眼界。

襄阳牛杂面最大的机密在于中药卤包，而最为关键的则是汤。汤一般要用牛骨、牛肉，再加据说二三十种作料慢熬。作料关系到味道，各家自有高招，秘不示人，最主要的大约有两三味：桂皮、辣椒、花椒。这些原料与中药卤包一起熬制，熬制出来的汤头味道出奇地好。汤以麻辣为主，熬好的汤上面总盖着一层厚厚的红油，红油是面汤可口与否的关键。

厚厚的红牛油底下埋着大大的牛骨，让整个牛油汤显得更加浓郁芬香。牛骨汤也是预先熬制的，先将剔干净的牛腿骨放入大锅中焖炖，七八个小时后再滤去骨头，留下醇香的牛骨汤，飘香四溢。牛杂在襄阳本地主要指牛肠和牛肺（不包括牛肚），牛杂要在头一天就洗净放入锅中煮开，然后取出切好，再用清水反复漂洗，洗净内脏血水。翌日一大早，将洗净的牛杂放入闷瓮中加入油、盐、大料开始焖炖，掌握火候，煮至微烂即可，这样吃起来既有嚼劲又很柔软。这些常见常用的物料，经厨师的特殊组合，就成了调动襄阳人味觉和食欲的上好食品。

襄阳的牛杂面一般都没有将牛肉作为原料，最多加上一勺牛杂，吃的品的是面，面是碱面，碱加得恰如其分才不会苦涩，只透着面香，让人闻着就口舌生津。

牛杂面的作料和制作十分费时，所以店家在前一晚就要备好面，再经过过水、放油、拌面等工序，最后把面摊在大大的竹簸箕里。第二天一清早，架起三口大锅，一锅是白汤，水汽腾腾，白雾雾的，冉冉上升；另一锅是红汤，是老板用牛油牛杂，放香料、辣椒熬出来的，上面浮着红汪汪的辣油，飘着青青的蒜苗段，纹丝不动；还有一锅便是牛杂和牛肉了。吃面的来了，喊上一声"二两面，一碗黄酒"，老板抄起一团面，丢到长柄的竹笊篱中，再抓一把脆生生的绿豆芽，沉到翻滚的白汤里，不慌不忙地抖几下。老板的手势很好看，手腕上下颠动，手臂却不起伏，隔个半分钟，小手臂一扬，竹笊篱在空中划过一道小弧线，面稳稳地落在碗里，再兑上红汤，爱吃辣的人，老板给你多加一勺辣油，完了齐齐地端到桌上。如果你到襄阳，赏了水镜庄的景，怀了隆中的古，那么千万不要忘了品品襄阳的牛肉面。

### （六）云梦鱼面

去雁远冲云梦雪，

离人独上洞庭船。

这是唐代诗人李频对湖北云梦景物自然美的形象描写。云梦，古称云梦泽，亦曰曲阳（即以位于曲水之阳而得名）。又因古时这里曾是楚王建都和游猎之所，故又有"楚王城"之称。

云梦历史悠久，物产富饶，素为鱼米之乡，这里有许多土特产，其中云梦鱼面更是别具风格。云梦鱼面系用青鱼、鲤鱼（或草鱼）肉为主料，掺和上等面粉，精工细作而成。它有两种吃法，一种是面条做成后即时煮熟，加上作料，即可进食；另一种是面条做成后晒干包装起来，可以长期贮存，吃时煮熟即可。人们形容云梦鱼面是"擀的面像素纸，切的面像花线，下在锅里团团转，盛在碗里像牡丹"。

关于云梦鱼面的起源，据说纯属偶然，《云梦县志》对此曾作过记载。清朝道光年间，云梦城里有个生意十分兴隆的"许传发布行"，由于来此做生意的外地商客很多，布行就开办了一家客栈，专门接待外地商客，并特聘了一位技艺出众、擅长红白两案的黄厨师。有一天，黄厨师在案

云梦鱼面商标和"真绝"荣誉

上和面时，不小心碰翻了准备氽鱼丸子的鱼肉泥，不好再用，弃之又可惜。黄厨师灵机一动，便顺手把鱼肉泥和到面里，擀成面条煮熟上桌，客商吃了个个赞不绝口，都夸此面味道鲜美。之后黄厨师又做了几次，反响也都不错，于是干脆称之为"鱼面"，这样，鱼面反倒成了客栈的知名特色面点。后来有一次，黄厨师做的面条太多了，没煮完剩下了很多，黄厨师就把它晒干。客商要吃时，他就把干面条煮熟送上，不料味道反而更加好吃。就这样，在不断的摸索和改进之中，风味独特的云梦鱼面终于成为一方名点。

云梦鱼面之所以味道特别鲜美，自然离不开云梦所具有的得天独厚的特产资源条件。《墨子·公输篇》曾记载："荆有云梦，犀兕麋鹿满之，江汉之鱼鳖鼋鼍为天下富。"此地由于盛产各种鱼鲜，故以所产鱼面最为出名。云梦民间流传有歌谣曰："要得鱼面美，桂花潭取水，凤凰台上晒，鱼在白鹤咀。"说的是城郊有一"桂花潭"，清澈见底，潭水甘美；"凤凰台"距桂花潭不远，地势高阔，日照持久；城西府河中"白鹤分流"处，所产鳊、白、鲤、鲫，鱼肥味美，是水产中之上乘。当初偶然制成了鱼面的黄厨师，后来专门潜心研制鱼面，他采用的就是"白鹤咀"之鱼，取鱼剁成茸泥，用"桂花潭"之水和面，经加入海盐、掺和、擀面等工序，放置"凤凰台"上晒干、收藏。精心制作的鱼面，不仅用来招待客商，而且还被"许传发布行"老板用作礼品，馈赠来自各地的布客，使得云梦鱼面广泛流传。

云梦鱼面作为地方传统特色面食，因其味道鲜美，早已驰名遐迩。云梦鱼面的生产，由于经过不断地研制加工，质量愈做愈精，其面皮薄如纸，面细如丝，营养十分丰富，食之易于消化吸收，并且有温补益气的作用，被人们美誉为"长寿面"。此面不仅国人交口称赞，1915 年，为参加"巴拿马国际商品大赛"，鱼面师精心地把一斤斤盒装鱼面都切成"梁山刀"（即 108 刀），色白丝细，从而征服了外国友人，使其荣获银奖，因之驰名国际市场。近几年来，云梦鱼面生产受到各方面的关注和支持。2010 年，云梦鱼面获得了国家地理标志保护产品。此外，当地还成功研制出了快餐鱼面，把云梦鱼面的生产又提高到一个新的水平。

### （七）孝感桃花面

说起湖北省孝感市，大家都不会陌生，因为"二十四孝"中就有董永卖身葬父、黄香扇枕温衾、孟宗哭竹生笋等 3 个流传甚广的传说故事发源于此，"孝感"之名即说明此地以孝立市，以孝传世。根植于孝感大地的孝文化是孝感人一脉相承的优良传统，是中华传统文化中最有特色的华彩篇章。而说起孝感的饮食文化，大家也会想到孝感米酒、孝感麻糖等著名小吃，但是，孝感还有一样小吃同样令孝感人颇为自豪，这就是孝感的桃花面（又称馄饨面）。

桃花面是孝感市传统风味小吃，因其制作精细、配料齐全、滋味多样、鲜美可口，颇受孝感人喜爱。它是一半包面（旧名"抄手"，北方人谓之"馄饨"）和一半手工面条，再加一些"臊子"烹煮而成。因馄饨皮薄，肉馅透红，浮于面条周围，宛如朵朵盛开的桃花，故名桃花面。又因其以馄饨与面条混合制成，一碗两用，各擅其长，各尽其妙，故有"金丝串元宝"之称，甚为贴切传神。这些极具诗意的名称让桃花面成为孝感人心中的一份温暖的回味，联结着孝感人的恋家情怀。

桃花面历史悠久，早在清末民初即已盛行，历时已有150余年，是孝感人极为喜爱的传统面食。在我国南方，一直有"冬至馄饨夏至面"的谚语，说的是炎热的夏至宜吃面条，寒冷的冬至宜吃馄饨，以达到调和寒暑之目的。孝感师傅将这两种不同季节被人们所推崇的小吃品种合二为一，是颇有创意的，这可以让人们在一碗中同时品尝到不同风味，由此形成的丰富口感便是桃花面的最大特色之一。在桃花面兴起之初，商家经营桃花面并不需要门面，也不设店铺，只挑上副担子，敲着特制竹梆，走街串巷，流动烹售。这种经营形式各地都有，但这种面条、馄饨各半的桃花面，唯孝感独有。当今流行的菜点合一，几种小吃合拼为一的时尚，与桃花面的制法如出一辙。桃花面发展至今日，品种已相当丰富，形成系列。面条上所浇的浇头，也可做些变化，如鸡丝、火腿、虾仁、鳝鱼丝、三鲜、排骨等，制作成风味各异的桃花面，人们可以根据自己的喜好而选择不同口味的桃花面。

桃花面的用料、制作及烹调工艺过程是颇为讲究的。

桃花面对面粉以及面条、面皮的制作要求很高。在机制面粉产生以前人们使用的是由磨坊用青石所磨出的面粉，并用细丝箩筛筛过数次，使之质地细腻；新中国成立后则普遍使用机制精粉。桃花面由面条与包面混合而成，而面条和包面皮均需手工擀压，擀出的面皮，一是要薄，薄才无"面疙瘩"味；二是要有韧性（俗称"有筋丝"），包住肉馅才能耐煮不破。为了让面皮能更薄，一般都会选用豆面粉，因为豆粉十分细，这样擀出来的面皮才会更薄并且韧性十足。同时，在开始加水和面时，要先加入一点食用碱，碱的用量要适度，碱过少，面条就会酸涩，过多则会有苦味；面的干湿要掌握准确，不能太干，也不能太湿，揉面时要用力多揉，增强其粘连性。擀面时，既要擀，又要压。"压"就是当面擀得初成面皮子后，再薄薄地撒上一层"生粉"，然后折叠起来，将擀面棍在面皮上一下一下地向前压，纵横反复，一直压到面皮薄得不能再薄了为止。

面条和面皮擀制好之后便要切面条，这也是一项技术活。切面条讲究刀法和力度，要求切出的面条既细且匀，形成一缕缕的面丝，犹如一根根规则的橡皮筋，在手中抖动韧而不断。在下面之前把面丝拧成面把儿，待有食客时投入沸水锅中即可。

面料完工之后接着做肉馅，选纯净瘦肉洗净后，置于砧板上，用斧头（斧口朝上）

猛锤，将肉的纤维结构全部打乱，待肉生出"淰"后再用刀剁。剁时适当洒点水，直至剁成泥状后，再将少许切得极碎的榨菜末、生姜末或锤烂的虾仁等掺入肉泥中搅拌均匀即成。但应注意，肉馅中不宜加葱末，恐距离烹调时间较长会产生异味。

最后就是配料和臊子了。桃花面主要有原汁酱油、胡椒、味精、葱花等调料和香干子丝条、芹菜、黄花菜、黑木耳等臊子，配料和臊子一般等面条捞上碗之后再加。而在包面和面条未出锅之前，碗内先放一小勺猪油（须用纯净猪板油炼制而成），口感会更鲜美。

经过层层工序制作出来的桃花面，面条丝丝如波，各色臊子色彩分明，部分包面从面条中浮出，酷似朵朵桃花，真是色、香、味俱佳。虽然包面中包有肉馅，面汤中加有猪油，食之却清爽可口，全无油腻腥膻之感，这就是孝感桃花面的特殊风味。1958 年 11 月 14 日，毛主席在视察孝感时曾专门去品尝桃花面，并给予好评，将它与麻糖、米酒并称为"孝感三宝"。

桃花面看起来十分漂亮，吃起来也是筋道爽滑。清亮的肉汤、切成丝的面条、薄薄的带着肉馅的包面，还有各式各样的臊子，再撒上清香的香菜末，绿色衬着白色，面的爽滑混着肉的鲜美，虽不说入口即化，但那种柔软细腻的感觉让人难忘。20 世纪 30 年代中期，孝感城关经营桃花面的有鼓楼街（今府前街），西门正街地段的冷寿元，宪司街（今解放街）地段的冷灼云，北门内正街、外正街地段的孙小苟，汤家街儒学（今新华街）地段的李双泉等多家，其中冷灼云卖的桃花面以货真价实、制作精良、味道鲜美而颇有名气。新中国成立后，桃花面作为孝感城区一大传统食品，一直受到孝感人的喜爱。古诗云："人面不知何处去，桃花依旧笑春风。"孝感人以此为豪。漂泊在外的孝感人看到这句诗，首先想到的便是这让他们魂牵梦绕的桃花面，思乡之情便会油然而生。这份古韵，这份怀念，桃花面或许是最好的诠释吧。

### （八）酸浆面

近代以来，湖北地区产生了一大批享誉全国的特色小吃，如我们所熟知的热干面、老通城豆皮、云梦鱼面、襄阳牛杂面、沙市大连面等。与此同时，还有众多散落在湖北民间的特色小吃同样让广大食客回味无穷，如酸浆面。它在湖北的历史可谓久远，其酸辣香甜、油而不腻的风味和独特的制作工艺被世世代代传承了下来。目前，酸浆面在湖北地区流行的区域主要有襄阳市枣阳的琚湾和十堰市的郧县（今郧阳区）。

琚湾酸浆面是襄阳市枣阳的独特的面食，其发源于清朝，距今大约已有 300 年的历史。据传，酸浆面为湖北黄陂（旧称黄陂县，现为武汉市黄陂区）一彭姓人士所创制。据彭家子孙介绍，在当时，彭家经常将夏秋收获的青菜放在缸内发酵变酸，留作冬天食用。一日，佐以面食的素菜用光了，彭家便将酸菜水当作面食的佐汤，做成酸乎乎、

香喷喷的面条，酸浆面就此诞生。在嘉庆年间，彭氏族人由黄陂迁至琚湾（现为枣阳市琚湾镇）后，其中一支第 5 代酸浆面传人在镇上以面馆维生。第 6 代彭永福育之长子彭正福在琚湾南街彭家老馆执业，三子彭增寿在枣阳市区北关南头执业。城乡两家面馆都以"彭永福酸浆面"为名并传给子女。因酸浆面在琚湾流行开来，故此面又称"琚湾酸浆面"。经彭家几代人的不断改良、更新，所做出的酸浆面不但色香味俱全，而且有开胃、预防伤风感冒等功效。时至今日，在琚湾条条街道，酸浆面的香味充斥着人们的口鼻，就连许多襄樊市区的居民也经常驾车前往枣阳品尝美味的酸浆面，一饱口福。

郧县酸浆面是湖北十堰市郧阳区人民喜爱的一种风味小吃，特别在夏秋季节，酸浆面不凉不烫，酸香扑鼻，味美爽口，老幼皆宜。昔日老郧阳十里长街，铺面井然，处处设有酸浆面馆，就连寻常百姓家也喜做酸浆面，喜食酸浆面，直到现在仍经久不衰。相传，酸浆面是因为郧县人爱吃酸菜而逐渐沿袭形成的。郧阳人吃酸菜颇有学问，一年四季皆可入酸：腊菜酸菜、红薯叶酸菜、萝卜缨酸菜、莴苣叶酸菜、包菜酸菜、芹菜酸菜，任何时令蔬菜乃至红薯、萝卜等的花叶等都可制成酸菜。郧阳人吃酸菜吃出了艺术，一天三顿皆有酸：酸菜面条、酸菜面叶、酸菜包子、酸菜米饭。在众多的酸味小吃中，酸浆面一枝独秀，沿袭至今。据传酸浆面在清末民初时便已风行，流传至今已有 100 多年。近年来，有旅居台湾的郧县人写信给在郧县的亲人，倾诉他们喜爱家乡酸浆面的心情，并希望能在台湾把酸浆面推广开来，让更多的台湾人品尝到来自湖北郧县的特色小吃。

枣阳、郧县两地的酸浆面制作方法大同小异，只是在口感风味和浇头上略有不同。

酸浆面最为重要的制作过程就是制浆汤了。一般来说，吃酸浆面的时间主要在春夏秋三季，而最佳的时期就是从清明节到中秋节，在此期间，制浆汤的原料是最为丰富的。枣阳酸浆面最重要的两种原料为小白菜和芹菜，且浸泡酸菜必须用陶制缸；而郧县酸浆面原料在此基础上又加了包菜、腊菜，更为丰富。制浆汤的方法也叫"抖浆"，在清明节以前抖的浆是上等的好浆。具体方法是把需用的菜放在锅里烧开的水中稍煮（翻转一次就可以了）后，捞起来放在干净桶或盆里卧好，然后将烧开放温的面条汤兑到青菜中，用一块"油光青石"将菜压住，夏天一周，冬天半月；此后，陆续兑适量清凉开水（对里面的浮沫一定要每兑每捞，直到清完为止）。待闻到酸香时，美味的浆汤就制成了，每次食用后，要不断地将新鲜面条汤适量兑入老浆汤中。

浆汤制作完成后就要炒浆料，浆料因作料的不同可变换出不同的风味，制作过程随意性较大，一般的作料是葱花、姜末、香油、猪油等。操作方式是先将香油、猪油烧至 80 度左右，然后下葱花、姜末、辣面、食盐，炒成红黄色铲起来，倒在准备食用的浆汤中，然后配以五香粉、味精等调料。当然，由于两地人饮食风味略有偏差，作料品种及数量多少会略有不同。襄阳、枣阳人喜辣，故浆料多放红辣椒油拌着炒，炒出的浆料口感相当浓郁；而郧县人则喜保持酸浆面酸而不腻的味道，一般不加辣椒油，但有时也会放少许辣面，以适应那些喜食辣的食客的要求。

酸浆面对面条的要求颇高。最好是手工擀切的黄细面（黄色是因放有少量碱形成的），无论怎样做面条，和面时，里面要加点盐、碱和鸡蛋清，这样的面条煮出来后既好吃又筋道，不糊汤。食用时，将面条下锅煮熟，然后除水散热，碗底下垫绿豆芽、酸菜末，撒上炒熟的芝麻末，最后再浇入制作好的鲜辣浆汤，让白的面丝卧在油汪汪、黄灿灿的酸浆汤里。襄阳、枣阳人还喜欢在面条上加一勺鲜红鲜红的辣椒油，这样，一碗色、香、味、形俱全的酸浆面就做成了。

酸浆面的风味是酸香带辣、辣而带酸，油而不腻、不咸不淡，越品越有滋味。酸浆面在湖北面食里算是偏清淡的，微酸微辣的面条总透着一份面的素香。人们在吃面时总忍不住在嘴里多咀嚼几下，然后再喝一口酸辣的面汤，就着这酸辣的汤的刺激将面条一同吞入肚中，绵长的口感让人回味无穷。这份吃面的讲究与爽快，是对湖北人民对于饮食的热爱和创新的一份回报吧。

在枣阳，夏日傍晚的街头，生意最好的永远是各种酸浆面馆。人们吃着卤菜、喝着啤酒，再来一碗酸浆面，边吃边谈天说地，这已经成为枣阳一道独特的风景。到了夏天如果不吃碗酸浆面，人们总觉得少了点什么。2009 年，琚湾酸浆面被公布为枣阳市第一批非物质文化遗产，酸浆面工艺不再是家族秘密，而成为浓缩 200 年枣阳近代史的文化符号。同样，在郧阳城和十堰的大街小巷也是处处可见酸浆面馆，且生意火爆。在外地工作的郧县人回到十堰和郧县后，第一件事就是进酸浆面馆吃碗酸浆面，以重温故乡的风情。尤其在冬天，如果感到手脚冰凉，那就去吃一碗热乎乎、香喷喷的郧阳正宗酸浆面，吃过后你顿时就会感到大汗淋漓，舒畅无比。

枣阳、郧县均位于鄂西北，多丘陵山地，耕地有限。因此，当地居民必须要在春夏季节把收获的蔬菜储存起来以备冬天食物的匮乏，酸菜就是他们最基本的一项干菜储备，旧时几乎每家每户都会制作酸菜。而把酸菜与面条集合制成美味可口的酸浆面，则是鄂西北人民的伟大创造，而这种创造力也一定会不断地继承发扬下去，创造出更多属于他们自己的美食。

### （九）东坡饼

东坡饼，是楚乡湖北传统风味名点。此饼是以上等白面粉为主料，配以鸡蛋清及盐、糖等调料，经油汆而成。东城饼形似花朵，色泽金黄，松酥爽脆，醇厚香甜，质味俱佳，深受人们喜爱。

提起东坡饼，人们不仅赞赏它的味道美，更津津乐道它的来历，因为它与著名文学家苏轼有密切关系。

相传，在北宋神宗元丰二年（公元 1079 年）十二月，苏轼因作诗讽刺新法（即所谓"乌台诗案"）被李定、何正臣、舒亶等人接连上奏章弹劾，被逮捕入狱。后因神宗怜其才，苏轼被释放出狱，后被贬至黄州任团练副使，实际上是个有职无权的闲职。初居黄州东南定惠院时，苏轼常闭门谢客，饮酒浇愁，后侨居黄州东坡，自号"东坡居士"。

由于苏轼多次遭受打击，政治上失意，心中忧虑，这时长江对岸的鄂城西山，便成了他消愁解闷的世外桃源。他常与友人泛舟南渡，游览西山，观赏菩萨泉，吟诗作对，还与西山灵泉寺长老交往甚密，并结成莫逆之交。而苏轼特别喜爱菩萨泉，甚至以菩萨泉水代酒送别友人，他曾作诗云："送行无酒亦无钱，劝尔一杯菩萨泉。何处低头不见我？四方同此水中天。"真是君子之交淡如水。

苏轼以泉水代酒，以诗文会友，在黄州期间渐渐结交了一批知心朋友，他们也不时邀请苏轼小聚。西山灵泉寺的寺僧得知苏轼酷爱菩萨泉，又喜爱吃油炙酥爽食品，于是有一次邀请苏轼时，他别出心裁，汲取菩萨泉之水烹茗，并调制上好小麦面粉，用香油煎饼款待苏轼。看到这色艳诱人的香油煎饼，苏轼食欲倍增，食用后更是觉得别具风味，大为赞赏，便面带喜色地对寺僧说："尔后复来，仍以此饼饷吾为幸！"从此，每访必食之。

苏轼也可说是一位美食家，对食品的色、形、味自有一番研究。在与灵泉寺寺僧的交往中，他以寺僧特制的香油煎饼为基础，又通过精心设计、改进，研制成一种油氽"千层饼"。此饼异常酥脆，外形独特，口味甚佳，故很快传了出来，一些糕点师傅纷纷仿制。由于这种饼具有香、甜、酥、脆的突出特色，加上人们对"东坡居士"的敬慕，故将此饼以"东坡"大名冠之，称之为"东坡饼"。

西山古泉寺制作"东坡饼"有着得天独厚的自然条件，其菩萨泉水清澈甘美，含有人体所需的多种矿物质，而用此水和面不用加矾碱，因属于重油制品，故所制成的东坡饼具有自然起酥的特点。

现在东坡饼这一闻名中外的地方特产，越来越受到广大人民的青睐，特别是到黄州东坡赤壁或鄂州西山寺游玩的客人，都要品尝东坡饼，甚至还有"未尝东坡饼，空往西山行"之说。由于东坡饼形美、色优、味佳，且具有历史意义，因此很多游客总会稍带一些，把它作为珍贵礼品赠予亲朋好友。现在一些城市商店食品柜上，也都摆出了配以精美包装的东坡饼，使更多的人都有机会品尝东坡饼，一饱口福。

**（十）谈炎记水饺馆**

饺子，是我国北方人民最爱吃的传统美食之一。开设于武汉硚口区中山大道南侧的谈炎记水饺馆，其水饺以皮薄、馅多、汤鲜、味美享誉武汉三镇，在武汉有"水饺大王"的美誉。老硚口的居民无不以一尝"谈炎记"的水饺为快事。要知道它是如何赢得"水饺大王"美称的，还得从 20 世纪 20 年代谈起。

谈炎记门面

1920 年，黄陂人谈祥志从乡下来汉谋生，开始时肩挑小担，在利济路一带走街串巷叫卖水饺，并兼卖汤圆。那时水饺属夜宵食品，白天在家准备材料，到夜晚才肩挑上街来卖。因为是晚间生意，水饺担子上挂有一盏煤油灯，以作照明之用，谈祥志就在他那盏灯罩的玻璃上横写了"谈言记" 3 个字，中间又写了"煨汤水饺" 4 个字，连起来就是"谈言记煨汤水饺"。后来谈祥志为了图吉利，把谈言记的"言"字改为"炎"字，"炎"字是两个"火"字组成，以示火上加火，越烧越旺，生意兴隆之意。这就是"谈炎记"招牌的由来。

1940 年谈祥志去世，其子谈良山继承父业，与别人合伙摆起了水饺摊子，地点固定在硚口利济路三曙街口。不久谈良山与别人散伙，自己单独摆起了摊子，又正式恢复了父亲的招牌"谈言记煨汤水饺"。

新中国成立前，在武汉做水饺生意的竞争性很强。据统计，当时在汉口挑担经营水饺的有 300 余个。谈良山采用在饺皮、饺馅、汤汁、作料等方面提高质量、薄利多销的办法，很快赢得了信誉，站稳了脚跟，生意逐渐兴隆起来。特别在硚口地区、襄河码头一带，名声很好，他被人们誉为"水饺大王"。

谈良山继承父亲谈祥志的职业时，开始只不过是在三曙街口别人房子旁边搭起一个小棚作为固定摊点。抗日战争胜利后，他在小棚子的基础上搭盖了一间 4 平方米的简陋小房。后来随着生意的发展，他又对这一间小房进行了改造，并加盖了一层楼房。营业场地扩大了，声誉日隆，于是将"煨汤水饺"改为"水饺大王"，正式挂起"谈炎记水饺大王"的招牌。

谈炎记水饺之所以享有盛名，实有其独特之处，主要在于它把质量放在第一位，而且始终不渝，数十年如一日，保持自己的特色和风味。谈炎记制作出来的水饺有两大特点：一是鲜，二是热。

食物的味道鲜美，才能增进人们的食欲。谈炎记为了一个"鲜"字，狠下了一番功夫。首先，讲究配料。俗话说得好，"水饺没巧，配料要好"。在配料中所用的猪油，谈炎记采用的是花油，因为花油炼得好，不但有板油的香味，而且油面上浮有珠子，

晶莹好看。在炼油时，将葱段、姜片投入油中一起炼，这样葱姜的香味就被吸进油中，使人闻着香味扑鼻。使用的味精、酱油也是有选择的，当时谈炎记用的味精主要是日本的味之素和上海的天厨牌味精，酱油则是蘑菇虾子等高级产品。水饺馅别人用的是纯猪肉，而谈炎记则在猪肉内加 30% 的牛肉。这样做的目的有两个：一是吸水，二是吸油。按照这种比例配料，大大增加了鲜味。其次，用新鲜包皮。谈炎记的水饺皮薄如纸，又很有"精神"，下锅后不破不粘。别人的水饺皮，今天卖不完就留到明天用，这样的水饺皮既跑碱、不好包，又不好吃。谈炎记则采用以销定产，卖多少就做多少，决不用隔日的水饺皮，以确保质量。第三，作料齐全。水饺味道鲜不鲜，与作料齐不齐有很大关系。谈炎记水饺的作料计有猪油、食盐、香菇、虾米、葱、榨菜、五香菜、荆冬菜、酱油、胡椒、味精等 10 余种。事先配备齐全，放置在每个碗里，随要随用，既方便，又使各种滋味融合在一起，增加水饺的鲜美度。最后，坚持原汤原汁。谈炎记煨制的骨头汤，是根据骨头的多少按比例依次将水放足，煨好后不再加清水。已经煨过的骨头，也不再重煨，使汤汁始终保持在一定浓度上，既不腻口，也不清淡。

谈炎记的水饺除鲜外，还讲究一个"热"字。武汉形容饺子汤时有句土话，叫作"一热当三鲜"。谈炎记牢牢掌握了这一点，很注意"热"字，每天用两个炉子两口锅，一口锅里烧的是下水饺的开水，一口锅里煨的是骨头汤。烧开后，始终保持一定的沸度，顾客来了，要一碗下一碗，要两碗下两碗。因此，下的水饺不粘连、不混汤，而且开水下水饺，加上滚滚的骨头汤，热气腾腾，香气四溢。特别是在严寒的冬季，人们吃上一碗水饺，既饱腹又驱寒，一举两得，皆大欢喜。

新中国成立以后，谈炎记水饺馆又有了很大发展。"水饺大王"谈良山主持业务、管理技术，在制作方面不仅保持了汤鲜、馅嫩、味道可口的固有特色，而且又新增了鸡茸、鱼茸、虾仁、冬菇等花色品种，质量也进一步得到了提高。

谈炎记水饺自始创至今已近百年，其汤鲜馅美、皮薄馅大的特色始终如一，成为武汉人民赞不绝口的风味小吃，以至于武汉人提起风味小吃的时候，很容易就想起了"谈炎记"的水饺。

# 第十章 湖湘饮食文化

在历史的长河中，湖南人民凭借优厚的自然资源，以惊人的智慧才能，创造出了具有鲜明地域特色的饮食文化，这就是湘菜。湖湘饮食文化是湖湘文化的生动代表，同时也是湖湘人民真实生活的反映。

## 第一节 湖湘饮食文化的起源与发展

湖南地处长江中游，自古即有"三湘四水"之佳名。湘、资、沅、澧四水，蜿蜒曲折，贯穿全境，滋养着湖湘大地，为这片热土注入了勃勃生机与活力。这里土壤肥沃，气候宜人，三面环山，宛如天然屏障，守护着这片富饶之地，北邻浩渺洞庭，湖光山色相映成趣。此种地理之优势，为人类繁衍与农业发展提供了得天独厚的条件。

湖南不仅是我国水稻的起源地和重要产地，更是淡水资源的丰饶之地。丰富的自然资源，使得农业、渔业在这片土地上欣欣向荣，物产之丰饶，自古以来便被誉为"鱼米之乡"。这独特的地理条件，亦孕育出了别具一格的湖湘饮食文化。湘菜，作为湖湘饮食之代表，以其独特之风味与口感，吸引了无数食客的目光。其特点鲜明，酸辣可口，脆嫩鲜香，椒麻味浓，亮油色丽，"对于辣椒的应用尤其独具特色，为国内诸菜肴体系之佼佼者"[1]。

### 一、湖湘饮食文化的起源

考古发掘材料证实湖南是我国古代文化发达的地区之一。湖南新石器时代遗址以洞庭湖一带最为密集，重要的有澧县彭头山、八十垱、宋家台和丁家岗，以及华容车轱山等。距今约 9000 年的澧县彭头山属新石器早期遗址，发现了很多处水稻遗存，陶片和红烧土块中有炭化稻壳，稻壳为长粒形，属籼型稻。与之同时还出土了完整的水牛头骨，说明水牛已成为当时的家畜种类之一。距今约 8000 年澧县八十垱遗址出土了1.5 万粒炭化稻谷、稻米，保存状况非常完好，定名为"八十垱古稻"。该遗址还发现了加工工具木杵以及稻作工具木耒、木铲、骨铲等。大量炭化稻谷和稻作工具的发现，

---

[1] 谢军、方八另：《湖湘饮食文化概要》，北京：现代出版社，2020 年，第 11 页。

证明在澧县八十垱遗址时期，当地已经有了水稻的大面积栽培。在华容车轱山遗址中，也发现了稻谷壳、炭化的大米和储存大米的窖穴。这些稻谷遗存的出土，证实了湖南先民们在 8000 年以前，除了以采集和狩猎获得食物外，稻米亦作为饮食的一个来源。在这些文化遗存中发现了大量精美的饮食器具和与饮食有关的陶器。陶器在湖南先民生活上的使用，标志着人们的饮食生活由"食草木之实、鸟兽之肉"向蒸煮熟食生活演变，对人类的进化有重大意义和深刻影响。

湖南新石器时代遗存中还发现许多鹿、猪、狗等家畜骨骼以及捕鱼用的网坠、狩猎用的石球和箭镞，因此，湖南先民们在饮食种类上除食用大米、瓜果外，各种肉类和鱼也是他们主要的生活食料。这说明在新石器时代，湖南先民的食物种类是很丰富的。这为湖南饮食文化的发展，特别是湘菜的形成奠定了深厚的基础。

春秋战国时期，湖南为楚国南境。《尚书·禹贡》载："荆及衡阳惟荆州。江、汉朝宗于海，九江孔殷，沱、潜既道，云土、梦作乂。厥土惟涂泥，厥田惟下中，厥赋上下。厥贡羽、毛、齿、革惟金三品，杶、干、栝、柏，砺、砥、砮、丹惟菌簵、楛，三邦厎贡厥名。包匦菁茅，厥篚玄纁玑组，九江纳锡大龟。浮于江、沱、潜、汉，逾于洛，至于南河。"先秦的荆州，东与扬州分界，南越衡山至五岭为止，北至荆山。境内有衡山、云梦泽。荆楚湘地，人文历史一脉相承，物产饮食、民俗风情，皆系一体。因此，湖南的饮食风貌带有很深的楚文化烙印。这时，屈原放逐沅湘，在颠沛流离中他广泛地接触到楚地民间的宗教、饮食等风俗民情，并写下了《楚辞》。从《大招》和《招魂》中，我们不仅能看到楚地食品之丰富、选料之精细、烹饪技艺之高超，还可以体察到其调味之考究，依稀看到湖南饮食喜嗜酸辛风俗的渊源。与此同时，在楚国民间，饮食制作还保留着原始古朴的一面，例如，在煮食米饭上，除采用一般的炊具外，有时还就地取材煮食。荆楚多竹，山民在外干活，往往以竹筒为炊具，凿一小孔将淘洗的大米和水置于其中，堵实，捆以草绳，外涂稀泥，直接置于火中烧烤。熟后将竹筒洗净，一劈为二，一截竹筒，既为炊具，又为盛器，简略方便，且饭食特别清香。又往往折竹枝、木条为筷。由是推测中国特殊进食工具筷子的起源，可能与此有关。

用树叶、草叶包裹米、麦煮食，亦为荆楚民间一大特色。楚地多阔叶植物，为包裹米、麦提供了方便。如粽子，是用嫩芦苇叶（湖区）或棕竹叶（山区，其长尺余，阔 6~8 厘米）包糯米，用棕树叶系牢，然后煮食。农家所做糍粑，往往以芭蕉叶裹严，放于炭火中烧烤。还有荞麦饼，往往以油桐树叶包严煮食。用此法做出的食物，带有树、草叶的清香，特别可口。从食物炊煮方法的发展谱系看，这种方法相当原始，且极为简便，应该是在鼎、釜、甑、鬲等炊器发明以前，原始时代人们将小颗粒的谷米加工成熟食时所常用的方法。至于大块茎的植物如红薯、芋头之类，不必包裹可直接烧烤至熟，食用时较米、麦、粟等方便得多。因此，南方民族常见的五月端午包粽子，应该是今天人们对于远古时代野地生活的美好回忆。

民间副食的制作，亦不乏原始的成分。熟食、禽兽、鱼蚌，也见有不用锅釜炊具者。湘西猎获的猎物，往往直接以火烤食。民间一些偷鱼贼在偷鱼前，先取一鱼，盗首以此鱼祭神，然后以荷叶之类包裹，置柴火中烧烤食用。据说行此巫术之后，满池大鱼盗尽也不会被人发现。此当为原始捕鱼巫术之残余。古代荆楚，地广人稀，外出狩猎捕捞，皆人迹罕至之处，又不便携鼎釜瓢盆，只能因地制宜，随处取竹木草叶，以为炊具，以供熟食。这种古老的方法，今日只在特殊场合偶尔为之。

以上这些材料，都为《楚辞·招魂》中所谓"食多方些"提供了充分的证据，也说明颇具特点的湘菜正在孕育形成之中。

## 二、湘菜的形成

汉代以来，湘地异军突起，倚得天独厚的丰饶资源，赖人文经济的交流发达，兼多种民族的饮食风情，成为既脱胎于荆楚文化，又独立于传统荆楚文化的湖湘文化，在此基础上形成了独具风格的湖湘饮食文化，并在长江文化流域众多的饮食风味体系中占得一席之地，成为长江文化流域中一颗璀璨的明珠。

在秦汉时期，湘菜逐步形成了一个从用料、烹调方法到风味风格都比较完整的体系，其使用原料之丰盛、烹调方法之多彩、风味之鲜美都是比较突出的。从湖南长沙马王堆的軑侯妻辛追墓出土的随葬遣策中可以看出，在2000多年前的西汉，湖南的精美肴馔已达百余种，烹饪方法也十分讲究。遣策中共计有103个品种属于菜肴和食物，仅鹿肉食品就有8种：

鹿隽一鼎（简27），鹿肉鲍鱼笋白羹一鼎（简28），鹿肉芋白羹一鼎（简29），小菽鹿胁白羹一鼎（简30），鹿脀一笥（简31），鹿脯一笥（简32），鹿炙一笥（简33），鹿脍一器（简34）。

肉羹的种类也很多，可分为5大类24个品种，如用纯肉烧的叫太羹，是羹中质量最好的，有9个品种，均为浓汤；用清炖方法煮的汤叫白羹，有牛白羹、鹿肉芋白羹、鲜

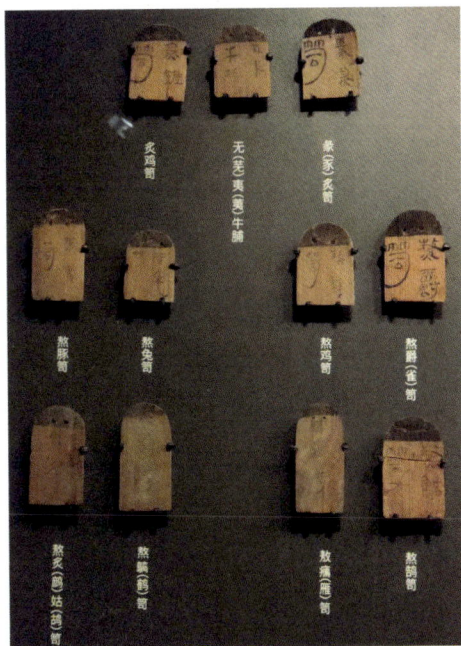

马王堆汉墓遣策中的肉类品种

马王堆汉墓出土的桂皮、花椒、姜等

鳜藕鲍白羹等 7 个品种；加芹菜烧的肉羹叫巾羹，有狗巾羹、雁巾羹、鲫藕巾羹 3 个品种；用蒿烧的肉羹叫逢羹，有牛逢羹、豕逢羹；用苦菜烧的肉羹叫苦羹，有狗苦羹和牛苦羹 2 个品种。

此外还有 70 余种食物，如"鱼肤"是从生鱼腹上割取的肉；"牛脍""鹿脍"等是把生肉切成细丝状的食物；"熬兔""熬鹌鹑"是干煎兔或鹌鹑之类。

从出土的长沙马王堆西汉遣策中还可以看出，汉代湖南饮食生活中的烹调方法比战国时期已有了进一步的发展，出现了炙、煎、熬、蒸、脍、腊、炮、醯等多种烹调方法，例如，马王堆汉墓中就出土炙类菜 8 品，古代的炙肉就是现今的烤肉。而烹调用的作料有盐、酱、豉、曲、糖、蜜、韭、梅、桂皮、花椒、茱萸等。

在马王堆汉墓不计其数的珍宝中，品类繁多的漆器超过 500 件。在一些漆餐具中，餐盘底部写有"君幸食""君幸酒"字样，翻译成今天的白话，就是"吃好喝好，用餐愉快"的意思，在庄严的贵族生活气氛中增添了一分轻松与热情，这也从一个侧面表现了墓主人轪侯夫人生前热情的待客之道。

马王堆汉墓出土烤肉串

马王堆一号汉墓出土云纹漆锺
（湖南博物院藏）

位于湖南省沅陵县城关镇西的虎溪山一号汉墓，是继长沙马王堆汉墓后湖南地区第二座未被盗掘的王侯墓，是湖南西汉考古的又一重要发现。1999 年，该汉墓中出土的竹简中有一"食方"（"食方"即食谱，为烹调加工方法），详细记载了做饭与做菜的操作流程，填补了古籍中有关古代食物制作流程记载的空白，体现了湘菜文化的源远流长。该食方记载了素食和荤菜的制作方法。不过烹制加工素食的记录只有 7 条，且每款的操作程序较为简单；而烹制荤菜的食方多达 148 条，加工方法也很考究，如"以水洎鼎，富沸，入糯米半升、肉酱淬、姜雁腹中，乃酿之，沸，和以美酒、酱、盐、枣，尝其味美"。其意

虎溪山汉墓出土食方（湖南博物院藏）

是说，锅里加水，大火烧开，将糯米、肉酱、姜捣成馅填到大雁肚子里，加酒、酱、盐、枣烹煮。这样的制作过程，很像现在的八宝鸭之类的烹饪方法，楚人对肉类食物的制作水平可见一斑。

唐宋时从李白、杜甫、王昌龄、苏轼等人诗作中，可以窥见湖湘佳肴备受青睐、赞扬之一斑。

明清以降，湖湘饮食文化进入成熟发展时期，饮食原料的应用、烹饪工具的创新、烹饪技术的提高、饮食市场的繁荣、饮食理论著作的大量问世等方面都展现出了前所未有的繁盛景象。这时海禁大开，贸易发达，长沙、岳阳开埠，商旅云集，物产畅通，大大地促进了市场的繁荣，湘菜也有了长足的发展。湖南官吏迎接京都大臣时，皆以湘味筵席招待。清代中叶以后，长沙城内出现了专营湘味的菜馆，他们还经常聚会，互相切磋烹饪技艺，传授弟子，初步形成了湘菜的烹饪技术理论，也研制了一批颇有特色的名菜，成为全国菜系中一支具有鲜明特色的湘菜系。

湖南省自然资源丰富，物产众多，洞庭、三湘既是鱼米之乡，又多山珍野味（湘西、湘南盛产蕈、笋、雉、兔），殷实丰厚的物产资源为湘菜及湖南饮食提供了良好的条件。《吕氏春秋·本味篇》载："菜之美者，云梦之芹。""鱼之美者，洞庭之鳟，东海之鲕，醴水之鱼。"其赞美之词绝非过誉。自古以来，湖南确实在农林渔副牧诸方面拥有众多的名贵特产，比如洞庭金龟、武陵甲鱼、君山银针、祁阳笔鱼、桃源（或东安）鸡、临武鸭、武冈鹅、宁乡（或长沙）猪、湘莲、香米、银鱼、娃娃鱼……应有尽有。而名厨的工善其技，更为湘菜的独具一格及饮誉中外奠定了坚实的基础。

唐长沙窑青釉褐绿彩莲花纹碗（湖南博物院藏）

湘菜具有用料广泛，取材精细，刀工讲究，烹饪技法重煨、烤、熘、炒、爆、炖，味别多样，菜式适应性强等特征。

从美学风格上看，湖湘饮食文化既有长江流域文化的豁达畅快，又有湖湘文化特质中的旖旎与灵动，是一个包容众多民族风情、兼容江河湖山物产、融合古今民族智慧的饮食风味体系，因而能够在中国饮食文化发展历史上独树一帜。纵观历史，湖湘饮食文化的形成与丰富发展，是在经历了数千年的生活积累与文化积淀积渐而成的。从湘菜、湘茶、湘酒到湖湘饮宴习俗，从湘地物产、湘产器具、湘产陶瓷到湖湘食品菜肴制作，无一不凝聚着湖湘人的聪慧与勤劳，展现出了湖湘人的文化精神与创造力。

中国是一个地域广阔、东西南北跨度较大的国家，饮食风情南北有别，菜肴制作东西不同。就菜肴体系而言，以长江流域文化为中心形成了川菜、楚菜、湘菜、徽菜、苏菜、浙菜等六大体系，在中国菜系中占有绝对优势。其中的湘菜诞生于湖湘大地。从地域文化角度看，湖湘位于长江中游，兼具上游与下游的双重风格。而三湘四水丰饶的物产资源，人文历史的文化积淀成为湖湘饮食文化形成与繁荣发展的基础。

## 第二节　湖湘区域饮食文化之流派

由于地理环境的差异，湖南饮食文化也存在着明显的区域差异。大体上来说，湖南饮食文化可分为三大区域，即湘江流域、洞庭湖区和湘西山区，但以湘江流域风味为代表。

### 一、湘江流域饮食风味

湘江流域主要包括长沙、湘潭、衡阳等地，以长沙为代表。这里土壤自然肥力较高，是湖南最重要的农业生产基地。粮食作物以水稻为主，油茶和油菜是该区主要的油料作物。湘江流域交通方便，人才荟萃，历代都是湖南政治、经济、文化最发达的地区。其日常饮食结构以大米为主，近山之民多食杂粮，如红薯、荞麦。佐餐菜肴为典型

**剁椒鱼头**

的湘菜，这里是湘菜崛起和流行的主要地区，历史上也是湖南饮食文化最发达的地区，并且对湖南其他地区的饮食文化起着导向作用，这一区域菜肴风格和饮食消费形态代表着湖南饮食文化的主流。

湘江流域的菜肴制作精细，用料广泛，品种繁多。菜肴的制作特点是油重色浓，讲究实惠，口味上以香、鲜、酸、辣、软、嫩为主，烹调方法以煨、炖、腊、蒸、炒诸法见长，热菜以炒、蒸为主，且十分注意刀工火候，菜肴浓淡分明，官府菜与民间菜巧妙结合。

煨炖食物，讲究微火长时间慢煮，以达到煨则软糯汁浓，炖则浓鲜醇香、汤清如镜，炒则干爽利索、油亮鲜香。腊制食品则有烟熏、卤制、叉烧诸种，且冷热皆宜。

湘江流域的代表菜品诸多，有麻辣仔鸡、东安仔鸡、鸭掌汤泡肚、砂锅炖狗肉、炒细牛百叶、组庵菜、剁椒鱼头等等，这些菜风味浓郁，在湘江流域极受欢迎，有的还有悠久的历史典故传说。

**（一）东安仔鸡**

东安仔鸡，原名"醋鸡"，是饮誉三湘的传统名肴，可以说只要是湘菜馆就必有东安仔鸡应市。此菜发源于湖南省东安县。据传，早在唐玄宗开元年间，在湖南东安县城里有一家由3个妇女开的小饭店，有天晚上来了几位经商客官，要求做几样口味鲜美的菜肴。当时店里菜已卖完，其中两位便捉来两只活鸡，马上宰杀烹制，送上餐桌时，鸡的香味扑鼻，爽口鲜嫩。经几位商人到处宣传，这道菜逐渐出名，成为湖南最著名的一道风味佳肴。

"醋鸡"改名为"东安仔鸡"是20世纪初的事。北伐战争期间，国民革命军第八军军长、前敌总指挥唐生智是湖南东安人，此人慷慨好客，交游甚广，后任南京卫戍司令。一次，为了祝捷庆功，他在南京设宴款待宾客，酒过三巡，宴席上出现"醋鸡"一菜，颇受众宾客赞赏。当客人问及此菜出自何地时，唐生智回答说："这是我的家乡东安县的名菜。"于是"东安鸡"抑或"东安仔鸡"由此出名。后来，唐生智家厨中有人到美国开餐馆，遂将东安仔鸡的做法传入美国，很受欢迎，逐渐在海外传扬开来。

东安仔鸡以味鲜、色美、细嫩而得到人们的认可。它既有酸、辣、咸、香、嫩、脆的风格，又有浓而不腻、香而不浊、嫩而不坚、生津开胃的特点。东安仔鸡对主、辅料的选择也很讲究。主料以生长期1年

东安仔鸡

以内、重 1 千克左右的芦洪出产的黄色仔鸡最好，此鸡脚小，胸大而肥，最适于加工。辅料选用白醋、干红辣椒，姜要用子姜，须盐腌片刻，要用水洗去表面盐分，让姜较脆，而且一般不用葱。正宗东安仔鸡的基本做法是：净鸡煮至七成熟，去头、颈、脚爪，去骨，切成长条待用；另起锅下猪油，烧热后下原料和调料煸炒，后放入鲜肉汤焖数分钟，至汤汁收干，用淀粉勾芡，淋麻油出锅装盘即成。做成后的东安仔鸡色彩艳丽、鸡肉肥嫩、酸辣鲜香。

### （二）组庵菜

说起组庵菜，得先说组庵。"组庵"是清末进士谭延闿的字，他原籍湖南茶陵，曾任湖南督军兼省长，后官至南京国民政府主席、行政院院长。谭延闿长期身居高官要职，又精于食道，并聘请烹技超群的湘厨曹荩臣为家厨，因此谭府家菜自成一体。据湘菜大师介绍，组庵菜有三个特点：一是制作精细，讲究入味，煨炖菜肴，一定要先用大火烧开，小火煨透；二是火劲深透；三是爱用鸡汤调制。烹饪鱼羹时，曹荩臣先取一只母鸡于瓦罐中煨汤，再取活鲫鱼悬于瓦罐之上，用鸡汤的蒸汽蒸熟鲜鱼肉，使其掉入鸡汤中慢煨，最后，鱼肉进入鸡汤变成鱼羹，鱼脑、鱼刺则悬空中。做出来的鱼羹无刺、鲜美，稠而不腻。小小鱼羹都这样讲究，可见其他组庵菜的工艺之精巧了。组庵菜有 200 多种，其中最出名的是"组庵鱼翅"和"组庵豆腐"。

组庵鱼翅

组庵鱼翅又叫红煨鱼翅，用料亦十分讲究，制作独特。选用发好的玉节鱼翅，用细纱布包好，瓦钵内垫一个竹箅子，铺上猪肘肉、葱节、姜片，将包好的鱼翅放上，再放上鸡块、干贝汤、绍酒、精盐、清汤，盖上盖，用慢火煨 4 个小时，取出鱼翅，装入盘内，将原汤滗出，加上熟鸡油、味精，烧开后浇在鱼翅上即可。这样做出的鱼翅味道醇厚，柔滑糯软。另外，将红煨鱼翅的方法改为鸡肉、猪肘肉与鱼翅同煨，使原料中的蛋白质及无机盐等营养元素在煨制过程中缓慢透入鱼翅，融为一体，从而使鱼翅营养更为丰富，也弥补了以往汤味鲜但鱼翅味差的不足。

### （三）麻辣仔鸡

麻辣仔鸡也是具有浓厚地方风味的正宗湘江名肴之一，以长沙百年老店"玉楼东"酒家最负盛名。清末曾国藩之孙、湘乡翰林曾广钧登楼用膳，曾留下脍炙人口的"麻辣仔鸡汤泡肚，令人常忆玉楼东"的诗句。在民间也流行"冇吃麻辣仔鸡就冇吃湘菜"

之说。因湖南受地理位置和潮湿气候的影响，人们大都喜爱吃辣椒，麻辣仔鸡便是湘菜的典型代表，具有麻、辣、香的特点，可以说充分体现出了湖南地区人们的口味。麻辣仔鸡取料用半公斤左右的当年母仔鸡，取出内脏，砍去头爪，剔掉骨头，然后切成方丁，先入油锅氽炸，再佐以辣

**麻辣仔鸡**

椒、花椒子、绍酒、黄醋等急炒。这样做出的麻辣仔鸡颜色油润艳丽、椒香气味浓郁、鸡丁滑嫩鲜美、口味咸鲜麻辣，深受湖南人的喜爱。

### （四）衡东土菜

衡东以其位于南岳衡山之东而得名，处于湖南东部偏南，居湘江中游的衡阳盆地与醴攸盆地之间。衡东地貌以丘陵和低山为主，气候属中国东部季风气候区，降水较足，气候温和，日照充沛，四季分明。良好的地理气候环境，充裕的林地面积和适宜的土壤，非常适宜优质食材生长，好山好水好食材。衡东土菜特点的形成，与其所处的地理位置、历史变迁、风土人情等密不可分。一是四面通衢催生了土菜行业。境内有洣水、永乐二河与周边县市水路相通，与衡南、株洲、湘潭三县紧邻，千百年来一直是"杉簰客"、盐豆商的经营驿道，餐饮业亦应运而生，又因地域相对闭塞，家常菜口味较浓，原汁原味，形成了强烈的"小河菜"特色。随着明代辣椒的传入、清朝中叶黄贡椒的规模种植，衡东土菜的甜辣特征也逐渐形成。二是风俗传承积淀了乡土特质。时代变迁，但衡东人承祖制、克俭勤、好美食、善炊厨的秉性始终未改，练就出"荤菜素制（用茶油）、素菜荤调（用猪油）"的独特技法，奠定了衡东土菜乡情难移、原汁原味的特质。加之地肥物美、物阜民丰，民间智慧在历史长河中不断凝练，不但创造了更多的家常小菜，也形成了八大碗、四炒盘、四小碟等衡东宴席独特菜系。三是潮流驱动登上了大雅之堂。通过民间"茶担子"厨师的演绎推广，衡东土菜声名鹊起，一些民间家常菜被挖掘完善后逐步引入了酒店大堂。"茶担子"被聘到县内各大小酒店、排档做主厨，把宾馆与小店制作方法完美结合，既迎合了大众消费，又创造了衡东特色，还提升了土菜品质，由此形成了现在广受欢迎、享誉省内外的衡东土菜。

湘江流域不仅有许多名菜，而且也有许多著名的饮食店，名菜与名店相得益彰。仅以晚清以来长沙为例，就出现过不少名店，这些名店都有几道看家的名菜。下表10-1便反映了这一情况：

表 10 –1　　　　　　　　　　　　　晚清民国长沙名店一览表 [①]

| 开办时间 | 店名 | 名厨 | 代表菜肴 |
|---|---|---|---|
| 光绪年间 | 奇珍阁 | 周炳乾、袁得华 | 肘子 |
| 光绪十一年（公元 1885 年） | 李合盛餐馆 | 黄维安 | "牛中三杰"即发丝牛百叶、红烧牛蹄筋、烩牛脑髓 |
| 光绪二十八年（公元 1902 年） | 徐长兴烤鸭店 | 徐长兴 | "一鸭四吃"，即：鸭皮薄饼、鸭鲜小炒、鸭油蒸蛋、豆腐鸭架汤 |
| 光绪三十年（公元 1904 年） | 玉楼东酒家 | 曹荩臣 | 麻辣仔鸡、鸭掌汤泡肚 |
| 晚清开办，民国二年（公元 1913 年）扩大 | 挹爽楼 | 舒桂卿、袁善诚、王春生、吴定安 | 不详 |
| 民国二年（公元 1913 年） | 曲园酒家 | 袁善诚、丁云峰、史玉和 | 奶汤生蹄筋、花菇无黄蛋、松鼠活鳜鱼、冬笋尖 |
| 20 世纪 20 年代 | 飞羽觞酒楼 | 萧荣华 | 锅巴海参、奶汤蹄筋、火方银鱼 |
| 20 世纪 20 年代中期 | 商余俱乐部 | 宋善斋 | 红煨土鲍、口磨干丝、奶汤鱼翅 |
| 民国十九年（公元 1930 年） | 燕琼园酒楼 | 毕河清 | 烧烤席、荷叶粉蒸鸡、鸡腿夹藕、三合泥、地菜烧野鸭、豆苗炒虾仁 |
| 民国二十二年（公元 1933） | 潇湘酒家 | 宋善斋 | 奶汤鱼翅、柴把肥鸭、红煨鱼翅 |
| 20 世纪 30 年代初 | 健乐园 | 曹荩臣 | 祖庵鱼翅、祖庵豆腐、祖庵鱼生、祖庵笋泥 |
| 20 世纪 30 年代 | 三和酒家 | 柳三和 | 素烧方、三层套鸡、七星酸肉 |
| 抗战时期 | 天然台酒楼 | 罗凤楼 | 红烧乌元、红烧土鲍 |

## 二、洞庭湖流域饮食风味

洞庭湖流域主要包括岳阳、常德、益阳等地，这里地势低平，河湖众多，历史上由于围垦河湖淤积州土为垸田，土壤腐殖质含量较高，十分肥沃，一岁两收，产量可观，素为湖南的"鱼米之乡"。

洞庭湖区交通十分畅达，在一定程度上也促进了商业的繁荣，这为湖区饮食文化之繁荣创造了良好的环境。岳阳于光绪二十四年（公元 1898 年）开埠后成为商业繁盛之地，全省的货物大都以这里为吞吐口。其货物的流向，往东北可达汉口，西北达宜昌，

---

① 据何杰：《湖南饮食文化地理及其与旅游业的关系》（武汉大学硕士学位论文，2000 年，第 28 页）和《中国湘菜大典》（北京：中国轻工业出版社，2008 年，第 240–253 页）整理。

南至长沙，西抵常德，本省和全国各地客商都云集于此经商贸易。武陵县由于交通畅达，商业也一派繁荣。公元1863年《武陵县志》载："大舟小艇聚城旁，上溯黔阳下武昌。"沿河湖城镇成了大量饮食物资和与饮食有关的各类物资的集散地，同时集中了适应各地口味的饭店和小食店，供商贾小贩享用。岳阳味腴酒家便是江苏江都人周氏三姐弟开办，以经营江浙风味的高、中档酒席为主，兼营岳阳地方小吃[1]。可见，商业之繁荣为本地乡土饮食的社会化和与外帮饮食的融合创造了良好的社会环境。

此外，本区独特的水乡环境，造就了其独特的资源优势，盛产鱼虾及水生植物藕、莲、菱角、泥蒿。湖南地区饮食文化带有浓郁的水乡特色，菜肴的用料以水生生物资源为主，烹饪风格亦充分体现了湘菜滨湖流派的特点。

这一地区以烹制家禽、野味、河鲜等菜肴见长，多用炖、烧、腊的烹制方法。菜肴的特点是芡大油重，咸辣香软。炖菜常用火锅上桌，民间则用蒸钵炖鱼，炖菜在洞庭湖地区十分流行，这些炖菜都是边煮、边下料、边吃，妙趣横生。所以当地有"不愿进朝当驸马，只要蒸钵炉子咕咕嘎"的民谣，可见人们对"蒸钵炉子"的喜爱。

洞庭湖地区的代表菜品有冰糖湘莲、洞庭野鸭等，另外还有极具洞庭特色的著名的宴席——巴陵全鱼席。

### （一）冰糖湘莲

冰糖湘莲是湖南著名的特色甜菜，因取于湖南特产湘莲烹制而闻名。湘莲产于湖南湘潭地区，色白、味香、肉嫩，与建莲并列全国之首。古时人们一直将莲心作为富有营养的高级滋补品。李时珍的《本草纲目》中说："（莲子）补中养神，益气力，除百疾。久服，轻身耐老，不饥延年。"在挖掘长沙马王堆汉墓时，人们发现2000多年前人们就曾食用过莲心。湘莲历来较为著名，当地用其制作各种佳肴。据说冰糖湘莲此菜在明清以前就比较盛行，不过当时制作简单，最早叫"糖莲心"，直到近代才用冰糖制作，故称"冰糖湘莲"。其基本做法是：将净莲心温水泡后上笼蒸软，将桂圆肉、菠萝丁、樱桃、青豆等配料加冰糖水烧开，加入莲子，装入汤碗即可，其特点是色泽鲜艳、莲肉质嫩、香甜爽口。如今，此菜不仅在湖南流行，而且在全国也具有声誉。

冰糖湘莲

① 欧阳晓东、陈先枢：《湖南老字号》，长沙：湖南文艺出版社，2010年，第476页。

第十章 湖湘饮食文化

### （二）红烧洞庭野鸭

洞庭湖盛产野鸭，故野鸭也是洞庭湖流域最主要的食材之一。红烧洞庭野鸭主要用冬笋、地菜（荠菜）作配料，先将冬笋用刀滚切成块，地菜择洗好，准备好葱、姜、野鸭拔干净粗毛，剁去头和脚爪，放在火上烧尽绒毛，用温水泡上刮洗干净，开膛去内脏、净骨，剁成方块，放入冷水锅内煮熟捞出，并清洗干净。将砂锅上火烧沸，放入葱、姜煸炒，随后下入野鸭块煸出香味，烹入料酒，再下入冬笋块、精盐、白糖、酱油和汤，烧沸后装入砂锅内，用小火煨至酥烂为止。食用时先把地菜加精盐炒好，然后将野鸭肉和冬笋倒入锅内，加味精和胡椒粉，用湿淀粉调稀勾芡，淋入香油即可。此菜色泽酱红、质地酥烂、味道香鲜，尤其是野鸭肉与地菜拌吃，更是别有风味。另外，野鸭体内含有丰富的蛋白质、无机盐和多种维生素。中医认为，野鸭味甘性凉，入脾、胃、肺、肾，具有补中益气、清食和胃、利水解毒之功效。

洞庭野鸭

### （三）巴陵全鱼席

巴陵全鱼席是洞庭湖地区著名的宴席。洞庭湖渔产丰富，品种繁多，历来民间爱鱼，有"无鱼不成席"之说。在正规酒宴上，冷盘中有鱼，热菜中有鱼，大菜必须有鱼，后来逐渐形成盘中皆有鱼的席面，人称巴陵全鱼席。全席所用 17 种淡水鱼

巴陵全鱼席

及小水产都出自洞庭湖水域，其中有银鱼、鳝鱼、鳜鱼、金龟、泥鳅及河虾等。特别是金龟，被人们视为珍品。为了突出地方特色，当地采用湖广特产藕、莲、笋、蘑菇等作为辅料。巴陵全鱼席讲究烹调技巧，精工细作。因鱼的性能、质地不同，所以刀工特别讲究，一桌全鱼席仅刀工就有 13 种，烹调方法有 10 余种，色彩有红、绿、蓝、白、青等，鲜艳夺目。作料更加讲究江南风味，有姜、葱、蒜、干椒、胡椒、酱等 20 多种。

通过烹制调味，有咸鲜、麻辣、酸辣、糊辣、酸甜、鱼香、糟香、麻香、怪味等 13 种味道，全席菜肴，一菜一格，一菜一味。

### 三、湘西饮食风味

湘西地区主要包括张家界、吉首、凤凰、怀化、古丈、桑植等地，这里与鄂西相邻，地形地貌也与鄂西基本一致，多为崇山峻岭。

湘西是苗、土家、侗、瑶等少数民族聚居地，各少数民族由于受共同的地理环境的制约，饮食习惯上有许多共同之处，如都是以大米、玉米、红薯等为主食，都表现出嗜酸和好异味的习惯等。

历史上由于湘西地区得盐颇不易，且蔬菜和禽畜的供应有一定的季节性，为缓解对食盐的依赖性和平衡淡旺季的供给，制作酸味食品和烟熏禽畜肉类逐渐成为这一地区一大奇观。

湘西酸类制品繁多，如酸鱼、酸肉、酸辣椒等，都是民间喜爱的菜肴。土家族、苗族、侗族制作酸鱼之方法大同小异，先将鱼去内脏，用盐和调料稍腌，再拌以大米或玉米粉装罐，一月后便可食。但土家族一般用油炸后食用，色泽金黄，具有焦、香、酸、脆特点，不加作料。而苗族有时直接取出生食或煎食，制作不如土家人精美。兹将湘西境内的这三个少数民族制作酸菜的风俗作一介绍。

#### （一）苗族与酸菜

湖南各地苗民普遍喜食酸味菜，喜欢将蔬菜、鱼、肉、鸡、鸭腌成酸味食用，几乎家家都有腌制食品的坛子，统称酸坛。到了蔬菜淡季，多食用当家菜。所谓当家菜，是指青菜酸、辣子酸、萝卜酸、豆荚酸、蒜苗酸等腌酸菜。

酸肉的制法是先将鲜肉切成大块，然后一层肉、一层盐地层层相压。3 天后生盐溶化浸入肉内，再烧些糯米饭同甜糟酒混合，和肉块一起擦搓，最后放一些辣椒粉及其他配料，把坛口密封，倒扣于浅水盘内，使之不通空气。经两周后，略变酸性，食之可口，美味异常。

苗乡虽无大河，也有鱼食。土鱼（俗称蠢鱼）产量甚多，生于田间，易于蓄养。如在春季二三月将秧、鱼分种，至秋季七八月间，每条鱼长至半斤、一斤、斤余不等。如果长到一两年，小的可长至一两斤，大的可达三四斤。每年初秋，苗家人竞相腌酸鱼。他们从田间或河里捕回鲜鱼，剖腹去内脏，加入食盐、辣椒粉，拌匀后腌两三天，然后放进坛子内，一层鱼加一层糯米粉、苞谷面，密封半个月左右即成。有的苗家将鱼盐渍三五日，晒干后往鱼肚内装满半熟的小米或粗米粉，然后装入坛中，密封坛口，倒置于浅水盘内。经半月后盐浸透，性变酸，色泽橙黄，肉质酥嫩，取出生食，未闻腥臭，且酸香可口，津津有味。

苗家将腌鱼、腌肉、腌菜的坛子均置于堂上或地楼之墙，富裕家庭腌鱼、肉、菜的坛子为数甚多。生人入门，观坛多寡，家之贫富，可不问而知。

### （二）侗族与酸菜

"侗不离酸"概括了湖南侗家饮食习惯的一大特点。侗族家家腌酸，四季备酸，天天不离酸，人人爱吃酸，正如歌谣中所唱的那样："做哥不贪懒，做妹莫贪玩。种好白糯米，腌好草鱼酸。人勤山出宝，家家酸满坛。"

侗民日常所食蔬菜大部分为酸菜，如酸黄瓜、酸刀豆、酸萝卜、酸蕨菜等。除酸蔬菜之外，还有酸鱼、酸鸡、酸鸭、酸肉、虾酱等腌酸制品。制作腌酸食品有坛制和筒制两种，分别采用陶坛、木桶、楠竹筒腌制。其制法是：先将要腌制的鱼、肉、菜等洗净，用糯米酸成酒或用锅将糯米炒至干熟拌匀，隔层铺放。根据不同品种的腌制时间，加上不同分量的食盐（有的还要加辣椒等其他调料）。在放入酸坛时，鱼肉类放在坛底的垫架上，使其滤水沉底，以保持鱼肉的干爽。腌制草鱼酸，要放入特制的酸缸，将草鱼摊开捕平，隔层放加工好的糯米和各种作料，用重石头压在鱼上。腌坛封严以后，在坛里水槽中注入油或水，防止透气变味，以延长保存时间。虾酱的制法是：先将生虾与辣椒面拌和、捣碎，再加粥、豆粉、生姜末、桂皮和盐，搅匀入坛，发酵而成。食用时再以油煎炒，其味鲜酸酥辣，最能开胃佐饭。

腌酸食品不仅味美可口，而且保存期长。一般酸菜可保存一二年，酸肉可保存数年，酸鱼有时可保存一二十年之久。侗家人平时不轻易食用，只是在款待贵宾和婚嫁、葬礼中才开坛尝用。其肉色鲜亮透红，味醇质脆。在侗族，谁家缺了草鱼酸，即会被人瞧不起。侗民爱吃酸味食物，与其生活环境和当地物产有关。当地盛产糯米，吃酸可助其消化，而且糯米也是腌制食物的好作料。加之侗民每天的饭往往是早上一起床就蒸足，中晚餐一般不再另煮，也不再炒菜，取些现成的酸菜就饭吃十分方便。每天上山干活，中餐是一包糯米饭，另加一两样酸菜，既方便又实惠。此外，侗民热情好客，但交通不便，购买食品较困难，如果家中有了腌酸食品，一旦宾客临门，便有了方便的待客食品。

### （三）土家族与酸菜

湖南土家族的饮食习俗受地理环境的影响很大。土家族居民所居之地气候潮湿，地处高寒，故为驱寒散湿，有喜食辣椒的习惯。又因山路崎岖，交通不便，购物较难，为解决日常饮食之需，民间都采用腌渍贮存的方法。每家每户都有一些酸坛子，因腌制的食物含有酸味，又能刺激人的食欲，所以形成了以酸辣为明显特征的饮食风味。

居民日常所食多为素食，几乎餐餐不离酸菜和辣椒。酸菜是用青菜、萝卜、辣椒等以盐水腌泡而成，成品酸脆爽口。土家族常将辣椒作主料食用，而不是做调配料。他们习惯用鲜红辣椒为原料，切开半边去籽，配以糯米粉或苞谷粉，拌以食盐，入坛封存，一段时间后即可随时食用，因配料不同称为"糯米酸辣子"或"苞谷酸辣子"。烹调时用油炸制，光滑红亮，酸辣可口，刺激食欲，为民间常备菜。

土家族的酸肉、酸鱼、腊肉别具风味。酸肉是以肥膘为原料，切成重约 2 两的块，配以食盐、五香、花椒粉腌渍数小时，再拌和玉米粉，入罐存放半月即成。食时配以其他作料焖制，其味微酸有黏性，油而不腻。酸鱼的制法是：把半斤以上的鱼去内脏洗净，肚内填以玉米粉或小米、燕麦粉、面粉均可，拌以食盐，置坛中密封，存放一两年之久而不变质，生熟可食。一般用油炸制，色泽金黄，具有焦、香、酸、脆特点，不加作料，民间常备，以待宾客。

每年春节前夕，土家族家家户户纷纷用猪肉熏制腊肉，为新的一年开始而作贮备，或作为礼物馈赠亲友，当地称之为"土腊肉"。它的制作方法世代相传，先将猪肉切成大条块，用食盐、花椒、山胡椒腌渍一星期，再烟熏两三天，抹灰除尘，将植物油烧沸，浇淋在肉的整个表层，放在阴凉处吹干，存放在稻谷堆内埋藏，也可放在植物油内浸泡，两三年内不变质。食用方法多样，一般以蒸、炒为主。民间流传有"三年腊肉好待客"的说法。

此外，由于湘西地处山区，山珍野味众多，所以人们擅长制作山珍野味、烟熏腊肉和各种腌肉，口味偏重于咸香酸辣，常以柴炭作燃料，有浓郁的山乡风味。

湘西常见的山珍野味有：寒菌、板栗、冬笋、野鸡、野鸭、斑鸠等。因此，有代表性的菜品也多与此有关，如腊味合蒸、红烧寒菌、焦炸鳅鱼、麻辣泥蛙腿等等。

### （四）腊味合蒸

腊味合蒸，是以腊鸡、腊肉、腊鱼为主料蒸制而成。其制作方法是：将腊鸡、腊肉、腊鸡肫、腊舌用温水洗一下，上笼蒸熟取出，稍凉。腊鸡砍成 5 厘米长、2 厘米宽的条，腊鸡肫切成 6 毫米厚，腊肉切成 4 厘米长、4 厘米宽、6 毫米厚的块，腊舌切成 6 毫米厚的片，分别扣入碗内，加入料酒，或加入豆豉、干红椒末，然后上笼蒸 1 小时左右，取出翻入盘中，淋香油即成。这道菜的特点是颜色深红，咸香多味，肥而不腻，具有独特的烟熏风味，是湖南民间冬春季节餐桌上常食的菜肴。

腊味合蒸

### （五）红烧寒菌

寒菌，又叫松乳菇、松菌、雁鹅菌，为世界性美味食用菌，湖南山丘之地多有出产。红烧寒菌的做法是：先将寒菌择洗干净，在清水中浸泡 15 分钟，沥干水分，炒锅内放入猪油烧沸，下入葱姜煸锅，继下入猪肉片、寒菌煸炒，加入精盐和普汤，烧沸后倒入砂锅内，用小火煨半小时，然后去掉猪肉、葱姜。食用时，将寒菌倒入锅内，收浓汁，放入葱段、味精和胡椒粉，用湿淀粉调稀勾芡，放入香油即成。寒菌味鲜美，质地柔软，营养丰富，富含蛋白质、碳水化合物、维生素 B2，味甘淡微酸，可明目护肝、散热舒气。另外，以寒菌配猪肉同煨，味道更为鲜香爽嫩。

## 第三节　湘菜的特色

湘菜因地域的差别，分为湘江流域、洞庭湖区和湘西地区三大流派，尽管在口味和制作上有着一定的差异，但湖湘一体，湘菜在风格上仍然有些相同的特点，主要表现在以下几个方面。

### 一、选材广泛，用料地道

湖南地处长江中游南部，气候温和，雨量充沛，土质肥沃，物产丰富，素称"鱼米之乡"。优越的自然条件和富饶的物产，为千姿百态的湘菜提供了源源不断的物质条件。举凡空中的飞禽、地上的走兽、水中的游鱼、山间的野味，都是湘菜的上好材料。所以，湘菜的选料不仅广泛，而且极为地道，基本选用当地的土特产为原料，其中最为出名的就是"湖湘五蔬"和"洞庭五鲜"。

"湖湘五鲜"指冬笋、冬苋菜、红菜薹、韭菜、莲藕。冬笋尤以浏阳大围山出产的最好，用它烹制的香煎冬笋、冬笋腊肉、酸菜炒冬笋、油焖冬笋等名菜，嫩黄鲜脆，营养丰富。而冬苋菜以软糯鲜嫩为特色，平江所产的最为人们喜爱，炒煮、烹汤、下火锅，味道非常鲜美。说起莲藕，尤其以汉寿的白臂藕最为著名，壮硕有如手臂，色白堪比玉器，汁水甚甜，吃起来脆嫩嫩的，落口消融。提起韭菜，便会想起杜甫的诗："夜雨剪春韭，新炊间黄粱。"而湖南的韭菜尤其以叶细、茎矮、气香、肉质厚嫩、辛辣味浓著称，又称香韭菜，因其"翠发剪还生"被称为"一束金"。

"洞庭五鲜"则包括甲鱼、银鱼、鳜鱼、鲥鱼、小龙虾。自古洞庭甲鱼甲天下，湘厨烹制的原蒸水鱼（即甲鱼）裙腿、原汁武陵甲鱼、生烧甲鱼，原汁原味，酥烂浓香，鲜美可口。银鱼更是洞庭无上妙品，1918 年在巴拿马国际水产会上被列为世界名产。用它做出来的湘菜名菜如火方银鱼、奶汤银鱼、雪花银鱼，多次被党和国家领导人用来招待外国元首。用洞庭湖产的小龙虾烹制的口味龙虾，也是享誉全国。以洞庭鳜鱼为原料做成的柴把鳜鱼最为美妙，湘菜大师许菊云即以此菜在第二届全国烹饪大赛中获得金牌奖，他也成为湘厨在全国大赛中获得金牌的第一人。独产洞庭的鳙鱼头配上独特的湖南辣椒、蒜、紫苏，完全的地方风味，但足以享誉全国。

不惟菜蔬鱼禽，调料也以当地所产为主做出的才最有味道，浏阳的豆豉、茶陵的蒜、湘潭的酱油、双峰的辣酱、长沙的玉和醋、浏阳河的小曲酒、醴陵的老姜、辣妹子辣椒酱等都是其中著名的代表，而且也正是这些调料的使用，才最能彰显出湘菜的特色，从而做出最为鲜美地道的湘菜。

## 二、技法多样，制作精细

经过历代厨师的不断演化、总结和创新，湘菜到现在已经形成烧、煎、煮、蒸、炖、卤、酱、煨、炒等几十种烹调方法，在热烹、冷制、甜调三大类烹调技法中，每类技法少则几种，多的有几十种。相对而言，湘菜的煨炆功夫更胜一筹，几乎达到炉火纯青的地步。煨，在色泽变化上可分为红煨、白煨，在调味方面有清汤煨、浓汤煨和奶汤煨。小火慢炆，原汁原味。有的菜晶莹醇厚，有的菜汁纯滋养，有的菜软糯浓郁，有的菜酥烂鲜香，许多煨炆出来的菜肴成为湘菜中的名馔佳品。湖南是湘楚文化的发源地，自古以来，"惟楚有材"，人杰地灵，在饮食行业更是长江后浪推前浪，名师辈出，群英荟萃，他们不泥古，不守旧，敢于开拓，锐意创新，对菜肴在选取料、配色、成形、调味、烹制等方面进行大胆地探索和尝试。

## 三、刀工精妙，注重火候

湘菜尤重刀工和火候。先看刀工，湘菜的刀工极为讲究，也是司厨者入门的基本功之一。湘菜在制作中，对不同原料、不同菜肴品种、不同烹制方法采用不同的刀法，共有几十种之多。不同刀工使菜肴产生不同形状特点，随料而变，随菜而变，随宴而变。同时，每种刀法又有不同变化，如"切"有直切、推切、跳切、拉切、滚刀切、转刀切、滚料切、锯切、推拉切、锄切、拍刀切等；"片"有推刀片、拉刀片、斜刀片、左斜刀、右斜刀、坡刀片、抹刀片、反刀片……湘菜中的名肴"发丝牛百叶"就展现出了湘菜刀工的绝妙，此菜不仅刀工精细，细如发丝，而且是滴汁入味，但菜不见汁，吃到口里，却有汁从"丝"中投入口内，酸、辣、咸、鲜四味溢出，口感脆爽，足见湘菜刀工之精妙。

再说火候。湘菜的烹制最为讲究的是火候，有文火、武火、大火、小火、微火、死火、活火、明火、暗火、余火等，在烹制的每一环节中，牢牢掌握每一个工序环节的需要而控制火候变化，是湘厨们一个严格的基本功技艺。

## 四、口味丰富，尤重酸辣

湘菜的口味十分丰富，菜肴具有酸、辣、麻、焦、香的特点，强调多味调和，具有清香、浓鲜、脆嫩等多种风格。其基本口味特色较为一致，即味别多样，尤重酸辣，熏腊清香，口味适中。

### （一）嗜酸喜辣

自古至今，湖南嗜酸喜辣成风。酸中带辣，辣中透酸，以辣盖酸，以酸溶辣，强而不烈，口感极为舒服。

首先，湘菜尤重酸辣，是与其地理环境及气候特点有密切关系的。因湖南河流山区众多，空气中湿度大，人体散湿不畅，所以湖南人习惯吃酸辣，用以祛湿、祛风、祛寒。

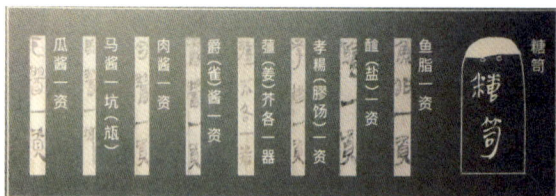

马王堆汉墓遣策和木牌记载的调味品

正如清人写的《保靖志稿辑要》中所云："土人于五味，喜食辛。蔬茹中有茄椒一种，俗称辣椒，每食不彻此物。盖丛岩邃谷间，山泉冷冽，岚瘴郁蒸，非辛味不足以温胃健脾，故群然资之。"另外，受地理环境的影响，湖南大部分地区适于辣椒的栽培，吃的人多了，便促进了辣椒的种植，供需良性循环，因而逐渐形成了嗜辣的习惯。

其次，喜酸辣与楚文化的饮食传统有关。楚人嗜食酸味，早在先秦两汉时便有了口碑。《淮南子》曰："煎熬焚炙，调齐和之适，以穷荆吴甘酸之变。"高诱注云："二国善酸咸之和而穷尽之。"《黄帝内经》中亦云：东方之民"食鱼而嗜咸"，南方之民"嗜酸而食胕（腐）"。这些证明重酸味是先秦乃至后世楚与吴菜系的一大特色。楚人喜酸的饮食特点，在考古中也有反映。马王堆汉墓遣策中记录了9种羹，其中酸羹有7种：牛首夸（菇）羹一鼎、羊夸羹一鼎、承夸羹一鼎、豚夸羹一鼎、狗夸羹一鼎、雉夸羹一鼎、鸡夸羹一鼎[①]。

湖南人吃辣椒的花样繁多：将大红椒用密封的酸坛泡，辣中有酸，谓之"酸辣"；将红辣椒、花椒、大蒜并举，谓之"麻辣"；将大红辣椒剁碎，腌在密封坛内，辣中带咸，谓之"咸辣"；将大红辣椒剁碎后，放入大米干粉搅拌，腌在密封坛内，食用时可干炒、可搅糊，谓之"酢辣"；将红辣椒碾碎后，加蒜籽、香豉，泡入茶油，香味浓烈，谓之"油辣"；将大红辣椒放入火中烧烤，然后撕掉薄皮，用芝麻油、酱油凉拌，辣中带甜，谓之"鲜辣"。此外，还可用干、鲜辣椒做配料，吃法更是多样。尤其是湘西的侗乡苗寨，每逢客至，

---

① 宋公文、张君：《楚国风俗志》，第26页。

总要做"干辣椒炖肉";劝客时，总是殷勤地再三请客人吃辣椒，而不是请客人吃肉，其嗜辣程度可见一斑。

湖南人喜酸也由来已久。六朝时期，宗懔《荆楚岁时记》对荆楚一带（今湖北、湖南）嗜酸食俗亦有载述："仲冬之月，采撷霜芜菁、葵等杂菜干之，并为咸菹。有得其和者，并作金钗色。今南人作咸菹，以糯米熬捣为末，并研胡麻汁和酿之，石笮令熟，菹既甜脆，汁亦酸美，呼其茎为金钗股，醒酒所宜也。"对酸菜的做法、功能及其色、香、形、味均作了具体而生动的描述，宛如历历在目。早在1000多年前，荆楚民众就能做出如此技艺高超的酸菜，确实令人赞叹不已。

直到近现代，湖南、湖北、四川、贵州、云南、广西等省（自治区）许多偏僻山区，尤其是苗、侗、瑶、土家、布依、毛南等民族，嗜酸之风非常盛行。湘西的苗族同胞长期以酸菜作为当家菜，苗族人几乎家家都备有酸坛制作各种酸菜。他们还喜欢用酸坛来制作肉食，苗家酸鱼是他们的待客佳肴。湘黔桂边界的侗族也嗜酸，流行着"住不离山，食不离酸""三天不吃酸，走路打倒蹿"的俗语。至今楚人仍喜欢煮酸菜鱼。其方法是：用洗净的铁锅把掺有酸辣椒、花椒等香料的水煮到快要沸腾，将鱼收拾妥当放在沸腾的酸汤水里烧煮，配上适量的食盐以及腌酸菜等，熟透即好。食时配有花椒、大蒜的辣椒蘸碟，蘸而食之，其味无穷。

文献记录和考古材料都证明，湖南人嗜酸与喜辣是连在一起的，并有悠久传统。《荆楚岁时记》中就有楚人喜辣的记载："正月一日……长幼悉正衣冠，以次拜贺。进椒柏酒，饮桃汤，进屠苏酒、胶牙饧，下五辛盘。"按当时的楚俗，春节（即"元日"）早晨，合家拜贺之后，即"进椒柏酒"，并吃五种辣味的菜。宋代《太平御览》卷二十九引《风土记》："晨啖五辛菜。"明代李时珍《本草纲目》云："元旦立春，以葱、蒜、韭、蓼蒿、芥辛嫩之菜，杂和食之，取迎新之意，谓之五辛盘。"由此可见，中国古代的辛辣之味主要来自一些辛香菜中。至于辣椒，它是在明代末年从美洲传入中国的。辣椒传入中国后，最先开始食用辣椒的是在中国缺盐的山区。湖南也是缺盐地区，历史上湖南基本不产盐，主要依赖淮盐供应湘中、湘北地区，粤盐供应湘南地区，川盐供应湘西地区。[①]湖南离产盐地路途遥远，盐价自然不菲，这势必直接影响人们的需求。因而许多贫苦民众无奈，不得不以酸菜、辣椒当盐来调味。所以，从乾隆年间开始，湖南也开始食用辣椒了，以此作为调味品。

据史料记载，长江中游湖南地区最早的辣椒记载晚于长江下游的浙江，但早于周边的湖北、四川和贵州。不过，当时的辣椒主要是作为湘菜中的一种调味品，而非蔬菜，

---

① 参见李春生：《湖南盐话》，载中国人民政治协商会议邵阳市委员会文史资料研究委员会编：《邵阳文史》第十二辑，邵阳：邵阳资江印刷厂印刷，1989年，第190-192页。

而且当时湖南人的嗜辣习惯也尚未完全形成。乾隆时期的《泸溪县志》《楚南苗志》《辰州府志》的记载中都把传入的番椒称为辣子，因其"辛甚曰辣"而得名。嘉庆、道光以降，辣椒进一步在湖南推广，到光绪年间，辣椒在湖南已经普遍种植，食辣之风遍布全省，正如徐珂《清稗类钞》所云："湘、鄂之人日二餐，喜辛辣品，虽食前方丈，珍错满前，无椒芥不下箸也。汤则多有之。"咸同之际，嗜好食辣的湘军与太平军在长江流域各省市作战，为湘菜的形成与发展起到了推动作用。一方面湘菜广泛吸收了长江流域各地菜肴的特点，另一方面以酸辣著称的湘味也流传到长江流域各地。清末民初，辣椒完全融入湘菜之中，既能作调料，又可入菜，麻辣仔鸡、辣椒炒肉、剁椒鱼头等一大批特色菜肴被创造出来，加之湖南人在北京、上海、南京等大中城市大量开设湘菜馆，湘菜从此声名鹊起。

俗话说："湖南人不怕辣，贵州人辣不怕，四川人怕不辣。"那么谁食辣更重一些呢？

近年来，有学者对中国人的饮食口味作过计量研究，蓝勇先生撰文说："最新的计量研究表明，中国现在饮食口味上形成了三个辛辣口味层次地区：即长江中上游辛辣重区，包括四川（含今重庆）、湖南、湖北、贵州、陕西南部等地，辛辣指数在25至151左右；北方微辣区，东及朝鲜半岛，包括北京、山东等地，西经山西，陕北关中及以北、甘肃大部、青海到新疆，是另外一个相对辛辣区，辛辣指数在15至26之间；东南沿海淡味区，在山东以南的东南沿海江苏、上海、浙江、福建、广东为忌辛辣的淡味区，辛辣指数在8至17间，其趋势是越往南辛辣指数越低，人们吃得越清淡。细分起来，吃得最辛辣的还是四川（指数在129），然后是湖南（指数为52），湖北（指数为16），贵州缺统计资料，但估计与四川、湖南不相上下。"[1]

从这个统计指数中可以看出，四川排名第一（129），湖南第二（52），但在吃辣椒的方法上，湖南人则显得比四川人更厉害一些。四川人吃辣椒常常是将辣椒炸香，使其收敛，而湖南人则可以吃干辣椒面、干辣椒。

在中国历史上有一个奇异的现象，即在食辣重区的范围内，出现了一大批喜吃辣椒的革命者，如毛泽东、邓小平、朱德、彭德怀、陈毅、刘伯承、罗荣桓、聂荣臻、张爱萍、陈独秀、魏源、黄兴、蔡锷、宋教仁、陈天华、任弼时、林伯渠、李富春、邓中夏、何叔衡、李立三、陶铸、胡耀邦等。特别是毛泽东，一生都喜欢吃辣椒，几乎每顿"正经饭"中都少不了辣椒。有时，四菜一汤中有一盘是辣椒酱，有时则是一碟干焙辣椒，其中干焙辣椒都是整个儿焙熟的，身边工作人员无人能咽一小口，毛泽东却能一口一个，而且吃得津津有味。

---

① 蓝勇：《中国辛辣文化与辣椒革命》，《南方周末》2002年1月25日。

毛泽东还把辣椒与性格和斗争精神联系起来。有一次，他对工作人员说："大凡革命者都爱吃辣椒。因为辣椒曾领导过一次蔬菜造反，所以吃辣椒的人也爱造反。我的故乡湖南出辣椒，爱吃辣椒的人也多，所以'出产'的革命者也多。"

毛泽东晚年依然未改食辣习惯。其时，他罹患多种顽疾，连吞咽都十分困难，但他还时常想吃一点儿辣椒。于是工作人员便用筷子在辣椒酱里蘸上一点点，送到他嘴里。这时，毛泽东便会把嘴巴吧嗒几下，高兴地说："好香噢，一直辣到脚尖了！"[1]现代科学研究表明，辣椒不仅可以调味，而且还有提神的功能，所以受到众多民众的喜爱。

从以上的材料中我们可以看出，湖南人喜嗜酸辣的饮食风习，虽然直接渊源于先秦时期的荆楚饮食文化传统之中，但更多是湖南特定的地理和社会文化环境的作用。地理位置及社会文化因素影响了湖南对食盐的需求，又因气候多雨潮湿因素形成嗜辣之习，最终使湖南嗜酸辣风习得以定型并形成自己的饮食特色。

### （二）腊味清香

湘菜还有一个重要特色，就是善于运用腊味制品做各式菜肴，俗称腊菜。腊菜有烟熏的清香，色泽美观，香味浓醇。经过烟熏的腊制品有防腐作用，易于保藏。烟熏方法有敞炉熏（即熏缸熏）以及密封熏（即熏锅熏）两种。

敞炉熏，即在普通火炉内（或火缸）放几根烧红的木炭，上面盖上一层核桃木屑、茶叶、稻壳、橘子皮和糖等，冒出浓烟，将食品挂在钩上，或用筛箕盛着在烟上熏制。

密封熏，即把上述燃料放在铁锅里，上面找一铁丝熏篮，将食品放在篮内加盖，然后将铁锅放在火上烘，使锅内燃料烧冒烟来熏制。

### （三）爱吃苦味

除了喜欢酸辣外，湖南人还爱吃苦味，苦瓜、苦荞麦等都深受湖南人喜爱。据史书记载，其渊源可追溯到先秦，《楚辞·招魂》中就有"大苦咸酸，辛甘行些"的诗句。湘俗嗜苦不仅有其历史渊源，而且具有地方特点。湖南地处亚热带，暑热时间较长。中国传统医学对"暑"的解释为："天气主热，地气主湿，湿热交蒸谓之暑；人在气交之中，感而为病，则为暑病。"而"苦能泻火""苦能燥湿""苦能健胃"，所以人们适当地吃些带苦味的食物，有助于清热、除湿、和胃，有益于卫生保健。

### （四）口味适中，和而不同

今天湘菜如此盛行，自然是多重特色共同作用的结果，也就是所谓的"和而不同"。先讲"和"。展开中国地图，湖南承北启南，引西接东，地处"U"字形排开的四川、

---

[1] 参见韶山毛泽东纪念馆编：《毛泽东遗物事典》，北京：红旗出版社，1996年，第90页。

广东、福建、浙江、江苏、安徽、山东半包围圈之腹地。若以此论，全国八大菜系在地理位置上以湘菜为中心，七大菜系所处的地理位置为湘菜的"和"创造了客观条件，而湖南人经世致用的实用风尚又为湘菜的"和"提供了主观努力。这样，客观条件与主观努力相得益彰，成就了湘菜的特色"和而不同"：湘菜除了具有浓厚的地方特色之外，有的湘菜兼有川味、粤味，有的基于"湘"而吸闽菜之长，有的有湘菜之辣而不失鲁菜之形与气派，有的源于湘而不缺淮扬菜之文气雅致。清朝翰林曾广钧题诗湘菜名店玉楼东的名句"麻辣仔鸡汤泡肚，令人常忆玉楼东"中说到的两个菜，就与川菜、粤菜和而不同："麻辣仔鸡"，麻辣是川味，但玉楼东的祖传师傅们却辣而少用花椒，重在辣嫩；"汤泡肚"的汤色之清有粤味的风格，然而汤味的鲜醇与淡中寓浓却有别于粤菜，和而成之，为湘味。此所谓集多格于一品而取其"和"。

再讲"不同"。湖南独特的地理环境滋润着湘菜与众"不同"：酸而不苦、辛而不烈、肥而不腻、甘而不浓。湖南三面环山，一面临水，既是"鱼米之乡"，又为"卑湿之地"，特殊的资源和特殊的气候环境，致使湖南人普遍养成了发汗、祛湿的嗜辣、重酸的饮食习惯，这也是湘菜形成与众不同的特异风格的重要原因。湘菜以酸辣、鲜香、脆嫩、油重、色正，主味突出，浓淡分明，口味适中的独特风味而久负盛名。已故的烹饪大师聂风乔教授说："湖南的烹调师善于掌握辣椒'盖味而不抢味'的特性，在辣味的掩盖下调和百味，使人们从辣中品尝百味，这种历史，唯在三湘表现得淋漓尽致。"而这也恰恰是对湖湘饮食口味适中、和而不同的很好诠释。

**（五）注重搭配，擅长调味**

湘菜历来重视材料搭配，滋味互相渗透，交汇融合，以达到去除异味、增加美味、丰富口味的目的。调味工艺随着原料质地而异，依菜肴要求不同，有的菜急火起味，有的菜文火浸味，有的菜先调味后制作，有的菜边入味边烹制，有的则分别在加热前或加热中和加热后调味，从而使每个菜品均有独特的风味。而在这种调味过程中起着重要作用的就是酱油。湖南人做菜很重视酱油，而且运用得极为巧妙。在烹制的多种单纯味和多种复合味的菜肴中，湘菜调味尤重酸辣。因地理位置的关系，湖南气候温和湿润，故人们多喜食辣椒，用以提神祛湿。用酸泡菜作调料，佐以辣椒烹制出来的菜肴，开胃爽口，深受青睐，成为独具特色的地方饮食习俗。

湘厨用酱油很另类、很讲究，不像有些师傅做菜时，就淋一勺酱油。湘厨用酱油分多次入菜，每一次的数量、作用、酱油种类都不同。如湖南小炒肉，仅用了盐、味精、酱油这三种调料，而炒出正宗的湘菜味道全在酱油的用法上。烹炒时首先将猪前腿肉用美极鲜味汁腌制入味，起到祛腥、增加底味的作用，并且不会抢了原料自身的味道。再将腌制入味的肉片下入五成热油锅煸炒，当肉变色时（八成熟左右），下入少许黄豆酱油，起增加色泽的作用，以酱色红亮为宜。当这道菜马上起锅时，最后再下入黄豆酱油，用急火爆出锅气，烹出酱香味。三次用酱油，作用都不一样。

### （六）品味丰富，菜式多样

湖湘饮食之所以能自立于国内烹坛之林，独树一帜，是与其丰富的品种和味别不可分的。它品种繁多，门类齐全，历来重视原料互相搭配，滋味互相渗透，交汇融合。常用的味型有酸辣咸鲜的家常味型和咸甜酸香鲜兼有的多种复合味型，如红油味、酸辣味、酸甜味、咸甜味、微麻多辣味、椒盐味、胡椒味、陈皮味、糖醋味、咸辣味等。仅出香味的味料就有韭香、葱香、椒香、茴香之别；"春上椿芽、夏上嫩荷、秋上芹菜、冬上熏腊"，四时分明；还有突出香味的五香味、芥菜味、烟草味、姜汁味、蒜泥味等味型，真可谓"不必齿决之，舌尝之，而后知其妙也"。就菜式而言，既有乡土风味的民间菜式，经济方便的大众菜式；也有讲究实惠的筵席菜式，格调高雅的宴会菜式；还有味道随意的家常菜式和疗疾健身的药膳菜式。据有关方面统计，湖南现有不同品味的地方菜和风味名菜达 800 多个。近年来，为了满足人民群众的需求，湘菜正朝着多样化、合理化、卫生化和营养化的方向稳步发展。

# 第四节　湖湘风味小吃

湖湘小吃是指一类在口味上具有特定风格特色的食品的总称。小吃就地取材，能够突出反映湖湘的物质文化及社会生活风貌，是一个地区不可或缺的重要特色，更是离乡游子们对家乡思念的主要对象。

## 一、湖南风味小吃的起源

湖南小吃历史悠久，早在 2000 多年前，楚地就有诸多脍炙人口的风味小吃。在长沙马王堆西汉墓中也出现过各式糕饼等小吃品种，如简 122 "糗足一笥"，简 123 "卵䉽一器"。据《集韵》所言，糗足或作焙炷，属饼类；卵，蛋也；䉽，《说文解字》曰："稻饼也。"由此可知，卵䉽为米类加工的蛋饼，糗足则为麦面粉制成的饼子。[1] 这些小吃品种为后世湖南小吃的发展奠定了良好的基础。

经过长时期的历史发展，到清代时，湖南小吃已从民间家庭制作转向商业性经营。据清末出现的《湖南商事习惯报告书》中介绍，当时湖南小吃就分米食、面食、肉食、汤饮、鲜食、豆制品等数十个品种，市肆出现"朝则油条之类，夜则河南饼之类，皆

---

[1] 宋公文、张君：《楚国风俗志》，第 21 页。

提篮唱卖。又有饺饵担，兼卖切面、汤圆，夜行摇铜铃、敲小梆为号，至四、五鼓不已"的景象。此时的食摊和小吃店铺较注重质量，以自己的独特风味相号召。

马王堆汉墓木牌记载的小吃

## 二、火宫殿小吃群

湖南小吃在全国形成一个品牌，是从长沙火宫殿开始的。火宫殿神庙于清道光六年（公元 1826 年）重修，名曰"乾元宫"，每逢农历六月三十日举行大规模祭祀。久而久之，便有零食、卖艺、相面、说书等出现，逐步形成独具风味的小吃市场，尤以民国时期小吃日兴。民国三十年（公元 1941 年）再建神殿时，经神殿主事与商贩达成协议，由商贩出钱，在神庙前空坪修建木架棚屋，以作铺面，3 年不收租金，期满后产权归神庙。由此此地形成了一个品种多样、风味独特、价廉物美、食用方便的小吃店群。那时的经营规模和经营特色均可与上海城隍庙、南京夫子庙和天津"三不管"相媲美。

长沙火宫殿

长沙人有句口头禅："进门火宫殿，出门钱圆工（取乾元宫谐音。圆工，长沙方言词，其义为做完某事，用完某物）。"

据《晚清民国时期名店录》，1942 年火宫殿建成木架棚屋 48 间，占地 2200 多平方米，分成四线，东、西两线紧靠围墙，均为单间；中间两线前后分两个门面。四线分别取名东成、西就、南通、北达。四线铺面间有 3 条小街，门面毗连，形成闹市。在 48 间铺面中，由李子泉、陈德贵、吴金华、孙燕山、徐二爹、姜二爹、姜立仁、张桂生等摊主经营各种风味小吃的 40 间，舒三和、谭运生等说书的 4 间，游子钦、罗寅生理发的 2 间，戴娭毑和刘桂秋卖烟酒和槟榔的各 1 间，具体位置如下图所示：

火宫殿 神殿

舒三和等 书棚　　　　　　　　　　　谭运生等 书棚

后门 通三王街　　　　　　　　　　　后门 通火后街

| 剃头 罗寅生 | 子 面 吴金华 | | 甜酒蛋 | 卤味 | | 剃头 游子钦 |
|---|---|---|---|---|---|---|
| 饭馆 罗三 | 饭馆 罗三 | 米粉 张和生 | 雷三爹 | 陈益祥 | | 肉油粑粑 吴保生 |
| 饭馆 罗三 | 饭馆 李子泉 | | 何兰粉 油粑粑 | 卤味 | | 肉油粑粑 吴保生 |
| 糊汤面 河南人 | 包子 张胖子 | 点心 欧×× | 周福生 | 陈益祥 | | 豆腐脑 罗保 |
| 饭馆 李子泉 | 姊妹 子 | | 面、馄饨 | 何兰粉 刮凉粉 | | 猪血 谢仁甫 |
| 饭馆 李子泉 | 姜立仁 | | 黄海南 | 运伢子 | | 肘子 三角豆腐 张桂生 |
| 饭馆 徐二爹 | 面粉 馄饨担脚 | | 猪血 | 肉油粑粑 葱油粑粑 | | 牛角饺子 胡建岳 |
| 饭馆 徐二爹 | 邓春香 | | 胡桂英 | 周详子 | | 清茶 李三爹 |
| | | | 甜品 | 子 | | |
| (西就) | (北达) | | 余志华 | | | (东成) |
| | | | 面粉 | 馄饨 | | |
| | | | 盛桃生 | | | |

(南通)

| 香烟、槟榔 戴 | 糯米饭 张满爹 |
|---|---|

| 猪血 郭秋生 | 白酒 刘桂秋 |
|---|---|

牌楼 乾元宫

临时工棚

| 董刀 同剪 兴铺 | 店主：罗楚钧 |
|---|---|

临时工棚

| 云胜笔墨店 | 店主：徐凤祥 |
|---|---|

↑ 姜二爹臭豆腐担
↑ 胡建岳牛角饺子担
↑ 运伢子荷兰粉担

资料来源：《晚清民国时期名店录》，载《湖南商业志资料汇编》之一，湖南省商业厅商业志编写组编印，1983 年。

火宫殿的小吃品种从民间小贩开始，经年云集，逐步形成浓郁的地方特色。著名的有：姜二爹的臭豆腐、姜氏女的姊妹团子、胡桂英的猪血、邓春香的红烧蹄花、周福生的荷兰粉、张桂生的煮徽子、李子泉的神仙钵饭、罗三的米粉、陈益祥的卤味、胡建岳的牛角饺子等。他们几经艰辛创业，从选料、配方到制作，几乎都是代代相传，各具特色。其中尤以姜二爹的臭豆腐、姜氏女的姊妹团子、张桂生的煮馓子、李子泉的神仙钵饭、胡桂英的麻油猪血遐迩闻名，流传至今，久盛不衰。长沙有句顺口溜，非常形象地说明了火宫殿小吃的风味特色："火宫殿样样有，饭菜小吃热甜酒。油炸豆腐喷喷香，姊妹团子数二姜。馓子麻花嘣嘣脆，猪血蹄花味道美。各式小吃尝不完，乐得食客笑呵呵。"由此可以看出火宫殿小吃对人们的巨大吸引力。

湖南小吃

## 三、特色名小吃

### （一）臭豆腐

臭豆腐又名油炸臭豆腐，可谓是一道享誉海内外的湖南风味小吃。制作臭豆腐的关键在于调制浸泡豆腐坯子的卤水，它是将冬菇、冬笋、曲酒、浏阳豆豉等20多种配料浸泡于水中，经发酵后制成。卤水本身因发酵而带有臭味，但经现代科学检验发现其富含多种氨基酸等营养物质。而制成的臭豆腐香气扑鼻，外层焦脆，里层细腻软嫩，配上调料后十分可口。臭豆腐的制作历史悠久。20世纪20年代，姜二爹的臭豆腐尤为出名，臭豆腐也成了火宫殿最负盛名的小吃。毛泽东青年时期在长沙就爱吃火宫殿的臭豆腐，1958年又亲临火宫殿品尝。20世纪70年代，时任美国驻华联络处主任的布什亦曾慕名前往长沙火宫殿品尝这一小吃，并记入其工作手册上，称赞臭豆腐为"名菜之一"。

油炸臭豆腐

### （二）姊妹团子

姊妹团子也是火宫殿的名小吃之一。20世纪20年代，有一对貌美如花的姜氏姐妹在长沙火宫殿的坪场之内摆摊售卖。其主要原

姊妹团子

料为糯米、大米、水发冬菇、猪五花肉、红枣、蔗糖、桂花糖、熟猪油、酱油、盐等。先将糯米、大米磨成湿粉，然后制成粉团，揪成剂子，逐个搓圆，捏成窝子，分别包入上述原料制成的肉馅、糖馅，上笼蒸熟即成。由于姜氏姐妹做团子手法快捷灵巧，如要杂技般令食客们眼花缭乱，人们争相品尝，大饱口福。自此姊妹团子的名声不胫而走。《中华人民共和国国歌》的词作者田汉就尤为爱吃姊妹团子。1987年，一位台湾同胞回湘光临火宫殿时，忆及当年情景，曾写下"油炸豆腐臭中香，有客追忆在台湾。当年田汉回湘日，姊妹团子当早餐"的诗句。

### （三）柳德芳汤圆

柳德芳汤圆是长沙的名特小吃，为柳德芳汤圆店独家经营。店面创始于清道光年间。柳德芳，别号柳三，人称长桥柳，小时家境贫寒，以卖汤圆为生。由于汤圆选料上乘、制作精细、风味独特，因而颇有名气，买者非柳三的汤圆不食。

清咸丰二年（公元1852年），柳三在河街南货馆购面粉，不承想面粉中竟有53两的大宝银子，遂又购回6篓，果然又得了6个53两的大宝银锭。得此横财，柳三遂购一间铺面，专营汤圆，因其所制汤圆个大、糕糯、馅多，肉素兼备，咸、甜双全，不黏唇，不腻心，

柳德芳汤圆

回味悠长，博得广大食客赞赏。据传，陕甘总督左宗棠曾感其汤圆鲜美香甜，赠其柳德芳汤圆馆"枵腹而来，君休问价；从心所欲，我亦重涎"的楹联。后柳德芳将其装裱挂入店堂。时值学院开考，各县举子来长沙应试，在汤圆馆见了左宗棠的亲笔楹联，无不赞其笔力苍劲，从此文人墨客慕名而来，以至不吃柳德芳汤圆不算到长沙成一时之风气，故其每日门庭若市，生意兴隆，声名流传享誉至今。

### （四）米粉

在湖南，米粉也十分有名，尤其是长沙所产的湘粉，因"色白如玉，细软如绸"而驰名国内外，获得了极高的评价。制作米粉要选用上等白米，水泡磨成粉浆，再摊平蒸成粉皮，切成粉条，开水烫煮后，配以鲜汤、油码。油码制作与面码一样。在湖南，米粉主要有原汤酸辣粉、什锦米粉、香菇鸡肉粉、排骨粉、肉丸粉、牛肉粉等。

从口味上来说主要有常德津市米粉和长沙米粉两大类。津市米粉盖码一般分为肉丝、红烧肉、排骨、牛肉、牛杂、牛腩、墨鱼几个大类，下的粉以圆粉为主，为了更好地满足市场需求，现在大部分的粉店都备了切粉和面条，经营品种更为广泛。长沙

米粉以切粉为主，与常德米粉在口味上有着很大的区别，最大的特点就是清淡。正宗的长沙米粉的汤以大骨熬成，原汁原味，香甜可口。长沙米粉的盖码也是五花八门，只要你想得到的都有，米粉端上来客人可视自己的口味再加上一点剁辣椒、萝卜条、酸菜、榨菜等作料。

长沙米粉馆以和记粉馆最著名，其中最著名的是最便宜的菜心牛肉粉，在牛肉油码上加一小苑烫熟的白菜心，茎白叶青牛肉红，形味俱佳。现在，长沙的街头巷尾，米粉店、米粉摊比比皆是，是市民早点的主要品种。

衡阳米粉也很有名。晚清经学家、清史馆馆长王闿运在《湘绮楼日记》中说：同治十一年（公元1872年）八月十一日，"六云卅生日，无面，设粉条，衡俗也"。此时王闿运在衡阳修地方志，姜室六云三十岁生日，王家设宴，遵照衡阳当地习俗，没有面条，只有米粉。"由此可见，在晚清时期，衡阳生日习俗与长沙、湘潭等地不一样。这一时期，长沙、湘潭等地生日宴上都是设面席，而衡阳以米粉胜。这种食俗背后，与长沙、湘潭等地较为富裕，人们热衷将物以稀为贵的面条作为席上珍品有关，而衡阳则更多地以日常米粉摆上席面为骄傲。这种饮食的差异对今天湖南饮食的格局也有影响。近百年来长沙米粉和面条的此起彼伏，也正是本地米粉势力逐步抬头的历史，衡阳不过是早早地本地化罢了。衡阳强势的米粉传统，也可以部分解释为何时至今日，衡阳米粉仍是湖南米粉的重要一支"[①]。

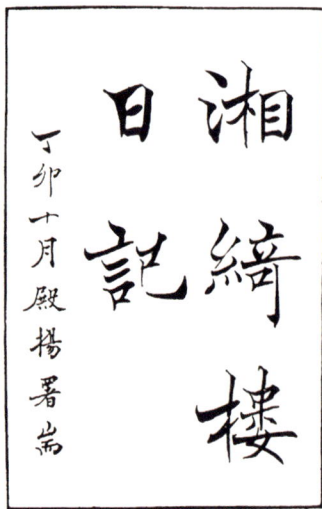

王闿运《湘绮楼日记》

### （五）碱水粽子

粽子这一著名小吃，实为湘人首创。远在2000多年前的楚国时期，湘人为保护抱石沉江的爱国诗人屈原的遗体不受鱼虾侵害，就以竹筒盛饭丢入江中供鱼虾食用，后演变成农历五月五日端午节以箬叶包糯米煮食的习俗，并取名"粽子"。"五月端午节，家家粽飘香"是真实写照。粽子的原料是糯米，浸泡沥干后拌入食碱，外以箬叶包裹成菱形，

碱水粽子

---

① 尧育飞：《〈湘绮楼日记〉中的饮食地图》，《澎湃新闻》2021年9月14日，https://www.thepaper.cn/news Detail_forward_14470483。

先用大火煮2小时左右，待糯米熟透后捞出，剥去箬叶，放入盘中，撒上白糖等调料即成。碱水粽子色泽橙黄，糯米晶莹透亮，入口糯软有黏劲，有着箬叶留下的清香。现在，人们又在其中加入火腿、豆类等等，使粽子的品种更为繁多。

## （六）馓子

长沙火宫殿的馓子也是著名的小吃。这一美味的制作却并不复杂，主要是选取上等浏阳豆豉（用纱布包好）、邵阳产干辣椒、新鲜猪骨，放入锅中，加水和适量盐熬成汤汁，捞出豆豉、辣椒及猪骨。然后将刚炸好的馓子放入汤内煮软，快速盛入碗中，淋上香油即成。其色艳味美，食之油而不腻。

## （七）龙脂猪血

长沙风味小吃之一。其原料为猪血、排冬菜、榨菜、熟猪油、葱花、味精、酱油、胡椒粉、猪骨头汤及香油。制作方法是将猪血煮熟，再划成小块，用清水浸泡。然后将猪骨头清汤煮沸，将猪血小块倒入其中煮沸，最后连猪血带汤倒入盛有排冬菜、榨菜的碗内，撒上葱花、胡椒粉，淋上香油即成。此小吃因猪血特别细嫩，犹似传说中的龙脂一

龙脂猪血

般，所以得名。这种名吃因细腻鲜嫩，滚热开胃，冬季食之浑身暖和，余味无穷；夏季食之，爽口怡神，别具风味。

## （八）脑髓卷

湖南湘潭名小吃。20世纪40年代由湘潭市祥华斋首先推出应市。脑髓卷的制作原料有正碱嫩发酵面、猪肥膘肉、白糖、盐、熟猪油。其制作方法是用嫩发酵面皮裹入猪肥膘肉和白糖制成的馅心，经蒸制而成，因其馅心酷似猪脑髓而得名。正宗脑髓卷色泽油亮、皮薄如纸、质地细腻、软滑松香、落口消融、咸甜可口，因而广受欢迎。也正因为如此，该小吃在各地纷纷得到效仿，已传至港澳台地区，并以湘潭脑髓卷应市，以表明其正宗地位。

## （九）面食

湖南人以大米为主食，面食较少，主要面食类小吃有包子、馄饨、虾饼等。

### 1.德园包子

提到包子，长沙人必称"德园"。德园

德园包子

始建于清光绪年间，最初为一唐姓业主在八角亭附近开的一家夫妻店，取《左传》中"有德则乐，乐则能久"之意，名之"德园"。

民国初年，几位失业官厨集资入伙，盘下几经易手却无建树的德园，迁店于黄兴路樊西巷口，以官府菜点招徕食客。因菜肴制作总有海味鲜货等上乘余料留下，为免浪费，故将其剁碎，拌入包子馅中，谁知这竟使他们的包点风味异人，备受垂青。从此，德园包子名声大振，遂有"出笼热喷喷，白色皮暄松，玫瑰甜香美，香菇爽鲜嫩"的民谣之赞。长沙"文夕"大火之后，原班部分师傅重新集资再度建店，取名德园茶馆，继续经营饭菜、包点，并逐步形成驰名长沙的"八大名包"。"八大名包"分别为：玫瑰白糖包、冬菇鲜肉包、白糖盐菜包、水晶白糖包、麻茸包、金钩鲜肉包、瑶柱鲜肉包、叉烧包。新中国成立后，德园茶馆获得了新生，曾荟萃一批烹饪名师和白案高手，使德园的美食形成五大系列，300个品种。

2. 馄饨

在长沙，馄饨又叫饺饵，长沙馄饨的特点是皮匀薄、馅鲜嫩、汤味浓，精心制作，别具风味。其中比较知名的是长沙的双燕馄饨，其面皮制作要选用上等白面，精工擀制，又薄又匀，每片大小方正一律，馅心全用瘦猪肉，剔筋去肥，纯净无杂，剁成肉泥，只加清水、精盐、味精，这样才能保持鲜嫩，松泡酥软。双燕馄饨肉馅较别处稍大，精心包制，个个馄饨呈燕尾形，下锅后，轻薄如纱的面皮经热紧缩，呈现许多皱纹，故又称绉纱馄饨。馄饨汤以高汤配排冬酸菜、葱花、味精，油重味重。

3. 虾饼

**虾饼**

虾饼是湖南岳阳风味小吃，系用洞庭湖一带出产的鲜虾拌以面粉糊炸制而成，具有味鲜香嫩、焦脆可口的特点。其制法是将鲜虾剪去须，用水洗净并沥干水分，盛入盆内，加入面粉、精盐和清水拌匀。锅内加菜籽油，烧至七成热时，分批将拌好的虾面浆倒入平底铁勺内，入油锅烫至挺身，抽出铁勺再炸约4分钟，捞起沥去油即可。

## 第五节　湖湘地区饮食习俗

饮食习俗是指有关饮食行为的风俗和习惯，是指历代传承的、在一定环境和条件之下反复出现的、群体性的饮食行为方式。它主要是由于特定的自然因素及社会因素的长期影响和制约而自发形成的一种民俗现象。湖南特定的自然和社会历史条件形成湖南独具风味的饮食习俗。一般来说，湖南饮食习俗主要有以下特征：

第一，在湖南，"吃"具有比较丰富的社会含义。首先，在人们婚嫁丧娶这类大事中，总是以吃作为其重要内容。结婚称"吃喜酒"；死了人，俗称"吃肉"；生小孩，一定要吃"满月"；过生日，则要吃荷包蛋、吃"寿面"；盖新房，要吃"上梁酒"。其次，"吃"也是人们重要的社交手段之一，朋友之间相互往来，一定要热情招待，以表示主人的热情。

第二，在饮食结构方面，湖南人日常生活一般以大米为主食。城市里早餐以粉、面为主；但在少数山区，由于田少，以种植旱粮作物为主，只能以玉米、红薯、土豆等为主食。副食方面，城市与农村仍然存在一定的差别，农村以蔬菜为主，肉食主要在节庆之日食用；城市则肉食、水果的比重较大。此外，无论是城市还是乡村，几乎家家户户都要根据节令来制作一些腌菜、干菜、泡菜、榨菜、腊菜，每逢客至，总要端上桌来显示主妇的手艺和持家能力。

第三，在饮食爱好方面，自古至今，湖南嗜酸喜辣成风，这和湘菜重酸辣的口味特点也是一致的。在湖南，无论是平日的三餐，抑或餐厅酒家的宴会，或是三朋四友的小酌，总要有一两样辣椒菜。在湖南，简直是"无菜不辣""不辣不成菜"。湘西苗族同胞则长期以酸菜作为家常菜，几乎家家都备有酸坛制作各种酸菜，他们还喜欢用酸坛制作肉食，苗家酸鱼是其待客的佳肴。湘黔桂边界的侗族也嗜酸，流行着"住不离山，食不离酸""三天不吃酸，走路打倒窜"的俗语。湖南人嗜酸喜辣之风就形成湖南菜肴中独特的酸辣味，在湘菜的诸多调味方法中，最注重的就是酸辣味。此外，上面也提到，苦味也颇受湖南人喜欢，浏阳豆豉、苦瓜等带苦味的菜肴在湖南也颇受欢迎。

第四，湖南人好吃异味。在湖南，蚌壳肉、螺蛳肉一直被当作美味，臭豆腐、怪味豆也很受欢迎。近年来啤酒鸭、牛鞭、羊鞭在长沙也颇有食客。尤其是在湘西地区，蛇、鳅、鳝、蝌蚪乃至各式昆虫，均在炒吃之列，被视为珍贵食品。

除以上一般特征外，由于湖南地域的差异性，湖南各地的饮食风俗也存在很大差异。

## 一、湘江流域饮食习俗

湘江流域主要是湘中南地区，重点是长沙、衡阳、株洲、湘潭地区。这一带的节日饮食，总的来说以丰盛为原则，但每个节日几乎都有自己必不可少的食品。

在春节的团年饭席上，有两道菜是必不可少的。一道是一公斤左右的鲤鱼，称"团年鱼"；另一道是一公斤左右的猪肘子，俗称"团年肘子"。除夕晚上，全家守岁时还要吃红枣、桂圆、煮鸡蛋，以示全家团圆。

每年清明节前后，还有"吃青"的习俗，俗称"清明吃了青，走路一身轻"。

农历三月三，家家都要吃地菜煮鸡蛋。

端午节，除了吃粽子、包子纪念屈原外，大蒜籽烧肉也是必备菜，有的还将鲜大蒜捣碎拌盐、醋做蒜泥吃。

湘中有句俗语："六月六，水鱼炖羊肉。"农历六月六一定要吃水鱼炖羊肉，以滋肝肾之阴、清虚劳之热。

农历七月十五为中元节，湘中南有吃"烧包饭"的习俗。自七月初十起，旧时城乡都盛行设酒食果品接祖先亡灵；到七月十五，还要烧纸钱封包，叫"烧包"，届时办一桌酒席祭祖，然后全家吃一顿，叫作吃"烧包饭"。

湘中南地区社交礼仪习俗很多，很讲究规矩。平时每逢客至，刚进门落座，主人必以槟榔、茶、烟相敬。有句俗话说："养妻活崽，柴米油盐；接人待客，槟榔茶烟。"茶一般是姜盐茶，较高级的是芝麻豆子茶。槟榔是湘中南人民的一大嗜好，非常流行。尤其是湘潭，人们在街头与亲朋相遇，必邀到槟榔摊前，各嚼槟榔一口。

## 二、洞庭湖流域饮食习俗

洞庭湖流域也就是湘北岳阳、常德、益阳等地区，主要居住的是汉族，故与湘中南地区的饮食习俗颇有相同之处，因这些地区大都位于洞庭湖滨以及资水、沅水、澧水侧畔，因而带有非常浓重的水乡气息。

湘北人烹制菜肴，不像湘中南，平时做菜很少用到酱油，讲究原汁原味。比如有一种烹调鲜鱼的方法就很独特：把活鲤鱼或鲫鱼剖开洗净，放入砂锅用小火慢熬，直到鱼汤变成乳白色的浓汁时才放少许盐，端上桌趁热吃，味鲜无比。虽然也用干辣椒调味，但不能切碎，吃时捞出去，这样才能保持菜肴原有的鲜味，这是与湘江流域不同的调味方法。

湘北人喜食大酱。每年立夏后，湘北农村几乎家家户户都要做大酱，种类有麦酱、蚕豆酱、黄豆酱等，这种大酱咸中带甜，甜中带辣，别具风味。另外，湘北人还喜欢吃泡酸菜和粉蒸肉。

洞庭湖流域的节日饮食习俗与湘江流域大体相同，但除夕晚上全家吃团圆饭时，有一样油炸鲤鱼是不能吃的，要出大年初一才吃，以示年年有余（鱼）。中秋节，在湘北除吃月饼赏月外，还要吃肉汤炖芋头。

在湘北，来了客人首先要敬"苦茶"。苦茶就是抓一大把茶叶放在茶缸里，冲入开水后放到火边去煨，熬出的茶又苦又浓，人们认为夏天喝苦茶能清火，冬天则能提神。

在桃源、桃江、安化一带，则盛行招待客人喝"擂茶"的习惯。擂茶的原料是生姜、生米、生茶叶，有的还加上芝麻、绿豆、花生、胡椒等，将原料放在擂钵中，用擂槌擂制而成。"擂茶脚子"擂好后，用沸水冲泡、加盐即成。在喝擂茶时，桌上还要摆上茶点，边喝擂茶，边吃茶点。如果来了贵客，则一连可摆出20来个碟子，全用土产制作，除了炒玉米、薯片、花生、瓜子和豆类外，还用这些原料做出各式各样的可口的茶点来。茶点的另一宗是各色各样的"酸碟"，根据时令，有萝卜、洋姜、黄瓜、莲藕等等。此外，姜是茶点中必不可少的，花样有姜丝、姜片、姜花等。

### 三、湘西地区饮食习俗

湘西地区，主要包括张家界、吉首、凤凰、怀化、古丈、桑植等地，这一地区多为少数民族，故有着丰富多彩的饮食习俗。

#### （一）苗族

春社节是春节后的第一个节气，苗族人对其尤其重视。在这一天各家都会采蒿菜，用水洗净，与腊肉炒合，然后与糯米饭拌和蒸熟，香气扑鼻，味美可口，称为春社饭。端午节，苗族家家要包粽粑和春粑粑，携往田间、山坡、旱地去祭五谷神；还要大办丰盛酒饭，请亲家女婿于端午前一两天来过节欢饮。苗族还习惯在重阳节做糯米甜酒，有的人家做三四十公斤甚至百余公斤。

在饮食禁忌方面，苗族每逢天旱不雨或身患病痛时，经常杀牛或杀猪祭雷神。但祭完后只能用淡水煮熟后食用，忌放盐，因为相传雷神是不喜欢吃盐的。每年小暑节前的辰日起，至小暑节后的巳日止，为苗族的封斋日。在此期间，忌食鱼、虾、鸡、鸭、鳖、蟹等物，只有猪、牛、羊肉可以食用。据说如果误食了，必遭灾祸。

#### （二）土家族

最为忙碌的时节自然非春节莫属，正如前文所述，每年春节前夕，土家族家家户户纷纷用猪肉熏制腊肉，为新的一年开始而做贮备，或作为礼物馈赠亲友。土家族认为农历四月初八是牛的生日，这一天要用酒肉粑粑敬"牛王菩萨"。这天若逢立夏，家家都要上山拔竹笋下酒，名为"助力"，取竹笋节节拔高、坚韧有力之意。土家食品中最为常见的是一种叫作团馓的食物，它是由糯米做成，既是最常见的人们恭贺新禧、待客接友的必备佳品，同时也是土家妇女生小孩时最喜欢的滋补品。

土家族的饮食也有颇多禁忌。比如吃鸡时，男子不可吃鸡爪，会写字不好；不能用狗等五爪类牲畜来祭祀神灵，那样会对神灵不敬；还有就是认为女孩子吃鸡翅膀会绣不好花，甚至还有说女子吃了鸡翅膀会不守妇道。此外，所有人都忌吃猪尾巴，因为那样会落后于人。

### （三）侗族

侗族人对过年也一样重视。大年三十过大年，除夕晚上，全家老少守夜，围坐火塘吃稀粥，每人一小碗，称"年更饭"，以期新的一年犁田有水，泥巴不硬，粮食丰收。大年初一早晨，家家户户的早餐都要吃鱼，吃鱼必须由长辈先尝，然后按辈分顺序吃，人人都要吃到。立春这天，侗族有由新媳妇"接春"的习俗。新媳妇接春，主要是挑春水、开甜酒坛和做油茶敬春。甜酒和油茶要请左邻右舍同吃，以示和睦欢乐。此外，侗民热情好客，但交通不便，购买食品较困难，如果家中有了腌酸食品，一旦宾客临门，便有了方便的待客食品。

在日常饮食方面，侗族与苗族、土家族均有较大差异，他们以"侗禾糯"为主食。这是一种不用镰刀、用手来摘取的糯谷品种，适合山区种植。而用此做成的饭软香可口，不散不黏，适宜做成饭团携带出门，因此流传也特别广泛。

侗族人崇拜龙，也崇拜鱼。在饮食方面，每临大事都离不开鱼。除请客送礼办喜事之外，办丧事也用鱼，老人临终时要用腌鱼送终，灵前必须供有大鲤鱼，为死亡者吊孝也要用活鲤鱼。

### （四）瑶族

湘西瑶族因在历史上被迫经常迁徙，受其他少数民族影响颇多，因而其日常饮食与湘西苗、土家、侗等族大同小异，但在节日饮食方面则有自己的特点。湘西瑶族人每年农历三月三日过干巴节，这天男人上山打猎，女人在家杀鸡宰鸭，染制各色糯米饭，准备好丰盛的食物和糯米酒。傍晚，男人们回到寨中，大家互相串门祝贺，畅饮美酒，饱食糯米花饭和当天的猎获物。

湘西瑶族远古祖先曾以狗为图腾，供奉狗王，名为"盘瓠"。因此湘西瑶族禁忌杀狗，也忌食狗肉。

## 四、食粽习俗的来历

农历五月初五，是我国传统的节日——端午节，又叫端阳节。每逢端午节这一天，大江南北到处酒粽飘香，尤其是江南广大地区，素有吃粽子的风俗习惯。

为什么要在端午节吃粽子？民间流传的说法颇多，而最广泛、也最为人们所乐道的，当数关于屈原的典故了。

屈原是战国时楚国人。他自幼刻苦学习，是我国历史上伟大的诗人。由于处在衰落的楚国，他一生坎坷。

战国中期，楚曾是除秦之外最强大的国家，它与齐结成联盟，成了秦吞并六国的最大障碍。秦为了拆散楚齐联盟，便派主张连横的国相张仪出使楚国，对楚怀王许愿说，楚若与齐绝盟，秦将划出 600 里之地送归楚。楚怀王对秦国的欺骗没有识破，信以为真地准备和齐绝交。更为可悲的是，许多大臣都知道楚怀王会上当，但为了自己的荣华富贵，还是怂恿楚怀王按张仪说的去做。屈原知道后，就立即出面劝阻，指出秦国在断绝楚、齐之间的关系后，一定会采取手段各个击破，对楚国下毒手。谁知楚怀王不仅不听屈原的忠告，反而疏远他，免去了他的官职。不出屈原所料，楚怀王果然上当，不仅没有得到秦许诺的土地，还因背盟遭到齐国的攻击。秦国更是凶狠，将楚怀王骗到秦国做人质，两次派兵攻打楚国，夺去了大片楚地，楚怀王最后也客死秦国。楚顷襄王即位以后，忠心爱国而又刚毅耿直的屈原又受到朝臣小人诬陷，被流放江南。

公元前 278 年，秦昭王派大将白起攻陷楚国几百年的首都——郢（今湖北荆州），楚国百姓饱受战火和颠沛流离之苦。这时流亡到汨罗江边的屈原，看到君臣逃亡、国家残破、首都陷落、人民受难，他"哀州土之沉沦""悲江介之遗风"，心如死灰，于农历五月初五那天，怀着忧伤心情写了他的最后一篇诗歌《怀沙》，便抱恨投汨罗江自杀。

老百姓看到忠心爱国的屈原投江殉国，都十分感动，无比悲愤，他们纷纷驾着舟船到汨罗江里去打捞屈原，将米饭、鸡蛋投入江中让鱼虾蟹鳖吃饱，不使其伤害屈原的尸身。还有一位老医生拿来一坛雄黄酒倒进江里，想醉晕蛟龙水兽，防止它们咬坏屈原躯体。以后每逢五月五日，人们都要划龙舟、向江里投食物、喝雄黄酒，以此来纪念屈原。由于投向江里的米饭太零散，老百姓就用竹筒贮米做成筒粽，也有用箬叶包上糯米，用五彩线缠扎成菱形角粽，扔进江里，使其迅速下沉。这种风尚很快向各地传播，并历代相传，将夏至尝黍祭祖先演变为端午节食粽祭屈原。因为屈原是五月五日投江，人们便把五月初五定为端午节，并在这一天裹粽子，吃粽子。

唐人文秀《端午》诗云："节分端午自谁言？万古传闻为屈原。堪笑楚江空渺渺，不能洗得直臣冤。"在屈原故里鄂西秭归，人们更是怀着对爱国诗人深挚热爱的崇敬之情，每逢端午节，都以"赛龙舟""吃粽子"来纪念屈原。南宋大诗人陆游在西蜀返回东吴途中，经过秭归时，恰逢端午龙舟盛会，即兴赋《归州重五》诗一首，诗云："斗舸红旗满急湍，船窗睡起亦闲看，屈平乡国逢重五，不比常年角黍盘。"至今，秭归民间还流传有"有棱有角，有心有肝，一身洁白，半世煎熬""大水茫茫，眼泪汪汪，淹死怀王，莫死忠良"这样的歌谣，充分表达了人民对含冤负屈而死的屈原的同情和怀念。

国人食粽习俗，历代相传，时至唐宋，食粽尤为盛行。唐明皇有"四时花竞巧，九子粽争新"的诗句；唐人姚合有"渚闹渔歌响，风和角粽香"的诗句；北宋苏东坡也写有"不独盘中见卢橘，时于粽里得杨梅"之诗。由此看来，在当时粽子已经成为宫廷和民间的节令食品。

国人食粽之俗经久不变，以至后来连港澳、日本、东南亚等地都非常盛行，因为它具有"香糯甜美"的特殊风味，故越传越广。自古以来，粽子名品逐渐增多，如今常见的粽子有赤豆粽、红枣粽、柿干粽、洗沙粽、咸肉粽、火腿粽、鲜肉粽、排骨粽、鸡肉粽、脂油粽、八宝粽、什锦粽等，数不胜数，实在是品类繁多，风格各异。

# 第十一章　赣皖饮食文化

长江文化，既是一种区域性的文化，更是一种流域性的文化，据此有学者指出，长江文化在构建上表现出了显著的板块文明的特征。"具体而论，这种文明又分别由云贵川文明板块、两湖文明板块、皖赣文明板块、江浙（吴越）文明板块等大小不同、互有联系、又互为区别的文明板块所组成。在文明的发展与繁荣过程中，呈现出各区域性板块文明的文化独立性、潜在性、传承性与长江文明（即南方文明、江南文明）大板块之间，二者的互补性、互济性、互通性、连续性以及交相辉映的地域文化的特点。"[1] 这种观点是较有见地的，本书所述的赣皖饮食文化便是属于"皖赣文明板块"中的一个重要组成部分。

## 第一节　原汁原味的江西饮食文化

江西美如画，赣菜香天下。江西位于长江中下游交接处的南岸，襟江带湖，翠峰环立，沃野千里，风光绮丽。江西气候温暖，日照充足，雨量充沛，无霜期长，具有亚热带湿润气候的特点，加上河湖众多，适宜种植水稻和发展水产业。例如，江西"万年贡米"就是中国大米中的佼佼者。这种大米以其浓郁的香气、多彩的颜色和透明度高而闻名，它含有丰富的蛋白质、糖分和淀粉，并且富含多种微量元素，如铁、锌和钾，所以食用这种大米对人体有很好的保健作用。新石器时代以后，迄至今天，江西一直都是我国重要的粮食产区之一，故江西一向也被誉为美丽富饶的鱼米之乡，由此产生的赣菜具有鲜辣香醇、味和天下的鲜明特色，实现了技艺与文化的高度和合。

### 一、江西饮食文化的沿革

作为华夏饮食文化中的一朵奇葩，赣菜历经千年而长盛不衰。被誉为考古价值或超马王堆的汉代海昏侯墓，位于江西省南昌市，在海昏侯墓中考古人员挖出了 10 多吨的宝物，出土文物近 2 万件（套），出土器物品类丰富。有趣的是，在墓穴里考古人员发现了一件人们熟悉的器皿——青铜温鼎，上部为一肚大口小容器，圜底下有一圆

---

① 李学勤、徐吉军主编：《长江文化史》，南昌：江西教育出版社，1995 年，第 1182 页。

**青铜温鼎**
（南昌汉代海昏侯国遗址博物馆藏）

**东汉绿釉陶灶**（江西省博物馆藏）

筒形炉腔，下部连接炭盘，用于放置炭火，炭盘一侧带流，可用于清扫炭渣。鼎内有板栗等残留物，炭盘里有炭迹，可见其功用与温食器或火锅相似。和之相伴的，还有古人吃火锅的另一项重要食具——染炉，它是一个吃火锅时的专用蘸料器皿。宴饮时不仅一人一案，而且一人一套染炉，用炭火温热染杯中的调料，将肉食染味后再食用。染炉的存在，侧面反映了汉代江西贵族的饮食生活文化已十分讲究。

江西在秦汉时期，鱼米之乡的特色已趋明显。据南朝刘宋人雷次宗《豫章记》云：江西南昌地区"地方千里，水路四通……嘉蔬精稻，擅味于八方"[①]。王孚在《安成记》中说宜春等地"田畴膏腴，厥稻馨香，饭若凝脂"[②]。

唐初，王勃赴滕王举办的盛宴，兴奋之余盛赞江西"物华天宝，人杰地灵"。清代袁枚的《随园食单》中曾记载江西名菜"粉蒸肉"。赣菜正是在继承历代"文人菜"基础上发展而成的乡土味极浓的"家乡菜"。

江西不仅是鱼米之乡，而且也是我国重要的蔬菜生产基地，蔬菜品种众多。早在宋代，赣籍诗人杨万里就曾写诗赞美过，他在《春菜》一诗中云："雪白芦菔非芦菔，吃来自是辣底玉。花叶蔓青非蔓青，吃来自是甜底冰。三馆宰夫传食籍，野人蔬谱渠不识。用醯不用酸，用盐不用咸。盐醯之外别有味，姜芽柿子仍相参。不甑亦不釜，非蒸亦非煮。坏尽蔬中腴，乃以烟火故。霜根雪叶细缕来，瓷瓶夕幕明朝开。贵人我知不官样，肉食我知无骨相。祇合南溪嚼菜根，一尊径醉溪中云。此诗莫读恐咽杀，要读此诗先提舌。"[③]这些材料说明，江西有着丰富的资源和良好的自然条件，有利于发展生态美食。

江西处于长江中游，有所谓"吴头楚尾"之称，历史上也不断地在与上、下游的饮食文化交流，江西饮食文化就是在保持自身特色的基础上，又取八方精华，从而形成了今日有独特风味的江西饮食文化。

---

① ［宋］乐史：《太平寰宇记》卷106《洪州》，王文楚等点校，北京：中华书局，2007年，第2101页。

② ［宋］李昉等：《太平御览》卷850《饮食部（八）·饭》，第3801页。

③ ［清］吴之振等辑：《宋诗钞》，北京：中华书局，1986年，第2256页。

从文化层面看，受人口迁徙、经贸往来、文化开放等因素影响，赣菜不断守正创新，又吸纳八方精华，从而形成了"味和天下"的特点。"味和天下"也是赣菜最厚重的标识。

人口迁徙，加速了赣菜文化的"引进来"和"走出去"。江西土地肥沃、物产富饶，成为重要人口徙栖地。历史上的三次人口大迁徙，大量北方人口进入江西。"唐中后期，江西人口数量在全国已居中等水平，此后的安史之乱和北宋靖康之耻导致的两次大规模北人南迁使得江西人口数量跃居全国前列"。《明史·地理志》载，洪武二十六年（公元1393年），江西人口为898.2万，居全国第二，占全国比重为14%左右。人口迁入对江西产生了巨大影响，反映在饮食文化上主要就是引进了新的种养品种，大大丰富了饮食，特别是菜肴的种类、资源；新的烹饪技艺传入，与当地烹饪技艺取长补短；饮食文化习俗传入，共生融合。"江西填湖广、湖广填四川"，赣南客家人南迁闽粤、东南亚，加上江右商帮的兴起，促使赣菜文化加速传至湖南、湖北、四川、广东、浙江、安徽、江苏、福建、台湾、东南亚等地，对南方菜系尤其是湘菜、楚菜、川菜、徽菜、闽菜等产生较大影响。

人口迁徙和各地饮食文化的交流，促进了赣菜烹饪技艺形成了兼容并包的

"江西填湖广"集散地——南昌"筷子街"

特色。例如，赣南客家菜深深浸润了中原餐饮文化，同时又与粤菜、闽菜相互影响；豫章菜、浔阳菜，多受淮扬菜影响，具有异曲同工之妙；饶帮菜与徽菜、浙菜多有融合，铸就了赣菜深厚的历史底蕴和丰富的文化内涵。

## 二、江西传统饮食的特点

江西传统饮食具有"两概括，一综合"的特点，所谓两概括，即吴楚饮食文化的概括，南北饮食文化的概括；一综合，即俗家饮食与佛道宗教文化的综合[①]。

### （一）吴楚越文化的概括

江西属吴头楚尾，部分地区又属越，所以江西人的饮食习惯具有吴、楚、越的特点。

嗜辣成性，不亚于湖南、四川。赣西地区连炒盘小白菜都要下大量辣椒粉，辣是赣菜的灵魂所在。中国食辣的省份不少，而最为典型的是赣菜、湘菜、川菜和渝菜。故此，有人以"不怕辣""辣不怕""怕不辣"来概括江西、湖南、四川三省嗜辣习惯。其实，江西人食辣的习俗，实际上早于湖南和四川，这一传统可追溯至乾隆年间。那时，

---

① 周文英等：《江西文化》，沈阳：辽宁教育出版社，1995年，第266页。

辣椒作为一种蔬菜，已在江西人的餐桌上普遍出现。清代乾隆年间江西鄱阳人章穆在其著作《调疾饮食辨》中曾对辣椒有过生动的描述："近数十年，群嗜一物，名辣枚，又名辣椒。……结子前后相续，初青后赤。味辛辣如火，食之令人唇舌作肿，而嗜者众。"[①]他详细记录了当时人们如何以各种方式享用辣椒，或盐腌，或生食，或拌盐豉炸食，

莲花血鸭

从未间断。值得一提的是，章穆等所提到的最初食辣椒的中国人，多集中在长江下游，这是因为辣椒最初是从海外传入，而下江地区则最先体验到了它的强烈刺激性。尽管江西的辣椒记载晚于湖南，但江西人开始嗜辣的习惯却早于湖南，这一历史现象令人瞩目。需要指出的是，移民对饮食文化的传播也产生了深远的影响。从明初开始，一直到清代，江西与湖广之间的人口迁移，以及康熙年间大规模的"湖广填四川"，都是我国南方历史上重大的移民活动。人口的迁移，自然带来了种植作物和饮食文化的交融。因此，湖南、四川对辣椒的接受路径，可能是从浙江经过江西传播而来。因江西气候条件、地理环境的独特性，赣菜之辣既不同于湘菜的辛辣，又不同于川菜的麻辣，而是与众不同、独具一格的鲜辣。这种鲜辣恰到好处地调动了味觉，让人"辣并快乐""欲罢不能"，深受天南海北的食客喜爱。赣菜最具代表性的鲜辣菜品莫过于赣菜十大名菜之莲花血鸭、白浇鳙鱼头和余干辣椒炒肉。

佐以甜味。这原为吴菜风味，但赣抚平原也喜在菜肴中放糖，如红烧肉、糖醋鱼之类，这都属吴菜风味。

吃生吃鲜。这又为越菜风味，如赣南、赣东的鱼生、鱼丸、鱼泡、烫鲜虾、活鲤鱼等。赣东属吴越之"越"，赣南属百越之"越"，所以江西的越菜风味既含浙江风味，

江西龙虎山天师八卦宴

又含广东风味。广东人喜食蛇、蛙、鼠，赣南人也喜食之。

由此可见，江西饮食文化兼有蜀、湘、楚、皖、浙、粤风味，在多种风味的基础上形成了自己的特色。

**（二）南北饮食文化的概括**

江西由于地处南北主要通道之上，交通运输业十分发达，南来北往

①［清］章穆纂：《调疾饮食辨》，伊广谦点校，北京：中医古籍出版社，1987年，第174页。

者络绎不绝。客商们为江西带来了全国各地的饮食制作，并融进江西的饮食文化中，使江西古代饮食具有南北饮食的概括性。如峡江的牛肉炒粉，将西北回民吃牛肉的习惯与江西人爱吃米粉相结合，成为一种全国性的大众小吃；江西的锅贴饺子，本为北方食品，但因江西盛产植物油，贴饺时下油多，配馅时下料重，特别加姜末、葱花、胡椒粉，热水烫面擀皮，成为独具特色的江西锅贴饺。

**（三）俗家饮食与佛道等宗教饮食综合**

江西以道教为中心，自张道陵创正一道后，丹炉派道教亦于江西境内传开，葛玄葛洪先后在江西开炉炼丹。历史上还有一些道家代表人物也先后在江西留下过一些活动遗迹。这些道教人物都以追求长生为人生目标，因此他们在饮食上都有自己的一套信仰，在江西影响较大，这主要表现在以下两个方面：

**1. 少食辟谷**

道教主张少食，进而达到辟谷的境地。所谓辟谷，亦称断谷、绝谷、休粮、却粒等。谷在这里被道人认为是谷物蔬菜之类食物的简称，辟谷即不进食物。

辟谷之术，由来已久，据说辟谷术源于赤松子，赤松子是神农时的雨师，传说中的仙人。《史记·留侯世家》记载，汉初名臣张良"欲从赤松子游，乃学辟谷，导引轻身"，后经吕后劝阻，张良不得已，才进食。

长沙马王堆汉墓发现的《却谷食气》是我国现存最早的辟谷文献。

汉代行辟谷之术的道人较多，据传有着较好的效果。《淮南子·人间训》云："单豹倍世离俗，岩居谷饮，不衣丝麻，不食五谷，行年七十，犹有童子之色。"也有人以食枣来辟谷，《后汉书·方术列传》载："（郝）孟节能含枣核，不食可至五年十年。"枣子是一种温补的药物，专门吃枣子是可以维持生命的。还有人以食药来辟谷，曹丕《典论》记载汉末郗俭"能辟谷，饵茯苓"，郗俭到处传授其术，以致茯苓"价暴数倍"。曹植在《辩道论》云："余尝试郗俭，绝谷百日，躬与之寝处，行步起居自若也。"

晋代盛行辟谷，其方法也多种多样，正如葛洪《抱朴子内篇·杂应》云："近有一百许法，或服守中石药数十丸，便辟四五十日不饥。练松柏及术，亦可以守中，但不及大药，久不过十年以还。或辟一百二百日，或须日日服之，乃不饥者。或先作美食极饱，乃服药以养所食之物，令不消化，可辟三年。欲还食谷，当以葵子、猪膏下之，则所作美食皆下，不坏如故也。……余数见断谷人三年二年者多，皆身轻色好，堪风寒暑湿，大都无肥者耳。"[①]

---

① 《抱朴子内篇》卷15《杂应》，张松辉译注，北京：中华书局，2011年，第470-475页。

生活在长江流域的南朝梁人名医陶弘景也很热衷辟谷，《梁书·陶弘景传》中说陶弘景"善辟谷导引之法，年逾八十而有壮容"。陶弘景在其《养性延命录》中收有《断谷秘方》一卷。

道教为什么要回避谷物呢？这是因为道教认为，人体中有三虫，亦名三尸，三尸常居人脾，是欲望产生的根源，是毒害人体的邪魔。三尸在人体中是靠谷气生存的，如果人不食五谷，断其谷气，那么三尸在人体中就不能生存了，人体内也就消灭了邪魔。所以，要益寿长生，便必须辟谷。

辟谷者虽不食五谷，却也不是完全食气，而是以其他食物代替了谷物，这些食物主要有大枣、茯苓、巨胜（芝麻）、蜂蜜、石芝、木芝、草芝、肉芝、菌芝等，即服饵。要使身体健康，就得注重营养，这样，就不能使饮食单调，只吃某一类食物。道教排斥谷物蔬菜，饮食单一，这只能起到摧残人体的作用，所以，辟谷术不值得提倡。

2. 少食荤腥多食气

道教主张人体应保持清新洁净，认为人禀天地之气而生，气存人存，而谷物、荤腥等都会破坏"气"的清新洁净。所以，陶弘景《养性延命录》云："少食荤腥多食气。"

道教把食物分为三六九等，认为最能败清净之气的是荤腥及"五辛"，所以尤忌食肉鱼荤腥与葱蒜韭等辛辣刺激的食物，主张"不可多食生菜鲜肥之物，令人气强，难以禁闭"。此外，《胎息秘要歌诀·饮食杂忌》亦云："禽兽爪头支，此等血肉食，皆能致命危，荤茹既败气，饥饱也如斯，生硬冷须慎，酸咸辛不宜。"

那么，什么样的食物最理想呢？这就是"餐朝霞之沆瀣，吸玄黄之醇精，饮则玉醴金浆，食则翠芝朱英"[1]。道教认为只有这种饮食，才能延年益寿。

道教信仰食俗对一般平民百姓生活影响并不大，如果按照道教的说法，穷苦百姓最有成仙的机会，他们本来就是在半饥半饱、与荤腥无缘的状态中生活，然而直到他们饿死也与神仙无缘。相信辟谷成仙之说的，多是一些既富且贵的统治者。

综上可见，道教饮食文化中，既有一定的科学内容，如主张素食、淡味、节食，以食养身，反对暴食、厚味、荤食等，但也有一些糟粕，这些精华与糟粕在追求长生的目的下得到了统一，并对后世产生了较大的影响。正是受其影响，江西饮食文化自古以来就十分注意以食进补，以食养身，形成了一些科学的饮食养生方法和观念，药膳成了江西饮食的一大特色。如爆炒枸杞叶、肉炒车前草、木槿花蒸蛋、百合焖肉、油炸天门冬、淮山墩肉等大众菜，既芳香可口，又有防病养身之功效。

---

① 《抱朴子内篇》卷3《对俗》，第97页。

### 三、赣菜的构成与菜式

赣菜是由南昌、鄱阳湖区和赣南地区菜构成。这三地菜肴的共同特色是味浓、油重、主料突出、注重保持原汁原味。在品味上侧重咸、香、辣；在质地上讲究酥烂、脆、嫩；在烹调上以烧、焖、蒸、炖、炒见称。炒菜重油，保持鲜嫩，如赣州名菜"小炒鱼"。蒸或炖的菜，保持原汁，不失原味，既保全营养，又有补益，如"清蒸荷包红鲤鱼""清炖乌骨鸡"。焖制的菜酥烂，味香，如久负盛名的"三杯鸡"等。

当然，由于各地气候、物产等自然条件的不同，江西各地饮食口味也存在一定的差异。就以南昌、鄱阳湖区和赣南地区而言，这三地菜肴的不同之处是，南昌菜汲取了本省和外地的一些地方风味的长处，善于变化，花色品种较多，讲究配色造型；鄱阳湖区的菜则以烹制鱼、虾、蟹等水产品见长，选料注重活生时鲜，味道清鲜；赣南菜制作精细，注重刀工火候，汁浓芡稠，对鲜鱼的烹制有独到之处，如"小炒鱼""鱼饼""鱼饺"素有赣州"三鱼"之称。

赣菜的菜式具有较广泛的适应性，既有各种筵席菜，也有适应家庭便宴和民众聚餐的菜肴。

江西筵席菜肴有以鱼为主的鱼席，也有以咸鲜兼辣的地方风味菜肴，并配以时令蔬菜、水果，组合新颖，品种繁多。江西传统筵席的主要菜肴品种有海参眉毛肉丸、三杯鸡、红酥肉、南丰鱼丝、文山里脊丁、清炖武山鸡、清蒸荷包鲤鱼、炒血鸭、小炒鱼、炒石鸡等。

家庭宴会菜式，习惯用全鸡、全鸭、全鱼制作，号称"四星望月"的粉蒸鱼就是一道著名的家宴菜。此外，常用的家宴菜有白浇鳊鱼头、粉蒸肉、香菇炖鸡、炒米粉、永新狗肉、老表土鸡汤等。

大众化菜式亦称家常菜，这种菜式取料方便，制作简单，一般家庭随时都可制作，餐馆中也有家常菜的供应。常见的家常菜有：米粉肉、藜蒿炒腊肉、四星望月、家乡肉、黄瓜拌肚尖、糖醋鲫鱼、炒三冬等。

藜蒿炒腊肉

藜蒿

### （一）藜蒿炒腊肉

藜蒿炒腊肉是一道江西特色名菜，为十大赣菜之一，2008年入选"奥运菜单"。

关于藜蒿炒腊肉的历史渊源有几种不同的说法，其中一个比较有名的说法与朱元璋有关。相传元朝末年，朱元璋与陈友谅为争夺天下，曾在鄱阳湖周边对战十八载春秋。一年春天，朱元璋被陈友谅的水军围困于康山草洲，半个月过去，船上所携带的蔬菜全吃光了。朱元璋数天未食蔬菜，食欲大减，人也日渐消瘦。火头军着急之际，忽然发现草洲上生长着一种碧绿的野草，便随手扯了一根嫩茎嚼了一下，立刻觉得满口生香，清脆爽口。火头军灵机一动，采摘了许多野草，去其叶，择其茎，与军中仅剩的一块腊肉皮同炒。当这道香飘四溢的野蔬端上桌后，朱元璋食指大动，吃后连声叫好，精神振奋，后来一举挫败了敌军。朱元璋大喜，遂赐名此草为"藜蒿"。

藜蒿又名蒌蒿，属菊科，是多年生草本植物，古代称之为蘩，含有多种可直接被人体吸收的微量元素，如铁、锌、钙、纤维素、芳香脂等，具有祛风湿、健脾胃、化痰、助消化等功效。

藜蒿炒腊肉制作步骤为，将藜蒿去根后的嫩茎切成段，腊肉切成丝。先炒腊肉，后加入藜蒿和葱段煸炒，加入汤料，片刻起锅即成。成菜后，藜蒿如青丝带，嫩绿中发亮，腊肉金红微白，黄绿相间，观之令人食欲顿增。

### （二）四星望月

四星望月是江西省赣州市兴国县的一道传统菜肴，一般用竹编圆笼盛鱼，包含"阖家团圆、吉庆有余"的寓意。做法比较简单，先将鲜鱼肉切成薄片，拌好油盐料酒，芋片先入锅蒸熟，再铺上鱼片，浇上一层生姜、辣椒、芝麻擂成的糊汁，盖好蒸透，和蒸笼一起上桌。笼盖一揭，热气腾腾，香、辣、鲜味扑鼻而来，令人口舌生津，食欲大开。

"四星望月"的菜名为毛泽东所起。当年毛泽东率红四军从井冈山突围，转战赣南闽西，来到江西兴国县。中共兴国县负责人陈奇涵、胡灿等凑钱请毛泽东打牙祭，吃兴国县的蒸笼粉鱼。毛泽东见桌上摆上个圆竹笼，周围四个碟子小菜，颇为新奇。尝了鱼块后，觉得又辣又鲜，颇对他的湖南口味，不禁频频举箸。吃了一阵，凡事喜欢研究的毛泽东，开口问道："这菜叫个么子名？"胡灿说："家常菜，没啥正式名字。"陈奇涵接口道："凡事名正才言顺，这菜委员起个雅名如何？"毛

四星望月

泽东兴致盎然地指点说："你们看，一个圆竹笼像月亮，四个碟子像星星。这星星和月亮，就像各地的工、农、商、学群众盼望红军的到来。我看就叫它'四星望月'好不好？"大家被他奇妙的联想折服，纷纷叫好。

四星望月色泽金黄，清香浓郁，鱼片嫩滑，粉干柔糯，咸鲜香辣，无腥味，冬食最宜，且能发汗祛寒，是兴国民众岁时节庆、操办大红喜事和待客筵席的主菜。蒸笼周围往往配上四盘农家菜，比如油炸花生米、春笋炒肉片、豌豆鸡丁、红烧豆腐等。圆蒸如圆月，四个小碟似星星，如同群星捧月。兴国四星望月是兴国民众饮食习俗的重要组成部分，并且广泛影响赣粤闽客家地区，反映了客家人"年年有余（鱼）"的企盼，寓含着客家先民动人的传奇故事，承载着厚重的文化信息，是增进客家人情谊的传媒，也是客家人文化传统价值的见证，具有维系客家文化传承的重要价值。

近年来，随着市场经济的快速发展，"四星望月"不仅在北京、上海、广州等大城市亮相，甚至远销海外。中国的饮食文化源远流长，名肴佳菜何止万千，但像四星望月这样和中国革命历史相连的名菜，却是一道独特的风景线。①

### （三）文山里脊丁

江西历史悠久，许多菜都有其丰富的文化内涵和典故传说，如留下"人生自古谁无死，留取丹心照汗青"这一豪言壮语的文天祥，一生浩然正气，忠心报国。民间至今流传的文山里脊丁也与他有关。

文山里脊丁是江西省的一道名菜。相传南宋末年，文天祥任右丞相时，坚决主张抵抗元军的南侵。端宗景炎二年（公元1277年），他亲自率兵进攻江西，收复了许多被元兵占领的失地，深得群众拥护。有一天，他带兵路过江西吉安时，乡亲们纷纷前去拜访他，鼓励和支持他的抗元斗争。乡亲们的爱国热忱极大地鼓舞了文天祥。

为了感谢乡亲们对他的信任，文天祥便在家中设宴，并亲自下厨房为乡亲们烹菜。乡亲们见文天祥这样礼贤下士，都开心地笑了。有一位长者捋着胡须打趣地说："你这个状元宰相还会自己做菜，君子不远庖厨了。"文天祥也笑了，他脱去官服，换上便装，卷起衣袖，扎上围裙，走进厨房。乡亲们一是出于尊重，二是出于好奇，也都跟着他来到厨房，要亲眼看看这位宰相如何烹调。只见文天祥不慌不忙地取过一块去掉筋膜的猪里脊肉，用刀轻轻将肉拍松，切成四分见方的肉丁，又取过冬笋，切成与肉同样大小的丁，放在一旁备用，然后把肉丁放入碗中，加上盐和鸡蛋清，用手抓匀后，放入湿淀粉中拌匀，再放入滚热的油锅中用铲子搅散，待肉转色后，随即捞出。接着文天祥又把锅放到旺火上，用少许猪油将切好的干辣椒和冬笋丁煸炒了几下，又倒上

① 参见西尾：《江西美食漫谈》，《餐饮世界》2022年第2期。

一些汤、酱油、料酒、白糖、醋等作料，并用湿淀粉勾芡。最后，又见他将过好油的肉丁和香葱倒入搅动了几下，淋上几滴香油，于是，一盘颜色红润、香味扑鼻的肉丁便出现在乡亲们的眼前。在整个烹调过程中，文天祥有条不紊，动作娴熟，宛如一位庖厨。乡亲们都看呆了，品尝后，更觉肉丁滑嫩爽口，味辣而鲜，油而不腻，十分可口。于是满座啧啧，赞不绝口。

散席后，大家纷纷仿制。由于文天祥号文山，乡亲们便将这个菜取名"文山里脊丁"。自此，文山里脊丁便流传于世。

### （四）三杯鸡

三杯鸡更是江西的著名菜肴。它的来历也与民族英雄文天祥有关。

南宋末年，民族英雄文天祥抗元被俘，广大人民群众十分悲痛。一天，一位70多岁的老婆婆手拄拐杖，提着竹篮，篮内装着一只鸡和一壶酒，来到关押文天祥的牢狱，祭奠文天祥。这位婆婆通过打通关节，让一位狱卒偷偷将她带入牢内。原来外面传闻文天祥已被杀害，老婆婆是前来祭祀文丞相的。她见文丞相还活着，悲喜交加，后悔没带只熟鸡来，只好请求狱卒帮忙。

那狱卒本是江西人，心中也很钦佩文天祥，老婆婆的言行使他深受感动。想到文丞相明天就要遇害，心里也很难过，便决定用老婆婆的鸡和酒，为文天祥做一次像样的菜肴，以示敬仰之情。

于是，他和老婆婆将鸡宰杀，收拾好、切成块，找来一个瓦钵，把鸡块放钵内，倒上米酒，加点盐，当作调料和汤汁，用几块砖头架起瓦钵，将鸡用小火煨制。

过了一个时辰，揭盖一看，鸡肉酥烂，香味四溢，二人哭泣着将鸡端到文天祥面前。文丞相饮酒汤，食鸡肉，心怀亡国之恨，慷慨悲歌。

第二天，元兵如临大敌，大量调兵遣将，将文天祥押到大都柴市。沿途百姓如潮，哭声动地，文天祥视死如归，英勇就义，这一天是十二月初九。

后来，那狱卒从大都回到老家江西，每逢十二月初九这一天，必用三杯酒煨鸡祭奠文天祥，因此菜味美，便在江西一带流传开来。后来，厨师为使此菜更鲜美，便将三杯酒改为一杯甜酒酿、一杯酱油、一杯香油，并称"三杯鸡"。

三杯鸡已有数百年的制作历史，其独特之处在于：在烹制时，把宰杀洁净的鸡切成小块，置于砂钵中，不放汤水，只需配以一杯甜米酒、一杯香油、一杯酱油一起焖制而成，故名"三杯鸡"。其以肉质酥嫩、原汁原味、浓香诱人、味道醇厚而闻名于世。如今宁都三杯鸡、南昌三杯鸡、万载三杯鸡最有地方代表性。2008年，这道菜还入选了奥运主菜单。三杯鸡风味独特，色泽红润光亮，口味醇香，甜中带咸，咸中带鲜，口感柔韧，咀嚼感强，吃起来滋味十足，是一道色香味兼具的经典菜，体现出赣菜的基本特色。

## 第二节　风味浓郁的安徽饮食文化

安徽位于华东西北腹地，长江、淮河由西向东横贯境内，将全省划成皖南、皖中、皖北三个自然地理区域。皖南山区奇峰叠翠，山峦相连，风景秀丽；皖中之地丘陵起伏，田畴丰饶；皖北平原沃野千里，良田万顷。

安徽境内气候温暖湿润，四季分明，土地肥沃，物产富饶。优越的自然环境和气候条件，为安徽饮食文化提供了地方特色浓郁的物质基础。伴随着徽商的发展壮大和徽州文化的日趋成熟，徽菜不仅在本地经营日渐繁荣，而且走向了中国的东南西北，对繁荣全国餐饮市场、丰富徽州文化都作出了历史性的贡献。

### 一、徽菜的沿革

古徽州是徽菜的发源地，主要有黄山之麓的歙县、绩溪等地。环徽州皆山也，这里主要山峰在千米以上，境内河流交错，沟谷纵横，北流之水属长江水系；南流、东流之水属钱塘江水系。生物资源丰富，气候四季分明，生态环境良好。"七山一水一分田，一分道路加田园"是对徽州地形地貌的形象概括。由于可耕地少，人民为谋求生路，极富经商精神。据乾隆时期《江南通志·田赋》提供的数字，徽州府21万人丁才耕种205万亩农田，丁均耕地仅为9亩，在安徽各府州中，仅多于广德州（每丁8亩多）；每亩摊丁银1.10分，仅次于泗州（3.00分）。徽州地区在清康熙初中期和乾隆中期，无地少地的佃耕户和半佃耕户占农户总数的65%~87%[1]。经商的巨大利润吸引着这些无地少地的农民，"明代成（化）弘（治）以后，徽人经商的日益增多，从商的观念大大改变"[2]。在此后长达数百年的时间里，徽人创下了许多辉煌的业绩，其中最有影响的就是徽菜。

徽菜，从广义上说是安徽菜的简称，以徽州菜为基础，融合皖南菜、皖江菜、合肥菜、淮南菜、皖北菜，将散装的安徽菜合为一体，产生了今天的徽菜；从狭义说，是指古徽州形成的菜肴流派。从历史的角度看，黄山市前身为徽州，地域历史悠久，文化积淀深厚，得天独厚的历史条件使黄山市成为徽菜发展的源头之一，对徽菜的形成与发展起到了重要的作用。在历史上，徽菜凭借徽商的崛起、徽馆业的繁荣和独特的风味流派流传各地。在徽菜发展的历史长河中，优秀的厨师层出不穷，并成为徽菜重要的技术力量，名传于世的有程伯言、程福奎、李正茂、李明甫、邹高发、张茂松、洪光富、

---

① 章有义：《明清徽州土地关系研究》，北京：中国社会科学出版社，1984年，第10页。
② 张海鹏：《〈徽州商帮〉序言》，《安徽师大学报》1995年第1期。

林根才、程灶奎、程灶友、胡迎春、林忠贵、杨玉林等，他们或创店设馆，或带徒传艺，或潜心创新，在历史上都具有较高声誉。

据史料记载，号称"东南邹鲁"的徽州，"邑小士多，绩溪为最""十户之村，不废诵读"。历史对绩溪人如此称誉，是有其事实根据的。汉代以来，徽州历任牧守，诸如任昉、徐摘等人，都曾致力于当地的社会教化，其中隋末唐初的汪华功绩最为卓著。汪华治理歙州前后十多年，始终以"保境"为旗帜，以"安民"为宗旨，他的壮举、义举和种种善举，得到山越土著和中原移民的一致拥护。徽州经济的发展，既有汪华时代的社会融合、文化奠基，又经李唐王朝的"贞观之治""开元盛世"，到了中唐时期随着徽州社会经济的日渐繁荣，徽州的饮食文化也在逐渐发展，独具特色的"徽味"也就逐渐形成。

1984 年，考古学家在安徽马鞍山发现了东吴大将朱然的墓葬，为三国考古的一次重大发现。在迄今为止发掘的众多东吴墓葬中，朱然墓地位较高，保存也较完整。墓中出土了这样一件方方正正、图案精美的漆槅，长 25.4 厘米，宽 16.3 厘米，高 4.8 厘米。这是一种在方形木胎上用竹条隔成左右对称的盘子，盘内有 7 个格子，可以盛放不同的物品。

东吴大将朱然墓中的漆槅（安徽博物院藏）

7 个格子的上面分别画着 7 种灵物，它们是天鹿、凤鸟、神鱼、麒麟、飞廉、双鱼、白虎，所以为其命名为"彩绘鸟兽鱼纹漆槅"。这种装饰方法在漆器中并不多见，堪称一种十分典型的"瑞应图"。漆槅在当时是用来分装不同食物的，类似于今天的餐盘。由此也反映了贵族饮食生活品种花色繁多。

徽菜是当地经济、文化发展到一定程度的产物，尤其与当地社会有钱有闲的上层人物追求美食密切相关。明清时期，徽州已成为皖南的政治、经济、文化中心，这里经济发达，人文荟萃，早已形成了一大批经济实力雄厚且具有深厚文化底蕴的上层人物，其中包括官员、士人、医生，但主力是徽商。徽菜的兴旺与徽商的崛起与兴盛有着密不可分的联系。史称"新安大贾"的徽商，起于东晋，唐宋时日益发达，明末至清代中期达到全盛。当时，徽州籍商人活动地域之大、经营范围之广、人数之多、拥有资本之雄厚，均列全国商人集团之首。

由于徽商外出，饮食商贩也跟随这些徽商在外经营菜馆、面馆以及饮食摊挑，尤以绩溪人经营饮食业者为多。可以说，徽菜就是随着徽商在国内的经营、兴盛而不断发展完善起来，并且随着徽商不断扩大的经营地盘而逐渐流向各地，足迹几遍天下，形成哪里有徽商聚集，哪里就有徽州风味菜馆之势。20世纪初以来，徽菜餐

徽商石头馃

馆遍布上海、武汉、南京、苏州、扬州、芜湖等大中城市。据不完全统计，上海历史上的徽菜餐馆有130多家，著名的有八仙楼、胜乐春、华庆园、复兴园、聚丰园、老醉白园、善和园、大中楼、鼎新楼、宴宾楼、三星楼、善和楼等。上海徽菜馆多兼经营面点，鸡火面、鲜汤虾仁面、三鲜锅面与徽式汤包，价廉味鲜，多为上海人喜爱。在二十世纪二三十年代，上海饮食业中徽菜馆的数量仅次于扬州菜馆。徽菜馆在武汉也有40多家，如武汉著名的大中华酒楼就是徽菜馆。由于扬州是徽商聚集之处，"扬州的吃，就是给盐商培养起来的"[①]，徽菜馆多而烹制精，对扬州菜产生了一定影响，扬州有名的点心"徽州饼"就是歙县的"石头馃"。

石头馃并非精美细点，而是一种耐保存耐咀嚼的大众食品。据说当年乾隆皇帝曾品尝此馃，十分称赏，赐给店家一枚"福"字小章，此后石头馃果然福星高照、销路大开。石头馃的畅销以及后来用"徽州饼"的名字在扬州立足，和徽商的作用是分不开的，几乎所有从徽州出发做着发财梦的年轻人，包袱中都带有石头馃做干粮。由于石头馃是徽商的宠物，因此能够在扬州受到接纳，时至今日，徽商早已从扬州退出，他们精心构筑的豪宅园林也都成了残垣断壁，但徽州饼却依然在扬州的街头巷尾散发着香味，还保持着较醇正的徽州风味，由此可见徽州风味影响之广。

## 二、徽菜的三种味型

徽菜的形成与安徽的地理环境、经济物产有密切的关系。皖南山区盛产茶叶、竹笋、香菇、木耳、板栗、枇杷、雪梨、香榧、金丝琥珀枣和石鸡、马蹄鳖、鹰龟、桃花鳜、果子狸等山珍野味；沿江、沿淮及巢湖等处，淡水鱼类资源丰富，如长江的鲥鱼、淮河的冰鱼、肥王鱼、巢湖的银鱼、泾县的琴鱼、桐花河的桐花鱼以及三河螃蟹等，都是久负盛名的席上珍品。安徽还盛产粮油蔬果、鸡鸭猪羊。著名土特产品有：涡阳苔

①曹聚仁：《扬州庖厨》，载范用编：《文人饮食谈》，北京：生活·读书·新知三联书店，2004年，第124页。

干菜、太和香椿、砀山酥梨、萧县葡萄、屯溪青螺、怀远石榴、徽州雪梨、宣城蜜枣、南陵大鼓豆、歙县黄山山药、黄山毛峰茶等。这些蜚声中外的饮食原料，为安徽饮食文化的发展奠定了深厚的物质基础，由此也形成了不同的风味特色。

徽菜以烹制山珍野味、河鲜与讲究食补见长，以选料严谨、火功独到、原汁原味、菜式多样、适应面广为主要特征。但由于安徽分为三个自然区域，物产不同，也就形成了三种地方风味，即皖南、沿江、沿淮三种，而这也就构成了徽菜三种味型。

### （一）皖南风味菜

皖南菜为安徽菜肴的主要代表，"歙味"实际就是早期的徽菜，它发源于隋唐时期的歙州六县。歙县、绩溪、婺源都是徽菜最重要的发祥地，休宁、黟县、祁门的饮食也都各自形成一定的特色，历经前后数百年的相互渗透和共同演进，一州六县的饮食最终融合为一个技艺相近、风味独特的整体，使徽菜具有鲜明的风味特色。在徽州优越的自然环境中，有着大量独特的物产资源，为徽菜烹饪提供了丰富而又独特的原材料。地域特色鲜明的烹饪原料，是形成徽菜地方风味流派的物质基础。

此外，徽馆业的发展，造就了一代代烹饪大师，徽州厨师是徽菜厨师中的一支劲旅，如绩溪历来便有"徽厨之乡"的称誉。徽菜的烹调方法多样，尤以烧、炖、焖见长，喜用火腿佐味、冰糖提鲜，在口味上以咸鲜为主，突出本味；另一方面，徽菜素以讲究火功、巧控火候而著称，在火功的运用上，主要有旺火爆炒，如传统菜"徽式烧鱼""红烧划水"等，均是在几分钟内急烧速成，在烹调方法上堪称一绝；"腐乳爆肉""炸桂花鳝"等又是烈火速烹而成；"卷筒粉蒸肉""清蒸白鱼"等以匀火蒸煮而成；"红袍炖蹄""墨鱼烧肉"等以文火慢炖而成。独特的烹调方法，使徽菜充分体现了或酥或嫩、或香或鲜、浓淡适宜、回味隽永的特色。

徽州宴席

"歙味"的形成大致有三个来源：一是民间日常饮食，二是筵席菜肴烹饪，三是祭祀所需供品。这些都与本地的生活习惯、民风民俗密切相关。

皖南风味菜向以烹制山珍野味著称。据史书记载，早在南宋时期，人们用皖南山区特产"沙地马蹄鳖、雪天牛尾狸"做菜，已成为"歙味"的代表菜。马蹄鳖是一种生长在山涧中的甲鱼，它的腹色青白，肉嫩胶浓，食之无泥腥味，当地民歌形容马蹄鳖为："水清见沙底，腹白无淤泥，肉厚背隆起，大小似马蹄。"牛尾狸又名果子狸，本地群众称之为"白额"，它的肉质鲜嫩，富于营养，是传统的冬令珍食。

歙县问政山出产的竹笋，皮红肉白，异常鲜嫩，落地即碎。《安徽通志》记载："笋出徽州六邑，以问政山者味最佳。"笋是徽菜中常用的主、配料，而以歙县所产为好。相传，清道光十六年（公元1836年），13岁的胡雪岩开始就孤身出外闯荡，先后在杭州杂粮行、金华火腿商行当过小伙计，到杭州"信和钱庄"当学徒。当时思乡情浓，他常托人捎来问政山竹笋尝新，以解思乡之情。家人起早将破土的春笋挖出，在新安江行舟时，剥尽笋壳切后入砂锅，加江水，以炭火清炖，至杭州时打开砂锅，笋味香脆可口，宛如在家吃鲜笋一样美味，这道地道民间徽菜从此便成为与徽商有关的思乡美食

皖南菜肴制作具有芡大、油重、朴素实惠、善于保持原汁原味的特点，不少菜肴都是采用木炭，以微火长时间炖，并以原锅上桌，香气四溢，诱人食欲，体现了徽味古朴典雅的风格。

皖南菜的著名菜肴有臭鳜鱼、毛豆腐、一品锅、中和汤、发菜甲鱼、清炖马蹄鳖、石耳炖鸡、黄山炖鸡、红烧果子狸等，兹介绍几例：

### 1. 臭鳜鱼

鳜鱼又称桂鱼，肉质优良，为名贵品种，也是垂钓的主要对象。"桃花流水鳜鱼肥"，指的就是在农历三月是鳜鱼鲜美的时刻。臭鳜鱼是一道徽州传统名菜，相传在200多年前，安徽沿江一带的池州、安庆、铜陵等地鱼贩在入冬时将长江名贵水产——鳜鱼用木桶装运至徽州山区出售，途中为防止鲜鱼变质，采用一层鱼洒一层淡盐水的办法，经常上下翻动。经七八天抵达屯溪等地时，鱼鳃仍是红色，鳞不脱，质未变，只是皮散发出一种似臭非臭的特殊气味，但是洗净后经热油稍煎，细火烹后，非但无臭味，反而鲜香无比，成为脍炙人口的佳肴，延续下来至今盛誉不衰。

如今烹制此菜是用新鲜的徽州自产桃花鳜，每年桃花盛开、春汛发水之时，此鱼长得最为肥嫩。用盐、浓鲜的肉卤腌制，再用传统的烹调方法烧制，故称"腌鲜鳜"，在徽州地区所谓腌鲜，在徽州本地土话中有臭的意思。这"风味鳜鱼"形态完整，呈鲜红色，散发出纯正、特殊的腌鲜香味，闻起来臭，吃起来香，肉质细腻，口感滑嫩，醇香入味，保持了鳜鱼的本味原汁，俗名臭鳜鱼。臭鳜鱼传统制作方法以红烧为主，

安徽臭鳜鱼

经过广大厨师的创新，现在又烹制出铁板臭鳜鱼、纸包臭鳜鱼、锅仔臭鳜鱼、石烹臭鳜鱼、酱香臭鳜鱼、窖香臭鳜鱼等系列菜肴，既丰富了名菜的内容，同时也产生了较好的经济效益。对安徽人来说，臭鳜鱼不仅是一道菜、一种味道，更是刻入记忆的文化符号。

2. 一品锅

一品锅是徽州山区冬季常吃的特色传统美食，属于火锅类。相传，绩溪胡氏一品锅的命名来源于乾隆皇帝。传说乾隆皇帝一次出巡江南，微服行至绩溪上川，欲往徽州，到一山坳时，饥肠辘辘，见一农舍，便上前叩门。农妇见二位陌生人登门，问明缘由后便热情款待。农妇将萝卜、干豆角、红烧肉、油豆腐包等依先素后荤次序，一层层铺于两耳锅里，烧热后端上桌来。皇帝吃得津津有味，赞不绝口。食毕，皇帝问道："这锅菜叫什么？"民妇笑答道："这大锅菜不就一锅熟嘛。"皇帝听了说："这一锅熟名称不雅，此乃徽州名肴一品锅也。"事后，民妇方知两位不速之客竟

徽州一品锅

是皇帝和当朝一品。一时间，农妇成了村里的名人，村民争相仿效她烹制的一品锅。一品锅自然也就成了绩溪民间款待宾朋的佳肴，并登上了大雅之堂。

胡适在海内外游学和工作期间，始终与绩溪名菜一品锅结伴，每逢贵客上门或宴请同乡好友，必上一品锅。在任北大校长时，胡适用一品锅招待绩溪的女婿梁实秋，后梁实秋曾撰文忆道："一只大铁锅，口径差不多有二尺，热腾腾地端上了桌，里面还滚沸，一层鸡，一层鸭，一层肉，一层油豆腐，点缀着一些蛋皮饺，紧底下是萝卜、青菜，味道好极。"胡适在任驻美大使时也经常以一品锅招待外国友人，赢得举座赞誉。

绩溪胡适故居

一品锅的烹调比较讲究。其做法是把各种原料、配料调制后，再用一只两耳大铁锅，分铺成若干层，最底层是萝卜丝、干豆角、笋衣、冬瓜、冬笋等，底层配料称为"垫锅"，"垫锅"之上依次是肉、豆腐包、鸭子夹、肉丸、鸡块、野味等。一种菜一个花样称为"一层楼"，楼数越多、层次越高越好。每层依次铺好后必须猛火烧，使其全锅滚沸几分钟，再用温火慢炖三四个小时，并不时用勺将原汤从上而下浇入，以渗透其味。一品锅烧制得好，油而不腻、烂而不化、热而不烫，保持了色香味的完美结合。

### （二）沿江风味菜

沿江风味菜以芜湖、安庆地区为代表，后发展到合肥。

芜湖、安庆濒临长江，水路交通方便，商业兴起较早。据文献记载，元代以后的芜湖，已是"晚渡喧商旅，严城沸鼓笳"[①]，一派繁华景象。到清代中期时，芜湖米市日兴，19 世纪中叶以后，芜湖被辟为对外商埠，安徽境内的长江两岸和江西东北部地区所产稻米，以此为集散地，运往上海、南京、广州、厦门、武汉、天津、青岛等地。粮商四集，使芜湖成为我国四大米市之一，这是芜湖饮食业历史上发展的鼎盛时期。由于南方客商多，安徽沿江地区饮食业在烹调技术和风味上都有了一些改进和提高。

沿江风味菜擅长烹制河鲜、家禽，讲究刀工，注重菜肴造型和色泽，善于用糖调味，做菜喜红烧、清蒸、烟熏，其烟熏技艺别具一格。烟熏时，有时用茶叶，有时用木屑。如有名的长江鲥鱼，除清蒸、红烧等一般制法外，还有用"黄山毛峰茶"来熏制的。这样熏制出来的鲥鱼，玉脂金鳞，油润光泽，吃起来茶香清馨，味道格外鲜美。又如有 200 多年历史的"无为熏鸭"，就是采用先熏后卤的独特制法，使鸭子色泽金黄油亮，皮脂丰润，吃起来芬芳可口，口味隽永。

沿江风味菜的著名菜肴品种有：无为熏鸭、毛峰熏鲥鱼、清香砂焐鸡、砂锅清炖八宝鸭、火烘鱼、生熏仔鸡等。

### （三）沿淮风味菜

沿淮风味菜主要由蚌埠、寿春、宿州、阜阳等地方风味菜构成。由于受淮北平原多产杂粮影响，菜肴一般咸中带辣，汤汁口重色酽，重香料，喜用香菜佐味兼作配色。如"符离集烧鸡"是采用 13 味香料，先经高温卤煮，后用小火回酥，这样制出来的鸡，肉烂而连丝，嚼骨有余香。再如"奶汁肥王鱼"，是用淮河出产的肥王鱼，放入滚油热汤中，使鱼皮中的胶质析出，鱼肉内的蛋白质溶于汤内，故汤白似奶，肉质具有"鲜、嫩、滑、爽"四大特点。

1933 年，在安徽寿春战国楚王墓中出土的一青铜云纹方炉，其所显示的烧烤功

---

① ［元］欧阳玄：《登赭山》，载朱世英、高兴：《古人笔下的安徽胜迹》，合肥：安徽人民出版社，1982 年，第 196 页。

战国晚期云纹方炉（安徽博物院藏）

能十分明显。这是一只浅长方盘形，浅腹、斜壁、平底，四矮蹄足，足根有小方孔，腹饰羽翅纹，云纹作地，体侧有两条青铜提链，方便移动，外形与现代烤炉有相似之处，反映了沿淮地区烧烤有悠久的历史。

沿淮风味菜在烹调技法上擅长烧、炸、熘等，善用芫荽、辣椒、生姜、八角等配色调味，其常见味型有五香咸鲜、辣味咸鲜、椒盐辣味、鲜辣味、糖醋味、葱香味等。

传统的徽菜擅长烹制山珍野味和河鲜，如石耳、竹笋、香菇、香榧、石鸡、野鸡、果子狸、梅花鹿、穿山甲等特色原料。近年来，由于乱捕滥杀，部分野味已日益稀少，其中还有很大一部分已被列入国家珍稀保护动物名录，传统的徽菜已渐渐失去其优势。有鉴于此，徽菜大胆吸收国内外的特色原料，应用徽菜的工艺方法，烹制出具有江淮地方特色的新菜品。例如，徽州地区自古人文荟萃，历史上一些达官富商十分注意饮食，很多精美菜点不断流入民间，而且皖南山区的一些野生植物也被人们纳入食用的范围，如蕨菜、地衣、水芹、石耳等，数不胜数。近年来，一些以前不登大雅之堂的乡土菜已逐渐登堂入室，而且被人们视为美味佳肴，如石耳炖石鸡、一品锅、炒米粉、糊南瓜，其中有很多已成为安徽名菜。

沿淮风味菜的著名菜肴有：葡萄鱼、符离集烧鸡、糯果鸭条、香炸琵琶虾等。

### 三、淮南豆腐

豆腐是重要的食品和烹饪原料。豆腐的发明，使原来难以消化的豆类中的营养物质易于被消化、吸收，增强了人们的体质，豆腐的发明是中国和世界食品史上的大事，也是中国人民对世界的重要贡献。

#### （一）淮南是豆腐的发源地

史料记载，豆腐的发明人是汉代淮南王刘安（公元前179—前122年），或者说，豆腐发明于淮南王刘安那个时期。例如宋代理学家朱熹有《素食诗》八首，自序曰："世传豆腐本为淮南王术。"其中《豆腐》诗云："种豆豆苗稀，力竭心已腐。早知淮王术，安坐获泉布。"又如元代吴瑞《日用本草》中有"豆腐之法，始于淮南王刘安"；明朝李时珍《本草纲目》中亦有"豆腐之法，始于淮南王刘安"；清人高士奇《天禄识余》也说："豆腐，淮南王刘安造，又名黎祁。"类似记述在中国古籍中有数十条之多。

刘安之所以能发明豆腐，大约是和那个时代"菽"的广泛种植、旋转石磨普及、面点发酵法开始使用，以及刘安本人好方术，召集一批方士搞炼丹有关。在炼丹这一带有"化学实验"性质的活动中，无意之中发明出豆腐是有可能的。

关于豆腐的起源问题，著名文献学家张舜徽先生说："我们推想，这种发明绝不是当时的统治者刘安一个人闭门潜思所能创造出来的，而必然是远在刘安以前，劳动人民用于经常食豆煮豆，发现有时久煮而浓稠的豆汁可以凝结，于是加投盐卤或石膏少许，使之更快凝固成为豆腐。刘安不过是嗜好豆腐，推行其制造方法的一人罢了。后世乃以豆腐的发明归功于淮南王，这是不符合于事实的（封建社会凡谈到事物发明，往往如此）。"[1] 这说明，刘安是在淮南人民乃至当时更大范围内人民制作豆腐的基础上，加以总结推广其制造方法的一个人，因而在中国豆腐的发展史上还是有一定贡献的。

宋陆游诗有"拭盘推进食，洗釜煮黎祁"的句子，自注云："蜀

河南密县打虎亭一号东汉墓中的豆腐作坊图

人名豆腐曰黎祁。"元代虞集《豆腐三德赞》说："乡语谓豆腐为来其。"可知自宋以来，豆腐已成为一种大众食品。

目前知道"豆腐"一词至迟出现在五代末陶谷的《清异录·官志》中："时戢为青阳丞，洁己勤民，肉味不给，日市豆腐数个，邑人呼豆腐为'小宰羊'。"青阳县在安徽池州，距淮南很近，当时曾属过淮南道。又，南宋诗人杨万里曾写过《豆卢子柔传——豆腐》，文中讲到豆腐发明于汉代，北魏始扬名，唐代已有名品，但豆腐及其制法后来因故被隐藏在"滁山"——安徽滁州山区。而滁州过去属淮南，这也反映豆腐的发明与淮南地区有关。

明清及其后，淮南地区豆腐的记述多了起来，在一些地方志、笔记中多有反映。由此可见，淮南的豆腐历史悠久，淮南是中国豆腐的发源地。

### （二）安徽豆腐菜肴品类丰富

经过上千年的发展，如今淮南豆腐制作技艺独特，既继承古代的传统制作法，又

---

[1] 张舜徽：《中国古代劳动人民创物志》，武汉：华中工学院出版社，1984年，第43页。

用上了现代方法，在用料、用水、点卤等方面均有特色。如黄豆均采用产于淮河之滨的优质小黄豆；用水多为八公山的优质泉水；磨黄豆或用坚硬石料凿成的石磨，或用电磨；煮豆浆的时间把握也好；点卤传统用卤水、石膏，现代则用复合凝固剂。正因如此，淮南制作的豆腐洁白细腻，软嫩鲜香。豆腐之外，淮南生产的豆腐皮、豆腐干（有10多个品种）、豆腐乳也颇多佳品。

由于豆制品品质优良，加之厨师的创造，淮南的豆腐类菜肴达400多种，精品也有数十种。淮南厨师可以应用煎、炸、蒸、煮、烧、烹等30余种烹饪方法，烹制出多种味型、多种花式的豆腐类菜肴来，如泉水豆腐、平安豆腐、雪花豆腐、香辣豆腐排、龙顺绣球豆腐、四味软煎豆腐、杨梅荷花豆腐、肥王鱼豆腐、清汤白玉饺、豆腐锅贴、酒煎豆腐、刘安点丹等就是其中的佼佼者。淮南厨师还善于制作多种豆腐宴席，将各种冷、热、汤、点类的豆腐佳品集于一桌，特色显著，风味别具。

皖中、皖南城乡都有豆腐坊。制品有豆腐、毛豆腐、白干、酱干、臭干、千张、豆腐果、油炸泡、素鸡、豆腐皮、豆腐脑等。其中八公山的豆腐、豆腐脑，马鞍山的采石茶干，和县、屯溪的酱油干驰名省内外。豆制品也可同鱼、肉一起制作成可口的荤菜，如鱼头烧豆腐、银鱼煮干丝、干子炒肉丝、豆腐烧肉等，既是家常菜，又可待客，豆腐还可以做出一些传世名菜，如凤阳酿豆腐。

淮南八公山豆腐花

凤阳酿豆腐是选用猪里脊肉、鸡脯肉、鲜虾仁合在一起剁成三合肉馅，再将肉馅包在两个铜钱大小的圆片豆腐内。另用鸡蛋去黄留蛋清，打成雪山状的泡，与干淀粉一起调成蛋清糊。将豆腐夹馅滚蛋清糊，入油锅两次烹炸后，浇上由白糖、山楂、醋熬成的卤汁而成。其特点是外形滚圆，色泽金黄，趁热浇上卤汁，端上桌时还发出"吱吱"的响声，吃起来外脆香内嫩鲜，甜中还带点酸，清爽可口。

凤阳酿豆腐之所以有名，这与朱元璋有一定的关系。据传，明朝朱元璋在南京坐了皇位后，这个乞僧出身的皇帝尝遍山珍海味、天下名菜佳肴，口味愈发刁钻，只觉得御厨的菜肴索然无味，就这样换了几个御厨又斩了几个御厨。马皇后见状，想到当初一同行乞的厨师黄心明会做"珍珠（禾）、玛瑙（豆腐）、翡翠汤（菠菜）"，于是进谏："皇上何不把黄心明招进宫来做豆腐呢？"一句话提醒了朱元璋，于是他命凤阳县令查访黄心明，克日赴京。不数日，黄心明被送进宫，寒暄过后，便奉旨下御厨为皇上烹调豆腐，他认真总结了前几位厨师失败的原因，细心揣摩朱元璋的口味。朱元璋生长在淮河之滨，转战于滁、徽州之间，口味宜徽、扬菜兼而有之，宜素、宜酥、宜嫩。经过悉心研试，他独创了"把三关"（选料、制作、火候）、"走四步"（做菜坯、打蛋清、下油锅、熬糖汁）烹饪方法。呈给皇上品尝后，朱元璋赞不绝口："外酥内嫩，鲜美爽口，清香盈口，味同樱桃，甚合朕意。"因而黄心明身价百倍，他所做的豆腐被朱元璋命名为"御菜酿豆腐"，是明朝国宴御席上的一道名菜，闻名天下。[1]

在近十多年来的豆腐菜发展过程中，淮南还涌现了一批精于豆腐菜肴制作的中国烹饪大师和名师，成为领衔淮南餐饮行业发展的中坚力量。

淮南市对中国豆腐文化的继承和发展做了大量工作。自 1992 年起，淮南市举办了多次中国豆腐文化节和豆腐美食文化周活动。海峡两岸学者、中外学者、文人厨人共同探讨豆腐的历史、制作技艺、营养养生等问题，对宣传淮南是豆腐的发源地、刘安是豆腐的发明者、中国是豆腐的发明国作出积极贡献，而中国豆腐文化的影响也随之日渐扩大。

### 四、徽味小吃

安徽小吃风味众多，各有特色。

皖南山区的小吃具有古朴典雅的风格，以蒸、煮见长，选料精细，造型美观，多以糯米、籼米制粉或磨浆淀粉为主料，常用精雕细刻的木模（即米馃印）制作，花纹清晰，古色古香。

沿江一带小吃品类繁多，花色齐全，蒸、炸、烤、煮各具特色，其口味受江浙影响，咸鲜略甜，制品精细，火功独到，其酥、糯、软、香之品质，老少咸宜。

沿淮、淮北的小吃品种，以炸、烤见长，用料多以面粉、豆类为主，纯米制品极少，不少品种具有浓郁的乡土气息，讲究复合新鲜口味，往往一个品种的用料，多达十余种原料，如油茶之类，其咸鲜复合之味，令人食后难忘。

安徽的著名小吃品种有徽州的徽州饼、蝴蝶面、毛豆腐、黄豆肉馃，巢湖的小花狮头，肥西的三河米饺，蒙城的油酥饼，全椒的酥笋牌，和

**芜湖虾籽面**

---

① 参见丁剑、梅林编著：《江淮热土的民俗与旅游》，北京：旅游教育出版社，1996 年，第 69 页。

县的霸王酥，淮南的八公山豆腐脑，寿县的大救驾，庐江的小红头，芜湖的虾籽面、鳝鱼面、蟹黄汤包、老鸭汤，安庆的江毛水饺、萧家桥油酥饼，蚌埠的烤山红、干菜包、五仁油菜，合肥的鸡血糊、冬菇鸡饺、银丝面、大麻饼、蚕蛹酥、包河藕粥、庐阳汤包等等。

据不完全统计，安徽的著名小吃品种约在百种以上。许多小吃的来历都有丰富的历史典故，如合肥的大麻饼和寿县的"大救驾"。

### （一）合肥大麻饼

合肥大麻饼是合肥的四大名点之一，在国内享有盛誉。此点系以面粉、饴糖、香油、芝麻等为主料，加拌白糖、冰糖、香油、熟糕粉及橘饼、青梅、桃仁、蜜桂花等作馅料，入烘炉炕制而成。其特点是形状整齐，饼面如蟹壳，黄色，边沿泛白；吃起来脆而不焦，香甜柔软，具有丰富营养。

据传，合肥大麻饼历史比较悠久，它的名称也是几经变化，先称"金钱饼"，再改叫"得胜饼"，后又谓之"鸿章饼"，可谓演进了一幕幕历史话剧。

**合肥大麻饼**

该饼最早可以追溯到北宋时期，合肥一带就用面粉制作一种铜钱大小、实心无馅的饼子，外表有密密麻麻的芝麻。当时称之为"金钱饼"，老百姓逢年过节时必备"金钱饼"食用，据说是图个吉利，招财进宝。

元朝末年，红巾军农民大起义在淮北地区爆发，合肥离淮北很近，也有很多穷苦农民加入了起义军，在朱元璋的队伍中，有个将领叫张得胜，是合肥人。有一次，朱元璋派张得胜率水军为开路先锋，攻打长江边的港口——裕溪口。张得胜带领的水军就是家乡子弟，为了让士兵们吃得饱，吃得好，更好地投入战斗，张得胜吩咐家乡父老制作一种以糖为馅的大"金钱饼"，称作麻饼，作为水军的干粮。家乡子弟兵吃着家乡的特产点心，精神振奋，军威大增，一鼓作气地攻下裕溪口，打败元军，并乘胜攻下采石矶。这一仗的胜利，意义非同小可，为朱元璋不久后攻占集庆（今南京）奠定了基础。张得胜指挥的这一仗获得大胜，朱元璋感到非常满意，当他得知水军当时吃的家乡点心，战斗力倍增的事后，高兴地称这种麻饼为"得胜饼"。结果在明朝，"得胜饼"成为最流行的糕点之一。

经过 500 多年的流传，到了清代光绪年间，在合肥有一位名为刘东泰的人，他原是清末洋务大臣李鸿章家中的管事，后辞官回乡，在合肥开了家食品杂货店。他雇佣几名糕饼师傅,对流传已久的"得胜饼"加以改进。他们将饼做得更大,加大馅的内容、分量,表皮的芝麻粘得饱满、均匀,色泽黄亮。新制作的大麻饼上市后,购买者蜂拥而至,店家供不应求,大家都称赞它特别好吃。刘东泰的生意日益红火,这时他想到他过去的上司李鸿章曾很喜欢吃家乡合肥的那种麻饼,就叫师傅精制800筒,一筒10个大麻饼送给了李鸿章,作为新年贺礼。李鸿章品尝后,连连称好,又将它们分赠给朝廷的同僚。就这样,刘东泰的产品一下子出了名,流传全国。刘东泰为了感谢老上司的赏识,便把大麻饼叫作"鸿章饼"。

现在,合肥大麻饼饮誉省内外,畅销全国各地。

### (二)寿县"大救驾"

"大救驾"是安徽古城寿县流传千年的美味名点。此著名点心系用面粉、绵白糖、冰糖、猪板油及其他多种果料合制而成。它形状独特、扁圆,中间呈急流漩涡状,多层花酥叠起,犹如金丝盘绕,清晰不乱,色泽乳白滋润。品尝之,油而不腻,酥脆可口,而且含多种果香味,老少皆宜。

这样一种广大人民群众深爱的食品,为什么叫作"大救驾"呢?如此独特的称谓,更会增加人们的好奇。

据说,1000多年前的五代后周,在柴荣的统治下逐渐强盛,大有统一全国的势头。可是,当时后周统一全国的最大障碍就是十国中势力最大的南唐,后周决定搬掉这个"大石头"。公元956年,柴荣派大将军赵匡胤进攻南唐的淮南地区,在淮南军事重镇寿春时,遭到南唐军队顽强的抵抗。其时,寿春的守将是南唐的优秀将领刘仁赡,他长于计谋,率部将孙羽、监军使周廷构坚守不出。双方激烈对抗,苦战达9个多月,后因城内弹尽粮绝,刘仁赡病倒,不省人事,周廷构才以刘仁赡的名义上表投降。

这场旷日持久的攻坚战,不仅让后周军队付出很多条生命的代价,活着的将士也被耗尽精力。作为主帅的赵匡胤更是殚精竭虑,亦因劳累过度,显得疲惫不堪,以致进城后体伤神黯,不思饮食。这可急坏了部下众将士,特别是跟随主帅身边多年的厨师,见主帅如此境况,心里更是焦急万分,想方设法在饮食上翻新花样,但是终究没多大效果。

一连几日,赵匡胤的厨师遍

寿县"大救驾"

访寿春城，寻求开胃的名食，以改善主帅的口味，使他康复。后来，他参照当地有特色的点心，略加改进，做了一种圆饼献上。赵匡胤看到这种色如凝脂、金丝盘绕的糕点，顿时胃口大开，竟一口气吃了很多，食欲大振。赵匡胤恢复食欲后，也很快消除了疲劳。

几年后，赵匡胤陈桥兵变，黄袍加身，成为宋朝的开国皇帝，诛灭群雄，建立起北宋王朝，结束了五代十国的混乱局面。赵匡胤忘不了寿春攻城的苦战，也没有忘记当年在寿春吃的圆饼，他说："那次鞍马之劳，战后之疾，多亏这圆饼点心从中救驾。"于是他应寿春地方官吏之请求，将这一点心赐名为"大救驾"。

自此以后，"大救驾"的名称和制法便流传了下来。千百年来厨师们不断改进，使其质量和风味更臻完美，如今"大救驾"已成为安徽淮南地区的名点，从而享誉全国。

## 第三节　赣皖饮食民俗

江西与安徽，虽然在地理位置上比较接近，但在饮食习俗上并不完全一致，可以说是有同有异，下面拟分作论述。

### 一、江西饮食民俗

江西大部分地区以稻米、小麦、甘薯为主食，并辅以其他面点、羹、米粉等。城镇居民喜食晚米，乡村百姓则多吃糙米。但各地经济发展水平不一，有些贫困地区如安义、宜春等地，则常以米、粟、薯、芋为主食。近年，人们生活水平普遍提高，五谷杂粮反而更受城里人欢迎，价格比大米贵，城乡居民的主食品种已呈现多元化的趋势。

米粉是江西常见的一种食品，江西人制作的米粉粉质细白，久煮久炒不糊，上口糯韧。这种米粉制作工序复杂，先将米泡、磨、滤干，经过采浆、捏团、蒸果、碾团、晾干、漂洗、摊干等过程。

江西米粉的食法很多，吃时将米粉煮熟，可做成汤粉、炒粉、凉拌等花样，风味各异。汤粉，其味在汤，多以鸡汤、肉汤、猪骨汤共煮之，粉爽汤鲜；凉拌粉，用香葱、姜末、蒜泥、麻油、酱油、味精、精盐及花椒粉等调和成调味汁，用调味汁拌粉，常在春、秋季食用，当地人还喜欢加黄瓜配食，味道更好；炒粉，以牛肉炒粉为佳，也有用猪肉代替牛肉的，味道也不错。据说，南昌人烹制牛肉炒粉的历史起码也有几百年了。不过，以往只在逢年过节时才吃牛肉炒粉，平时并不烹制。烹制牛肉炒粉很讲究，首先得把浸好的上等米粉沥干水，将牛肉切成细丝，配上辣椒、生姜、葱段等，然后将辣椒入油炸一下，放牛肉下锅，边炒边加上汤、酱油、盐，再下米粉。待收干汁后，加菜油继续炒酥，下葱、姜，炒至有煎香味即可。成品肉嫩、粉软、味鲜，百吃不厌。

在副食上，江西人民喜食水产、鸡鸭、狗肉和豆制品。烹制菜肴时喜欢采用整鸡、整鸭、整鱼或整块的"猪蹄花"（前腿肉），用来红烧或清炖。江西南昌人也有"无鱼不成席"的说法，反映了这一地区的食俗特点。银鱼、甲鱼、鳝鱼、泥鳅、鳜鱼、青鱼、草鱼、鲫鱼、虾子都是江西民众常食的水产。

每年立夏前后，南昌等地民众喜欢烹制"米粉蒸肉"。米粉取大米加八角、桂皮等香料，入锅炒熟，研磨成粉，然后将五花猪肉切厚片，蘸上酱油、白糖、料酒、味精，滚上米粉，放入碗内，上笼蒸烂，翻扣在盘内即可。

冬令之际，江西许多地区都有用狗肉进补的习惯。狗肉食法很多，可炖、可烧、可卤，常见的方法是用砂钵焖烧。江西人认为吃了狗肉，浑身发热，不怕寒冷。

江西民众都非常重视春节食俗。年饭菜肴安排都很丰盛，一般都有十多道菜。讲究的家庭一般都有四冷、四热、八大菜、两个汤。一般来说，炒年糕、红烧鱼、炒米粉、八宝饭、煮糊羹是必不可少的。炒年糕寓意年年高升，红烧鱼表示年年有余。若用鳜鱼，则表示富贵有余。炒米粉表示粮食丰收，稻米成串。八宝饭表示八宝进财。煮糊羹寓意年年富裕，对小孩则表示黏糊住口，不乱说话。年饭中的所有菜肴都可以吃，唯独鱼不能吃，意思是有吃有余（鱼），或年年有余（鱼）。

江西民间还流传这样一句俗谚："初一的崽，初二的郎。"意思是：初一时，儿女们要给父母亲拜年；初二时，女婿要给岳父岳母拜年。去拜年时还要捎带些年货孝敬老人，老人则杀鸡宰鸭予以招待。拜年时，主人用瓜子、糖果、点心招待客人。

江西城乡广大民众都有饮茶习惯，特别是在过去，城镇中人更有泡茶楼、听说书之爱好，劳累一天，到茶楼去饮点茶，听说书人说唱东西南北事，欣赏通俗文艺，乃是一种大众文化的艺术享受。张恨水写小说，每写到茶楼就必有妙文出现，这和他少年时在南昌受江西饮茶文化熏陶密切相关。他不仅熟悉南昌茶楼习俗，而且深得其益，《燕归来》与《金粉世家》等小说多次出现茗茶妙语，便是见证。

饮茶配以点心，是江西人的传统习惯。一小碟瓜子或一碟五香豆，在说书人制造的艺术气氛中，享受人生乐趣。江西著名点心都与饮茶有关，故称点心为"茶点"。如花生、瓜子、豆子之类，都是大众化茶点；进而又有花生豆饼、芝麻米果、糯米年糕、五香豆干之属；再进一步便有制作精细之高级点心，如丰城冻米糖、遂川金橘饼、吉安薄酥饼、九江桂花茶饼、品香斋麻花、贵溪灯芯糕、吴城云片糕、赣南干果等享誉中外。

江西名点配江西名茶，听江西戏，沉浸在江西饮食文化之中，实为一种人生享受。

## 二、安徽饮食民俗

皖中、皖南两个地区隔江相望，在地理环境上颇有相似之处。比如，同有丘陵地带，可大面积种植水稻；同有山区，可产林茶、杂粮等；同有河湖，多产水鲜。因而两个地区人民的饮食习俗也大体相似。

在主食方面，皖中、皖南人民多以大米为主，山区人民还要吃点杂粮。徽州地区生产的稻花米，做饭香软，出饭率高，已推广到其他地区。宣州等地的血红糯米被视为补品，已成为城市群众争购的粮食。因糯米性黏，平时不用来做饭，只是留作节日酿甜酒、制年糕，改善家庭饮食等。

主食除用纯米做饭外，还有红薯饭、菜饭，它将萝卜或芥菜、白菜等切碎在锅边蒸熟，放入油盐，和饭而食。还有豆饭，也是将豇豆等和饭煮食。用玉米粉和大米煮饭，称为"金玉良缘"。如有剩饭，可做水泡饭、炒饭，以鸡蛋炒饭为多。另外还有大米稀饭、菜稀饭、红薯稀饭、豆子稀饭、玉米稀饭、南瓜稀饭、糯米稀饭等。

皖西太湖县一带善于加工锅巴。干饭吃完之后，留下锅巴，将米汤倒入锅中煮之，叫"锅巴粥"。还有将锅巴焙黄，装入瓷罐，用热肉汤泡食。也可以把锅巴用油炸一下，充作早点。安庆一带的重油锅巴，可谓一方名食。

在副食方面，皖中人一般不吃狗肉，有"狗肉不上拜"的谚语。皖南人喜欢吃蛇肉、野猪肉等野味山珍。

皖中、皖南人民还喜欢吃腌制的菜品，如白菜、雪里蕻、芥菜、豇豆、扁豆、刀豆、萝卜、生姜、韭菜、辣椒、蒜苗、蒜头、葱头、香椿等都可腌制。这一带的豆酱也做得好，安庆的蚕豆辣酱尤为著名。

此外，安徽民众，特别是徽州民众，自古以来在饮食生活习俗上还有一个显著特点——节俭。《歙事闲谭·歙风俗礼教考》说："家居务为俭约，大富之家，日食不过一荤，贫者盂饭盘蔬而已。城市日鬻仅数猪，乡村尤俭。羊惟大祭用之，鸡非祀先款客，罕用食者，鹅鸭则无烹之者。"

徽州人虽然在饮食上比较节俭，但并不粗糙，他们非常善于利用最普通的原料做出富有地方特色的风味小菜。比如，每当大白菜上市时，各家各户都动手将大白菜去叶留帮，切成一寸多长、韭菜叶宽的丝条，用盐腌上，置于席子上晒，待到白菜回软时，把菜油炼老，冷却，淋在白菜上，再撒上五香、八角的粉末，辣椒粉，蒜泥以及炒香的黑芝麻，然后密封于坛中，20多天后即可食用，味道很好，被称为"香菜"。徽州小吃都有这种特点。

皖北地区，是指淮河以北的宿州、阜阳两地区和淮北市一带。这里的食俗与皖中、皖南迥然不同，但沿淮一带，如蚌埠、淮南等地又与其有相似之处。

皖北地区以生产小麦、玉米、高粱、红薯、豆类等杂粮为主，因此这里的人民以面食、杂粮为日常主食，一般是收啥吃啥。面制品有馍、饼等。烙饼为人们最喜食，制法也很多。有把饼烙熟后，将菜卷在饼内吃；另一种是把两张饼合在一起，中间放入青菜鸡蛋，再炕热，叫菜盒子；还有把饼放入汤内吃，称之为烫馍等。杂粮制品也很多，如皖北有"红芋饭、红芋馍，离了红芋不能活"的话。红芋是红薯的别名，由此可想到红薯在皖北群众日常饮食中的重要地位了。近些年来，皖北人民的日常饮食结构开始出现了一些变化，农村在吃玉米、高粱、红薯等杂粮的同时兼吃米饭，这是人民生活水平提高的一个可喜的现象。

由于皖北地区人民的日常主食都包有新鲜肉馅、菜馅，如水饼、菜盒子之类，因此用餐时不需要用其他菜佐食，就是面条、疙瘩汤等流食，也多以青菜、油、盐等调味，不另做菜也可以饱餐。大馍、煎饼、卷子、粉馃、大饼等一般食品，在制作时也要放入盐、姜、五香粉、麻油等多种作料，又经过油煎、油炸或火炕，香酥可口，以辣酱、腌蒜、大葱等佐餐即可。

皖北地区的人民，平时吃面食还有喜欢喝汤的特点，这种汤往往是把几样菜烩成一锅，调味品放得很少，放入少量的淀粉勾芡，既当菜吃，又是面食，且量大，往往用瓢舀到碗里，一碗一碗地喝，人们称之为"喝汤"。甚至有些家庭以喝汤代替吃饭。人们相互见面时常常问道："喝过汤没有？"一些较富裕的家庭，对喝汤也很讲究，同样是一锅杂烩汤，里面却放入鸡肉、木耳、金针菜、鸡蛋等，质量很高。

皖北人民喜欢饮酒，有"无酒不成席"之说，这与阜阳、宿州一带盛产酒是分不开的，其中亳州的古井贡酒、古井玉液，淮北市的口子酒，涡阳的高炉酒等尤为著名。

# 第十二章　吴越饮食文化

江苏、浙江是中国东部沿海经济比较发达的地区，也是古代吴越文化的发祥地。吴越饮食文化具有一些共同的地域特色，但即使在这一地域内，也存在不同差异。在先秦时，长江下游地区，以太湖为界，北为吴国，南为越国。吴、越虽是两国，土著却是一族。吴国的疆域以太湖平原北部和宁镇丘陵为主体，扩展到皖南大部分丘陵和苏北一部分平原，以及淮南的部分地方。越国的疆域以宁绍平原和太湖平原南部即杭嘉湖平原为主体，扩展到浙西、皖南的部分地方。限于篇幅，本章主要论及其有代表性的地域，从一个侧面反映出长江下游的饮食文化特色。

## 第一节　饮食的"人间天堂"

从江西鄱阳湖口开始，长江便进入它的下游河段了，长江流域的饮食文化在此也有新的拓展。

### 一、长江下游的地理环境与饮食特征

长江下游地势坦荡开阔，河道多分汊，形成许多江心洲。安徽大通以下，长江受海潮顶托的影响，水势大而平缓。到江苏江阴以下，尤其是徐六泾以下，长江便进入了河口段，江面越来越开阔，呈喇叭形口入海。长江下游平原包括苏皖平原和长江三角洲平原，是中国很富庶的地区。沿江有安庆、铜陵、芜湖、马鞍山、南京、镇江、南通、上海等重要城市。长江三角洲的太湖平原，从古至今都是美丽富饶的同义语。这里土地肥沃，农业和航运事业特别发达，仅仅一条大运河就串联了扬州、镇江、常州、无锡、苏州、杭州这么多"人间天堂"般的城市。俗话说："上有天堂，下有苏杭。"那么，我们也可以说，扬州、南京、苏州、杭州等地的饮食，也是长江下游地区饮食的天堂。

吴越的地理环境、气候条件大体类似。由于历史上长江上游带来的大量泥沙，加上钱塘江北岸的部分沉积，吴越的中心地区太湖流域形成了水网交错、土壤肥沃的冲积型平原，整个地区地势平坦，以平原和丘陵为主，东面临海，江湖密布，这种地理

环境为稻谷生长提供了十分优越的条件。而且，当时太湖流域的气候条件也对稻作农业产生了良好的影响。竺可桢在《中国近五千年来气候变迁的初步研究》一文中认为，远古时长江下游及杭州湾地区的气温要比现在高 2℃ 左右，也就是说远古长江流域的气温接近现在的珠江流域。

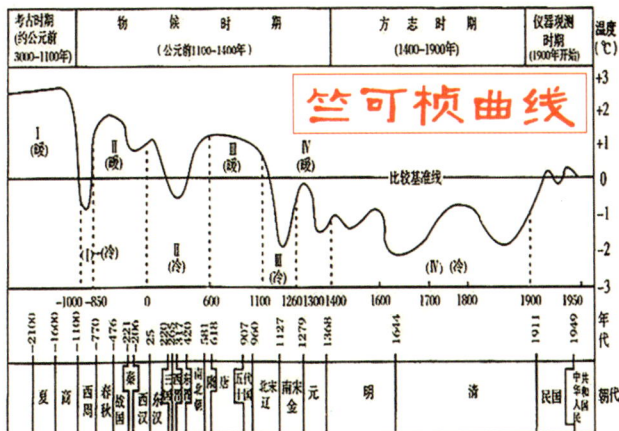
竺可桢气候变迁图

考古资料也印证了这一推论。据考古人员对七千年前杭州湾北岸河姆渡出土的植物遗存中的孢粉分析，当时这里曾"生长着茂密的亚热带常绿落叶阔叶林，主要建群树种有薯树、枫香、栎、栲、青岗、山毛榉等，林下地被层发育，蕨类植物繁盛，有石松、卷柏、水龙骨、瓶尔小草，树上缠绕着狭叶海金沙和柳叶海金沙"[1]。海金沙现在只分布于我国广东、台湾等地以及马来西亚群岛和泰国、印度、缅甸等国家，这说明当时河姆渡一带的气候比现在更温暖。

从太湖流域新石器时代遗存出土的稻谷品种来看，当时只有籼稻、粳稻和过渡型三个稻谷品种，经过吴越先民不断改良，到明清时，江苏、浙江两省的稻种竟达 1000 多种[2]。稻谷种类的增多，从主食上也就极大地丰富了吴越的饮食文化。

一般而言，稻谷可分为粳、籼、糯三大类。粳米性软味香，可煮干饭、稀饭；籼米性硬而耐饥，适于做干饭；糯米黏糯芳香，常用来制作糕点或酿制酒醋，也可煮饭。在长江下游的饮食生活中，自古以来，糕点都占有十分重要的位置。在宋人周密的《武林旧事》中，就收录了南宋临安（杭州）市场上出售的糖糕、蜜糕、糍糕、雪糕、花糕、乳糕、重阳糕等 19 个品种。[3]但如果论制作工艺之精、品种之多、味道之美，则以苏州为上。

吴越地区将以糯米及其屑粉制作的熟食称为小食，方为糕，圆为团，扁为饼，尖为粽。吴中乡间有句俗谚："面黄昏，粥半夜，南瓜当顿饿一夜。"晚餐若以面食为之，到黄昏就要挨饿，因此，吴人若偶以面食为晚餐，则必有小食点心补之，这就使得吴地糕点制作特别发达。早在唐代时，白居易、皮日休等人的诗中就屡屡提到苏州的粽子、

---

① 浙江省博物馆自然组：《河姆渡遗址动植物遗存的鉴定研究》，《考古学报》1978 年第 1 期。
② 游修龄：《我国水稻品种资源的历史考证》，《农业考古》1981 年第 2 期。
③ [宋] 周密：《武林旧事》卷 6《糕》，杭州：浙江人民出版社，1984 年，第 100 页。

粗粝。令人叹奇的是一种名为"梅檀饵"的糕，它是用紫檀木之香水和米粉制作而成。宋人范成大《吴郡志》载，宋代苏州每一节日都有用糕点节食，如上元的糖团、重九的花糕之类。明清时，苏州的糕点品种更多，制作更为精巧，这在韩奕的《易牙遗意》、袁枚的《随园食单》、顾禄的《清嘉录》《桐桥倚棹录》中都有不少记载。如今，苏州糕点已形成品种繁多、造型美观、色彩雅丽、气味芳香、味道佳美等特点。

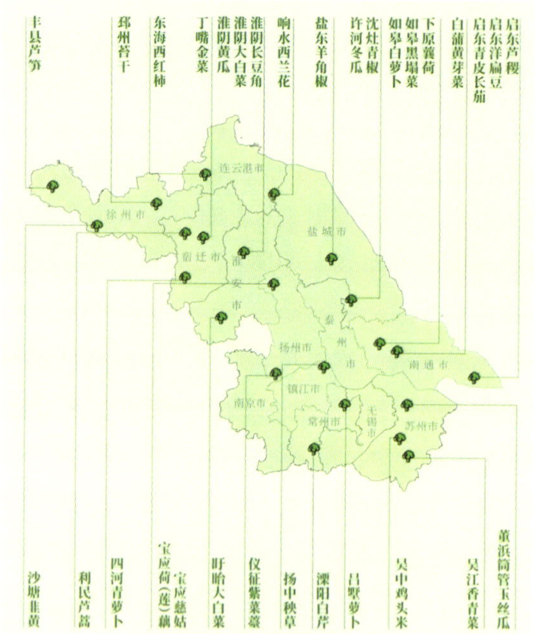

《易牙遗意》书影

江苏地标蔬菜种类[①]

在苏州糕点中，最为人称道的是苏式船点。船点是由古代太湖中餐船沿袭而来的，它在制作工艺上受到吴门画派清和淡逸、典雅秀美的风格影响，无论是制作鸟兽虫鱼、花卉瓜果，还是山水风景、人物形象，均能做到色彩鲜艳、惟妙惟肖、栩栩如生。再包上玫瑰、薄荷、豆沙等馅心，更是鲜美可口，不仅给人以物质上的享受，还给人以精神上的美感，充分显示了吴地饮食具有高文化层次的特征。由此我们也可以看出，源远流长的吴越稻作生产对人民饮食生活结构与习俗产生的巨大影响。

长江下游各地的蔬菜种类也比较多，南北风味兼具，从平原到湖泊都有种植，各地都有自己的特色蔬菜品种，在饮食上把"不时不食"这四个字阐释到极致。

## 二、吴越饮食文化发展的脉络

先秦至汉唐时期的吴越地区，远离政治经济文化中心，与中原相比，发展虽然滞后，但物产颇丰，《隋书·地理志》曾对隋代之前的吴越有过"川泽沃衍，有海陆之

---

① 此图参见风物菌：《中国吃菜第一大省，凭什么是江苏？》，《地道风物》（微信公众号）2022 年 5 月 30 日。

饶，珍异所聚"①的总结。《史记·货殖列传》记载"楚越之地，地广人稀，饭稻羹鱼，或火耕而水耨，果隋蠃蛤，不待贾而足，地势饶食，无饥馑之患，以故呰窳偷生，无积聚而多贫。是故江、淮以南，无冻饿之人，亦无千金之家"②，较为真实地反映了先秦汉唐时期吴越地区的整体饮食特点。

汉代之时，吴越的饮食文化已悄然绽放其光彩，在枚乘这位杰出辞赋家的传世之作《七发》中，我们得以窥见彼时饮食艺术的辉煌一隅。文中细腻描绘道："犓牛之腴，菜以笋蒲。肥狗之和，冒以山肤。楚苗之食，安胡之饭，抟之不解，一啜而散。于是使伊尹煎熬，易牙调和。熊蹯之臇，芍药之酱。薄耆之炙，鲜鲤之鲙。秋黄之苏，白露之茹。兰英之酒，酌以涤口。山梁之餐，豢豹之胎。小饭大歠，如汤沃雪。此亦天下之至美也，太子能强起尝之乎？"③

枚乘是淮安人，曾侍奉吴王刘濞，故其笔下所绘，极有可能是吴王宴席上屡见不鲜的珍馐美馔。由此观之，吴国之地，饮食之丰饶令人叹为观止。肥牛、肥狗、珍稀熊掌、鲜嫩竹笋、清雅蒲菜、楚地特色苗菜、菰米之香、鲤鱼之鲜乃至豹胎之奇，种种食材琳琅满目，不仅展现了食物种类的多样性，更彰显了吴人在食物搭配上的精妙与讲究。如细腻的肥牛，与清新脱俗的竹笋、蒲菜相得益彰，每一口都是自然与味蕾的和谐共鸣；而肥狗之肉，则需以珍贵石耳提鲜，二者交融，滋味层次分明，令人回味无穷；至于鱼脍之享，不仅以"苏、茹"等调料精心调味，食毕更有一盏蕴含兰花香气的美酒，驱散口中之腥，留下满口芬芳，令人心旷神怡。如此饮食文化，不仅是对食材本身的极致追求，更是生活品质与艺术美感的高度体现。

三国鼎立，吴郡人孙坚、孙策和孙权父子兄弟所创建的东吴政权，据有长江中下游广大地区，这里气候湿润，水网密布，居民自古"饭稻羹鱼"。除了食品原料的增加，最值得注意的便是孙吴以来对东南沿海开发进程加快，一些原先不为人所认知的动植物开始进入人们的视野。人们通过品尝，不仅知道哪些可作为食物，而且对可作为食物的动植物的鲜美程度也颇为了解，这为南北朝时期饮食的跨越式发展做了铺垫。

三国时吴地鲈鱼非常出众，其以色白如玉、肉细味美而备受青睐。一次术士左慈在曹操处闲坐，"操从容顾众宾曰：'今日高会，珍羞略备，所少吴松江鲈鱼耳。'"④，

---

① ［唐］魏徵、令狐德棻：《隋书》卷31《地理志（下）》，北京：中华书局，1973年，第887页。

② ［汉］司马迁：《史记》卷129《货殖列传》，第3270页。

③ ［南朝梁］萧统编：《文选》卷34，［唐］李善注，上海：上海古籍出版社，1986年，第1563-1564页。

④ ［南朝宋］范晔：《后汉书》卷82《方术列传（下）》，第2747页。

左慈闻言即席变出几条，表明三国时吴中鲈鱼已是名闻北方。范成大《吴郡志》曰："鲈鱼生松江，尤宜鲙。洁白松软，又不腥，在诸鱼之上。"[①]鱼鲙要生吃，对肉质既要求鲜嫩，又不能有腥气。所以，兼有嫩而不腥之妙的鲈鱼，才成为最佳食料。还有西晋吴郡人张翰，在洛阳做官时见秋风起，想起了家乡的鲈鱼鲙，感叹道："人生贵得适志，何能羁宦千里而要名爵乎！"[②]遂辞去官职，返回故乡，这一逸事成为"莼羹鲈脍"的典故。

南朝时期，吴越的饮食水平较以往有了大幅度提高。在东南沿海地区开发和北方人口南下的双重作用下，与汉朝相比，人们饮食的品种和结构、饮食习惯和风味等都发生了显著的变化，主要表现在食品原料明显增加、食品加工更加精细和烹饪水平显著提高等多个方面。这一时期形成了以稻、麦、粟等粮食为主食，以蔬菜和肉类为副食的饮食结构模式。此间发展并流行的茶酒历久不衰，成为这里最普遍的饮料。人们对饮食原料生产、食品加工制作、烹调方法、饮食宜忌、卫生保健等方面都有了更为具体深入的了解和交流，积累了较为丰富的饮食知识。

鱼是吴越人民的主要菜肴。为了贮备久藏，也将鲜鱼制成鱼干。六朝时南方鱼类的加工制作，达到了较高的水平。鱼干称鲊，分为两种：一是熟鲊，指腌鱼、糟鱼等；二是鲜鲊，即干鱼片等。鱼鲊可口，食用方便。

当时，以鱼为主要原料的食品还有脍。淡水鱼、海鱼等众多鱼种都被人们用来作脍，即将鱼肉切细蘸上调料如葱、芥末等生吃。葛洪《神仙传》所载孙权与仙人介象"共论鲙鱼何者最上，（介）象曰：'鲻鱼最上。'"[③]。鲈鱼是淡水鱼，鲻鱼则是海鱼。

这时的世族权贵享有政治、经济、文化特权，除了跻身于风云变幻的历史洪流当中，他们的生活方式主导着整个社会饮食风俗的变化，也因此成为饮食时尚的主角。他们当中不乏以饮食奢华著称的人，如南朝宋时，会稽人阮佃夫设宴款待中书舍人刘休，"一时珍羞，莫不毕备。凡诸火剂，并皆始熟，如此者数十种。佃夫尝作数十人馔，以待宾客，故造次便办，类皆如此。虽晋世王、石，不能过也"[④]。有的宴会，还配以音乐、歌舞，甚至是西域音乐。梁时，会稽山阴人贺琛抨击时政的种种弊端，其中所举第二个时弊就是淫奢之弊："今之燕喜，相竞夸豪，积果如山岳，列肴同绮绣，露台之产，

①［宋］范成大：《吴郡志》卷29《土物（上）》，陆振岳校点，南京：江苏古籍出版社，1986年，第431页。

②［唐］房玄龄等：《晋书》卷92《张翰传》，第2384页。

③［东晋］葛洪：《神仙传》卷9《介象传》，胡守为校释，北京：中华书局，2010年，第324页。

④［南朝梁］沈约：《宋书》卷94《恩幸传》，北京：中华书局，1974年，第2314页。王、石指西晋的王恺和石崇。

不周一燕之资，而宾主之间，裁取满腹，未及下堂，已同臭腐。"[1] 由此可见，在时代所提供的饮食文化交流互融的条件下，南北朝时期吴越一带的饮食文化已经发展得比较成熟了。

汉唐时期，吴越地区的粮食作物有稻、麦、粟、豆等，水稻是最主要的粮食作物。肉食主要来源于水产品和家养畜禽，各种鱼类以及羊、鸡、鸭、鹅、狗、猪、牛等都是可供选择的食材，其中水产品是最易得的鱼肉之食，也是吴越一带居民日常饮食生活中开发利用程度最高的食物。随着丘陵山地的开发、栽培技术的提高以及北方物产的南流和饮食文化的交流融合，这一时期的果蔬种植业有了极大的发展，人们在采集野生果蔬的基础上，对种植各类果蔬的喜好逐渐提升，在品种引种、品质选育、菜肴制作等方面均作出了很有意义的贡献。

唐宋以后，随着烹调原料越来越丰富，烹调技术有了进一步提高，而且还从国外引进了不少食品和调味品，所以饮食比前代更加丰富多彩。同时由于疆域极其辽阔，各地自然地理不同，出产差异很大，所以不同地区存在不同的饮食习惯。国内南北菜肴的交流有所扩大，但是地区差异依然存在。唐人崔融《禁屠议》所谓"江南诸州，乃以鱼为命；河西诸国，以肉为斋"，概略道出了南北菜肴的最基本差异。《十国春秋》有一则关于吴越杭州钱塘人孙承祐饮食生活的记载，孙承祐时常馔客，指其盘曰："今日，南之蚱蜢，北之红羊，东之虾鱼，西之嘉粟，无不毕备，可云富有小四海矣。"由此可见各地饮食的交融及其对吴越的影响。

五代顾闳中《韩熙载夜宴图》（局部）（宋摹本，故宫博物院藏）

此外，还需看到的是，经过长时期的历史发展，吴越内部的文化特征也逐渐显现出来。春秋战国时期，公元前 473 年，越灭吴；公元前 333 年，楚灭越。越文化由此逐渐向东南沿海地区流播，其海洋文化的特色更浓。而吴地则被楚文化所笼罩。东汉以后，东吴国家建立，这也使得吴文化在新的历史背景下找到了崛起和传承的契机。

---

① ［唐］姚思廉：《梁书》卷 38《贺琛传》，第 544 页。

两晋南朝，具有新质的长江下游地区的吴文化迅速发展。唐宋时，中国经济的重心移往江南已成为不改之势。明清时，长江下游已成为全国最繁荣的地区，饮食文化更加发达。民国时期，南京是中华民国首府，是全国的政治、经济、文化中心，这个时期的南京餐饮业空前兴旺。据载，1935年南京酒家、菜馆就多达1151处。全国各大菜系在此云集，各地名店、名厨、名菜、名点蜂拥而至。美食是官场文化中的重头戏，官府菜自然走向前台。与此同时，西餐也悄然进入，开始影响中国的饮食结构。民国首府南京，外国使馆、办事机构云集，洋人，特别是西洋人的渗入，使南京接受西菜的机会更多更直接，西洋菜馆也成为时尚之地。南京的市中心新街口密布着高档酒楼餐厅，由北向南，有专营俄式餐点的美美餐厅、德国饭店、新都餐厅以及瘦西湖、明湖春、大三元等高级菜馆。店内装潢富丽堂皇，充满异国情调。西式大虾、华洋里脊、牛肉扒等大菜，中西合璧，别出心裁，享誉整个民国时期。

在这种历史背景下，古老的吴越饮食文化也因其地域不同而分成了淮扬、金陵、苏州、杭州等不同风味。这些不同地域的菜肴，虽有相通之处，但终究是自成一家，各具特色。

### 三、淮扬风味的由来

虽然从总体上来考察，长江下游的饮食风格有许多相同之处，但事实上却是"一江之隔味不同"[①]，这是饮食文化学家邱庞同先生对长江两岸的扬州、苏州的饮食风味所作的生动、形象、准确的概括。

杭州的饮食风味，比较接近于苏州，而较异于扬州，因此，我们这里着重将淮扬与苏州的饮食风味作一介绍，以见其大略。

淮扬地区是指以扬州为中心，北至洪泽湖周围近淮河以南，东含里下河及沿海一带。这里的菜肴风味统称淮扬风味，加之古有"淮海维扬州"之说，惟与维同义，因此淮扬又称维扬。

扬州，古名邗城、广陵、江都，位于长江北岸、京杭大运河与长江交汇处，是一座有2500多年历史的古城。早在春秋时期，吴王夫差北上伐齐时，就在长江下游北岸开邗沟，筑邗城，这邗城就是扬州的雏形。扬州之名，始于隋代。

2009年南京博物院考古研究所在对西汉江都王刘非墓的发掘中，发现了一件五格濡鼎。这件鼎也是我国迄今唯一出土的一件西汉时期的分格铜鼎，古人称之为"五熟釜"，可以同时烹煮各种不同食物而不互相干扰，相当于我们现在的"五宫格"火锅。

---

① 邱庞同：《一江之隔味不同》，载熊四智、李秀松等：《烹调小品集·苏扬编》，北京：中国展望出版社，1986年，第215页。

从这件鼎的结构来看，它比较接近现代的火锅。过去有一种说法，魏文帝"五熟锅"才是中国火锅的起源，可是这件西汉的器物却比它还早三四百年。据史料记载，西汉江都王刘非爱吃火锅，所以专门研制了一套火锅炊具供自己享用，而这件分格鼎便是其中之一。盖子打开之后，可以看到在鼎中分布着5个小格子，中间为圆格，不同的烧煮空间，将不同的味道

西汉刘非墓五格濡鼎（南京博物院藏）

分隔开来，避免串味，还方便了不同饮食习惯的食客食用。分格鼎可以说是中国"鸳鸯锅"和"九宫格"的前身了，由此也反映了西汉时期扬州地区饮食文化的发展水平已经相当高了。

扬州属于我国北亚热带季风气候，这里四季分明，风雨调和，气候温和。境内无高山峻岭，属于江淮大平原，河流湖泊纵横，农副产品丰富，为鱼米之乡。王士祯在《东园记》中说此处"物产之饶甲江南"。李斗在《扬州画舫录》中也描绘说："山地种蔬，水乡捕鱼，采莲踏藕，生计不穷。""居人固不事织，惟蒲渔菱芡是利，间亦放鸭为生。"时鲜菜蔬鹅鸭鱼藕，珍禽水产，四时八季各有所备，"春有刀鲚，夏有鮰鲥，秋有蟹鸭，冬有野蔬"。正如何嘉延《扬州竹枝词》所描绘的那样："贩鲜船子两头尖，泼剌银鳞入市廛。怪底蝉螯滋味淡，贾来虾酱不用盐。"丰富的物产为城市市民提供了一个巨大的农副产品货源。

扬州地处江淮要冲，南拒长江，东濒大海。自南北大运河开通以来，它又成为南北大运河与长江交汇点。"以地利言之，则襟带淮泗，锁钥吴越，自荆襄而东下，屹为巨镇，漕艘贡篚，岁至京师必于此焉是达。盐策之利，邦赋攸赖。若其人文之盛，尤史不绝书。"[1]康熙《扬州府志》也记载说："若夫舟樯栉比，车毂鳞集，东南数百万漕艘浮江而上，此为搤吭。沈括所谓百州岁徙之人往还其下，日夜灌输京师，居天下之七。"北方的大豆、麦子、杂粮及油粮作物，南方苏杭的日用品及湖广、江西的粮食、果品和土特产品于此集散交易。两淮盐区中淮南盐及部分湖北盐于此溯长江而上，行销江苏、安徽、湖南、湖北、江西等省。扬州成为全国著名的交通、经济和文化中心城市之一，并素以"多富商大贾，珠翠珍怪之产""号天下繁侈"而闻名。隋唐时扬州已是南北交通的枢纽和东南沿海地区对外经济、文化交流的一大都会和重

---

① ［清］阿克当阿修，［清］姚文田等纂：嘉庆《重修扬州府志·序》，扬州：广陵书社，2006年。

要港埠。

从隋唐到清末的 1000 多年间，扬州一直极其繁盛，隋炀帝、清康熙、乾隆帝曾巡幸扬州，也必然将各地饮食文化带到了扬州，促进了扬州烹饪技艺的发展。

扬州是淮盐的主要集散地，正如徐谦芳《扬州风土记略》卷上所说，"扬州土著，多依鹾务为生，习于浮华，精于肴馔，故扬州筵席各地驰名，而点心制法极精，汤包油糕，尤擅名一时"。官僚、文人、盐商、富豪都在这里集聚，著名文学家王士禛在任扬州府推官时，曾经自称"每于谳决之暇，辄呼朋携酒，往来于平山、红桥间"[1]；宋荦说他"与诸名士文宴无虚日"[2]。另一著名文学家、美食家袁枚，也与扬州有着不解之缘，对扬州园林情有独钟。他的三妹、四妹都嫁在扬州，他经常往来南京与扬州之间，即使年届八旬，每逢平山堂梅花盛开，也会来到扬州。他来到后，以诗求见者如云集。扬州太守谢启昆、盐运使卢雅雨等，缙绅程家、洪家、朱家等，时有邀约宴请，好友郑板桥、金农、尤荫、王梦楼等也和他常雅集。他的足迹还留在了定慧庵等寺观，"席上尝多味，笔端美味浓"。明清时期，扬州饮食市场即因此也显得十分繁荣，著名餐馆就有数十家，每天顾客盈门，这都刺激了淮扬菜品种的不断增加和质量的提高。《桃花扇》作者孔尚任在《有事维扬诸开府大僚招宴观剧》诗中对扬州的饮食作了较为生动的描写："东南繁华扬州起，水陆物力盛罗绮。朱橘黄橙香者橼，蔗仙糖狮如茨比。一客已开十丈筵，客客对列成肆市。"[3] 可见扬州饮食市场之繁荣。

## 四、淮扬菜的特点

淮扬菜在漫长的历史发展中，形成了自己独特的风格，主要有以下几个特点：

第一，选料以鲜活、鲜嫩为佳，并且十分讲究根据不同时令选取原料。如食用青菜讲究取心，苋菜讲究取嫩，冬笋讲究取其尖，野鸭讲究取其脯，虾、蟹讲究取鲜活等。

扬州民间有许多关于选料讲时令的传统说法，如"醉蟹不看灯，风鸡不过灯（元宵灯节）""刀（刀鱼）不过清明，鲥不过端午"。又如"淮扬狮子头"这款名菜，是一年四季随时令变化而用不同原料烹调的，春秋宜清炖，冬季宜红焖；春节做河鲜芽笋狮子头，秋季做蟹粉狮子头，冬季做芽菜风鸡狮子头；就连狮子头所用猪肉也要求肥瘦搭配，因时制宜。

① ［清］王士禛：《东园记》，载顾一平编：《扬州名园记》，扬州：广陵书社，2011 年，第 20 页。
② ［清］宋荦：《资政大夫刑部尚书阮亭王公暨配张宜人墓志铭》，载氏著：《西陂类稿》卷 31，北京：国家图书馆出版社，2014 年。
③ 汪蔚林编：《孔尚任诗文集》，北京：中华书局，1962 年，第 13 页。

水果　水果拼盘

甜品　菠萝八宝饭

鲍鱼浓汁四宝　清炒翡翠虾

口蘑罐焖鸡　鸡汤煮干丝

东坡肉

热菜　《开国第一宴》　扬州蟹肉狮头　全家福

冷菜　香麻海蜇　炮黄瓜莲　虾籽冬笋　酥燸鲫鱼　芥末鸭掌　镇江肴肉　罗汉肚　桂花盐水鸭

点心　炸年糕　艾窝窝　黄桥烧饼　淮扬汤包

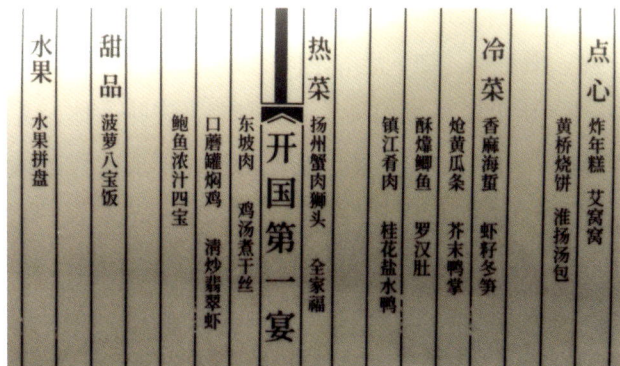

"开国第一宴"的淮扬菜单（扬州淮扬菜博物馆藏）

　　此外，淮扬菜还十分强调用当地名产，以保持其特有的风味。如靖江的肉脯、中堡的醉蟹、泰兴的银杏、高邮的双黄蛋、龙池的鲫鱼、高宝湖的麻鸭等，都是扬州的名特食品。只有用这些名产原料制作菜肴，才具有浓厚的地方风味。

　　第二，调味讲究清淡入味，尤其重视本味。淮扬菜的荤菜增鲜，一般是使用清鸡汤或虾米；素菜增鲜常使用豆芽、蘑菇、笋子、笋汁、笋粉，以保证菜肴的味正汁醇。

　　淮扬菜讲究保持原料本味，并不是反对用调料。它也很注重用调料增加主料的本味，使热菜浓香袭人，使冷菜清香四溢，使汤菜淡香扑鼻。为达到上述要求，淮扬菜在烹调过程中格外讲究用调料保持和增加主辅料的原有香味。如在成菜时加以适量料酒和少量醋，或者加入麻油、胡椒粉、甜酱、芝麻酱等，就可以增加主料的原有香味。淮扬州菜在利用辅料增加菜肴香味上，也颇有学问，如利用荷叶的清香烹制的荷叶肉，利用西瓜的清香烹制的西瓜盅，都别具风格，使食物清香之气大增。

　　淮扬菜十分讲究运用火候，以使食物本身的香味充分发挥出来，火候不到，香味就不能充分发挥出来；火候过头，又会使香味跑掉，变成焦味。如蒜、葱、姜用油爆则香味浓；生韭菜有臭味，急火快炒则产生韭香味；韭黄有清香味，炒过火则清香味尽失。

　　第三，在保证口味的前提下，做到色泽鲜明、浓淡相宜、清爽悦目，使食者在未动箸之前，先得到美的享受，从而精神愉快，食欲大开。

　　淮扬菜十分重视根据不同季节，通过切配烹调，做出符合人们心理状态的菜肴，夏季配制清淡色泽，冬季配制浓艳色泽，春、秋配制浓淡相宜色泽。如夏季的清炖鸡，汤汁清澈见底，鸡块鲜嫩洁白，衬以鲜红的火腿、绿色的菜心、黑色的香菇，使人见之就清爽悦目。气温较低的季节，制作栗子黄焖鸡，色泽棕黄油亮，使人感到温暖。

　　在火工方面，淮扬菜以炒、熘、煮、烩、烤、烧、蒸等为基本烹调方法，擅长炖焖，所制菜肴酥烂脱骨而不失其形，滑嫩爽脆而不失其味。淮扬菜在烹制过程中，十分注重根据菜品要求，针对原料质地老嫩、刀工形状大小，准确地掌握火候，使不同菜肴具有鲜、香、酥、脆、嫩、糯、韧、烂等不同的特点。如清汤三套鸭，就是采用家鸭、野鸭、菜鸽整料去骨，用火腿冬笋相隔，逐层套制，三味一体，文火宽汤炖焖，通过不同的传热程度，使菜肴保持形态完整、汤汁清澄，形成家鸭肥嫩、野鸭香酥、家鸽细鲜、火腿酥烂、冬笋鲜脆的特点。

第五，注重造型美观，别致新颖，生动逼真[1]。淮扬菜十分注重根据原料的自然形态，通过切配、烹调、装盘、点缀等技法，使菜肴达到色、香、味、形俱佳的境地，如蟹黄狮子头等菜的制作。

淮扬菜还精于瓜果雕刻，如所制的西瓜灯玲珑剔透，飞禽走兽栩栩如生。

## 五、苏扬风味的比较

以苏州为中心的苏南饮食文化圈，主要包括太湖平原，以及阳澄湖、泖湖、滆湖周边风味，其影响远较行政区域的"苏南"为大。

太湖，古名震泽，《尚书·禹贡》中也有"三江既入，震泽底定"的记载，三江指的是古代太湖出水的三条主要河流。太湖号称有2400平方千米，是我国五大淡水湖之一，也是著名风景区。从三面环山的洞庭东山，到烟波浩渺、气势雄伟的无锡鼋头渚，湖山宛如一条起伏的翠龙，怀抱着太湖。

太湖湖面开阔，湖底平坦，水草丰美，而且水位比较稳定，有利于鱼类的繁殖生长，是我国著名的淡水水产基地。湖中有青、草、鲢、鳙、鳊、鲤、鲫等鱼类30多种，另有螺、蚌、蚬、蟹等底栖动物40多种。银鱼是太湖定居性鱼种，晶莹如玉，娇小可爱，肉质洁白细腻，无骨刺，无腥味，堪称席上佳品。

太湖的船菜极富特色，可称为湖上的水产筵席。人们泛舟湖上，不仅可以观赏湖光山色，而且可以品尝太湖盛产的各种名鱼。如太湖清水虾，肉嫩味鲜，举世闻名，既可以清炒，也可以煮食，还可以生吃。

据清人顾禄《桐桥倚棹录》记载，清代苏州有一种餐船，名为"沙飞"，其船尾为灶舱，"酒茗肴馔，任客所指"；中间为"餐厅"，"以蠡壳嵌玻璃为窗寮，桌椅都雅，香鼎瓶花，位置务精"。船大一些的，可摆三桌宴席，小的可摆两桌。在供应方式上也

太湖白鱼

---

① 以上五点参见黎莹：《中国的食品·中国的菜系和名菜》，第90-97页。

有特色，要求主人必须预订好"沙飞"，然后"先期折柬"，和客人约好时间，届时用小舟把客人送到"沙飞"上欢宴。而宴会常常是在晚间举行，"入夜羊灯照春，凫壶劝客，行令猜枚，欢笑之声达于两岸。迨至酒阑人散，剩有一堤烟月而已"。从这些记载可以看出，船宴是极尽欢娱的。

正是由于苏州处于太湖之滨，所以苏州菜特别善于烹制河鲜之物，这与扬州菜略有不同。对此，《中国菜谱·江苏专辑》中的前言，对苏州、扬州两地的菜肴特色作过介绍，兹录如下：

> 苏州菜口味趋甜，配色和谐，刀工细致，清新多姿，时令菜应时选出，烹制的河鲜、湖蚧、蔬菜尤有特长。
>
> 扬州菜清淡适口，主料突出，刀工精细，制作的鸡类、江鲜都很著名，肉类菜品也富有特色，瓜果雕刻栩栩如生。

有比较才会有鉴别，以上两段话是由江苏饮食业的专家在对比苏、扬风味的基础上精心推敲写出的评语，应当是比较准确的。

苏州在长江之南，扬州在长江之北。一江之隔，两地菜肴的风味也就发生了差异，这是什么缘故呢？对此，邱庞同先生作过细致的考证，他认为："从历史上看来，北方人嗜咸，南方人嗜甜。据著名学者卞孝萱先生分析，扬州在地理上素为南北之要冲，因此在肴馔的口味上也就容易吸取北咸南甜的特点，逐渐形成了自己'咸甜适中'的特色。而苏州相对受北味影响较小，所以'趋甜'的特色也就保留了下来。"[1]

有比较才会有鉴别，不仅菜肴风味如此，而且在小吃制作上也可作如是观。例如，苏州糕团是中国名点小吃中的一枝奇葩，具有造型美观、色彩雅丽、味道甜美等特点；杭州面点制作比较接近苏州，但与苏州相比，甜味似乎淡一点，但都体现出吴越稻作生产对人民饮食生活结构与习俗的巨大影响。

与苏州小吃一样，维扬细点也有十分悠久的历史，到明清时，扬州小吃已有人誉之为"夸视江表"。但与苏州、杭州小吃原料不同，扬州小吃

苏帮菜点的老字号松鹤楼菜馆

---

① 邱庞同：《一江之隔味不同》，载熊四智、李秀松等：《烹调小品集·苏扬编》，第216页。

则以面制品为主，其品种也是丰富多彩，如包子、蒸饺、烧卖、酥饼、开花馒头、蜂糖糕、卷子、徽州饼、麻团等。每一类中又有若干品种，如烧卖有糯米烧卖、虾肉烧卖、翡翠烧卖等，而且口味以咸鲜为主。不过近年来，苏州菜的风味也略有改进，趋甜的特色逐渐改为趋清鲜。

松鼠鳜鱼

苏州及苏南地区的名菜主要有松鼠鳜鱼、雪花蟹斗、母油船鸭、鲃肺汤、莼菜鲈鱼羹、碧螺虾仁、常熟叫化鸡、无锡酱排骨、香炸银鱼、镜箱豆腐、乳腐肉、宜兴汽锅鸡、常州芙蓉螺蛳、糟扣肉等。这些菜肴远近闻名，脍炙人口，不仅色、香、味、形俱佳，并随一年四季的变化而变化，冬季色浓而不腻，酥烂脱骨而不失其形，夏季则色清而不淡，滑嫩爽脆而不失其味。

# 第二节　饮食民俗

从地理上来分，江苏可分为苏南和苏北两个区域，由于两地的自然环境与物产等因素的差异，两地在饮食上也各具特色，并形成了各自的饮食民俗。

## 一、苏南饮食民俗

苏南古为吴地，苏与吴、虞在甲骨文里是相通的，这三字均像鱼，其最初的读音也读"鱼"音。究其源，这与吴地先民饮食有关。吴地包括太湖流域在内的广大地区，鱼是这地区最大宗的土产，在渔猎时代自然成为吴地先民的主要食物，进而成为吴地族群最突出的崇拜物，后来又成为族称、人名乃至地名、国名。苏州便是最早以"鱼"（吴）来代表自己的族名（古吴族）、国名（吴国）、市名（苏州市）及人称（吴地第一人称代词仍用"吴"音）。由此可知，鱼在吴地先民饮食中的地位。[①] 1960 年江苏吴江梅堰遗址出土了一件新石器时代的江豚形陶壶。这件陶壶的整体造型生动逼真，体现

新石器时代江豚形陶壶（南京博物院藏）

---

① 参见鲁克才主编：《中华民族饮食风俗大观·江苏卷》，北京：世界知识出版社，1992 年，第 164 页。

了江豚在水中游动摆尾的姿态。陶壶的腹部有三只扁足，可以稳稳地托住饱满的壶身，而注水口设在江豚微微上扬的尾部，使用起来相当便利。出土实物同样反映了鱼类在吴地人民生活中的地位。

苏南地区大多为水乡泽国，鱼多且佳，人们日常菜肴常有鱼虾，每月都有时令鱼鲜上市，人们有一个吃鱼时间表，正如当地俗谚所云：

> 正月塘鳢肉头细，二月桃花鳜鱼肥，
>
> 三月甲鱼补身体，四月鲫鱼加葱须，
>
> 五月白鱼吃肚皮，六月鳊鱼鲜似鸡，
>
> 七月鳗鲡酱油闷，八月鲍鱼只吃肺，
>
> 九月鲫鱼要塞肉，十月草鱼打牙祭，
>
> 十一月鲢鱼汤头肥，十二月青鱼要吃尾。

苏南人民吃鱼还有一些传统规矩和忌讳，如在节庆和平时宴请客人，无论是在高级餐馆，还是在家中，也不管筵席菜肴有多少，整个筵席最后一道菜必是一条整鱼。只要整鱼一上，大家便知菜已上齐，筵席已到尾声，"鱼"意味着筵宴结束，又寓意吃而有余（鱼）。过年时，宴席上的全鱼只看不吃，以喻"喜庆有余"；如果是盘鱼块，也不能吃完，以示"年年有余"。

过去，苏南一些地区的人民忌吃鱼子，认为吃了鱼子人会变笨，吃了鱼脸"无情肉"会"眼空浅"（吝啬）。人们还将鱼头上两根等腰三角形的鱼骨视作"鱼仙人"，常用此来占卦，掷在桌上直立，则表示大吉大利。苏州洞庭山岛宴客时还有一个敬鱼讲究，厨师双手敬鱼时要喊"鱼来了"，首席则起立还礼，回敬说："余（鱼）在府上。"然后厨师把鱼端回厨房后再上桌。全鱼既忌吃，又忌漏桌。吃了意味断交，漏桌则怠慢了客人。如厨师疏忽漏敬了鱼，东家不仅不付工钱，厨师还要赔礼道歉；如敬鱼不漏桌，厨师则可得到一笔颇丰的"喜钱"。

苏南人民的饮食十分丰富，讲究一年四季随节令的变化而变化饮食，因而还给人以新鲜感。

正月时令食品为春饼，春饼很薄，圆形，馅心有肉及荠菜等。二月卖酒酿，酒酿用糯米酿制，色浅

苏南鱼菜

第十二章　吴越饮食文化

碧。三月食"眼亮糕"①、荠菜团、青团，焐熟藕，饮雨前茶。四月有新鲜蚕豆上市，人们爱做"兰花豆"。五月除食粽外，多食黄鱼。六月啖糕与白汤面。七月各茶馆以金银花、白菊花点汤，谓之"双花茶"，极受欢迎。八月菱角、芡实、桂花、鲃鱼上市。九月秋菊盛开时，正是食蟹的好时光，鲈鱼莼菜羹也是此时的时令菜。十月做腌菜、酿酒，各种小吃上市。十一月食金团，即南瓜团子，以及麦芽糖等等。十二月食腊八粥。

自古以来，苏南人民就注重岁时食俗，因而在苏南民间就流传着许多有关岁时食俗的谚语，如《十二月时令歌》云：

正月一日吃圆子，
二月里放鸢子，
三月清明买青团子，
四月里蚕宝宝上山做茧子，
五月端午吃粽子，
六月里摇扇子，
七月上帐子，蒲扇拍蚊子，
八月中秋炒南瓜子，勒西瓜子，
九月里打梧桐子，
十月朝就剥橘子，
十一月踢毽子，
十二月年底搓圆子。

苏南民间风味

还有一首《十二月风俗歌》，也很有意思，兹录如下：

正月半，闹元宵，
二月二吃撑腰糕。②
三月三，祖师苞，
四月十四白相神仙庙，
五月端午粽子箬叶包，
六月里，大红西瓜颜色俏，
七月七，露仔鸳鸯水来乞巧，

苏州老字号黄天源的糕点

---

① 眼亮糕：用荠菜所制之糕。苏南人将荠菜称之为"眼亮菜"，常在三月三采食。
② 撑腰糕：以隔年的糕和宿年的油煎而食之，以为有壮腰之功效，此为吴地旧俗。

八月半，白果栗子一道炒，

九月九吃重阳糕，

要想看会等十月朝，

十一月里香花飘，

十二月廿四饴糖送灶糖元宝。

这两首俗谚歌，就像一幅生动的苏南人民的岁时节令食俗图，将一年内的主要节令食俗品种简明扼要地表现出来了。

另外，1997 年，苏州博物馆里有一份苏式糕点上市图，与上面两首俗谚歌在表现苏南人民岁时食俗方面有异曲同工之妙，兹录如下（如表 12-1）：

表 12-1　　　　　　苏式糕点上市落令时间表（所有时限均为农历）

| 季节 | 名称 | 品种 | 上市时限 | 落令时限 | 备注 |
|---|---|---|---|---|---|
| 春 | 春饼 | 酒酿饼 | 正月初五 | 三月底 | |
| | | 雪饼 | 二月初一 | 三月二十日 | |
| | | 闵饼 | 清明前三天 | 立夏 | |
| 夏 | 夏糕 | 绿豆糕 | 四月初十 | 七月二十日 | 现供应时限不足 |
| | | 薄荷糕 | 五月初一 | 六月底 | 现时限延长 |
| | | 五色大方糕 | 五月端午前 | 夏至 | 现已成为常年品种 |
| 秋 | 秋酥 | 酥皮荤月饼 | 八月初八 | 九月初十 | 现上市早退市晚 |
| | | 酥皮素月饼 | 八月初十 | 九月初 | 同上 |
| | | 巧酥 | 七月初一 | 七月底 | |
| 冬 | 冬糖 | 黑切糖 | 八月二十 | 明年三月十五 | 冬糖一般均是今冬吃到来年初春 |
| | | 寸金糖 | 立冬 | 明年正月底 | |
| | | 芝麻焦切片糖 | 立冬 | 明年二月底 | |

## 二、苏北饮食民俗

苏北饮食民俗，大致可分为两个类型，一是扬州，二是徐州。

扬州地区人民的主食为稻米，杂粮较少，一日三餐以米粉和稀饭为主。

徐州地区人民的主食为小麦（面粉），还有一些杂粮，一日三餐多为馒头、馄饨、饺子、煎饼等。徐州的煎饼，将面调稀成糊，在烧热的鏊子上摊成薄饼，烙好后随时可食，一般是卷上大葱或蘸辣酱食用，很有咬劲。

扬州民俗有"早上皮包水，晚上水包皮"之说，皮即肚皮，皮包水，即吃茶；水包皮，即洗澡。

扬州吃茶的风俗起于何时，已不可考，但在明清时，扬州的茶馆已是很多了，郑板桥还曾为茶馆题联：

从来名士能评水，

自古高僧爱斗茶。

扬州早茶名店

扬州富春茶社的面点

人们在茶馆吃茶，"饮"与"食"是并重的。扬州茶馆一般都备有干丝、肴蹄、点心等茶食。干丝为豆制品，极讲刀法，细如丝，匀如发，鲜嫩爽口。肴蹄制法来自镇江，色泽红艳。点心讲究发酵，清鲜香醇，突出主料。其中，又以三丁大包、千层油糕、翡翠烧卖称为"三绝"，以富春三丁包、冶春蒸饺、共和春饺面称为"三特"。

扬州茶食选料讲究，造型小巧，内馅各异，自成体系，为中国茶食九大帮式之一。常年有"小八件"，即太师饼、眉公饼、小佛手、小苹果、一条线、菊花饼、黑麻、白麻。应时品种又有春饼、夏糕、秋果、冬糖之说，如春有酒酿饼、杏仁酥、桃酥，夏有水发糕、绿豆糕，秋有麻果、巧果、月饼，冬有焦切糖、花生糖、寸金糖，这些被称为"四时茶食"。

扬州人还有"吃下午"之说，这是别处不常见的，即在下午三四点钟，午饭与晚饭之间，加一顿点心，谓之"吃下午"。"吃下午"多在茶馆吃点心品茶，有些人也买点心回家食用，"下午"的点心大多与早茶点心并不重样，粗细均有，荤素齐全，较特殊的有饺与面混煮、糍粑、油饺等。

苏北人民的岁时食俗也非常丰富，以下按节日顺序略作介绍：

春节，苏北人民过春节，年三十晚守岁要吃芋头，寓意吃了芋头，一年之中多遇好事。春节食品主要有饺子、油炸丸子、糕点等，这都少不了。拜年时，主人递上糕点，谓之高升；抓些花生，谓之"长生不老"。

元宵节，俗谚说"小灯圆子落灯面"，十五上灯食元宵，十八落灯食面条。

二月二，为接女归省日，俗谚说：巴巴掌，打到二月二，挑糕儿，搓饼儿，家家户户待女儿。徐州地区此日喜食"糖蛋"，即用米粉做成丸子，滚上糖烹熟。

立夏，苏北人民有"尝八新"的习俗，即樱桃、笋、茶、蚕豆、扬花萝卜、鲥鱼、黄鱼等。

端午节，除了吃粽子外，南通人此日中午吃"和菜"。据说，明朝时，人们备好菜蔬准备过端午，结果恰逢倭寇来犯，当地人民纷纷离家暂避。待倭寇一走，人们返家，将各种菜放在一起混合煮制，以解饥饿。混煮后，味道极佳。从此当地便年年端午做和菜。现在所用原料为粉皮、韭菜、豆芽菜、绞瓜丝（或笋丝），加肉丝、蛋皮丝、虾仁等，原料寻常，花钱不多，却十分可口。

中秋节，苏北此节食俗与各地区别不大，扬州月饼制作十分精巧，颇有名气。

重阳节，家家吃糕，过去茶食铺常供应一种特制的米粉糖糕，糕形方正小巧，上染红点，叫作重阳糕。

冬至，苏北有"冬至大如年"的说法，各家此日常设宴席欢聚，扬州童谣说："冬至大如年，家家吃汤圆。"冬至一过，家家开始置备年货，如腌肉、制风鸡等。

腊八，苏北此日家家食腊八粥，清代黄鼎铭的《望江南百调》说："扬州好，腊八粥真佳。托钵尼僧，群募化，调饧巧妇善安排，枣栗称清斋。"

苏北人民的岁时食俗，主要有以上几点表现形式。除此以外，苏北人民在社交礼仪食俗、婚姻食俗、生育食俗、寿诞食俗、丧葬食俗、信仰食俗方面，也有一些特色，但总体来看，与苏南乃至长江中下游一带的民俗相差不是太大。

## 第三节  长江下游的特色美食之乡

长三角地区是中国经济最发达、最具活力的地区之一，经济硬实力、文化软实力等方面，已经多年位居全国前列。因此这里产生了许多特色美食之乡，兹介绍十例。

### 一、太仓：江海河三鲜美食之乡

太仓隶属苏州市，地处长江入海口之南岸，拥有近39千米的长江岸线，故每年鲥鱼、刀鱼从海中洄游入长江时，首先就到了附近的江上，鮰鱼、河豚也是如此。此外，还有银鱼、鲈鱼、鳗鱼、白虾、青蟹等。太仓境内河网纵横，湖泊星罗棋布，优越的地理环境为江鲜、河鲜菜肴的形成和发展提供了得天独厚的先决条件。因此太仓江海河三鲜菜肴的形成是和其特殊的地理条件分不开的。

太仓近海，离吴淞口仅13海里，出长江口往北就是黄海，往南就是东海，海鲜捕捞十分方便。古代时这里离海更近，据明陆容《菽园杂记》记载，明朝时，太仓、金山附近的海面上就是大的黄鱼渔场，浙江渔民都赶来捕捞。因此，黄鱼、鲥鱼、鲳鱼、带鱼、比目鱼、马面鱼、乌贼鱼、海鳗、梭子蟹、海蜇、蛤蜊、扇贝等均是常见的品种。至于淡水河鲜品种更多，青鱼、草鱼、鳜鱼、鲢鱼、鲤鱼、鲫鱼、白鱼、鳊鱼、甲鱼、螃蟹、虾，可谓应有尽有。据统计，如今太仓以海鱼为主的捕鱼量每年超过3万吨，每年的淡水水产量达2.6万吨。而在江海鱼鲜集散地浏河港，每年的交易量达6万吨以上。这些都为太仓江海河三鲜美食的发展提供了坚实的物质保证。

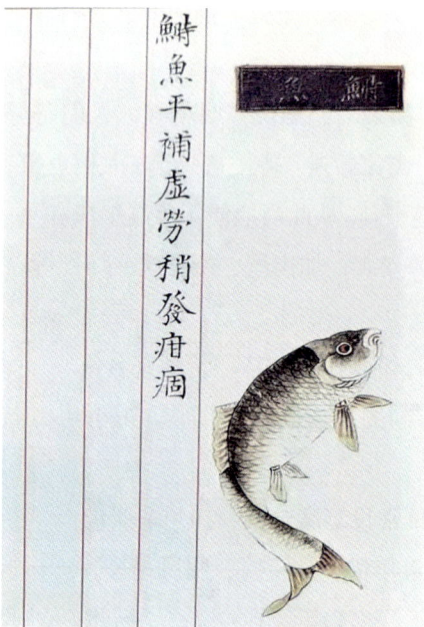

鲥鱼（选自明绘本《食物本草》）

太仓历史悠久，因2400年前吴王在这儿设立粮仓而得名，后代均有发展。尤其是元、明时期，随着刘家港的繁盛和太仓州的建立，经济有了长足的发展，江海菜肴也开始崭露头角。改革开放以来，太仓的江海河三鲜美食以吴文化、娄东文化为依托，以本地菜、苏州菜为主干，不断吸收沪、粤、川、淮扬乃至日本料理等中外美食的长处，从而形成自己的鲜明特色，而蜚声长三角。

太仓江海河三鲜美食特色鲜明。在选料上顺时应令，力求新鲜。如清明前食刀鱼、河豚，端午时食黄鱼，初夏食鲥鱼，夏日食鳝鱼，秋日食蟹、鲈鱼，春冬食鲴鱼，冬日食鲢头、鲫鱼等等。在烹饪方法上既保持传统，又求新求变。自元、明以来，太仓当地江海河三鲜菜中在常用的煨、焐、清蒸、红烧、油煎、炒、糟、醉等方法之外，运用熘、炸、白灼、焗、铁板烧烤、生、酿、贴、卷等烹饪技法。在调味上较富于变化，不拘一格。在保持江海河三鲜本味美的同时，使用多种调味品，或在烹饪前给原料调味，或在烹饪中调味，或在成菜后调味，从而使成品或清鲜，或咸鲜，或淡雅，或浓郁，更有糟香、酒香、酱香、奶酪香，还有糖醋、芥辣、微麻……能给人以味不雷同之感。此外，其设色、造型也有特色，均能给人以美感享受。

正由于这种种努力，太仓除了千百年来流传下来的经典的清蒸刀鱼、清蒸鲥鱼、红烧河豚、红烧黄鱼、白汁鲴鱼、油煎鲳鱼、油焖鳗鱼、鲈鱼脍、糟青鱼、糟鲥鱼、川鲋汤等之外，还推出了新的佳肴，如江鲜中有杏仁长江鲈鱼、百花酿刀鱼、翅汤刀鱼馄饨、金牌烤鲴鱼、金翅极品河豚、菊花金鳗、瓜汁鱼茸蛋、江蟹金粉翅、金汁双味圆、浓汤鱼白等；海鲜中有香煎龙头鱼、粉丝海虾球、双味海蜇、金钱虾、花园扇贝、酥盒龙虾、玉带鲍鱼仔、鲍汁黄螺、日式青芥银鳕鱼等；河鲜中有黄金玉米盅、瓜盅裙边、蟹黄虾珍珠等。

太仓人还将江海河三鲜菜肴和当地的传统美食燻鸡、太仓肉松、太仓肉骨头及牛踏扁、新毛芋头等特色蔬菜结合起来，成功打造了娄江风情宴、郑和航海宴、一品娄东宴、娄东新派江海宴、江南水乡宴等，赢得了各界人士的高度评价，让太仓江海河三鲜美食远近驰名。

### 二、苏州：大闸蟹美食之乡

苏州大闸蟹主要包括太湖蟹（太湖清水大闸蟹）和阳澄湖蟹（阳澄湖清水大闸蟹），皆为长江水系中华绒螯蟹。苏州大闸蟹的主要产区为苏州市境内的阳澄湖和大部分水域位于苏州的太湖，涵盖了苏州市所属常熟市、昆山市、吴江区、吴中区、相城区、工业园区等六个市、区。

太湖为我国第三大淡水湖，湖面2000多平方千米，宽阔的水域为各种水产品生长繁殖提供了良好场所，是我国重点淡水水产品基地。其中，毗邻苏州市区的东太湖区域，水深适宜，水草茂盛，底栖生物资源丰富，是太湖蟹的主产区。太湖蟹体态丰腴，生长速度快，免疫力强，和其他蟹种相比有较强的生长优势和抗病优势。在清乾隆年间金友理编纂的《太湖备考》中就有对太湖蟹的记载："出太湖者，大而色黄，壳坚，胜于他产。冬日益肥美，谓之'十月雄'。"《苏州府志》也有类似描述。太湖蟹具有壳色青绿、腹部洁白、螯足大而有力等外观特征，并具有肉紧、黄多、个大、味甜等上乘品质特点。

阳澄湖也是苏州大闸蟹的主要产区。该湖属浅水型湖泊，水深长年保持在1.5~2米，水域面积113平方千米，湖水清澈，日照充分，湖中水草丰富，浮游生物充足，为大闸蟹的生长、栖息和觅食提供了良好的自然环境。阳澄湖大闸蟹具有"青背白肚重如铁，黄毛金爪好脚力"的特点，为蟹中上品。

近年来，苏州市大力发展蟹业养殖，太湖和阳澄湖这两个区的大闸蟹养殖面积达到16万亩。苏州大闸蟹还销往日本、韩国、新加坡和我国24个省、自治区、直辖市及港、澳、台地区，已经成为名副其实享誉国内外的知名品牌。

苏州大闸蟹不仅成为苏州知名的地方品牌，它的产销还为苏州提供了众多的就业机会，带动了当地的商贸流通业和餐饮服务业，形成了完整的"产供销"产业链，为当地经济作出了积极贡献。苏州市以湖蟹资源为主，结合沿湖农业综合开发，建成水

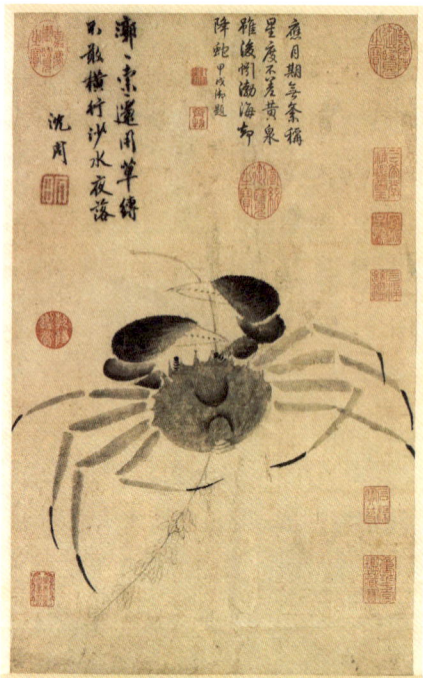

明代苏州画家沈周《郭索图》
（故宫博物院藏）

产产业带、观光渔业带，形成"渔、工、贸、种、养、旅游"为一体的经济产业链。

在秋季大闸蟹上市旺季，苏州的餐饮企业几乎家家都经营清蒸大闸蟹，以及以大闸蟹为原料的特色菜点。在苏州阳澄湖和太湖沿岸的六个市、区，在上市季节专门经营大闸蟹的餐饮酒店就有2000多家，吸引了上海、江苏、浙江等周边地区众多食客，对推动地方经济和餐饮消费发挥了重要作用

苏州菜的蟹菜蟹点特色鲜明，不断创新发展。苏州菜历史悠久，素享盛誉，据史料记载，早在2000多年前，苏州菜便以脍炙人口，被称为"吴地产鱼，吴人善治食品，其来久矣"。淡水产品是苏州菜本土原料重要的组成部分，而大闸蟹更是苏州菜的重要烹饪原料之一。苏州太湖、阳澄湖的丰富水产资源造就了苏州人喜食蟹菜蟹点的饮食风俗，成熟的烹饪技法更为苏州大闸蟹美食的发展创造了有利条件。

传统的苏州菜，对大闸蟹的烹制以清蒸为主，也可剔出蟹肉、蟹黄、蟹膏制作很多特色名菜名点，例如民间菜肴蟹粉豆腐、蟹粉菜心等，高档筵席菜肴蟹黄烩鱼肚、蟹粉扒翅等。被列为苏州名菜名点的雪花蟹斗、清炒蟹粉、炒虾蟹、蟹黄扒翅、蟹笼汤包等，更是脍炙人口的名品。最近，由苏州组织编写出版的《中国苏州菜》大型画册，共刊出"蟹黄扒翅"等苏州蟹菜蟹点150余例、"金秋蟹宴"等十大名宴，可见蟹菜蟹点早已成为苏州菜的重要组成部分和代表特色之一。

苏州蟹菜蟹点在继承传统的基础上，不断努力创新发展，取得了一定成效。例如在苏州美食节上，推出了冷菜——金秋象形蟹冷盘等；热菜——金爪蟹粉燕窝、花篮蟹黄鱼丸、蟹斗水晶虾仁、菜心蟹粉鱼肚、清蒸大闸蟹、蟹黄瑶桂白菜墩、脆炸蟹钳等；点心——蟹黄状元饺、鱼翅蟹粉酥皮盏等，以及与西餐结合的酥皮蟹粉羹等，深受消费者欢迎。吴中区举办的创新太湖蟹菜展示活动，就推出了50余道蟹菜蟹点的创新品种。

苏州近几年每逢秋季都以"苏州大闸蟹——天下第一美味"为主题举办大闸蟹美食文化节，市、区联动，取得了较好效果。苏州市还在日本、韩国举办"吃在苏州旅游美食"推介活动，就是以苏州大闸蟹为主题进行海外推介宣传。专门选派烹饪大师

随团现场表演，烹制以大闸蟹为主要原材料的苏州特色蟹菜蟹点，使客人了解了苏州美食深厚的文化内涵，在日本、韩国旅游市场产生了很大影响。

### 三、如东：海鲜之乡

如东县位于南黄海之滨，海岸线长达106千米，拥有69.33万公顷连陆滩涂及67万公顷辐射沙洲，约占南通市的70%、江苏省的20%、全国的1%。如东海域位于北温带，近海水温明显受陆地影响，适宜海洋生物繁衍，是许多海生动物洄游历程中的重要栖息之地。长江在此汇入大海，因而咸淡水交汇，海藻浮游生物丰富，为海洋鱼类生长提供了丰富的饵料，因此这里的海洋捕捞总量、海水养殖总量、年海鲜资源总值都位居全国沿海（县）市前列。如东海产品种繁多，种类达1093种，其中名贵海鲜50多种，特别是如东文蛤为全国之冠，条斑紫菜养殖加工出口基地为全国最大，拥有全国最大的现代化紫菜交易市场，是名副其实的海洋渔业大县，素有"中国文蛤之乡""中国紫菜之乡"之称。

得益于如东独特的地理位置和气候条件，如东海鲜历史悠久、文化底蕴深厚，海鲜资源丰富，品种繁多，而且季节、时令性强，不但四季有不同的海鲜应时，就是一天中也能吃到不同的海产"离水鲜"。

如今，海鲜的知名度超过了如东其他任何物产，成为如东对外的一张响亮名片，其中又以文蛤、竹蛏、紫菜最为知名。北宋宰相王安石、大学士欧阳修，一代名帅陈毅、抗日名将陶勇都给予如东文蛤很高的评价。在《中国土特产大全》一书所列出的23种名贵海味中，如东文蛤、如东竹蛏榜上有名。在20世纪80年代出版的《中国旅游地图册》的特产导游图中，标有"海味"的仅有如东一家。在《中国地理》杂志刊登的《鲜城》一文中，"鲜城"即指如东县城掘港。

如东海鲜文化底蕴深厚，如东人吃海鲜，爱海鲜，从中也衍生出不少与海鲜有关的习俗。如"一日两潮鲜"，栟茶地区的"蛏领头"等。而且，当地依托资源优势创造了与大海紧密相连的海上迪斯科、空中交响乐、跳马夫舞、渔歌号子、民间海滨绘画等海滨民俗风情，将海鲜文化不断发扬光大。

如东海鲜菜肴特色鲜明，自成一体。它脱胎于淮扬菜，又结合了本地民间烹饪的传统，初步形成了自己的海鲜烹饪特色。从选择海鲜原料到加工菜肴，都探索创造出许多颇具特色的工艺方法。在海鲜菜肴烹制上，多采用生炝、熟炝、醉渍、爆炒等烹饪方法，以突出海鲜原料的本味特色。如东著名的海鲜菜肴有爆炒文蛤、炝海虾、煨竹蛏、蒸梭子蟹、生炝螠蛳、文蛤饼、红烧鲳鱼、茄汁松鼠黄鱼、清蒸毫毛鱼、虾仁珊瑚、芙蓉海底松、鲚勾烧肉、白煨推沙鱼、山药煨沙星、白烧鲨鱼干、三鲜鱼皮、油焖海参等，均具有纯朴清鲜、原汁原味的特色。特别值得一提的是铁板文蛤、"王二小"煨竹蛏、凉拌蛏鼻、熟炝海螺等菜肴，风味超然，给人留下了深刻印象。

如东县把打造"海港、海鲜、海韵"三海品牌作为政府工作的重中之重，特别是围绕"海鲜"品牌的打造方面作出了卓有成效的工作。以传统海鲜菜为特色的餐饮业发展态势良好，形成了海鲜产业链，使如东海鲜菜的品牌特色更加显著，海鲜产品的附加值得到大幅度提升。

### 四、金湖：湖鲜美食之乡

金湖地处淮河下游，因为县境内氾光湖在古代名为"津湖"，于1959年10月13日经国务院批准建立，被周恩来总理亲点县名为"金湖"。

金湖底蕴深厚，早在距今五六千年前已有先人在此栖息繁衍，并创造出灿烂的文化。

金湖县人口虽少，却拥有较多的资源，被誉为"人口小县，资源大县"，1400平方千米的大地却拥有水面420平方千米，滩涂44平方千米。境内白马湖、宝应湖、高邮湖三面环抱，淮河入江水道自西向东贯穿腹地，流向长江。境内河网密布、水源充沛，荷叶田田、长堤环绕、绿树掩映、田园方整、稻谷飘香、荷荡连连，一派湖色水乡的自然风光，素有"尧帝故里、荷花之乡、鱼米之乡、淮上明珠、水乡金湖、苏北小江南"之美誉。

由于湖泊众多、沟河遍布，汉湾渠荡纵横交错，气候适宜，湖水清澄，透明度高，含丰富的钙、镁、硅、铝、硒等矿物元素，水质普遍达到国家一、二级标准，金湖水产、水禽、水生蔬菜等水生动植物资源异常丰富。水生鱼虾龟鳖鳅鳝蚌螺等优质可食性水产品多达60多种，品质优良，丰富而生态，因此金湖素有"江湖要塞小江南"之美誉。金湖湖产珍品"大三鲜"（野生甲鱼、野生黄鳝、螃蟹）、"中三鲜"（白鱼、鳊鱼、鲫鱼）、"小三鲜"（银鱼、湖虾、黄鳜鱼）和"特三鲜"（龙虾、河蚌、田螺）、"蔬三鲜"（芡实、荷藕、红菱），有力地支撑着湖鲜美食的发展与传承。

这里由于曾经水域宽广，土地肥沃，资源丰富，在魏晋南北朝时期就设了石鳖县，属阳平郡，不仅成为兵家必争之地，也是商贾云集、酒肆林立的地方。隋朝以来，金湖沾淮扬之光，常常成为历代皇帝游历、品尝美食之地，许多传说一直把这里的美食神话般地传承下来。唐宋以来，文人墨客开始高度关注高邮湖以及作为湖西"龑社湖"（又叫珠湖）的风景区，东坡鱼线等菜肴于是跟着名人沾光得以传承。明朝洪武，苏州精细美食文化在这里得到发展和融合，形成了金湖湖鲜的一些独特的风格。银鱼炖蛋、农家粉羹、双煎藕荚、蟹黄豆腐便是那时苏州移民和当地湖产相结合的产物，也是那时比较精细的名吃。

金湖依托丰富的湖产资源，形成了自己独特的菜肴风格。其中"湖鲜八大碗"为黄焖甲鱼、湖阳鳝煲、荷荡金鳅、莲藕炖鸭、蟹黄豆腐、肉糜藕夹、菱米老鹅、东坡鱼线，深得各地美食家的青睐。鸡汁鱼线、蟹黄狮头、清炒虾仁等曾作为国宴菜单，曾来金湖考察指导工作的温家宝总理谓之奇绝上品。风味独特的渔家宴、全鱼宴，精工细作、风味独特的全藕宴、水禽宴、农家宴，都是金湖湖鲜特色菜的经典。

金湖湖鲜菜肴特色鲜明，自成一体，形成了"无鱼不可汤，无鱼不可烧，无鱼不可煎，无鱼不可羹，无鱼不可蒸"的独特风格和习俗，其讲究精细的烹饪技巧和营养、口味的巧妙搭配，具有非常鲜明的湖鲜特色。同样一种主料搭配上不同的辅料，就能做出上百种美味，其中的关键，是讲究"六个注重"，或者说是"六大特点"。

1. 注重保健效果。自古水产品就是滋阴壮阳的保健产品，有"男虾女蟹"之说。许多美食如湖阳鳝煲、尧母月子汤已经成为公认的保健品，有些药食同源的美食如金鳅蒲菜更是现代人美食消费的首选。水乡人丁兴旺、身强体壮也源于此。金湖湖鲜注重精心选材，选用油少、肉精、营养丰富的水生动植物为原料，结合科学烹制技术，食用后不仅有强身健体作用，而且不会引起"富贵病"。

2. 注重原料搭配。主辅料的搭配能够显示出厨师在营养学、美学等方面的素质。金湖湖鲜中湖阳鳝煲采用鳝鱼段与韭菜茎结合，红烧老鹅采用老鹅与菱米结合，排骨炖藕采用排骨与藕块结合，蝴蝶片采用熟鳝背（黑色）与嫩青椒（青绿色）结合，既解决了成本过高营养过剩的问题，也改善了口感和菜肴的色香味形。

3. 注重火候运用。水产品特别讲究火候，过了缺少营养和味型，缺了又没有营养甚至不够卫生。金湖厨师依据不同菜肴的特点，选择微火、文火、大火等不同火候和煨、炖、焖、煮、煎、蒸、烤、炝、熘等不同烹制方式，做成了风格各异的精美湖鲜美食菜肴。

4. 注重保持原汁原味。湖鲜美食是"天生丽质"，所以湖鲜烹饪注重原汁原味。金湖水资源丰富、水产品质量优良，不论是清蒸，还是水煮，都能够烹饪出精美的菜肴。清汤鱼丸、鲫鱼炖蛋、清水龙虾、东坡鱼线、虾米菜核、清水湖虾等在烹制过程中，几乎不用任何调料，但又可口保健，鲜美绝伦，堪称金湖原汁原味湖鲜美食的典范。油浸昂公（鱼）、清蒸白鱼、红煮鳜鱼等菜肴均选择上等和规格统一的原料，蒜蓉龙虾则必须选择原产地湖区的上品龙虾才能获得上乘美妙的原汁原味。

5. 注重物尽其用。金湖烹制鱼菜注重物尽其用。鱼肠鱼血可制炝斑肠、清汤血肠；鱼皮可制烩龙须、炝龙鳞；鱼心用于七星长鱼、烩铃铛鱼；鱼肉炒、炸、炝、熘皆可。一般被视作无用的鱼头、鱼骨也可以煨汤，用于长鱼菜的烹制，大增菜肴的鲜美程度。还有炒鳝鱼丝或者鳝鱼羹剩余下来的鳝鱼架，厨师将其油炸成椒盐龙骨，不仅味道鲜美，松脆可口，还是补钙的上品。

6. 注重刀工造型。上乘的饮食离不开优美的造型。金湖湖鲜美食在形体上面讲究整齐划一，鳝鱼蝴蝶片或者清炒鱼片、黑鱼雪菜、松鼠鱼，必须将鱼片切至匀称整齐划一，才能做到清炒或者是水煮的时间最佳、鱼片最嫩、形状最好。

金湖湖鲜美食业的发展有力地促进了金湖县旅游业、农业、畜牧业、水产养殖业以及农副产品加工业的蓬勃发展，在满足本地市场需求的同时，还销往周边地区。这里的野生甲鱼、大闸蟹、湖区龙虾、银鱼、小杂鱼等在上海、南京市民菜篮子中占有较大的比重。一大批湖鲜美食如金湖大闸蟹、金湖龙虾、黄焖甲鱼、蟹黄狮子头、东坡鱼线、湖阳鳝煲、荷荡金鳅、醋汤鱼丸、肉糜藕夹、尧母月子汤、老鹅锅巴、龙虎斗等，成为各地游客流连忘返的美食。

可以这样说，湖鲜美食推动了金湖县与外部的交流，弘扬了美食文化，提高了金湖的知名度，促进了全县经济社会的和谐发展。金湖是湖鲜美食的主要发祥地，并且创造了湖鲜美食的经典菜肴和成套品类。

## 五、苏州木渎：羊肉美食之乡

羊自古是六畜之一，是极为重要的烹饪原料。据《越绝书·越绝外传纪吴地传》记载，苏州市吴中区木渎镇的先民们，在春秋或更早的时候就养羊了。后来，太湖流域出现了湖羊，《中国大百科全书农业卷》认为："关于湖羊的形成，根据近年南京地区出土的文物证据，其历史可以追溯到东晋时代。这与北方战乱古代人口两次大迁徙到江南有关，是适应江南环境而形成的品种。"宋人谈钥撰写的《嘉泰吴兴志》载："今乡土间有无角斑黑而高大者，曰湖羊。"也有把湖羊称为胡羊或吴羊的，说是冬日以食桑叶为主。又据一些史学家、农学家考证，北宋王室迁都临安（今杭州）时，大量官员、士人、居民南下，也带来食羊肉之风习，临安市场上有羊饭店、肥羊酒店、卖羊肉面的面条店、羊血羊杂汤担子等，羊肉名菜达二三十种之多，还有大块或大片羊肉浇头的羊肉面条，形成了一次"无南北之分"的饮食交融，从而带动了浙江、江苏环太湖一带食羊肉风气的兴起及养羊业的发展。

此外，宋元之时，不少阿拉伯商人通过明州（今宁波）港、澉浦港来华贸易，有的甚至长期寓居中国，亦把食羊肉之风带到太湖地区。约从明清时起，有关苏州及木渎食用羊肉的记述多了起来。如元末明初苏州人韩奕著的《易牙遗意》中就收有用羊肉做的"千里脯"和"生烧羊肉"；明代松江华亭人宋诩著的《宋氏养生部》中收有近十道羊肉菜，有些在整个苏州地区也是有的，如羊糕、爊羊、油炒羊、酱炙羊等。更值得重视的是，乾隆六下江南，均驻跸苏州，仅乾隆三十年（公元 1765 年）在苏州逗留的数天中，就在木渎附近的穹窿山行宫、灵岩山行宫、苏州府行宫等处吃了二三十道羊肉菜，除宫中御厨制作的之外，两江总督、苏州织造等官员献的羊蹄筋、羊血炖羊肉、炒羊肉、酒炖羊肉等当为苏州厨师所做，可见苏州官府中的羊肉菜制作得也是有水平的。

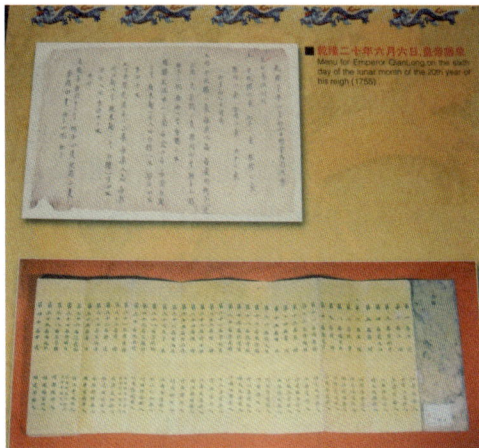
乾隆在苏州的膳单

在这种背景下，清初，木渎穹窿山中藏书乡的羊肉菜开始出名。起初，当地农民沿村沿街叫卖他们所烧的羊肉，后来便到苏州开店设坊，俗称"羊作"。光绪年间，堂吃的"升美斋"羊肉店在苏州开张，宣统后，又分别在都亭桥、临顿路开设"老义兴"和"老协兴"羊肉店。从此，藏书羊肉店在苏州城里多了起来。近若干年来，店铺又逐步拓展到江、浙、沪更多地方，就餐方式由早期的仅在冬季经营的羊肉汤馆，派生出一年四季经营的以供应多种羊肉菜肴乃至全羊席的羊肉餐馆，品种大为增加，风味特色也更加显著了。

藏书羊肉菜菜肴品种丰富，清淡可口。其烹饪方法是以煮为主，又兼收并蓄，加入烧、焖、炖、焐、炒、滑等多种烹饪方法。同时，还保持了传统的一只木桶烧煮白汤羊肉的烹制方法。在原料上善于采用羊肉与鱼、虾、甲鱼、菌类、红枣、各种素菜等多种材料的组合，精工细作、营养丰富，羊肉菜品绚丽多彩，美不胜收。目前已形成200余道羊肉菜肴，且每年都有新的菜肴呈现在人们的面前。

藏书羊肉充分吸收了苏帮菜的风味特点和制作方法，是在江南水乡的吴文化氤氲中，经历了数百年的尝试、总结与发展，所形成的具有普适性特点的羊肉美食。藏书羊肉的餐饮有两种形式，一种是羊肉汤馆，一种是羊肉餐馆。

木渎发展羊肉产业，得到了木渎政府的高度重视，支持力度与扶植力度有力到位，形成了浓郁的羊肉产业发展氛围和环境。为了做大做强藏书羊肉餐饮，发展餐桌经济，木渎镇通过政府规划、吸引民营资本的方式，建起了5000平方米的藏书羊肉美食城，成为羊肉美食的集中地。自2005年后每年举办"藏书羊肉美食文化节"已成为吴中区一项重要的美食佳节，通过美食菜肴展示、烹饪技能比赛等，创新了藏书羊肉菜肴品种，开拓了经营者的视野，提高了厨师的烹饪技能，丰富了羊肉的餐饮文化，使木渎羊肉菜肴更加精美，进一步提升品位和价值。

## 六、太仓市双凤镇：羊肉美食之乡

约从明清时起，有关苏州及太仓双凤人食用羊肉的记载多了起来。明朝弘治年间（公元 1488—1505 年），有数位文人留下直接吟咏太仓双凤养羊、食用羊肉的诗句。双凤籍进士周墨有诗句云："秋风乍过西林寺，已闻深巷羊肉香。"足见 500 多年前双凤已出现羊肉美食。明代郑和是回族人，他率领两万多人数度从太仓刘家港乘船下西洋，他的清真饮食对太仓也产生了一定影响。此后，约在清末，在双凤古镇街上出现孟姓、施姓人家开设的两家有名的羊肉面店，其羊肉面以高质量赢得顾客欢迎，为冬令名食。

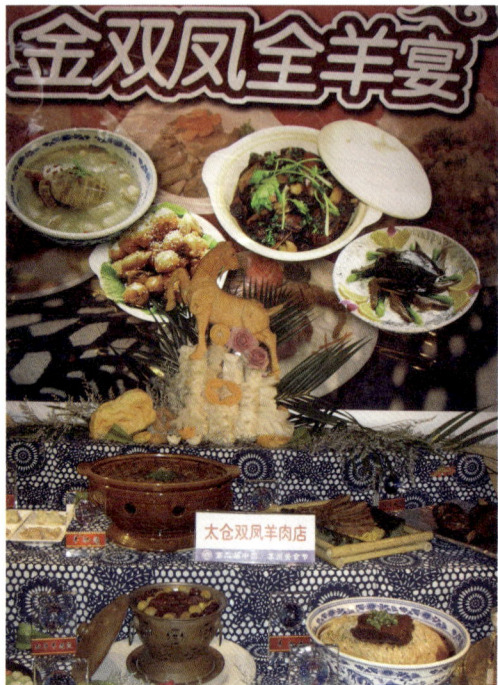

双凤镇全羊宴

再往后，双凤的"孟家羊肉"声名远播，不仅周边乡镇，就连昆山、上海、太仓县城都有因慕名而"专程前往就食者"。改革开放后，尤其是近五六年来，双凤的羊肉美食得到快速发展。如今，太仓、上海、苏州等城市周边地区有近千家企业经营双凤羊肉。除羊肉面外，双凤的羊肉菜肴也多有发展，全羊席亦已出现。双凤镇还生产出真空包装的羊肉食品，进入大型超市。

双凤羊肉食品主要有羊肉面及羊肉菜肴两类，在制作及风味上均富有特色。

双凤羊肉面：选用当地放养的优质太仓雌山羊，宰杀治净切大块后（不去皮），辅以十多种调味品、中草药，用文火焖煮四个多小时成红烧羊肉，以之作为面条的浇头；面条则用以手工制成的"跳面"，既柔且韧，久煮不烂；面条下沸水煮熟后，挑入盛有特别熬制成的放有酱油的红色羊汤中，再盖上先前烧好的大块羊肉而成。这道食品汤香浓味美，羊肉皮肥肉酥，鲜香入味，面条柔韧爽滑，且几无膻味，堪称色香味形俱佳的隽品。

近几十年来，双凤人在继承传统以及学习外地经验的基础上，研制了 200 多道羊肉菜，并进行了全羊宴的探索。这些羊肉菜仍以地产山羊为主要原料，配以鱼鲜及蔬菜、菌类、干果等，采用烧、煮、煨、炒、熘、炸、烤等烹饪方法进行烹制，并在追求本味鲜的基础上用多种调料及方法进行调味，从而制作了许多道佳味。如天下第一鲜、鱼羊鲜、双子羊肉煲、鱼羊狮子头、腰眼、罗汉羊肚、滋补传统羊肉汤、秘制羊蹄、香炸羊排、白烧羊肉、水陆三鲜、孜然羊肉卷饼、千岁献瑞等均可圈可点，有力地推动了双凤羊肉美食及产业的发展。

## 七、苏州震泽：太湖农家菜美食之乡

震泽镇由于濒临太湖，水资源充足；加上气候温和，土地肥沃，因此一年四季物产丰富，而且农产品品质优良，震泽成为著名的"鱼米之乡""丝绸之府"。当地盛产水稻、小麦、油菜及太湖"三白"（白鱼、白虾和银鱼）、太湖大闸蟹、螺蛳、蚬子、河蚌、鳗鱼、鲈鱼等水产；还有湖羊肉、香大头菜、香青菜、秋油伏酱、黑豆腐干、熏豆茶、桑葚蚕蛹、麦芽塌饼等农产品和名优特产都闻名遐迩。这些都是太湖农家菜形成和发展的有利条件，同时也是"中国太湖农家菜美食之乡"的重要物产资源。

太湖农家菜具有"鲜、野、土、奇"的特点。"鲜"指新鲜、原生态；"野"指来源于乡村广袤田野、广阔河湖中的食物；"土"指乡镇间烹调出来的，没有一点造作和修饰；"奇"指土生土长、本地特有，这使农家菜具有浓郁的地方特色。

依据目前餐饮消费者"绿色、健康、营养"的饮食潮流，震泽建立了一批以新申农庄为代表的太湖农家菜原料和食品基地，重点发展农业高新技术，现代设施农业，高效集约化种养殖业，无公害、绿色、生态食品产业，形成了"谷田"

中国太湖农家菜餐盘

大米和"江村"粳稻、油菜籽等有机绿色食品基地，养殖罗氏沼虾、甲鱼、鲈鱼、蟹等特色水产基地及蔬菜基地、蔬菜食用菌栽培基地等，提供无公害、绿色、生态的太湖农家菜食品和菜肴原料。特别是以蟹为原材料的名菜名点自古以来备受当地餐饮民众重视；银鱼为鱼中珍馐，银鱼炒蛋、银鱼纯菜羹都是餐馆和家庭的美食；在五、六月间收获季节，当地渔民以白虾加乳腐露、白酒、糖、酱油等调料活炝，肉嫩、原味浓郁，鲜美异常，有返璞归真之感。渔民还制成白虾干上市，以飨食客。"太湖三白羹"将太湖白鱼做成珍珠鱼丸，白虾制成白虾仁，加新鲜银鱼，从而"三白"合一，鲜美无比，充分彰显了江南农家特色。

近年来，震泽在率先发展、科学发展、和谐发展理念的引领下，工业化城市化齐头并进，经济社会又快又好发展。在旅游餐饮上，以打造"江南旅居第一镇"作为开发定位，全力打造"中国太湖农家菜"这一亮点，以粮油、蚕桑、特种水产、畜禽等为主的农业生产布局形成特色，为广大消费者提供了无公害、绿色、生态的太湖农家菜食品和菜肴原料。一批资深的烹饪大师、名师对传统的太湖农家菜进行了研究、整理和开发、创新，推出了黄汤芦笋、太湖一锅鲜、三味鳜鱼、蚬子汤、风味盐焗甲鱼、

农家水晶鸡、素三鲜、荷香扒野鸡、核玉青团、太湖银鱼灌汤包、蟹黄烧卖等菜点，吸引了广大消费者。这些菜点的主料都为太湖流域的农产品、水产品和生态动植物，充满了浓郁的乡土气息和文化内涵，体现了太湖文化和乡村文化。它们原汁原味、富有营养，丰富了人们的餐桌，也为进一步弘扬震泽的餐饮特色，提升震泽的综合竞争能力，起到了积极推动作用。

## 八、盱眙：中国淡水龙虾之乡

盱眙是全国生态示范县，拥有水域面积 96 万亩，境内水域无污染，水草和藻类种多量大，光温资源呈夏热、秋热的双峰型，这些得天独厚的自然条件，为龙虾的生长繁殖提供了良好的生态环境。目前全县龙虾养殖面积达十多万亩，年养殖产量达数万吨，加上野生龙虾的捕捞量和全国各地龙虾在盱眙的集散量，年供应龙虾总量在十万吨以上，这为盱眙龙虾的烹饪加工提供了充足的原料。

盱眙龙虾以优质的淡水龙虾为原料，佐以当地山区盛产的多种中草药，按照特殊的烹饪工艺和规范的地方标准加工而成，具有浓郁的地方特色，集色、香、味、营养于一体，受到广大消费者的普遍认可和喜爱，先后获得"国家 A 级绿色食品""动物类原产地证明商标""江苏省质量诚信产品""江苏省名牌产品""江苏省著名商标""中国十佳农产品"等称号，已形成了自己的品牌优势。

从 2001 年开始，以盱眙龙虾为载体，盱眙县举办了"中国龙虾节"，此后连续举办，极大地提升了盱眙的知名度，推动了盱眙地方经济的发展。同时，盱眙龙虾也借助龙虾节这个平台，走出盱眙、走向江苏、走向全国、走向世界。目前盱眙龙虾遍及除西藏、台湾以外的各个省市，并走向瑞典、澳大利亚、新西兰等国家。

## 九、舟山：海鲜美食之都

舟山是中国新兴的海岛港口旅游城市，位于世界四大渔场之一"舟山渔场"的中心，拥有渔业、港口、旅游三大优势，是中国最大的海水产品生产、加工、销售基地之一，素有"东海渔仓"和"中国渔都"之美称。舟山境内拥有普陀山、嵊泗列岛两个国家级重点风景名胜区和一批知名海洋旅游景点，因而又享有"海天佛国、渔都港城"之美誉，具有得天独厚的地域优势和海洋资源。

舟山海洋物产丰富，共有海洋生物 1163 种，捕捞的主要品种有带鱼、墨鱼、鳓鱼、马鲛鱼、海鳗、鲐鱼、石斑鱼、梭子蟹和虾类等 40 余种，鱼类、贝类和经济藻类的资源蕴藏量和生产量居全国首位。舟山渔场水产品种类之繁多，尤其是食用价值、经济价值高的鱼虾蟹贝藻类品种之多，产量之高，不仅在国内渔场甚至在世界渔场也屈指可数；而舟山海鲜的鲜度和质地具有自己的特色。例如，舟山黄鱼、东海带鱼鱼质好、味美；嵊泗贻贝、三矾海蜇、三抱鳓鱼、舟山明珠美味鱼片、鱿鱼丝等干腌水产品远销东南亚及港澳台地区；马目泥螺、嵊泗螺酱、东极贻贝、黄龙虾米等都是独具风味的美食佳品，深受市场欢迎；蟹在舟山海鲜美食中最具代表性，舟山渔场有近百种的蟹，其中资源最为丰富、质量最好的要数嵊山梭子蟹，经腌制的红膏炝蟹以其膏红、肉嫩、味鲜备受食客喜爱，舟山红膏炝蟹已有几百年的历史，因而素有"海鲜尽说舟山好"的说法。

舟山海产品分冻品、鲜品、活品、制品、传统加工品几类，主要有虾仁、鱼片、鱼糜、烤鳗、鱿鱼、模拟蟹肉几大系列，其中出口海产品主要有对虾、虾仁、冻鲜鱼、梭子蟹等几个品种。

舟山群岛开发历史悠久。据史书记载和出土文物考证，距今5000多年前这里就有人类开荒辟野，捕捉海物，生息繁衍，开始从事渔业生产。舟山海鲜菜肴历史悠久，风味独特。据《吴地记》记载，春秋战国时，就有"黄鱼鲞"这个特色海鲜品。在公元3世纪，西晋著名文学家陆云在《答车茂安书》中极言宁波古鄮县海鲜之盛："若乃断遏回浦，隔截曲隁，随潮进退，采蚌捕鱼，鳢鲔赤尾、锯齿比目，不可纪名。脍鲻鳆，炙鳖鳅，脬鲨鳌，烹石首，真东海之俊味、肴膳之至妙也。及其蚌蛤之属，目所希见，耳所未闻，品类数百，难可尽言。"其列举的鱼类就有鲻鱼、鲍鱼、大黄鱼、比目鱼等十多种，且吃法讲究。据宋宝庆《昌国县志》记载，这里早在宋代初期，淡菜干曾作为贡品运往京城，供御用，称为"贡干"。

长期以来，舟山渔民在生产生活过程中创造了丰富多彩的海洋文化。如海洋渔具，从远古时期石制和陶制的网坠、骨制的鱼钩、鱼叉、鱼镖和织网用的骨针，发展到近代的各种渔网具、蟹笼、掩罩类等；渔船有网梭船、沙飞船、带角船、八桨船等各种时期的船型，还有用十二生肖来称呼船上各种工具等。又如有神秘渔业文化色彩的风俗习惯、民歌民谣、传说顺口溜等，都具有较强吸引力。

舟山水产海鲜制作工艺，在周代已有一定基础，经渔民长期探索，又发明了干制、腌制、糟制、醉制、冰鲜等技艺，经历了从"一把刀、一把盐"近乎原始的加工保质到今天现代化的保鲜，从传统上一般水产食品到带有食疗、营养等效用的功能性水产食品的不断进化和演变的过程。

舟山海鲜菜肴在风味特色上有四个特点：一是重口味，轻形状；二是善于烹制各种海鲜；三是常用"鲜咸合一"的配菜方法；四是擅长烩、烧、炖、蒸、白灼、腌等烹调法，烩菜、羹汤滑嫩醇鲜，风味独特。

舟山海鲜菜肴在长期的探索和创新过程中，产品日渐丰富，新的品牌逐步形成，涌现出一批脍炙人口的地方名菜名点。根据1977年出版的《中国菜谱·浙江》记载，

有彩熘黄鱼、熏马铃黄鱼、松花板鱼、糖醋鲳鱼、清蒸钓带、鱼什锦、炒鳗鲞丝等八款舟山菜肴入选。编入 1988 年版《中国名菜谱·浙江风味》的舟山名菜有珊瑚鱼丁、清蒸钓带、鱼什锦、清蒸石斑鱼、雪菜大汤黄鱼、凤尾鱼卷、卤子虾潺、酥鲳鱼八款舟山菜肴。2003 年，舟山市人民政府创办中国舟山海鲜美食节，此后，每届海鲜美食节都将舟山海鲜作为主料、融入各地派系，独创舟山海鲜特色和风味。经组委会认定的舟山海鲜名菜有白鲞扣鸡、雪菜大汤黄鱼、新风鳗等 30 款；舟山海鲜名点有舟山海鲜面、萝卜丝虾饺、海鲜小笼包等 10 款。

舟山渔场是历史上享有盛名的渔业作业场所，千年积累下来的渔家风俗、渔港风情汇聚成富有舟山特色的海鲜美食文化，已成为舟山旅游休闲资源与文化的重要组成部分。

近年来，舟山市从海洋旅游与休闲文化中获得发展启示和发展空间，在海鲜餐馆与夜排档、渔家与渔民菜的互动中不断创新、不断提升，为舟山海鲜美食文化注入了旅游与休闲元素。舟山的普陀、岱山、嵊泗都开设了海鲜夜排档，最有代表性的是沈家门渔港和沈家门夜排档。

随着舟山"渔家乐"海岛休闲旅游活动的开展，品尝舟山海鲜菜肴成为一项重要休闲旅游活动，来自全国各地的游客观海景、捕海味、品海鲜，"做一天渔民"，让游客在当地渔民的指导下，自己动手烹制舟山海鲜菜肴，充分体验舟山海鲜菜肴的鲜香美味，品尝原汁原味的渔家风味，受到广大游客和消费者的欢迎。如今，舟山海鲜菜肴的制作技法也在不断推陈出新，文化内涵不断挖掘和拓展，时代特色日益鲜明，"中国海鲜·吃在舟山"的影响力不断扩大，推动了舟山海鲜美食产业不断快速发展，舟山海鲜已在国内外具有一定的知名度和影响力。

### 十、泰州：早茶文化之都

江苏省泰州市，史称"海陵"，南唐时期正式设州，其名至今沿用。其拥有逾 2100 年的悠久建城历史，素有"汉唐古郡，淮海名区"的盛誉。

中国早茶文化一共有两脉，一是以泰州扬州为代表的江南早茶，另一是以广东为代表的广式早茶。两种早茶都具有鲜明的地域色彩，各具特色，但本质上都体现了人们对美食和品质生活的追求。

泰州早茶文化历史悠久，这与泰州自然、地理、经济、文化密不可分。泰州水网密布，土地肥沃，四季分明，适合农作物的生长，这为早茶提供了丰富的食材。自东汉吴王刘濞在泰州一带煮海为盐后，泰州成为重要的盐业集散地，形成了市井悠闲饮食。至明代，以王艮为代表的"泰州学派"提倡的"百姓日用即道"，更为泰州早茶的发展形成了坚强的文化支撑。"米粮涨落通城事，一碗清茶广胜居"，这是清代诗人赵瑜《海陵竹枝词》里的诗句，泰州早茶的形成，也与泰州繁荣的商业密不可分，明清之后，泰州稻河两岸集中了近3000家粮行、油坊、栈房，谈生意时，主客寻一茶馆，喝上一壶茶，合作意向就达成了。茶馆从中看到商机，从最初只售卖清茶，到后来提供干丝、包子、烧卖、面条、馄饨等茶点，形成了门类丰富的早茶文化。如今的泰州早茶已不只是泰州人独享的"专利"，更成为泰州对外交流的一张重要名片。

泰州有名的"老字号"早茶店有富春茶社、海陵饭店、功德林、荣华楼等，虽大多已退出历史舞台，却是很多老泰州人的美好记忆。始创于清光绪三年（公元1877年）的泰州富春茶社（现名富春大酒店），比扬州的富春茶社开张还要早8年；兴化养和园又名颐斋，源于清光绪二年（公元1876年）创办的顺兴楼，至今已有147年历史，与南京奇芳阁、苏州松鹤楼、镇江宴春、扬州富春茶社同为"江苏老店"；创办稍晚的泰兴仁和楼，也有126年历史。这三家百年老店如今依然生机勃勃。

泰州早茶称之为"喝"。"喝"，含有品味和享受之意；"茶"，包含饮茶和品尝的面点、糕点。小茶馆有免费的绿茶、红茶、花茶、大麦茶、荞麦茶，任意选、任意喝，讲究的是这份慢慢的"闲"。坐着的在不紧不慢地品味，站着的在优哉游哉地等候，多种声音交杂，场面甚是热闹，呈现出"水乡慢生活"的震撼画卷。

早茶不仅仅是对美食的追求与向往，也赋予了一种别样的生活仪式感。泰州早茶是茶与茶点并重，茶叶首选"福香"，它是由三种茶拼兑而成，取自龙井味、珠兰香、魁针色。沸水注入杯中，茶和水开始融合，互相包容，互相谦让，互相激励，让人们去体会一种味道，去感悟生活的平静、安然和自得的乐趣，给奔波和繁杂有些许的安放，感觉滤去浮躁，心灵得到短暂的净化。茶点分冷菜、干丝、面点、面食、蛋类、饼类、粥类7大类。做法考究，有蒸的、煮的、炒的、炸的、拌的、烤的，式样众多；色彩斑斓，有红的、绿的、黄的、白的、紫的、粉的，美不胜收。生活的艺术凝聚在一桌美食里，在烟火氤氲中，把柴米油盐过成了诗情画意。泰州游子回乡，必定迫不及待地去喝一顿早茶。家乡的早茶就像一把钥匙，可以解开"思乡"之锁，释放食物中简单纯粹的美好，让你的胃和心一起"回家"，所谓"此心安处是吾乡"。

泰州早茶被称为"早餐皇后"，这些食材取之于自然、忠实于原味，有150多个品种。其中，包子有蟹黄包、肉包、菜包、豆沙包、萝卜丝包、秧草包、三丁包等，笼屉大，分量足，体现了泰州人的实在；面有鱼汤面、麻油虾籽干拌面、雪菜肉丝面、青椒虾仁面、蚬子韭菜面等，碗碗有乾坤，风味各不同；饼有黄桥烧饼、油擦烧饼、涨烧饼、荞面饼，不一而足，薄的如纸张，酥的满口香。一道美食就是一个故事、一段历史、一种精神。所辖市区的早茶品种也各具特色。比如靖江有列为江苏省级非物质文化遗产的蟹黄汤

靖江蟹黄汤包

包，泰兴有宣堡小馄饨以及被称为"泰州咖啡"的糁子粥。兴化的"干丝"其实是古老传统制成的卜页，烫干丝时不要加碱，辅料中还要加入白糖，制作更为简单方便。兴化早茶中的粉丝肉圆、米饼夹油条、煮徽子也别具风味。"姜堰早茶数溱潼"，古镇溱潼喝早茶历史也很悠久，早茶中的金丝卷、甜饼、咸饼、春卷、米糕、麻球、糍粑、水晶包等都很有地方特色。

　　在泰州，幸福的味道往往凝聚在一顿温馨的早茶之中。泰州早茶，作为城市品牌的一部分，是文化传承的直接体现，也为当地经济的腾飞注入了强大动力。

## 第四节　江浙名食撷萃

### 一、风味小吃

　　江苏小吃源远流长，具有浓厚的乡土地域特色，全省各地都有自己的特色小吃，大体而言，可分为苏州、扬州和南京三个区域。

#### （一）苏州小吃

　　苏州小吃以制作松软糯韧、香甜滋润的糕团见长。许多苏州人都相信这样一个传奇的故事，在春秋时期，吴国大夫伍子胥受吴王阖闾之命，负责修筑阖闾城。这座城周长 47 里，动用了成千上万民工，花了三年多的时间才完成，这就是历史上最早的苏州城。

　　阖闾城完工后，吴王阖闾大摆宴席庆功。宴会上吃的是山珍海味，饮的是美酒琼浆，群臣你呼我叫，猜拳行令，一个个烂醉如泥。阖闾高兴得忘乎所以。伍子胥见到这种情形，不由得忧虑重重。宴席散后，伍子胥对他的贴身随从说："吴王不能居安思危，将来必有大祸。将来我死了，如果吴国遭遇灾难，人民忍饥挨饿，可往相门城下掘地三尺觅食。"

　　阖闾死后，夫差继为呈王，更加花天酒地，挥霍无度，也更加固执己见，狂妄自大，最终听信谗言逼死了伍子胥，曾经强大的吴国迅速衰弱。几年之后，吴越之间争战，苏州城被围困，城内的老百姓断了粮。此时偏偏又是年关，饥饿笼罩在苏州城上，情景异常凄惨。伍子胥当年的随从，如今也已年老体衰，被饥饿折磨得奄奄一息。正当他朝不保夕即将命归黄泉时，突然想起从前主人伍子胥对他说的那番话。顿时，他来了精神，急忙招呼子女和邻里们，带着工具赶往相门。他们按照当年伍子胥的说法，在相门城脚下进行挖掘，当挖到三尺深的地方时，竟然发现一块块城砖不是泥土烧的，而是用糯米粉做的。人们这才知道伍子胥爱民如子、居安思危的良苦用心。他们一个个感激万分，纷纷跪下，拜祭伍子胥，然后取回这糯米粉砖，度过了灾荒。从此，人们都用糯米粉做成糕团来食用，以纪念救民于危难的伍子胥。久而久之，糕团就成为苏州的地方特色名点。

从南宋起，苏州就有以茶食点心为名的巷弄地名，如雪糕桥、沙糕桥、水团巷、豆粉巷等，都是茶食点心业集中之地。清人顾震涛《吴门表隐·附集》记述了清朝乾隆年间的苏州点心名品，有藕粉、面饼、馄饨、饼饺、钉头糕、烧饼、汤团等。民国时陆鸿宾《旅苏必读》记道："点心店凡四种，如面店、炒面店、馄饨店、糕团店。面店则有鱼面、肉面、虾仁面、火鸡面；炒面店则有炒面、炒糕，看夜戏回栈，尚可喊唤来栈；馄饨店则有馄饨水饺、烧卖、汤包、汤团、春卷；糕团店则有圆子、元宵、年糕、团子、绿豆汤、百合汤。"

清人徐扬《姑苏繁华图》中的糕饼店

如今，苏州糕团的制作有了较大的改进，它们形态各异，种类繁多，是有近百个成员的大家族。苏州糕团采用糯米粉或大米粉为原料，再与不同的辅料、作料相配，以制成不同的品种。著名的糕团品种有五香大麻糕、松子薄荷糕、松子黄干糕、枣泥松仁糕、五色荤油大方糕、九层糕、卷花糕、椒盐桃麻糕、绿豆糕、蛋黄赤豆猪油松糕、蜜糕、脂油年糕、粢饭糕、桂花糖年糕等。

苏州糕团不仅品种多，而且造型美观、色彩雅丽、气味芳香、味道佳美。许多糕点有花卉瓜果、鸟兽虫鱼、山水风景及人物形象等造型。它们虽重视色彩，但多用天然色素，如红曲汁、小麦叶汁、青草汁、鸡蛋黄、黄瓜仁、饴糖等。在香味上，也多取用桂花、玫瑰薄荷、麻油等。在口味上，以甜为主，兼有椒盐、咸等。总之，苏州糕团的色、香、味、黏、形都很别致，富有特色，如用小麦叶汁配色的青团子，色泽青绿，清香扑鼻，皮绵软而馅酥松，是苏州时令糕团的典型代表。可以说，苏州糕团是我国名点小吃中的一枝奇葩。

### （二）扬州小吃

维扬细点的起源，距今也有 1000 多年的历史。扬州小吃善于应时变换花样，使人们常有新鲜之感。如春季有笋肉包子、荠菜包子，夏季有干菜包子，秋季有蟹黄包子、虾肉包子，冬季有野鸭包子等。扬州小吃制作精细。如"千层油糕"，它的制作关键在于和面与擀面。如面要揉出"劲"来，擀面要薄，薄面皮擀出后，先在皮上涂上熟猪油，均匀撒上绵白糖、猪板油，再折叠成 16 层，然后轻轻擀成薄片，最后再折成四折，每折 16 层，共为 64 层。接着在糕面上撒上红绿丝，入笼蒸熟，取出凉透，切成菱形，吃时再蒸热。此糕呈白色半透明状，64 层，层层分明，松软甜润，甚是可口。

### （三）南京小吃

六朝古都南京的金陵小吃，形成于魏晋南北朝时期。此后，秦淮小吃品种纷呈，风味各异，尤擅长酥点。

金陵小吃以位于秦淮河畔的南京夫子庙为集聚之地，这里桥水辉映，风景秀丽。每逢年节庙会，十里笙歌，人们划船观灯，人山人海，茶坊酒肆比比皆是，小吃店铺如五芳斋、一品轩、六朝居、奇芳阁、永和园等达百家以上，其品种琳琅满目，应有尽有，历久不衰；如油炸干子、豆腐脑、五香回卤干、火烧、蛤蟆酥、甑儿糕、水饺、小刀面、馄饨、汤圆、春卷、乌龟子、凉粉、烧卖、洗沙油糍、酥烧饼、豆沙包、牛肉面、麻团、葱油饼等，可谓是四方小吃云集，咸甜荤素俱备。

## 二、名肴典故

江浙名菜佳点甚多，而且多伴有一则美丽的传说，别有情趣，脍炙人口。

### （一）扬州狮子头的由来

狮子头是江苏扬州的传统名菜，它选用猪五花肋条肉，切成肉末，加入葱、姜、料酒、蟹粉、虾子，调以精盐、湿淀粉和鸡汤，搅拌上劲，做成生坯，然后置于砂锅中，放沸水，嵌上蟹黄，盖上烫软的青菜叶，炖约两小时即成。成品因形大而圆，犹如狮子头而得名。特点是醇香扑鼻、肉质肥嫩、口味鲜美，开人食欲。

相传隋炀帝杨广到扬州观看琼花以后，流连江南，观赏了无数美景。他在扬州饱览了万松山、金钱墩、象牙林、葵花岗四大名景之后，对园林胜景赞赏不已，并亲自把四大名景更名为千金山、帽儿墩、平山堂、琼花观。回到行

**扬州蟹黄狮子头**

宫之后，他又唤来御厨，让其根据四大名景做出四个菜来，以纪念这次扬州之游（古代有用菜肴仿制园林胜景的习俗，如最早的拼盘，是宋代寺院中用冷荤组制的仿王维辋川别墅的图景）。御厨费尽心思，做出了四样名菜。这四个名菜是：松鼠鳜鱼、金钱虾饼、象牙鸡条和葵花斩肉。杨广品尝之后非常高兴，于是赐宴群臣，这四菜一时成为淮扬名菜，传遍江南。官宦权贵宴请宾客，也都以有此四菜为荣，将其奉为珍品。

到了唐代，更是金盘玉脍，佳馔俱陈。有一天，郇国公宴客，命府中的名厨韦巨源做了松鼠鳜鱼、金钱虾饼、象牙鸡条、葵花斩肉四道名菜，并伴以山珍海味、水陆奇珍。宾客无不叹为观止。当葵花斩肉一菜端上时，只见用巨大的肉丸子做成的葵花心美轮美奂，真如雄狮之头。郇国公半生戎马，战功彪炳，宾客劝酒说："公应佩九头狮子帅印。"郇国公举杯一饮而尽，说："为纪念今夕之会，葵花斩肉不如改名'狮子头'。"

自此，淮扬名菜狮子头经历代厨师不断改进，如今已翻出许多新品种，如初春有河蚌狮子头，清明前后有笋炖狮子头，秋季有蟹肉狮子头，冬季有风鸡狮子头等。

### （二）倪瓒与"云林鹅"

云林鹅是苏州、无锡一带的传统名菜，它选用六七个月的嫩鹅作为主料，配以花椒、盐、葱白、蜂蜜、福珍酒等作辅料，成菜色泽鲜艳、酥烂脱骨、异香扑鼻，兼有鸡之鲜醇、鸭之酥香的风味特征。

熟悉中国美术史的人都知道，元代无锡著名画家倪瓒，字元镇，号云林，是山水画的大师，同时又是一位业余烹饪专家。他曾撰写过《云林堂饮食制度集》，书中收录了约50种菜肴和面点的制法，其中最有名的佳肴是"烧鹅"。

曾经写过《随园食单》的袁枚对烹饪很有研究，且颇为自负。他曾说过："若夫《说郛》所载饮食之书三十余种，眉公（指明文学家陈继儒）、笠翁（指清作家李渔）亦有陈言。曾亲试之，皆阏于鼻而蜇于口，大半陋儒附会，吾无取焉。"大意是说，他曾按照以前的文人所编的菜谱之类做过试验，均不中意。然而，在《随园食单》中，他却收录了倪瓒的"烧鹅"，并名之曰"云林鹅"，认为这道菜是"可取"的。

那么"云林鹅"究竟妙在何处呢？其制法是这样的：将鹅宰杀，收拾干净，用盐、花椒、葱、酒多次擦鹅腹内，让调料之味渗透进去，在鹅的外皮则涂上蜜酒；接着将鹅腹朝上，用"竹棒"架在锅中，锅中放入"水一盏、酒一盏"，将锅盖盖上，缝隙用湿纸条封好，纸如干了，即以水润湿；然后用一个"大草把"烧锅，不要拨动草把，等到草把的余烬熄灭了，再烧一个大草把；接着，停火约烘一顿饭的光景，再以手摸锅盖，如果锅盖已经凉了，便揭锅盖，将鹅翻一个身，再盖上锅盖，仍然用湿纸封缝，最后再烧一个大草把。等锅盖变凉，鹅也就熟了。由于鹅是用棒架在锅中的，所以不必担心被烧焦。用这种方法烹制的鹅，保存了原汁原味，风味别致。

其实，云林鹅并非倪云林所创。相传在1336年，元代苏州高僧天如禅师特邀倪云林，为其建造狮子林而设计构图。倪云林到来后，经过构思酝酿，很快画出一幅体现倪云林艺术风格的寺庙园林图，观者无不为之折服，一时轰动苏州城，并引起一家大餐馆老板的兴趣。他为了表示对倪云林的敬意，特请店里的名厨用嫩鹅给他烹制了一道好菜，倪云林品尝后，当即连声称妙。苏州人民为了纪念倪云林设计名园——狮子林的功绩，便将此菜取名为"云林鹅"。

### （三）于右任与鲃肺汤

"鲃肺汤"是姑苏木渎石家饭店十大名菜之一，也是享誉全国的一道独特的名菜。每至夏秋季节，来华旅游的中外友人或归国华侨，一到苏州地方，总要品尝这一江南独有的时令佳肴。

"鲃肺汤"原名"斑肺汤"。用斑鱼肺制作各种菜肴，早在清代苏州地区就很盛行。清代袁枚在其所著的《随园食单》中就有关于斑鱼菜肴的记载："斑鱼最嫩。剥皮去秽，分肝、肉二种，以鸡汤煨之，下酒三分、水二分、秋油一分。起锅时加姜汁一大碗、葱数茎，以去腥气。"但那时此菜并不出名，只是一种时令菜。今日"鲃肺汤"就是承袭了《随园食单》上的烹调方法。既然是用斑鱼肉及肝烹制的菜肴，如何又变成了"鲃肺汤"？这原来还有一段传说：

相传，1929年秋，朱德的老师李根源先生约国民党元老、书法大师、诗人于右任先生来到苏州放舟游太湖赏桂花。后返经木渎镇，二人便至石家饭店（原名顺叙楼）进餐。于右任吃了斑肝汤，赞不绝口，即兴赋诗一首：

> 老桂花开天下香，看花走遍太湖旁。
>
> 归舟木渎犹堪记，多谢石家鲃肺汤。

其中"鲃肺汤"即"斑肝汤"的误笔。据说于右任是陕西人，不善于听吴侬软语，因此误写菜名。但因于老地位颇高，名声较盛，所以店主也就将错就错，从这以后便将"斑肝汤"改名"鲃肺汤"，品尝者日益增多。

就在于老题诗的第二天，《苏州明报》即刊载了于右任先生为石家饭店"鲃肺汤"所写的赠诗，店铺声名大振。与此同时于老还为该店题写了"名满江南"的匾额，李根源先生也题写了"鲃肺汤馆"的匾额。继而，李宗仁、李济深、沈钧儒、沙千里、史良、邵力子、钱大钧、叶楚伧以及蔡廷锴、陈毅、粟裕等名人，都先后到石家饭店品尝过"鲃肺汤"。20世纪80年代，费孝通先生还为"鲃肺汤"写过"肺腑之味"的题词。"鲃肺汤"作为一道具有浓郁乡土风味的名食而享誉中外。

### （四）八宝豆腐的外传

八宝豆腐系苏、杭一带传统名菜，它是以嫩豆腐为主料，配以水发海参、熟火腿、熟鸡肉、虾米、冬菇、瓜子仁、核桃仁等，经用鸡汤等调味料烹制而成，具有色美味鲜、清香滑嫩的特色。食用时用调羹匙而不用筷，营养丰富，容易消化，童叟食之尤佳。

相传，清朝康熙皇帝第一次到江南巡视时，暂住在苏州曹寅的织造府衙门里。曹寅是《红楼梦》的作者曹雪芹的祖父。为了接驾伺候好皇上，曹寅派人从四面八方买回大量山珍海味，又派名厨精心操持。无奈不对康熙的口味，因为他旅途劳累，心火上升，珍馐美馔也味同嚼蜡，这可急坏了曹寅。

曹寅多方寻找，最后用重金从苏州"得月楼"酒家请来了名厨张东官，要求他做出清淡、爽口，具有苏州特色的菜，让皇帝吃了高兴。张东官绞尽脑汁，使出浑身解数，最后做出了一道色、香、味俱佳的菜肴——八宝豆腐。

没想到，这道菜极合康熙口味，康熙返京时，传旨把张东官带回北京，赏他五品顶戴，在御膳房做事。从此，这道八宝豆腐常上御膳桌，康熙十分欣赏，久吃不厌。

据说康熙皇帝除自己十分偏爱八宝豆腐外，有时还把其配方和制法视同金银财宝一样赐给宠臣。据宋荦《西陂类稿》记载：晚年任江宁巡抚时，他在苏州迎接康熙南巡，受到御赐八宝豆腐的皇恩，旨传："朕有自用豆腐一品，与寻常不同。因巡抚是有年纪的人，可令御厨太监传授于巡抚的厨子，为他后半世受用。"宋荦受宠若惊，并对其豆腐烹调法视为至宝，不传外人。

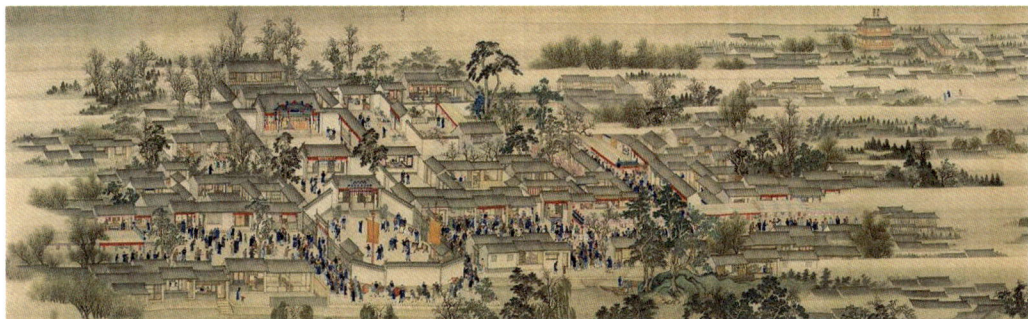

《康熙南巡图》（美国纽约大都会艺术博物馆藏）

同时受过康熙皇帝御赐八宝豆腐的显宦，还有尚书徐乾学，可是当他去御膳房取方时，却被御膳房的管事太监敲了1000两银子的竹杠。每当在府上细品这味佳肴时，他总在想，这么好的传世佳肴只让少数人享用，未免太可惜了，于是把这八宝豆腐制作法传授给了他的得意门生王楼村。这王楼村不违其师遗愿，又传给了后人。直到乾隆时代，八宝豆腐的配方制法又传到他的孙子王孟亭太守手中，故人称"王太守八宝豆腐"。当时著名文学家、美食家袁枚去王太守家做客品食后，赞不绝口，便将其配方收进了他的饮食名著《随园食单》一书中。后该书流传于民间，自此八宝豆腐逐渐成为苏、杭一带有名的菜肴。

八宝豆腐这一传统美食佳肴，既营养丰富，又味美好吃，多少年来，它以独特的风味，赢得了海内外美食家的赞叹。1964年仲夏，周恩来总理陪同朝鲜领袖金日成一行到杭州访问，曾多次品尝过八宝豆腐，客人们对此菜极为赞赏。

### （五）苏州船点

苏州是我国江南的旅游文化名城，苏州的小吃点心十分有名，其中尤以"船点"著称于世。船点以米粉为主料，讲究艺术造型，无论是制作鸟兽虫鱼、花卉瓜果，还是制作山水风景、人物形象，均色彩鲜艳，栩栩如生。每当船点上席，食客总是欣赏良久，玩味再三，久久不忍下箸。

这种造型精美的点心为何叫"船点"呢？说来还与江南才子唐伯虎有一定的关系呢！

明朝时，苏州城里有一位大名鼎鼎的才子唐伯虎。他不仅画作得好，诗也写得不错。有一天，唐伯虎与城里一班文人登船去游虎丘山，一路上，舱外绿水青山，一派春色；舱内吟诗作画，笑语不绝，煞是热闹。船主心里明白，这些文人在苏州城里名气大，说句话是有分量的，因此他急忙赶到船后舱关照做点心的师傅："今朝的点心不能马虎，一定要好好做，做出一点特色来。"点心师傅晓得今天来的并非一般客人，显然不能拿米粉搓搓圆、捏捏方能应付的。可是，毕竟就是米粉之类的东西，又能做出什么不同的点心呢？正当点心师傅伤脑筋之时，忽然又是舱内传出一阵哄笑，点心师傅隔窗相望，见舱内挂着一幅墨迹未干的画。画上一群雏鸡围着母鸡在觅食，画的左上角，松枝上蹲着一只小松鼠，活灵活现、生机盎然。唐伯虎的好友祝枝山拿着放大镜对着画左看右看，嘴里不停地说："唐贤弟的画是越发俏了，那鸡真像活的一般。我说呀，贤弟你今日必请我吃鸡腿，方罢休！"

清人徐扬作《姑苏繁华图》卷（辽宁省博物馆藏）

说者无意，听者有心。点心师傅心想，你唐伯虎可用笔画鸡，我可用米粉捏出鸡来。待米粉蒸熟后，他拿出了看家本领，先捏一只只小鸡，然后又捏出了各式各样的图案形状，有枇杷、橘子、鲜梨等水果，里面包上了各种不同的馅心，后装入盘中，端到前舱。众文人一看，顿时惊呆了。这鸡仿佛是从画中跳下来的，那水果也好像刚摘下来的。唐伯虎拿起一只小鸡细细观赏，连连赞道："如此美点，真乃出自神仙之手，小生定得拜他为师。请问船主，这点心叫甚名？"船主是个聪明人，连忙回道："请唐相公赐个名吧！"唐伯虎说道："在此船上用的点心，就叫船点吧！"

大家一听，觉得有理。由此船点的名字就叫开了，并且随后经过这班文人回城后一番宣扬，各游船相继仿效，以此招徕游客。从此，船点作为点心的一种流派，在苏、杭一带慢慢盛行起来。

### （六）昌记五芳斋与鲜肉粽

粽子是中国民间传统食品，它的主料是糯米，但其配料和制法又因地区差异、制作人技术差别等因素而有所不同。有的地方用箬叶，有的用芦苇叶；有的裹成菱形，有的裹成楔形；有加咸肉、鲜肉裹成的肉粽，有加赤豆的赤豆粽，有加白糖、红糖的甜粽，还有什么都不加的白米粽，可谓千变万化。虽然各种粽子都有自己的特点，但它们都有一个共同点，那就是吃起来糯软，闻起来清香。

粽子这种食品在许多地区盛行，纪念忧国忧民的屈原当然是一个主要原因，而粽子本身用料比较简单却又可变化多端、味道鲜美可口也是一个重要因素。

说到变化多端的粽子，人们自然首先会想到香糯鲜美的嘉兴鲜肉粽子。不过，你不一定知道，这里还有一段角逐"正宗"的故事呢。

时间要追溯到20世纪30年代，有个叫冯昌年的生意人，在嘉兴开了一家专门制作粽子的小吃店，取了个雅致的名字，叫"五芳斋粽子店"。店主心灵手巧，配料独特，制作精细，开业后生意非常兴隆，久而久之，不免让人看着眼热。一年后便有几家粽子店相继开业，并都冠以"真五芳斋""老五芳斋""真正老五芳斋"等名。一时真伪难辨，这下子给冯昌年的粽子店带来了威胁。

怎么办呢？冯老板经过一番考虑，也将自己的店名更改为"顶顶真正昌记老五芳斋"，但还是无济于事，而且是乱上添乱，更使别的店子有空可钻。

后来，冯昌年又想了一个自认为很绝的办法：他叫伙计去各家粽子店买一只鲜肉粽子，与自己店的粽子合装在一个盘子里，请顾客识别真伪。其中有位老食客仔细看了粽子的外形，一闻香气，便从中拎出一只，剥开后一咬便肯定地说："这是正宗的五芳斋粽子。"众人疑惑，那人接着吃，咬到中间，果见夹着一张字条，上面写着"昌记五芳斋"的字样，众人这才赞叹不已。冯昌年及时地站起来说道："诸位，从今天起，小店再更改名为'昌记五芳斋'，欢迎大家到本店吃正宗的嘉兴鲜肉粽。"从此，"昌记五芳斋"的生意更好，名声更大，地位也更巩固了。

"昌记五芳斋"的粽子之所以好，就在于选料、切肉、拌馅甚至淘米、烧煮、用水都有它的独到之处：选用新鲜猪肉，去皮后按横丝切成小方块，加上糖、盐、味精、白酒反复搓擦至肉块入味、泛出白沫为止；糯米要仔细淘清；粽箬要放入沸水煮四五分钟，捞出来用清水洗净、沥干；包好的粽子先用大火猛煮，再用小火焐，前后约四五个小时。这样出锅的粽子，肥香糯软，味道鲜美。所以，据说当时在嘉兴还流传着一句顺口溜：正宗的嘉兴鲜肉粽子在哪里？就在昌记五芳斋粽子店。

### 三、饮食类非物质文化遗产：以江苏为例

江苏历史悠久、文化灿烂，淮扬菜源远流长，先秦典籍中记载了一位著名的厨师彭铿，其封地即在江苏徐州市，他被称为彭祖。相传他好和滋味，擅长气功养摄，鹤寿延年。《尚书·禹贡》中就记载有"淮夷贡鱼"，这说明江苏地区出产鱼。《齐民要术》记载，北魏时吴地的腌鸭蛋、酱黄瓜已遍及民间。南朝齐梁至隋，海味、紫菜、甜食糖蟹、蜜饯，均为宫廷贡品。两宋以后，中原风味融于江苏菜中。金元以来，女真、回回之食介入江苏。明清时期，江苏菜通过大运河、长江以及广阔海岸线向四方发展，扩大了在海内外的影响。清代康熙、乾隆两帝六下江南，多次用江苏菜设宴款待臣僚缙绅，客观上促进了满汉菜肴和南北菜系的交流。

鸦片战争后，江苏餐饮出现中西合璧的格局，西餐的烹饪技法和调味手段被苏菜所借鉴，江苏菜向更臻完美的阶段发展。江苏菜的特点是选料严谨、因材施艺；制作精细、风格雅丽；追求本味，清鲜平和；四季有别，适应面广。江苏菜在选料上特别讲究鲜活、鲜嫩，有"醉蟹不看灯，风鸡不过灯，刀（鱼）不过清明，鲟不过端午"之说。江苏菜刀工精细，富于变化，菜品形态精致，滋味醇和，赏心悦目。江苏菜讲究火功，擅长炖、焖、煨、焐、蒸、烧、炒，尤精于泥煨和叉烤，要求菜肴制作酥烂脱骨而不失其形，滑嫩爽脆而不失其味。在此基础上，江苏产生了众多饮食类非物质文化遗产项目。

江苏省饮食文化遗产具有以传统菜肴制作技艺为主，传承绿茶制作、酿酒技艺为辅的特点。目前属于饮食类烹饪技艺类非遗项目，比较有影响的有以下品种：扬州富春茶点制作技艺、南京市江宁区南京板鸭及盐水鸭制作技艺、无锡市三凤桥酱排骨烹制技艺、南京市绿柳居素食烹制技艺、南京市马祥兴清真菜烹制技艺、苏州市陆稿荐苏式卤菜制作技艺、苏式卤汁豆腐干制作技艺、界首茶干制作技艺、横山桥百叶制作技艺、扬州三和四美酱菜制作技艺、常州萝卜干腌制技艺、淮安茶馓制作技艺、靖江肉脯制作技艺、常熟叫化鸡制作技艺、沛县鼋汁狗肉烹制技艺、镇江肴肉制作技艺、南京市刘长兴面点制作技艺、昆山奥灶面制作技艺、镇江锅盖面制作技艺、楚州文楼汤包制作技艺、靖江蟹黄汤包制作技艺、扬州炒饭制作技艺、太仓肉松制作技艺、钦工肉圆制作技艺、石港腐乳酿制技艺、合成昌醉螺制作技艺、木渎石家鲃肺汤制作技艺、

徐州陀汤工艺、秦淮（夫子庙）传统风味小吃制作技艺、苏州织造官府菜制作技艺、锡帮菜烹制技艺、苏帮菜烹制技艺、淮帮菜烹制技艺、京苏大菜烹制技艺、淮安全鳝席烹制技艺、鸡鸣寺素食制作技艺、安乐园清真小吃制作技艺、王兴记小吃、共和春小吃制作技艺、永和园面点制作技艺、太湖船菜、太湖船点、清水油面筋、高邮咸鸭蛋制作技艺、甪直萝卜制作技艺、

**昆山奥灶面**

藏书羊肉制作技艺、码头汤羊肉烹饪技艺、东台鱼汤面制作技艺、阜宁大糕制作技艺、惠山油酥制作技艺等等。

　　饮食类非物质文化遗产具有极强的传播力、渗透力和影响力。加强江苏饮食非物质文化遗产保护与传承的全面发展，不仅有助于推进江苏饮食行业的提质增效，提供更多更好的饮食产品和服务，扩大非物质文化遗产生产性保护的能力，提升江苏整体非物质文化遗产事业的整体实力和竞争力，而且有助于开发江苏独特、丰富、优秀的文化资源，推动江苏文化"走出去"，加强对外文化交流，拓展江苏文化发展空间。这对于促进江苏经济社会发展，增强江苏文化软实力和国际竞争力，都具有多重价值和战略意义。

# 第十三章　东西交融的上海饮食文化

上海位于长江南岸的河口三角洲上，东濒长江口，南与浙江省接壤，西面和北面连着江苏省，是中国最大的城市。上海是古老的，又是年轻的，从远古的吴越文化前哨，中世纪的江海通津，近代的十里洋场，直到今天的全国经济中心，人们一代又一代地为它贡献出智慧和力量，历史一层又一层地给它抹上各样色彩，使得它在饮食上最终形成了东西交融、南北互补、精华荟萃的海派饮食特色，这也是它独具魅力之所在。而所谓海派文化，是近代学人对上海近代文化所作的概括，"海"是襟怀宽阔、包罗万象的意思，用以形容近现代上海文化倒也十分贴切。就饮食风味而言，上海不仅具有全国各地风味餐馆，而且西式餐馆也是全国最多的，再加上由此派生出的中西合璧之风味，真可谓丰富多彩，琳琅满目，堪称中西饮食文化的博览馆。

## 第一节　上海饮食文化探源

上海饮食文化源远流长，历史悠久。它同其他地区的饮食和菜系一样，都是伴随着社会经济发展而逐步形成的。

### 一、上海建制沿革

上海建制较晚，1292 年，元朝把上海镇从华亭县划出，批准设立上海县，标志着上海建城之始。但考古发现了不少新石器时代的遗址，证明上海的历史又是极为悠久的。春秋战国时，上海是楚国春申君黄歇的封邑，故别称申。从文化渊源来看，"上海地区的考古发现分属于马家浜文化、崧泽文化、良渚文化，它们都是吴越文化的源头；从上海的人员构成看，上海原来只是一个小渔村，至元代发展为三十万人的小县城。虽然缺乏其人员来源的原始记载，但可以想象他们大多来自其附近的浙江、江苏，职业以渔民为多。上海话属吴语，与浙江省大部分、江苏省东南部分同属吴语方言区。因此，上海的文化是吴越文化的有机组成部分，上海民俗也就必然要打上吴越文化的烙印。"[①]

上海简称为"沪",这是人所共知的,但是关于"沪"的历史,却不一定人人皆知了。"沪"名早于"上海"之称。晋朝时,因渔民创造捕鱼工具"扈",江流入海处称"渎",因此松江下游一带称为"扈渎",后又改"扈"为"沪",故上海简称"沪"。沪渎发展成为海上贸易港口是唐代以来的事。唐中期,沪渎沿海城镇之间商业交往逐渐频繁,沪渎西口上的青龙镇,就是一个海商云集的地方。宋代的青龙镇盛极一时,曾经出现"市廛杂夷夏之人,宝货当东南之物"的景象。但到南宋中期,因海口东移,松江湮塞,船舶来往少了,海口贸易港的地位因而让给了东境的上海。嘉庆年间《上海县志》载:"宋初诸番市舶直达青龙镇,后江流渐隘,市舶在今县治处登岸,故称上海。"这段记载说明了沪渎的兴衰和上海得名的由来。

6000 年前的家猪陶塑(上海博物馆藏)

## 二、上海菜的形成

上海菜又称海派菜,它是随着上海这个城市的演变而发展的。鸦片战争后的《南京条约》,使上海成为五个通商口岸之一,西方经济文化大量输入,各地商贾文人会集,冲击着上海的市场与文化。上海地区的饮食业也随之发生变化,海派菜就是在这样的条件下,从全国各大菜系中脱颖而出的。它既包括博采众长的本地菜点,又包括那些在保持原有特色基础上根据上海饮食习俗进行变革的各地风味菜点。

上海县建立后,经济发展很快,上海地区历来有"江南赋税甲天下,苏松赋税甲江南"的说法。由于经济发展得很快,因而饮食市场十分繁荣,茶楼酒肆,鳞次栉比,虽然史书中对这些酒楼所经营制作的菜肴没有明确的记载,但从世居松江的宋诩在明代弘治年间(公元 1504 年)写成的《宋氏养生部》一书中,记述了当时松江及上海地区的菜点,其中有酱烧猪(红烧肉)、暴腌猪(干切咸肉)、油爆猪(炒肉片、炒肉丝)、粉蒸猪(粉蒸肉)、糟鸡、烧鸭、烹河豚、油炸虾、油炒蟹、糊膳、田鸡、汤川鳜鱼、炒螺蛳等等,这些菜烹制方便简单,属于乡土风味浓厚的家庭菜式。到明末清初,上海菜馆除小吃、便餐外,筵席用菜已十分丰盛。

清代时,上海已成为一个中等城市,有 70 余万人口,十六铺附近是当时上海最热闹的地方,茶馆酒楼林立。清嘉庆年间施润作诗云:"一城烟火半东南,粉壁红楼树色参,

---

① 郑土有:《冲突·并存·交融·创新:上海民俗的形成与特点》,载上海民间文艺家协会编:《中国民间文化》第三集《上海民俗研究》,上海:学林出版社,1991 年,第 3 页。

美酒羹肴常夜五，华灯歌舞最春三。"上海南汇人杨光辅在嘉庆年间写的《淞南乐府》中，还赞美了上海饮食酒楼中所经营的菜点："淞南好，风味旧曾谙，羊胂开尊朝戴九，豚蹄登席夜徐三，食品最江南。"作者还为此作注说："羊肆向惟白煮，戴九（人名）创为小炒，近更为糟者为佳。徐三善煮梅霜猪脚。迩年肆中以钵贮糟，入以猪耳、脑、舌及肝、肺、肠、胃等，曰'糟钵头'，邑人咸称美味。"

上海作为五个口岸之一被迫正式开埠通商，刺激了民族工商业的发展，上海饮食业迅速兴旺起来，全市大街小巷店摊成群。据1876年出版的《沪游杂记》记载，当时上海从小东门到南京路已有上海菜馆一二百家之多。上海菜馆的经营有三种不同类型。第一种，许多中小型饭店都经营经济实惠的便菜便饭，同时兼营少数炒菜，如上海早期出名的大众菜炒肉百叶、咸肉豆腐、肉丝黄豆汤、草鱼粉皮、八宝辣酱、炒三鲜、全家福等，食者众多。第二种是一些大中型菜馆，以经营炒菜和"和菜"为主。和菜是上海菜馆的首创，它是把冷盘、热菜、大菜和汤配成一组供应，花样多，又比较实惠，当时十分盛行。和菜的价格有高有低，最高的是银洋10元的和菜，有八大菜、八小碗、十六围碟、四热荤、四点心，大菜中有排翅、燕窝、挂炉鸭、鳜鱼等，还有8元、6元、4元、2元的，顾客可任意选择。第三种是一些大店名馆，以经营筵席和高档名菜为主，这种菜馆规模大、设备好、餐厅高雅。如上海最早的本地菜馆秦和酒楼、鸿运楼、大中园等，当时他们经营的主要名菜中已经有烧鸭、红烧鱼翅、三丝鱼翅、葱油海参、清蒸鲫鱼、八宝鸭、清汤鲍鱼、一品燕窝、蛤蜊黄鱼羹、虾脑豆腐等等。酒席中海味山珍样样都有，还有鱼翅席、海参席等高贵筵席。可见，上海菜已经发展到较高的水平。当时上海菜的主要特点是：取用本地鱼虾和蔬菜特产为原料，烹调上以红烧、蒸、煨、炸、糟、生煸见长，菜肴浓油赤酱，量大质优，讲究实惠，汤卤则醇厚不腻，咸淡适口，具有浓厚的江南水乡风味。

上海老饭店

1875年，有一个名叫张焕英的师傅在老城隍庙开设了一家名为"荣顺馆"的夫妻店，所制作的"糟钵头"等上海菜十分有名。由于这家酒店附近多为劳苦大众，这些人饭量大，收入低，因此吃"粗鱼大肉，浓油赤酱"，最感经济实惠，最合他们胃口。久而久之，这就成了上海本地菜的特点。诸如糟钵头、肉丝黄豆汤、扣三丝（火腿丝、鸡丝、笋丝）、鸡骨酱、青鱼秃肺等都可称得上是上海本地菜的名作。后来这家老店又吸收了各地菜肴的长处，逐渐趋向精细，这也适应了上海工商市民的口味。这家老店有个不成文的十六字方针，就是"刀工考究，选料精细，讲究质量，注重节令"。如今这家百年老店已改名为"上海老饭店"，现地处素有"海上明园"之称的豫园商业旅游区内，专营上海风味菜，并不断在改进。如糟钵头因胆固醇高，已被淘汰；而浓油赤酱也不太适合现代市民的口味，经过改进，也已变得清淡不油了。

从这些史料中可以看出，上海本帮菜已具雏形，所谓本帮菜，即本地菜。上海菜源于本帮菜，并随着这一地区的经济发展而发展，随着这一地区的经济繁荣而繁荣。

## 第二节　近代上海饮食文化

上海是我国最早崛起的现代化大都市。它见证了近代中国沦为半殖民地半封建社会的"蒙辱"历程，但在被动开放的过程中，吸收了西方先进的物质精神文明，并与中国传统文化交流碰撞。从一定程度上说，上海独特的城市精神品格，乃至上海城市文明的确立和发展，与开埠后"西风"的输入有密切关联。

正是在这种背景下，海派饮食文化也渐渐地生长、发育、成熟起来，并形成了适应性广、制作精细、中西合璧等海派特色。海派饮食文化由中国传统饮食文化、本帮饮食文化、西方饮食文化三部分组成。随着时代的发展、商业的兴旺和人们需求的变化，它始终处于变化、流动的状态中。

### 一、西餐传入与近代上海饮食风格

自从西方列强用大炮轰开了中国的国门后，中国就开始了近代化的进程，并介入到更广泛的世界联系之中。此时西方的物质文明明显地领先于中国，因此中国人产生了崇洋慕外的心态，使得西方饮食也成为一种时髦。这种情形，不仅中国是如此，开风气之先的日本也是这样，"作为亚洲国家，西化最早而又收效最大的当数日本"[1]，而日本的西化，又是以饮食为先导的。

其实，中国人接触西餐比日本人还要早一些，但未像日本那样迅速普及。许多文献资料说明，早在明末清初，西方传教士进入中国以后，就以进贡或款客的方式将西方食品展示给中国上流社会。如曾为明清两朝官员的德国传教士汤若望，在北京的寓

---

① 章开沅主编：《中外近代化比较研究丛书·总序》，长沙：湖南出版社，1991年，第9页。

所制作"西洋饼",以招待中国官员,这种饼是以蜂蜜、鸡蛋、麦粉为原料,再用特制的铁板夹制而成。康熙初年,传教士利类思、安文思、南怀仁节录了明末意大利传教士艾儒略撰写的《西方答问》一书,编成《御览西方要纪》,其中有一条专记西方饮食云:"荤素等味皆用火食,鸡鸭诸禽既炙,盛诸盘,全寘几上,以示敬客。主人躬自剖分,或令司庖者,每人各有空盘一具以接,专用不共盘,避不洁也。又各有手巾一条敷在襟上,防汤水玷衣,且可用以净手,其席上亦铺白布,不用箸,只用丫勺、小刀,以便剖取。"这里简要地介绍了西方的烹饪方法、食具和饮食方式。但西餐并没有在中国普及开来。

上海开埠后,在沪的各国商人为保持自己的餐饮习惯,开设西式酒店饭馆。作为西方饮食文化综合载体的西式餐馆也在中国其他的繁华城市中相继出现。1853年,上海首家西餐馆"老德记西餐馆"开业。邹振环先生认为:"大概在19世纪60至70年代,上海就有了西餐馆,最初是外国人经营的,主要的服务对象也是外国大班、买办职员。据说光绪年间真正大菜只有'密菜里'一家,它开在开埠时期最繁盛的爱多亚路(今为延安东路)泰晤士报馆对面。葛元煦1876年在《沪游杂记》中这样描述过当时的外国餐馆:'外国菜馆为西人宴会之所,开设外虹口等处,抛球打牌皆可随意为之。大餐必集数人,先期预订,每人洋银三枚。便食随时,不拘人数,每人洋银一枚。酒价皆另给。大餐食品多取专味,以烧羊肉、各色点心为佳,华人间亦往食焉。'渐渐开始有了中国人自办的西餐馆或所谓'大菜馆',华人最早创办的西餐馆始于何时,目前尚无确切的记载。"[1]上海1853年以后逐渐出现西菜馆,到20世纪30年代末上海已有英、美、法、德、日、意、俄等式西菜馆近百家。民国时期出版的《上海市场大观》载:"西菜馆,从前又称番菜馆,一名大菜馆,清末民初就有一江春、一枝春、一家春、一品香、大观楼等十余家,现在陆续开设的又有数十家,所卖的均是英美式的西菜,也有几家卖俄式的西菜等。"正如《清稗类钞》所云:"我国之设肆售西餐者,始于上海福州路之一品香,其价每人大餐一元,坐茶七角,小食五角,外加堂彩、烟酒之费。当时人鲜过问,其后渐有趋之者,于是有海天春、一家春、江南春、

晚清上海人吃西餐场景

---

[1] 邹振环:《西餐引入与近代上海城市文化空间的开拓》,《史林》2007年第4期。

万丈春、吉祥春等继起，且分室设座焉。"当时上海福州路、汉口路、西藏路一带就有杏花楼、同香楼、一品香、一家春、申园番菜馆等近30家，当时称之为"四马路大菜"。

到20世纪40年代末，近千家西菜馆已遍布全市，仅在黄浦江附近外商银行、洋行集中的地区就有西菜馆上百家。南京东路至西黄陂路一条街上就有汇中饭店、吉美饭

上海福州路西藏路口的一品香西菜馆

店、德大西菜社、马尔斯、沙利文、冠生园、东亚又一楼、国际饭店、喜来临等数十家。在淮海中路外商聚居区，较为著名的西菜馆有复兴西菜社、红房子西菜馆、天鹅阁西菜馆等。这些菜馆规模可观，设备先进，厨师水准较高，各式西菜俱全。就其风味而论，南京东路的德大西菜社以烹制德式西菜著名，其经营的德大牛排、烟鲳鱼、铁扒鸡等都是正宗德式。其看家菜有德大牛排，状似蝴蝶，外焦里嫩，外熟里生，味道鲜美，中外闻名。此外还供奶油烤鸡、腓利牛排、汉堡牛排、烩鱼、奶酪焗面等佳肴，白脱蛋糕、计司条、牛奶咖啡、火烧冰淇淋等也是该馆名品。该西菜社还经营日式西菜，冬季供应日式火锅"司盖阿盖"。淮海中路的上海西菜社以烹制欧美大菜著称，其花旗鱼饼、罗尔腓利、海利克猪排皆浓香鲜嫩。红房子西菜馆以经营法式西菜闻名，而天鹅阁西菜馆的意式西菜最为拿手。[①]

因供应德国大菜而起名的"德大西菜社"旧影

---

① 周三金：《旧上海饮食业的风俗》，载上海民间文艺家协会编：《中国民间文化》第八集《都市民俗学发凡》，上海：学林出版社，1992年，第58页。

20世纪30年代复兴饭店设立，经营欧式西菜。该店名菜为腓利牛排、奶油葡国鸡、丽娜鸡、茶旗鱼饼等。腓利牛排是选用上好的牛里脊，削薄，上面撒上盐、胡椒粉等作料，放入油锅中煎成焦黄，再用白脱油煎第二次，盛入盘中浇上沙司，再放入土豆条和蔬菜，就成了香气诱人的佳肴了。奶油葡国鸡则选用新鲜鸡肉切成块，上撒面粉、胡椒粉，入油锅煎黄，起锅后和洋葱、番茄酱、糖、盐、咖喱油、酒、鸡汤一起先烧后焖，再加上奶油入炉烘烤，味极鲜美。

1935年10月，意大利人路易·路迈在淮海中路开设喜乐迈法式西菜馆，它就是现在上海最负盛名的红房子西菜馆的前身，该菜馆主要经营蜗牛肉、芥末牛排、红酒鸡、洋葱汤、红葱汤、奶酪小牛肉等。由于厨师们善于吸取中国菜的长处，又注重保持西菜注重营养、注重自然本色的特点，因此菜馆很受中外食客欢迎。不少法国人品尝了蜗牛肉、洋葱汤等菜肴后，都感到"好像回到故乡一样"。1945年，中国人刘湍甫买下该菜馆，1956年公私合营后，菜馆正式定名为"红房子西菜馆"。

1906年落成的汇中饭店

除了上述的西式餐馆提供西餐外，一些西式大饭店也为人们提供西菜。20世纪20年代初期，上海已有几家大型西式饭店，如礼查饭店、汇中饭店、大华饭店，其内部所设的餐厅、酒吧等部门向客人们提供西式膳食。30年代，国际饭店、华懋饭店、都成饭店、上海大厦等大饭店又相继开业，餐饮设备更加完善，菜的品种质量也有显著提高。由于法国人善于烹饪，因此很多饭店的经理和厨师长都由法国人担任，但并不仅仅提供法式西菜，而是英、美、法、意、俄各种风味的菜都有。

民国时期上海的西式食品业在全国居于首位，其厂家、公司数量也最多。详情见下表13-1[①]：

表13-1

| 名称 | 国别 | 起讫年份 | 业务范围 |
|---|---|---|---|
| 埃凡馒头店 | 英 | 1858— | 产销面包、糖果等 |
| 可的牛奶有限公司 | 英 | 1911—1955 | 产销牛奶 |

① 此表转引自徐海荣主编：《中国饮食史》第六卷，第291页。

| 名称 | 国别 | 起讫年份 | 业务范围 |
|---|---|---|---|
| 海宁洋行 | 美 | 1913—1952 | 产销蛋糕、饼干、糖果、冰淇淋 |
| 慎昌洋行蛋粉公司 | 美 | 1919— | 产销蛋糕、饼干 |
| 沙利文糖果公司 | 美 | 1925—1953 | 产销糖果、饼干、面包 |
| 克来夫特食品店 | 俄 | 1930— | 产销蛋糕、糖果 |
| 凯司令 | 中 | 1930— | 产销面包、蛋糕 |
| 正广和汽水公司 | 英 | 1930—1955 | 进口洋酒，制造汽水、蒸馏水 |
| 上海怡和啤酒厂 | 英 | 1935—1954 | 制造啤酒 |
| 英国制蛋股份有限公司 | 英 | 1937— | 产销蛋糕、饼干 |
| 海和有限公司 | 英 | 1948— | 制造冰点、乳品、糖果 |
| 海密洋行 | 美 | | 产销糖果、面包食品 |
| 巧克良糕点厂 | 法 | 1949— | 产销蛋糕、饼干 |

民国时期张裕酿酒公司位于上海静安寺路的驻沪联合发行所

清末以来，记载上海风物掌故的著作可谓极多，但陈无我《老上海三十年见闻录》可谓是近代上海饮食文化风貌的集中体现，兹引如下：

万国通商上海城，洋场店铺密如林。

苏杭胜地从来说，比较苏杭更胜几分。

市肆繁华矜富丽，中西食品尽知名。

蔬菜第一抬头馆，烧鸭争传老复新。

新旧太和分两字，聚丰园店主是宁人。

东西最好推鸿运，徽面三鲜吃聚宾。

聚乐鼎新兼其萃，醉白园开在小东门。

要尝异味餐番菜，一品香新翻食谱精。

四海吉祥春两处，万长春与一家春。

德元馆、老春申，价格便宜都是乡下人。

三阳楼本是回回教，嫩鸡嫩鸭免猪荤。

若论饭店无佳味，只有后马路升阳馆最出名。

紧酵馒头鸡肉饺，汤团毕竟四如春。

进呈官礼求茶食，只有石路仁和王姓人。

制造馎馎称第一，野荸荠也冒古吴人。

浦五房酱鸭猪蹄子，五味精烧火候深。

陆稿荐冒名开几处，不知谁假与谁真。

消夜馆，广东人，起首当初老万兴。

杏花楼与奇珍馆，贵贱悬殊价不平。

食馆谈完谈酒馆，宝和三镒老东明。

全泰昌开后开同茂，言茂源专沽好绍兴。

同宝泰花雕滋味厚，开坛香溢十年陈。

大同只酿梨花白，恒裕京庄胜别人。

茶馆几家生意好，青莲花萼与升平。

五层楼杰阁临无地，第一楼频频被火焚。

老馆同芳称粤式，进呈糖果与莲羹。

日新街南首天津馆，雅叙何曾有雅人。

紫阳观、邵万生，糟鱼糟蛋醋瓜丁。

初冬醉蟹多滋味，小菜年年贡帝京。

宝树胡同花酒好，谢娘烹炙十分精。

香蕉鲜荔菠萝蜜，有了轮船物便新。

福建帮中干炒面，八份起码野鸡羹。

洋场食品罗搜遍，只苦持斋吃素人。

素菜之中荤味杂，若须净素要进城。

花天酒地银钱易，可知耕地乡民咬菜根？

日用艰难须节俭，何妨施济众人贫，

莫学口腹区区滥小人。[1]

---

[1] 参见陈无我：《老上海三十年见闻录》，上海：上海书店出版社，1997年，第367页。

以上这些就是当时上海餐饮业的真实写照。"万国通商上海城，洋场店铺密如林。"
租界中的一批餐饮市肆，是为各色洋人及云集于此的诸类"高等"华人饮食需求开设的。
据统计，清同治四年（公元 1865 年）至民国二十四年（公元 1935 年），仅在英美租界中，
人口构成见下表 13-2[①]：

表 13-2

| 年份 | 华人 | 外侨 | 总计 |
| --- | --- | --- | --- |
| 1865 | 90587 | 2297 | 92884 |
| 1870 | 75047 | 1666 | 76713 |
| 1876 | 95662 | 1673 | 97335 |
| 1880 | 107812 | 2197 | 110009 |
| 1885 | 125665 | 3673 | 129338 |
| 1890 | 168129 | 3821 | 171950 |
| 1895 | 240995 | 4684 | 245679 |
| 1900 | 345276 | 6774 | 352050 |
| 1905 | 452716 | 11497 | 464213 |
| 1910 | 488005 | 13536 | 501541 |
| 1915 | 620401 | 18519 | 638920 |
| 1920 | 759839 | 23307 | 783146 |
| 1925 | 810279 | 29947 | 840226 |
| 1930 | 971397 | 36471 | 1007868 |
| 1935 | 1120860 | 38915 | 1159775 |

这个表的数据可能不一定准确，但至少反映出外侨大量增加这一事实。外侨增加
必然促使一些高级饭店的产生，在租界中这些著名店馆，如论域味帮风，则川、徽、苏、
越、粤、闽、京、津等无不毕具。例如，被许多烹饪研究者视为家珍、奉为"中国烹
饪之最"的"满汉全席"，就曾风靡于昔日上海。目前研究者所见到的有关"满汉全席"
最早的资料，就是光绪十八年（公元 1892 年）6—7 月间刊于上海的《海上奇书》（九
至十期）上的。那有钱有势的权贵，以及服务于他们的以千计数的买办商人、银行职员、
俱乐部的管理人员等，"中饭吃大菜，夜饭满汉全席"已是习常之事。

---

① 参见上海通社编：《上海研究资料》，上海：上海书店出版社，1984 年，第 138-139 页。

聚丰园广告
（《新大陆报》1931 年 12 月 7 日）

上海陶乐春酒楼广告
（《时报》1934 年 4 月 6 日）

## 二、《造洋饭书》与西方饮食文化流行

1840 年以后，西方饮食文化通过各种路径不断涌入中国，其速度之快、势头之猛，在中国历史上都是空前的。为了系统地将西方烹饪方法传授给中国厨师和家庭主妇，在上海的美国传教士高第丕的夫人撰写了《造洋饭书》，并于同治五年（1866 年）由英国浸礼会美华书馆出版，后多次再版[①]。它是西方各国烹饪方法的汇编，它的文化价值远远超过了一般的烹饪书籍。

"洋饭"即现在所谓的西餐。西餐至迟在明代后期，随着传教士与洋商的来华而登陆中国，只是不普遍，也无资料可考。清代乾隆年间成书的袁枚《随园食单》中已有"西洋饼"的制法。鸦片战争后，西餐开始在上海、广州等通商口岸渐渐流行开来。但西餐的制法，多不立文字，由师父口授心传。《造洋饭书》则是中国最早的西餐食谱，其中也透露一些中国近代东西方文化交流的信息。不过，此书的出版并不是为了在中国推广"洋饭"，而是为了培训做"洋饭"的中国厨师，解决外国传教士在中国的吃饭问题。所以，这本食谱很可能不对外公开发行，因为封面上用的是耶稣降世一千八百八十五年，没有用清朝宣统的年号。

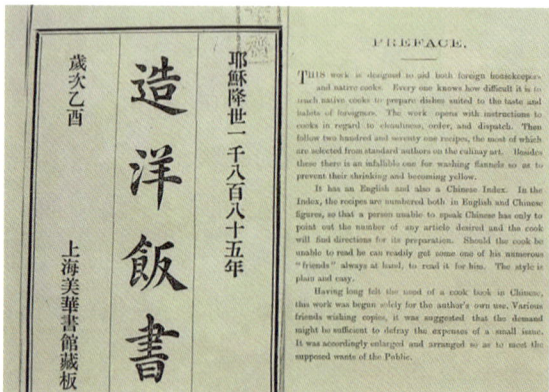

《造洋饭书》书影

《造洋饭书》与中国传统的食谱、食经不同。该书开篇为"厨房条例"，在厨子做羹汤之前，先教导厨子如何

---

① 《造洋饭书》，1909 年又由美国教会出版社再版，1987 年中国商业出版社出版了简注本。

维持厨房的整洁和秩序，这是当时一般家庭和厨师所没有的观念。在"厨房条例"中，编者特别强调做厨子的应该留心三件事：一是要将各样器具、食物摆好，不可错乱；二是按着时刻，该做什么就做什么，不可乱做，慌忙无主意；三是要将各样器具刷洗干净。并且要求必须把蛋皮、菜根、菜皮等放入筐中，每日倒在大门外僻静的地方，免得家人受病；肉板、面板使用后即擦，不准别用，开水壶只准烧水，不准煮别物。

除"厨房条例"外，以下是各类西餐菜点食谱，其中有汤、鱼、肉、蛋、小汤、菜、酸果、糖食、排、面皮、朴定、甜汤、馒头、饼、糕、杂类等，计25章，267个品种或半成品，外加4项洗涤法，大部分品种都列出用料和制作方法。有的品种像是中西合璧的，如用大米作原料做"朴定饭"（即布丁饭）；还有"煎鱼"法："先洗净了鱼，揩干。拿盐、辣椒撒在鱼上，将猪油放在锅内，烧滚；把鱼先浸在生鸡蛋内，后沾上苞米面，或用馒头屑，煎成黄色。"文中的"馒头屑"即面包屑。可见其煎鱼的制法与今天的制法是基本相同的。

煎鱼

《造洋饭书》书后附有英文索引，其中许多译名和现在不同，如咖啡译为"嗑肥"，小苏打译为"哒"，布丁译为"朴定"，巧克力译为"知古辣"等。[①]

都市西餐业的兴旺，极大地刺激了中国上层社会人士，民国政府要员和工商、文化名流，或设有"番菜房"，或聘有番菜烹调师，有的甚至发展为"器必洋式，食必西餐"了，崇洋心理越来越浓。正如《中华全国风俗志》所云，"向日请客，大都同丰堂、会贤堂，皆中式菜馆。今则必六国饭店、德昌饭店、长安饭店，皆西式大餐矣"。上海的情况也是如此，"昔日喝酒，公推柳泉居之黄酒，今则非三星白兰地、啤酒不用矣"，饮食礼俗日渐西化。

与此同时，西式进餐和烹饪用具也随着西餐而传入中国。拿惯筷子进餐的中国人开始尝试拿着刀叉吃食物。《上海洋场竹枝词》云："辉煌器具镀金银，钿柄刀叉异样新。电火灯明风扇动，牛羊饼酒宴嘉宾。""西商菜馆建高房，圆椅长台列几行。脱帽欢呼排满座，却无歌妓伴飞觞。"[②]"西商器皿最精良，外镀金银灿有光。雕饰禽鱼花草

---

① 参见逯耀东：《寒夜客来：中国饮食文化散纪之二》，北京：生活·读书·新知三联书店，2005年，第110页。

② 顾炳权编著：《上海洋场竹枝词》，上海：上海书店出版社，1996年，第131页。

美，玲珑工巧价高昂。"① 盛菜、面包用的盘子、喝酒的酒杯有玻璃制的，也有水晶制的，对此，竹枝词描述说："牛酥羊酪作常餐，卷饼包鲞日曝干。留行中华佳客到，快呼捧上水晶盘。银刀锋利击鲜来，脯胲纷罗盛宴排。……筵排五味架边齐，请客今朝用火鸡。啤酒百壶斟不厌，鳞鳞五色泛玻璃。"② "琉璃杯碗制高擎，雕刻禽鱼细又精。更有插花添酱具，光华无异水晶明。"③ 由此可见，西餐的用餐器具很多，按用途分有面包盘、黄油碟、黄油刀、鱼叉、大菜叉、副菜叉、大菜刀、副菜刀、鱼刀、水果刀、餐前小吃叉、餐前小吃刀等；饮用菜汤、咖啡有汤匙、咖啡匙；饮水有玻璃制的水杯；喝酒的酒杯有白葡萄酒杯、红葡萄酒杯、香槟酒杯等。其中，刀叉既有金银制的，又有镀金镀银的，十分讲究。

"近代西餐引入，与之同时输入的还有西餐礼仪，是中国人了解西方人日常生活行为方式的重要环节，成为近代中国人了解西方文化的重要构成。西餐像一扇直观的西洋异质文化的窗口，立体地显现了西方的物质与精神的综合形象，成为上海人理解西化的物质元素以及由此而带来的西方的礼仪、西方的精神元素巧妙的体验载体。西方餐饮食俗的引进，以及与中餐的交融突出地反映了近代上海租界生活多元化格局的形成，成为近代上海城市文化空间拓展过程中重要的一环。"④

### 三、饮食变化催生文化转型

需要指出的是，在以《造洋饭书》为代表的西方饮食文化知识得到广泛传播的同时，各国番菜也开始融为沪帮。上海诸多名馆与高等食府在排办"各国蕃菜"时，若只是全然据守什么目下餐饮业习惯标榜的所谓"道道地地"的"正宗"，或者只是洋人社会圈内"自家"移来的西餐，那么，这种移民式或侨郡式的文化还是难以在本地扎根的，更谈不上是两种文化的成功的交流。而历史事实则恰恰相反，面对西方饮食文化的他们以积极的姿态应对挑战，上海极成功地体现了中华食文化巨大的包容性。适应时代文化走向的大势与区域餐饮市场的需求，扬长避短，优化组合，努力发挥中国传统烹调长处，以自己特殊的创造力，使上海这座中国近代美食首区，艳放"各国番菜"之花。⑤

同时我们应该看到，西方饮食文化的传入，对中国人在饮食方面的意识、观念、行为法则以及生活方式等等方面都产生了广泛而深刻的影响，其表现为：

---

① 顾炳权编著：《上海洋场竹枝词》，第 149 页。
② 顾炳权编著：《上海洋场竹枝词》，第 15 页。
③ 顾炳权编著：《上海洋场竹枝词》，第 131 页。
④ 邹振环：《西餐引入与近代上海城市文化空间的开拓》，《史林》2007 年第 4 期。
⑤ 赵荣光：《上海与中国近代饮食文化》，《商业经济与管理》1995 年第 5 期。

第一，中国传统宴席方式出现了改良趋势。

中国传统的宴席方式是共享一席的会食制，遇有喜庆节日，无不是以大宴宾朋来表示，其特征可用"食前方丈"来概括，这种津液交流的会食制虽然热烈隆重，亲密无间，和气一团，但从卫生的角度来看不太妥当，也很浪费。这反映了中国古代哲学中"和"这个范畴对民族饮食思想的影响，饮食毕竟是民族心理的一种折射，在这个因素的主导下，卫生也就退居其次了。

与中国的饮食方式不同，西方流行分餐制和自助餐。这种饮食方式，卫生节俭是一个原因，同时也是为了社交的需要，如自助餐就很便于个人之间的情感交流，表现了西方对个性的追求。饮食方式的差异反映出在不同文化的熏陶下所形成的不同的国民性格。

自19世纪中叶以后，由于西方文化的影响，自助餐这种饮食方式在上海知识界引起了改良宴会之风，他们参照中西宴会的规格，组成中西合璧的宴席。历经多次改革，当代中国在许多正式的场合，如人民大会堂的国宴已实行了某种程度的分餐制，有些场合也改为自助餐了，中国传统宴席方式的改变已成为一种不可逆转的趋势。

第二，烹饪更注重科学。

中国传统的烹饪方法比较注重菜肴的整体效果，讲究调和鼎鼐，把味道放在首位，很难进行定性定量的具体分析，带有浓郁的中国哲学的调和色彩。一切讲究的是整体配合，以菜肴的色香味形的美好、协调为度，因而饮食丰富而善于变化。而西方多从理性角度考虑，注重营养和卫生，对味道之美反而不大讲究，呈现出味道单一、营养价值一目了然的特点。这反映了东西方两种截然不同的饮食观念。

随着近代中西文化交流的频繁，上海知识界也开始学习西方，从烹饪原理和食物化学的角度来对其传统烹饪方法进行理论分析，出现了一批专著与论文，东西方的烹饪方法正在不断渗透，取长补短。

第三，丰富了上海饮食文化。

就像汉唐时期西域食品传入中原极大地丰富了中国人民的饮食生活一样，近现代西方饮食文化的舶来，也引起了上海近代饮食生活的较大变化。如啤酒、汽水、奶茶、蛋糕以及各种西式快餐，渐渐受到了中国人的欢迎，同时也加快了中国人的生活节奏。另外，西菜中做、中菜西做、中西合璧也为人们所接受，如铁扒牛肉、华洋里脊、西法大虾、西洋鸭肝等菜，均是西菜中做、中菜西做的佳品，常出现在20世纪初叶上海的食单上。可以说，近现代上海饮食文化的发展，就是在熔中西饮食文化精华于一炉的过程中实现的。

概而言之，由于西方饮食文化以前所未有的规模大量传入，国人的饮食习俗也开

始出现了与传统饮食习俗相背离的倾向，而且这一倾向是从上海开始的。中西饮食文化的交流和碰撞，拓宽了上海人的文化视野，使上海人不仅在饮食习俗方面有所变化，在思想观念上也发生了深刻变化。从某种意义上来说，上海近代的社会转型就是由其催生助长的。

近现代西方饮食文化传入后，经过了一段与中国文化相冲突的过程，然后逐渐融合于中国文化之中。正如严昌洪先生在《西俗东渐记》中所说："由冲突走向融合的结果，是外来的许多习尚已成为中国人生活中须臾不可少的一部分，我们的生活呈现出与祖、父辈完全不同的风貌。"[①] 这就使中国传统饮食礼俗中出现了创新，而创新中又蕴含着传统。就像农作物的近亲繁殖，必然使其原有的优良本性逐渐退化，而远缘杂交，不仅可以保持双方原先所具有的优良本性，还可以提高它的品质。近代西方饮食文化的传入，如同这种农作物的远缘杂交一样，产生了既有传统特征，又有外来风格，而且两者有机融合的上海近现代饮食文化。它完成了古代向近代的转型，并促进了上海社会更加开放，使上海成为中国经济与文化的中心。在这里，上海人既不盲目排外，又不全盘西化，而且博采域外文化精华以兴我中华，这既是中国饮食文化创造的方法，也是中国文化发展的方向。

综上所述，我们不难看到，在以往数百年里，上海以其"百川归海"的博大胸怀容纳了各国、各地、各帮的佳肴，同时又以极大的可塑性改造了各种佳肴，使其最终形成了独具特色的海派饮食文化。如今的上海菜可谓清新秀美、温文尔雅、风味多样、富有时代气息。各种风味荟萃，并糅入了上海的风土人情、历史文化，适应不同层次的消费对象。

# 第三节　上海食俗的传承

上海的饮食风俗习惯，可以从人们的日常饮食风味和传统小吃中反映出来。

## 一、日常风味

首先，上海人喜食水产品，日常菜肴中鱼虾占的比重较大。而且鱼虾取活为上，一年四季有活鱼陈设于水池内，供客选择，当场活杀烹制，这是一大特点。

上海地处长江入海口，淡水鱼与海产品极为丰富，如带鱼、黄鱼、青梭鱼、鲥鱼、白豚、明虾、对虾、梳子蟹等，均是上海人日常菜肴的时令原料。其中著名的海产品有以下几种：

---

[①] 严昌洪：《西俗东渐记——中国近代社会风俗的演变》引言，长沙：湖南出版社，1991年，第1页。

海鳗鲡，俗称海龙，长近一米。渔民们将捕到的海龙剖腹搽盐，经烈日晒干，称为海龙干。海鳗鲡可清蒸、红烧，肥而香鲜。

黄鱼，又称石首鱼，是上海春季的时令鱼种。近代诗人秦荣光在《上海县竹枝词》中提到了食石首鱼的情况："楝子开时石首来，花占槐豆盛迎梅。火鲜候过冰鲜到，洋面成群响若雷。"词中讲的"石首"即"石首鱼"，这里特指黄鱼。黄鱼可做汤、清蒸、红烧等，其味各异，黄鱼肉鲜嫩而少骨刺。

河豚，此豚有剧毒，但味道鲜美。上海人也有"拼死吃河豚"的劲头。秦荣光在《上海县竹枝词》中曾言及此事："一部肥拼一裤新，河豚出水候初春。腹腴直比西施乳，肉剥鸡头觉味珍。"

蟛蜞，亦称相手蟹，是淡水产小型蟹类。有青壳、红壳两种，产于海滨、河滩。此蟹可腌、可醉、可糟，味极鲜美。

蟛蜎，又称蟹虾，为看极佳，白居易《和微之春日投简阳明洞天五十韵》："乡味珍蟛蜎，时鲜贵鹧鸪。"

河豚

第二，讲究选料新鲜，取用四季时令蔬菜，菜肴品种众多，四季有别。如春季有生煸草头、生煸枸杞头、竹笋枸杞、生煸豆苗、刀鱼、鲴鱼等；夏季有清炒鳝糊、清蒸鲥鱼、水晶虾仁等；秋冬季节名菜更多，如菊花蟹斗、炒蟹粉、炒蟹黄油、蟹粉狮子头、冰糖甲鱼、油酱毛蟹、红烧圈子、虾子大乌参、冬笋腌鲜、砂锅大鱼头、青鱼秃肺、清鱼下巴划水等等。鲁迅先生在上海生活期间的家用菜谱也充分体现了以上特点。

第三，在烹调方法上，上海菜原来以烧、蒸、煨、窝、炒并重，逐渐转为以烧、生煸、滑炒、蒸为多，其中以生煸、滑炒为最多，特别擅长烹制四季河鲜。

第四，口味上也有了很大变化。原来上海菜以浓汤、浓汁厚味为主，后来逐步变为卤汁适中，清淡素雅，也有浓油赤酱。在烹制红烧圈子、红烧肉及红烧鱼一类菜肴时，

鲁迅家用菜谱（上海鲁迅纪念馆藏）

上海本帮菜老字号老正兴菜馆

仍重用调味，浓油赤酱，以使食物鲜而入味。但对于炒菜一类如炒鸡丝、炒鸡丁、炒肉丝、炒鱼片、炒鱿鱼、炒目鱼等小炒菜均采用滑炒，讲究鲜嫩、色白、咸淡适中。特别是夏秋季节的糟味菜肴，如糟鸡、糟猪爪、糟肚、糟猪舌、糟青鱼等菜肴，香味浓郁，颇有特色，同早期上海菜已有很大不同，表现出融汇各地风味之长，以不断完善自我发展的趋势。

总之，上海菜是一种在适应中求生存、趋时中求发展、开拓中变革创新的菜系。它的风格以适应、趋时、开拓为主要特征。

## 二、多样小吃

上海人不仅喜食水产品，而且也爱小吃，因而上海的小吃品种十分丰富。在上海，提起小吃，人们一定会想到的是两样东西——小笼与生煎。上海人也把小笼叫作"小笼馒头"，但实际上，不论是"小笼馒头"还是"生煎馒头"都是有馅儿的，这和北方不同。北方人把有馅儿的馒头称为"包子"，没馅儿的才叫"馒头"，上海人却一律称为"馒头"。

上海最有名的小笼要数"南翔小笼"，至今大概已经有近150年的历史了。"南翔"指的是上海嘉定区的南翔镇，那里是小笼的发源地。南翔小笼以皮薄、馅足、汁多、形美为特点。真正的南翔小笼对制作有很高的要求：每只馒头要有14个以上的褶皱，50克面粉要正好做出10只馒头，蒸好的馒头皮应该是半透明的，一只馒头的汤汁差不多能装满一个小碟。上海人吃小笼一定会蘸醋，考究一点的还会在醋里面加上姜丝。

和小笼相比，生煎更平民化，也更常见一点，很多人爱把生煎当作早饭吃。事实上，小笼和生煎还挺像，都是小小的包子，都讲究皮薄、馅足、汤多。明显的不同是：小笼是蒸的，而生煎是煎出来的。好的生煎主体是白色的，口感软而松；底部则是金黄色的，吃起来香而脆。每当出炉时，点心师往热气腾腾的生煎上撒上一把葱花，香气四溢，令人垂涎三尺。

上海早餐有"四大金刚"之说，所谓"四大金刚"，是指大饼、油条、粢饭（糯米饭）、豆浆（或豆腐脑）这四种食物，它们曾经是上海最普遍也最受老百姓欢迎的早点。看起来只是四种食物，味道却绝不仅仅只有四种。"四大金刚"的吃法非常丰富，最经典的是：大饼夹着油条吃，油条包在粢饭里吃，油条还可以弄碎了泡在咸豆浆里吃。随着经济的发展，上海人的早餐越来越丰富，"四大金刚"越来越少见，但那些藏在弄堂里的传统早点摊还是吸引了许许多多的人前去品尝。

对上海人而言，最深入人心的大馄饨是荠菜肉馄饨了。上海是吃荠菜肉馄饨的老家，清代《上海县竹枝词》中就有"正月半夜，荠菜圆子肉馄饨"的记载。后来逐渐形成了元宵节吃圆子、荠菜肉馄饨的习俗，一直延续到现在。平时要是说"今朝吃馄饨好伐"，那一定是指荠菜肉馄饨。现在一年四季都买得到荠菜，但最鲜美的荠菜肉馄饨，一定是用阳春三月里的野生荠菜制作的，那种鲜美柔嫩的滋味，是大棚荠菜难以望其项背的。

上海老字号盛兴点心店的荠菜馄饨

在上海的面条品种中，最负盛名的是阳春面，又称光面，乃是从贩夫走卒到商贾人等的便利之食。此面制法简单，在麻酱汤碗里盛上滚烫的面条，缀上碧绿的点点葱花即可。上海开埠以后，许多面馆对阳春面的汤加以改进，有用鸡和肉骨头熬制，也有增加各种鱼同煮的，鲜不胜言。阳春面由"清水"变成"高汤"，体现了海派文化善于吸收变化的特点。

今天上海的面点，历经数百年时代变迁，汇集东西南北的风格，成为一域翘楚，其核心秘密就是上海文化的融合和变异。例如，苏北盐城的黄桥烧饼到上海后多了

上海阳春面

细腻；苏州昆山奥灶面到上海后少了油酱的腻味；包子这种北方的主食到了上海后就小吃化了，馅多皮薄，连名字也换成肉馒头和菜馒头；甚至那些来自异国他乡的面条，也逐渐成为上海市民饮食的一部分，体现了上海文化海纳百川的特点。

上海小吃一年四季因时推出，如春季有松糕、春卷、汤团（圆）等；盛夏有各种米制的冷糕、冷团、冷面等；夏秋之际有各种热食糕团、鲜肉月饼、蟹粉小笼等；隆

第十三章 东西交融的上海饮食文化

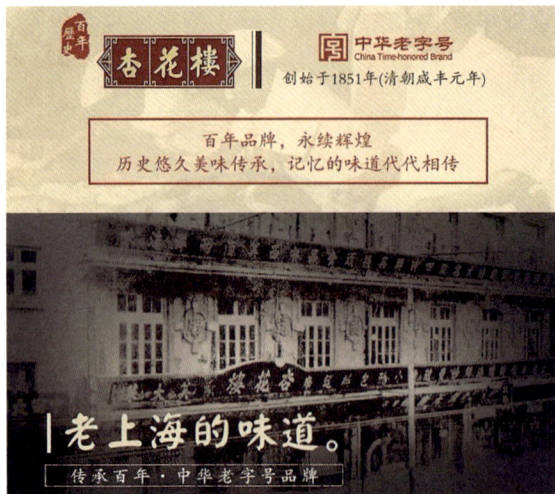

上海杏花楼

冬有祛寒滋补的羊肉面及各种年糕等。至于传统节日的特色小吃，如清明的青团、立夏的酒酿、端午的粽子、中秋的月饼、重阳的花色糕等，更是风靡市场。上海小吃的著名品种有：城隍庙的南翔馒头、枣泥酥饼、鸽蛋丸子；沧浪亭的四季糕和苏式面点；乔家栅的粽子、松糕，八宝饭；沈大成的时令糕团，鲜得来的排骨年糕，小绍兴鸡粥店的鸡粥；杏花楼的月饼等等，都各具特色。

# 第十四章　长江流域的节日饮食习俗

节日仪礼食俗，是中华民族饮食文化的珍贵遗产。它是中国先民在长期社会活动过程中，适应生产、生活的需要而创造出来的。中国的许多年节饮食习俗形成并成熟于长江流域，并在历史发展进程中几经嬗变，一直传延至今。它是长江流域文化的一朵奇葩。

长江流域的年节具有四个特点：（一）数量多。（二）节日形式成熟，构造复杂，每个节日都有一套相应的节日传说、节日饮食、节日礼仪，构成了一个个繁复的节日习俗系统。（三）在每个节日中都可找到一些最为古老的文化遗存因子。（四）长江流域年节中的饮食，集中、鲜明地反映出长江文化的内容和色彩。

长江流域年节中的这四个特点，说明它的载体文化是高度发达而成熟的；也说明它自身也是高度成熟的。可以说，正是由于这两方面的成熟，长江流域年节饮食习俗才变得绚丽多彩、撩人兴味。

## 第一节　春节饮食习俗

百节年为首，新年春节，是长江流域人民生活中的盛典。

春节的历史非常古老，早在远古时期，便有了以立春日为时间坐标，以春耕为主题的农事节庆活动。这一系列的节庆活动不仅构成了后世元旦节庆的雏形框架，而且它的民俗功能和构成因子也一直遗存至今。

汉唐是由立春节庆转向现代的春节大年节的过渡时期，它表现为两个演进过程：其一为节庆日期由以立春为中心，逐渐过渡到以正月初一为中心，如《荆楚岁时记》所云，"正月一日，是三元之日也"，即岁之元、时之元、月之元，所以汉唐人将此称为元旦；其二为节庆由单一形态的农事节庆逐渐过渡到复合形态的新年节庆。由此在长江流域产生了一系列以除疫、延寿为目的的饮食习俗，其主要表现就是饮椒柏酒、屠苏酒、桃汤，吃五辛盘、胶牙饧等。

早在汉代，元旦便与饮椒柏酒的习俗结合在一起了。椒酒在先秦时曾是楚人享神的酒醴，到了汉代，"椒"又与寿神之一的北斗星神挂上了钩。东汉崔寔《四民月令》

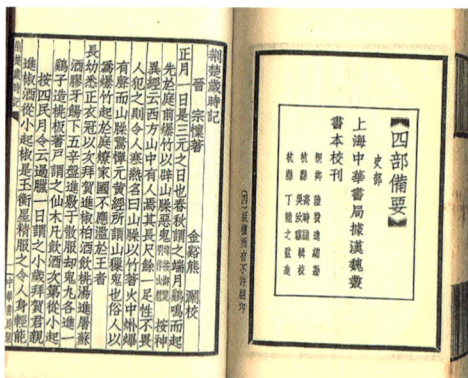
《荆楚岁时记》书影

说："椒是玉衡星精，服之令人身轻能（耐）走，柏是仙药。"

隋人杜公瞻在《荆楚岁时记》注中引魏晋文献说：晋"成公子安《椒华铭》则曰：'肇惟岁首，月正元日。厥味惟珍，蠲除百疾。'是知小岁则用之，汉朝元正则行之。《典术》云：'桃者，五行之精，厌伏邪气，制百鬼也。'董勋云：'俗有岁首用椒酒。椒花芬香，故采花以贡樽。'"①。

可见，汉晋时长江流域的人们已相信元旦饮用椒花柏叶浸泡的酒，能使人在新年里身体健康，百疾皆除，延年益寿。

当时人们饮椒柏酒还传承着在家族成员内由小辈开始至长辈结束的俗规。至于为什么要由小到大，董勋《答问礼俗说》曾作解释："俗云小者得岁，先酒贺之；老者失岁，故后与酒。"

魏晋南北朝时，长江流域的人们在元旦除了饮椒柏酒外，还兴起了饮屠苏酒的习俗。《荆楚岁时记》中说：元旦"长幼悉正衣冠，以次拜贺。进椒柏酒，饮桃汤。进屠苏酒、胶牙饧。下五辛盘，进敷于散，服却鬼丸。各进一鸡子"②。

屠苏是一种药剂。南朝梁文学家、史学家沈约《俗说》云："屠苏，草庵之名。昔有人居草庵之中，每岁除夜，遣闾里药一剂，令井中浸之，至元旦取水置于酒樽，合家饮之，不病瘟疫。今人有得其方者，亦不知其人姓名，但名屠苏而已。"

显然，最早的屠苏酒是预防时疫的一种中药配剂，在元旦取浸过屠苏药剂的井水饮用，含有新水崇拜的意味。后来，晋人葛洪曾用细辛、干姜等泡制屠苏酒，逐步演化为用一些中药来泡制酒，以起治病防病的作用。

吃五辛盘也是为了健身。魏晋时将大蒜、小蒜、韭菜、芸薹、胡荽称为五辛，在元旦时，人们将这五种辛香之物拼在一起吃，意在散发五脏之气。唐代著名医学家孙思邈在《食忌》中说："正月之节，食五辛以辟疠气。"

屠苏酒

大黄　防风　桂枝　花椒　白术
屠苏酒的配方

①〔南朝梁〕宗懔：《荆楚岁时记译注》，谭麟译注，武汉：湖北人民出版社，1985年，第5页。
②〔南朝梁〕宗懔：《荆楚岁时记译注》，第15页。

他在《养生诀》中亦云："元旦取五辛食之，令人开五脏，去伏热。"按照现代科学观点，元旦之际，寒尽春来，正是易患感冒的时候，用五辛来疏通脏气，发散表汗，对于预防时疫流感无疑具有一定的作用。吃五辛盘反映了长江流域人们把健康的追求，寄托在新年的第一天。

五辛盘是后世春盘、春饼的雏形。唐代时，人们对五辛盘作了改进，增加了一些时令蔬菜，汇为一盘，号为春盘，取其生发迎春之义，在元旦至立春期间食之。如唐代《四时宝镜》中言："立春日食萝葡、春饼、生菜，号春盘。"当时吃春盘不仅在长江流域十分普及，在黄河流域也同样普及。《关中记》也说："唐人于立春日作春饼，以春蒿、黄韭、蓼芽包之。"随着时间的推移，春盘、春饼、春卷的名称相继更新，其制作也越来越精美了。

元旦中的其他一些食物，也多寓吉祥之意，表达人们对新年美好生活的向往。如元旦吃"胶牙饧"，是一种饴糖，古汉语中"胶"与"固"相通，胶牙即固牙，俗传吃了这种糖之后可以使牙齿牢固，不脱落。

一般而言，春节期间亲友们都要互相宴请，谓之吃春酒。"初一早晨吃汤圆，意为抢宝，吃挂面意为长寿。中、晚餐吃'除夕'留用佳肴。……来人敬花生、米花、瓜子，出门走喜神方（历书上标明大吉之方向）以求吉祥，遇人互相道贺'恭喜发财'。粮、油、盐、布等商店停业过年……初二至十五日陆续开始走亲戚，相互拜年，馈送腊肉、挂面、糖果、糕点、粽子、馍馍等礼品。"[1]"正月朔，以香烛、酒果遍陈于所祀，家人以次相拜……亲朋至必款留，饮屠苏酒。民国阳历一日，军政界多于是日庆贺'元旦'，惟民间多用阴历'元旦'。"[2]"是为新正'元旦'。是日早起，具冠服礼神毕，爆竹于庭，长幼内外以次拜贺，饮酒啖肉而饱以面。早餐后，衣新衣，履新履，与里中近族互相走贺。……糖果、糕点、饵之类，随意杂食，午膳、晚膳亦如早餐。……初三日开衙，亦云'启衙'。启衙后，亲戚里党之疏远者皆相与拜贺。客至，必用茶点。虽寒素，微饧之饵，糯米之糕，必备必具。"[3]涪陵地区也有"客至，主人设果盘，以粉团、糍粑、年糕款之。排日设酒食，迭为宾主，曰'春酒'"[4]。贵州开阳地区，"自初一至初三，

① 四川省新津县《武阳镇志》编纂小组编：《武阳镇志·岁时民俗》（1983年铅印本），载丁世良、赵放主编：《中国地方志民俗资料汇编·西南卷》，北京：书目文献出版社，1991年，第80页。

② 林志茂等纂修：《（民国）三台县志·岁时民俗》（1991年铅印本），载丁世良、赵放主编：《中国地方志民俗资料汇编·西南卷》，第109页。

③ 刘泽嘉等纂修：《（民国）江津县志·岁时民俗》（1924年刻本），载丁世良、赵放主编：《中国地方志民俗资料汇编·西南卷》，第232-233页。

④ 施纪云等纂修：《（民国）涪陵县续修涪州志·岁时民俗》（1928年铅印本），载丁世良、赵放主编：《中国地方志民俗资料汇编·西南卷》，第241页。

俗称'年三天'，虽贫苦之家亦小休以寻乐趣。有仅食糯米、晚米预制之糕，俗称糍粑、耳块粑者。……及用糯米、晚米、黄豆配合制成号'黄糕粑'及炒米者。自初三以后，例将堂上供果撤去。"①

上海人在正月里，早饭以糯食为主，如糖拌小圆子，称"糖圆"，取甜蜜、团圆之意；再如糖年糕，取年年高之意。早饭后，晚辈向长辈磕头拜年，长辈还给压岁钱和喜果。文人称"压岁钱"为"压祟钱"，就是可以压邪。喜果是用红纸包好的蜜枣、桂圆一类的干果。

正月初一的午饭称作"岁朝饭"，本应吃素，但民国初年已不被遵守，特别是民国末年，"岁朝饭"吃素的习俗已经消亡。城中市民互相拜年不一定留客吃饭，而乡间农民互相拜年，一般要用好酒好饭招待，俗称"吃年酒"。相互间你吃我的，我吃你的，往往一直要吃到正月十五。②

在长江流域流行的春节食俗中，最有代表性的节令食品要数年糕，"糕"谐音"高"，过年吃年糕，除了尝新之外，恐怕主要是为了讨个口彩，意取"年年高"。正如清末一首阐发年糕寓意的诗所说："人心多好高，谐声制食品，意取年胜年，藉以祈岁稔。"新年吃年糕之俗，反映了人们对美好生活的向往和追求。

年糕是将糯米浸泡磨浆后，压干水分，蒸制而成的一种食品。其特点是口感柔软，食法多样，便于存放。

"十里不同风，百里不同俗。"我国幅员辽阔，各地食年糕习俗不尽相同，年糕品种也多种多样。北方年糕多以黄米、黍米为主，南方年糕以糯米为主。南方年糕又分广式和苏式两大风味，广式多以糯米粉、片糖、生油、瓜子仁、竹叶等为原料，其色泽金红、口感软滑，内含竹子清香。苏州年糕最为讲究，有猪油年

01 [淘米推磨，备好米粉]
02 [将蒸熟的米粉倒入石臼里]
03 [连续捶打，确信打透]
04 [新鲜出炉，压成长条]
05 [描红祭祖，敬天祈福]
06 [晾年糕]

江西弋阳年糕的做法

① 钟景贤等纂修：《（民国）开阳县志稿·岁时民俗》（1939年铅印本），载丁世良、赵放主编：《中国地方志民俗资料汇编·西南卷》，第519页。

② 参见吴祖德：《商品经济冲击下的都市节日——上海市区岁时信仰习俗》、欧粤：《上海市郊岁时信仰习俗调查》，皆见上海民间文艺家协会编：《中国民间文化》第五集《稻作文化与民间信仰调查》，上海：学林出版社，1992年，第115、129页。

糕和红、白糖年糕等不同品种。红、白糖年糕，粉细糯甜，色泽白亮，蒸透柔韧，水煮不腻，油煎香甜，久藏不霉。猪油年糕有玫瑰、桂花、枣蓉、薄荷四种，其特点是色泽鲜艳美观，肥润香糯、食而不腻。除甜年糕外，有些地区还喜欢吃咸年糕。其以南瓜丝、萝卜丝为料，加入糯米浆中，上屉蒸熟，吃起

宁波年糕的多种做法

来更是别有风味。在湖北、湖南、江西、江浙等地，每年一进腊月，家家户户便开始制作年糕，年糕成为春节重要的食品和礼品。如清道光年间湖北《安陆县志·民俗》云："村中人必致糕相饷，名曰'年糕'。"年糕多由糯米或黏小米制成，谐音年（黏）年（黏）高（糕），寓意"步步登高"，一年更比一年好。

拜年客人进门后，主妇们先给客人敬茶一杯。清代苏州诗人袁景澜在《年节酒词》中云："入座先陈饷客茶，钉拌果饵枣攒花。"按上海旧时习俗，大年初一的早上一起床，便要喝一杯"元宝茶"，茶中除了要放一些上等的茶叶以外，还要放上两枚清香爽口、涩中带甜的青橄榄。此日的早点大多是两只加有红糖的"水铺蛋"，以寓甜甜蜜蜜，团团圆圆。一些富裕人家，到了春节时还要用红漆果盘装出各种富有吉祥意义的风味食品，如荸荠、蜜枣、桂圆、橘红糕、云片糕、油枣、金橘、糖莲心、芝麻糖、花生等等，以供家人和宾客享用。过去汉口亦称加有红枣、瓜仁、莲子等物的糖开水为"元宝茶"。清代叶调元《汉口竹枝词》云："主客相逢吉语多，登堂无奈磕头何。殷勤留坐端元宝，九碟寒肴一暖锅。"注云："正月饮酒用元宝杯，谓之'端元宝'。"元宝杯是酒杯上绘有元宝或钱币图形，以示吉祥发财之意。后来改用"元宝茶"，一般取红枣沿腰切口，四周嵌入瓜仁，冲白糖开水。考究一点的红枣、莲子、桂圆羹也称"元宝茶"。民国四年（公元1915年）刊印的《汉口小志》云："拜年客来，多留吃元宝茶，或摆果盒以待。"果盒中装有年糕、蜜枣、糖莲子、柿饼、花生等，分别寓意年年高、早生贵子、早日高中、连生贵子、事事如意、花着生。

长江流域春节饮食活动的高潮是吃"团圆饭"。在民间，人们对吃团圆饭十分重视，羁旅他乡的游子，除非万不得已，再忙也要赶回家吃顿年饭。因特殊原因不能回家吃年饭的，家人也要为他们留一席位，摆上一套碗筷，以示团圆。筵宴菜肴的内容在不同地区各不相同。如江汉平原地区，除夕年夜饭必有一道全鱼，谓之"年鱼"，意取"年年有余"。年鱼一般是不能吃的，虽然个别地方可以吃，但鱼头、鱼尾不能吃，谓之"有

头有尾"，来年做事有始有终。丸子菜在许多地方的年宴上是少不了的，因丸子俗称圆子，正好合团圆之意，所以，鱼圆、肉圆或藕圆便成宴席上的必备菜。总之，年宴上一般要有一至两道包含吉祥寓意的菜肴，以此表达人们对未来生活的美好祝愿。

## 第二节　元宵节饮食习俗

正月十五元宵节，又称上元节，是新年的第一个月圆之夜。

元宵节起源于汉代，但对其起源形式，学界存在着不同的说法。第一种说法是，汉武帝采纳方士谬忌的奏请，在甘泉宫中设立"泰（太）一神祠"，从正月十五黄昏开始，通宵达旦地在灯火中祭祀，从此形成了这天夜里张灯结彩的习俗。如宋人朱弁《曲洧旧闻》云："上元张灯，自唐时沿袭汉武帝祠太一自昏至明故事。"实际上，汉武帝祀太乙沿袭的是先秦楚人的旧俗，《楚辞·九歌》以"东皇太一"为至尊之神。

第二种说法是，汉末道教的重要支派五斗米道，创天、地、水（或人）"三官"说。魏晋时，道教又以"三官"与时日节候相配，定正月十五为上元，七月十五为中元，十月十五为下元，合称"三元"，三元节由此产生。明人郎瑛《七修类稿》引唐人说法，

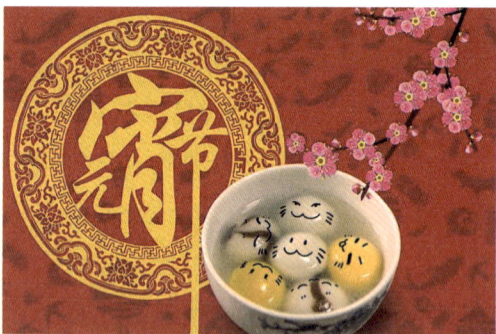
元宵节吃元宵

认为正月十五是"三官下降之日"，而三官各有所好，天官好乐，地官好人，水官好灯，因此在上元节要纵乐点灯，士女结伴夜游。

第三种说法是，上元节是汉明帝时由西域传入的。如宋人高承《事物纪原》云："西域十二月三十乃汉正月望日，彼地谓之大神变，故汉明令人烧灯表佛。"

这些说法都有一定的道理，但是一个成熟节日的形成，应是融汇了一些不同种类的原型因子，可以认为，上元节是多种文化和习俗复合而成的，如长江流域先秦楚文化的遗绪、汉代正月十五燃灯祭太一的仪礼、道教者流造作的"三元"说，以及佛教传入中国后的法事庆典影响等。正是这些因素的结合，才形成了上元节。这样，正月十五灯火辉煌的活动，既有祭太一神的旧俗，又有燃灯礼佛的虔诚，成了一个独具风采的传统节日。

元宵节吃元宵这一习俗，是从宋代长江下游一带开始的。南宋周必大《平国续稿》记云："元宵煮浮圆子，前辈似未曾赋此……"《岁时杂记》说："煮糯为丸，糖为臛（肉羹），谓之圆子。"其制法是以各色果饵和蜜糖为馅，用糯米粉包裹起来搓成球，置水中煮

沸而食。圆子与耍狮、舞龙的球一样是月亮的象征物，吃圆子含有祭月、赏月的意味。周必大《元宵浮圆子》诗云：

> 今夕知何夕，团圆事事同。
> 汤官寻旧味，灶婢诧新功。
> 星灿乌云里，珠浮浊水中。
> 岁时编杂咏，附此说家风。

　　因为"前辈似未曾赋此"，他才写了这个"时令风尚"的食品。周密在《武林旧事》一书记载宋代元宵节流行的食品有很多："节食所尚，则乳糖圆子、科斗粉、豉汤、水晶脍、韭饼，及南北珍果，并皂儿糕、宜利少、澄沙团子、滴酥鲍螺、酪面、玉消膏、琥珀饧、轻饧、生熟灌藕……糖瓜蒌、煎七宝姜豉、十般糖之类。"这里所说的乳糖圆子、澄沙团子等，系用江米粉（南方称糯米粉）包裹各种果饵料作馅，搓成球状，然后用开水煮制而成。

江苏常州过年吃堆花团子

　　元宵寓团圆之意，又有元旦（今春节）完了义，也作为祭祀祖先之物，寄托对亡灵的哀思和敬意。[①] 清同治年间湖南《巴陵县志》云："'元夜'作汤圆，即呼食元宵，圆、元语同，又有完了义。"同治年间江西《乐平县志》曰："十三夜，四衢张灯……至十八日乃止，谓之'元宵节'。十四日，夜以秫粉作团……谓之'灯圆'，享祖先毕，少长食之，取团圆意。"

　　长江流域不同地区，元宵节饮食习俗不尽相同，各有千秋。上海、江苏一些农村，元宵节喜欢吃"荠菜圆"。清乾隆时期沪人李行南《申江竹枝词》咏上海过元宵的情景：

荠菜圆

① 赵荣光、谢定源：《饮食文化概论》，北京：中国轻工业出版社，2000年，第132页。

"元宵锣鼓镇喧腾，荠菜香中粉饵蒸。祭得灶神同踏月，爆花飞接竹枝灯。"云南昆明人多吃豆面团；云南峨山一带，元宵之夜全寨人要聚在一起举办"元宵宴"，是日下午，召集人燃放鞭炮通知全寨各户主前来吃饭，饭前由德高望重的老前辈吟诵祝词，祝愿当年风调雨顺，五谷丰登。湖北省《枣阳县志》记载：元宵，家家和粳米、大豆、荞麦等面为金盏、银盏，燃香（油）炷于中，遍处张照，次日收取煎食[1]。浙江杭州地区，正月十三日为上灯节，家家户户以糯米粉搓成小团，煮熟后供祖先，称为"上灯圆儿"；十五日以糯米粉搓成大团，其中的馅有切细的核桃、花生、芝麻、枣子、鸡油、豆沙之类，称为"灯圆"（民国后期，菜馆中还用油炸，称为"炸元宵"），以灯圆馈送亲友，名为"灯节盒"。[2]

西南地区的四川合江，在元宵节这天，入夜，煮汤圆而食，称为"吃元宵"。男人则窃人青菜煮食，称为"偷青"；或私取人家檐灯以送亲友，据说可生子，称为"送红灯"。文人们则在庙中猜谜，以中奖为乐，称为"打灯谜"。这一天的另一习俗是，将上年吃饭时留下的一碗饭从神橱中取出打开，察看其霉变的颜色，以红、黄、绿等色辨丰歉之年。[3]贵阳地区，元宵节又称为"过大年"。过大年须像除夕一样地焚香敬神，并吃一种特制的汤圆，名叫"元宵粑"。

正月十五吃元宵也与中秋吃月饼一样，含有家人团圆的意味。如周必大在前诗中有云："今夕是何夕，团圆事事同。"1913年，袁世凯因"元宵"与"袁消"谐音，于己不吉利，下令改"元宵"名称为"汤圆"。此后，汤圆之名也流行开来，有的地方直至现在仍称元宵为汤圆。

## 第三节　清明节饮食习俗

寒食节在清明之前一二日，从先秦以迄隋唐，寒食节均为一个大节日。寒食节与清明节在节俗内容上并无十分明显的继承关系，两者间存在的主要是一种置代关系。纵观这两个节日的演变、发展轨迹，我们可以很清楚地发现这么一条线索，那就是，寒食节式微的时候，清明节就从一个单纯农事节气上升为一个大的节日，这说明清明节的产生，是借用了寒食节的节期，寒食仅先于清明一二日，因而很自然地便被后者借用了。这种借用的文化基础是人们世世代代传承、积淀下来的对年节节期的稳定的

---

① 梁汝泽等纂修：《（民国）枣阳县志》，武汉：湖北教育出版社，2020年，第339页。

② 浙江民俗学会编：《浙江风俗简志》，杭州：浙江人民出版社，1986年，第53页。

③ 刘天锡、张开文等纂修：《（民国）合江县志·当时民俗》（1929年铅印本），载丁世良、赵放主编：《中国地方志民俗资料汇编·西南卷》，第160页。

习惯心理。除节期的借用外，清明节也借用了寒食节作为一个纪念性、祭祀性节日的内核，清明的祭祖扫墓之俗的深层结构无疑就是纪念和祭祀。

唐代以后，寒食的地位日趋式微，逐渐成为清明节的一部分，寒食节禁火风俗也逐渐消失。但是与这个节日有关的馓子这一节令食品，却仍为人们所喜

寒食节禁用明火吃冷食

食，千百年来传承不绝，并发展为具有款式繁多、风味各殊的特点，在长江流域各地流行。另外，寒食节期间，民间还有吃饧大麦粥的习俗。《荆楚岁时记》记载：寒食"禁火三日，造饧大麦粥"。其制法是先将大麦熬成麦浆，煮熟，有时还可以加入捣碎的杏仁，冷凝后切成块状，食时浇上糖稀。

清明节的饮食活动也十分丰富，各地不尽相同。如《新昌县志》中记载"清明节家家门户插柳取菁，作糍献先人并自食"。云南民间清明节时，"男妇具酒肴，各诣坟所致祭"①。宁波人在清明节时，则有各家以青糍黑饭"祭墓"的习俗。湖南永州一带有举办清明宴的习俗，清代道光年间的《永州府志》云："子孙每年遇清明、寒食，先期具帖，至期祭首备牲及米糍等物，用鼓吹号炮至墓所，巫祝奠谢后土，有符箓疏表，子孙照世系点名，不到者有罚。祭毕，将米糍按名分给，以数千计。归家，以祭祖之豕剖而熟之。子孙添丁、婚娶者，入胙助之。午刻宴老者，年五十以上皆与。将添丁、婚娶所入之胙合计若干，又计老者之多寡，按名分给，不到者送之家，谓之'食老者胙'。其酒食、蔬菜皆轮值祭首备办。老者燕毕，然后将祭祖之豕权之，不足者以他豕补之，或若干斤，皆有定规。于祭首中择少壮者割而分之，列家长之名，每名该若干分唱名领给，老少男女皆与，谓之'祖命胙'。添丁、婚娶者额外加胙，子弟中有犯非礼者，轻者杖之，重者将祖命胙罚停，改悔复之，不悛革之，皆由老者公议。颁胙毕，各将所颁之胙烹之，或载他肴，复集家庙群饮，谓之'清明宴'，惟妇女不与。其酒食亦由祭首掌之，纵饮失仪者有罚。"②

此外，江浙一带还流行青团、红藕。如清顾禄《清嘉录》云："市上卖青团、熟藕，为居人清明祀先之品……今俗用青团、红藕，皆可冷食，犹循禁火遗风。然与鬼神享

---

①［明］王尚用、陈梓等修纂：嘉靖《寻甸府志》卷上，载丁世良、赵放主编：《中国地方志民俗资料汇编·西南卷》，第787页。

②［清］吕恩湛、宗绩辰修纂：道光《永州府州》，载丁世良、赵放主编：《中国地方志民俗资料汇编·中南卷》，第572页。

青精饭

气之义不合，故仍复有烧笋烹鱼以享者。"清代江浙地区在清明节冷食青团、红藕，即寒食食俗的变形遗存。及至现代，清明节令食品"青团"的制作加工又有了一些新的发展。其制作方法是，"将一种有香味的青艾，用石灰腌制后洗净捣碎，和上米粉与糖，蒸成艾团子，也有在里面装馅儿的。"[1]苏沪风味的青团则是用雀麦草汁和入糯米粉，以豆沙为馅制成的。

还有吃青精饭，道家称之为"青精干石饭"。其制作方法是以南烛枝叶出汁捣叶浸米，蒸出的饭呈青色，道家认为吃了这种饭可以"资阳气"、益颜延寿。《岁时广记》引《零陵总记》云："杨桐叶、细冬青，临水生者尤茂。居人遇寒食采其叶染饭，色青而有光，食之资阳气。谓之杨桐饭，道家谓之青精饭、石饥饭。"

杭州还有一种用糯米拌青蒿，捏成小狗形状的清明团子，俗称"清明狗儿"。这清明狗儿，并不在清明节吃，而要一直等到立夏这天才拿出来用荠菜花煮熟了给小孩吃。据说，小孩吃了这种清明狗儿可以不疰夏。其实，青蒿是一种芳香植物，性凉、有消夏、散热、解毒的作用。俗话说"三日猫，四日狗"，所以捏成狗状，也许是因为猫狗不易生病，故有取其"健而贱"的含义。据清代范祖述《杭俗遗风》记载：杭州清明节，民间要以五色米粉，捏制粉犬，俗称"清明狗"，悬挂梁下，到立夏日蒸熟给小孩食，说是吃了能健壮如虎。由此可见，此俗由来已久。

清明时节，鄂东一带有吃清明果艾糍的风俗习惯。踏青时，采摘田野里的棉菜（又称鼠曲草），有止咳化痰的作用，制成清明果蒸熟，其色青碧，吃起来格外有味，也是扫墓时用来祭奠先人的必备食品。还喜欢吃春卷，又称春饼、薄饼。它是汉族民间节日的一种传统食品，目前流行于中国各地，在江南等地尤盛。民间除供自己家食用外，常用于待客。用上白面粉加少许水和盐拌揉捏，放在平底锅中摊烙成圆形皮子，然后将制好的馅心（肉末、豆沙、菜猪油）摊放在皮子上，将两头折起，卷成长卷下油锅炸成金黄色即可。皮薄酥脆、馅心香软，别具风味，是春季的时令佳品。春卷历史悠久，由古代的春饼演化而来。宋代《岁时广记》中即有"春日食春饼"的记载，可见春日做春饼、食春饼的民俗由来已久。春的意思就是春天，有迎春喜庆之吉兆。

---

[1] 韩盈：《节令风俗故事》，上海：上海古籍出版社，1989年，第44页。

# 第四节　端午节饮食习俗

农历五月五日端午节是中国传统节日中仅次于元旦的第二大节日。端午又称端五、重五、重午、端阳、地腊（道教节庆）、女儿节和天中节。除汉族外，长江流域还有一些少数民族也过端午节，如彝族、傣族、土家族、纳西族、侗族、布依族等等。

端午节起源很早，在先秦时，人们就认为五月是个恶月，重五之日更是恶日。如《史记·孟尝君列传》中就有这样的事例，其云："初，田婴有子四十余人，其贱妾有子名文，文以五月五日生。婴告其母曰：'勿举也。'其母窃举生之。及长，其母因兄弟而见其子文于田婴。田婴怒其母曰：'吾令若去此子，而敢生之，何也？'文顿首，因曰：'君所以不举五月子者，何故？'婴曰：'五月子者，长与户齐，将不利其父母。'文曰：'人生受命于天乎？将受命于户邪？'婴默然。"司马贞对此也持同感，其《索隐》引《风俗通义》云："五月五日生子，男害父，女害母。"[1]《吕氏春秋》中也认为五月是阴与阳、死与生激烈斗争的一个月，其中云："是月也，日长至，阴阳争，死生分。君子斋戒，处必掩，身欲静，止声色，无或进，薄滋味，无致和，退嗜欲，定心气，百官静，事无刑，以定晏阴之所成。"[2] 所以后世端午节要进行一系列的辟邪、祛疫的活动，这说明构成端午节的一些事象及因子，在先秦时就已存在。

汉代至魏晋是端午节初步形成的阶段，而南北朝至隋唐则是端午节定型化、成熟化的阶段，因为端午节中的许多风俗事象，特别是饮食风俗，都是在这一时期形成的。

端午节最主要的节令食品是粽子。相传粽子始于汉代，是端午节投向水中祭屈原的供品。南朝梁人吴均《续齐谐记》载："屈原五月五日投汨罗而死，楚人哀之，每至此日竹筒贮米，投水祭之。汉建武中，长沙欧回白日忽见一人，自称三闾大夫，谓曰：'君当见祭，甚善。但常所遗，苦为蛟龙所窃。今若所惠，可以楝树叶塞其上，以五采丝缚之。此二物蛟龙所惮也。'回依其言。世人作粽，并带五色丝及楝叶，皆汨罗之遗风也。"可见，最早的粽子是用楝叶包裹的。

菰叶粽子

后来，人们又改用菰叶来包粽子，

---

① ［汉］司马迁：《史记》卷75《孟尝君列传》，第 2352 页。
② 《吕氏春秋·仲夏篇》，第 101 页。

周处《风土记》云："仲夏端午，烹鹜角黍。"又云："五月五日，以菰叶裹黏米煮熟，谓之角黍，以象阴阳相包裹，未分散也。"《齐民要术》中又引《风土记》注云："用菰叶裹黍米，以淳浓灰汁煮之，令烂熟，于五月五日夏至啖之。粘黍，一名粽，一名角黍，盖取阴阳尚相裹，未分散之时象也。"《荆楚岁时记》亦云："夏至节日，食粽。"其注云："按周处《风土记》谓为角黍，人并以新竹为筒粽。"此外，《尔雅翼》卷一"芯"字注引《荆楚岁时记》佚文云："其菰叶，荆楚俗以夏至日用裹黏米煮烂，二节日所尚，一名粽，一名角黍。"

竹筒粽子

以上材料反映出，在南朝时，长江流域粽子的名称已逐渐代替了角黍，其制作原料也由黍米改为主要用大米了，而且粽子也成为夏至和端午两个节日的节令食品。

事实上，所谓用竹筒贮米和包裹"粽子"，原是长江流域稻作民族制作主食的两种古老方法。制筒粽的方法是在新砍的竹筒中贮米注水，置火上烧烤成熟食；制粽子的方法是以楝树叶或菰叶包裹黏米，用线缚紧，投水中煮烂，然后取出剥食。这两种制作主食的方法至今仍为部分西南少数民族所沿袭。

竹筒贮米和粽子均是上古长江流域人们的日常食物，本无特殊的纪念意义，后来在魏晋南北朝传承过程中，人们又将吃粽子与祭屈原联系了起来。这样，后世围绕着粽子这一食品，便衍生了一系列有关的食俗与禁忌，粽子包裹的花样及品种也越来越多。在长江下游一带，粽子种类更多。特别是宋代以后，粽子"名品甚多，形制不一"，如除了筒粽外，还有角粽、锥粽、茭粽、秤锤粽、九子粽等。《武林旧事·端午》记载南宋杭州的端午日，"巧粽"尤为流行，人们做的"糖蜜巧粽，极其精巧。……巧粽之品不一，至结为楼台舫辂"。《西湖老人繁胜录》中也记载：在杭州，"天下惟有是都城将粽揍成楼阁、亭子、车儿诸般巧样。开铺货卖，多作劝酒，各为巧粽。茉莉盛开，城内外扑戴朵花者，不下数百人"。

近代以后，随着民众生活水平的提高，上海地区端午节时所吃的粽子品种也日益丰富起来。秦荣光《上海县竹枝词》云："又是端阳景物新，枇杷角黍饷亲邻。儿童争买雄黄酒，妇髻玲珑插健人。"[1] 喜吃苏式的，有白米、赤豆、豆沙、鲜肉、火腿等

---

[1] 秦荣光：《上海县竹枝词·岁时》，载顾炳权编著：《上海历代竹枝词》，上海：上海书店出版社，2001年，第215页。

诸多名色；喜吃广式的，则有椰蓉、莲蓉、烧鸭、猪油豆沙、叉烧、蛋黄等各种类型；另外还有诸多的花色粽，如干贝、冬菇、开洋、绿豆、咸蛋等等。真可谓琳琅满目，丰富至极。

古代长江流域的人民在端午节除了食粽子外，还要饮菖蒲酒和雄黄酒。菖蒲是生长在山涧泉流旁的一种名贵药材，具有开窍、祛痰、理气、活血、散风和

**菖蒲酒**

祛湿等功用。饮菖蒲酒习俗的起源较早，《荆楚岁时记》云："以菖蒲或镂或屑，以泛酒。"其酒味芳香爽口，疗效显著，通血脉，治骨痿，久服耳目聪明。如贵州平坝人端午节晨起后先悬菖蒲、艾叶于门首，其意为除去污秽；再燃香烛，化帛，拜天地、拜祖先，吃粽子；午间，向神龛宰鸡一只并燃香烛；到了晚上，各家都置办酒肴祭天地、祖先。共饮雄黄酒，吃用雄黄涂抹过的雄黄肉。

江西萍乡各家在端午节吃早饭时，将粽子、包子、腌蛋、大蒜各物放在桌上，全家大吃。饮雄黄酒以解毒，悬菖蒲艾叶于门前，并于屋角洒雄黄，说此能驱邪。有的备三牲酒肴，入庙敬佛，爆竹声声极为热闹。敬神回家，全家痛饮。午后，长幼男女皆穿新衣，纷纷去看龙船，参加赛龙船的人都集中于龙王庙，焚香燃烛、祭祷龙王后，在龙王头上披上红巾，然后将龙头龙尾迎下舟，龙头置于船鹢，龙尾置于船末。[①]

在长江流域许多地方都流行端午节食"五黄"的习俗。这"五黄"是指：雄黄酒、黄鱼、黄瓜、咸蛋黄、黄鳝（有的地方也指黄豆）。

雄黄，其色橙黄，有解毒杀虫之功，可治痛疮肿毒、虫蛇咬伤。俗信端午节时有"五毒"之说，所谓"五毒"，指的是蛇、蝎、蜈蚣、壁虎和蟾蜍。民间认为，饮了雄黄酒便可杀"五毒"。《白蛇传》里写到"端阳惊变"的故事，许仙误信法海谗言，端午时强使白娘娘饮雄黄酒，致使白蛇显露原形。因此，民间广泛传信饮雄黄酒后能够解毒。但是，雄黄如果和烧酒同饮，稍不留意也会引起中毒。难怪清人梁章钜在《浪迹丛谈》卷八中说："吾乡每过端午节，家家必饮雄黄烧酒，近始知其非宜也。"现代饮雄黄酒之俗逐渐消亡。那么古人为什么要在端午节饮这雄黄酒呢？其原因也是在于古人认为五月为恶月，饮雄黄酒可以起到辟邪、除疫的作用。

每逢端午佳节，江南水乡的孩子们胸前都要挂一个用网袋装着的咸鸡蛋或咸鸭蛋。

---

① 胡朴安：《中华全国风俗志下编·江西》，石家庄：河北人民出版社，1986年，第296页。

关于此俗，民间流传着一段传说：相传很久以前，天上有个瘟神，每年端午的时候，总是溜到凡界播疫害人。受害者多为孩子，轻则发烧厌食，重则卧床不起。一些做娘的对此十分心疼，纷纷到女娲娘娘庙烧香磕头，求她消灾降福，保佑后代。女娲得知此事，就去找瘟神说："今后凡是我的嫡亲孩儿，决不准许你伤害。"瘟神知道女娲法力无边，不敢和她作对，就问："不知娘娘有几个嫡亲孩儿在下界？"女娲一笑说："我的孩儿很多，这样吧，我在每年端午这天，命我的嫡亲孩儿在衣襟前挂上一只蛋袋，凡是挂有蛋袋的孩儿，都不准你胡来。"到了这年端午，瘟神又下界，只见一个个孩子胸前都挂着一个个小的网袋，里面装着煮熟的咸蛋。瘟神以为这都是女娲的孩子，不敢动手。就这样，端午吃蛋之俗逐渐流传开来，有些地方，如湖南一带还发展成为一种求子习俗。

《十二月月令图》之五月《端午划龙船》
（台北故宫博物院藏）

江汉平原一带，每年端午节必食黄鳝。黄鳝又名鳝鱼、长鱼，端午时节最为肥美。清末《汉口竹枝词》记有"艾糕箸粽庆端阳，鳝血倾街秽难当"之句，可见当时的汉口人吃鳝鱼之普遍。

在江苏扬州，端午节还有一种吃"十二红"的习俗。所谓"十二红"，就是用十二样"自来红"的菜和酱油烧红了的菜。它们是煮草鱼、烧猪肉、爆虾子、咸鸭蛋、炒苋菜、腌黄瓜，还有糖醋杨花萝卜和莴笋等。据传说是为了纪念爱国诗人屈原，十二样表示十二个月，每年月的四时八节十二个月都顾到了，这样每年五月初五，除划龙船、抛粽子外，还要把弄好的十二样红彤彤的菜，每样夹几筷，撒入江中，驱邪避灾，以求红利。

## 第五节　中秋节饮食习俗

在中国传统的岁时节日中，中秋和元旦、端午是三个最大的节日，如果加上正月十五元宵节，共为四大节。

八月十五，秋已过半，是为中秋。中秋节的渊源是先秦时的秋祀和拜月习俗。秋天是收获的季节，家家拜祀土地神，久而久之，围绕"秋报"形成了一系列风俗。同时，中国的原始宗教是多神教，自然崇拜占有重要地位，祭月、拜月之风很盛，这便为中秋节的产生提供了温床。但是，中秋节成为一个气氛隆重、情感色彩强烈的大节日，却是在南北朝以后，节日的某些习俗形成也比较迟，一般认为，中秋节成为固定节日，大约始于唐代。

中秋节也叫团圆节，所以这一天的饮食活动，多以家庭和亲朋好友为单位进行，以联络感情，增进亲情。特别是一些富贵人家，在中秋之夜都争着到酒楼抢占位置饮酒赏月。孟元老《东京梦华录》卷八《中秋》载道："中秋夜，贵家结饰台榭，民间争占酒楼玩月，丝篁鼎沸。近内庭居民，夜深遥闻笙竽之声，宛若云外。闾里儿童，连宵嬉戏。夜市骈阗，至于通晓。"《西湖老人繁胜录》也记载南宋杭州人"是夜城中多赏月排会。天气热，宿湖饮酒，待银蟾出海，到夜深船静，如在广寒宫内"。江苏苏州民间称中秋节为八月半，晚饭比较丰盛，全家共度佳节，夜晚有斋月、步月等活动。

《十二月月令图》之八月《中秋望月图》
（台北故宫博物院藏）

斋月时将月饼、香斗、糖烧芋芳、白果、粟子、柿子等置于院内桌上，燃香烛，妇女和孩子们都对月跪拜。即使当天晚上下雨不见月光，斋月之事也要举行。步月又称走月亮，指人们于中秋节之夜出游。古诗说"月到中秋分外明"，秋高气爽，明月高悬，市面店铺张灯结彩，店内供一座小财神，并置楼台、几案、乐器等物以助月色。步月者三五成群游行街市，时而驻足而视，非常热闹。[1]从中秋月圆引申出家人团圆，并以中秋为团圆节，虽然这是比较后起的风俗，但企盼家庭平安、亲人团圆的心理实际上已深深扎根在中国人的心中。所以，在中国传统节日中，均可找到两条主要线索：一是祭祖，二是聚餐。它们与我国传统重孝道、人伦，重血缘纽带和宗族家庭的文化精神和民俗心理息息相关。

明人田汝成说："八月十五日谓之中秋，民间以月饼相遗，则团圆之意。"[2]说明在中秋这天吃月饼，有以圆如满月的月饼来象征家庭团圆的意义。所以中秋节这天，家人有在外未归者，分月饼时也要替他留一份。

我国的月饼种类繁多，因产地不同而风味各异。其中的京式、苏式、广式、潮式

---

① 胡朴安：《中华全国风俗志下编·江苏》，第172页。

② ［明］田汝成辑撰：《西湖游览志余》卷20《熙朝乐事》，刘雄、尹晓宁点校，上海：上海古籍出版社，2018年，第240页。

**苏式月饼**

等月饼最为著名。苏式月饼油多糖重，层酥相叠。它的传统品种是汲取了江浙各地月饼之精华，如苏州的玫瑰、扬州的椒盐、平湖的枣泥等。其中以豆沙制作得最为考究，味香细腻，最易消化，尤适童叟食用。

近年来，月饼的外形也有所突破，已不再是千百年来一直袭用的圆形，而增添了花形、多角形等多种新花样。

中秋佳节除食月饼外，长江中下游一些地方还有食"桂花糕"、饮"桂花酒"的习俗。

八月十五桂花香，中秋之夜，仰望月中丹桂，喝些桂花蜜酒、吃些桂花蜜糕，乃是中秋之夜饮食风俗中又一件美事。桂花不仅有观赏价值，而且还有食用价值。屈原《九歌》中"援北斗兮酌桂浆""奠桂酒兮椒浆"的诗句，表明我国很早就用桂花酿酒了。在长江下游一带，每到中秋前后，店肆中卖桂花酒的生意总比平时好得多。人们喜食桂花，将桂花作为食品制作中添香的作料。人们用糖或食盐浸渍桂花，长期保存于密封容器中；或者在制作糕点时，和入米面做成桂花糕；或者在烧食山芋时撒上一撮，色香俱美；还有用桂花熏茶，或在泡茶时将其加进去，称之为"桂花茶"。此外，上海、苏杭、湖北人还很喜欢在节日吃糯米桂花甜酒酿。

**桂花糕**

在长江流域不少地方都有"摸秋""送瓜"风俗。清光绪年间湖北《咸宁县志》：中秋"团饧为饼，曰'月饼'，彼此馈送。设酒果宴集，曰'赏月'。于瓜田探瓜，曰'摸秋'，送至祈子之家，置卧榻上，出吉语征兆，盖取绵绵瓜瓞之义也"。清同治年间湖北《长阳县志·风俗》亦云："以西瓜、月饼、核桃、栗子、水梨、石榴馈亲朋。至夜陈酒馔，食饼瓜诸果，谓之'赏月'。三五成群偷知好园中瓜菜，谓之'摸秋'。摸得南瓜，用彩红、鼓乐送无子之家，谓之'送瓜'。男、南同音，瓜又多子，谓宜男也。"在湖南、江西、贵州都有这种习俗，如生活在贵州布依族人中秋节晚上，就有偷老瓜（即冬瓜）煮糯米饭的习俗。他们将偷来的老瓜用红布包好，一路鸣放爆竹送到缺子女的人家，主人要请他们吃酒消夜。孩子们还要到地里偷葵瓜子、花生，拿到无子女人家去炒着吃，民间认为这样会给无子女的人家带来子女。

# 第六节　重阳节饮食习俗

农历九月九日重阳节，又称重九节。古人将九看作阳数，两阳相重，故称"重阳"，又因日月逢九，两九相重，故名"重九"。

重阳节起源甚早，但它的节日化完成于汉代，重阳节自汉代以来就有传统的饮食，这就是做重阳糕、饮菊花酒。汉晋时将重阳糕谓之"蓬饵"，"饵"《说文解字》释为"粉饼也"。饵，又称为糕，扬雄说："饵，谓之糕。"[1]它是将熟米捣烂或先将米磨成粉子，然后做成糕饼。汉魏时，用麦粉制作的叫饼，用米粉制作的就叫饵。《急就章》颜师古注云："溲米而蒸之，则为饵，饵之言而也，相粘也；溲面而蒸熟之，则为饼，饼之言并也。"此饼、饵的分别是很清楚的。但是，自贾思勰《齐民要术》将米粉、麦面皆入于饼法之中，后世言食经者，就没有将饼、饵的界限分开了。"蓬饵"是用蓬草加黍米或秫米制成，蓬草是一种菊科植物，用蓬草只是取其香味。《玉烛宝典》云："九月食饵、饮菊花酒者，其时黍秫并收，以因黏米嘉味，触类尝新，遂成积习。"

到了唐代，重阳糕的名目就多了起来。据《唐六典》和唐《食谱》等记载，唐代重阳节有麻葛糕、米锦糕以及菊花糕。宋人庞元英《文昌杂录》中说："唐岁时节物，九月九日则有茱萸酒、菊花糕。"周处《风土记》中说："俗尚九月九日，谓之上九，茱萸到此日成熟，气烈色赤，争折其房以插头，云：辟除恶气，而御初寒。"

近代以来，长江流域各地都在沿袭重阳节饮菊花酒、吃重阳糕之习俗。清同治年间《湖北通志·风俗》云："今俗于九日酿重阳酒，造茱萸酱，蒸粉面为糕，以相饷遗。士大夫载酒登高或延宾为'赏菊会'。"《上海县竹枝词》云："九月登高例吃糕，楼登丹凤上层高，几家赏菊朋高会，几供黄花百种豪。"讲究的人重阳糕要做成九层，像座宝塔，上面还做成两只小羊，以符合重阳（羊）之义。在清代，上海地区以谈家糕（俗名淡香糕）最为有名，它是重阳节时人们登高食糕的节令佳品，但后来逐渐失传。现今如上海高桥食品店的松糕、乔家栅食品店的蜜糕等，也是重阳节时人们品尝享用、馈赠亲友的佳品。

为什么在重阳节饮菊花酒呢？中国医学证明，菊花药性甘寒微苦，有疏风

重阳糕

---

[1]　［清］戴震：《方言疏证》卷13，上海：上海古籍出版社，2017年，第335页。

除热、养肝明目、消炎解毒之功。科学实验证明，菊花有扩张血管的功效，可以降血压，对冠心病也有一定疗效。菊花可以食用，李时珍在《本草纲目》中说："其苗可蔬，叶可啜，花可饵，根可药，囊之可枕，酿之可酒。"可见，保健养生才是重阳节饮菊花酒的根本原因。

中国古代重阳节有到野外登高之俗，因此，中国先民在此日举行野宴。孙思邈《千金月令》中说："重阳之日，必以肴酒登高眺远，为时宴之游赏，以畅秋志。酒必采茱萸、甘菊以泛之，既醉而还。"由此可见，野宴已成为中国先民重阳节一项重要的饮食活动。

重阳野宴始于何时，不得而知。据《荆楚岁时记》说，长江中游一带在魏晋南北朝时，"九月九日，四民并藉野饮宴"。隋人杜公瞻注云："九月九日宴会，未知起于何代，然自汉至宋未改。"任一风俗都不是突兀地出现的，而是前代文化、风俗传统的产物，《荆楚岁时记》记载的九九重阳节野宴，无疑是自先秦时期传承下来的。

唐代诗人王维《重阳野宴图》

以上我们着重介绍了长江流域的人民在 6 个节日的饮食习俗，我们认识长江流域年节饮食文化，关键就是要抓住这几个传统性的大节日，虽然中国传统岁时节令活动多达十几个，但是这些节日多是从几个大年节发展变化而来的。同时，长江流域民族众多，各民族由于自然环境的差异，所从事的物质生产不同，以及历史上各自形成的宗教信仰和风俗习惯不同，因而都有自己的传统节日及其节日饮食生活。但在为数众多的节日中，最具有中华民族特色、最能牵动中国人情感、最能反映中华民族传统民俗心理和文化精神的，还是以上几个大节日。而这几个大节日中的饮食活动，也构成了一幅长江流域传统饮食文化的生动图景。

# 第十五章　长江流域饮食文化的交流与传播

长江流域是中华农业文明的发祥地，也是中华名馔的摇篮，但长江流域的饮食文化并不是孤立、封闭的体系，它自古以来便与中国各地域、各民族饮食文化相互交流，也是中外饮食文化相互交流的产物。魏晋至两宋三次大规模的北人南迁，促使北方饮食文化进入长江流域；明清时期 30 多种美洲作物相继传入长江流域，改善了人们的膳食结构；近代以来西方饮食文化的传入，为长江流域饮食文化注入了新的内容。经过长期的交流与融合，中国北方、域外美洲和近代西方元素都融入了长江流域，成为这一地域饮食文化的重要组成部分。长江流域之所以拥有丰富的食物品种和多彩的饮食文化，与这些交流与融合是分不开的。对长江流域饮食文化在各个历史时期与外界交流与融合的情况进行全面、系统的考察和研究，不仅有利于深度解读这一地域的饮食文化，也对弘扬与创新长江流域文化具有重要意义。

## 第一节　北食南传：魏晋以降人口南迁与长江流域饮食文化的嬗变

魏晋至两宋时期，我国先后出现了三次大规模的北人南迁高潮，它们都对长江流域的饮食文化产生了深刻的影响。永嘉南渡后的人口南迁，促使粟麦在长江流域初步推广，以面食为主的北方饮食传入长江流域；安史之乱后的人口南迁，导致粟麦在长江中游地区进一步扩展，中原盛行的胡食在长江流域流行开来；两宋之际的人口南迁，在诸多方面对长江下游的饮食文化产生了深远的影响。

### 一、永嘉南渡与魏晋南北朝时期长江流域的饮食文化

西晋永嘉年间，北方大乱，中原汉人大量迁往长江流域，尤其是长江中下游地区。《晋书》称之为"京洛倾覆，中州士女避乱江左者十六七"[①]。永嘉南渡掀起了魏晋南北朝时期大规模的北人南迁，史载"免身于荆、越者，百郡千城，流寓比室"[②]。移民

---

① ［唐］房玄龄等：《晋书》卷 65《王导传》，第 1746 页。
② ［南朝梁］沈约：《宋书》卷 11《律历志》序，第 205 页。

是文化的载体，随着北方移民的迁入，北方元素开始进入长江流域的饮食文化，最早的便是旱地作物的南移，长江流域"饭稻羹鱼"的饮食结构因之出现变化，粟麦开始成为当地居民的主食之一。

东晋南朝时期，粟麦已成为长江下游人民的主食之一。东晋太元二十一年（公元396年），镇守京口的外戚王恭起兵诛杀权臣王国宝，"百姓谣云：'昔年食白饭，今年食麦麸。'"①。抛开政治隐喻，可以看出麦类已在当地饮食生活中具有一定地位。刘宋时期，麦饼已经成为丧居饮食的重要组成部分，会稽名士郭原平听闻宋文帝驾崩，悲愤不已，"日食麦粥一枚，如此五日"②。除麦外，粟、菽、豆等杂粮也逐渐成为长江中下游人民重要的食物来源。谢灵运《山居赋》一文描述其在会稽始宁的田庄："阡陌纵横，塍埒交经。导渠引流，脉散沟并。蔚蔚丰秫，苾苾香粳。送夏蚤秀，迎秋晚成。兼有陵陆，麻麦粟菽。"③南齐时，会稽山阴人贺琛"家贫，尝往还诸暨贩粟以养母"④。萧道成建齐之初，傅琰为会稽山阴令，"二野父争鸡，琰各问何以食鸡，一人云粟，一人云豆。乃破鸡得粟，罪言豆者"⑤。

有学者认为，宋、齐、梁三朝，长江下游的建康皆有粟麦市场⑥。在长江中游地区，粟麦的种植亦有一定规模。《述异记》中说："晋末荆州久雨，粟化为虫"⑦。南齐时，临川王萧映为荆州刺史，上表举荐庾易，并"饷麦百斛"⑧。此二例足以证明粟麦已经成为长江中游居民食粮的来源之一。齐明帝时，徐孝嗣上表建议屯田，并在徐、兖、司、豫、荆、雍等州"方事菽麦"⑨，这反映出大豆和小麦也已被视为重要的粮食品种并在长江中下游地区广为种植。

长江上游的巴蜀地区也有小麦种植，《齐民要术》记载蜀人酿酒法中有"小麦曲"，证明蜀地的小麦种植已有一定规模。小麦南移后，北方特色的面食随之传入长江流域。《南齐书·何戢传》记载："太祖为领军，与戢来往，数置欢宴。上好水引饼，戢令妇女躬自执事以设上焉。"⑩

汉末魏晋以来，胡人不断向中原地区迁徙，晋惠帝时期的八王之乱后，匈奴、鲜卑、

---

① ［唐］房玄龄等：《晋书》卷28《五行志（中）》，第848页。
② ［南朝梁］沈约：《宋书》卷91《郭原平传》，第2245页。
③ ［南朝梁］沈约：《宋书》卷61《谢灵运传》，第1760页。
④ ［唐］李延寿：《南史》卷62《贺琛传》，第1509页。
⑤ ［唐］李延寿：《南史》卷70《傅琰传》，第1706页。
⑥ 黎虎：《魏晋南北朝史论》，北京：学苑出版社，1999年，第96页。
⑦ ［宋］李昉等：《太平御览》卷840《百谷部四·粟》引，第3757页。
⑧ ［南朝梁］萧子显：《南齐书》卷54《庾易传》，第940页。
⑨ ［南朝梁］萧子显：《南齐书》卷44《徐孝嗣传》，第773页。
⑩ ［南朝梁］萧子显：《南齐书》卷32《何戢传》，第583页。

羯、羌、氐等胡人部落先后入主中原，以"食肉饮酪"为代表的胡族饮食文化在中原地区传播开来，永嘉南渡后，又传入长江流域各地。《太平御览》引王隐《晋书》云："王长文，州辟别驾，阳（佯）狂不诣，举州追求，乃于成都市见，蹲地啮胡饼。"[1]可知西晋时胡饼已在长江上游的巴蜀地区广泛流传。魏晋之际，酪已成为中原常见之食品，晋武帝对体弱的大臣"赐乳酪，太官随日给之"[2]。永嘉南渡后，乳酪随之传入长江中下游地区，"（陆）玩尝诣（王）导食酪，因而得疾。与导笺云：'仆虽吴人，几为伧鬼。'"[3]。南朝萧齐时，会稽名士虞悰所撰的《食珍录》记有"浑羊设"等胡人风味的珍贵菜肴，说明胡风饮食已传入长江下游地区。

## 二、安史之乱与唐后期长江流域的饮食文化

继永嘉南渡后，发生于唐天宝十四年（公元755年）的"安史之乱"又一次引发了北方人口大规模南迁，这次人口南迁的目的地主要集中于长江中游地区，尽管长江上游及下游也有北人迁入，但其数量和规模远不及长江中游。《旧唐书·地理志》载："两京衣冠，尽投江、湘，故荆南井邑，十倍其初，乃置荆南节度使。"[4]安史之乱后的北人南迁促使麦类作物进一步在长江流域，特别是长江中游得到推广。如荆州"麦秋蚕上簇，衣食应丰足"[5]；襄州"靡靡渡行人，温风吹宿麦"[6]；峡州"白屋花开里，孤城麦秀边"[7]；等等。长江下游的太湖流域和长江上游的巴蜀地区麦类生产的地域也有所扩展[8]。麦类作物的推广为面食文化的发展奠定了物质基础。杜甫在夔州时作《槐叶冷淘》云："青青高槐叶，采掇付中厨。新面来近市，汁滓宛相俱。入鼎资过熟，加餐愁欲无。碧鲜俱照箸，香饭兼苞芦。经齿冷于雪，劝人投此珠。"[9]

唐代前中期，胡风饮食盛行于中原，"贵人御馔，尽供胡食"[10]。安史之乱后，随着大规模的北人南迁，胡风饮食开始在长江流域广为流行，在日常饮食生活中扮演着日益重要的角色。据《稽神录》记载，唐代广陵法云寺僧人珉楚在集市遇到故友，"即

①［宋］李昉等：《太平御览》卷860《饮食部（一八）·饼》引，第3818页。
②［宋］李昉等：《太平御览》卷858《饮食部（十六）·酪》，第3812页。
③［唐］房玄龄等：《晋书》卷77《陆玩传》，第2024页。
④［后晋］刘昫等：《旧唐书》卷39《地理志（二）》，北京：中华书局，1975年，第1552页。
⑤《全唐诗》卷297王建《荆南赠别李肇著作转韵诗》，北京：中华书局，1999年，第3359页。
⑥《全唐诗》卷354刘禹锡《宜城歌》，第3974页。
⑦《全唐诗》卷232杜甫《行次古城店泛江作不揆鄙拙奉呈江陵幕府诸公》，第2553页。
⑧华林甫：《唐代粟、麦生产的地域布局初探（续）》，《中国农史》1990年第3期。
⑨《全唐诗》卷221杜甫《槐叶冷淘》，第2347页。
⑩［后晋］刘昫等：《旧唐书》卷45《舆服志》，第1958页。

延入食店，为置胡饼"[1]。《唐大和上东征传》记载，鉴真和尚在扬州购买"面五十石，干胡饼两车，干蒸饼一车，干薄饼一万番"[2]。苏州、饶州、忠州等地胡饼也颇受欢迎，如苏州"命市胡饼作斋……饼为众人所食"[3]；饶州"胡人鬻饼"[4]；白居易任忠州刺史时，亲手烧制胡麻饼，赠予好友杨敬之，并作诗云："胡麻饼样学京都，面脆油香新出炉。寄与饥馋杨大使，尝看得似辅兴无。"[5] 长安的烹饪技艺也对长江流域的饮食文化产生了相当的影响。唐末五代之际，一位长安的御厨逃往金陵，将宫廷制饼技术带入了长江下游。从此，南唐皇宫中"御膳宴饮皆赖之，有中朝之遗风。其食味有鸳鸯饼、天喜饼、驼蹄餤、云雾饼"[6]。

## 三、靖康之变与两宋时期长江流域的饮食文化

两宋之际，金军南下，宋室南渡，中原人士纷纷避难南迁，这是继永嘉之乱和安史之乱后第三次大规模北人南迁，也是规模最大、对后世影响最为深远的一次。中原人口大量南迁长江流域，使宋代中原饮食文化对长江流域，特别是长江下游地区产生了重大影响。

习惯面食的中原居民大量迁入长江下游地区，是南宋时期麦类作物在长江流域得以推广的直接原因。庄绰《鸡肋编》卷上《各地食物习性》载："建炎之后，江、浙、湖、湘、闽、广，西北流寓之人遍满。绍兴初，麦一斛至万二千钱，农获其利，倍于种稻。而佃户输租，只有秋课。而种麦之利，独归客户。于是竞种春稼，极目不减淮北。"[7] 南迁的中原居民还将面食制作技术带入长江下游，在南迁人口汇集的都城临安，包子、馒头、饼、夹子等面食开始成为人们日常生活中常见的主食，临安街头甚至出现了专营面食店及各类点心店，如包子酒店"专卖灌浆馒头、薄皮春茧包子、虾肉包子、鱼兜杂合粉、灌大骨之类"[8]，点心店主营"馒头、炊饼及糖蜜酥皮烧饼、夹子、薄脆、油炸从食、诸般糖食油炸、虾鱼划子、常熟糍糕、馉饳瓦铃儿、春饼、芥饼等"[9]。

---

① ［宋］李昉等编：《太平广记》卷355 "僧珉楚"，北京：中华书局，1961年，第2809页。
② ［日］真人元开：《唐大和上东征记》，汪向荣校注，北京：中华书局，1979年，第47页。
③ ［宋］李昉等编：《太平广记》卷338 "朱自劝"，第2686页。
④ ［宋］李昉等编：《太平广记》卷452 "任氏"，第3693页。
⑤ 《全唐诗》卷441白居易《寄胡饼与杨万州》，第4936页。
⑥ 周勋初主编：《唐人轶事汇编》卷34 "李昪"，上海：上海古籍出版社，1995年，第1869页。
⑦ ［宋］庄绰撰：《鸡肋编》上卷，第36页。
⑧ ［宋］吴自牧：《梦粱录》卷16 "酒肆"，第141页。
⑨ ［宋］吴自牧：《梦粱录》卷16 "荤素从食店"，第148页。

食用羊肉的传统也被南迁的中原居民带入长江下游地区。在都城临安，出现了一些专营羊肉的酒店，"如丰豫门归家、省马院前莫家、后市街口施家、马婆巷双羊店等铺，零卖软羊、大骨龟背、烂蒸大片、羊杂焐四软、羊撺四件"[1]。与羊肉有关的佳肴美馔出现于临安街头巷尾，如早市出售"煎白肠、羊鹅事件、糕、粥、血脏羹、羊血、粉羹之类"[2]，夜市出售"羊脂韭饼、糟羊蹄……羊血汤之类"[3]。分茶酒店出售有"鹅排吹羊大骨、蒸软羊、鼎煮羊、羊四软、酒蒸羊、绣吹羊、五味杏酪羊、千里羊、羊杂焐、羊头元鱼、羊蹄笋、细抹羊生脍、改汁羊撺粉等"[4]，面食店出售"软羊焙腰子……猪羊庵生面……元羊蹄……鼎煮羊麸……大片铺羊面等"[5]。由中原传入的食羊习俗对后世产生了深远影响，时至今日羊肉文化依旧盛行于杭州。

南宋时期，中原的传统烹饪技术、东京（开封）风味以及冷藏食物的方法等也随移民传入长江下游地区。宋孝宗淳熙五年（公元1178年）二月初一日："太上宣索市食，如李婆婆杂菜羹、贺四酪面、脏三猪胰、胡饼、戈家甜食等数种。太上笑谓史浩曰：'此皆京师旧人，名厚赐之。'"[6]南迁的东京官员，"自过江来，或有思京馔者，命仿效制造，终不如意"[7]。临安百姓储藏冰雪的方法也是来源于东京。庄绰《鸡肋编》卷中《临安藏冰与镇江进冰船》记载："二浙旧少冰雪。绍兴壬子，车架在钱唐，是冬大寒屡雪，冰厚数寸。北人遂窖藏之，烧地作荫，皆如京师之法。临安府委诸县皆藏，率请北人教其制度。"[8]

至南宋后期，中原饮食文化已经完全融入长江下游居民的生活之中，南北饮食文化呈现融合趋势。吴自牧《梦粱录》卷十六《面食店》中说："向者汴京开南食面店，川饭分茶，以备江南往来士夫，谓其不便北食故耳。南渡以来，几二百余年，则水土既惯，饮食混淆，无南北之分矣。"[9]

---

① ［宋］吴自牧：《梦粱录》卷16"酒肆"，第141页。

② ［宋］吴自牧：《梦粱录》卷13"天晓诸人出市"，第118页。

③ ［宋］吴自牧：《梦粱录》卷13"夜市"，第120页。

④ ［宋］吴自牧：《梦粱录》卷16"分茶酒店"，第143页。

⑤ ［宋］吴自牧：《梦粱录》卷16"面食店"，第146页。

⑥ ［宋］周密：《武林旧事》卷7《淳熙奉亲》，第119页。

⑦ 周辉：《清波别志》卷中，北京：中华书局，1985年，第136页。

⑧ ［宋］庄绰：《鸡肋编》中卷，第53页。

⑨ ［宋］吴自牧：《梦粱录》卷16"面食店"，第145页。

## 第二节　食材革命：明清美洲作物传入后长江流域饮食结构的变迁

明代中后期，玉米、番薯、辣椒等30余种美洲作物传入我国，后又传至长江流域各地，对长江流域的饮食文化产生了巨大影响。一方面，玉米、番薯、马铃薯等美洲粮食作物的推广，改变了长江流域居民的饮食结构，成为平民百姓的主要食物来源；另一方面，辣椒、番茄、南瓜等蔬菜的传入，不仅丰富了长江流域的蔬菜品种，改善了居民的饮食营养结构，而且对淮扬菜、浙江菜、徽菜、湘菜、川菜等地方菜系的形成与发展起到了至关重要的作用。

### 一、美洲高产粮食作物的推广

明代时，我国的粮食结构以稻谷为主，粟麦等杂粮为辅。宋应星在《天工开物》中说："今天下育民人者，稻居十七，而来、牟、黍、稷居十三。"[1]长江流域的粮食结构，与此大致相同，平原地区以水稻为主，山区百姓以杂粮为生。明末清初，玉米、番薯、马铃薯等美洲高产粮食作物先后传入长江流域，在乾隆嘉庆时期迅速推广，到同治光绪时期普遍种植，成为长江流域尤其是长江中上游山区百姓的主粮。

玉米在长江流域的引种最早出现于云南，嘉靖四十二年（公元1563年）的《大理府志》记载有"玉麦"。其后，玉米先后传入四川、贵州、湖北等长江中上游地区，在顺治、康熙、雍正三朝初步推广。乾隆以后，大量失地流民进入长江中上游山区进行垦殖，因为玉米耐旱抗瘠，所以得到了迅速推广。如四川长兴县"包谷……山地种之多茂，贫民赖以资生"[2]，石柱厅"玉蜀黍，俗名包谷，深山广产，贫民以代米粮"[3]；湖北宜昌府"玉蜀黍……自彝陵改府后，土人多开山种植，今所在皆有，乡村中即以代饭"[4]，建始县"邑境山多田少，居民倍增，稻谷不足以给，则于山上种包谷、羊芋、荞麦、燕麦或蕨蒿之类"[5]。玉米在长江下游的影响不及长江中上游。康熙时期，长江下游的江宁、苏州、松江三府的方志中就出现了关于玉米的记载，但江南自古便是鱼米之乡，玉米"仅视为果蔬之类而已"。如光绪《丹徒县志》中说："玉蜀黍，俗呼玉米……

---

[1]［明］宋应星：《天工开物译注》，潘吉星译注，上海：上海古籍出版社，2013年，第6页。
[2]［清］邢澍等修，钱大昕等纂：嘉庆《长兴县志》卷2《物产志》，嘉庆十三年刻本。
[3]［清］王槐龄等补辑：道光《补辑石柱厅新志》卷9《物产志》，道光二十三年刻本。
[4]［清］聂光銮修，王柏心纂：同治《宜昌府志》卷11《风土志》，同治五年刻本。
[5]［清］袁景晖纂修：道光《建始县志》卷3《物产志》，道光二十一年刻本。

土人亦间植之，但不以为日用常品，故不备列。"①

番薯在长江流域的引种最早出现于长江下游的江南地区，明代万历年间，徐光启从福建引种番薯到松江府，并在江浙地区传开。

番薯传入后，推广较为缓慢。入清后，乾隆、嘉庆年间长江下游种植番薯的州县有所增加，通州（今江苏南通市）、崇明等地方志中相继出现关于番薯的记载。终清一代，番薯在长江下游的影响并不大，仅在个别地区被视为主粮。但在长江中上游的山区，番薯备受重视，如长江中游的施南府"洋芋生高山，一年实大常芋数倍，食之无味且不宜人，山民聊以备荒"②；长江上游的内江县（今四川内江市）"近时山农赖以给食"③。

马铃薯在长江流域的推广、影响远不及玉米、番薯。马铃薯喜阴凉、耐低温，不适合在长江流域的平原或者低纬度山区种植，仅适宜在长江中上游的少数高寒山区种植。如长江中游的宜都县（今湖北宜都市）"其深山苦寒之区，稻麦不生，即玉黍亦不殖者，则以红薯、洋芋代饭"④；长江上游的奉节县"包谷、洋芋、红薯三种，古书不载。乾嘉以来，渐产此物，然犹有高低土宜之异。今则栽种遍野，农民之食全恃此矣"⑤。

美洲粮食作物的推广改变了长江流域居民的饮食结构，尤其是对长江中上游山区影响深远。在玉米等高产粮食作物传入前，山区百姓以粟、麦、荞、豆等杂粮为主食，逢岁歉收，甚至以采蕨挖葛度日。玉米等高产粮食作物传入后，迅速取代粟麦荞豆，成为山区百姓不可或缺的主粮。如长江上游的施南府"郡在万山中……近城之膏腴沃野，多

徐光启像

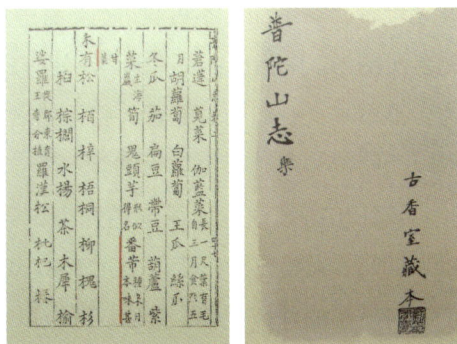
明万历年《普陀山志》记载的番薯

①［清］何绍章等修，吕耀斗等纂：光绪《丹徒县志》卷17《食货志（十）·物产》，光绪五年刊本。
②［清］王协梦修，罗德昆纂：道光《施南府志》卷11《食货志·物产》，道光十七年刻本。
③［清］张元澧修，王果纂：道光《内江县志要》卷1《物产志》，道光二十五年刻本。
④［清］崔培元修，龚绍仁纂：同治《宜都县志》卷1《地理志（下）·物产》，同治五年刊本。
⑤［清］曾秀翘修，杨德坤等纂：光绪《奉节县志》卷15《物产志》，光绪十九年刻本。

水宜稻……乡民居高者，恃包谷为正粮，居下者恃甘薯为救济正粮……郡中最高之山，地气苦寒，居民多种洋芋……各邑年岁，以高山收成定丰歉。民食稻者十之三，食杂粮者十之七"①。

## 二、美洲蔬菜作物的引进及传播

明清时期，传入长江流域的美洲原产蔬菜主要有辣椒、番茄、南瓜、菜豆、西葫芦、甘蓝、佛手瓜等。这些美洲蔬菜引进长江流域后，经过上百年的传播及本土化发展，融入了长江流域的饮食文化，是长江沿线各地方风味菜系形成的重要元素。本文以辣椒为例，重点阐述辣椒的引进及传播与川、湘菜系的形成之间的关系。

长江中上游的湘、鄂、云、贵、川地区高山峡谷多，日照时间短，空气湿度大，自古以来这里的居民就喜好辛香之物，其中川、湘二省食辣之风尤为盛行。在辣椒传入长江流域前，人们所用的辛香料主要有花椒、生姜、茱萸三种。辣椒既适应了川、湘的好辛香传统，又有祛湿功能，于是在四川、湖南迅速普及，对川、湘菜系的形成和发展产生了重大影响。

辣椒在长江流域的最早记载见于明代万历年间，杭州人高濂在《遵生八笺》（公元1591年）中说："番椒丛生，白花，子俨秃笔头，味辣，色红，甚可观。"②这也是辣椒传入中国的最早记载。辣椒传入后，很长一段时间被视为观赏植物，被列入花谱，后来人们发现其食用价值，才列入蔬谱。明清之际，辣椒主要在长江下游的浙江地区种植，但因浙江人喜清淡、不嗜辣，辣椒仅被当作观赏作物而鲜有人食用，"可为盆几之玩者，名辣茄，不可食"③。清中后期，国人开始大范围食用辣椒。吴其濬在《植物名实图考》中指出："辣椒，处处有之，江西、湖南、黔、蜀，种以为蔬。其种尖、圆、大、小不一，有柿子、笔管、朝天诸名。……味之辣至此极矣。或研为末，每味必偕；或以盐醋浸为蔬，甚至熬为油。"④

长江中游湖南地区最早的辣椒记载晚于长江下游的浙江，但早于周边的湖北、四川和贵州。康熙二十三年（公元1684年）的《宝庆府志》和《邵阳县志》所载"海椒"，是湖南最早的辣椒记载。其后，辣椒以宝庆府为传播源，在湖南迅速推广，到嘉庆时期，

---

① ［清］松林、曾庆榕等纂修：同治《增修施南府志》卷10《风俗志》，同治十年刻本。

② ［明］高濂：《遵生八笺》之五《燕闲清赏笺·四时花纪》下"番椒"条，成都：巴蜀书社，1985年，第162页。

③ ［清］马如龙修，杨鼐等纂：康熙《杭州府志》卷6《风俗志》，康熙二十五年刻本。

④ ［清］吴其濬：《〈植物名实图考〉校注》，侯士良等校注，郑州：河南科学技术出版社，2015年，第159页。

已有长沙、慈利、善化、宁乡、湘潭等十余个县出现关于辣椒的记载[①]。不过，当时的辣椒主要是作为湘菜中的一种调味品，而非蔬菜，而且当时湖南人的嗜辣习惯也尚未完全形成，嘉庆《湖南通志》就并未出现关于辣椒的记载。道光以降，辣椒进一步在湖南推广，到光绪年间，辣椒在湖南已经普遍种植，食辣之风遍布全省，正如《清稗类钞》所云：湘人"无椒芥不下箸也，汤则多有之"[②]。咸同之际，嗜好食辣的湘军与太平军在长江流域各省市作战，为湘菜的形成与发展起到了推动作用。一方面湘菜广泛吸收了长江流域各地菜肴的特点，另一方面以酸辣著称的湘味也流传到长江流域各地。清末民初，辣椒完全融入于湘菜之中，既能作调料，又可入菜，麻辣仔鸡、辣椒炒肉、剁椒鱼头等一大批特色菜肴被创造出来，加之湖南人在北京、上海、南京等大中城市大量开设湘菜馆，湘菜从此声名鹊起。

辣椒传入四川比湖南晚半个世纪左右，乾隆十四年（公元1749年）《大邑县志》中"秦椒，又名海椒"[③]是辣椒在四川的最早记载。嘉庆时期，辣椒在四川初步推广，郫县、金堂、华阳、温江、成都、江安、夹江、犍为、射洪等县志及汉州、资州直隶州志均有辣椒的记载[④]。道光以后，尤其是同光时期，辣椒在四川迅速传播，广泛种植，川人食辣开始普遍起来。善于兼容并包的四川人将域外引进的辣椒和四川原产的花椒有机结合，如光绪时川籍女中医曾懿在《中馈录》中指出，在制作腐乳时，除花椒调味外，"如喜食辣者，则拌盐时洒红椒末"[⑤]，可见麻辣风味已初步形成。傅崇矩于1909年编撰的《成都通览》已记载有麻辣海参、新海椒炒肉丝、椒麻鸡片、辣子鸡、麻辣鱼翅、麻婆豆腐等大量麻辣风味菜肴。可见，辣椒传入四川后，与花椒有机结合，促使川菜形成了麻辣兼备的格局，对近代川菜的兴起与发展起到了关键影响。

## 第三节　西食东渐：近代西方饮食文化在长江流域的传播及其影响

自明代中后期开始，大批西方传教士来华，长江流域一直是这些传教士的重要活动区域。为方便传教，他们经常向中国社会的上流人士展示西方食品。鸦片战争后，长江流域的上海、南京、汉口、重庆等地先后成为对外通商口岸，西方饮食文化随之

---

① 郑南：《美洲原产作物的传入及其对中国社会影响问题的研究》，杭州：浙江大学博士学位论文，2010年，第118页。

② ［清］徐珂编撰：《清稗类钞》第13册《饮食类·湘鄂人之饮食》，第6244页。

③ ［清］宋载纂修：乾隆《大邑县志》卷3《物产》，乾隆二十年刻本。

④ 郑南：《美洲原产作物的传入及其对中国社会影响问题的研究》，第119页。

⑤ ［清］曾懿撰：《中馈录》，陈光新注释，北京：中国商业出版社，1984年，第13页。

传入，并以上海、武汉等口岸城市为中心，逐渐向周边地区影响和辐射[1]。特别是汉口的通商开埠和租界设立，居住在租界里的外国人越来越多，他们把各自的饮食文化带到了武汉，让来自西方各国的文化元素成为武汉文化的一部分，加快了武汉朝着开放性城市迈进的步伐，也促进了武汉饮食文化的大发展。近代西方饮食文化在长江流域的传播，既有西方菜点及食品工业的引进，又有西方饮食观念与饮食科学的传播，不仅丰富了长江流域的饮食文化，还为长江流域食品工业、饮食科学的产生与发展奠定了基础。

### 一、西方饮食及西方食品工业在长江流域的传播

随着通商口岸的开放，作为西方饮食文化综合载体的西式餐馆率先登陆上海、武汉等长江口岸城市，正如《清稗类钞》所说："我国之设肆售西餐者，始于上海福州路之一品香……于是有海天春、一家春、江南春、万家春、吉祥春等。"[2]这些西餐厅出售啤酒、汽水、葡萄酒以及各类西式菜点。李伯元的《官场现形记》第七回描述了一份华人所办的西餐馆菜单，主要有清牛汤、炙鲥鱼、冰蚕阿、丁湾羊肉、汉巴德、牛排、冻猪脚、橙子冰忌廉、澳洲翠鸟鸡、龟仔芦笋、生菜英腿、加利蛋饭、白浪布丁、滨格、猪古辣冰忌廉等[3]，其中不乏西菜中做、中菜西做、中西合璧的佳品。辛亥革命后，武汉也出现了一批具有风味特色的西餐馆。1913年，武汉第一家西餐馆——瑞海西餐厅开业后不久，普春海、海天春等西餐馆相继面市。1920年，16家大型餐馆在汉口注册，这些餐馆"为汉口著名之中西餐馆……足以大宴宾客"[4]。此时的西餐馆生意兴隆，为适应广大中国食客的口味，西餐自身也在走中国化的道路。因此，在近代武汉的西餐馆里品尝到的所谓正宗"西洋大菜"也多是采用中西合璧的方法烹制而成的。一些西餐馆的菜肴干脆就直接命名为中西大虾等，体现了

民国《法文上海日报》

---

① 姚伟钧：《近现代长江流域饮食文化的变化轨迹及其趋向》，《商业经济与管理》2000年第4期。
② ［清］徐珂编撰：《清稗类钞》第13册《饮食类·西餐》，第6271页。
③ ［清］李宝嘉：《官场现形记：注释本》，高书平注，武汉：崇文书局，2016年，第62页。
④ 孙燕京、张研主编：《民国史料丛刊续编·674·经济·商贸》，郑州：大象出版社，2012年，第99页。

近代以来外国饮食文化与中国传统饮食文化的互相影响、互相融合。

在西式餐馆在上海等大中城市大量开设的同时，西方食品工业及相关产品也相继传入。自鸦片战争后，中外商人在长江流域的上海、南京、汉口等通商口岸建立了洋酒、面包、糖果、汽水、罐头等食品制造厂。1858 年，英国人埃凡在上海开设了埃凡馒头店，主要产销面包、糖果、汽水和啤酒，这是长江流域第一家西式食品制造厂[①]。

此后，近代食品工业及产品如雨后春笋般出现在长江流域各大城市中，不仅拓展了中国传统饮食文化的内容，还极大地促进了长江流域食品工业的发展。以机制面粉工业为例，1894—1911 年间，长江流域的民族资本创办的资本额在 1 万元以上的机器面粉厂共计 29 家，其中江苏最多，有 11 家；上海次之，有 8 家；湖北有 6 家；浙江有 2 家；安徽和四川各 1 家[②]。

## 二、西方饮食观念及饮食科学在长江流域的传播

西餐入华之初，由于其在烹饪方法和饮食习惯等诸多方面与中国传统饮食文化差异巨大，国人普遍难以接受。早期维新派代表人物王韬说西餐"尤难下箸"[③]。鸦片战争后，随着进入中国的外国人日益增多，中国官员和商人因外交和商务需求不得不与外国人进行接触和交流，西餐及其餐桌礼仪、饮食观念也逐渐被国人接受和认可。在这一过程中，地处长江入海口的上海，是近代西方饮食文化输入的重要窗口，中西饮食文化率先在这里交流碰撞，西方饮食文化在长江流域的传播与接受无疑是以上海为中心，向长江中上游地区扩展的。

19 世纪中后期，上海的商人群体开风气之先，开始吃西餐，风气渐开以后，西餐在长江流域一度成为流行时尚。光绪九年（公元 1883 年）黄式权编撰的《淞南梦影录》描述了上海租界华人追时髦吃西餐的情景，"西人肴馔，俱就火上烤熟，牛羊鸡鸭之类，非酸辣即腥膻，盖风尚不同，故嗜好亦异焉。近日所开一家春、一品香等番菜店，其装饰之华丽，伺应之周到，几欲驾苏馆、津馆而上之。饮膳则有做茶、小食、大餐诸名色。裙屐少年，往往异味争尝，津津乐道，余则掩鼻不遑矣"[④]。继上海之后，西餐相继进入长江沿岸的南京、汉口、宜昌、万县、重庆等城市，并日渐被人们所接受，许多城市还出现了大量中菜西做、西菜中做、中西结合的风味菜点，使得长江流域各

① 丁日初主编，沈祖炜副主编：《上海近代经济史第一卷（1843—1894）》，上海：上海人民出版社，1994 年，第 266 页。

② 杜恂诚：《民族资本主义与旧中国政府（1840—1937）》，上海：上海社会科学院出版社，1991 年，第 347—351 页。

③〔清〕王韬：《弢园尺牍》卷 6《寄杨醒逋》，台北：文海出版社，1983 年，第 247 页。

④〔清〕黄式权：《淞南梦影录》，上海：上海古籍出版社，1989 年，第 132 页。

地的饮食文化发生了较大变化，进入了新的发展阶段。

随着西方饮食文化的传入，国人的饮食观念也发生了一些变化，开始讲究饮食科学，注重营养卫生。与中餐注重调味，讲究色、香、味的统一与融合不同，西餐强调营养和卫生，主张量化食材和调料，对味道之美反而不甚讲究。薛福成在出使欧洲的日记中写道："西俗于养身之道，无论贫富贵贱，皆较华人为讲究。凡稍有身家者，每膳必食兼味，必有牛肉，有洋酒一二品。食毕，有水果，有咖啡，有雪茄烟。早晚必饮牛奶或牛肉汤。虽工人仆御之流，每七日亦必食牛肉一二次，否则谓无以养生也。"[1]这种饮食思想传入中国后，对中国传统的饮食观念产生了一定的冲击，尤其是留洋回来的人更为注重科学营养。得西方风气之先的上海，知识界陆续翻译了一批西方的烹饪著作，又结合中国传统烹饪理论及西方的营养学知识展开研究，出版了大量的高水平著作。如江南制造局翻译馆译介的《保全生命论》《化学卫生论》《延年益寿论》《孩童卫生论》《幼童卫生论》等书，以及高丕弟夫人编的《造洋饭书》、张思廷编的《饮食与健康》、龚兰真编的《实用饮食学》等食学著作。这些书籍在上海出版后，在长江流域乃至全国广泛传播，提高了人们在饮食文化方面的理论认识，加快了长江流域饮食文化从传统走向现代的转型。古老的吴越、荆楚、巴蜀饮食文化也在融入了西方的饮食知识后，以新的面貌屹立于世界饮食文化之林。

## 第四节　东食西传：长江流域饮食文化的传播及其影响

技艺高超的长江流域的饮食文化，是中华民族历史文明的产物，也是中国对世界文化的一个杰出贡献。

### 一、长江流域饮食文化的海外传播

从世界范围来看，受中国长江流域饮食文化影响较大的莫过于日本。早在公元4世纪，就有一些中国人经过朝鲜移居日本，这些人称得上是中国早期的华侨，其中有不少烹调厨师和制作食具的工匠。至唐代，鉴真大师又从苏州黄泗浦出发，把中国的佛学、医学、酿造、烹饪等文化艺术带到日本。与此同时，大批日本学问僧和留学生也来到中国，并将唐代宫廷与民间美味也传至日本，中国先进的饮食文化对日本宫廷与民间的饮食生活产生了广泛的影响。例如，日本宫廷的饮食制度就改效唐制，不少宫廷宴会也改用中国的烹饪方法，并时常派人来华学习和研究中国烹调。

---

[1] ［清］薛福成：《出使英法义比四国日记·出使日记续刻》，长沙：岳麓书社，2008年，第771页。

唐代以后，长江流域的许多菜点就在日本流行开来。如环饼（即馓子），是一种用面经油炸做成的类似麻花的食品，远在楚国时即已有之，秦汉以后，环饼成为中国人在寒食节的必食之品。环饼传至日本后，被称为"万加利"，并成为日本贺藏神供品。再如粽子，它是中国端午节的节日食品。吃粽子在中国有悠久的历史，这里面有纪念屈原的传说。粽子传到日本后，日本人称之为"茅卷"，现在日本特色的粽子，如御所粽、道喜粽、葛粽、饴粽等等，都是在中式粽子的基础上发展起来的。

《鉴真东渡图》

日本粽子"茅卷"

据日本学者木宫泰彦所著的《日中文化交流史》记载：明清时期，长江流域饮食传到日本的有豆腐、馒头等各种中国风味的食品，日本人学会了按照中国方式，主客围桌共同饮食，这对日本的烹调法和会餐方式都起了一些影响。

例如，日本长崎地方官中川忠英曾经编撰过一本《清俗纪闻》，该书用日文写成，于宽正十七年（公元1799年）出版。书中主要记述乾隆年间中国江南地区的风俗习惯，该书第四卷为"饮食制法"，载有饭、菜、茶名大略、酒名大略、酒壶、酢（醋）、酱油、渍物酱油、曲、香萝卜、香瓜、豆豉、请客各品、上等菜、中等菜、回千（即

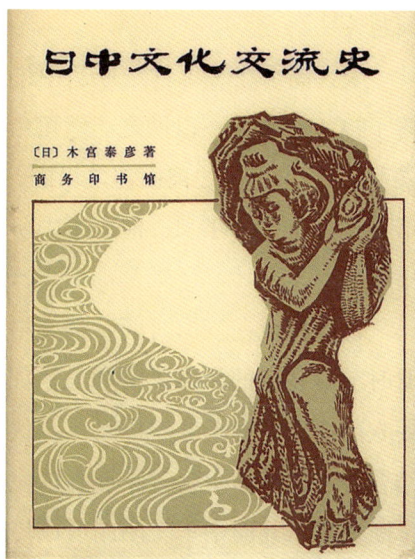

木宫泰彦《日中文化交流史》书影

中川忠英日文本《清俗纪闻》书影

撒羹盘）、宴会菜品次序等等。书中还有"请客各品排出之次序"，实即筵席单，把上述菜品加茶、点心、饭、醒酒汤等重新组合了一下，亦大体是清代江南宴客的格局。

在长江流域菜点传入日本的同时，中国的节令饮食风俗也在日本时兴起来。例如正月元旦的屠苏酒、正月七日的七种菜、五月五日的菖蒲酒、九月九日的菊花酒等，在日本都十分流行。日本学者森克己在《日宋文化交流诸问题》中指出："大陆（指中国）和我国（指日本）之间，从原始时代起，就在进行文化交流。先进的大陆文化不断地流入我国。与此同时，日本把这些大陆文化在不知不觉中汲取，日本化。"木宫泰彦也认为："日本中古之制度，人皆以为多系日本首创，然一检唐史，则知多模仿唐制也。""中国乃东洋文化之母国……倭人来自中国，目睹其情形，必赍往若干新知识，而对中国文化作极热烈之钦慕。"

开餐馆曾是很多华侨华人海外创业初期的经历，日本也是如此。中餐业是华侨华人在日本的传统行业，在日本各地都可以见到中餐馆的影子，有人说日本80%以上华人靠餐饮业或曾经靠餐饮业为生。日本的中餐馆早就成为日本餐饮业中不可缺少的组成部分，并在一定程度上为日本的饮食文化作出了贡献，我们以馒头为例，来看这个问题。

宋人高承在《事物纪原》中说："诸葛武侯之征孟获，人曰：'蛮地多邪术，须祷于神，假阴兵一以助之。然蛮俗必杀人，以其首祭之，神则飨之，为出兵也。'武侯不从，因杂羊豕之肉而包之以面，像人头以祠。神亦飨也，而为出兵。后人由此为馒头。"诸葛亮为东汉末年人，他命军中所做的肉馅包子，被人称为馒头，说明三国时包子已出现了。

长江流域在三国时面食种类增多，这一方面与面点的发展分不开，另一方面也与此时节日食俗的发展紧密相连。如这时的人日节（正日初七）、天穿节（正月二十）要吃煎饼，寒食节吃"寒具"，伏月吃"汤饼"等，都是以面制作。面点与节日食俗结合起来，从而也促进了面食的发展，特别是馒头的制作，经过几百年的发展，水平不断提高，并向中华文明圈区域传播。例如，1350年林净因从浙江来到日本，定居于奈良，以卖馒头为业。林以其在中国学会之馒头手艺，不用肉和菜馅，改为适合日本人风味的小豆馅，还在馒头上描一粉红色之林字，广为销售，是为日本馒头之始，深受好评。甚至当时的后村上天皇也很爱吃，并召林至宫中，赐以宫女为妻。结婚时，林又曾制馒头，广为赠送宾客。由是，这种习俗一直传至今日，人们在婚嫁喜庆时，仍有赠送馒头的风习。而林氏一族也便以制作馒头为传世家业，其所居之地，被称为"馒头屋"，并成为当地的名胜古迹。

据《盐懒始祖林净因碑记》称，林的子孙亦人才辈出，其孙林绍曾回浙江学习点心的制法，返回日本后，移居京都，生意十分兴隆。到17世纪中叶，还由后水尾院赐以"盐懒山城大椽"的官号。日本人民为了表示对林净因的缅怀与崇敬，还在奈良建了一座林神社，每年4月19日，食品界人士便前往奈良林神社举行节日朝拜，600多年来，从未间断。14世纪元代的林净因把馒头传到日本，为缅怀与崇敬先贤功德，日本因而有了馒头节。

如今在世界各地，华人开的中餐馆比比皆是，深受国外人士喜爱，成为中外文化交流的一个重要渠道。现在世界各国基本上都有中国餐馆，而且呈越来越多之势。据1990年12月8日《经济参考》报道，"随着华人的足迹走遍世界，中华饮食文化的热风也吹遍了全球每一个角落。据统计，居住在世界各国的华侨、华人约有3000万，约有16万家中餐馆。其中英国4000多家，法国3000多家，澳大利亚6000多家，德国和比利时各1000多家，意大利500多家，瑞典500多家；美国多达16000多家，占全世界中餐馆的10%"。2007年6月30日《欧华报》报道："据不完全统计，目前英国约有中餐馆9000家，荷兰拥有2200多家中餐馆，而德国中餐馆和华人速食店超过7000家，法国中餐馆已经超过5000家，西班牙中餐馆达3000家，仅巴塞罗那就有600多家，葡萄牙中餐馆600多家，奥地利800多家。中餐依然是海外华人经济中的支柱产业之一。"其中绝大多数中餐都是以川菜风味为主。

对此，周南京先生在《海外华人对世界文明的贡献》一文也作过专门研究，他指出："美国华人餐馆业始于1849年，首家中餐馆出现于旧金山。后来，旧金山、纽约、洛杉矶等地的中餐馆日益增多。……到1995年，全美国的华人餐馆约2万家，其中绝大部分为中餐馆，也有少量西餐馆、日本餐馆等。这些餐馆遍布美国各地，其中纽约有1700家，投资额约2.8亿美元；洛杉矶有1500家，投资额约2.5亿美元；旧金山有1400家，投资额约2.3亿美元；芝加哥有1000家，投资额约1.6亿美元；夏威夷有300家，投资额约为6500万美元。"

对于西欧6国（英国、法国、荷兰、德国、比利时、奥地利）中餐业的发展，李明欢在《欧洲华侨华人史》一书中作了较详细和系统的论述。她指出："1998年英国的中餐馆数目比1975年增长2.75倍，法国同比增长4.33倍，荷兰同比增长8.5%，德

国同比增长 3.4 倍，比利时同比增长 4 倍，奥地利同比增长 12.3 倍。"

在海外，中国菜使得无数老外心往神驰，也使得众多的海外华人有了安心立命的依靠。在西欧饮食市场，各国菜式餐馆林立，唯中餐馆独占鳌头。美国人称，在世界各地只要有人的地方，就可见到挂大红灯笼的中餐馆。在德国这样固守传统的国家里，中餐馆也遍布全国。日本自维新以后，习尚多采西方，而独于烹调一道就嗜中国之味。在今天日本，中餐、日餐、西餐三足鼎立，中餐已成为大饭店餐饮中的一个重要组成部分。最近日本又兴起了"药膳热"。眼下的澳大利亚，凡是有市镇的地方必有中餐馆。这几年，尽管澳大利亚经济连年不景气，但中餐业的发展却是一片繁荣景象。前几年，东欧市场一经开放，中式烹饪便一拥而进，中餐馆出现有如雨后春笋。

与此相伴随，欧美等海外华人素以餐馆业为谋生第一职业。英国华人 10 万，经营餐饮业的占 90%。美国华人 80 万，有 13% 从事餐馆业。荷兰华人占该国人口 0.3%，但其经营的餐馆却占荷兰餐馆总数 2.5%。仅有一万多华人的中美洲小国哥斯达黎加，首都圣何塞市中心便开了 80 多家中餐馆。

根据史料，中国人往外移民的现象从 16 世纪开始就明显增加，主要集中在东南亚国家。除此以外，19 世纪初开始这股移民风更逐步迈向了高潮，并扩展到了美洲、澳洲的西方国家。对中国文化和社会有些了解的人大致上都知道，受儒家思想极深的中国人的乡土情结以及对祖国和祖宗的意识强烈，除非有什么不得已的理由，否则他们是不会轻易离开家乡的。的确，自 16 世纪开始海外华人就不断地增加，最显著的就是南方沿海地带的中国人大量涌出中国，而促使他们离开祖国的原因大致上是因为彼时中国内地政治的不安与动荡，随之产生的连锁反应便是经济的衰退和贫穷农民的增加。

与此同时，需要大量廉价劳工来进行开发工程的西方国家及其殖民地所提供的工作机会和金钱对这些破产的农民来说无疑是一个很大的诱惑，再加上航海技术的发展使得移往海外来得较为便利和省时。虽然在这之中有些移民是被拐骗过去的，但无可否认，自愿出走的人仍占大多数。对于这个移民潮的刻板印象都是局限在矿工的移动，其实在这群移民群中也不乏从事农业、手工业以及厨师或小贩等。这些到了异乡的中国人因人生地不熟的关系，往往都会很自然地团结起来聚居在一起，除了便于同乡之间互相帮助之外，和当地人语言不通也是一大因素。这些聚居在一起的华人逐渐形成一个社区，那就是唐人街（China Town），而唐人街是中国饮食文化传播的主要聚集地，所以华人的餐饮业大多都以唐人街为基地，也有小部分是在劳工聚集的地方做小本生意，他们的顾客主要是吃惯家乡菜的华人。所以华人开的酒肆、杂碎馆等饮食店特别多。梁启超《新大陆游记》云："杂碎馆自李合肥（李鸿章）游美后始发生。前此西人足迹不履唐人埠，自合肥至后一到游历，此后游者如鲫。西人好奇家欲知中国人生活之程度，未能至亚洲，则必到纽约唐人埠一观焉。合肥在美思中国饮食，属唐人埠之酒食店进馔数次。西人问其名，华人难以具对，统名之曰'杂碎'，自此杂碎之名大噪。仅纽约一隅，杂碎三四百家，遍布全市。"

美国纽约唐人街

由于早期移民海外的中国人主要来自沿海各省，其中又以闽粤一带占大多数，所以在东南亚尤其是新加坡、马来西亚及美国、欧洲发现大多数的中菜皆以粤菜、浙菜为主，然而现在川菜、苏菜、湘菜大有后来居上之势，这也可以反映华人、华侨的成分已悄然发生了变化。

## 二、长江流域饮食文化海外影响

在海外，一道香气四溢的中国菜，就是吸引外国民众了解中华文化的一扇窗户，"饮食是文化交流的使者"，近年来长江流域饮食文化海外传播就充分证明了这一点。

在日本关西地区，大阪上海新天地的"皇宫"餐厅要算"以文化促发展"的佼佼者。2005年9月，大阪上海新天地新装开张，从一楼到七楼，涵盖衣食住行和文化娱乐。这座全日本第一家由华人投资建设的综合商城，早已经成为关西华人购物、餐饮、娱乐中心，更是一道向日本社会传递中国、上海文化的风景线。2006年5月黄金周，位于大阪的上海新天地特地从国内请来了武汉歌舞剧院的"丝竹琴韵女子乐坊"为黄金周的节日气息推波助澜。青春靓丽的女孩儿清一色红衫红裙，一边演奏一边载歌载舞，与红柱金匾的背景浑然一体，格外和谐。吸引人的不仅是她们的演奏，还有华丽的表演。在"皇宫"用餐的客人，品尝着上海美食，欣赏着中国江南美曲，无不表示这是一份意外惊喜。有许多到"皇宫"用餐的客人表示，来这里寻求的不仅是一顿可口晚餐，更是一份难得的享受和心情。现在，在关西的许多华人社团也选择在大阪上海新天地举办活动。

打文化牌的中国餐馆不是个案。在东京的"上海人情"饭店也是靠中国文化吸引客人。餐厅装修雅致，既有中国传统特色，又有现代气息。在餐厅的墙壁上贴着中国20世纪30年代电影明星的照片，"旧上海和平饭店股东大会"场面的壁画把人们的思绪拉到新中国成立前的中国。"豆腐花"因为制作烦琐，利润低，中华料理店一般不会把它列在菜单上。但"上海人情"认为"豆腐花"是中国传统美食中必不可少的元

素，因此店里的师傅们坚持每天起早磨新鲜的豆浆。记者看到，价格仅卖680日元的"豆腐花"装在一个套有不锈钢桶的小木桶内，香葱、虾米、紫菜、榨菜覆盖在豆花上面，在中国市肆随处可见的"豆腐花"在这里却制作得精致无比。

英国伦敦，"米齐临"创始人兼董事长方刚说："要让英国食客领略中国地方美食。一碗长沙米粉，浓缩了中国湖湘文化。来到英国近20年，我们长沙人始终忘不了家乡味，也希望有一天能让湖南味道香飘英伦。2017年，我和湖南老乡下定决心，在伦敦唐人街开了第一个米粉档口，承载湖南人的乡愁和梦想。几年间，我们从当初的小柜台发展成如今的4家店，米齐临米粉也成为让大家口口相传的好味道。我们按照长沙米粉各类经典浇头的做法，炒制剁椒肉丝、酸豆角肉泥等十几种浇头，大受华侨华人顾客欢迎，酸辣鸡丁粉和清汤牛腩粉等组合十分受英国顾客偏爱。2017年至2020年期间，我参与过3场伦敦举办的中华美食节，每一次我们的摊位前都排满了长队，越来越多外国食客认识了长沙臭豆腐、糖油米粑粑、米酒酿小丸子等招牌湖南小吃。这些小吃虽然是正宗的中国风味，但与不少英国人的口味契合，受到外国顾客的热捧。美食节上，许多在英的湖南侨胞也从外地专程赶来嗦粉，品味这一碗思乡情。经过十几年的发展，英国的中餐业如今百花齐放。除了最早进军英国市场的粤菜，湘菜、川菜、淮扬菜乃至新疆菜都来到了英国。越来越多的外国食客爱上了湖南的米粉、四川的水煮鱼和火锅，懂得除了改良中餐，还有更多地道的中国地方美食可以快意品尝。美食是一座桥梁，是传递中华文化的绝佳载体。未来，还会有更多英国食客爱上中国风味，品味中华文化。"

美国芝加哥美中餐饮业联合会主席胡晓军说："中餐厅是中美民间交流的桥梁。1998年，我在芝加哥唐人街创立了'老四川'餐厅。那时，美中地区还没有一家正宗的川菜馆。我带着在成都当大厨学到的一身本领，下定决心要让美味的川菜在美国发扬光大。经过20多年的打拼，如今，'老四川'餐馆在全美已经开了17家，连续7次上榜米其林'必比登推介'榜，多次收获美国餐饮业大奖。做好中餐厅，不只是一门生意，也是一门学问。从起步时，我就抱着授人以鱼不如授人以渔的想法，不仅想把川菜做好，而且要把川菜文化、中餐文化播撒在美国。同时，我还上美国电视台，把经典川菜的制作方法毫无保留地教给观众，为的就是让观众了解川菜，明白每一颗辣椒背后的中国滋味。一家餐馆的菜单就是这家餐馆的灵魂。长期以来，我们的餐厅都备受美国食客和华侨华人群体的欢迎，其中外国顾客的比例可达80%，这得益于我们在菜单上下的功夫。我们的菜单分为四个部分：第一是传统中餐，例如麻婆豆腐、水煮牛肉、回锅肉等，满足华侨华人的家乡记忆；第二是流行小吃，例如麻辣香锅和青花椒系列，这些是近年来消费实力增强的留学生群体最喜爱的菜品；第三是美式中餐，我们保留了美式中餐的精华，虽然是同样的菜名，但我们有自己独特的调味方式，红油、辣椒酱都由大厨调制，带有浓郁的四川特色；第四是餐厅自创菜，融合了传统川菜与新式中餐的特点，成为菜单中亮眼的创新色彩。现在，我们的樟茶鸭、香辣仔鸡已经成为芝加哥中餐的标志性菜品，柠檬脆皮虾、宫爆鸡等也成为口口相传的招牌菜，吸引众多美国食客。中餐馆的宗旨，就是弘扬中华饮食文化、繁荣美国各地社区，增进中美民间交流和友谊。当前，中餐在美国乃至全世界都深受欢迎，中餐业的前景十分广阔。下一步，我计划继续打响目前的品牌，同时也帮助更多中国餐饮品牌进驻美国，为中华饮食文化走向海外贡献我们的一份力量。"①

一个民族文化的发展与进步离不开经济文化交流的健康进行。华人华侨在海外经营中餐馆的实践，也是在不断地吸取海外饮食文化的一些精华，这也就丰富了中华饮食文化的内涵，对中国饮食文化的发展与创新起到了一定的推动作用。

中国饮食文化丰富而又和谐，多样而又统一，带有浓郁的中国文化的和谐色彩和宽容性。"和谐"在饮食文化中，它的含义是适中和平衡，但这是在差异和多样的前提下实现的。"和"的思想还在一定程度上促成了中国饮食文化兼容并蓄的生成机制。在"和而不同"的思想指导下，中国饮食文化广泛和有选择性地借鉴和摄取了域外饮食文化的精华，特别是奥运会这样一项最国际化的盛会，世界各国最优秀的饮食文化，也都会在这场盛会中找到属于自己的舞台：法国的鹅肝、意大利的空心粉、俄罗斯的鱼子酱、日本的寿司、韩国的泡菜等都已被广泛接受；鱼香肉丝、宫保鸡丁、烤鸭等中国菜也名扬海外。那么以此为契机，融合世界饮食文化之精华，进一步将我们的饮食文化升华，实际上是给自身注入了新的营养物质，使中国饮食文化给人们一种既传统而又清新的感觉，因而一定会深受世界各国人民的欢迎。

毛泽东同志曾充满民族自信心地说："我相信，一个中药，一个中国菜，这将是中国对世界的两大贡献。"②凡是吃过中式菜肴的外国人士，总是对此赞不绝口，从而激起对中国文化的崇敬。许多外国人认为，在食物的烹调技术方面，中国的成就是任何一个国家都比不上的。菲律宾《东方日报》1977年11月21日，曾以《中国菜征服了巴黎》为题写道："在巴黎，用中国菜招徕顾客的餐厅，最保守的估计有一千多家，每家都生意兴隆，有一定的主顾，每逢星期假日，还有大摆长龙的镜头。让法国人排队等饭吃，只有中国菜才有这种魅力……中国菜能够在巴黎大行其道，使一向注重美食的法国人光顾，绝不是一阵热潮，而是一般法国人在吃了血淋的法国牛排与沾满了

---

① 参见《对话四位海外中餐从业者：让外国民众爱上中华饮食文化》，环球网 2021 年 8 月 9 日。
② 李银桥、韩桂馨：《在毛泽东身边十五年》，石家庄：河北人民出版社，2006 年，第 139 页。

芥末的蜗牛之后，再吃这香味俱全的中国菜，发觉在'吃'的文化上，确实不如具有五千年历史文化的中国。"

美国有一家杂志曾以"哪个国家的菜最好吃"的问题，作过一次民意调查，结果大多数的人都认为中国菜最好吃。所以，美国有这样一句幽默的话："美国人的钱控制在犹太人手里，而犹太人的胃口则掌握在华人手里。"这充分说明中国饮食文化是深受世界各国人民欢迎的。

中国饮食文化所以能够享誉全球，有其深刻的历史原因。早在先秦时，我们的祖先就形成了在性问题上保守的传统，而将人生的倾泻导向于饮食。与此相反，西方在性问题上十分放纵，而在饮食上却比较机械保守。这个原因，不仅导致了中国饮食文化的高度发展，而且赋予饮食以丰富的社会意义。同时，又由于中华民族是一个具有无限创造精神的民族，中国的烹调技艺源远流长，熔铸了海内外中华民众的聪明才智。中国饮食不但讲求科学性，还注重艺术性；不但给人以味美的享受，还可以丰富人们的文化知识。所以中国饮食文化已成为我国物质文明和精神文明的象征，是中国民族文化的一份厚重遗产。正如孙中山先生所言："烹调之术本于文明而生，非深孕乎文明之种族，则辨味不精；辨味不精，则烹调之术不妙。中国烹调之妙，亦是表明文明进化之深也。"[①] 这说明一个国家的饮食文化如何，则足以表现一个国家或民族的文化素养如何。

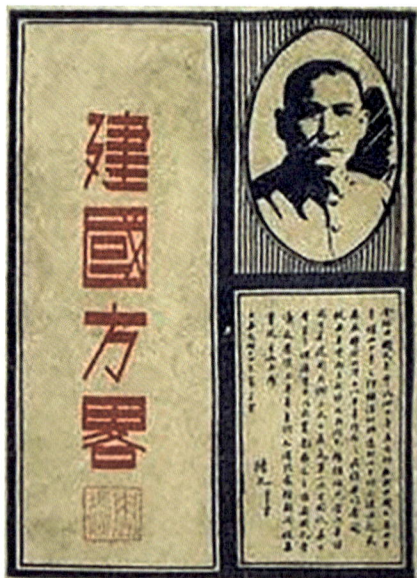

孙中山《建国方略》书影

长江流域饮食文化是一个多元交汇的文化体系，它由不同历史时期、不同民族、不同地域的饮食文化相互交流、相互融合而成。历史上长江流域与其他地区的饮食文化交流大致可分为三个阶段，每一阶段有着不同的特点。从魏晋到宋元，在三次大规模的北人南迁中，以粟麦为代表的北方元素进入长江流域的饮食生活；明清时期，以玉米、番薯、辣椒为代表的30余种美洲原产作物先后传入，改变了长江流域的饮食结构；近代以来，中西饮食文化的交流，为长江流域饮食文化注入了西方文明和活力。因地理环境的不同，长江流域的饮食文化呈现出丰富多元的状态。通过文化交流，长江流域风格各异的饮食文化相互交融、互相渗透，在交流、碰撞中走向融合，

---

① 孙中山：《建国方略·心理建设》，北京：生活·读书·新知三联书店，2014年，第9页。

既具有地域特色，又不乏时代气息。这说明一个民族或国家文化的发展与进步，离不开兼收并蓄的原则，离不开经济、文化交流的健康进行，而没有交流的文化系统是没有生命力的静态系统。

在历史的长河中，长江流域的饮食文化也曾深刻地影响过世界，而且这种文化在经过与其他地区、其他民族、其他国家饮食文化的交流后不断丰富和发展。知古鉴今，展望未来，长江流域饮食文化的继承与发展，一方面要深入挖掘和研究传统饮食文化，保护好、传承好、利用好优秀传统文化；另一方面要注重吸收和借鉴外来饮食文化，实现外来文化的本土化、大众化、时代化，让长江流域传统饮食文化在交流中发展，在碰撞中新生。

# 第十六章　长江流域的茶文化

在中国，茶作为一种普通饮料，比起酒的历史要晚得多。但是，在世界其他地区还不知道茶为何物的时候，茶在我国则从朱门到柴户，便已成为比屋之饮。长江流域的先民在世界上最早发现了茶的效用，也最早发明了茶叶的加工制造技术，把茶树培育为一种重要的栽培作物，并发展为一门饮茶文化。茶的独特风格、神奇魅力以及蕴含的文化内涵，确实值得人们去品味。

## 第一节　茶叶的起源

茶树的起源问题，曾经有一些不同的说法，随着研究的深入，学界逐渐达成共识，即中国是茶树的原产地，并确认中国西南地区，包括云南、四川、湖北是茶树原产地的中心。由于地质变迁及人为栽培，茶树开始普及全国，并逐渐传播至世界各地。

### 一、茶者，南方之嘉木也

中国是世界茶树的原产地，据有关文献记载，茶树起源于长江上游的西南地区、中游的鄂西山区及其周围地区。例如，《广雅》："荆巴间采茶作饼……其饮醒酒，令人不眠。"《救荒本草·茶树》："《图经》云：生山南汉中山谷，闽、浙、蜀、荆、江、湖、淮南山中皆有之。"20世纪30年代开始，国内陆续发现了一些古茶树，并加以报道，例如，1930年浙江省安吉县孝丰镇马铃冈发现了野生白茶树；1944年安徽省祁门县凫溪口茶区山中发现数棵开淡红色花的稀有茶树；等等。

古茶树是茶树起源地最重要的实物证据。古茶树包括野生型、过渡型和栽培型三种，年代最早的是野生型古茶树，古文献记载的古茶树也多数是野生型。从古生物学观点来看，茶树是山茶属中比较原始的一种。现在的发现证实，茶树的起源距今已有数万年之久。从古代地理气候来看，云南、贵州及四川盆地气候温暖湿润，非常适宜种茶。这些地区存在较多的野生乔木大茶树，叶片结构等均比较原始，野生古茶树是国家二级保护植物。20世纪70年代中期发现的云南镇沅千家寨野生古茶树群落，是全世界所发现面积最大、最原始、最完整、以茶树为优势树种的植物群落。在这个群落中，有第三纪遗传演化而来的亲缘、近缘植物如壳斗科、木兰科、山茶科等植物群，主要分布在镇沅千家寨范围的上坝、古炮台、大空树、大吊水（瀑布）头、小吊水、大明山等处。1996年11月12日至17日，中共普洱地委、地区行政公署、普洱地区茶叶学会、镇沅县委、县人民政府在镇沅召开了"哀牢山国家自然保护区云南省镇沅千家寨古茶树考察论证会"，应邀参加论证会的有中国农业科学院茶叶研究所、中国科学院西双版纳热带植物园、云南农业大学、云南省农业科学院茶叶研究所、普洱地区行署对外经济贸易局、云南茶叶机械总厂、云南省普洱茶树良种场、普洱农业学校、普洱地区文物管理所的专家、科技工作者共10人。他们到古茶树群落主要分布点千家寨上坝和小吊水头进行了为期3天的现场考察，采取实地观察、测量、取样、访问、采集标本，并对周围生态环境、植物状况作了调查。在此基础上，专家们一致认为，镇沅千家寨古茶树按植物学特征，属野生古茶树型。专家们根据已掌握的茶树生理生态资料和勐海南糯山大茶树已知确切树龄（800年），结合千家寨古茶树地理纬度、海拔与水热状况等资料综合推算，千家寨上坝古茶树树龄为2700年，定名为千家寨1号；千家寨小吊水头野生古茶树树龄为2500年，定名为千家寨2号。会议形成了《哀牢山国家自然保护区云南省镇沅千家寨野生古茶树考察论证会纪要》和《哀牢山国家自然保护区云南省镇沅千家寨野生古茶树考察论证意见》。

陆羽《茶经》说："茶者，南方之嘉木也。一尺、二尺，乃至数十尺。其巴山、峡川有两人合抱者，伐而掇之。其树如瓜芦，叶如栀子，花如白蔷薇，实如栟榈，蒂如丁香，根如胡桃。"[1] 两人合抱的大茶树，其径围至少在3.2米，直径至少1米，以此推算，当时树龄也有千年左右，但比起千家寨1号，估计还差1000多年。镇沅千家寨迄今为止已发现的世界上最大的野生茶树群落和最古老的野生茶王树，对于研究茶树原产地、茶树群落学、茶树遗传多样性及茶树资源研究利用都具有重大意义，受到国内外茶叶界和植物学家的关注。

另外，在贵州省晴隆县笋家菁曾发现

云南千家寨1号古茶树

① ［唐］陆羽：《茶经·一之源》，武汉：湖北教育出版社，2020年，第1页。

茶籽化石一块，有三粒茶籽。这些材料证明，我国饮茶文化的起源当在长江流域。

饮用茶叶始于何时，文献中对此记载不一。顾炎武在《日知录》中说："自秦人取蜀而后，始有茗饮之事。"其意为秦人攻取蜀地以后，茶的饮用才开始向外传播。事实上，在这之前，巴蜀地区早已有饮茶之事了。据《华阳国志》记载，周武王伐纣后，巴蜀等西南小国曾以茶叶作为珍贵的贡品给西周王室，由此可以推想到在西周以前，人们就已开始利用茶叶了。西汉时，蜀郡人王褒所写的《僮约》中，规定僮奴任务之一是"脍鱼炮鳖，烹茶尽具"和"牵犬贩鹅，武阳买茶"。这是我国关于饮茶、买茶最早的记载。王褒是西汉宣帝时人，武阳属今四川彭山区。《僮约》虽系一时戏笔，但将买茶列为家奴日常工作，可见西汉时社会上层贵族已有饮茶习惯。在西汉时，饮茶的方法是将采来的鲜叶制成茶饼，饮用时，捣碎放入壶中，注入水煮沸，外加葱、姜、橘等调味。

从汉至魏晋南北朝，长江流域的饮茶习俗逐渐传至长江中下游地区。三国时期，吴国宫中已盛行饮茶。《三国志》记载，东吴最后一个皇帝孙皓，每次大宴群臣，都要强迫群臣喝酒，把他们灌得酩酊大醉，引以为乐。大臣韦耀不善饮酒，孙皓就"常为裁减，或密赐茶荈以当酒"[1]。

魏晋以后，由于茶树种植逐年增加，茶叶在南方也渐渐成为一种普通的待客饮料。如果说茶叶在过去还是一种豪门斗富之物，那么东晋以后，茶叶反而成为皇亲国戚用以标榜自己的俭朴之物。如《晋书·桓温传》记载东晋大将军桓温生性俭约，每次宴请宾客，都只用茶果而已。有的皇帝为表示自己节俭，规定在他死后专以茶饮来代替牲祭，如《南齐书》载，齐武帝临死前在遗诏上写道："我灵上慎勿以牲为祭，唯设饼、茶饮、干饭、酒脯而已。天下贵贱，咸同此制。"[2] 这也反映出齐武帝对茶的爱好。

隋代以后，大运河的修建，沟通了海河、黄河、淮河、长江、钱塘江五大流域，使长江流域的物资能源源不断北上，其中自然也包括茶叶。另外，据说隋文帝"素患脑病"，有僧人劝他"煮茗草（茶）服之，果收效验"，隋文帝此后十分嗜茶，于是举国上下信而好之。这样，到唐代时，运河沿岸"自邹、齐、沧、棣，渐至京邑，城市多开店铺，煎茶卖之，不问道俗，投钱取饮，其茶自江淮而来，舟车相继，所在山积，色额甚多"[3]。

饮茶的推广和普及，还与中国佛教有着密切的关系。自从佛教在中国兴起后，茶叶很快就成为僧人坐禅修炼不可缺少的饮料，僧人的生活需要又促进了茶叶生产的发

---

① ［晋］陈寿：《三国志》卷 65《吴书·韦曜传》，第 1462 页。

② ［南朝梁］萧子显：《南齐书》卷 3《武帝本纪》，第 62 页。

③ ［唐］封演：《封氏闻见记校注》卷 6《饮茶》，赵贞信校注，北京：中华书局，2005 年，第 51 页。

展。佛教认为茶有三德：一、坐禅时，可以通夜不眠；二、满腹时，可以帮助消化；三、茶为抑制性欲之药。因此，喝茶就成为他们日常生活中不可缺少之事。特别是佛教禅宗派兴起后，佛教徒更重视坐禅、断食及膜思。坐禅讲究专注一境，而且必须结跏趺坐，头正背直，不动不摇。长时间的坐禅会使人产生疲倦，精神不易集中，同时吃饱易睡，故必须减食，或不吃晚饭。为此，需要一种既符合佛教戒律，又可以消除坐禅产生的疲劳和作为不吃晚饭的补充物质。古代印度无茶饮，僧徒坐禅常用槟榔树的果实制成所需的饮料，但它没有茶叶好。佛教传入中国后，茶叶这种具有提神醒脑、消除疲劳、有助坐禅的饮品便受到广大僧徒的欢迎，成为他们最理想的饮品。

陆羽《茶经》写道："茶之为用，味至寒，为饮，最宜精行俭德之人。"[①]被人们尊为"茶圣"的陆羽虽不是僧人，但他三岁时就被湖北天门西塔寺

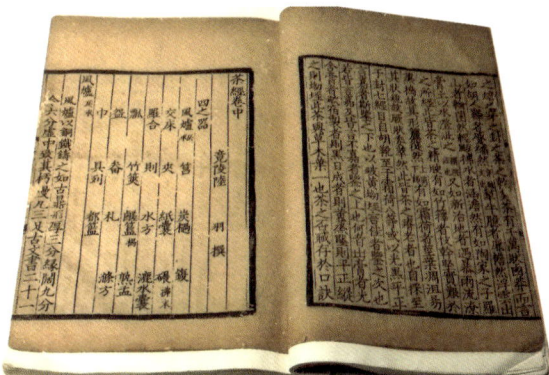

《茶经》书影 宋刻百川学海本（国家图书馆藏）

智积禅师收养。智积禅师嗜好饮茶，陆羽专为他煮茶，久而久之练成了一手高超的采制和煮饮茶叶的手艺。成年后，他又遍游长江流域各地名山古刹，采茶、制茶、品茶，结识善烹煮茶叶的高僧道人，并不断地总结自己的经验，吸收前人的成就，著成《茶经》一书。

可见，陆羽能够著成《茶经》，是与僧教的影响分不开的。《茶经》这部书对饮茶的起源、茶的产地、采茶的器具、制茶的过程、饮茶的方法、所用的器具等等，都作了比较全面系统的论述，是我国茶史上的第一部重要著作，也是世界上出现的第一部茶书。它把茶的产生和饮用，总结提高为一门新的学问和文化。《茶经》的出现，极大地促进了中国茶文化的普及与发展。

## 二、茶之始，其字为"茶"

在先秦文献中，"茶"字是名不见经传的，只有"荼"字。什么是"荼"呢？东汉许慎所著的《说文解字》曰："荼，苦荼也。"清人段玉裁注曰："荼，苦菜。"在《尔雅·释草》中，"荼"亦解释为苦菜，这就是《诗经》中的"谁谓荼苦，其甘如荠"[②]。此外，又解释成"茅莠"（《周礼·地官》郑玄注）和"槚"（《尔雅·释木》）。事实上，

---

① ［唐］陆羽：《茶经·一之源》，第1页。
②《诗经·邶风·谷风》，程俊英译注，上海：上海古籍出版社，1985年，第61页。

茶在先秦至秦汉时，还有许多别名，择其通称，主要有荼、槚、蔎、茗、荈等。

古代最初指茶的"荼"字，其读音也为"涂"，但后来随着饮茶的发展，指茶的荼字使用越来越频繁，有加以区别的必要，于是就把指茶的荼字，专读为茶，并在字形上也作了改动。南宋著名理学家魏了翁在《邛州先茶记》中说："茶之始，其字为荼，如《春秋》书齐荼，《汉志》书荼陵之类，陆（德明）、颜（师古）诸人虽已转入茶音，而未敢辄易字文也。若《尔雅》、若《本草》，犹从艸从余，而徐鼎臣训荼犹曰'即今之茶也'。惟自陆羽《茶经》、卢仝《茶歌》、赵赞《茶禁》以后，则遂易荼为茶。"

清代著名思想家顾炎武对此作了进一步的考证，他说："荼荈之荼与荼苦之荼，本是一字，古时未分……愚游泰山岱岳，观览唐碑题名，见大历十四年刻'荼药'字，贞元十四年刻'荼宴'字，皆作荼。又李邕《婆罗树碑》、徐浩《不空和尚碑》、吴通微《楚金禅师碑》'荼毗'字，崔琪《灵运禅师碑》'荼椀'字，亦作荼。其时字体尚未变。至会昌元年，柳公权书《玄秘塔牌铭》、大中九年裴休书《圭峰禅师碑》'荼毗'字，俱减此一画，则此字变于中唐以下也。"[1] 这就说明唐代初年陆德明、颜师古等人虽已读"荼"为"茶"音，但字形未改；到了唐代中期陆羽著《茶经》时，才正式把"荼"字改写为"茶"。这一字的变易，可使我们对唐代中期以后，饮茶之风的普及情形更觉明了。

茶字虽然出现在唐代，但人们饮用茶叶则可以追溯到更远的历史时期。陆羽的《茶经》中说："茶之为饮，发乎神农氏，闻于鲁周公。"[2] 有人认为神农氏就是炎帝，我国第一部药物学著作《神农本草经》曾记载："神农尝百草，日遇七十二毒，得荼而解之。"

在我国江南茶区，还流传着一个"神农与茶"的神奇有趣的故事。传说神农氏有一个透明的肚子，吃下什么东西，在胃肠里可以看得清清楚楚。远古时，人们还不会用火烧东西吃，对于花草、野果之类都是生吃，因此经常生病。为了解除人们的疾苦，神农就利用自己特殊的肚子把看到的植物都试尝一遍，看看这些植物在肚子里的变化，以便让人们知道哪些植物无毒可以吃，哪些有毒不能吃。这样，他就开始试尝百草。当他尝到一种开着乳白色花朵的嫩叶时，发现这种绿叶真奇怪，一吃到肚子里，就从上到下，从下到上，到处流动洗涤，好似在肚子里检查什么，把肠胃洗涤得干干净净，他就称这种绿叶为"查"。后世人们又把"查"叫成"茶"了。神农成年累月地跋山涉水，试尝百草，每天都中毒几次，全靠茶来解救。这则故事虽是传说，但传说也是先民生

---

① ［清］顾炎武：《唐韵正》卷4"荼"条下，载华东师范大学古籍研究所整理：《顾炎武全集》第二册《音乐五书（一）》，刘永翔校点，上海：上海古籍出版社，2011年，第423页。

② ［唐］陆羽：《茶经·六之饮》，第15页。

产和生活的反映，尤其在上古时代，神话、传说和历史往往是联系在一起的。从古代文献来看我国饮茶的起源，起初系作药用和食用，在长期的医药经验中，人们认识到茶不仅可以治病，而且清热解渴，又富有清香味道，又逐步把茶叶发展成为饮料。

# 第二节　饮茶方法的变迁

中国饮茶已有几千年的历史，在这漫长的时间里，饮茶的方法以及饮茶的习惯都有许多变化，时代不同、民族不同、地区不同和气候不同，其饮茶方法也不同，可谓形形色色，各有特点。

## 一、饮用方法推陈出新

一般而言，茶叶的饮用方法，是随着茶叶生产技术的改进和茶类的发展而不断变化的。先秦时期，最早发现野生茶树时，是采集鲜叶，在锅中烹煮成羹汤而食，作为药剂，其味苦涩。也有人把它作为蔬菜食用，与煮饭茶相同，茶叶与饭菜调和，降低了苦涩味，但还是有苦味，因此，人们又把茶叶叫苦菜。

汉唐时期，饮茶方法有了改进。人们先将叶碾成细末，加上油膏、米粉之类的东西，制成茶饼，饮用时将茶饼捣碎，放入葱、姜、橘子皮、薄荷、枣、盐等调料煎熬。这种方法仍保留着最初茶作为药用的那种遗风，不仅饮用时很麻烦，而且损害了茶叶的清香。北宋苏轼《书薛能茶诗》记载："唐人煎茶用姜，故薛能诗云：'盐损添常戒，姜宜着更夸。'据此，则又有用盐者矣。近世有用此二物者辄大笑之。然茶之中等者，用姜煎信佳也，盐则不可。"这是因为到了宋代，人们发明了蒸青散茶制法。饮用散茶时，不碾成碎末，全叶烹煮，不用盐调味，重视茶叶原有的香味。当时出现了一些鉴赏茶叶的方法，以辨别茶叶品质的好坏，所以，"斗茶"很盛行，人们对烹饮方法十分讲究。

明清之际，又出现了与现代饮茶相似的沸水泡茶，主要盛行于江南地区。明代陈师《茶考》云："杭俗烹茶，用细茗置茶瓯，以沸汤点之，名为撮泡。北客多哂之，予亦不满。一则味不尽出，一则泡一次而不用，亦费而可惜，殊失古人蟹眼鹧鸪斑

宋代刘松年的《撵茶图》（故宫博物院藏）

之意。"明代沈德符《万历野获编·补遗》也谓："茶加香物，捣为细饼，已失真味。宋时又有宫中绣茶之制，尤为水厄中第一厄。今人惟取初萌之精者，汲泉置鼎，一瀹便啜，遂开千古茗饮之宗。乃不知我太祖实辟此法。"这种茗饮的方法，最初是出于庙宇僧侣，明太祖朱元璋采用了这种方法，加以推广。这种饮茶方法简便易行，又不会破坏茶叶中的营养成分。徐珂《清稗类钞》中曰："茶中妨害消化最甚者，为制革盐。此物不易融化，惟大烹久浸始出，若仅加以沸水，味足则倾出，饮之无害也。吾人饮茶颇合法，

**明代唐寅《事茗图》**（故宫博物院藏）

特有时浸渍过久，可为忧耳。久煮之茶，味苦色黄，以之制革则佳，置之腹中不可也。"所以，用沸水泡茶是比较符合科学的，这是饮茶方法上的一大进步。

饮茶的逐渐普及对我国社会风俗的变化产生了一定的影响。例如，唐宋以前，宴飨之际，都以酒为主要饮料，酒能暖身、活血、兴奋神经，但如果饮之过量，就容易醉，反为失礼。而茶除有酒的功能外，还可以解酒、止渴、助消化等，益多害少。唐代诗人顾况在《茶赋》中，曾对饮茶的好处作了这样的描写："滋饭蔬之精素，攻肉食之膻腻，发当暑之清吟，涤通宵之昏寐。"所以，饮茶普及后，客来设酒，遂多改为设茶以代之，这已成为一种礼俗。[1]清代宫廷在此基础上又发展成为茶宴。清人福格《听雨丛谈》记载："上自朝廷燕享，下至接见宾客，皆先之以茶品，在酒醴之上。"如招待蒙古王、达赖喇嘛，皆设茶宴，以茶代酒。

## 二、精茶宜佳水

茶叶本身是饮料，又是艺术品。自从陆羽《茶经》问世后，人们对饮茶的学问越来越重视与讲究。与烹饪艺术一样，作为艺术品的茶也讲究色、香、味、形，而且茶叶的名称也要有艺术美。因此，这就要求茶叶的外形、品质、名称都应具备艺术品的条件，应给人以美感。好的名茶要求其优秀的品质、独特的形象美和名称的艺术美融为一体，以求达到质形交融，质寓于形，高质量和外形美完整统一起来，以充分显示茶叶这种艺术品饮料的特色。

---

① 参见姚伟钧：《茶与中国文化》，《华中师范大学学报》（哲社版）1995 年第 1 期。

中国历代民众所饮名茶都颇具特色。杭州西湖龙井茶扁平挺秀、光滑匀齐、翠绿略黄，占一个"色"字。安徽黄山的太平猴魁香气高爽，有兰花之香，冲泡数次，其香犹存，占一个"香"字。江苏太湖之滨的碧螺春形态蜷曲似螺，冲泡时一条条如螺丝展腰，茶叶上茸毛竞相活动，一丝丝争相挺立；湖南洞庭湖上的君山银针茶，冲泡时，茶叶悬空竖立，银毫泛光，可三起三落，状似春笋出土，又似金枪直竖，形态美妙无比，占一个"形"字。

以上几种名茶都各具特色，色、香、味、形四个方面都不错，就绝大多数名茶品种而言，均色清、香浓、味醇、形美。

精茶宜佳水。中国传统饮茶习俗十分讲究饮茶用水，水质不良，自然影响茶味。唐代张又新说："茶烹于所产处，无不佳也，盖水土之益。"[1]龙井茶叶虎跑水（泉），是历来称赞茶水相得的俗谚。

茶能使水中的金属沉淀，如果水中含有铁质，茶汤则产生沉淀而使汤色暗浊。如果是井水，尤其是矿泉水和富含石灰或其他金属的活水，虽不生沉淀，但会使茶变味。茶所特有的色、香、味，如遇这些水会立即变化，饮不出真味。

陆羽最早论及茶与水的关系，他在《茶经》中认为水的品第："山水上，江水中，井水下。其山水，拣乳泉、石池漫流者上。"[2]乳泉是从石钟乳滴下的水，这种水含矿物质较多，但它经过了多次过滤，使水中杂质减少，味甘，色明，是适宜泡茶的。但如果是含有硫黄和钙质的泉水，则不宜饮用。

传说陆羽品评天下之水味，选出前二十名："庐山康王谷水帘水第一；无锡县惠山寺石泉水第二；蕲州兰溪石下水第三；峡州扇子山下有石突然，泄水独清冷，状如龟形，俗云虾蟆口水，第四；苏州虎丘寺石泉水第五；庐山招贤寺下方桥潭水第六；扬子江南零水第七；洪州西山西东瀑布水第八；唐州柏岩县淮水源第九；庐州龙池山岭水第十；丹阳县观音寺水第十一；扬州大明寺水第十二；汉江金州上游中零水第十三；归州玉虚洞下香溪水第十四；商州武关西洛水第十五；吴松江水第十六；天台山西南峰千丈瀑布水第十七；郴州圆泉水第十八；桐庐严陵滩水第十九；雪水第二十。"[3]古人论茶虽兼及宜茶之水，但是如张又新所记载的，陆羽把天下之水一一按照美恶排队，这是不可能的。因为在这入选的二十名中，有陆羽戒人勿食的瀑布湍流，有江水反居山水上，井水反居江水上的，皆与《茶经》所论相反。所以欧阳修断定所谓"品水论"是唐人张又新的"妄说"。欧阳修的看法是有道理的，不过多少年来，人们虽知品水论不足

① ［唐］张又新：《煎茶水记》，载胡山源编：《古今茶事》，上海：上海书店，1985年，第26页。
② ［唐］陆羽：《茶经·五之煮》，第13页。
③ ［唐］张又新：《煎茶水记》，载胡山源编：《古今茶事》，第25-26页。

第十六章　长江流域的茶文化

凭信，但仍津津乐道，原因在于对陆羽的倾慕。名山胜地，若无清溪曲流，必感美中不足。

历代宫廷对泡茶用水都是十分讲究的，特别是清代人饮茶用水，最讲究以轻、重来辨别水质的优劣，并以此鉴别出各地水的品第。清人梁章钜《归田琐记》云："品泉始于陆鸿渐，然不及我朝之精。"[1]

清代乾隆皇帝以水的轻、重为标准，列出天下泉水的高下。据陆以湉《冷庐杂识》记载，乾隆帝一生多次东巡、南巡、塞外江南，无所不至。每次出巡，他都带有一个特制的银质小方斗，命侍从"精量各地泉水"，然后再以精确度很高的秤称其重量，品出京师（北京）西山玉泉山泉水最轻，定为"天下第一泉"。对此，乾隆皇帝还亲自撰写了《玉泉山天下第一泉记》一文，并立碑刻石。碑文说："尝制银斗较之：京师玉泉之水，斗重一两；塞上伊逊之水，亦斗重一两；济南之珍珠泉，斗重一两二厘；扬子江金山泉，斗重一两三厘，则较之玉泉重二厘、三厘矣；至惠山、虎跑，则各重玉泉四厘；平山重六厘；清凉山、白沙、虎丘及西山之碧云寺，各重玉泉一分。然则更无轻于玉泉者乎？曰：有！乃雪水也。尝收积素而烹之，较玉泉斗轻三厘。雪水不可恒得，则凡出山下而有洌者，诚无过京师之玉泉，故定为天下第一泉。"[2]清人记载，凡乾隆帝外出巡游，"每载玉泉水以供御"。可见，玉泉水成了皇帝御用之水。[3]但平心而论，北方的水质不如长江流域。

慈禧对泡茶的水也非常讲究，对茶叶与茶具更是要求甚高。每次给她敬茶时，都必须有两个太监。第一个太监捧的茶托是金的，茶杯是纯白玉的，她喜欢喝君山银针茶。第二个太监捧的是一只银盘，里面有两只白玉杯子，一只盛金银花，另一只盛玫瑰花。杯底备有金筷一双。两个太监将茶盘举过头顶，

金錾花嵌珠杯盘（故宫博物院藏）

跪在慈禧面前。慈禧慢慢揭开金盖，夹几朵金银花放在茶水中，然后边品茶，边欣赏鲜艳的玫瑰花。君山银针岁贡仅9公斤，非常珍贵，故民间有谚语说：慈禧一杯茶，农民一月粮。

---

① ［清］梁章钜：《归田琐记》卷7《品泉》，于亦时点校，北京：中华书局，1981年，第147页。

② ［清］梁章钜：《归田琐记》卷7《品泉》，第147页。

③ 参见林永匡、王熹：《清代饮食文化研究》，哈尔滨：黑龙江教育出版社，1990年，第88页。

# 第三节　长江流域的名茶

茶作为一种特殊的物质生活资料很早就与民众生活发生了密切的联系，贡茶之举便是这种联系的突出表现。当然，皇亲国戚饮茶的来源，除主要依靠贡茶外，宫廷内也制一部分茶。因此中国历史上的贡茶，都为名茶。下面，我们将历代名茶的主要品种，择要介绍如下：

### 阳羡贡茶

阳羡是江苏宜兴的古称。阳羡茶叶始产于三国孙吴时代，唐代进入兴盛时期，并被作为每年进贡皇室享用的贡茶。当时朝廷专派茶吏、专使、太监来到阳羡设立茶舍、贡茶院，专管督采、品尝和鉴定。

每年春分后、清明前，茶农便要进山选摘优质芽茶，并且连夜蒸青，加工压制成饼茶，缴与茶吏太监。茶吏太监立即派人快马加鞭日夜兼程送往京城，以供皇室"清明宴"之用。长安距阳羡一千余千米，快马日行二百千米方可如期送到，这就是当时所谓的"急程茶"。

### 顾渚紫笋

我国最负盛名的古代名茶之一。产于浙江省长兴县顾渚村，因其叶色紫、似笋而名。唐朝时，长兴属湖州府，故又名湖州紫笋。它外形秀美，幽香如兰，开水沏泡时叶芽嫩绿，朵朵可辨；滋味鲜爽而甘醇，有"茶中绝品"之誉。从唐代起被列为贡品茶，一直延续到清代顺治年间。

唐代朝廷规定，贡茶分为五等，第一等贡茶须于清明之前十天起程，陆路运送，限于清明前运抵京城长安。其余贡茶分由水、陆两路运送，农历四月底全部送达京城。

顾渚紫笋茶的出名还与陆羽有直接关系。安史之乱后，陆羽曾到湖州苕溪隐居，发现这里的茶叶香味特异，"冠于他境"，遂向朝廷推荐，列为贡茶。唐大历五年（公元770年），朝廷便在这里兴建了贡茶院。陆羽在《茶经》中评述紫笋茶说："紫者上，绿者次；笋者上，牙者次。"[①]贡茶院据此正式将其定名为"紫笋茶"。唐代，这里茶叶生产规模很大，每逢阳春三月，采制贡茶有专职"工匠千余人"，采茶"役工三万人"，烘焙工场"百余所"。清顺治年间以后歇贡，失传数百年。1979年经研制后重新恢复生产，1982年被列为全国名茶，是一种半烘炒绿茶。

### 团黄贡茶

团黄贡茶始于唐代，英山产的"团黄"与"蕲门"以及霍山产的"黄芽"并称"淮南三茗"，被列为贡品运往京都长安。

---

① ［唐］陆羽：《茶经·一之源》，第1页。

团黄贡茶栗香浓郁，条索紧秀，绿润洁净，醇厚温和，耐冲泡。

### 六安瓜片

我国十大传统名茶之一。片茶即全由叶片制成，不带嫩芽和嫩茎的茶叶品种；因其形像瓜子，又主要产于安徽西部大别山区的六安、金寨、霍山三县，故名"六安瓜片"。六安瓜片源于金寨县的齐云山，而且也以齐云山所产瓜片茶品质最佳，故又名"齐云瓜片"。因其沏茶时雾气蒸腾，清香四溢，所以也有"齐山云雾瓜片"之称。早在唐代，六安瓜片就已闻名，宋代更有茶中"精品"之誉，明代被列为贡茶，正如《六安州志》中说："茶中之极品，明朝始入贡。"六安瓜片茶现为国家礼品茶之一。

六安瓜片色泽润亮翠绿，香气芬芳清高，滋味甘美，冲泡三四次仍有香味。它不仅是上好的饮料，还有较高的药用价值，对伤风感冒等病有一定的疗效。明朝闻龙在《茶笺》中说它是"茶中精品，入药最效"。六安瓜片如在春雷之时采摘纤细嫩芽，再以活水煮饮，或以夜雪烹煮后，其味更佳。

### 涌溪火青

产于安徽泾县涌溪山一带。历史悠久，明代起列为贡茶，清咸丰年间尤为兴盛。

涌溪位于皖南，这里的山上常有云雾缭绕，气候冬暖夏凉，宜种茶叶。传说当年涌溪这个地方有个叫刘金的秀才在涌溪弯头山上发现一棵"金银茶"，半边叶子是白色的，另半边却是黄色的。这位秀才觉得这棵茶树珍奇，采了它的细嫩芽叶，回家后便在锅中用猛火炒揉，结果制出一种外形秀美、青翠如珠、白毫密披、内质香气如花、味道甘美的茶叶来，这便是最初的涌溪火青。

从明代起，涌溪火青就已驰名全国，现在也是全国名茶。其成品茶呈珍珠状，螺丝形，紧实细润，墨绿显毫，细嫩重实。冲泡后，汤色杏黄明亮、叶底匀整、滋味醇厚，含花香，回味无穷。

### 平水珠茶

该茶主要产于浙江嵊泗、绍兴、新昌等市县，这里土壤肥沃、气候温暖湿润，自然条件得天独厚，历史上就是名茶产区。宋代著名的越州茶、剡茶、日铸茶，都是珠茶的前身。珠茶从清代康熙年间就已被列为贡茶，名曰"贡熙"，意思是给康熙皇帝的贡品。该茶有"绿色珍珠"的美称。它外形浑圆紧结，色泽润绿，身骨重实，宛如墨绿色的珍珠。冲泡杯中，芽叶舒展，汤色清澈，叶底翠绿，香味醇厚，耐冲泡。

### 珍眉茶

该茶产于湖北省英山县，又名英炒青，因其条索紧结细长匀称，如古代仕女纤细的眉，故称之为珍眉。

珍眉茶从清代起就被列为贡茶，其茶干品色泽呈灰色，俗称起露，条索紧细，叶

肉厚实，芽叶细嫩，茶汤清澈翠绿，香味芬芳，滋味浓厚醇和。

### 鹿苑黄茶

远安鹿苑茶，因产于湖北省远安县鹿苑寺（位于远安县城西北群山之中的云门山麓）而得名。外形条索环状，白毫显露，色泽金黄，香郁高长，冲泡后汤色黄净明亮，滋味醇厚回甘，叶底嫩黄匀整，是楚茶中为数不多的黄茶类精品。在清代乾隆年间，远安鹿苑茶被选为贡茶。

### 君山银针

我国传统名茶之一，产于湖南岳阳洞庭湖中的君山岛。

据古籍记载，君山银针自唐代起被列为贡茶，以后历代相袭。这种茶在过去被称为"琼浆玉液"，是茶叶中的稀有名贵品种，产量非常小。它种在君山的白鹤寺内，只有十多棵，每年产量不过几两，以后虽历代有所增加，但到清代也不过9公斤。

君山银针芽全由肥嫩芽组成，其外形芽头粗壮，长短大小均匀，茶芽内面呈金黄色，外层白毫显露完整，而且包裹坚实，茶芽外形很像一根根银针，故得其名。冲泡时可以从明亮的杏黄色茶汤中看到根根银针直立向上，几番升沉之后，最后竖于杯底，状似春笋出土，而且每一银叶的芽尖上都有一小泡，好似雀舌含珠。

### 龙井茶

我国传统名茶之一，产于浙江杭州市郊西湖乡龙井村一带。龙井，原名龙泓，传说三国时就已发现此泉；明代掘井抗旱时从井底挖出一龙形大石，于是更名为"龙井"。

龙井茶源于唐代，宋代已闻名全国。苏东坡品茗诗中"白云山下雨旗新"形容的就是这种茶形如彩旗的特点。清代时龙井茶被列为贡茶，尤为乾隆皇帝所赞誉。

龙井茶因有狮峰、龙井、五云山、虎跑山四个不同产地而有"狮、龙、云、虎"的品种区别，其中以狮峰、龙井品质最佳。龙井茶因"色翠、香郁、味醇、形美"这四个特点，被称为"四绝"。

### 蒙顶茶

"扬子江中水，蒙山顶上茶"，四川雅安蒙山出产的蒙顶茶，相传是汉代甘露寺普贤禅师吴理真亲手所植，饮之延年益寿，称作仙茶，晋朝开始作贡茶。李肇在《唐国史补》卷下说："茶之名品益众，剑南有蒙顶石花，或小方，或散芽，号为第一。"唐文宗开成五年（公元840年）留学僧慈觉大师圆仁学习期满，从长安回日本，唐皇李昂向他馈赠的礼物中，即有"蒙顶茶二斤，团茶一串"。此时，蒙顶茶不仅在国内享有很高声誉，而且已作为国家级礼茶，漂洋过海传到国外。

### 碧螺春

著名的太湖"碧螺春"，相传也是北宋时江苏洞庭山水月院的山僧所制，当时以寺庙命名为"水月茶"，历来是朝贡的佳品。

碧螺春茶已有 1000 多年历史，当地民间最早叫洞庭茶，又叫"吓煞人香"。相传有一尼姑上山游春，顺手摘了几片茶叶，泡茶后奇香扑鼻，脱口而道"香得吓煞人"，由此当地人便将此茶叫"吓煞人香"。到了清代康熙年间，康熙皇帝视察时品尝了这种汤色碧绿、卷曲如螺的名茶，赞不绝口，但觉得"吓煞人香"其名不雅，于是赐名"碧螺春"。

碧螺春茶外形优美，条索紧结，卷曲如螺，白毫显露，色碧味香。冲泡后茶叶徐徐舒展，上下翻飞，茶水银澄碧绿，清香袭人，口味凉甜，饮后有回甜之感。人们赞道："铜丝条，螺旋形，浑身毛，花香果味，鲜爽生津。"由于洞庭山地理环境独特，四季花朵不断，茶树与果树间种，所以碧螺春茶具有特殊的花朵香味。

"皇恩宠锡"牌匾图

### "皇恩宠锡"伍家台贡茶

"鄂西宣恩有贡茶，茶叶之宝甲天下；当年捧茶献天子，'皇恩宠锡'传佳话。如今茶香飘四海，色香味浓谁不夸；远方的朋友亲爱的客，请喝一杯宣恩茶。"1991 年 4 月，这首由著名歌唱家蒋大为即兴创作的歌曲，赞颂的就是地处恩施土家族苗族自治州宣恩县城东 15 千米处的伍家台贡茶。清乾隆帝钦赐"皇恩宠锡"四字以表达对伍家台茶的喜爱。现在，"皇恩宠锡"已经成为湖北老字号中的一员，并且走向了世界。

伍家台茶成为贡茶，始于清朝乾隆年间。清乾隆四十九年（公元 1784 年），山东昌乐举人刘澍到宣恩任知县，在品尝了伍家台茶后，他认为此茶水色清冽，芳香四溢，于是将伍家台茶当作礼物，送给了施南知府迁毓。迁毓亦觉该茶极佳，作为乾隆心腹的他便将此茶进献给素来爱茶的乾隆帝。乾隆皇帝喝后赞不绝口，亲赐"皇恩宠锡"牌匾。于是，伍家台茶以"碧翠争毫，献宫廷御案"而得宠，扬誉海内外，直至今日，伍家台贡茶依然为人们所推崇。因此，在当地，伍昌臣被誉为"贡茶始祖"，伍家台贡茶之名由此而来，300 余年的贡茶佳话流传至今。可以说，"皇恩宠锡"老字号历史悠久，来历不凡。

### "川"字牌青砖茶

"川"字牌青砖茶是中国七大黑茶之一，是来自鄂南地区的著名茶叶品牌。它的主要产地是湖北省赤壁市的赵李桥羊楼洞古镇，这里是著名的"万里茶道"茶叶生产的源头和马匹交接的起点。该镇始于汉晋，兴于唐宋，盛于明清，也是近代中国重要的茶叶原料供应和加工集散中心，影响了汉口和九江两大茶市的发展。

"川"字牌青砖茶外形紧结平整、色泽褐亮，所冲泡的茶水香气纯正、汤色红橙、滋味醇厚、口味独特，富含多酚类、咖啡碱、氨基酸、维生素等多种营养物质，除了一般茶叶所共同具有的生津止渴、清心提神的功效之外，更具有消脂去腻、化滞健胃、降脂降血压、抗动脉硬化、治痢疾的养生效果。

"川"字牌青砖茶生长的鄂南地区，自古就是茶叶种植和生产的天堂，拥有源远流长的茶文化。到了清咸丰年间，鄂南地区的茶区的发展发生深刻变化。此时，此地已经开始正式生产现代青砖茶，稍后又生产米砖茶、茯砖茶。砖茶之盛吸引了大批外省的

羊楼洞川字牌青砖茶店铺

"川"字模具

中国茶商和外国的茶商涌入羊楼洞建厂制茶。羊楼洞凭借茶叶一跃成为国际名镇，商人迅速在小镇上建立起 5 条大街，200 余家茶庄，羊楼洞人口增至 4 万之多，开创了鄂南茶市的鼎盛时代，被称为"小汉口"。今日漫步在羊楼洞镇的青石板街道上，依旧可以看到留存着的历代运茶的"鸡公车"独轮碾压的深槽，可以一窥当日之繁荣的历史残影。

在清咸丰末年（公元 1861 年），川字牌青砖茶以其极高的品质和改进后的制茶工艺，在蒙古牧民中享有了极高的声誉。尤其是居住在内蒙古锡林郭勒盟大草原的人们都非常喜欢喝由这种砖茶和鲜牛奶熬制的奶茶，纵然这些少数民族同胞不会讲汉语，也不认识汉字，但他们只需要用中指按住中间的一划，三根指头顺沟划下，便可知晓这是川字牌羊楼洞茶，牧民就会毫不犹豫地买下。"川"字牌青砖茶以其绝佳的品质与口碑，销售供不应求，所以之后为了统一经营，羊楼洞所生产的青砖茶被统统改成"川"字标记。

### 长盛川青砖茶

青砖茶是黑茶中的代表性茶品，主要产于鄂南和鄂西南，历史上主要销往我国的

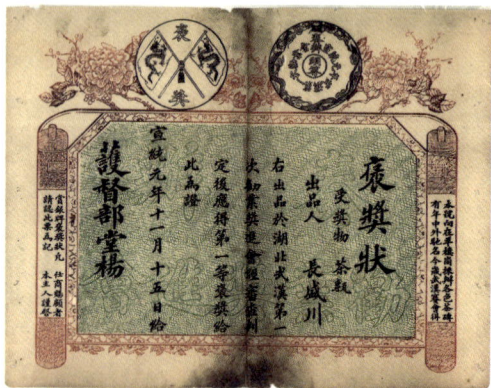

宣统元年长盛川获劝业奖进会褒奖状

内蒙古、新疆、西藏、青海等西北地区和蒙古、格鲁吉亚、俄罗斯、英国等国家。

鄂南与鄂西南地区气候温和，雨量充沛，大部分属微酸性黄红壤土，有发展茶叶生产的良好条件。青砖茶以这里的高山茶树鲜叶为原料，经长时间独特发酵后高温蒸压而成。

"长盛川"首制帽盒茶已有600余年历史，是青砖茶鼻祖，后于清乾隆五十六年（公元1791年）开设长盛川砖茶厂，专事青砖茶的制作。在漫长的制茶岁月里，"长盛川"以其长期稳定的过硬品质和"宁可重一两，绝不少五钱"的诚信赢得美誉口碑，不断壮大了顾客群体。从此，一个制茶世家的家族命运开始和这个茶叶品牌世代相连。为了满足市场不断扩大的需求，何氏家族选择和晋商渠家紧密合作，相继成立了数百家茶庄，除以长盛川最为知名外，还有玉盛川等近50个品牌，长期销往蒙古、俄罗斯和欧洲诸国，并在世界各地设立260多家分号。

自清代中叶起，何氏家族开始使用杠杆原理制造的牛皮筋架压制砖茶，是为现代工业意义上的湖北青砖茶。凭借优质的青砖茶品质和精细的制作工艺，长盛川成为当地最大的茶商，得到了清廷皇家御赐的红色"双龙票"，品质和信誉皆受到朝廷保荐，产品畅销欧亚非，成为万里茶道国际茶叶贸易的主力。当时民间曾流传着这样一首民谣："……长盛川，金字招牌金光灿。钦赐皇商红龙票，通行天下借皇权……"长盛川青砖茶垄断欧亚茶叶贸易长达两个世纪之久，也因此被誉为"亚欧万里茶道上的瑰宝"，足见当时长盛川青砖茶的繁荣景象。

长盛川青砖茶以出色的产品，敢于直面竞争，无惧挑战，所向披靡。它曾多次参加国内外的博览会，屡获殊荣，将湖北青砖茶带到更大的国际舞台。1909年9月，在清朝政府首次举办的中国茶叶博览会——湖北武汉劝业奖进会上，长盛川青砖茶荣获一等奖，并获得褒奖状。1910年，在南洋劝业会上，长盛川再次荣获一等奖。1915年，长盛川青砖茶经由上海茶叶会馆，代表中国茶叶参加了在美国旧金山举行的巴拿马太平洋国际博览会（这是为了庆祝巴拿马运河被开凿通行而举办的一次盛大庆典活动），一举斩获金奖，扬名海内外。

如今，国家"一带一路"倡议的提出和现代科技的发展为长盛川历史品牌的复兴提供了广阔的空间，也为茶文化的传播与发展搭建了广阔的平台。鑫鼎生物科技公司决定重塑湖北青砖茶辉煌历史，并将青砖茶文化发扬光大。

### 宜牌红茶

在宜昌茶区，过去主要是生产青茶（绿茶的一种，有的也被称为白茶，系不发酵茶）。一直到19世纪，这里才出现红茶采制，具体分布于宜都、五峰、长阳、鹤峰、宣恩、建始及湖南石门等地区。

清道光四年（公元1824年）广州茶商钩大福、林子臣等在五峰渔洋关一带传授红茶采制技术，设庄收购精制红茶，并将红茶运往汉口再转广州出口。咸丰甲寅年（公元1854年）高炳三及光绪丙子年（公元1876年）林紫宸、泰和合等广东茶商来到鹤峰县改制红茶，在五里坪等地精制，通过渔洋关运往汉口出口。清光绪十一年（公元1885年）续修改本《鹤峰县志》在"物产"章节记载："邑自丙子年，广商林紫宸来州（即鹤峰州），采办红茶。"宜昌红茶百年兴衰由此开始。

宜昌红茶由于品形俱佳，深受西方人喜欢。当时每箱宜昌红茶售价高达160两白银（比其他市场红茶价格高出1倍），畅销英国、俄国及西欧国家和地区，声誉极高。西方人把宜昌红茶称为高品。1867年左右，英国人开始在宜昌设立了洋行，大量收购宜昌红茶，从汉口转运至欧洲。

1886年前后，宜昌红茶出口达到全盛时期，每年输出量达到15万担左右。据《湖北省茶叶产销状况及改进计划》记载：1937年前后全省收购、精制、运销茶叶较大的厂商24家中，五峰渔洋关就占有源泰、恒信、民生、华民、同福、民孚、恒慎、合兴等8家。

抗日战争爆发之后，红茶对外出口受阻。宜昌地区茶园荒芜、茶厂倒闭、茶商四散，宜红茶一落千丈，几乎全面停产。1945年8月，抗日战争胜利，历经了历史种种磨难的宜红茶市场有了起死回生之势。一些精英人士尝试组建大公司来恢复生产，经营宜红茶，其中就有湖北民生茶叶公司、天生实业股份有限公司等。但是因为受内战影响，宜红茶生产并未达到预期效果。直至1949年，全宜昌茶区四县产茶不足万担。

新中国成立之后，国际市场对宜红茶依然有大量需求，为宜红茶的恢复、发展带来了新机遇。1950年2月"宜红区收购处"的成立标志着宜红茶进入一个兴盛期。1950年4月，中苏两国政府签订《中苏贸易协定》，宜红茶向苏联及东欧大量出口，数量

1951年宜都红茶厂开厂纪念

年年增加。据《宜都县志》记载，当时出口 1 吨宜红茶可以换回 10 吨钢材或 20 吨小麦，这为新中国的建设换回了急需的战略物资，也促使宜红茶生产得到了迅速恢复发展。

1951 年中国茶叶公司决定将"宜红区收购处"改建为"宜都红茶厂"。同年 5 月，"中国茶叶公司宜都红茶厂"正式挂牌成立。为了满足不断增加的宜红茶出口需求，1954 年湖北省政府决定扩大宜红茶的生产，在宜昌、恩施两地区积极发展茶叶生产，扩建新茶园、大力推广初制机械化，将原生产绿茶和白（青）茶的区域改制成红茶，同时实行严格的计划管理。20 世纪 50 年代末，宜红茶的产量和品质有了很大的提高，宜都红茶厂也迎来了它最辉煌的时期。

1957 年 11 月苏联专家格尔纳色夫与宜都茶厂全体职工合影留念

1960 年 5 月苏联专家基尔纳沙夫与宜都茶厂全体干部合影留念

1955 年 7 月，宜都红茶厂更名为宜都茶厂。20 世纪 60 年代，中苏关系恶化，宜红茶出口规模大幅下降，特别是到了 20 世纪 90 年代初，年出口量仅维持在 1 万至 2 万担之间，一些红茶精制厂纷纷倒闭，只剩宜都茶厂在艰难中生存下来。1998 年 4 月，宜都茶厂更名为宜都市宜红茶业有限公司；2009 年更名为湖北宜红茶业有限公司。

目前，湖北宜红茶业有限公司已成为华中地区最大的红茶生产、加工、经营企业。公司拥有宜都陆城、红花套加工园、恩施芭蕉乡 3 处大型茶叶加工厂，产品远销德国、美国、英国、法国、荷兰、俄罗斯等十几个国家和地区，是湖北省政府指定的茶叶加工企业、湖北省农业产业化重点龙头企业、湖北省林业产业化重点龙头企业。

1984 年，湖北宜红茶业有限公司（当时称为宜都茶厂）生产的宜红茶，被湖北省人民政府评为优质产品，获得金质奖章。1990 年，湖北宜红茶业有限公司注册了"宜牌"商标。"宜牌"宜红茶作为宜红茶的代表，长期在我国红茶加工出口中排名前 3 位。

### 采花茶

五峰土家族自治县位于湖北省西南部宜昌境内，采花乡则是位于五峰土家族自治县西部最大的一个乡镇，享有"楚天茶叶第一乡"的美誉。

五峰采花乡山势巍峨，山峦起伏，河流交错。此地山清水秀，云雾缭绕，林木繁茂，泉水长流，气候温和，雨量充沛，光照适中，空气相对湿度大，漫散光多，昼夜温差大，属典型的高山云雾气候；土壤肥沃，土层疏松，系页岩、泥质岩和部分碳酸盐岩发育而成的黄壤和砂质壤土，有机质丰富；地形东低西高，茶树多生长在海拔400—1200米之间的林间山地中。得天独厚的地理环境成就了品质优良的茶，当地所产的采花毛尖富含硒、锌等微量元素及氨基酸、芳香物质、水浸出物，因而茶叶形成香高、汤碧、味醇、汁浓的独特品质，具有增强人体免疫力的功效。此地得天独厚的地理环境和悠远的种茶历史，造就了品质上乘的茶，也孕育了别具一格的土家茶文化。

一方山水，一方茶，这里有悠久且独到的制茶工艺，还有代代相传有关先祖种茶、制茶的故事，这些都在时光的积淀下不断内化为民俗文化传统。待人接物少不了一杯当地的茶，茶谚语、茶谜语、茶诗、茶歌也都在这片土壤生生不息。其中围绕茶文化开展的祭祀活动当属采花乡土家文化的一大特色。

采花茶，其名号来自一段美丽的历史传说：清康熙年间，容美土司田舜年进京，将为纪念土家族的祖先苵禾而制作的"清明茶"献于康熙，该茶经开水冲泡后清香四溢，康熙大帝捧杯闻香，顿感心旷神怡，纵情论茶，赞不绝口。田舜年将"清明茶"的典故讲述给康熙，并唤来随行的侍女唱起山歌："采花姑娘云中走，头上插茶花。……茶山姑娘采茶忙，献给君王品新茶。"歌毕，康熙起身踱步，沉思良久，欣然命笔："宫廷灯火耀京华，山村歌舞三五家。我家纵有荷花曲，不及农家喝茶花。"并将"清明茶"更名为"采花茶"，嘱为"贡茶精品，永世为继"，"采花茶"因此得名。

采花毛尖茶制作技艺被列为湖北省非物质文化遗产保护名录。

"英商宝顺合茶庄"招牌

### 恩施玉露

恩施玉露形似松针，外形紧细圆直，色彩翠绿油润，汤色嫩绿明亮，香气清香持久，滋味鲜爽回甘，叶底嫩匀明亮，独特的蒸气杀青工艺，使茶叶在加工过程中最大限度地保持了原质原色，"三绿"特征堪称绿茶典范。它富含叶绿素、蛋白质、氨基酸等多种营养物质，除了一般茶叶所共同具有的生津止渴、清心提神的功效之外，更具有降低血糖含量、预防糖尿病的效果。轻轻地品上一口，不仅仅是那沁人心脾的茶香，更是一份浓浓的情谊。

恩施玉露是中国一支历史文化名茶，也是我国历史上保存下来的唯一蒸青针形绿茶，其工艺始于唐朝，兴于明清，流传至今。恩施古属巴国，自古产茶，有"武王伐纣、巴人献茶"之说，至唐时就有"施南方茶"的记载。明代黄一正《事物绀珠》载："茶类今茶名……崇阳茶、嘉鱼茶、蒲圻茶、蕲茶、荆州茶、施州茶、南木茶（出江陵）。"据《中国茶经》记载，恩施玉露之创作，始于清康熙年间，当时恩施芭蕉侗族乡黄连溪有一位姓蓝的茶商，他自垒茶灶，亲自焙茶，因制出来的茶叶外形紧圆挺直，色绿如玉，故名"恩施玉绿"。当时，恩施玉绿与西湖龙井、武夷岩茶、黄山毛峰等一起被列入清代40余个名茶品目。

到了1936年，湖北省民生公司管茶官杨润之，在与黄连溪毗邻接壤的宣恩县庆阳坝设厂制茶，改锅炒杀青为蒸青，其茶不但汤色浓郁、叶底绿亮、鲜香味爽，而且使外形苍翠绿润，毫白如玉，外形条索紧圆光滑，故改名为"玉露"。

**手动摇扇蒸发水汽**

1938年对于玉露发展是一个重要的年份，这一年，玉露工艺正式成型并定名，恩施玉露全新登场，这项技艺传承变为公开化。同时，市场竞争使玉露生产由一家变为多家，不再是独家垄断，也不再是一地生产。恩施玉露由于品质优异，很快获得了发展，先后远销恩施、襄阳、老河口、豫西等地，1945年远销外销日本，从此恩施玉露名扬于世。1965年，恩施玉露入选"中国十大名茶"。

一芽一叶最关情，一心一意最倾力。从厚重的历史文化到顶级茶叶原料，再到最佳生产工艺，用工匠精神打造出的恩施玉露，外形条索紧圆光滑、纤细挺直如针，色泽苍翠绿润，被日本商人誉为"松针"。泡上一杯恩施玉露，芽叶复展如生，初时亭亭地悬浮杯中，继而沉降杯底，平伏完整，汤色嫩绿明亮，如玉露，香气清爽，滋味醇和。观其外形，赏心悦目，饮其茶汤，沁人心脾，深受消费者所赞。

中国历代名茶品种繁多，以上所介绍的，仅为其中一小部分，因篇幅有限，不能一一述说，但我们从中不难看出名茶的制作、栽培都是十分讲究的。

# 第四节　长江流域茶文化的传播

茶是中国人民贡献给世界的一种良好饮料。在相当长的阶段中，全世界只有中国饮茶、种茶和制茶。到目前为止，茶已是饮遍全球、广种五洲的一种世界性饮料。有100多个国家和地区有饮茶习惯，有50多个国家和地区产茶。但溯其源，各国的饮茶习俗、茶籽的来源、制茶和种茶的技术，大都是直接或间接从中国长江流域传播出去的，所以国外有称中国为茶的祖国、茶的故乡之说。

从对外传播的时间上来看，茶向亚洲国家和地区的传播时间较早。不少学者认为，5世纪时中国的茶叶就开始输往西亚的土耳其了①。通过丝绸之路，西亚和阿拉伯国家得到茶叶的时间最迟应在中国唐代。东亚的朝鲜、日本在中国唐代时就已经饮用和种植茶了。茶传入东南亚诸国的时间一般认为自两宋之时。茶传播到亚洲以外的国家基本上是近代以来的事情。元代时，欧洲人才听说中国人有饮茶习俗，《马可波罗游记》一书介绍有中国饮茶的趣事。15世纪以后，中国茶叶才开始销往欧洲。清代史学家赵翼在《檐曝杂记》中说："自前明设茶马御史（公元1415年），大西洋距中国十万里，其番船来，所需中国物亦惟茶是急，满船载归，则其用且极西海以外。"16世纪以后，西方殖民者在世界范围内进行的殖民扩张和掠夺活动在客观上加速了中国茶文化的传播，最终把茶文化传播到欧洲、美洲、大洋洲和非洲各地。

## 一、茶向朝鲜的传播及中朝文化交流

朝鲜与中国接壤，是较早全面引进中国种茶、制茶、饮茶习俗的国家。茶传入朝鲜的时间也较他国为早。7世纪时，新罗王朝统一朝鲜半岛，中国的饮茶习俗开始传入朝鲜，到12世纪时饮茶风俗在朝鲜民间已经广泛流行开来。由于受中国儒家思想的影响，朝鲜在吸收中国茶文化时，重点吸收了中国的茶礼，强调茶的亲和、礼敬、欢快，以茶作为团结本民族的力量，从而形成了以茶礼为主、茶艺为辅的朝鲜茶文化。

在茶传入朝鲜的过程中，佛教僧侣起到了积极的作用，是佛教僧侣最先把中国的饮茶习俗传到了朝鲜半岛。朝鲜创建双溪寺的著名僧人真鉴禅师（公元774—850年）的碑文中就有："如再次收到中国茶时，把茶放入石锅里，用薪烧火煮后曰：'吾不分其味就饮。'守真忤俗都如此。"可见，当时饮茶已作为朝鲜寺院的礼规。新罗王朝时期，朝鲜佛教主要尊崇华严宗和净土宗。其中华严宗以茶供文殊菩萨，而净土宗则在每年三月三的"迎福神"日用茶供弥勒佛。这一时期朝鲜佛教仪式中的这些茶礼，

---

① 王玲：《中国茶文化》，北京：中国书店，1992年，第308页。

可能主要是效仿中国习俗。之后的高丽王朝时期，天台宗和禅宗逐渐成为朝鲜佛教的主流，中国禅宗茶礼也开始成为朝鲜佛教茶礼的主流。这一时期，茶不仅用于供佛，更用于佛教僧人的坐禅修行。12世纪时，朝鲜松应寺、宝林寺和宝庆伽寺等著名寺院都提倡饮用茶叶。高丽王朝时期，《百丈清规》《敕修百丈清规》《禅苑清规》《禅林备用清规》等中国佛教文献先后传入朝鲜，其中都有佛教茶礼的规定，朝鲜僧人皆择要效仿，如主持尊茶、上茶、会茶，寮主供茶汤，还有吃茶时敲钟、点茶时打板、打茶鼓等。

在茶传入朝鲜的过程中，外交使节也起到了积极的作用。朝鲜高丽王朝的文献《东国通鉴》载：新罗兴德王时，遣唐大使金氏，蒙唐文宗赏赐茶籽，于唐文宗大和二年（公元828年）种于全罗道异山。从此，朝鲜开始了茶的种植和生产，至今朝鲜全罗南道、北道、庆尚南道仍生产茶叶，有茶园2万多亩，产茶3万多担。出使中国的外交使节也广泛地把中国朝廷和官府的各种茶仪输入朝鲜，朝鲜官方则结合本国情况加以改造吸收，用于朝鲜传统节日燃灯会、八关会和招待使节、各种庆典、曲宴群臣等仪式中，从而形成了朝鲜特色的官方茶仪。

南宋以后，中国理学家朱熹制定的《朱子家礼》开始流传到朝鲜，儒家主张的各种茶礼茶规在14—15世纪开始在朝鲜民众中推行，民间的冠婚丧祭皆用茶礼。近代以来，朝鲜人爱茶重礼之风不仅没有因为日本帝国主义的入侵而消亡，反而成为提倡和平、团结、统一的重要手段。近年来，韩国还兴起了"复兴茶文化"运动，不少学者、僧人着手研究朝鲜茶文化的历史，发扬光大朝鲜茶礼精神。韩国还把每年的5月25日定为韩国茶节，将要步入成人行列的

韩国僧人在杭州灵隐寺表演茶礼

男女青年要在这一天举行成年仪式。今天，朝鲜茶礼已经成为鼓舞朝鲜人民团结统一的一种进步因素。

## 二、茶向日本的传播及中日文化交流

日本与中国一衣带水，日本茶文化的发展更是与我国有着千丝万缕的联系，日语中的"茶"就是直接用我国汉语中的茶音（cha）。中国的茶叶早在唐朝就传到了日本，日本文献《古事记》等书中记载了日本奈良时代圣武天皇天平元年（公元729年）四月，

天皇召僧侣百人，在宫中诵经四天，事毕后，都被赐以粉茶，这些僧侣由此感到很荣幸。

日本传教高僧最澄于唐德宗贞元二十年（公元804年）到浙江天台山国清寺学佛教，第二年回国时，他携带了一些茶籽试种在比睿山麓的近江湖畔（滋贺县），相传现在的池上茶园就是最澄大师所种。806年，日本空海（弘法）大师来我国学佛，回国时也带了不少茶籽，分种于日本各地。815年，日本嵯峨天皇巡幸至滋贺的梵释寺时，该寺大僧都永忠亲手煮茶进献，天皇饮后大悦，赐以御冠。都永忠也是留唐僧，平素好饮茶。当年六月，天皇便命近江、丹波、播磨等地种茶，作为贡茶。同时他还写诗赞美茶："吟诗不厌捣香茗，乘兴偏宜听雅弹。"可见茶已成为天皇和日本人民所喜爱的饮料了。日本天皇还在朝廷内专门设立了"制茶所"，掌管茶叶生产。宫廷寺院广泛推行了中国式的制茶、饮茶方法。日本人具有勤劳好学，又善于创新的民族特点，在中国茶文化的熏陶下，日本人对中国的饮茶方法进行革新，为日本后来风行全国的茶道奠定了基础。

南宋时，日本禅宗领袖荣西高僧两次来到中国。他到过浙江天台、四明、天童等地，对佛学造诣很深，被宋孝宗赠予千光法师称号。他从中国带回茶籽，亲手种于日本福冈西南的肥前脊振山上，他种的茶后来成为名品，称为"本茶"。他还大力提倡吃茶养生之道，著有《吃茶养生记》一书，论述了茶的来源、采制、品饮、功效等等。他说："饮茶消食，频饮茶则气力强。""茶是养生之仙药，迎年之妙术。"他还认为，茶叶生产之地，具有自然之美、人情之美，饮茶又是一种美的享受。他不仅倡导饮茶，还把中国佛教寺院中的饮茶方法引进到日本，并制定了日本的饮茶仪式，形成了独具风格的"茶道"。

"道"字的含义，在日本有一个演变的过程。平安时期，"道"字受中国文化的影响，偏重学术、技能方面，如明经（经书研究）、纪传（史学研究）、明法（法律研究）、明算（算学研究）之四道，诗歌、管弦、书画等诸道。可是到了中世纪，随着日本自身艺术观的形成，"道"逐渐变成了通向彻悟人生之途的代称，茶道也就超出了"艺道"的范围，演变成为"人生之路"。

茶道这种考究的饮茶礼节，最早只流行于日本上层社会，只是在1500年以后，即日本丰臣秀吉时代，高僧千利休把茶道推广到民间去，成为颇

日本茶道的文化体系

具特色的日本饮茶习俗和生活艺术，从而促进了日本社会饮茶风俗的普及。

千利休是日本茶道的集大成者，被称为日本茶道的鼻祖。经他极力推广和宣传，茶道迅速发展起来，形成了许多流派，最大的流派是他所传的"三千家"，即他的子孙分别创立的表千家、里千家和武者小路千家，此外还有薮内流、远渊流、石州流、南坊流等。其中影响最大的是"里千家"，发展到今天会员已达 600 多万人。1980 年，主持里千家茶道的第 15 代"家元"（嫡宗）千宗室率领"日中友好交流里千家青年之船"代表团 400 多人到中国访问，在人民大会堂进行了茶道表演，为中国人民了解这一古老的民族艺术打开了一个窗口。"茶道"是日本人民创始的，但是它的基本思想却源于中国的"茶德"。它的饮茶方式，与中国唐宋时期出现的茶宴、点茶、茶室有许多共同之处，这说明日本茶道的形成与中国茶文化的传播有着不可分割的关系。

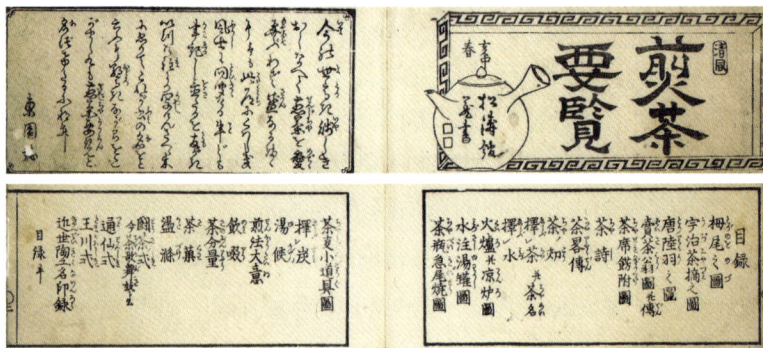

日本江户时期编的《煎茶要览》书影

### 三、茶向荷兰的传播及中荷文化交流

在大多数西方语言中，茶这个词都是从荷兰语 thee 转译而去的。荷兰是最早把中国茶叶运到欧洲的西方国家，在很长时间里是欧洲最重要的茶叶转运国，世界著名海港阿姆斯特丹是欧洲最古老的茶叶市场。可以说，荷兰对推动欧洲各国人民饮茶，起到了不可低估的作用。

17 世纪的荷兰国力强大，海上贸易发达，拥有庞大的商船队，被誉为"海上马车夫"。明万历二十九年（公元 1601 年）中国与荷兰开始通商。1602 年垄断远东贸易的荷属东印度公司成立，公司积极开展对华贸易，茶叶贸易就是其中的最主要内容。明万历三十五年（公元 1607 年），荷属东印度公司的商船从爪哇到澳门运载绿茶，三年后转运到欧洲，这是西方人来中国运茶的最早记录，也是中国茶叶正式大量输入欧洲的开始。中国的茶叶在欧洲受到了广泛的欢迎。明崇祯十年（公元 1637 年）1 月 2 日，荷属东印度公司董事会在给驻华总督的信中说："自从人们渐多饮用茶叶后，余等均望各船能多载中国及日本茶叶送到欧洲。"[①]

此后不久，日本天皇采取闭关锁国政策，驱逐了一切西商，中国成了欧洲茶叶的唯一来源国，中荷茶叶贸易开始发达。1734 年，荷兰输入中国茶 885567 磅，而到了 1784 年，荷兰输入中国茶达到了 350 万磅。当然，进入荷兰的中国茶叶有许多又转口到了世界其他地区。

最初，中国茶叶在荷兰仅局限于宫廷和豪门世家享用，是其社交礼仪和养生健身的奢侈品。不久，饮茶逐渐风行于荷兰上层社会，人们以茶为贵，以茶为阔，以茶为雅。一些富有的家庭主妇以家有别致的茶室、珍贵的茶叶和精美的茶具为荣。当时，荷兰上层社会对饮茶几乎达到狂热的程度，一些贵妇人嗜茶如命，甚至于弃家聚会，终日陶醉于饮茶活动，以致受到社会的抨击。18 世纪初，荷兰曾上演过喜剧《茶迷贵妇人》，反映了荷兰上层社会对饮茶的狂热。随着荷兰进口茶叶的增加和饮茶风尚的普及，饮茶习俗逐渐从上层社会进入普通家庭，并分为早茶、午茶、晚茶等，一如中国南方那样，成为待客习俗。荷兰人讲究饮茶礼仪，每逢客至，主妇以礼迎客就座、敬茶、品茶、寒暄直至送别，其过程相当严谨，虽然不能与日本茶道相比，亦是欧洲茶文化的典型表现。

第一次世界大战以后，中国茶在荷兰的销售额逐渐减少。与此相反，荷兰对茶叶的需求量却发展得很快，如 20 世纪初为 800 万磅，1909 年后增长到 1100 多万磅，20 年代后进而达到 2700 万磅，30 年代初超过 3000 万磅。造成中国茶叶在荷兰销售不佳的原因是迅速发展的印尼红茶取代了中国绿茶的地位。印尼独立前是荷兰的殖民地，1684 年始由中国引进茶种，试种未见成功。30 年后又再次由中国引入茶种，1731 年又大量繁殖茶树，种茶始有成就。1833 年印尼茶开始出现在国际市场上，第一次世界大战后，印尼茶叶出口量超过了中国，在世界茶叶出口国中名列第 3 位。印尼红茶大约控制了荷兰茶叶市场 80% 的份额。

荷兰人的饮茶热已不如过去，在 1993—1995 年间，人均年消费茶叶只有 0.54 公斤，在世界饮茶国家或地区中排名第 22 位。虽然如此，荷兰人尚茶之风犹存，人们多在午后饮茶。本地人爱饮佐以糖、牛奶或柠檬的红茶；旅居荷兰的阿拉伯人则爱饮甘洌、味浓的薄荷绿茶；在几千家中国餐馆中，则以幽香的茉莉花茶最受欢迎。

## 四、茶向英国的传播及中英文化交流

1644 年，英国在厦门设立了采购茶叶的机构，主要运销武夷茶。英文"茶"原来

---

[①] 陈椽编著：《茶叶通史》，北京：农业出版社，1984 年，第 471 页。

发音为"tay"，这时也改用闽南的语音，拼写成"tea"，传播到欧美各国，形成各国的通用文字。最初英国人对来自东方的茶叶仍感到神秘，识者不多，饮者寥寥。当时咖啡也开始引入欧洲，许多人面对这两种新奇的饮料看法不一，对于饮茶有人还专门进行试验。当时英国社会男女贪杯，酗酒成风，整日狂饮，昏昏沉沉，于社会、家庭十分不利，因此英国人最初引进中国茶叶时，是把它当作药品用于医治和抵御饮酒昏迷症的。茶在打倒酒精饮料这一点上，成为节制主义者的盟友。

英国王后卡塔里娜极大地推动了英国饮茶之风。卡塔里娜原是葡萄牙公主，1662年嫁给英国国王查尔斯二世，她的嫁妆中有221磅红茶和精美的中国茶具。新王后不仅饮茶，还宣传茶的功能，称饮茶使她身材苗条起来。在她的积极倡导下，英国王室开始饮茶。同时，英国美容界还把茶视为健美的妙药。不久，英国营养学界首次对中国茶进行理化分析，肯定其营养成分，并且做出经常饮茶有利于健康的结论。王室的表率，美容界、营养学界的宣传激起了英国达官显贵、富豪世家的饮茶热情。当时，由于输入英国的茶叶数量较少，茶叶价格非常昂贵，以日记写作载入英国文学史的塞缪尔·佩皮斯在1660年9月25日的日记中说，当时上等茶叶每磅售价10英镑，其价格之昂贵只有王公贵族才能买得起。然而，有钱有闲的英国上层阶级却对饮茶乐此不疲，饮茶成为代表身份、炫耀财富的象征。"这种消费茶文化自17世纪之后就成为英国茶文化的主流文化，直到英殖民地开始大规模种茶并向英国大量输送茶叶的时候，茶叶成为普通商品，英国社会对茶的价值观念才有所转变。"①

19世纪英国家庭正围在桌旁享用下午茶
（大英图书馆藏）

17世纪末，英国购买中国茶叶年均2万磅左右，茶叶已开始由贵族富人的饮料向平民开放，1700年英国的杂货铺开始出售茶叶就是明证。中国茶叶的需求量在18世纪初开始激增。起初，英国以进口中国绿茶为主，但由于掺假很严重，绿茶的信誉被大大破坏了，红茶后来居上，逐渐统治了英国市场。18世纪后半期，英国啤酒价格上涨，牛奶价格仍然不菲，但是茶税下降，于是茶代替啤酒、牛奶成为经济型饮料，维系着普通家庭的清贫生活。1799年时

① 鲁明：《论中国茶文化与国际茶文化的再度沟通》，《饮食文化研究》2004年第3期。

伊顿爵士写道："任何人只消走进米德尔赛克斯或萨里郡（均在今伦敦西南部）随便哪家贫民住的茅舍，都会发现他们不但从早到晚喝茶，而且晚餐桌上也大量豪饮。"

英国从中国进口的茶叶，随着国内消费量的增加而不断扩大，到19世纪初叶，每年竟高达2000万磅。1834年前，英国的茶叶贸易由英国东印度公司专营。英国东印度公司从中国输入的商品主要是茶叶，1760—1833年间中国茶叶出口总值由80多万两增加到560多万两白银，70年间增长了近7倍；茶叶在出口商品中所占的比例一般都在80%以上，甚至达到90%以上，只有个别年份在80%以下[①]。1834年英国东印度公司茶叶专卖权被取消，中英茶叶贸易上了一个新台阶。这一年，英国从广州运出茶叶达3200万磅，国内约翰公司经常积存茶叶5000万磅，一天可售出120万磅之多[②]。

鸦片战争以前，英国用来换取中国茶叶的商品主要是各种纺织品，但销路不畅，这造成了白银大量从英国流入中国。为扭转这一不利局面，英国可耻地把鸦片输入中国，以弥补由进口茶叶等中国商品所造成的巨额贸易逆差。1836年后，中国大地上禁烟浪潮一浪高过一浪，终于导致了1840—1842年的中英鸦片战争。鸦片战争后的20年，是中国茶叶出口贸易的黄金期。中国茶叶的出口总额从1844的7047.65万磅上升到1860年的12138.81万磅[③]，其中大部分出口到了英国。

19世纪60年代以前，中国茶叶基本上垄断了英国茶叶市场。19世纪60年代以后中国茶叶在英国市场上开始衰落，特别是1885年以后，输入英国的中国茶叶绝对数额大幅度下降。1928年至1937年，输入英国的中国茶叶只有4万担，占英国茶叶市场的2%，1939年则只有2988担，占英国输入茶叶总额的1.3%。这一时期，中国茶叶优势丧失，主要原因是受印度茶叶和锡兰（今斯里兰卡）茶叶的排挤。印度种茶始于1834年，但茶树种植、茶叶出口的发展速度极快。到19世纪80年代后期，印度已成为茶叶的最大供给国了。锡兰在1841年开始引种中国茶树，1867年始成为产茶国，1877年成为茶叶出口国。

英国人从中国进口茶叶的同时，也进口中国瓷器，从1684年到1791年的一个多世纪里，东印度公司垄断了中国瓷器的进口，共进口2.15亿件瓷器到英国，整套的瓷器茶具，也像餐具一样，成为英国和欧洲国家的常备器皿。最初中国的茶杯是无把手的，其后欧洲人学会了制瓷，并为烫手的茶杯加上了把，又将这一技术传回中国。1851年，

---

① 郭孟良：《中国茶史》，太原：山西古籍出版社，2003年，第253页。

② 萧致治、杨卫东编撰：《鸦片战争前中西关系纪事（1517—1840）》，武汉：湖北人民出版社，1986年，第167页。

③ ［美］马士：《中华帝国对外关系史第一卷：1834—1860年冲突时期》，张汇文、章巽等合译，北京：商务印书馆，1963年，第413页。

在英国海德公园大型国际展览会上，曾展出一特大茶壶。据有关资料考证，这是英国维多利亚时代（公元 1837—1901 年）曾经用过的中国茶具，此壶高 1 米，重 27 公斤，容量为 57.3 公斤，可泡 2.3 公斤茶叶，能倒出 1200 杯茶，可谓是世界茶壶之最了。

目前茶叶仍然是英国人的头号"国饮"。据统计，英国是世界上人均茶消费量最大的国家，英国人每年平均消费茶叶 4 公斤（一说是 3 公斤），每天英国人大约喝掉 1.35 杯茶水，占国内各种饮料的一半，占世界茶叶消费总量的四分之一。英国人嗜茶如命在世界上一向是出名的，这从第二次世界大战的生活用品配给中也可看出。1939 年 9 月 3 日英国对德宣战，纳粹潜艇猖狂一时，英国商船航行海上，时常要冒被击沉的危险，故只有人民生活的绝

20 世纪初期妇女参政者的下午茶派对（大英图书馆藏）

对必需品才准予运输。即使这样，在居民每月的配给中还包括 1 包茶叶。

在一般情况下，英国人每天喝茶五六次，清晨在床上饮茶叫"Morning tea"；吃早点时饮茶叫"Breakfast tea"；上午 11 点钟左右的上午茶称"Elevenses"；吃午餐时饮茶叫"Lunch tea"；下午 5 点钟左右是著名的下午茶"Five o'clock tea"；晚上睡觉前饮茶叫"After dinner tea"。此外，还有名目繁多的茶宴、花园茶会和野餐茶会。

## 五、茶向美国的传播及中美文化交流

中国茶叶传入美国最早可以追溯到 17 世纪中期，当时荷属新阿姆斯特丹就已经有人饮茶了。1674 年荷兰战败，新阿姆斯特丹成为英国的殖民地，不久改名为纽约。随后，英国移民大量涌入包括纽约在内的北美各英属殖民地。1690 年左右，马萨诸塞州的波士顿出现了北美大陆上第一个中国茶叶市场。1712 年，波士顿、纽约各地的药房印有出售中国红茶和绿茶的广告，茶的影响日益扩大。1720 年后，北美开始正式进口茶叶，到北美独立战争爆发前夕，饮茶之风已遍及北美殖民地社会各阶层，茶已成为人们日常生活中不可缺少的重要饮料了。

中国茶叶与美国独立还有着不同寻常的关系。1773 年，英国殖民地政权为了增加财源，实行了茶叶法，征收过重茶税，使殖民地人民不堪重负，引起人们的愤怒。当时英国运到美国的茶叶，均由波士顿转运。1773 年 12 月 16 日晚，大约 90 个波士顿市民将英国东印度公司的 3 船中国茶叶倒入大海，这就是著名的"波士顿倾茶事件"，

它成为北美独立战争的导火索，揭开了北美独立战争的序幕。经过 8 年的战争，北美英属殖民地人民终于在 1783 年赢得了独立。"纵观美国独立之路，虽然不能过分夸大茶叶与自由和独立的关系，但至少可以说，茶叶彰显了美国的自由意志，在美国独立的过程中还有着不同寻常的意义。"[①]

中国与美国的贸易往来，也是从茶叶贸易开始的。1784 年 2 月商船"中国皇后号"从纽约开航到广州，第二年返回的商品主要是茶叶，美国商人从中获得了巨额利润，而后美国商人纷纷从事茶叶贸易，把运茶当为淘金。许多美国商人因经营茶叶而致富，不少茶商成为银行家。中美茶叶贸易的频繁，还推动了美国航运业务的迅速发展。直到 19 世纪末，中国输入美国的茶叶数量一直呈上升态势，如 1791—1800 年间平均每年为 1.7 万余担，1831—1840 年间平均每年为 11 余万担，1860 年为 12.8 万担，1870 年为 16 万担，1880 年为 20 万担，1894 年跃居 40 余万担。在此期间，美国茶叶消费量虽然逐年增加，但有相当部分已作为转口贸易的商品了。另一个值得注意的现象是，在中国茶输美数额增长的同时，中国茶叶在美国市场上所占比例却在下降，这与日本茶叶的竞争有关。进入 20 世纪后，中国茶叶在美国市场上的地位更加衰落，1928—1938 年，每年只有不超过 3 万担中国茶叶输入到美国。中国茶叶所占份额不足 10%，大部分被日本绿茶和印度、锡兰红茶瓜分。

在早期的中美茶叶贸易过程中，美国拿什么货物来交换如此大宗的中国茶叶也引起了学者们的注意。美国独立之初，一穷二白，没有什么足以与中国茶相交换的商品。最初美国人是用生长于新英格兰西部和哈德逊河流域森林的野人参来作交换的。"中国皇后"号就是用 40 吨人参换回了 88 万磅茶叶和其他中国货物。之后，取代人参的主要是海豹皮和檀香。"到鸦片战争后，船上的美国产品如粗白布、印花布、棉花等就上升到了主导地位。然而，以上产品并不足以与茶叶相交换，作为补充，美国船运来了白银，后来这种情况随着鸦片贸易的发展而改观了。"[②]

茶叶的大量输入促进了美国饮茶风俗的普及。19 世纪时，茶叶已成为美国人晚餐的主要饮料，"晚餐"和"茶"竟成为同一语。美国是一个追求时尚的国家，不同时期的美国人也钟情于不同种类的茶叶，如 18 世纪以前美国人多饮用中国武夷岩茶，19 世纪以中国绿茶为主。19 世纪 60 年代以后，由于印度、锡兰等英属殖民地产茶区的崛起，为争夺茶叶市场，英国人曾一度宣扬饮用绿茶会弄坏肠胃，许多美国人听信英国人的宣传，逐渐改饮红茶。20 世纪 80 年代以来，绿茶销售又开始回升。由于饮茶时尚的多变，

---

① 张磊：《美国茶文化浅论》，《饮食文化研究》2004 年第 3 期。
② 郭孟良：《中国茶史》，第 262 页。

有人遂认为"美国也是一个茶消费的大国，但绝不是一个茶文化的大国"。但美国也有其自身的茶文化，"美国茶文化的最大特色就在于'自由'二字。这'自由'二字具体来说就是随意、实用和时尚。可以说，美国的茶文化实际上体现着美国的民族精神"。美国人是以自由的心态、快速的生活节奏来对待中国茶的，美国人对世界茶文化的一大贡献就是发明了适应现代快速生活节奏的方便冲泡的袋泡茶（Tea bag）。

袋泡茶的前身是美国早期饮茶用的滤茶球（Tea ball，又译为茶蛋），它是一个小型的有孔金属容器。美国早期的人们饮茶时，先将茶叶装入滤茶球中，再把滤茶球放入杯内冲入开水，冲泡片刻后饮用。到了1920年前后，人们开始用布把茶叶扎成小球投入杯中冲饮，后来又研制成袋泡茶包装机，初时用纱布将定量的一份茶叶倒入，用细绳扎成球状，后来又用热纸封口代替纱布线缝袋，包装速度大大加快，每分钟可装160—180包，大大降低了成本，袋泡茶风行全美国。最近几年又出现了全自动高速包装机，电脑控制，每分钟400包，并自动封袋、计数和纸盒打包等。这种袋泡茶符合快速、方便、清洁卫生的要求，又不浪费茶叶，因此在美国、加拿大等地相当流行，销售量占茶叶消费量的比重在美国是50%以上，在加拿大则占82%以上。美国人饮用热茶中的95%是用袋泡茶来泡制的。

除了用热开水冲泡的热茶外，更多的现代美国人喜欢冷饮茶，不论天热天冷，都喜欢在茶中加些冰块，冰茶（ice tea）是其中之一。据说冰茶创始于1904年，第二次世界大战后更加流行。冰茶的出现实际上也是出于随意的心态和实用的需要。因为冰茶的饮用方法也十分方便快捷，它顺应了西方社会快节奏的生活方式。作为运动饮料冰茶也备受推崇，受人青睐[①]。冰茶是近来美国市场的佼佼者，它在美国市场上的消费量相当大，且逐年上升，1993年为20亿美元，几乎占美国茶叶市场的80%，而且行销到加拿大等国。现在，饮用冰茶已成为世界范围内的时尚，即使在茶的祖国中国，冰茶也深受时尚年轻人的欢迎。

## 六、茶向俄国的传播及中俄文化的交流

据史料记载，中国茶叶传入俄国始于明崇祯十一年（公元1638年）。这一年，俄国大使斯特拉科夫前往蒙古，从蒙古人那里得到了4普特（约64公斤）茶叶。这位大使把茶叶带回圣彼得堡献给了沙皇，沙皇品尝后很是赞赏。从此，俄国人的饮茶史开始了。起初，饮茶仅限于贵族，17—18世纪茶叶在俄国属于典型的进口奢侈品，数量十分有限，价格居高不下。明代末年，中国的茶叶主要是通过西北边境辗转输入俄国的。

---

① 刘勤晋：《茶文化学》，北京：中国农业出版社，2000年，第101页。

俄国沙皇曾组织商队到中国新疆，沿陆路到湖北、湖南、安徽等地采购茶叶。

　　1689年中俄《尼布楚条约》签订后，一些满蒙商队把茶叶由陆路经蒙古、西伯利亚运往俄国销售。清雍正六年（公元1728年），中俄两国商定将恰克图作为两国边界贸易的通商口岸，而从恰克图输往俄国的中国商品中以茶叶为大宗。"换回茶叶，这是交易的首要目标"①。1762—1785年间，每年有近万普特的中国茶叶通过恰克图输入俄国。1792年中俄《恰克图市约》签订后，中国茶叶开始大量输入俄国。到19世纪30年代后，通过恰克图输入俄国的茶叶在30万普特以上，占对俄出口商品的95%以上。由于人们对茶叶的需求强烈，茶叶在边区还充当一般等价物，"砖茶在外贝加尔边区的一般居民当中饮用极广，极端必需，以致往往可以当钱用。一个农民或布里亚特人在出卖货物时，宁愿要砖茶而不要钱，因为他确信，在任何地方他都能以砖茶代替钱用"②。恰克图的茶叶贸易一直维持到20世纪初西伯利亚铁路开通才销声匿迹。

　　这条以中国汉口为轴心、俄罗斯圣彼得堡为终点的中俄万里茶道，全长1.3万千米，被俄罗斯人称为"伟大的茶叶之路"。万里茶道是古代丝绸之路衰落后在欧亚大陆兴起的又一条国际的路，它沟通了亚欧大陆南北方向农耕文明和草原游牧文明的核心区域，并延伸至中亚和东欧地区，见证了茶叶成为国际商品的世界贸易兴盛时期。

　　19世纪60年代后，俄商先后在汉口、福州、九江等地设厂制造砖茶。同时，茶叶输入俄国的路线也在增加，特别是水路的启用，大大降低了运费，再加上茶税的降低，使茶叶输俄数量大大增加。"中俄茶叶贸易在19世纪后半期，从茶叶的绝对数量上讲是处于上升趋势，这与当时华茶在茶叶消费大国如英国、美国等国的地位日趋下降相比，确实是一大幸事，这对减少外贸赤字具有重要意义。"③但1906年《俄商借道伊、塔运茶出口章程》的签订，使中国茶对俄出口大受影响，因为俄国商人将茶叶采购、生产、运输、销售连为一体，在中国境内沿途倾销茶叶，形成"俄茶倒灌"现象。此后，除

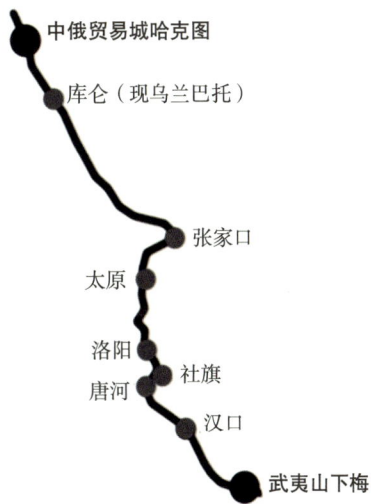

中俄贸易城哈克图
库仑（现乌兰巴托）
张家口
太原
洛阳　　社旗
唐河　　汉口
武夷山下梅

**中俄万里茶道图（部分）**

---

　　①［俄］瓦西里·帕尔申：《外贝加尔边区纪行》，北京第二外国语学院俄语编译组译，北京：商务印书馆，1976年，第47页。

　　②［俄］瓦西里·帕尔申：《外贝加尔边区纪行》，第49页。

　　③郭孟良：《中国茶史》，第249页。

第一次世界大战期间有较大增长外，中国茶叶对俄出口一直维持在很低的水平。

在长达数百年的中俄贸易中，俄国人是用什么来交换中国的茶叶呢？经学者研究认为，19世纪以前，俄国人主要是以皮货来进行交易的，如18世纪末俄国输华商品中毛皮占输入货物总值的70%。19世纪初，中俄贸易逐渐由茶皮贸易演变为茶布贸易。这与19世纪上半叶俄国纺织业的快速发展有关，"就中国而论，俄国呢绒、棉绒的优越性导致了中国对俄国皮货的需求量大减，俄国纺织品逐渐跃居前列而成为中国输入俄国货物中的第一位商品"①。

至迟到19世纪，随着茶叶源源不断地输入，俄国的饮茶之风逐渐普及到社会各个阶层，茶开始成为俄国人的大众饮品了。在俄国不少城市中，茶叶商店和茶馆的生意十分红火，"到19世纪中叶莫斯科已经有100多家茶叶专卖商店，300多家茶水作坊——茶馆"②。19世纪时还出现了许多记载俄国茶俗、茶礼、茶会的文学作品，俄国诗人普希金（公元1799—1837年）就有俄国"乡间茶会"的记述。俄国贵族的饮茶礼仪，没有普希金笔下"乡间茶会"那般松弛随便、悠闲自在，而是相当烦琐拘谨，甚至有点虚夸做作，而且他们也学习欧洲国家贵族们附庸风雅之风，对中国的茶具、茶仪怀有浓厚兴趣。

饮茶之风的普及促使形成了俄国独具特色的茶文化。俄国人最喜欢喝的茶是红茶、砖茶和花茶，烹茶方式类似中国云南的烤茶。这种烹茶方式需要金属壶，饮茶时先把壶放在火上烤至100度以上，然后按每杯水一匙半左右的用量将茶叶先投入炙热的壶底，随后倒入开水，在噼噼啪啪的爆响声中一壶散发幽香、红艳可爱的茶便泡好了。这种烹茶方式对炙壶的火候、操作的手法要求较高，只有所有环节都精巧熟练后方能泡出色、香、味、声俱佳的茶来。俄国人的茶往往泡得很浓，为了掩盖浓茶中的苦味，人们多往茶水中添加砂糖等。俄国人有"往沏好的浓茶中加滚开水"的习俗，"在中国人看来很奇怪，但据俄罗斯人的解释，最好喝的茶就源自这不断翻滚的开水"③。往茶中不断地加滚开水的原因是俄罗斯气候严寒，茶水易凉，只有不断加滚开水才可以让人们始终喝到热茶。为了保证滚开水的随时供应，聪明的俄国人还发明了专门用于泡茶的烧水器——茶炊。它多用导热性能较高的铜制成，中间有一个竖直的空心直筒，里面可以放进热的木炭，在直筒周围可以注水，水烧开后可以保证水温始终是开的。事实上，不仅茶炊的发明与俄国寒冷的气候有关，俄国人喝浓茶的习惯也与此有关，因为只有浓茶才可以不断往其中续加开水的，否则茶味就淡了。

① 郭孟良：《中国茶史》，第244页。
② 王英佳编著：《俄罗斯社会与文化》，武汉：武汉大学出版社，2002年，第412页。
③ 范琼：《俄罗斯茶文化的形成与特色》，《饮食文化研究》2004年第3期。

与喜欢饮酒一样出名，俄国人也是喜欢饮茶的。茶还是俄国正餐中不可缺少的饮料，往往在用完正餐之后饮用，所以在俄语里，"请喝茶"就意味着"请客"。俄国人也有喝上午茶和下午茶的习俗，人们在饮茶时喜欢进食一些蛋糕、饼干、面包等茶点，茶、食并用，把饮茶、吃茶点作为一日三餐饮食的补充。有人认为，俄国人喜欢饮茶与他们的饮食习惯有很大的关系，"俄罗斯人饮食油味重、制作比较粗糙、刺激性强（如生吃咸鱼、熏鱼），而且爱吃肉食，爱吃带酸味的食品，爱喝烈性酒。而茶叶独有的醒酒解腻、帮助消化、杀菌排毒的功能正好可以缓解或消除这些饮食对身体的不良影响"[1]。

与大多数西方国家不同，俄国还成功地把茶树引种到了黑海东部的格鲁吉亚（格鲁吉亚在独立前属苏联）。格鲁吉亚如今是欧洲唯一的茶区，该茶区茶树的引种始于1833年。这一年，俄国从中国输入茶苗到克里米亚一带种植。1848年又把茶树从克里米亚移植到黑海沿岸的高加索地区，在这里茶树生长良好。1883年，俄国又从湖北羊楼洞运来茶苗1万余株和若干箱茶籽，在查克瓦建立茶园。俄国试种茶叶虽然成功，但进展很缓慢。推动格鲁吉亚茶树种植快速发展的是中国茶叶技师刘峻周。刘峻周，浙江宁波人，1888年俄国茶商波波夫聘请他及其他十多个茶工帮助制作茶叶。1892—1896年，在刘峻周的帮助下，波波夫在格鲁吉亚巴统附近开发了一个较大规模的茶园，并建立了一个小型茶厂。1896年，合同期满，刘峻周回国。回国前，波波夫托他在中国再招技工，采购茶苗茶籽。第二年，刘峻周重返格鲁吉亚。1900年，刘峻周在格鲁吉亚的阿扎里亚开辟了一个150公顷的茶园，并担任茶厂的厂长。1918年，刘峻周响应十月革命的号召，和工人们一道保卫了茶厂[2]。十月革命后，刘峻周一直帮助格鲁吉亚人民建立茶园茶圃，积极训练茶叶人才，毫无保留地把中国劳动人民积累的茶叶栽培、制作经验传授给当地人民，直到1924年才返回家乡。刘峻周为中俄文化的交流作出了杰出的贡献。

综上可见，茶叶由原来我国专有独享的物产，现在已成为各国人民交口相赞的饮料，极大地丰富了世界各国人民的物质文化生活。饮茶作为一种文化习俗，大有席卷全球之势。随着人类生活水平的不断提高，人们将更加注重饮食生活的多样化，饮茶也必然会受到更多人的欢迎。

---

[1] 范琼：《俄罗斯茶文化的形成与特色》，《饮食文化研究》2004年第3期。
[2] 庄晚芳编著：《中国茶史散论》，北京：科学出版社，1988年，第196页。

# 第五节　长江流域的茶具

中国古代的茶具丰富多彩，它既是茶叶科学研究的宝贵历史遗产，又是各个时代有代表性的工艺美术产品。当然，与饮食器具相比，茶具的出现是比较晚的，因为直至唐代中期以后，饮茶之风才逐步在我国普及。值得一提的是，茶具首先是在长江流域出现并逐渐完善的。

**唐代四川邛崃窑黄釉茶铫**
（中国茶叶博物馆藏）

最初人们喝茶是用饮食器具，一器多用也是中国古代早期社会各种器具的共同特点。专用茶具是在饮茶发展到一定的阶段，人们在喝茶时感到需要专门器具后而出现的。也就是说，喝茶习俗在前，茶具的生产在后，茶具和喝茶不是同时问世的。

茶具是指与饮茶有关的专门器具。公元前1世纪，四川王褒所著的《僮约》中有"烹茶（茶）尽具"，从文字上明确记载了煮茶有专门茶具。

唐代盛行饮茶，皇帝和贵族之间更以饮茶为韵事，不仅讲究茶叶的色、香、味及烹茶方法，而且对茶具也非常重视。唐代中期，陆羽的《茶经》对唐代长江流域各地所产的茶具作了细致的比较和评论，他说："碗，越州上，鼎州次，婺州次，岳州次，寿州、洪州次。……若邢瓷类银，越瓷类玉。……若邢瓷类雪，则越瓷类冰。……邢瓷白而茶色丹，越瓷青而茶色绿。"[1] 越瓷比邢瓷要优。邢窑在今河北省内丘县，它在唐代生产的白瓷瓯，即茶碗，是一种很流行的茶具。唐代李肇《唐国史补》说："内丘白瓷瓯，端溪紫石砚，天下无贵贱通用之。"可见其生产规模之大，影响之远。越窑在今浙江余姚、绍兴一带，陆羽《茶经》说："瓯，越州上，口唇不卷，底卷而浅，受半升已下。"[2] 越窑所产的瓯，曾经风靡一时。中国古代留下了不少赞美越窑的诗篇，如顾况《茶赋》说"舒铁如金之鼎，越泥似玉瓯"[3]；孟郊《凭周况先辈于朝贤乞茶》说"蒙茗玉花尽，越瓯荷叶空"；施肩吾《蜀茗词》说"越碗初盛蜀茗新，薄烟轻处搅来匀"；韩偓《横塘》诗说"越瓯犀液发茶香"[4]。这些诗句都给越窑茶碗增添了声

---

① ［唐］陆羽：《茶经·四之器》，第10页。

② ［唐］陆羽：《茶经·四之器》，第10页。

③ ［唐］顾况：《茶赋》，载［清］董诰等编：《全唐文》卷528，北京：中华书局，1983年，第5365页。

④ 孟文、施文、韩文分见［清］彭定求等编：《全唐诗》卷380、卷494、卷683，第4380页、第5648页、第7899页。

誉，促进了越窑茶具生产的发展和工艺的改进。

　　陆羽从品茶的角度，抑邢而扬越，认为越窑瓷器质量应在邢窑之上。对此，著名史学家范文澜指出："陆羽按照瓷色与茶色是否相配来定各窑优劣，说邢瓷白盛茶呈红色，越瓷青盛茶呈绿色，因而断定邢不如越，甚至取消邢窑，不入诸州品内。……因洪瓷褐盛茶呈黑色，定洪瓷为最次品。瓷器应凭质量定优劣，陆羽以瓷色为主要标准，只能算是饮茶人的一种偏见。"[①] 色彩的好恶带有个人的主观心理作用，这可能因为陆羽是处士，他比较欣赏青绿色这种静态的色彩，这种色彩可以使观赏者的心情趋向于宁静淡泊。

　　唐代茶碗比饭碗的器形要小，器身较浅，器壁呈斜直形，敞口浅腹，适于饮茶，加以制作精工，釉色莹润。名器越窑和邢窑的茶碗，造型风格又各有特点，邢窑的茶碗比较厚重，口沿有一道凸起的卷唇，它与越窑茶碗"口唇不卷"、胎体轻薄的体形有明显区别。越窑除了具备"捩翠融青"的釉色之外，造型也优美精巧。从皮日休的"圆似月魂堕，轻如云魄起"和徐夤的"功剜明月染春水，轻旋薄冰盛绿云"等诗句中，可以想见越窑青瓷茶碗形质之美。

　　与茶碗相配套的茶壶在西晋就已出现，从晋至隋，茶壶的式样是一种鸡头壶，即茶壶的流子（嘴）都是作鸡头状。到唐朝，茶壶称为注子，或称茶注，这时的壶式，普遍以矩形小流代替了过去鸡头饰流。

　　唐代还首创了一种饮茶用的碗托，用以托茶，称为茶托，又称盏托。李匡乂指出："始建中蜀相崔宁之女，以茶杯无衬，病其熨指，取楪子承之，既啜而杯倾，乃以蜡环楪子中央，其杯遂定。即命匠以漆环代蜡，进于蜀相。蜀相奇之，为制名而话于宾亲。是后传者更环其底，愈新其制，以至百状。"[②] 茶托的器形随着时代的发展而不断变化。新中国成立后，在浙江宁波市出土的一批唐代越窑青瓷器，还有带托连烧的茶碗。茶托口沿卷曲荷叶形，茶碗则作花瓣形，

**元末明初龙泉窑青瓷刻花云鹤纹茶托**
（台北故宫博物院藏）

**明龙泉窑青瓷碗托**（台北故宫博物院藏）

---

　　① 范文澜：《中国通史》第三编，北京：人民出版社，1965 年，第 258 页。
　　② ［唐］李匡乂：《资暇集》卷 3《茶托子》，北京：中华书局，1985 年，第 25 页。

加以釉色青翠，所以唐末诗人徐夤将茶和盛茶的茶具比之"嫩荷含露"。

唐宋以来，文人作诗献词称颂茶德，饮茶成为一种"雅道"，茶具也成为一种雅器。唐朝民众饮茶一般用碗，宋朝以后就不用碗而改用盏了。盏实际上也是一种小碗，但比唐代小巧精致。由于宋朝民众中盛行用盏饮茶，盏托使用更加普遍，而且制作也比唐朝精细多姿，盏托的托口突起，托沿多作莲瓣纹，托底中凹。再如茶壶，特别是到南宋时，壶式明显由饱满变得瘦长，北宋的茶壶，流子多在肩部，而到南宋末年，流子已移到腹部。

宋代的茶具以黑色为贵，这是与宋人喜爱斗茶有关的。宋代的茶叶是制成半发酵的膏饼，饮用前先把膏饼碾成细末放在茶碗内，再沏以初沸的开水，水面沸起一层白色的沫。宋代的茶盏有五种釉色：黑釉、酱釉、青釉、青白釉、白釉。但以黑釉茶盏便于衬托白色的茶沫、观察茶色而受到斗茶者的珍重。宋徽宗也很爱好此道，常与臣属斗茶，上行下效，影响很大。蔡襄《茶录》中也说建安（今福建）斗茶先斗色。建安人对当地所产的一种半发酵的白茶评价很高。因茶色贵白，黄白者受水昏重，青白者受水详明，故建安人斗茶以青白胜黄白。其次为茶汤，以茶汤先在茶盏周围沾染水痕的为负，这种白茶因含有黄色染精和胶质，时间久了茶汤便会在盏内染成一圈水痕。宋代斗茶都采用白茶，当然以墨盏最为适宜观色。正因为有这种特殊需要，黑盏就得到了极大的发展，也由此兴起了不少专烧黑盏的瓷窑，尤以福建建阳地区为突出。由于建阳烧制的黑盏适于斗茶，因此一度为北宋宫廷烧制斗茶用的黑盏，底足刻有"供御"和"进盏"字样。宋徽宗赵佶《大观茶论》也说："盏色贵青黑，玉毫条达者为上。"黑釉茶具从釉色上说是不美的，但到了有才智的制瓷工匠手里，黑釉釉面上烧出了丰富多彩的装饰，有的呈现出兔毫或圆点

景德镇青花压手杯

等不同形式的结晶，有的釉面色泽变化万千，有的又剔刻出线条流畅的各种纹饰。这些装饰风行于不同地区，具有浓郁的地方特点。

宋末元初，景德镇的茶具异峰突起，景德镇的青花茶具不仅为国内所共珍，而且还远销国外，特别是日本。因日本的"茶汤之祖"村田珠光特别喜爱这种茶具，日本后来便把青花茶具定名为"珠光青瓷"。

瓷器出现以后，茶具中的陶器也随之销声匿迹。但至明朝，江苏宜兴的紫砂陶又

与瓷器争名于世。[①] 明人周高起在《阳羡茗壶系》中说："近百年中，壶黜银、锡及闽、豫瓷，而尚宜兴陶。"因此在明代中期以后，士大夫饮茶用紫砂壶逐渐成为风尚。明人饮茶，已由前人煮茶而改为沸水泡茶，与现在饮茶方式一样。这样，紫砂茶壶的优点更加显露出来。前人总结紫砂茶壶有七大优点：其一，用以泡茶不失原味，"色香味皆蕴"，使"茶叶越发醇郁芳沁"；其二，壶经久用，即使空壶以沸水注入，也有茶味；其三，茶味不易霉馊变质；其四，耐热性能好，冬天沸水注入，无冷炸之虑，又可文火炖烧；其五，砂壶传热缓慢，使用提携不烫手；其六，壶经久用反而光泽美观；其七，紫砂泥色多变，耐人寻味。由于具有这些优点，再加上嘉靖年间的供春和万历年间的大彬两位著名艺人的制壶绝技，紫

**宜兴紫砂壶**

**清乾隆款金胎内填珐琅盖杯**
（台北故宫博物院藏）

砂茶壶造型精美，色泽古朴光洁，成为精致的手工艺品，于是紫砂壶便名噪天下，赢得了很高的声誉。明人周高起《阳羡茗壶系》说："一壶重不数两，价重每一二十金，能使土与黄金争价。"[②] 明代张岱《陶庵梦忆》中说："宜兴罐，以龚春为上……一砂罐、一锡注，直跻之商彝、周鼎之列而毫无惭色。"明代以后，我国优质茶具就保持着"景瓷宜陶"的格局，也就是瓷茶具以景德镇为首，陶茶具以宜兴紫砂为最，这种格局至今未变。

长江流域的茶具种类非常丰富，除了陶器、瓷器外，还有铜器、锡器、银器、金器、漆器、玉器、水晶、玛瑙等等，茶具上绘有白鹤飞翔、游龙戏凤、翠鸟舒翼、彩蝶恋花、人物美女、各种花卉、山水画等等，诗情画意，无所不包。面对这些凝聚着我国古代劳动人民辛勤劳动和智慧的精美绝伦的茶具，我们在品茶之时，可以充分感受到这些茶具的艺术之美，从而对古代制造茶具的艺术家们产生深深的敬意。所以，茶具是中国饮食器具中的瑰宝。

① 参见张舜徽：《中国古代劳动人民创物志》，第82页。
② ［明］周高起：《阳羡茗壶系》，载胡山源编：《古今茶事》，第139页。

# 第十七章　长江流域的饮食器具

长江流域的饮食不但讲求色、香、味、形的美,而且还非常重视饮食器具的美。色、香、味、形、器是长江流域饮食不可分割的五个方面,美食与美器的和谐、统一,也是中国饮食的优良传统。不管是粗犷的彩陶、清雅的瓷器,还是庄重的铜器、绮丽的漆器、精致的金银器,都将实用和美学相结合发挥到了极致,这才让如李白这样的文人墨客吟诵出"兰陵美酒郁金香,玉碗盛来琥珀光""金樽清酒斗十千,玉盘珍羞直万钱"的千古诗句。

早在新石器时代,长江流域的先民就已经学会制造和使用陶制的炊食器,并开始注意到它的美观,在上面画有写实意味的彩色鱼纹、鹿纹、鸟纹和蛙纹等动物纹饰,还有各种各样的抽象几何纹。这些线条流畅的纹饰,显示出早期饮食器具所特有的古朴之美。殷商时期又发明了青铜制饮食器,这些青铜器,其器形纹饰或雕琢,或刻镂,纹样精丽,形制端庄。春秋战国时期又出现了木雕漆食器,其形制之精巧,纹饰之优美,令人惊叹不已。秦汉以后出现的金银、陶瓷食器,使长江流域饮食器具的制作工艺水平达到了顶峰。

长江流域饮食器具的精湛制作技艺和鲜明的继承关系,是世所罕见的,它是我国传统文化的重要组成部分,也是人类物质文化史上一个重要的研究对象。

## 第一节　古代饮食器具的起源

在漫长的原始社会,人类并无任何食具可言。喝水是用手舀着喝,或者用较大的动植物壳,如椰子壳、葫芦、蚌壳之类舀水喝,喝一点水需要跑到有水的地方去喝,即便是给老年人和小孩带回一点水,也是极为有限的。天寒地冻的时候,水结了冰,就只有打破冰层舀点水,或者拿上冰雪当水喝。三九寒天,北风呼啸,人们冻得发抖,也无法喝上热水。经过长期的摸索,人们学会了把烧石投入盛水的容器中,使水加热。要想熟食,就利用石板烘烤,"中古未有釜、甑,释米捣肉,加于烧石之上而食之耳"[1],

---

[1]《礼记·礼运》郑玄注,载〔清〕阮元校刻:《十三经注疏》,北京:中华书局,1980年影印本,第1415页。

或"以土涂生物，炮而食之"[1]。烤熟以后，人们再去用手抓食，正如李京《云南志略》所记载，古代僚人"无匕匙，手抟饭而食之"。在这样的条件下，我们可以想象到，原始人的饮食生活是多么艰苦。

饮食器具的出现，是人类历史发展到一定阶段的产物，也是人类历史发展规律的客观产物。一般而论，饮食器具产生于农业经济出现之后。在新石器时代，由于农业的出现，人类开始种植庄稼，收获粮食，食物品种有了扩大。这样，食用粮食就不能像以往食肉那样"茹毛饮血"似的生吃，或者直接用火去烤着吃。为了解决粮食的烹饪、贮藏和饮水的搬运，炊具和食具也就成了当时人类生活的共同要求。这时能促使饮食具早日出现的关键是陶制技术，陶器的创制也就是为了满足人类烹饪、饮食、储藏的生活需要。

相传"神农耕而陶"，这说明从事农耕的氏族部落定居下来以后，有制陶的需要和条件。人类学会烧制陶器以后，首先烧制出来的就是具有炊具和食具双重作用的陶罐，以后才逐渐由陶罐演化出专门的炊具和食具来。因为在新石器时代，农业生产尚处于最原始的萌芽状态，粮食产量还很有限，并不能完全满足人类食用的需要，肉食在先民生活中仍占重要地位，所以最初的陶罐既可用于煮饭，也能用来盛肉。因此，可以认为，陶罐的问世之日，也正是炊具和食具诞生之时。

在长江流域的新石器时代文化遗址中，出土数量最多的遗物就是陶制饮食器具，包括炊器、食器、水器和酒器等等。

早期炊器有一个很大的特点，就是陶器的原料中掺有砂粒和蚌壳，这是为了避免炊器经火烧后出现裂纹，同时也易于传热。最早用于烧饭的

**新石器时代的陶釜**（1983年宜都城背溪出土，湖北省博物馆藏）

**新石器时代马家浜文化陶盆**
（马家浜文化博物馆藏）

**屈家岭遗址出土的双腹鼎**
（湖北省博物馆藏）

① 《礼记·内则》郑玄注，载〔清〕阮元校刻：《十三经注疏》，第1468页。

是夹砂圆底罐，由于圆形底部压在热灰上的面积小，四周受火烘烤面积大，煮食速度快，因此早期炊具多为圆底。

最初人们用罐来烧水煮饭的时候，要用土块把罐支起来，以便在其下面加柴烧水。如果稍微不小心，土块滑动，罐子就易翻倾。为此，人们在烧造罐子时，便在其底部增添三个腿，免去了土块作支垫，这就成了陶鼎。陶鼎的器形随着时代不断有所发展，有大有小，有敛口或敞口的，有深腹或浅腹的；鼎腿有扁形的、圆柱形的或尖锥形的，有些鼎腿还加上一些纹饰。颜色也有棕红色和灰褐色数种。这一时期的陶鼎都不大，与商代出现的青铜鼎相差很远，只能供一二人食用，因此，陶鼎在考古掘中数量往往很多。

后来，人们又发明了陶盖，它不仅防止灰尘坠落鼎内，同时也加快了烧饭的速度。陶盖发明后，人们还给其他各种容器加上了盖子。

陶鼎的功能比较单一，要烧水就不能做饭，要做饭就不能煮肉。因此，人们又发明了具有多种炊事功能的陶甗，它底部有若干小孔，置之于陶鼎上，可利用沸水升发的蒸气蒸熟食物。这些炊具的改进和创新，促进了熟食的多样化，丰富了人们的饮食。

**屈家岭文化遗址出土的陶甗**
（屈家岭遗址博物馆藏）

人们在掘地为灶的同时，也开始制作一些可以搬动的陶灶，如在距今 7000 年的浙江河姆渡文化遗址中出土的陶灶，长约 50 厘米，宽约 30 厘米，有两耳可以提拿搬动，结构科学，使用方便，可供多人炊用。

这时的食器主要是陶钵和陶碗。陶碗的器形比陶钵方便实用，特别是圈足陶碗，实用效果更好，当盛满热饭或热水时，还可以减少烫手的概率。在新石器时代晚期，又出现了一种比较新颖的食具——陶豆。陶豆形如高脚盘，数量很少，是从圈足碗发展而来的。陶豆一经发明，便以特殊的功能引起人们的注意，如陶豆的盘可以盛饭菜，人们手握豆柄可以把饭菜举起来，如果放置地下，因豆柄下有豆座，因而也比较稳妥。在古代没有桌子的情况下，人们席地而坐，较高的陶豆盛满饭菜也便于人们食用。所以，后来陶豆的生产和使用便越来越普遍。

**盘龙城出土的商代陶鬲**
（湖北省博物馆藏）

从河姆渡文化发展到马家浜文化、良渚文化以及屈家岭文化期间，长江流域新石器时代饮食器具的制造有了较大的发展和变化。如陶鬲出现了，它是在陶鼎的基础上发展起来的。鬲的作用与鼎相似，鼎的三条腿是实心的，而鬲腿是乳房状的空心，可以在里面灌上水。它的优点是着火面积大，水沸速度比鼎快。龙山时期的鬲，有的还带有把手或附以鸡冠耳，方便提携。也有的鬲没有把手，这反映了不同地区的差异。

新石器时代的陶鬶

一般而论，在新石器时代晚期，人们日常生活中的炊食器具已初具规模，如灶、釜、鼎、甑、鬲、钵、碗、盆、盘、杯、罐等等都已出现了，有了这些炊食器具，人们就可以在寻求饮食滋味美的海洋中遨游。

值得注意的是，龙山文化时期的人们还发明了一种此前文化遗址中所没有的专用酒器。即一种称为陶鬶的酒器，它在单把鬲的口部延伸出流子，从而使倒水倒酒更为方便，以平底三足陶鬶最具代表性。在湖北松滋桂花树出土过一种无腹袋足陶鬶，流呈卷叶状，颈部及袋形空心足显得相当纤细瘦长 [1]。湖北天门石河镇也出土过一件简腹大袋足陶鬶 [2]。

在新石器时期我国先民的主要进食器是餐匙，在古代它的专用名称为匕。《说文解字》释"匕"为："相与比叙也……亦所以用比取饭，一名柶。"《广雅·释器》说："柶，匙匕也。"《方言》说："匕，谓之匙。"可见，匕、柶、匙都是指同一物，只是由于各地方言不同，字音也不同。新石器时代的餐匙主要是以兽骨制成的，也有少量陶制的。其形状有匕形和勺形两种，匕形的呈长条状，末端有一个比较薄的边口；勺形的明显可分为柄和勺两部分，造型比较规则。餐匙实物以匕形出土最多，勺形和近似勺形的较少。与长江流域相比，黄河流域出土的新石器时代餐匙更多。

**新石器时代大溪文化骨匕**（重庆中国三峡博物馆藏）

现有的考古发掘表明，餐匙在我国最迟在公元前 5000 年前就已出现了，是我们现今所知的最古老的进食用具。餐匙的出现是与农耕和定居生活的需要相适应的，由农

---

① 湖北省荆州地区博物馆：《湖北松滋县桂花树新石器时代遗址》，《考古》1976 年第 3 期。
② 石河考古队：《湖北省石河遗址群 1987 年发掘简报》，《文物》1990 年第 8 期。

耕所生产出来的小米和大米，最简便的食用方式都是饭食，所以采用餐匙进食是自然之事，即使用餐匙进食肉，也十分方便，因为匙头有着较薄的边口。

餐匙虽然在新石器时代使用了近5000年之久，但是它的形状并没有多大变化，依然是以匕形为主，勺形为辅，只是到了青铜时代以后，社会生产力有了很大发展，餐匙在形状和质料方面都有了明显变化，匕形餐匙开始慢慢退出餐桌，勺形餐匙逐渐大量流行起来。

《墨子》说："食必常饱，然后求美。"人类在不断开发食物资源和创造饮食器具的同时，也开始注重食器色泽和纹饰的美观。彩陶饮食具是新石器时代一项卓越成就，也是一种优美而实用的原始艺术品。我国的彩陶饮食具最早发现于黄河流域的仰韶文化和马家窑文化，后来又见于长江流域的青莲岗文化和屈家岭文化。在我国其他地区的新石器时代文化中，也存在有精美的彩陶，所有这些彩陶饮食具，汇成了我国古代璀璨瑰丽的彩陶艺术。

彩陶饮食具是在陶器未烧以前就画上去的，烧成后彩纹色泽固定在陶器的表面不易脱落，其色彩以黑、红、灰为主，也兼有其他色泽，花纹主要是花卉图案和几何形图案，以及各种动物纹，这些彩陶饮食具给人以浑厚、淳朴的感觉。有意思的是，早期彩陶的花纹多装饰在细泥红陶钵、碗、盆和罐的口、腹部，而在器物的下部或往里收缩部分一般不施彩绘。这种设计与当时人们的生活习惯有着一定的关系，因为新石器时代的人们受居住条件的限制，往往是席地而坐或者蹲踞，所以彩陶花纹的部位，都是分布在人们视线最容易接触到的地方，这说明人们对于饮食器具，在实用之外，开始寻求美观了。

## 第二节　厚重典雅的青铜饮食器

随着岁月的流逝和时代的变迁，人类的饮食器具也在不断地改进和完善，每一种炊具和食具的问世，都标志着中国古代社会生产力有了新的发展，因为只有当社会发展到新的阶段时，新的饮食器具才能出现。在新石器时代，人们还是饭于土簋，饮于土杯，食器的制作停留在陶土制作的阶段。但是到了商周时期，伴随着青铜时代的来临，人们饮食器具主要的制作材料由陶土逐步过渡到青铜，饮食器具也日趋完整和配套。

所谓青铜，是指纯铜和其他化学元素的合金，最常见的是铜与锡、铜与铅的合金，因颜色呈青灰色而得名。由青铜制作的饮食具，是中华饮食文化中的瑰宝。近几十年来，随着长江流域各地考古的大量发掘，青铜饮食器具的出土层出不穷，使我们对这些精美的器具有了更直接的认识。

在青铜发明以前，商代饮食器具先有一个使用红铜（纯铜）的时期，但红铜质软，远不如石器坚硬。青铜出现后，很快就表现出红铜不具备的三大优点：一是熔点低，易于铸造；二是可根据需要加减锡、铅的比重，得到不同的硬度；三是溶液流畅，少气泡，可铸精美的花纹。所以青铜很快取代了红铜。青铜的发明对于生产工具、贵族饮食器具而言，都是一个划时代的创造。我国古文献中常称商周时代的青铜为"金"或"吉金"，吉金就是指精纯美好的青铜。

**商代四羊青铜方尊**
（中国国家博物馆藏）

商周时代，青铜铸造业被贵族们占有，权贵们用青铜制作鼎以盛肉，作簋或敦以盛黍、稷、稻、粱，作爵或尊以盛酒。他们用这些青铜食具"以蒸以尝""以食以烹"，演绎为权力的象征。例如，在武汉市黄陂区盘龙城周围杨家嘴、杨家湾和楼子湾都先后发现了制铜作坊的遗迹，而且在盘龙城周围还发现了4座贵族墓，表明这些贵族是制铜作坊的主人。皮明麻先生主编的《武汉史稿》指出："盘龙城遗址发现不少炼铜陶片，还发现铜渣、木炭、孔雀石、红烧土等，这正是冶铸铜器的遗物，表明这座城本身就是古代冶铜基地。在盘龙城附近一二百里地内，铜矿等蕴藏量很大。在附近的鄂城也有冶铜矿遗址和炼铜器物出土，这说明，商文化传播到南土，使江汉地区的手工业、农业和冶矿业有了长足的发展。正是在这些初具规模的铸造作坊里，诞生了灿烂的盘龙城青铜文化。"[①] 由此可见，盘龙城是商代一个极其重要的青铜生产基地，生产出来的铜及其青铜器，通过盘龙城南面的府河及其支流向北越过大别山、桐柏山与当时王都相联系，又可以由长江进入汉水，经南阳盆地抵达关中地区。沿长江上下，到达的地区就更为广泛了。

青铜饮食器具主要分为三大类：即炊器、食器、酒具，这三类饮食器具在长江流域各地均有出土，如鼎、鬲、瓿、爵、尊等。下面，我们择要作一介绍。

炊器是商周贵族煮肉、调味和蒸煮黍、稷、稻、粱等熟食的器具，主要有鼎、鬲、甗、簋等等。

鼎是商周王室最常用的炊器，相当于现在的锅，用于煮肉盛肉，形态大多是圆腹、二耳、三足，也有四足的方鼎。最早的青铜鼎都是仿照陶鼎而制作的，但又具备陶鼎所没有的某些特征，如鼎的两耳一般立在口沿上，目的是在取用鼎时，用钩将鼎钩起。

---

① 皮明麻、欧阳植梁主编：《武汉史稿》，北京：中国文史出版社，1992年，第36页。

**商代涡纹青铜鼎**（武汉博物馆藏）

在武汉黄陂盘龙城商代文化遗址中，就出土过几个圆腹鼎，如李家嘴二号墓出土的一件大圆鼎，高达 55 厘米，口径 50 厘米，仅次于郑州出土的两件商代早期大鼎。要铸造如此规模的青铜器，必须许多坩埚同时熔铜，从烧炭、观火色到运输等，需要几十个人协同动作，如果没有统一有效的技术指导，没有一定规模的作坊，是无法胜任这一浇铸任务的。

随着时代或地域不同，鼎的形制也有所变化。商代前期的鼎多为圆腹尖足，也有柱足方鼎和扁足鼎。商代后期尖足鼎逐渐消失，分档鼎增多。到西周后期，扁足鼎和方鼎基本消失，鼎足呈蹄形。战国至汉代的鼎多为敛口（口沿向内收缩），大多有很短的蹄足并有盖子，盖上多有钮或三小兽。

从用途上来说，商周王室的鼎又分为镬鼎、升鼎和陪鼎三大类。镬鼎形体较大，多无盖，用来煮牲肉。《周礼·天官·亨人》曰："掌共鼎镬。"郑玄注云："镬，所以煮肉及鱼腊之器，既孰，乃脀于鼎。"升鼎是把镬中的熟肉放到其中，因这一过程称之为"升"，故名为"升鼎"，也称"正鼎"。陪鼎，又称羞鼎，是升鼎之外的另一种鼎，盛放作料、肉羹，因与升鼎相配使用，故称陪鼎。

在古代，鼎还是一种权势的象征。《周礼》规定，天子九鼎，诸侯七鼎，卿大夫五鼎，元士三鼎。春秋战国时期，诸侯僭越，用鼎数目逐步升级，诸侯九鼎，卿大夫七鼎。九鼎、七鼎称大牢（牛、羊、豕三牲俱全），五鼎称少牢（只有羊、豕），三鼎只有豕。鼎的多少是"别上下、明贵贱"的主要标志，所以古代文献中记述帝王生活有"列鼎而食"和"钟鸣鼎食"的说法。

**商代兽面纹鬲**（上海博物馆藏）

鼎后来发展成为一种礼器，所谓礼器，就是帝王贵族在进行祭祀、宴会等活动时举行礼仪使用的器物，具有浓重的宗教巫术色彩。后世甚至还把鼎视为国家政权的象征，传说大禹收九州大金，铸为九鼎，遂以为传国之重器，所以后世称国家的栋梁大臣称为"鼎辅"，就好像锅底下的足拱托着大锅一样，取得政权叫"定鼎"，其名均由饮食器具引申而来。

鬲也是商周王室中的常用炊器之一。《尔雅·释器》说："鼎款足者，谓之鬲。"鬲的作用与鼎相似，最初的青铜鬲也是仿照陶鬲制成的，它的形状是大口，袋形腹，其下有三个较短的锥形足，这种奇特的设计是为了使鬲的腹部具有最大的受火面积，使食物能较快地煮熟。商代鬲的袋腹都很丰满，上口有立耳，颈微缩。因为三个袋腹与三足相连，而且鬲足较短，习惯上把袋腹称为款足。在江西、安徽、湖北等地都有青铜鬲出土。江汉流域曾出土过一种三鸠鬲，袋足上各有一鸟作鸠形，属西周中期的器物。

商周时期，鬲也是国家礼器之一，到春秋晚期，鬲已基本上退出礼器的行列。而到战国晚期，不论在祭器或炊具的范围内，都不见鬲。因此，容庚在《殷周青铜器通论》中指出："鬲发达于殷代，衰落于周末，绝迹于汉代，此为中国这时期的特殊产物。"

甗亦是商周时期的炊器，相当于现在的蒸锅。全器分为上、下两部分，上部为甑，放置食物；下部为鬲，放置水。甑与鬲之间有箅，箅上有通蒸汽的十字孔和直线孔。青铜甗也是由陶甗演变而来，流行于商代至战国时期。

**商代晚期兽面纹甗**
（上海博物馆藏）

商代至西周的甗是把甑和鬲铸成一件，圆形，侈口（口沿向外撇），有两直耳（或称立耳，耳直立口沿之上），如1958年在江西余干黄金埠出土的应监甗。春秋战国的甗是甑和鬲可以分开，直耳变为附耳（耳在器身外侧）。这一时期还出现了四足、两耳、上下可以分合的方形甗，如1972年湖北随州熊家老湾出土的环带纹方形甗。有的方形甗上部甑内加箅，可同时蒸两种食物。甗盛行于商周时期的饮食生活中，至汉代和鬲一起绝迹。

青铜食器是指商周贵族盛饭菜和进食的用具，主要有以下几种：

簋是商周时最常用的食器。长江流域的青铜食器的纹饰和形制也在承袭中原青铜文化的基础上初步形成了自己的风格。比如无耳或双耳簋等青铜器，就以胎薄匀称、花纹绮丽而见长。簋是用来盛放煮熟的黍、稷、稻、粱等饭食的，形体犹如大碗。西周贵族与民众在宴飨时均是席地而坐的，簋放在席上，人们再用手到簋里取食物。至今，还有一些少数民族沿袭着这种生活习惯。

**西周早期妊簋**（上海博物馆藏）

陶簋在新石器时代就已出现了，青铜簋是在商代中期发展起来的。簋的形态变

**西周晚期乐季献盨**（台北故宫博物院藏）

**战国铜簠**（湖北省博物馆藏）

**战国晚期镶嵌几何纹敦**（上海博物馆藏）

化最多，起初是流行无耳簋，大口，颈微缩，腹部均匀地膨出，下承圈足。在此形制的基础上，出现了器侧装有一对手执的耳，商代晚期，已盛行双耳簋。西周和春秋晚期的簋常带盖，有二耳或四耳。这一时期还出现了加方座或附有三足的簋。战国以后，簋就很少见到了。

商代中期，簋与鼎等饮食器具的性质一样，也曾作为象征王室贵族等级的器物。据考古发现，簋往往成偶数出现，礼书也规定：天子九鼎配八簋，诸侯七鼎配六簋，大夫五鼎配四簋，元士三鼎配二簋，一鼎无簋。可知，簋的多少也是区别等级的重要标志。

盨是西周中期流行的食器，也是用来盛黍、稷、稻、粱的，形状为椭圆形、敛口、两耳、圈足、有盖，盖上一般有四个矩形纽，仰置时成为带四足的食器。盨出现于西周，至春秋战国时便绝迹了。

簠也是西周的食器，为长方形，口外侈，四短足，有盖。盖与器的形状大小相同，合上成为一器，分开则成为相同的两个器皿。郑玄在《周礼·地官·舍人》的注中解释了它与簋的区别："方曰簠，圆曰簋，盛黍、稷、稻、粱器。"湖南、湖北、安徽出土较多。簠的用途与后世的盘子相似。簠主要流行西周中期，战国以后渐衰退。商代和秦汉时，都没有见有簠。

敦是由鼎演变而来，是东周时期的食器。其器形较多，一般有三短足、二环耳、圆腹、有盖。敦为盛黍、稷、稻、粱之器，因黍、稷宜温，所以有盖。有的敦为"上下圆相连"形，即盖与器形状完全一样，只不过器下足长一些，使用时可分一器为两器用，提高了器物的使用价值，即通常说的"球形"或"西瓜形"敦。敦最初有三足，下边可以烧火，后来渐成短足，以至无足，遂为盛器。

瓯，古代器名，青铜或陶制，圆口、深腹、圈足。用以盛饭食（一说盛酒，如商四羊首瓯），盛行于商代。

豆是商周时期的食器。青铜豆是陶豆演变而来。从甲骨文和金文中的豆字来看，字形像奉豆而内盛黍、稷，可知豆最初用来盛饭食。西周时期又用来盛肉酱、肉羹一类食物，所以《说文解字》释"豆"为"古食肉器也"。豆的形状如后世的高脚盘，大多数有盖。盖可仰置，腹间两侧有环形耳，通体刻画各种纹饰，如 1989 年江西新干大洋洲商墓出土的兽面纹豆，及 1978 年湖北随州擂鼓墩曾侯乙墓出土的镶嵌鸟首龙纹盖豆。另外还有把柄较长的豆。

酒器是指商周权贵用来饮酒、盛酒、温酒的器具，有些酒器还兼有盛水的功能，酒器主要有以下几种：

爵是殷商时期的饮酒器，相当于后世的酒杯。早期的爵是陶制的，商代贵族开始使用青铜爵。爵的名称十分雅致，有让人听其名而知其高贵的感觉，它是商王或贵族举行宴饮时使用的酒具。在湖南、湖北、安徽等商代墓葬中均有爵出土。

爵的名称是由宋代人定的，取雀的形状和雀的鸣叫之义。爵的形制是圆腹，前有倾酒用的流，后有尾，旁有钮（把手），口上有两柱，下有三个尖高足。古代文献记载，爵的容量为一升，但事实上商代爵的容量悬殊，甚至有大型或特大型的。

商晚期四羊首瓯（上海博物馆藏）

商代兽面纹青铜豆（江西省博物馆藏）

西周兽面纹铜爵（湖北省博物馆藏）

商代时常常将爵与瓯、斝等酒器一起使用，这种配合使用一直流行于商代各王朝中，西周早期以后走向绝迹。当爵消失后，瓯、觯、觥也同时消失，这大概与周人吸取商王朝酗酒亡国的教训有关。

瓯的形状是长身、侈口，口和底部都呈喇叭状。商代前期的瓯较商代后期要粗短一些。考古发掘的现象说明，爵和瓯是最基本的成组酒器，也是最早的青铜礼器之一。

觯也是商周时期的饮酒器，其形状似水瓶，圆腹、侈口、圈足，大多数有盖，这种形状的觯多为商代器，西周时有作方柱形而四角圆的。春秋时演变成长身、侈口、圈足，形状像瓠。

**兽面纹十字孔瓠**
（武汉博物馆藏）

**西周云雷纹子父癸**
**铜觯**（随州博物馆藏）

觥是商周的盛酒器或饮酒器。觥出现于商代，早期觥的形状像牛角横置形，下承长方圈足，前端作龙头状，有盖。后来觥演化为像有流的瓠，上有盖，盖覆流处成为兽头，向上昂起，后有鋬，下有圈足。有的觥附有小斗，可挹酒。

**春秋晚期牺尊**（上海博物馆藏）

**曾侯乙尊盘**（湖北省博物馆藏）

尊是酒器的共名，凡是酒器都可称尊。青铜器中专名的尊特指侈口、高颈、似瓠而大的盛酒备饮的容器。也有少数方尊和形制特殊的尊，模拟鸟兽形状，统称为鸟兽尊，主要有鸟尊、象尊、羊尊、虎尊、牛尊等。在中国古代的青铜礼器中，尊占据着仅次于鼎的重要地位。唐代诗人李白曾有"金樽清酒斗十千"的著名诗句，这里的金樽就是泛指一般用金属制作的盛酒用具。因为后来尊又专指酒杯，在指酒杯这个意义上，尊又写作"樽"。

1978 年，湖北随州擂鼓墩一号墓，曾出土过一件曾侯乙尊盘，这是迄今在长江流域出土所见最为精致的一件尊盘。

尊是盛酒器，盘则为盛水器。曾侯乙尊盘出土时，尊置于盘内，拆开来是一尊一盘两件器物，放在一起又浑然一体。尊作喇叭状，高 30.1 厘米，口径 25 厘米。唇沿外折，下垂，形成宽沿。口沿上饰玲珑剔透的蟠虺透空花纹，这种花纹又分上下高低两层，形如一朵朵云彩。尊的颈部较高，附饰有四只豹形爬兽，皆由透空的蟠螭纹构成兽身，作攀附上爬状。在四兽之间，饰有四瓣蕉叶，蕉叶向上舒展，与器颈往上微张的弧线相适应，显得柔和而协调。在圆鼓的尊腹和高圈足部位，于浅浮雕及镂空的蟠螭纹上，各加饰四条高浮雕的虬龙，从而突破了春秋时期满饰蟠螭纹的铜器所带有的僵滞、繁缛的格调，取得了层次丰富、主次分明的装饰效果。同出的铜盘，高 23.5 厘米，口径 58 厘米，深 12 厘米。盘口外折下垂，直壁平底，下附四只龙形蹄足。口沿上另附四个方耳，耳的两侧为扁形镂空夔纹，在四耳之间，各有一条龙攀附。总之，从整体上看，具有与同出的尊相一致的艺术风格。

不难看出，曾侯乙尊盘最为惊人的地方，在于那千丝万缕、藤连瓜悬、鬼斧神工的透空附饰。这种透空附饰由表层纹饰和内部多层次的铜梗所组成。表层纹饰不同于其他青铜器上连续的镂空花纹，互不接续，彼此独立，全靠内层铜梗支承，内层的铜梗又分层联结，这种结构，既是一个整体，又体现了高低参差与对称排比相结合，寓变化于整齐之中，达到了玲珑剔透、节奏鲜明的艺术效果。更重要的是，附饰是用锡青铜（铜和锡的合金）铸成，没有经过锻打，也不曾留下铸接和焊接的痕迹，而形制的高度细密复杂又排除了浑铸或分铸的可能，因此，铸造这种透空饰件必须要使用失蜡法。考古学家和中国机械工程学会及铸造学会的专家们曾经为此进行了反复的研究和鉴定，证明这一结论是正确的。

失蜡法的工艺，是先将易熔化的黄蜡制成蜡模，然后用细泥浆多次浇淋，并涂上耐火材料使之硬化，做成铸型。再经烘烤使黄蜡熔化流出，形成型腔，最后浇铸铜汁成器。曾侯乙尊盘是我国第一件得到科学鉴定的先秦失蜡法所铸标本。过去，人们以为中国在秦以前不曾掌握失蜡法这种先进工艺，至迟要到西汉才出现，曾侯乙尊盘以无可辩驳的事实，推翻了这种观点。从曾侯乙尊盘纹饰的纤细、精致，铸作的齐整、精细来看，失蜡技术已经较为成熟，它的最初出现显然早得多。[1]

钫，古代器名，方形壶，或有盖，青铜制，用以盛酒水或粮食。其盛行于战国末至西汉初，陶制的多是明器。

壶是商周时期的盛酒和盛水器。河北平山中山王墓出土的铜壶内保存有 2300 年前的古酒，可见壶最早是盛酒的，后来也用来盛水。壶是长颈容器的统称，其变化的式样甚多，商代的壶多扁圆、贯耳（耳像筒子）、圈足；周代的壶圆形、长颈、大腹、有盖、兽耳衔环。湖南、江西等地商、周时期墓葬中均有壶出土。

---

① 参见梁白泉主编：《国宝大观》，上海：上海文化出版社，1990 年，第 304 页。

**曾侯乙联禁对壶**（湖北省博物馆藏）

春秋时的壶为扁圆、长颈，肩上有二伏兽、有盖，盖上装饰莲瓣，中立一鹤，作振翼欲飞的姿态，造型生动，工艺精湛，是我国古代酒器中的杰作。战国时期的壶有圆形、方形、扁形和弧形等多种形状。圆形壶到汉代称为钟，方形壶则称为钫。

卣是商周时期的盛酒器。古代文献中常有"秬鬯一卣"的话，秬鬯是商代权贵们特别爱饮的一种香酒，卣便是盛这种香酒的酒器。卣在考古发现中数量很多。器形是椭圆口、深腹、圈足，有盖和提梁，腹或圆或椭圆或方，也有作圆筒形。

盉是商周时期盛酒或调和酒味之器。王国维在《说盉》中云："盉之为用，在受尊中之酒与玄酒而和之，而注之于爵。"其意是说，在进行祭祀时，将尊中的酒倒入盉中，加水以调和酒味浓度。盉的形状较多，一般是深腹、圆口、有盖，前有流，后有鋬，下有三足或四足，盖和鋬之间有链相连接。

方彝是商周王室的盛酒器，形体为高方身，带盖，盖上有纽，盖似屋顶，有的方彝上还带有扉棱。腹有直的，有曲的，下连方圈足，现存于中国历史博物馆的周王室的方彝为众多方彝中的代表之作。

**西周早期凤纹卣**
（上海博物馆藏）

**战国提梁铜盉**
（荆州博物馆藏）

**宋仿蟠螭纹铜方彝**
（武汉博物馆藏）

罍为商周时期的大型盛酒和盛水器。《诗经·周南·卷耳》中有："我姑酌彼金罍。"《仪礼·少牢馈食礼》中有："司宫设罍水于洗东。"这说明罍有盛酒、盛水两种功能。罍有方形和圆形两种，方形罍宽肩、两耳、有盖，圆形罍大腹、圈足、两耳。两种形状的罍一般在一侧的下部都有一个穿系用的鼻。一般认为，罍在西周晚期便基本消失了。

斝为商代时期的温酒器，形状似爵，但较大，有三足，口前部有两柱，圆口，无流和尾，有大鋬可执，主要盛行商代王室中。斝还用作帝王们祭祀时的灌尊。《礼记·明堂位》中说："灌尊，夏后氏以鸡夷（彝），殷以斝，周以黄目。"

商代凤纹方罍（武汉博物馆藏）　　商代晚期兽面纹斝（上海博物馆藏）

以上青铜饮食器具，在长江流域各地均有出土。

## 第三节　高贵大气的漆饮食器

在人类历史上，最早发现并使用天然漆大概要属长江流域的先民了。因为中国迄今发现最早的漆器，出土地点就在长江下游，距今 7000 年前的河姆渡文化遗址之中。河姆渡第三文化层中曾发掘出一只貌不惊人的残破木碗，在清理文物的过程中，人们发现碗壁外有薄薄的朱红色涂层，微见光泽。这种涂料经用化学方法和光谱分析，结果与马王堆西汉墓出土漆皮的试验相似，被鉴定为天然漆。这个结果一经发表，就在考古界引起了强烈反响，因为大家都承认中国漆器历史十分悠久，古文献也记载着虞舜、夏禹时代已有一色和朱黑两色漆器，但始终未有实物证明。这只木胎漆碗的发现，其意义之重大就不言自明了。

这只木碗的出土解决了中国漆器起源的难题。但也有专家指出，朱漆已是天然漆的再制品，在使用朱漆之前，应有一个直接使用天然漆的过程，漆器的起源应该比河姆渡文化更早。当然，这一点尚待新的考古发现

河姆渡文化遗址中的木胎朱漆碗
（浙江省博物馆藏）

西汉云纹漆鼎（湖南博物院藏）

楚国彩漆酒具盒（湖北省博物馆藏）

彩绘凤鸟形双联漆杯（湖北省博物馆藏）

佐证。

稍后的殷商时代，中国进入青铜时代，但漆制饮食器也在不断发展，这时，漆液里不仅已开始掺和各色颜料，且出现了在漆器上粘贴金箔和镶嵌钻石的做法，开汉唐"金银平脱"技艺之先河。历西周、东周，漆器制作技术日精，漆器之优良品质越来越被人们所认识、掌握，它轻便、坚固、耐酸、耐热、防腐，外形可根据用途灵活变化，装饰可依审美要求花样翻新。于是，在这时各诸侯王的生活领域中它逐渐取代了青铜器皿，形成了中国漆饮食器发展的一个高峰。

先秦时期的漆食器以楚国最多，楚漆食器分布在长江流域中游一带，其中又以湖北江陵（即今天的荆州）为最。这些漆食器类别繁多，应用广泛，有鼎、碗、盘、豆、杯、樽、壶、钫、羽觞、卮、匕、勺等，这些漆器多用彩绘的方法装饰，或者大笔写意，或者工笔勾勒，用黑、红两色绘就辉煌的画卷。

下面就出土的几件珍品作一介绍：

凤鸟形双联漆杯，出土于湖北江陵境内的纪南城。纪南城是春秋战国时楚国的国都郢所在地。楚漆器中最多见的是形色各异的凤鸟形象，被称为"楚艺术的装饰母题"。该器作凤鸟负双杯状，前端为头颈，后端为尾翼，中间并列两个桶形杯，杯高9.2厘米，长17.6厘米，杯之间有孔相通。杯的凤鸟形状经雕刻而成，昂首展翅，似在飞翔，口中衔有一珠，珠为黑漆地，绘红、黄相间的圆环纹，胸腹下二爪正好作器足。凤鸟的头、颈、胸、尾遍刻象征羽毛的鳞状纹，全身除尾翼底面为红色外，其余皆髹黑漆地，再用红、黄、金三色漆绘圆圈纹、点纹、卷云纹、放射状线纹等，用笔细腻，描摹逼真，体现了很高的绘画技巧。

此外，凤鸟的头顶、颈侧、两翼、下胸部还嵌有银色宝石八颗，使凤鸟更显得华贵俏丽。双杯内髹红漆，杯口绘黄色卷云纹，外壁上口及近底部一段用红、黄色相间绘波浪纹，外壁中部以黑色绘相互缠绕的双龙，龙头伸向两杯相连处，龙身加绘金色的斑纹和红黄色的圆圈纹等，龙纹外的空白处填红色，绘黄色云纹。杯底髹黑漆地，又以红色分别绘两蟠龙。龙凤形象集于一杯，应有"龙凤呈祥"之意。

两杯底外侧各接一雏鸟形足，皆髹黑漆地，用红、黄、金三色画羽纹，鸟双翅上展，双足蜷曲，似在使尽全身力气顶扛双杯，神情令观者怜爱。同时，这一装饰手法也让人们觉得硕大的双杯好像变得轻盈了不少。

这种凤鸟形双联漆杯不仅做工精美、装饰繁缛，而且还凝聚着深刻的民俗含义。晚明学者胡应麟《甲乙剩言》说："都下有高邮守杨君家藏合卺玉杯一器，此杯形制奇怪，以两杯对峙，中通一道，使酒相过，两杯之间承以威凤，凤立于蹲兽之上。"这里所说的合卺杯与双联漆杯均为婚礼仪式上的一种饮酒器。因此，有人认为漆杯可能是墓主人喜爱的结婚纪念品。

彩漆鸭形木雕豆，出土于江陵楚墓之中。此豆通高 25.5 厘米，由盘、柄、座三部分组成，盘深 5 厘米，座高 4.4 厘米，柄径 3.5 厘米。柄和座一木刻成，柄上端凿榫头与盘部卯眼相接。豆盘较深，盖凸起，柄座上彩绘工整对称的三角形云纹与卷云纹，显得庄重而沉稳。最巧妙处是盖与盘合为一体，被雕成一只鸭，头、身、翅、脚、尾均刻得惟妙惟肖。

此器鸭的尾部两侧还绘有两只对称的金凤，凤鸟作为吉祥、幸福的象征，深化了器物的主题内涵，使这种豆更显贵重。该器雕刻精美，造型奇特，鸭的全身各个部分用金、黄、朱红、黑诸色精细描绘，雕刻与彩绘相得益彰，色彩斑斓，富丽堂皇。作为一件食器，它绝不是为一般宴会所用，而可能是楚国王室举行隆重宴会，如婚礼之类才用的器具，寄托了时人的美好向往。

楚国彩漆鸭形木雕豆（荆州博物馆藏）

另外，在湖北随州曾侯乙墓中，还出土了一件彩绘乐舞图鸭形盒。它有可转动的头颈，羽毛描画甚精。尤为奇特的是鸭腹两侧各画有一个方框，左腹绘撞钟击磬图，右腹绘鼓舞图，就像镶嵌了两幅装饰画。此器可能是

西汉马王堆汉墓云纹漆案及杯盘（湖南博物院藏）

盛食物的用具，足可见出当年曾国君主"钟鸣鼎食"的生活情景。

云纹漆案及杯盘，出土于长沙市马王堆。1972 年 1 月，湖南省博物馆在长沙市东郊马王堆发掘了一座西汉墓，因出土一具历时两千年而未腐的女尸而轰动国内外。该墓出土各类文物达千余件，其中漆器量多质精，尤值称道。这里所介绍的云纹漆案及杯盘，即属漆器里的佼佼者。这是一套长沙国丞相轪侯利苍家中的餐具，包括漆案一件及置于案上的五盘、一杯、二卮。五件盘内还盛有食物。

**"君幸食"漆盘**（湖南博物院藏）

五件食盘，其造型、装饰均一致，口径 18.3 厘米。旋木胎平底，内髹红漆，中心黑漆地，朱绘卷云纹四组，纹饰间嵌黑漆书写"君幸食"三字，相互构成一个圆形的图案。"君幸食"者，意为请吃好，这颇令进食者惬意。全器底、腹、口各部分用朱、墨二色，朱色轻巧，黑色凝重，颜色搭配极为合理。

两件卮，一为卷木胎，无盖，有耳，外壁以红、褐二色漆绘三道卷云纹，耳上朱绘兽面纹，器内黑漆书"君幸酒"三字，器底红漆书"二升"。墓中竹简文字所述随葬品中有"二升卮"，当指此器。另一件卮造型极为精致，有盖有耳，耳、盖上均有鎏金铜钮。盖和器壁的黑漆地上针刻云气纹，云气间有两个龙头怪兽，线条细如游丝，

**"君幸酒"漆耳杯**（湖南博物院藏）

流畅奔放。《盐铁论·散不足》篇中所说"银口黄耳"，即指这类镶有鎏金铜耳钮的漆器，十分贵重。

耳杯一件，内髹红漆，用黑漆书写"君幸酒"三字，外壁和杯底只髹黑漆。耳杯，文献中多称"羽觞"，最早见于《楚辞·招魂》"瑶浆蜜勺，实羽觞些"，墓中木简上称"小具杯"，用于盛酒，间或盛羹，因这件耳环上明确写有"君幸酒"三字，肯定是一件酒器。

## 第四节　精美绝伦的金银食器

　　中国使用黄金的时间很早，根据考古发现，早在距今3000多年前的商代就已开始使用黄金了。一般来说，秦以前的金银器工艺尚未脱离青铜器铸造工艺的范畴，到了两汉，特别是在东汉以后，由于加工技术的发展，金银器制作逐渐从青铜器制作传统工艺中分离出来，成为一种独立的工艺门类了。

　　唐代是我国金银食器制作的繁荣时期，各地出土的唐代饮食器的数量相当丰富。宋代的金银器制造业有了进一步的发展，而且更为商品化。不仅皇室宫廷、王公大臣、富商巨贾享用着大量金银食器，甚至一些庶民和酒肆餐馆的饮食器皿都使用金银器。清代金银器工艺空前发展，宫廷用金银器更是遍及生活中的各个领域。下面我们就长江流域历代金银饮食器具的珍品，择要作一介绍：

　　金盏、金匕。1978年，湖北省随州市擂鼓墩附近发掘的战国早期曾国君主曾侯乙的墓内，出土了一批盏、杯、器盖等金制器皿，其中金盏和金匕制作最精。盏高10.7厘米，口径15.1厘米，足高0.7厘米，重2156克，是迄今我国出土最早并且最重的一件金质饮食器皿，其含金量高达98%。盏盖为方唇，折沿，盖顶中央有环式提手，环下以四个短柱与盖面连铸一起，把环架空以防止传热，避免提取时烫手。盖的口沿两侧安有两个定位的边卡，与盏口相扣合。盏身为直口，腹壁稍斜渐内收成圜底，腹外有两个对称的环状耳，底部有三个倒置的凤形足。盖上环式捉手饰云纹，盖面铸有精细的蟠螭纹、陶纹和云雷纹，盏腹上部铸宽带状蟠螭纹。金匕置盏内，通长13厘米，重50克。匕端略呈椭圆凹弧形，内镂空云纹，附扁平形长柄。

　　金盏造型端庄稳重，铸造工艺十分复杂，采用钮（提手）、盖、身、足分铸，即器身与附件分别铸成，然后再合范浇铸或焊接成器，与青铜器的铸造方法很相似。器表铸造纹饰也十分精细，特别是蟠螭纹上浮雕凸出的尖状云纹，有的细如毫毛，其铸造工艺之精远远超过中原地区同期的

西汉错金银嵌宝石青铜鸟柄汲酒器
（南京博物院藏）

曾侯乙墓金盏、金匕（湖北省博物馆藏）

**曾侯乙墓双耳素面金杯**
（湖北省博物馆藏）

**宋代菊花金碗**
（彭州市博物馆藏）

**唐鎏金双鸳团花大银盆**
（法门寺博物馆藏）

蟠螭纹饰。过去，有人认为中国金银器的制作技术是从西方传入的，但此器无论从形制上还是花纹上，均属典型的楚国风格。因此，可以说中国古代金银器制作技术，应是在中国传统的青铜铸造工艺基础上发展起来的一种新的工艺。

这套金盏、金匕等食具，是墓主曾侯乙生前豪华的饮食用具。金盏内盛放食物，金匕有镂孔，是专为从汤汁中捞取食物用的。

金杯。曾侯乙墓还出土了一件金杯，全器素面抛光，杯口两侧各有一个环形耳，比例协调。它不仅展示了战国早期的曾国工匠们高超的技艺，也体现了古人化繁就简的审美意趣。

菊花金碗。1993年，在彭州市发掘出的金银器窖藏，是迄今为止全国发现的最大规模金银器窖藏。在窖藏中发现350多件金银器，其中115件是国家一级文物，因此彭州金银器窖藏被誉为"天下金银第一窖"。这件菊花金碗代表了宋代金银器的最高水平。

鎏金双鸳团花大银盆。自唐代以来，统治阶级逐渐普遍使用了金银饮食器具，其中尤以银盘数量较多。例如，在法门寺地宫中，发现了唐代最大的银盆，即鎏金双鸳团花银盆，通高14.5厘米，口径46厘米，足径28.6厘米，总重6265克。浇铸成型，花纹錾刻，纹饰鎏金，鱼子纹底。盆为葵瓣形侈口，圆唇，斜腹下收，矮圈足，盆口錾一周莲瓣纹，盆壁分为四瓣，每瓣錾两个阔叶石榴团花，团花中有一只鼓翼鸳鸯立于仰莲座上，两两相对，余白衬以流云和三角阔叶纹，盆腹内外花纹雷同，犹如渗透一样。盆底类似浅浮雕，有以一对嬉戏鸳鸯为中心的阔叶石榴大团花。盆外两侧各铆接两个前额刻"王"字的天龙铺首，口衔饰有海棠花的圆环，环上套接弓形提耳。圈足微外撇，外饰二十四朵莲花。盆底外壁錾有"浙西"二字，这就表明了该银盆的制造地点为唐代的浙江西道。而地宫中大部分金银器为文思院所造。因此，可以知道这批金银器物最少来自京城长安及长江下游两个产地。唐代宗水泰（公元765—

766 年）以后，浙西道观察使常设于润州（今江苏镇江），故这件银盆应为润州产品。这是迄今为止明确记载为长江流域出产的金银器皿。

这件大银盆装饰特点是，盆壁内外花纹完全雷同，好似渗透过来的；以阔叶团花、石榴团花为主要装饰；如意云头变得繁缛华丽；器口有一周莲瓣纹。整个器物富丽堂皇，不同凡响。掌握这些特点，对于我们今后研究长江流域金银器的特色，以及区分众多金银器的产地，探讨长江流域金银工艺的水平，具有一定意义。

宋代以来，为适应封建统治阶级奢侈生活和当时社会上浮华侈靡风尚的需要，金银器的制造和使用更为普遍。据《东京梦华录》《梦粱录》《西湖老人繁胜录》《武林旧事》记载，宋代皇亲贵戚、王公大臣、富商巨贾都享用着大量的金银器，甚至连民间上层社会和酒肆妓馆的饮具都用银制造，可见宋代金银器工艺十分发达。

菱花形银盘。1983 年，四川遂宁发现的一处宋代窖藏银器中，出土一件菱花形银盘，高 1.5 厘米，口径 17.2 厘米。此盘造型新颖，口沿作六出菱花形，侧壁呈外凸弧形，有六条明显的弧曲形折棱，与器身、花口上的弧形相和谐。盘底也呈六出菱花形，盘心一周突起弦纹内刻莲花纹。整个银盘造型构思巧妙，宛如一朵盛开的莲花。

在纹饰布局上，此盘打破了唐代流行的单一团花模式，而成功地采用了因器施画的布局形式。将装饰纹样錾刻在六出形花瓣上，口缘平折沿上折枝花卉间錾出圆点形鱼子纹作地，增强了花卉图案的浮雕感，使折枝花卉更显得矫健丰满。同时，这件银盘也反映出了宋代金银器装饰艺术的新风貌，追求玲珑奇巧，新颖活泼。

朱碧山造银槎杯。银槎是一件酒器。槎是竹木编成的筏，把酒杯做成槎的形状，称为槎杯。

采用白银打造器皿用具，早在战国时期已经出现。用银制作的酒具，至迟到魏晋南北朝时期已经存在，到隋唐时代愈加盛行起来。但把酒具造成槎形，则是在元代江南才开始的，而且是由著名的元代银工朱碧山所创制的。

对于朱碧山的生平事迹，文献几乎一无所载，现在只能从元明人的笔记中，得知一些梗概。本名华玉，元末嘉兴路嘉兴县人，是元代技艺高超、声誉卓著的银工。他的作品有槎杯、蟹杯、虾杯、茶壶及昭君、达摩像等。据说他制作的蟹杯、虾杯，

**朱碧山造银槎杯**（吴中博物馆藏）

注入热酒后会在桌上滑行，真可谓绝技。然而，他的作品流传到今天的，仅有槎杯一种，而且为数极少，目前已知的总共只有四件：其中大陆保存有两件，一件藏在北京故宫博物院，一件藏于江苏吴县文物管理委员会（今苏州吴中博物馆）；台湾保存有一件，藏于台北故宫博物院，是由大陆运去的；最后一件流至国外，现为美国克利夫兰博物馆所藏。

吴中博物馆所藏之槎杯高 11.4 厘米，斜长 22 厘米。一老者坐于槎内，手持长石，石上有篆书"支机"二字。槎底还刻有篆书"槎杯""至正乙酉年造"年款，另有七言诗一首："欲造银河隔上阑，时人浪说贯银湾，如何不觅天孙锦，止带支机片石还。"下镌"碧山子"印。乘槎老者神态怡然安详，抬头凝望着天际，面露会心的微笑，似乎正回味着刚刚发生的、使他十分愉悦的事情，老者的头巾、衣领都随风飘拂飞举，又显示木筏正在飞速进行，这情景与诗意完全契合。所以说，银槎本身就是一件精美的艺术品。

## 第五节　温润晶莹的陶瓷饮食器

陶与瓷的生产在我国有悠久的历史，根据考古发现，长江流域早期的陶器，可以追溯到新石器时代的河姆渡文化、城背溪文化、崧泽文化和屈家岭文化时期。而瓷器的产生则稍晚一些，它滥觞于商代，成熟期在东汉以后。这里介绍的长江流域的陶瓷饮食器具，多为唐宋以后的产品，其原因在于唐宋以后，我国的陶瓷工艺技术日趋成熟，并取得了极高的造诣和成就。下面我们择要介绍几件，以见一斑：

青釉印纹筒形罐（故宫博物院藏）

青釉印纹筒形罐。早在 10000 年以前，古人就用陶土制成罐类器皿，作为盛水的容器。瓷罐最早见于商代中期以后，一直是瓷业生产的大宗产品。这件筒形罐，是 1976 年于浙江德清县名为"皇坟堆"的土墩墓里出土的，约当春秋时期的遗物。它的形状与众不同，上有子母口，似应有盖已缺失；体圆，直筒形深腹，微鼓，最大径在近口处；大平底；高 27 厘米，口径 19.5 厘米；器形大而规整，造型简洁，又被称为"筒形器"。同墓出土的还有尊、簋、卣、鼎、碟等 27 件早期青瓷，都仿商周青铜礼器，敦厚质朴，稳重大方，古意盎然。

商代的青瓷器是中国瓷器的萌芽，所以又称早期青瓷或原始青瓷。由于制作方法原始，成品率极低，流传于今的实物可谓罕见。到了春秋时期，制作方法虽然有了一定的进步，质量也有所提高，但生产量并不大，流传下来的很少，因而这件陶罐对于研究长江流域的瓷器起源，具有十分重要的意义。

越窑海棠式碗。越窑窑址分布在今天浙江省的绍兴、上虞、余姚等地。东周之际，这里是越国的政治、经济中心，秦汉至隋属会稽郡，唐代改为越州。

越窑是我国瓷器的诞生地。早在距今2000年左右的东汉时期，勤劳智慧的越州人利用这里的丰富的瓷土、木材和水力资源，烧造出美丽的青瓷器。越窑自东汉创烧，到宋代被龙泉窑所取代，制瓷历史达千年之久。由于它生产规模大，产品质量高，在宋代以前的我国制瓷手工业中，越窑一直占有重要地位。

**唐代越窑海棠式瓷碗**（上海博物馆藏）

这件越窑海棠式瓷碗，从造型和釉色上观察，应属晚唐作品。器高 10.8 厘米，口径最大处 32.2 厘米，最小处 23.3 厘米。器身施青黄色釉。器为仿生造型，敞口、斜腹、圈足外撇，碗壁有四条浅楞，在口沿处稍稍内收，腹壁也呈弧线下收，圈足底部设花瓣形缺口。整体造型线条丰满、圆润、流畅，酷似一朵盛开的四瓣海棠花。

唐代越窑不仅釉色精美，造型也富于变化，既有传统造型，更有许多按照社会生活需要和审美观念的变化而创新的器皿。碗是当时人们的主要餐具，当时已流行撇口碗，器型丰满，碗壁外斜，制作十分工整。到了晚唐，碗的形式越来越多，有荷叶形碗、海棠式碗和葵瓣口碗等。陆羽《茶经》中所提到的茶碗，碗口不外卷，底卷而浅，就是为适应饮茶需要而出现的新品种。

越窑划花酒注。1981 年在北京西郊出土了一件越窑青釉划花酒注。唐代诗人陆龟蒙最早把越器青釉称为"秘色"。所谓"秘色瓷"，是皇室对御用越窑青瓷的称谓。五代时"秘色瓷"成为吴越国钱氏王朝的专用瓷，曾作为向后唐、后晋和辽、宋王朝的贡品。其造型作口、颈直连，瓜式圆腹，圈足外撇；肩两侧对置斜出的长流和高耸的曲柄；宝珠钮，花瓣式高盖；盖口直壁上有二孔；器底刻"永"字。胎薄细腻，釉色青灰，釉质薄匀透澈，整体划花装饰，纹样清晰，盖面浮云与卷枝纹相托，流及柄上亦饰卷枝纹，颈、肩部各饰卷枝纹一周，腹部两面饰群仙祝寿主题纹样，四仙人两

**北宋青瓷执壶**
（武汉市江夏区青山窑出土）

两相视端坐，手握酒盏对饮，仙人间置酒樽、仙桃、果盘，四围衬以祥云、仙草之属。画面构图疏朗，划花线纹流畅，与端庄秀巧的器形相配，颇具典雅飘逸之美。

注，习称执壶，饮酒用具。宋人高承约《事物纪原》说："注子，酒壶名，元和间酌酒用注子。"注始见于唐代，开元前后的墓葬中出土有盘口、短颈、鼓腹、短流、曲柄，造型丰满圆浑的注，是酒注的早期形式。晚唐时注身加高，多作瓜棱形或椭圆形，流与柄渐增长，显得轻盈秀丽。五代时注流长而微曲，腹部作瓜果形或球形，柄加长，曲度加高，样式更为秀雅美观。此时，注子多与温酒用的注碗配用，为成套酒具。使用时将注子置于注碗中，注碗内盛热水，注内之酒由冷渐热。五代南唐人顾闳中画的《韩熙载夜宴图》中，描绘有配用的注与注碗。

**宋代越窑青釉划花酒注**（首都博物馆藏）

越窑青釉划花酒注。高 16.8 厘米，口径 7.4 厘米，出土时置于高 8.5 厘米、口径 18 厘米、足径 8.9 厘米的注碗内，是一套完整的酒具。这套酒具的出土，更形象、直接地表明五代酒具的使用形式与饮酒习俗。青釉划花注，虽出土于辽统和十三年（公元 995 年）辽臣墓，但从酒注的端秀造型、素雅莹润的青釉、精细的划花以及仙人宴饮的装饰题材和器底留有的支烧痕迹等特点判断，应是越窑的制品，当为五代末吴越王钱氏向辽王朝贡奉的越窑秘色瓷。

永乐青花压手杯。明代洪武二年（公元 1369 年）明朝廷在景德镇的珠山设瓷窑，称御器厂，派官员监督烧造，成品解京供皇室使用。

压手杯是明代永乐年间景德镇御窑厂制造的一种新型瓷杯。杯体宛如小碗形状，口微撇，鼓腹，折底，圈足。高 5.4 厘米，口径 9.1 厘米，足径 3.9 厘米。此杯制作精细，形体古朴敦厚；杯里外均有青花绘制的纹饰，青花色调深翠；杯心有新颖的团花形年款。

**清代青花花卉纹盘**（故宫博物院藏）

到明代，景德镇已发展成为天下窑器所聚的全国性瓷业中心，故有"有明一代，至精至美之瓷，莫不出于景德镇"之说。特别是彩瓷生产的突飞猛进，揭开了数千年来陶瓷史上崭新的也是最为光辉灿烂的一页。明代的彩瓷以青花、釉里红、釉上五彩、釉上彩和釉下彩相结合的青花五彩、斗彩等品种最为著称，其次还有白釉红彩、白釉酱彩、白釉绿彩、青花红彩、黄釉青花、黄釉红彩、黄釉绿彩、黄釉紫彩、红釉绿彩、酱釉绿彩、素三彩等许多名目。特别是永乐、宣德两朝的青花瓷器，完全摆脱了元瓷的影响，形成了自身独特的风格。

永乐、宣德青花胎质坚细洁白，釉质晶莹肥厚，白中闪青。青花原料是由波斯进口的苏麻离青。这种青料，发色明艳，色泽深沉浓丽，由于含铁质较多，在瓷胎上作画用料多的地方烧成后往往出现黑蓝色带有锡光的斑点，成为这一时期青花瓷器独有的特点。用苏麻离青在瓷胎上作画，烧成后还会出现晕散现象，犹如用水墨在生宣纸上绘画时所产生的墨晕效果一样，点染自然，意趣倍增，但不甚适于用来描绘人物，故永乐、宣德时期的青花瓷，人物纹样较少，所见永乐青花胡人乐舞图双耳扁壶，由于青花晕散，人物面目五官均不甚清晰。这一时期还有一种青花瓷，画工精细，青花花纹不见黑斑和晕散现象，所有原料可能是国产青料。

景德镇御窑生产的瓷杯品种很多，如鸡缸杯、三秋杯、葡萄杯均胎体轻薄，而压手杯与之相比，确有相反的特点，胎厚体重，握于手中时，微微外撇的口沿，正压合于手缘，体积大小适中，稳贴合手，故有"压手"之美称。此杯虽然胎体较厚，给人一种凝重感，但拿在手中一点也不笨拙，依然灵巧可爱。用它可饮茶，也可饮酒，非常雅致，充分表现出陶工们高超的制瓷技艺。

永乐青花压手杯是明代瓷器中唯一一件能与文献记载相互印证的实物，也是一件具有重要研究价值的稀世珍宝。明人谷泰撰写的《博物要览》一书中，特别提到了这种杯，他说："永乐年造压手杯，坦口、折腰、沙足、滑底，中心画有双狮滚球，球内篆书'大明永乐年制'六字或四字，细若米粒，此为上品，鸳鸯心者次之，花心者又其次也。杯外青花深翠，式样精妙，传世可久，价亦甚高。"

成化斗彩人物杯。到成化年间，景德镇的制瓷业再度复兴，并取得了超越前代的艺

成化斗彩人物杯（故宫博物院藏）

术成就。成化一代，瓷器从造型到装饰风格都发生了很大变化。成化中器形一般多小巧玲珑，轻盈秀丽，虽有较大的器物，但为数不多。

斗彩是成化时期最著名的彩瓷。这时斗彩已发展成为独立的彩瓷品种，所用色彩比宣德时期更丰富，除青花外，有鲜红、油红、娇黄、鹅黄、杏黄、蜜蜡黄、姜黄、深绿、

浅绿、松绿、深紫、浅紫、姹紫、孔雀蓝、孔雀绿等十余种釉上彩。一般斗彩器物上多用三四种釉上彩，多者五六种。但也有用青花双勾轮廓线，线内仅填一种彩色的作品。

成化斗彩多为小型器物。典型作品有撇口把杯、高士杯、三秋杯、婴戏杯、葡萄杯、高足杯、鸡缸杯、天字罐、盖罐、扁罐、胆瓶、碗等。装饰花纹有人物、婴戏、海水龙纹、鸳鸯莲池、花鸟、蜂蝶、子母鸡、缠枝莲、葡萄瓜果、山石树木、蔓草、团花等。著名的是鸡缸杯，画雄鸡两只，一引吭而啼，一回首顾盼。两只母鸡正在低头觅食，并呼唤小鸡，六只小鸡闻声展翅奔向其母，神情逼真，如见其态，如闻其声。其旁衬以蓝色山石、红艳的牡丹和兰花。还有一件成化斗彩人物杯，杯身描绘文人行乐的画面，又称"高士杯"。杯高3.8厘米、口径6.1厘米、足径2.7厘米。胎质细腻，轻薄，造型敞口，圆腹，卧足。杯底青花双栏内楷书"大明成化年制"六字。杯身绘两组人物，一组为伯牙携琴访友，伯牙双手下垂，侍童右手抱琴，二人的衣服似随风飘动，仿佛漫步于山坳之中；另一组绘王羲之爱鹅，王坐于岸旁观鹅，侍童捧书站立。空间补以苍松、垂柳、梅菊及坡石花草，描绘出文人行乐的一种情景。

成化斗彩葡萄杯（首都博物馆藏）

成化斗彩杯最负盛名的除人物杯外，尚有三秋杯、葡萄杯等，这些酒杯造型优雅，有的小杯胎体之薄几同蝉翼，可以照见手指。传说成化皇帝迷恋万贵妃，宫中每天都要呈进一件珍玩。成化斗彩瓷器中没有大的饮食器具，多是一些柔美细小的酒杯。

斗彩瓷器是明清两代彩瓷中的著名品种，明代文献称成化斗彩为"成化五彩"或"春花间装五色"。由于彩瓷的不断发展，施彩方法趋于复杂，人们为了与"五彩"区别开来，到清代乾隆时期将彩瓷中带有青花勾轮廓线装饰的器物，称为斗彩或填彩。成化时期彩瓷中的主要产品，制作精细，胎体轻薄，色彩艳丽，因而特别受到明清皇室的青睐。

成化斗彩在当时不仅有很高的艺术价值，同时还有很高的经济价值。明代沈德符《万历野获编》中说："成窑酒杯每对至博银百金。"清代《唐氏肆考》里也有"神宗庙器，御前有成杯一双，值钱十万，明末已贵重如此"的记载。

唐代云龙纹葵口玉盘（上海博物馆藏）

以上我们对长江流域饮食器具作了一个简要的巡礼，从中我们不难得出这样一个结论：满塘荷花，须有绿叶映衬，才显得雅丽；丰富的饮食，须有相应的食器搭配，才能使佳肴耀眼，美器生辉。所以，清代著名学者袁枚在纵观自古美食与美器的发展后说："古语云：'美食不如美器。'斯语是也。然宣、成、嘉、万窑器太贵，颇愁损伤，不如竟用御窑，已觉雅丽。惟是宜碗者碗，宜盘者盘，宜大者大，宜小者小，参错其间，方觉生色。若板板于十碗、八盘之说，便嫌笨俗。大抵物贵者器宜大，物贱者器宜小；煎炒宜盘，汤羹宜碗；煎炒宜铁铜，煨煮宜砂罐。"[①]袁枚认为，明代宣德、成化、嘉靖、万历四朝所烧制的器皿极为贵重，人们很担心其被损坏，不如干脆用本朝御窑烧造的器皿，也够雅致华丽了。但要考虑到该用碗的就用碗，该用盘的就用盘，该用大的就用大的，该用小的就用小的。各式盛器参差陈设在席上，令人觉得美观舒适。这无疑是对美食与美器关系的一个精练总结。

———————————

① ［清］袁枚：《随园食单·须知单·器具须知》，周三金等注释，北京：中国商业出版社，1984年，第13页。

# 大 事 记

### 距今约 170 万年

云南省元谋县上那蚌村发现的元谋猿人，使用刮削器、三角形尖状器等石器。发现了烧过的动物、骨头等用火的痕迹，但使用的是天然火还是人工取火尚不清楚。

### 距今约 12000 年

在江西万年仙人洞新石器时代早期遗址，发现有火堆遗迹及野生稻和栽培稻并存的水稻植硅石标本，还出土了一些农具，表明长江流域的稻作农业已经起源。

### 距今约 10000 年

生活在清江流域桅杆坪遗址下层（距今 10070±190 年）和榨洞的先民们已进入到新石器时代，他们在清江流域生活了相当长的时间。已发掘的桅杆遗址上层和西寺坪遗址都有距今五六千年的历史了，属大溪文化遗址。出土的陶制生活用具有碗、钵、杯、盘、尊、盆、鼎、罐、缸、瓮、豆、器盖、圈座和支脚等近 20 种。其中以碗、盆、盘、猪嘴形支座和彩陶单耳杯最富有特色。

### 约公元前 7000—前 6000 年

湖南澧县彭头山文化遗址发现以稻壳作羼和料的陶器，表明先民已开始水稻种植。以手制粗陶盆、钵为饮食器具，这是新石器时代最早阶段的陶器。在澧县八十垱遗址出土一批稻谷，兼有籼、粳、野生稻和小粒形原始栽培稻的特征。

### 约公元前 6000—前 5000 年

今湖北西部宜都一带活动着新石器时代的原始先民，考古工作者虽然迄今尚未在此地发现原始居民的化石，却在宜都市城关镇北约 10.5 千米处的城背溪，发现了一批独具特色的新石器时代文化遗存，并由此提出"城背溪文化"概念。城背溪文化时期的湖北先民已经开始水稻种植。

### 约公元前 5000—前 3400 年

浙江省余姚河姆渡遗址，以种植水稻为主，同时还采集和栽培菱、枣、桃等。饲养的家畜有猪、狗、水牛。猎获物以鹿为主，还包括水鸟等物，此外还捕捞鲻和鳖，可见渔猎在此时人们的经济生活中仍占一定地位。遗址中还发现我国迄今为止最早的木漆碗和最早的水井。

### 约公元前 4400—前 3400 年

今湖北宜都、松滋、江陵、宜昌、秭归、枝江、当阳、监利、公安、钟祥、京山、天门等地都有以三苗为主体的原始先民活动，考古工作者在这里发现了大量新石器时代的石器。由于同一类型的石器文化最早发现于重庆巫山大溪，故考古界将这类文化命名为"大溪文化"。大溪文化时期的重庆、湖北地区已种植水稻，纺织技术也开始出现。长江中游大溪文化遗址，农作物以水稻栽培为主，以鱼类作为重要的副食品，是典型的"饭稻羹鱼"饮食类型。大溪人的家畜种类较为齐全，主要有猪、狗、牛、羊、鸡等。

### 约公元前 4300—前 3200 年

浙江省嘉兴市马家浜文化遗址、上海市青浦区崧泽文化遗址，以种植水稻为中心，水稻的品种有籼稻与粳稻。同时，还饲养水牛，捕获梅花鹿、四不像、獐、野猪，捕捞龟、鳖、贝、鱼等动物。

长江下游以南地区，因河川纵横，已开始发展渔业，在吴兴钱山漾、杭州水田畈等文化遗址中，发现不少陶石网坠、木浮标、竹鱼篓和长达 2 米的木桨等，证明人们已能到广阔的水域较大规模地捕捞水产品。

### 约公元前 3300—前 2600 年

四川茂县营盘山遗址，出土数千件陶器、玉器、石器、骨器等遗物，其中以彩陶等陶制雕塑艺术品最为突出。同时，共清理出 3551 件动物骨骼遗存、7992 粒炭化植物种子和 300 余块水果核残块，形成一份来自古蜀时代的诱人食谱。通过考证，当时人们的主食来源有小米（粟）、黄米（黍）和黑麦，肉食来源有黄牛、猪、水鹿等。

### 约公元前 3300—前 2200 年

1936 年首次发现于浙江余杭良渚镇的良渚遗址，农业已很发达，出现了犁耕。农作物品种除籼稻、粳稻外，还有花生、芝麻、甜瓜、蚕豆等。陶器制作已普遍使用轮制技术。

### 约公元前 2900—前 2600 年

湖北省京山市屈家岭文化遗址，以种植粳稻为主，饲养猪、狗、鸡、牛。

### 约公元前 2600—前 2000 年

今湖北天门、十堰、房县、丹江口、大悟、麻城、通城、松滋、宜昌、枝江、江陵、当阳等地都有原始先民生活，这些先民的族属与屈家岭文化时期基本相同。考古工作者在上述地区发现的具有特色的新石器文化，应是原始居民活动的遗迹。因这类文化最早发现于天门石家河，故被称为"石家河文化"。

石家河文化时期湖北地区聚落的分布密度和居址规模都进一步增大，聚落间已存在着不同程度的经济分工，农业有了一定的发展，彩陶和陶塑艺术已具有相当水平，这一时期出现了陶制鬲、甑等炊器，水煮和汽蒸两种烹饪方法也应运而生。嗣后又相继出现熬、灸、炖、绘等烹调法。随着水煮和汽蒸的出现，粥和饭相继登上餐桌。

先民已"凿井而饮"。凿井汲取地下水，是饮食生活上的一件大事。《帝王世纪》云："吾日出而作，日入而息，凿井而饮，耕田而食。帝力于我何有哉？"

### 约公元前 22 世纪末—前 16 世纪

仪狄善酿浊甜酒，名之"醪酒"。

少康曾为有虞氏庖正，善酿制秫酒。

安徽巢湖附近的含山大城墩遗址出土炭化籼稻、粳稻。农业经济地理架构表现为"北粟南稻"。

粮食加工器具有石磨盘、磨棒、磨石、杵臼等。

日用饮食陶器有炊器、盛食器、盛菜羹器、盛酒器、饮酌、挹取、沃盥等功用和形制方面的细分。又有白陶、漆器等高级饮食器。

夏代晚期出现青铜酒礼器爵、斝、盉、鼎、觚、角等。

### 约公元前 21 世纪—前 16 世纪

巴蜀地区制作出精美的陶制食器。巫山大溪遗址出土的新石器晚期陶器中有鼎、罐、杯、盘、碗、盒、豆、簋、壶等餐饮器具。

### 约公元前 1600—前 1100 年

商代已开始用盐和梅调羹，"若作和羹，尔惟盐梅"。有名菜肴"和羹"，是用各种调味品烹调成的肉羹汤。肉类食品保藏有生脯制法，称为"腶"。又有酒藏法和盐渍法。

流行一日两餐制，上午一餐名"大食"，下午一餐名"小食"。进食方式以抓食为主，又借助匕、柶、勺、斗、刀、削、叉、毕、瓒等餐具，晚商还有青铜箸、象牙箸。《史记·殷本纪》载："纣始为象箸。"湖北清江香炉石出土骨箸。广汉三星堆等商周遗址中出现精美的青铜餐饮器具。

商代中期以前已能用人工培植酵母酿制各类酒，酒的品种有粟酿制的白酒、黍酿制的鬯、稻米酿制的醴、桃仁果酒、李酒、枣酒，还有草木樨、大麻籽浸制的药酒。

早中商时期，在今湖北武汉市北郊黄陂滠口建立了军事据点——盘龙城，这里不仅是迄今所知商王朝在南方建立的最早也是最大的军事据点，而且也是青铜器铸造的中心。

盘龙城遗址于 1954 年被发现后，发掘了城址、宫殿等大型建筑及多座高等级贵族墓葬，出土有数百件青铜器、陶器、玉器、石器和骨器等生活遗物。盘龙城遗址发现的陶制饮食器，主要器类有鬲、簋、豆、盆、刻槽盆、罐、钵、勺、器盖、大口尊、大口缸、瓮、器座、壶、罍、杯、斝、爵以及坩埚、鱼、鸟等陶塑制品。青铜饮食器有鼎、鬲、簋、斝、爵、觚、盉、罍、卣、盘等。形制、纹饰与中原青铜器相同。纹饰以饕餮纹为主，次为夔纹、云纹、弦纹、三角纹、圆圈纹、涡纹、雷纹等。盘龙城遗址的发现，揭示了夏商文化在长江流域的传播与分布，为研究这一时期的湖北经济、文化、饮食生活提供了宝贵的实物资料。

江西新干大洋洲出土晚商烹煮器甗，通高105厘米，重78.5公斤，可称"商代第一甗"。

新干大洋洲又出土了迄今所知最早的酒礼器青铜瓒。

民间有冬闲时合族聚食的礼俗。崇饮之风通贯乎社会上下。

### 约公元前 1100—前 771 年

周公制礼作乐。西周的礼乐制度，共有五类：一曰吉礼，二曰凶礼，三曰宾礼，四曰军礼，五曰嘉礼。嘉礼是宴饮婚冠的礼仪，包括天子、诸侯、公卿的宴礼和飨礼以及各级官员的饮酒礼和食礼等等，等级森严，名目繁多，标志着中国古代饮食礼制的初具规范。

周代出现烤、炸、炖的复合烹调方法，如《周礼》中"八珍"的"炮豚"；菜肴中采用类似勾芡的方法也开始出现，如"和糁"。

长江流域的食用菌已进入肴馔烹制，饴、蜜开始用于楚人调味。

酒的制作达到了较高水平，出现了事酒、昔酒、清酒等。

饮食器具中的重型鼎逐渐消失，出现了列鼎等成套饮食器具。小型实用的青铜饮食器具增多。

### 约公元前 771—前 476 年

发明冶铁技术，并用于农业生产，开始用铁犁耕地，并使用铁镢、铁铲、铁臿、铁镰等铁农具，并用铁制造饮食器（如铁足铜鼎）。

二十四节气、七十二候见于《逸周书》记载。

农、圃分工，园艺走上独立发展的专业化的道路。

柑橘出现记载，并记录了"橘逾淮而北为枳"的现象。

长江中下游出现大规模鱼池养鱼。使用干制法加工鱼类。

已有酱和醯（醋）。

### 约公元前 590—前 570 年

楚器"王子婴次炒炉"铸成，标志着当时的烹调技术不仅出现了煎、炒的方法，而且有了专用的炊具。

### 约公元前 559—前 541 年

楚国贵族家中设有冰室。

### 约公元前 526—前 515 年

吴国出现太和公和专诸两位擅长烹制鱼类水产品的大师。

太和公是春秋末年吴国名厨，由于他长期生活在太湖之滨，所以擅烹水产为原料的菜肴。他烹制的炙鱼，名噪天下，曾得到吴王僚的赞赏。吴公子光为了谋夺王位，设计刺僚，就派专诸到太湖向太和公学烹炙鱼手艺，学成后，吴公子设宴请僚，并令专诸在献炙鱼时刺杀吴王僚。僚虽死，专诸也被吴王卫士杀死，成了王公贵族争权夺利的牺牲品。

### 约公元前 514—前 496 年

吴国王室有了冰室。

### 约公元前 497—前 465 年

越国王室有了冰室。

### 约公元前 500 年

云南祥云大波那出土春秋时期的 3 支铜箸，安徽贵池里山徽家冲出土春秋时期的 2 支铜箸。

出现清汤越鸡，越鸡即绍兴鸡。春秋战国时，绍兴为越国都城，卧龙山（即今府山）东侧有龙山泉、蒙泉，当地乡民饲养的鸡饮两泉之水，捕食山麓虫豸，因而肉质细嫩，成为当年越王勾践向吴王夫差进贡的名鸡。御厨以越鸡煨汤，汤清鸡嫩，夫差喜形于色。此菜后流入民间，成为十大著名越菜之一。

### 约公元前 5 世纪

《仪礼》成书。此书内容中有关烹饪的部分，主要是记述作为礼品或祭品等使用的食物，以及宴会的礼仪，如燕礼、特牲馈食礼、少牢馈食礼等。由此可见古代食物品种之丰富。

### 公元前 440 年前后

《墨子·公输》："荆有云梦，犀兕麋鹿满之，江汉之鱼鳖鼋鼍为天下富。"

### 约公元前 433 年

湖北随州曾侯乙墓出土一对各重 300 多公斤的铜缶，以及由方鉴与方壶双层套合而成的铜制冰鉴，为中国现存最早的人工冷藏器。另有一铜盘，盘中有鱼骨，下层放有木炭，有人认为其是中国早期的煎盘。

### 约公元前 400—前 301 年

使用脱粒工具连枷。

出现粉碎加工工具石圆磨。

甘蔗见于记载，时称为"柘"。

### 约公元前5—前3世纪

成书于战国时期的《周礼》，亦称《周官》《周官经》，总42卷。内容综述周王室官制，但也记载了战国时各国的制度。有关烹饪者，以卷一、卷二的《天官冢宰》为多，从中可以了解周王室的饮食制度、食物品种及食疗等情况。此外，《春官宗伯》《夏官司马》等卷内也有涉及烹饪或饮馔的内容。

成书于战国的《礼记》（一部分成书于汉代），是阐述礼仪的。其内容记述古代的社会规范与道德规范的理论与实际情况，以及当时的文物制度。其中有关烹饪部分，亦多属宴礼等类。与烹饪有关且十分重要的是"八珍"部分，它对当时的食物名称及烹饪方法等有比较简略的记述。

### 约公元前340—前278年

屈原著《离骚》《天问》《九歌》等诗篇。其作品"书楚语，作楚声，记楚地，名楚物"，尤以《招魂》《大招》涉及楚地物产之丰和饮食之美为多，提到数十种楚地菜肴、面点、饮料以及吴羹。著名的有脍鳖、炮羔、煎鸿、露鸡、臛蠵（海龟）、柘浆（甘蔗汁）、冻饮等。

四川井盐开始生产。

### 公元前316年

秦人取蜀。从此以后，饮茶习俗开始在长江流域传播开来。

### 公元前300年左右

《尚书·禹贡》成篇，写到各地物产，著名食物有青州的盐，徐州的鱼，扬州的橘、柚，荆扬之地的稻，以及豫州的马、牛、鸡、犬、豕五畜，反映商代以后饮食水平已有提高。

### 公元前217年

湖北云梦县睡虎地十一号墓，出土了记有"传食律"（即有关驿传给食制度）的竹简。

### 公元前206年左右

汉高祖刘邦家乡沛县有"卖饼"商贩及一些熟食店、酒店，后世由此推出了一道名菜"沛公狗肉"。

传说刘邦在沛县嗜食狗肉，故得此名。以狗肉、甲鱼与酒、葱、姜、硝腌渍后，加酒、糖、盐、酱油、八角、花椒及水焖制，狗肉酥烂腴香，甲鱼软嫩鲜美。此菜至今仍是徐州地区的名馔。

### 公元前186年以后

湖南长沙马王堆一号汉墓出土竹简《遣策·饮食》，记有多种食品。调味品有脂、酱、饧、豉等；饮料有白酒、温酒、肋酒、米酒等；主食有以稻、麦、粟为主要原料蒸煮成的饭、粥等；面点有唐（糖）、蜜等；果品有枣、梨、脯梅、笋、元梅、杨梅等；菜肴有羹、肤、脯、紫、濯、肩截、熬等类，计100多种。其中"濯"为用汆的烹调方法制作的菜。马王堆一号以及二号汉墓中还出土大量漆食器。

### 公元前 145—前 90 年

司马迁《史记·货殖列传》："楚越之地，地广人稀，饭稻羹鱼。""地势饶食，无饥馑之患。"

### 约公元前 135 年

四川生产枸酱，出售至南越、夜郎等地。

### 约公元前 128—前 123 年

传说淮南王刘安发明豆腐。

《淮南子》一书撰成，其中有大量涉及食物结构、食物制作和烹饪理论的记载。

奶汁肥王鱼问世。肥王鱼又称淮王鱼、鮰鱼，产于安徽凤台县境内峡山口一带数十里长的水域里，为鱼中上品。西汉淮南王刘安喜食肥王鱼，一次刘宴众大臣，因人多鱼少，厨师以其他鱼混充，被刘安识破，大发雷霆："吾一日不能无肥王。"可见肥王鱼受宠之程度了。后此菜流入蚌埠、合肥一带民间，并以奶汁鸡汤煨煮，成为徽菜一绝。

### 公元前 59 年

四川王褒《僮约》中有"烹茶"及"武阳买茶"的记载。这是古文献中关于煮茶（茶）、买茶（茶）的最早记载。

### 公元前 43—前 33 年

汉代昭君出塞前回归故里秭归探亲，事毕返长安，船经香溪河，船两侧有红色小鱼，似落枝桃花。宜昌一厨师为纪念昭君，以此鱼洗净腌渍，入鸡汤与鸡茸丸同煮，并缀以芫荽，意趣盎然，入口鲜美，至今已成为宜昌传统名菜。

### 公元前 15 年左右

扬雄撰《蜀都赋》，反映了西汉末年四川成都宴会的豪华场景，如："若其旧俗，终冬始春。吉日良辰，置酒高堂，以御嘉宾。金罍中坐，肴烟四陈。觞以清醥，鲜以紫鳞。羽爵执竞，丝竹乃发。巴姬弹弦，汉女击节。起西音于促柱，歌江上之飂厉。纤长袖而屡舞，翩跹跹以裔裔。合樽促席，引满相罚。乐饮今夕，一醉累月。"尽显欢宴之靡费豪华。

### 公元前 32—前 7 年

中国现存最早的农书《氾胜之书》问世，其中涉及了食物的制作技术。不晚于此时，饼类食物成为日常生活中的重要食品。

中国最早的养鱼专著《陶朱公养鱼法》问世。

约在公元前1世纪，小麦加工成面粉，面食开始出现。出现用于谷物脱壳的加工工具——飓车。

## 公元25年左右

清蒸鲥鱼问世。东汉初年，光武帝刘秀的好友严子陵，以垂钓鲥鱼清蒸佐酒为由，宁愿蛰居富春江边，不愿入朝当官，从此清蒸鲥鱼闻名遐迩。苏东坡赋诗："芽姜紫醋炙银鱼，雪碗擎来二尺余。尚有桃花春气在，此中风味胜莼鲈。"此后，文人雅士如郑板桥、何景明均作有诗文，赞之为"南国绝色之佳"。如今清蒸鲥鱼以火腿、葱结、笋片、姜片、香菇蒸制，更为鲜美。

## 公元80年左右

班固《汉书·地理志》："楚有江汉川泽山林之饶……民食鱼稻，以渔猎山伐为业。"

## 公元180年左右

东汉著名学者郑玄在为《周礼》作注时，提到宜城酒。宜城酒在汉代享誉天下，在唐代是朝廷贡品。

刘熙《释名》一书撰成，此书中《释饮食》《释用器》等章，是记载汉代人饮食状况的重要资料。

## 公元220年左右

武昌鱼闻名于世。三国鼎立时，吴国君主孙皓的御厨烹制武昌鱼奉食，孙皓责问提出"宁饮建业水，不食武昌鱼"的大臣陆凯："如此美味，为何不食？"从此清蒸武昌鱼名闻天下。如今以1930年开业的武昌大中华酒楼烹制此菜最负盛名。

## 公元220—265年（三国魏时期）

铁釜得到广泛使用。

三国初期出现饼茶。

稻田养鱼见于记载。

## 公元265—280年

三国吴沈莹《临海水土异物志》成书。书中记载了东南沿海地区人民的饮食生活状况及动植物食物资源。

## 约公元236—297年

周处《风土记》云："仲夏端午，烹鹜角黍。"角黍即粽子。此俗在长江流域已经广为流传。

## 2 世纪与 3 世纪之交

小型水利灌溉系统在长江流域持续发展，人民的饮食水平较前有所提高。

饮茶习俗逐渐在长江中下游地区流行。

## 公元 301 年左右

江南有名菜莼羹、鲈鱼脍。据《晋书·张翰传》，张翰在洛阳做官，"秋风起，乃思吴中菰菜、莼羹鲈鱼脍"，又曰："人生贵适志，何能羁宦数千里，以要名爵乎？遂命驾而归。"后人称思乡之情为"莼鲈之思"，可见莼菜之迷人。莼菜与鸡丝、火腿同烹，碧翠鲜醇，清冽爽口。乾隆游江南，也必尝莼菜汤，有"花满苏堤柳满烟，采莼时值艳阳天"之诵。

## 公元 283—363 年

丹阳句容（今江苏句容）人葛洪作《抱朴子》，书中涉及道家养生理论及辟谷术等。

## 公元 348—354 年

常璩著《华阳国志》，首次提出巴蜀饮食"尚滋味""好辛香"的风味特征。

## 公元 317—420 年（东晋时期）

僧徒在长江流域寺院周围种植茶树。

## 公元 521 年左右

梁武帝萧衍著《断酒肉文》，大力推行佛教素食。

南朝梁文学家吴均《续齐谐记》云："屈原五月五日投汨罗而死，楚人哀之，每至此日，以竹筒贮米，投水祭之。"此时，人们把端午吃粽子与纪念屈原联系起来，成为民间风俗。

## 公元 550 年左右

南朝梁宗懔著《荆楚岁时记》。书中提到荆楚地区人民正月饮屠苏酒、胶牙饧、下五辛盘；立春啖春饼、生菜；寒食吃大麦粥；夏至食粽；伏日食汤饼……之事。

端午节基本定型，节令食品为粽子。

## 公元 581—618 年（隋朝时期）

隋炀帝称吴地制作的"金齑玉脍"为东南佳味。

吴郡能在海船上加工生产多种海产食品，主要有：海干脍、海虾、鮠鱼含肚、石道含肚。

九月九日重阳节食糕已成习俗。

隋代宫廷美食相继问世，至今盛传不衰的有越国公碎金饭（扬州蛋炒饭）、含浆饼（据行家推测类似灌汤包子等面食），此外镇江蟹黄汤包、扬州鲜肉汤饺、淮阴汤包等面食和鲈鱼干脍、缕金龙凤蟹等菜点，都来自长江中下游地区。

莴苣传入我国。

出现柑橘涂蜡保鲜技术。

谢讽《食经》成书，记载隋及隋以前食目53种。

虞世南《北堂书钞》成书，其中卷142—148为"酒食部"，共7卷60类。

《大业拾遗记》载，吴郡献鲤鱼腴鲊40坩，共用鲤鱼12000头。

广泛采用人工采集鱼卵孵化鱼苗。

### 公元 618—907 年（唐朝时期）

荞麦种植迅速发展。水稻产量高居各类粮食之首，小麦产量超过粟类居于第二位，稻麦成为主要粮食。大豆主要用于制作豆酱、豆豉等豆制副食品，基本不用于主食。

中秋节正式成型，应节食品有玩月羹和面点等。

流行金银饮食器具和精美食瓷。

火炉使用较为广泛。

高桌大椅渐渐流行，传统的分食制逐渐过渡到合食制。

唐代中期以后南方稻米大量接济京师。

四川地区普遍出现了将饮食和游乐有机结合的独特筵宴形式——游宴和船宴。

### 公元 624 年

欧阳询《艺文类聚》成书。其中卷72为"食物部"，卷73为"杂器物部"，卷81、82为"药香草部"，卷86、87为"果部"，卷90—92为"鸟部"，卷93—95为"兽部"，卷96、97为"鳞介部"，记载了许多饮馔名目，保存大量前代饮食典籍。

### 公元 651 年左右

"烧春菇"（湖北菜）诞生于湖北省黄梅县五祖寺。该菜与煎春卷、烫春菜、白莲汤一起被称作"五祖素菜"，深受人们的喜爱。

### 公元 742 年左右

李白为唐玄宗设计的四川"太白鸭"菜肴诞生。相传唐玄宗天宝年间，李白为投唐玄宗之好，特地将自己在四川家乡隆昌用肥鸭、枸杞、三七及花雕酒密封焖煨酥烂的蒸焖鸭子献给皇上，玄宗品尝后大为赞赏，就封此鸭为"太白鸭"。千余年后，此菜仍为川帮传统名菜。

湖南"东安仔鸡"问世。据说在唐玄宗开元年间，有客商赶路，入夜饥饿，在路边小饭店用餐。店主老妪因无菜可供，捉来童子鸡现杀现烹。那仔鸡经过葱、姜、蒜、辣椒调味，香油爆炒，再喷以酒、醋、盐焖烧，红油油、亮闪闪，鲜香软嫩。客人吃得赞不绝口，此后到处宣传此菜绝妙。从此小店专营此菜，名噪远近，竟盛传千年，成为湖南名菜。

## 公元 700—800 年前后

湖北"应山滑肉"问世。湖北省应山县（今随州广水）宴席中的头道大菜"滑肉"，在唐朝时是宫廷名菜，由号称厨王的"詹厨"所创，已流传 1200 多年。此菜用五花猪肉挂糊油炸，扣入碗中蒸熟，再反扣入盘中，浇汤汁上席。此菜色泽黄亮，软嫩柔糯，油而不腻，至今仍风行湖北应山民间。

江苏"清炖蟹粉狮子头"问世。

杭州"桂花鲜栗羹"问世。杭州西湖旁寺庙中有一和尚叫德明，中秋之夜发现山门曲径尽是飘落的桂花，清香扑鼻，遂将之与新收摘的鲜栗肉和藕粉熬制成羹，加糖而食，清香甜润。此后，西湖乡民每到桂花飘香时节，在桂花树下安台置凳，现冲现卖桂花鲜栗羹。置身其间，自有一番闲情雅趣。

钟祥产"郢州春酒"，为朝廷贡品。

## 公元 743 年

鉴真和尚从长江下游（扬州）出发第二次东渡日本。所带食品有落脂红绿米、面、干胡饼、干蒸饼、干薄饼、捻头（类馓子）、牛苏（牛酥）等。亦有中、日学者认为鉴真还将制作豆腐的技术传入日本。

## 约公元 780 年

陆羽《茶经》成书。这是世界上第一部茶叶专著，书中全面论述了种茶、采茶、制茶、饮茶的方法和要求，开始了饮茶文化的新时代。

长江中下游一些地区，出现了较大的茶园，如浙江长兴一县采茶人数就达 30000 人。

## 公元 856 年

杨晔《膳夫经手录》成书，该书记载了许多当时的食物名目和食物制作方法。

## 公元 907—960 年（五代时期）

中国的夜市出现于长江下游。王建《夜看扬州市》诗："夜市千灯照碧云，高楼细袖客纷纷。如今不似升（一作'时'）平日，犹自笙歌彻晓（一作'夜'）闻。"

南唐顾闳中作《韩熙载夜宴图》，为研究古代上流社会筵宴活动的重要资料。图中饮食使用高桌大椅，表明长江流域的人们不再席地而食。

南唐金陵士大夫擅长烹饪，菜肴名品号称"建康七妙"，为时人所重。

豆腐已经见于文献记载。

五代烹饪技术发展迅速，名菜名点涌现。当时风行苏杭花色菜"玲珑牡丹鲊"，用鱼片拼成牡丹形状，成熟后装入盘中，鱼片微红，如初开牡丹。

## 公元 960—1279 年（两宋时期）

长江流域在宋代出现了一批名菜，如：金钱藕夹。1000 多年前，湖北孝感出现两

片薄藕包夹肉馅，外拖面粉糊成金钱形状，连炸两次的"金钱藕夹"，此菜色泽金黄，外酥内糯，口感鲜香，流传至今，已成为家庭美食。

### 公元 961 年

九月，吴越国初榷酒酤。

### 公元 977 年

正月，宋太宗禁江南私卖茶。

是年，蒸制散茶。

### 公元 983 年

十二月，李昉等编成《太平御览》1000 卷。该书第 843—867 卷为"饮食部"，下设酒、食等 62 个类目。

### 公元 996 年前

世界上最早的关于竹笋的著作《笋谱》由杭州龙兴寺圆明大师赞宁完稿问世。全书 1 卷，共分五类目：一之名，凡十名；二之出，凡九十八种；三之食，凡十三则；四之事，凡六十事；五之杂说，凡八则。前二类目下皆有注，后三类皆引自古书，且多属早已失传者，还有古人诗咏，皆言及笋者。书中记有竹笋品名 90 余个，并在"食"类中记述有关烹调、食用与保存笋的方法。

### 公元 1011 年

十月，明定江淮酒价。

### 公元 1022 年

杭州酒务每年卖酒 100 万瓶。

### 公元 1024—1064 年

冬瓜鳖裙汤。湖北省《江陵县志》记载，宋仁宗问江陵县官张景当地有何美食，张答曰："新粟米炊鱼子饭，嫩冬瓜煮鳖裙羹。"仁宗遂命烹来一尝。张景家厨以菜花甲鱼的裙边切小块与嫩冬瓜、鸡汤煮成汤清汁醇、裙边糯滑、瓜汁腴美的冬瓜鳖裙汤献于皇帝。仁宗赞道："荆州鱼米香，佳肴数裙羹。"此菜从此声名大振，至今仍为江陵名菜。

据欧阳修《归田录》卷二称，仁宗明道、景祐年间，江西出产的竹笋、金橘等初至京师，为人所逐步认识，其中金橘以其清香味美，价重京师。

### 公元 1074 年

定四川茶叶同西番换马，是为我国正式确立茶马政策之始。

### 公元 1078 年

王安石撰《论茶法》，文中称："茶之为民用，等于米盐，不可一日所无。"充分反映了当时社会饮茶风气的兴盛。

## 公元 1080—1089 年左右

北宋文学家苏轼（字东坡）喜食猪肉，他在黄州烧肉时提出"净洗铛，少著水""待他自熟莫催他，火候足时他自美"（《猪肉颂》）的主张。他第二次去杭州任刺史时，发动民众疏浚西湖，还用挖起的湖泥修筑长堤，并建桥畅通湖水，深受民众爱戴。时逢春节，老百姓纷纷送来猪肉，以表谢意，他觉得受之有愧，将一部分让家人切块红烧，另一部分退回并告知他在湖北黄州发明的烹制方法。苏东坡将烧好的猪肉与民众同享，都说美味无比。后来当地民众把用黄酒、酱油先焖后蒸的猪肉，名为"东坡肉"，一直流传至今。

被贬黄州期间，苏东坡曾到鄂城西山灵泉寺游览，方丈以香油麦面煎饼款待。此饼以香油、白糖、食盐和面粉为原料，擀成极薄圆片，涂抹香油，卷成长条形，盘成饼状，下油锅炸至金黄色，酥脆香甜，因东坡品后夸其为"饼中一绝"而被称为"东坡饼"。

绵竹武都山道士杨世昌路过黄州，见到被贬的苏轼，便将蜜酒的酿造方法传给苏轼。为此，苏轼作《蜜酒歌》记载其事。

苏东坡送蕲门团黄茶进京。

无锡肉骨头。又称酱排骨或无锡排骨，是将猪排骨斩成块状，用硝水、盐腌渍后，加清水，用大火煮沸捞出洗净，放在有箅的锅中，加酒、酱油、葱结、姜块、八角、桂皮、清水煮沸，再加白糖，中火烧至汁稠色红。宋代以来，经过历代高手改进烹制方法，如今已成为无锡著名旅游商品。原为余慎肉店首创，现以三凤桥供应的最负盛名。

祁阳笔鱼。笔鱼产于湖南祁阳，因纤细如笔，故名。相传苏东坡应当地知县之邀，夜游浯溪。东坡诗兴大发，正准备泼墨挥毫，不意刮来清风一阵，将他手中羊毫吹落溪中，顿时变成一群似笔小鱼，游弋于游船两侧。知县遂命下人的捕捞，并翻炒入馔，果然美不胜收。同舟墨客即兴赋诗："天意东坡不留字，神笔化作席上珍。"从此，祁阳笔鱼成为历代席上珍品。

东坡墨鱼。四川乐山产体褐色、腹灰白、圆筒状的墨鱼（非乌贼，也非黑鳢），相传是苏东坡在江中洗砚和笔，墨水将鱼染黑。此鱼剖成两片，剔去脊骨，炸成金黄色，并调以糖、醋、辣、葱、姜和酱油后，五味调和，鲜香可口。郭沫若曾赋诗赞曰："梦中相思东坡鱼，而今朵颐始成真。"今仍为乐山传统特色菜。

红菜薹炒腊肉。由清炒红菜薹演化而来，相传苏东坡之妹苏小妹喜烹清炒红菜薹。红菜薹产于武昌洪山，宋朝作为"金殿玉菜"进贡皇帝，清慈禧还经常派人到洪山收取此菜。后武昌一厨师将其与腊肉一起油炒，并配上青蒜叶子，红绿搭配，鲜美可口，更受吃客欢迎。郭沫若曾赋诗："红如珊瑚碧似翠，此味喜从天上来。"

## 公元 1098 年

江西泰和人曾安止所著《禾谱》问世，这是我国最早的水稻品种志。

## 约公元 1101 年

据《后山谈丛》卷四记载，四川水稻加工采用"先蒸而后炒"的措施，是为我国蒸谷米技术的萌芽。

## 约公元 1120 年

方腊鱼。北宋时徽州人方腊揭竿起义，被围困在休宁县齐云山独丛峰，方腊就命令部下捞捕山池鱼虾投下山去，制造粮足兵壮的假象迷惑敌军，使宋兵误以为围困无望而撤军。当地厨师为纪念方腊智退宋兵，就以鳜鱼蒸头尾，油炸切成薄片的中段，并缀以芫荽、姜丝、熟虾，命名为"方腊鱼"。此菜至今仍风行安徽。

## 公元 1127—1279 年（南宋时期）

清炖马蹄鳖。安徽九华山一带盛产马蹄鳖，有民谣云："水清见沙地，腹白无淤泥，肉厚背隆起，大小似马蹄。"据《徽州县志》载，早在南宋年间，当地已把"沙地马蹄鳖"和"雪天牛尾狸"同奉为歙县代表菜。宋高宗出巡皖南，尝到厨师为他清炖的马蹄鳖，汤浓似奶，腴香扑鼻，赞为"天赐美食"，并赏以黄金一锭，故此菜又称"黄金鳖"。至今清炖马蹄鳖仍流传于安徽一带。

问政山笋。安徽歙县城东五里处有问政山，山上出产的竹笋箨薄、肉白、质脆、味鲜，嫩度极佳，落地即碎。南宋时期徽商逢春出行必携此笋就船烹煮，昼夜兼程，船到临安（今杭州），笋已煮熟，揭锅尝新，鲜嫩微甜，十分可口，是至今仍风行歙县的原汁原味的火功菜。

三杯鸡。江西宁都特色名菜三杯鸡，相传是当地人民为纪念南宋民族英雄文天祥慷慨就义特制的祭祀菜肴。传说文天祥被俘关押在狱中时，有老妪用一杯酱油、一杯香油和一杯酒煨制的童子鸡送往狱中，敬献给文天祥。文天祥就义后，每年忌日，当地百姓就以三杯鸡祭祀这位民族英雄。

南宋都城临安饮食市场极为繁荣，名酒楼、酒店、食店、面店有数十家，名菜点近 1000 种。大量汴京及北方人南下，移居杭州，形成饮食风习上的大交流，至南宋末期，杭州已是饮食混淆，无南北之分。

临安蒸作从食店已有月饼出售。

西湖中有多种餐船，向游客供应茶点、菜肴，开船宴、船点之先河。

抗金名将宗泽创制金华火腿。

宋朝廷逃往南方时，大批习惯于吃小麦的北方人也随之迁居南方。于是在南方对小麦的需求量急速增长，人们开始大量种植小麦，有的地区甚至每年种植两季小麦。

大事记

此外，无论在南方还是北方，人们开始大量种植高粱。

杭州出现两位名厨，一位是刘娘子，一位是宋五嫂。刘娘子是南宋高宗宫中女厨，主管皇帝御食，手艺高超，虽宫中规定作为五品官的"尚食"应由男厨师担任，但她以烧得一手皇帝喜爱的好菜而被破格任用，人们尊称她为"尚食刘娘子"。宋五嫂是南宋民间著名女厨师。据南宋《武林旧事》记载，南宋初年，宋高宗乘船游西湖，特命过去在东京（今开封）卖鱼羹的宋五嫂上船侍候。宋五嫂用鳜鱼为皇帝烩制一碗鱼羹，此菜口味似蟹，故又名赛蟹羹。高宗品后龙颜大悦，倍加赞赏。消息不胫而走，此后人们争赴钱塘门外点吃鱼羹，"宋嫂鱼羹"一举成名，宋五嫂也由此被后世奉为"脍鱼师祖"。

浦江吴氏著《吴氏中馈录》。书中载有多种著名食品，如油炒而成的瓜齑、炉焙鸡、蒸鲥鱼、糖醋茄、酥饼、雪花酥、煮砂团、五香糕、水滑面等。

孟元老所撰《东京梦华录》中记载，北宋都城开封已有"川饭店"。

## 公元 1169 年

日本高僧荣西来到浙江天台万年寺学佛，归国后撰成《吃茶养生记》2 卷，并将茶艺传入日本，被日人尊为"茶祖"。

## 公元 1235—1308 年

西湖老人《繁胜录》、耐得翁《都城纪胜》和周密《武林旧事》三书著成，这三本书对南宋临安的饮食有详细的记载。

## 公元 1266 年

林洪著《山家清供》。书中收录大量素食品种，以花卉做的菜点尤为突出。还首次记载有用涮的烹调方法制的拨霞供（涮兔肉），以及蟹酿橙、莲房鱼包、山家三脆等名菜。书中还提到"酱油"。

## 公元 1270 年

20 世纪 80 年代，考古工作者在恩施市城东柳州城山发现 1270 年左右的"西瓜碑"，共 169 字，碑文提及四种西瓜：蒙头蝉儿、团西瓜、细子儿（又名御西瓜），另有一种"回回瓜"，于 1240 年始从北方传入。

## 公元 1301—1374 年

元倪瓒著《云林堂饮食制度集》。书中收有多种江南名菜、面点及花茶（莲花茶、橘花茶）的制法。

沔阳三蒸问世。据载，湖北沔阳农民领袖陈友谅（公元 1320—1363 年）在沔阳起义，其妻将晒干的菱粉拌蒸野菜和鱼鲜，供义军食用。后此菜流传入市，由甑蒸改为垛笼蒸，以碎米粉、五香碎米粉代替菱粉，并用扣碗蒸制后挂芡装盘。此菜鲜嫩油亮，滑爽可口。

后经武汉名厨改进，入笼前采取先煮、再卤炸的工序，以减少油腻感。沔阳三蒸至今仍流传于江汉平原，并为当地农村过节必上的美食。

### 公元 1313 年

王祯写成《农书》，其中有关于元代粮食作物、蔬菜、果品的详细记载。

### 公元 1341—1368 年

元费著撰《岁华纪丽谱》，体例仿《荆楚岁时记》，述成都风俗，自元旦迄冬至，凡四时八节、风俗习惯，无不备载。

### 公元 1368—1644 年（明朝时期）

花生之名已见《饮食须知》，时称落花生，也叫长生果。

间作稻栽培已见记载。

15 世纪传入欧洲的辣椒，明代传入中国。辣椒原产秘鲁，后在墨西哥驯化为栽培品种。辣椒到中国，原称番椒，作观赏性花卉，后迅速在四川、贵州、湖南等地传播开来，使得这些地区成为中国的重辣文化区。

番茄也在明代传入中国，原来也为观赏性花卉，同时还相继引进土豆、南瓜、四季豆，并改良引进品种莴苣。据崇祯礼部尚书、东阁大学士上海人徐光启所著《农政全书》所载，引进的蔬菜品种有几百种。

明代景德镇瓷器餐具应用普遍，宣、成、嘉、万窑器有白釉、彩瓷、青花、一道釉、红釉等精品，成龙配套，璀璨夺目。

明代烹调工艺日趋规范，万历年间所用烹调术语达百余种，过去不常见的烹饪术语相继涌现。名菜佳点也因而交相辉映，如《红楼梦》中贾宝玉在薛姨妈家中吃的糟鹅掌，就源于明代名菜糟鹅；明代吃蛋的方法有腌蛋、炖蛋、滚蛋、煎蛋、烹蛋、煨蛋、摊蛋、洒蛋、糟蛋、馔蛋等多种方法；至今还盛传不衰的芙蓉蟹也源自明代；其他名点如芋饼、卷饼、肉饼、夹沙团、臊子肉面等，也在明代盛行。

明代，江南饮食市场出现新内容。有酒楼兼剧场的，如《溉堂前集》云："润州（今江苏镇江）郊外，有卖酒者，设女剧待客。时值五月，看场颇宽，列座千人，庖厨器用，亦复不恶，计一日可收钱十万。"还有水上流动餐馆，沈朝初《忆江南》中云："苏州好，载酒卷艄船。几上博山香篆细，筵前水碗五侯鲜，稳坐到山前。"

名菜名点不断涌现，如：

凤阳镶豆腐。传说朱元璋幼年乞讨为生，曾在凤阳县城的一家饭店讨到一块酿豆腐，感到味道不错，于是经常去饭店乞讨这道豆腐菜。以后他做了皇帝，便把饭店厨师引进宫内当御厨，专门制作镶豆腐，此菜遂成了宫廷名菜。其色泽金黄，外脆香，里软嫩，味酸甜鲜美，至今仍在安徽流传。

徽州毛豆腐。朱元璋幼时曾吃过毛豆腐，后起义反元，率军由宁国去徽州，途中命火头军制作毛豆腐犒赏三军。从此油煎毛豆腐流传于徽州、屯溪、休宁民间。几百年来，此菜制作方法几经改进，已成为安徽传统美食。

油炸麻雀。明朝开国年间，朱元璋带兵攻打太平府，途经安徽和县，只见满天麻雀飞翔，地上铺满累死的麻雀，就抢着收集，将麻雀拔毛洗净，交火头军油炸供食。朱元璋及夫人马秀英品尝过油炸麻雀后，赞不绝口，后此菜流传市肆，成为民间佐酒美食。

长寿菜。又名烧香菇，产于浙江，因它含有30多种酶和18种氨基酸，其中人体需要的8种，此菜就含有7种，故有"蘑菇皇后"的美称。《吕氏春秋·本味》中有"味之美者，越骆之菌"的记载。相传浙江庆元有一姑娘，因不堪地主迫害，逃至深山，整日以香菇充饥，竟活到百岁以上，故乡民将所食香菇称为"长寿菜"。又传，明代金陵大旱，明太祖朱元璋下谕吃素求雨，雨未求到，民不聊生，朱元璋也觉茶饭无味。适宰相刘伯温自家乡浙江龙泉回宁，带来土产香菇，命御厨浸发后烧好呈朱元璋品尝，朱从此胃口大开，体质见好。此菜遂被列为浙江美食。

荷包红鲤鱼。明神宗朱翊钧曾御赐鲤鱼两尾给告老回归江西婺源的户部侍郎余懋学，余将鱼转送给当厨师的乡邻。那乡邻就将鱼宰杀洗净，用笋片、火腿片、葱、姜、盐等隔水蒸熟，加猪油上席，送余懋学品尝，余满意地说："是一道极妙好菜。"后来，那厨师挂牌出售这道菜，生意日益兴隆，菜品也由此成为婺源名菜而流传至今。

## 公元 1500—1550 年

我国最早的水稻品种志《理生玉镜稻品》问世，书中记载了江苏苏州地区水稻品种38个，其中籼粳稻品种25个，糯稻品种13个。

## 公元 1504 年

华亭人宋诩编成《宋代养生部》一书，全书分6卷。第1卷为茶制、酒制、酱制、醋制；第2卷为面食制、粉食制、蓼花制、白糖制、蜜煎制、糖剂制、汤水制；第3卷为兽属制、禽属制；第4卷为鳞属制、虫属制；第5卷为菜果制、羹蒇制；第6卷为杂造制、食药制、收藏制、宜禁制。此书共收录了1000多则菜点制法及食品加工贮藏法。其子宋公望编《宋氏尊生部》，全书10卷，分汤部、水部、酒部、曲部、酱部、醋部、香头部、糟部、素稻部、辣部、面部、粉部、蜜部、饭粥部、果部等部分，约收录了200多种食品制造及食品保藏的方法。

## 约公元 1547 年

田汝成《西湖游览志馀·熙朝乐事》记载：中秋节时，"民间以月饼相遗，取团圆之义"。中秋吃月饼已成为风俗。

## 公元 1554 年

田艺蘅撰《煮泉小品》。

徐献忠撰《水品》。

南京金陵老便宜坊出售北京烤鸭。

## 公元 1555 年左右

玉米由美洲传入我国。

## 公元 1578 年

湖北蕲春人李时珍著《本草纲目》。《本草纲目》将蔬菜分为五类：薰辛（韭、葱、蒜、芥等），柔滑（菠菜、蕹菜、莴苣等），蓏菜（南瓜、丝瓜、冬瓜等），水菜（紫菜、石花菜等）和芝栭（芝、菌、木耳等）。以上分类与现代科学的蔬菜分类近似。书中还有大量食疗内容。饭粥品、药酒、植物油的资料尤为丰富。

## 公元 1591 年

杭州人高濂编著《遵生八笺》，共分 3 卷，上卷分古序论、茶泉类、汤品类、熟水类、粥糜类、果实粉面类、脯鲊类；中卷分家蔬类、野蔬类、酿造类、曲类；下卷分甜食类、法制药品类、服食方类。本书还记载了酱油、绿豆芽和黄豆芽的制作方法。

## 公元 1593 年前后

香薯传入中国，后徐光启将其引种到上海。

## 公元 1597 年

许次纾撰《茶疏》。

草鱼、鲢鱼混养见于记载。

制茶的炒青技术已相当精细。

生物防治技术进一步发展，出现养鸭治虫。

## 公元 16 世纪末

番椒之名始见于《草花谱》。

## 公元 1606—1619 年

沈德符撰《野获编》，书中记有"东坡肉"以及北京的桃花烧卖、冷淘等名食。

## 公元 1633 年

戴羲《养余月令》中提到皮蛋制法。

## 公元 1633—1722 年

红茶制法见于记载，时称"晒茶"。

腐乳技术、腐竹（时称"豆腐烛"）见于《物理小识》一书记载。

茶树栽培采用火刈更新技术。

四川泸州大曲酒作坊开业。

沈李龙著《食物本草会纂》（12卷）一书，述及饮食禁忌。

尤侗著《簋贰约》一书，书中论述了饮馔与技法、食具。

张英著《饭有十二合说》一书，分稻、炊、肴、蔬、（脯）修、菹、羹、茗、器等12题，极为简要，记述多种食物的性味、食疗养生等内容。

张英等著《渊鉴类函》（450卷）一书，书中多涉及饮食。

曹寅著《居常饮馔录》（1卷），此书为汇集饮馔古籍而成。

## 公元1637年

宋应星著《天工开物》。书中记载多种谷物的种植、加工技术，还记载了制糖、制盐、制油、菌种培养的经验。其中，糖有凝冰（冰糖）、白霜（白砂糖）、红砂糖三种，还提到菜花蜜、禾花蜜、饴饧；食用油有芝麻油、菜籽油、黄豆油、茶籽油等；盐有海盐、池盐、井盐、末盐、崖盐等；曲蘖有酒母、神曲、丹曲（红曲）等。

据该书上卷载，天下养人之谷物，水稻占七成，小麦、大麦、稷、黍占三成。当时种植水稻的地区都位于长江流域和长江以南，特别是太湖，周围的苏州、松江、常州、嘉兴、湖州五府是水稻的最主要的产区。另据该书上卷载，黄河流域的粮食生产情况是小麦占一半，黍、稷、水稻、粱四种作物占一半。就是说，从全国范围来看，水稻占70%，小麦占15%，黍、稷（在该书中都作为黍）和粱占15%。

## 公元1639年

我国古代最大的综合性农书《农政全书》（徐光启撰）问世。

明人已知鱼池旁养家畜，利用畜粪养鱼。

## 公元1664年前后

清初著名文学家李渔著《闲情偶寄》。其书的"饮馔部"中载有蔬菜、谷食、肉食等章节，对各种饮馔原料的调制原则进行了观点独特的评述，主张以本色为贵，并与养生之道结合："疾病之生，死亡之速，皆饮食太繁、嗜欲过度所致也。"故强调"食贵能消"，倡导蔬菜"摘之务鲜，洗之务净"，家庭配膳推崇"宁可食无馔，不可饭无汤"等等。本书还记有四美羹、五香面、八珍面等菜点。

四川绵竹产大曲酒上市。

## 约公元1698年

嘉兴人朱彝尊撰《食宪鸿秘》。卷上首列《饮食宜忌》，提出"五味淡泊令人神爽气清少病"等见解；次将饮食分为饮之属、饭之属、粉之属、煮粥、饵之属、馅料、酱之属、蔬之属等八类。卷下《餐芳谱》，分果之属、鱼之属、蟹、禽之属、卵之属、肉之属、香之属等七类。具体介绍各种饮食烹调法、饮食宜忌和食疗功用。内收400

多种菜点、饮料制法，其中多数菜肴以浙江风味为主，内容较为丰富。

清人顾仲撰饮馔专著《养小录》一书。

### 公元 1704 年

贵州茅台酒问世。

蒲松龄著《日用俗字》一书。

### 公元 1725 年

陈梦雷原编、蒋廷锡重编的《古今图书集成》问世，其中"经济汇编食货典"第257—308 卷为"饮食部"，收录了丰富的饮食资料。

### 公元 1737—1795 年

苏州"松鹤楼"开业，设于苏州市观前街。原是一家小面馆，以经营盖浇饭、焖肉、卤鸡面为特色，后来增加了苏州风味菜。清代沈朝初《忆江南》词中"明月灯火照街头，雅座列珍馐"，就是对该店的真实写照。据传，乾隆皇帝三下江南时，曾在该店品尝过松鼠鳜鱼。主要名菜有白汁元菜、三虾豆腐、蜜汁火方等，其中松鼠鳜鱼曾荣获商业部优质产品"金鼎奖"。

仪征"萧美人"点心享誉江南。

苏州出现名食"软香糕""三层玉带糕"。

苏州稻香村于清乾隆三十八年（1773 年）创立于苏州，以中式糕点、青盐蜜饯、糖果炒货为主要经营产品，已经持续经营了近两个半世纪。它是中国糕点行业现存历史最悠久的企业之一，也是经国家认证的"中华老字号"，是享誉中外的著名传统特色糕点品牌。

扬州出现"灌汤包子"。

出现"伊府面"，即在扬州知府伊秉绶（公元 1754—1815 年）的厨房中产生的油炸鸡蛋面。

"烧小猪"（烤乳猪）技术较以前有所发展，以吃皮为主，"以酥为上"。

### 公元 1749 年

四川《大邑县志》中有了关于辣椒的最早记载。

### 公元 1774 年

安徽菜"无为熏鸡"开始生产出售。

### 公元 1782 年

李调元整理编辑刊印完成《醒园录》一书。《醒园录》为清乾隆壬戌进士李化楠所撰的一部饮食专著。1782 年，其子李调元编刊成书。《醒园录》共分上、下两卷，内容记载了古代饮食、烹调技术等。计有烹调 39 种，酿造 24 种，糕点小吃 24 种，食品加工 25 种，饮料 4 种，食品保藏 5 种，总凡 121 种，149 法。其中记载了相当数量的江浙菜式，但多有川味的改造。

陆耀撰《甘薯录》1 卷，书中分辨类、劝功、取种、藏实、制用、卫生 6 目，以宣扬推广种植甘薯。

## 公元 1792 年

袁枚著《随园食单》出版。该书对古代烹饪理论作了较系统的总结，高度概括了中国烹饪的丰富经验，并形成了系统的烹饪理论，成为清代烹饪文化之集大成者，是研究中国烹饪史和烹饪理论的重要文献。全书分须知单、戒单、海鲜单、江鲜单、特牲单，杂牲单、羽族单、水族有鳞单、水族无鳞单、杂素菜单、小菜单、点心单、饭粥单、茶酒单计 14 单，论述简明深刻。此书不仅广泛流传国内，且日、英、法诸国均有译本，为世界公认之中国古代烹饪理论专著。本书还收录各地著名菜点 300 多种，涉及饭、粥、膳、酒、茶的名品和制法，亦提到满汉席及全羊席。

## 公元 1795 年

李斗著《扬州画舫录》18 卷，书中记述扬州乾隆时代的生活习俗。有关烹饪的部分记载甚多，关于扬州地方的饮食情况，如满汉席、沙飞船宴等等。

## 公元 1795 年左右

无名氏编的《调鼎集》问世。本书内容极丰富，收有松鼠鳜鱼、套鸭等数千种食品，书中所列菜肴，以江南饮馔为主，以北方菜肴为辅，南北饮馔集为一编。

王逢辰著《檇李谱》1 卷，凡 30 条。书中记述之李树以嘉兴净相寺李为主，论述李树栽植、移接、虫害、采摘及收贮、食用等项。

## 公元 1813 年

江西鄱阳人章穆著《调疾饮食辩》，为理论与实际结合得较好的食疗著作。特别对于辣椒在饮食中的运用有较多的记载，这对于研究辣椒在中国饮食中如何传播与应用，尤有价值。

## 公元 1830 年

顾禄著《清嘉录》12 卷，每月 1 卷，考证吴地风俗，对饮食习俗及节日食品，叙述甚详。

沙市著名传统小吃"早堂面"在沙市刘大人巷问世。

## 公元 1838 年

武汉老大兴园酒楼开业。该酒楼原设武汉市汉正街，由汉阳人刘木堂创办。吴云山主持后，以经营武汉风味菜为特色。因当时汉口有多家"大兴园"，故名为"老大兴园"。曾有刘开榜、曹雨庭、汪显山、孙昌弼四代"鮰鱼大王"掌灶。主要名菜有红烧鮰鱼、清炖鮰鱼、什锦鱼羹等。

## 公元 1840 年

江苏镇江的"恒顺"号酱醋厂正式开业。

## 公元 1842 年

顾禄著《桐桥倚棹录》12 卷，书中记述了苏州虎丘山塘一带酒楼位置、宴席格局、菜品点心等。

钱泳著《履园丛话》一书，书中《艺能篇·治庖》为专论江苏无锡的烹饪技术之作。

## 公元 1848 年

杭州"楼外楼"餐馆开业。原由杭州陈秀才创办，店名取自南宋林升"山外青山楼外楼"之名句。以经营浙江杭州风味菜为特色，主要名菜有宋嫂鱼羹、西湖醋鱼、蜜汁火方、龙井虾仁等。孙中山、鲁迅、周恩来、陈毅以及外国贵宾西哈努克等中外名人，都曾在该店品尝过名菜。

## 公元 1853 年

英国人在上海开办"老德记"药房，出售冰淇淋和汽水。

郫县豆瓣"益丰和"号门店在四川郫县县城南街开业。

## 公元 1858 年

上海五芳斋开业，原设于山西路杨家坟山，由苏州糕团名师沈敬洲创办，原名为"姑苏五芳斋"。以经营四季糕团点心为特色，主要名点有猪油玫瑰赤豆糕、步步糕、寿桃、定胜糕、八仙过海、桂花糖芋艿等。

## 公元 1861 年

王士雄著《随息居饮食谱》一书，全书共 330 条，记述日常食物 369 种，分为水饮、谷食、调和、蔬食、果食、毛羽、鳞介七类。每条或一种，或数种，或附以副品。每种食物，依次简述性味、有毒无毒、功能、制作方法、禁忌等，或附以主治，间以历代医家之说相印证。书中提倡节制饮食，强调食养的必要性，对某些食物加工和食治作用的叙述甚为详细。故此书名为饮食谱，实为食疗专著。

肉食老店"浦五房"由苏州迁上海后，正式开业。1956 年，由沪迁京。

关正兴（满族）在成都棉花街（今大慈寺附近）开办正兴园，是晚清时期成都著名的包席馆。

汉口开埠后，东南亚海带、海参、干鱿（含墨鱼）及洋菜、江瑶柱、虾米、鱼翅等海产品成批输入武汉。西餐传入汉口，但仅限于领事馆、洋行、传教堂等外国人活动频繁的租界。

## 公元 1863 年以后

俄国皇族财阀巴提耶夫等人开始深入崇阳大沙坪、蒲圻羊楼洞，陆续开设阜昌、顺丰、隆昌茶庄收购当地茶叶，制造砖茶。

## 公元 1865 年以后

俄商阜昌、顺丰、隆昌等茶庄陆续从崇阳、蒲圻迁到汉口，并开始改用机器生产砖茶。

## 公元 1866 年

美国传教士高丕第（Tarlton Perry Crawford）夫人所作《造洋饭书》在上海出版，这是中国最早的西餐烹饪书。

## 公元 1862—1874 年

成都出现名菜"麻婆豆腐"，由"陈麻婆饭铺"制作。该饭铺原设于成都市北郊万福桥，由陈兴盛夫妇创办，原名"陈兴盛饭铺"，以经营大众饭菜为特色。由其妻陈麻婆掌灶、烹制的豆腐具有麻、辣、鲜、烫等特点，颇受顾客喜爱，人们称它为"麻婆豆腐"。店铺随之改名"陈麻婆饭铺"。清末，"陈麻婆豆腐"被《成都通览》列为成都著名食品，1957 年改为现名。店铺以经营各种豆腐菜为特色，主要名菜有麻婆豆腐、家常豆腐等。其中麻婆豆腐已被日本制成食品罐头，远销世界各地。

淮安出现 108 道菜的"全鳝席"。

汪曰桢著《湖雅》9 卷，以介绍湖州饮馔地方风味为主。该书卷一至卷七所述与烹饪相关者，卷八专述烹饪，记述其详。虽以湖州为限，然烹饪则以法而记，更具地方风采，且兼有名店、名食、名厨之述，尤为珍贵。

## 公元 1877 年

四川省通江县发现野生银耳。

## 公元 1881 年

黄云鹄著《粥谱》（1 卷）、《广粥谱》（1 卷）二书。此二书又合为一书问世，书中除"序言"外，有制粥及食粥的理论性阐述，如食粥时五思、集古食粥名论、粥之宜、粥之忌等。在"粥品"部分，则按制粥用原料不同，分为谷类、蔬类、蔬实类、木果类、植物类、卉药类、动物类等，计有粥方共 240 余种，品类繁多，是我国最早的一部药粥专著。

清光绪年间有元知山人鹤云氏著《食品佳味备览》一书。书中除介绍、述评扬州的金橘糕、保定府的甜面酱、扬州的汤包、天津的水煎锅贴、汉川的空心饼等名食外，亦有烧烤法、做烙渣法等饮食制法的简要记述。

## 公元 1890 年

上海老晋隆洋行开始进口和生产卷烟。

瑞典人在上海开办火柴工厂。

## 公元 1898 年

日本的海产品开始直输汉口，由三井、伊藤忠等洋行经销。

汉口老会宾楼开业。原设于汉口沙家巷三民路口，由朱荣臣、朱荣祥和朱荣泰三兄弟合伙创办。因时值戊戌变法，取名维新酒楼。"百日维新"失败后，曾改名金谷酒楼（或称精谷酒楼）。1929 年，迁至三民路中段，改名会宾楼。1939 年，又改名为老会宾楼。

## 公元 1902 年

荆州聚珍园开业，由关焕海创办，以经营本地风味菜点为特色。

## 公元 1907 年

曾懿著《中馈录》（中馈，指饮食）1 卷问世。书中记述 20 种食物的制造方法，并附有保藏方法，如制宣威火腿法（附藏法）、制香肠法、制肉松法、制鱼松法、制五香熏鱼法、制糟鱼法、制风鱼法、制醉蟹法、藏蟹肉法、制皮蛋法、制糟蛋法、制辣豆瓣法、制豆豉法、制腐乳法、制酱油法、制甜酱法（附制酱菜法）、制泡盐菜法、制冬菜法、制甜醪酒法、制酥月饼法等。

## 公元 1909 年

傅崇榘著《成都通览》（8 卷）一书，书中卷七"饮食类"中，载有成都的餐馆、物产、饮食、习俗、民间风味饮食等，记有菜品名达 1328 种。

## 公元 1644—1911 年（清朝时期）

有清一代，长江流域的饮食文化走向成熟，名菜名点频出，如：

鲃肺汤。苏州木渎石家饭店传统名菜鲃肺汤，所用鲃鱼，是一种产于当地淡水溪涧中的小鱼，宰杀后分肝、肉两种，用鸡汤加酒、盐、姜汁、葱煨汤，鲜美无比。国民党元老于右任有诗云："老桂花开天下香，看花走遍太湖旁。归舟木渎尤堪记，多谢石家鲃肺汤。"于是此菜扬名天下。

皮条鳝。清道光年间，湖北沙市百姓忌食黄鳝，后有一个名叫狗儿、诨名皮条的厨师，用炸熘的方法烹制成脆鳝，色泽金黄透明，形似皱枝曲节，吃来香酥爽脆，软嫩鲜滑，酸甜腴美，颇受荆楚水乡人民欢迎，百余年来遂成为传统名菜。

鱼头豆腐。杭州王润兴饭店的鱼头豆腐，是清乾隆皇帝下江南时该店店主特地为他烹制的，并因此得到恩宠的名菜。此菜以鳙鱼（胖头鱼）为主料，配以豆腐、笋片、香菇，用砂锅烩制，鱼脑滑润，鱼肉肥美，豆腐细嫩，汤汁鲜醇。现王润兴饭店虽已不存，而此菜却流传数百年而不衰，成为饭店酒肆和民间的传统美食。

绍虾球。绍兴丁家弄福禄桥边大雅堂酒店主人创制的绍虾球，至今已有 100 多年历史。原名虾仁打蛋、蓑衣虾球。此菜以虾仁为主料，配以香菜、鸡蛋等炸制而成。

色泽金黄油润，松脆腴香，味美鲜嫩，配葱白段、甜面酱煎食，至今仍风行绍兴城乡。

八宝鸭。即袁枚《随园食单》中的蒸鸭。鸭腹中塞入糯米、火腿丁、大头菜丁、香蕈、笋丁。上海本帮菜馆将其发展，腹中改塞火腿、鸡肫、干贝、虾仁、莲子、香菇、冬笋、青豆等8味辅料，并用酒、酱油、麻油等蒸制而成，色泽金黄，鸭肉酥软，原汁原味，香醇可口。该菜品在上海菜馆中至今仍领风骚。

红烧鮰鱼。1838年，汉口出现由一代"鮰鱼大王"刘开榜掌勺的老大兴园，他烧的红烧鮰鱼红亮、滑润、软嫩、鲜香、肥美可口。供应此菜的老大兴园每天高朋满座。后又相继出现二代"鮰鱼大王"曹雨庭、三代"鮰鱼大王"汪显山，他们创制出数十种鮰鱼佳肴和鮰鱼席。

大汤黄鱼。雪菜大汤黄鱼以咸鲜合一、汤汁乳白、味醇肉嫩而享誉中外。此菜为民间所创，清代《十洲春语》有其烹制方法的记载：将大黄鱼去鳞及内脏，用熟猪油略煎，投入暴腌雪菜、葱、姜、清水熬煮至汤色泛白，加盐和味精后起锅。此菜久传不衰，已成为浙传统名菜。

培红鱼片。清朝初年，绍兴南街财主家女佣培红，见佣工们每天用黄菜叶烧煮佐饭，难以下咽，就试着将菜叶咸腌。数天后菜香扑鼻，佣工们争而食之，胃口大开。财主怀疑佣工偷吃荤食，及至了解实情，一尝果然滋味鲜美，大加赞赏。培红趁机向财主提出不得虐待下人的条件，并用鳜鱼切片与咸菜同烧供财主进食。财主更加信赖培红，从此佣工伙食由培红调制。咸菜鳜鱼片传入酒肆饭店后，生意兴隆。人们为怀念这位姑娘，将她创制的鱼片取名为培红鱼片，后成为绍兴传统名菜。

李鸿章杂碎。清末光绪年间，李鸿章出使欧美，招待外国人时用中餐，其中有用猪牛内脏和碎肉烩成的汤菜，外国人问菜名，李难以回答，就以徽语告之乃"杂碎"（即杂烩）。从此杂碎声名大振，仅在美国纽约一处，即有杂碎馆三四百家。此菜至今仍是安徽地方特色名菜。

张一品酱羊肉。清朝末年，浙江德清县新市有个叫红和松的人，利用本地特产湖羊，加羊油、红枣、酒、酱油、冰糖、辣椒末、茴香制成酱羊肉，并以"一品当朝"的吉利词，将羊肉取名"张一品"。百年来，张家父子相承，亲自掌勺，使羊肉质量始终如一，此菜品现已成蜚声江南地区的特产。

宫保鸡丁。清光绪年间，四川总督（尊称宫保）丁宝桢经常用鸡脯肉、辣椒切成丁，与花生米、蒜末、姜粒及甜面酱翻炒成鲜红油亮、黄褐绿相间的菜肴飨客，众口称好，并赞道："宫保身居显要，不耻掌勺，为人楷模。"此菜至今仍是川帮名菜。

扬州煮干丝。与镇江肴肉齐名，誉满天下。乾隆下江南时，扬州地方官员奉以细切豆腐干如丝线一般的"九丝汤"，乾隆赞不绝口，但嫌菜名太俗，就说："给它一个扬州煮干丝的美名吧！"扬州煮干丝自此流传了百余年。

镇江肴肉。又名"水晶肴蹄"，是 300 年前镇江一家小店店主在烹制鲜猪蹄时，无意中将硝当作盐而制成的一味佳肴。有人曾赋诗："风光无限数金焦，更爱京江肉食烧。不腻微酥香味溢，嫣红嫩冻水晶肴。"镇江肴肉如今已传遍各地菜馆酒楼。

## 公元 1911—1938 年

1913 年、1915 年和 1929 年，金华火腿分别荣获南洋劝业会奖状、巴拿马万国商品博览会优质一等奖和杭州西湖商品博览会商品质量特别奖。

中国经过鸦片战争、辛亥革命和抗日战争，中西、沿海、内陆人口大量流动，文化相互交流，烹饪技艺、风味也互补短长，上海菜、四川菜、湖南菜、湖北菜、浙江菜等都各展其长，名噪海内外。

这一时期，资本主义国家的商品大量向中国倾销，其中不乏饮食市场需用的调味品，如味精、果酱、巧克力、黄油，从而影响了中菜的调味和制作。在上海、南京、武汉等城市出现了中式西餐、西式中餐，这些都在饮食市场占有一定份额。

这一时期，长江流域各地还出现了一批著名的餐馆酒楼，兹将各地有代表性的几个酒楼条列如下：

荣乐园。1911 年，蓝光鉴、戚乐斋等人在成都湖广馆街创办荣乐园包席馆，原设于成都市湖广馆街兴隆庵寺内。20 世纪 40 年代末迁至骡马市街口，以经营创新川味为特色。主要名菜有干烧鹿筋、麻辣鸡、蟹黄银杏等。

永和园酒楼。1901 年开业，设于南京市中心夫子庙，以经营淮扬风味小吃为特色，原名"雪园菜馆"。20 世纪 30 年代末，由卞永生买下后，改名为"永和园"，增加了"烫干丝"和"蟹壳黄"烧饼，被称为"秦淮两绝"。40 年代后，几经变迁。1986 年重新扩建开业，改名为"永和园酒楼"。著名书法家林散之，题写了"永和园"匾额。以经营京苏风味和淮扬小吃为特色。主要名点有三丁包、蟹黄包、翡翠烧卖等。

功德林蔬食处。1922 年开业，由杭州城隍山常寂寺高维均法师之徒赵云韶等创办，以办佛事和淮扬风味素菜为特色。原设于上海市北京东路贵州路口，1932 年迁至黄河路南京西路附近。主要名菜有五香烤麸、功德火腿、素蟹粉、白汁芦笋、罗汉菜等。鲁迅、柳亚子、沈钧儒、邹韬奋以及黄炎培等均为该店常客。在史良的生前回忆录中有《怀念功德林》一篇。

贵阳饭店。1924 年开业，设于贵阳市中华路，以经营黔菜风味为特色，其前身为"云荣春"和"双合园"。1952 年合并改建后改名为贵阳饭店，以经营贵州和云南风味为特色。主要名菜点有盐酸干烧鱼、金钱肉、镶竹蒜、太师面、鸡肉饼等。

同庆楼菜馆。1925 年开业，原设于芜湖市中二街，由 19 户商家联合创办，以经营

安徽沿江风味菜为特色，1952年迁至中山路。从50年代到80年代几经扩建，又增加了淮扬风味菜。主要名菜有金酱扒鸭、香糟肉、荷包鲫鱼等。1958年毛泽东视察时，该店曾为之制作菜肴；1965年越南胡志明主席也在该店品尝了奶油鲫鱼。

德鑫园。1926年开业，设于昆明市南通街，以经营过桥米线为特色为主。原由戴应德及其女婿范云鑫创办，故名"德鑫园"。1972年扩建后改名为云南过桥米线馆，1983年恢复现名。仍以经营过桥米线为主，兼营汽锅鸡等云南名菜为特色。过桥米线曾荣获商业部优质产品"金鼎奖"。

天香楼。1927年开业，原由陆冷年创办。原设于杭州市教仁街，1956年迁至解放路井亭桥边。在上海、香港等地都设有分店。店名取自唐代诗人宋之问"桂子月中落，天香云外飘"的诗句，并由著名书法家沙孟海题写了"天香斋"额匾。以经营杭州风味菜为特色，主要名菜有东坡肉、炸响铃、龙井虾仁等。其中龙井虾仁、糟鸡曾荣获商业部优质产品"金鼎奖"。

老通城酒楼。1929年开业，原设于武汉市大智路，由汉阳人曾厚诚创办，原名"通城食品店"。原以经营面点甜食为特色，后由名厨掌灶创制了风味独特的"三鲜豆皮"，名扬武汉三镇。1945年改名为"老通城酒楼"，50年代后几经扩建，以经营湖北风味菜点，兼营苏粤、川、京式风味菜点为特色。主要名菜名点有瓦罐鸡汤、三鲜豆皮、香炸凤翅、汽锅牛肉等。其中三鲜豆皮曾荣获优质产品"金鼎奖"，毛泽东等领导人品尝过这一美食。

老四川。1930年开业，设于重庆市八一路，原由钟易风、严文治夫妇创办的小食摊，以经营灯影牛肉为特色。抗战时期，有一位记者吃了灯影牛肉后，便建议以"老四川"为牌名，于是钟易风夫妇便弃摊建店，取名为"老四川"。1970年与粤香村合并，改称"粤香村"。1985年恢复原名。以经营牛肉制品，并以其麻辣鲜香为特色。

火宫殿酒家。1932年开业，设于长沙坡子街，原是祭祀火神的场所，也是著名的小吃街。1938年庙宇被毁，石牌楼上字样仍在，许多商贩在此设摊，经营风味小吃。1956年合并为国营饭店。以经营臭豆腐为特色。二十世纪五六十年代，党和国家领导人毛泽东、彭德怀、叶剑英等都在此品尝过臭豆腐的美味。

新雅酒家。1938年开业，原设于南昌市洗马池附近，原由郝宜春创办，以专营粉、面业务为特色。1943年迁至吉安市，1948年迁往原址。原名"新雅亭"，不久就改建为"新雅酒家"。以经营江西风味菜为特色。20世纪40年代，曾以创制新雅鸡、新雅豆腐和新雅四宝三道特色菜，轰动南昌市，被人们誉为"新雅三绝"。

## 公元 1913 年

汉口第一家西餐厅——汉口大旅社"瑞海西餐厅"开业。

## 公元 1915 年

上海成立冠生园食品厂。

农林传习所（即原农政专门学校）建立，其茶业试验场在安徽祁门县成立。

## 公元 1916 年

南洋兄弟烟草公司成立，它是中国人自己开设的最大的烟草公司。

## 公元 1917 年

徐珂著《清稗类钞》在上海商务印书馆首次出版。

## 公元 1918 年

武汉老谦记牛肉馆创立，原名谦记牛肉馆，位于武昌青龙巷，创始人冯谦伯、冯有权夫妇。主要供应牛肉炒豆丝、原汤豆丝、清汤豆丝、牛肉煨汤等品种。

## 公元 1920 年左右

上海菜馆改良清炒鳝鱼，制作成竹笋鳝糊，并开始出售。

南京高等师范学校农业专修科建立小麦试验站，在 900 个小麦品种中，发现武进无芒、南京赤壳、日本赤皮为最佳小麦品种，江宁洋籼、东莞白为最佳稻种。

武汉祁万顺酒楼开业，原设于汉口大智路。20 世纪 30 年代，曾改名为福兴和粉面馆。后迁至汉阳大道，以经营水饺和发糕为特色。20 世纪 50 年代后，几经扩建，并恢复原名。

## 公元 1921 年

吴蕴初在上海试制味精成功。

## 公元 1923 年

吴蕴初在上海创建天厨味精厂，开始生产味精。

## 公元 1924 年

汉口福庆和开业，位于中山大道靠近六渡桥地段，以经营米粉而独树一帜。

## 公元 1926 年

介绍苏州菜点的《吴中食谱》面世。

## 公元 1927 年

武汉四季美汤包馆开业（前身是始创于 1922 年的美美园熟食店），主营小笼汤包，原址位于汉口花楼街，由汉阳人田玉山创办，后迁至汉口中山大道江汉路口。

## 1928 年

上海第一家中国人经营西式食品的商店——凯司令营业。

## 公元 1929 年

武汉老通城酒楼开业。原设于汉口大智路，以经营面点甜食为特色。后聘"豆皮大王"

高金安等名厨掌灶，创制风味独特的"三鲜豆皮"，名扬武汉三镇。历经多次改名后，于 1978 年更名为老通城酒楼。

<h2 style="text-align:center">公元 1930 年</h2>

汉口冠生园酒楼开业。由冼冠生在江汉路创办，总店设在上海。以经营广东风味菜和点心为特色。主要名菜名点有烤乳猪、鸡丝烩蛇羹、叉烧包等。

武汉大中华酒楼开业。位于武昌解放路与彭刘杨路口，由章在寿、张洪万等创办。原以经营安徽风味菜为特色，于 1936 年扩建后，增加了浙江和湖北风味菜，后来以湖北风味菜品为主。

<h2 style="text-align:center">公元 1930 年左右</h2>

四川夫妻肺片、浙江西湖莼菜汤、安徽符离集烧鸡、湖北瓦罐鸡汤、上海三黄油鸡、虾子大乌参等名菜相继走红。

重庆云龙园火锅店开业，将毛肚火锅从担头移到门店餐桌上。

<h2 style="text-align:center">公元 1931 年</h2>

武汉德华楼开业。该酒楼位于汉口中山大道民众乐园正对面（1960 年迁至汉口三民路），由天津人陈世荣、曹树召、李德富、陈大友等合股开办。德华楼的品牌渊源，可追溯至 1924 年由天津人李焕庭创办的得华楼。

在杭州成立中国第一家炼乳公司——西湖炼乳公司。

<h2 style="text-align:center">公元 1933 年</h2>

郎擎霄《中国民食史》由上海商务印书馆出版。

<h2 style="text-align:center">公元 1935 年</h2>

全国稻麦改进所在南京成立，与实业部中央农业实验所对宇望衡，是国内改进稻麦的最高技术机关。

意大利人路易·路迈开设的喜乐迈法式西餐馆，在上海开业，它是当时最负盛名的"红房子"的前身。

<h2 style="text-align:center">公元 1938 年</h2>

襄阳大华酒店开业。原设于樊城前街陈老巷，由当地名厨曹大伦创办，1957 年迁至人民路。20 世纪 90 年代扩建后，以湖北风味菜为特色。名菜有夹沙肉、锅贴鱼、烧青鱼头等。

沙市好公道酒楼创建，最初开业于觉楼街内警钟楼旁，由江浙人詹阿定创办。开始并无店名，经营稀饭、油饼、小吃、卤菜、什锦饭（猪油炒饭）等品种，被顾客誉为"菜美饭好，买卖公道"，于是詹阿定便以"好公道"为招牌。后搬迁中山路，扩大经营，主营湖北风味，兼营江浙菜点。

## 公元 1939 年

汉口东来顺餐馆开业。它位于六渡桥南洋大楼旁,由马辅忱创办,是一家具有清真饮食特色的餐馆。在征得北京东来顺丁德山三兄弟同意后,给小店起名为汉口东来顺,以经营北方小吃、清真炒菜、挂炉烤鸭、涮羊肉为主。

## 公元 1942 年

汉阳野味香酒楼开业。由解华忠、王菊英夫妇创办,位于三里坡江堤街,以野味卤菜、卤汁面为特色。1945 年,改名为野味香小吃店。新中国成立后,几经改址扩建,成为汉阳专营野味的餐馆和对外服务的窗口。

## 公元 1946 年

武汉小桃园煨汤馆开业,位于汉口胜利街兰陵路口,由陶坤甫、袁得照合伙创办。原名筱陶袁煨汤馆,后改名为小桃园煨汤馆,以经营八卦汤(乌龟汤)、牛肉汤、瓦罐鸡汤为特色。

## 公元 1947 年

3 月,武汉"北京春明楼"开业,由原在北京致美斋做管事的吴成宝邀约几位同仁一起创办的京帮菜馆,位于汉口蔡锷路与胜利街交叉口,以拔丝山药等为拳头产品。

## 公元 1911—1949 年(民国时期)

这一时期通过外交、贸易、文化等渠道,长江流域各地出国人数增多,不少侨胞在海外经营川菜馆、苏菜馆及各地本帮菜馆,传播烹调技艺,使中国菜逐渐进入国际餐饮市场,海外各国华人街上中国人开的川味酒楼餐馆,触目皆是,菜点风味独到,颇受食客青睐。

## 公元 1954 年

京山发现屈家岭遗址。1955 年、1957 年两次发掘,出土了距今 5100—4500 年的大量石器、陶器,如锅、碗等。在红烧土建筑遗迹中,保存有密结成层的大量稻谷壳和稻茎,经鉴别,属大粒粳型稻。

经公私合营,出现"成都名小吃"这一称谓。

天门发现石家河遗址。在杨家湾等多个地点发现新石器时代遗存,出土了大量石器、陶器,还有骨器与蚌器。在遗址里还发现了一些附有稻谷壳的烧红土块,时任中国农业科学院院长丁颖教授鉴定为粳稻品种,取名石河粳稻,并在 1959 年《考古学报》第 4 期发表论文称,石河粳稻为研究长江流域水稻种植的起源提供了可靠资料。

## 公元 1955 年

华中农学院水产系(华中农业大学水产学院前身)易伯鲁教授正式将梁子湖鳊鱼

命名为团头鲂，这是新中国成立后我国科学家命名的第一个鱼类种名。

## 公元 1956 年

5月31日至6月4日，毛泽东主席在武汉品尝清蒸鳊鱼，三次畅游长江，在东湖客舍（今东湖宾馆）南山甲所写下了著名的《水调歌头·游泳》，其中"才饮长沙水，又食武昌鱼"成为广为流传的名句。

## 公元 1958 年

4月3日，毛泽东主席视察武汉老通城酒楼。

9月12日，毛泽东主席第二次视察武汉老通城酒楼，品尝三鲜豆皮。

## 公元 1960 年

在湖北省饮食服务处组织下，沙市名厨刘绍玉于秋季赴京，在人民大会堂表演楚乡名菜去骨鸡丁、双黄鱼片、皮条鳝鱼等，受到朱德、李先念等中央领导接见，荣获奖章1枚。

## 公元 1966 年

6月，商业部饮食服务局编撰《中国名菜谱·第十二辑》（湖南、湖北名菜点），汇集名菜111种，名小吃40种，共151种，其中湖南49种，湖北102种，由轻工业出版社出版。

## 公元 1974 年

考古工作者在江苏句容一座西周墓中的"西周几何印纹硬陶瓿"里，发现了西周时期的几十枚鸡蛋。这些鸡蛋距今约有2800年，是中国发现的年代最早的鸡蛋实物，由于年代久远，陶罐里的鸡蛋都已石化。鸡蛋每个长度约有4.2厘米，宽度约有3.1厘米，与如今市场上卖的鸡蛋相比，个头略小一些。

## 公元 1978 年

5月，随州曾侯乙墓共出土礼器、乐器、漆木用具、金玉器、兵器、车马器和竹简15000余件，仅青铜器就共计6239件。其中曾侯乙编钟一套65件，是迄今发现的最完整最大的一套青铜编钟。青铜礼器主要有镬鼎2件、升鼎9件、饲鼎9件、簋8件、簠4件、大尊缶1对、联座壶1对、冰鉴1对、尊盘1套2件及盥缶4件等。

10月，《烹调原理》（作者张起钧，湖北枝江人，哲学教授，1938年毕业于西南联大，1948年去台湾）由台湾新天地书局印行。该书多处介绍湖北菜点，修订本于1985年2月由中国商业出版社出版。

## 公元 1979 年

4月23日—5月10日，川菜烹饪小组赴香港进行为期17天的交流表演，轰动香港媒体，香港地区14种中英文报纸及2家电视台全程追踪报道了川菜展演盛况。

## 公元 1980 年

3 月，商业部主办《中国烹饪》杂志出创刊号，刊登《永恒的怀念》一文，介绍毛泽东主席两次视察武汉老通城酒楼及品尝豆皮的故事。

6 月，中美合资纽约荣乐园川菜馆开业。主要名菜有灯影牛肉、虾须牛肉、全牛席等。其中灯影牛肉曾荣获商业部优质产品"金鼎奖"。

## 公元 1982 年

3 月，中日合编的《中国名菜集锦》（中、日文版）正式发行，上海、四川等省市参与编撰。

## 公元 1983 年

11 月，《四川烹饪》杂志创刊。

## 公元 1985 年

5 月，四川烹饪专科学校创建。

12 月，《川菜烹饪事典》出版发行。

## 公元 1986 年

10 月，成都市郫县农科村徐家大院创办中国第一家农家乐。

## 公元 1987 年

1 月，荆门包山大冢（汉墓）出土数十只竹笥，其中盛有板栗、红枣、柿子、菱角、莲藕、荸荠、生姜、花椒等十多种果品和作料，狗獾肉与部分菱角装在一起，铜鼎内盛着牛肉、羊肉，鱼放在水缸中，均保存相对完好，植物果实的肉仁虽然大多已炭化，但仍不失其原貌。

## 公元 1988 年

考古工作者在发掘江西桃园山南宋周氏墓时发现了两个粽子，墓主人周氏右手拿持一根长 40 厘米的桃枝，桃枝上系有两个粽子，碑文显示墓主人周氏离世时没能赶上端午节。据专家推测，她的家人想让她吃上粽子，便把粽子带到棺木中去了。在早期粽子也有祭奠之意，放入其中以示哀悼。两个粽子成双成对，也象征吉祥如意。这对菱角形的粽子长 6 厘米、宽 3 厘米，如拳头般大小，外皮为粽叶，以天然芦苇叶麻线捆扎。同时，从粽子的编织手法和技艺上看，保持着地方传统特色，与我们现代粽子的制作方法非常相近。现保存在江西九江德安县博物馆内。

## 公元 1989 年

8 月，长沙召开首届中国烹饪学术研讨会。

## 公元 1992 年

11 月，第一届中国烹饪世界大赛在上海举行。

### 公元 1996 年

6 月，第二届中国烹饪世界大赛在上海举行。

### 公元 1998 年

10 月，中共四川省委七届二次全会决定，把川菜作为一个产业来抓。

### 公元 2000 年

12 月，王子华著《彩云深处起炊烟——云南民族饮食》由云南教育出版社出版。

12 月，章仪明主编《淮扬饮食文化史》由青岛出版社出版。

### 公元 2004 年

5 月，张楠著《云南吃怪图典》由云南人民出版社出版。

### 公元 2005 年

5 月，邵之惠、洪璟、张脉贤著《徽菜》由安徽人民出版社出版。

10 月，全国第一个以地方菜系命名的产业园区——成都川菜产业园正式建立。

### 公元 2007 年

5 月，成都川菜博物馆在郫县古城镇建成开馆。

11 月，随州市安居镇羊子山西周早期墓葬出土了 27 件青铜器，有方鼎、圆鼎、簋、瓺、罍、盉、盘、尊、斝、觯、爵等。

### 公元 2008 年

1 月，彭子诚主编《中国湘菜大典》由中国轻工业出版社出版。

2 月，湖北省商务厅、湖北省烹饪协会编著的《中国鄂菜》由湖北科学技术出版社出版。

3 月，《四川省志·川菜志》编纂委员会在成都召开成立大会，编纂工作正式启动。

12 月，唐艳香、褚晓琦著《近代上海饭店与菜场》由上海世纪出版股份有限公司、上海辞书出版社出版发行。

### 公元 2010 年

2 月，成都入选联合国教科文组织评出的"世界美食之都"，成为亚洲首个"世界美食之都"。

3 月，《中国川菜（中英文标准对照版）》出版发行，是国内第一本大型的中英文标准版的地方风味精美图文集。

### 公元 2011 年

12 月，川菜非物质文化遗产论坛在成都举办。

### 公元 2013 年

3 月，中国·川菜文化体验馆正式开馆。

4月，四川省商务厅正式发布实施了《四川省川菜产业发展规划（2013—2015）》。

9月，中华人民共和国国内贸易行业标准《川菜烹饪工艺》（SB/T 10946—2012）正式发布实施。

### 公元 2016 年

6月，《中国川菜服务规范》（DB51/T 2137—2016）由四川省质量技术监督局正式发布实施。

### 公元 2017 年

5月，中华人民共和国国内贸易行业标准《川点制作工艺》（SB/T 11169—2016）正式发布实施。

### 公元 2018 年

7月，湖北省人民政府办公厅下发《关于推动楚菜创新发展的意见》（鄂政办发〔2018〕36号），将湖北菜的简称统一规范为"楚菜"，标志着楚菜的创新发展进入新时代。

9月，卢森堡邮政发行一枚邮票，画面是一幅半身铜雕，这尊雕像的作者是让·米奇（Jean Mich，公元 1871—1932 年），卢森堡最杰出的雕塑家之一。邮票发行的目的是庆贺雕塑家让·米奇个展在国家历史和艺术博物馆展出。他原籍马图姆，1893 年移居巴黎。这位雕塑家与中国还有一些渊源。清朝末年，时任汉阳铁厂总工程师的吕贝尔（Eugène Ruppert，公元 1864—1950 年）与他一起设计了张之洞纪念碑，并立于汉阳铁厂内。这尊兴建于 1911 年的纪念碑在之后的抗日战争中被损毁。邮票上的这件雕塑作品的原型是给吕贝尔做饭的中国武汉厨师。这幅雕像创作于 1912 年，辛亥革命的枪声在头一年还在武昌上空响起，推翻了清朝后的武汉厨师就剃掉了长辫子，而且留了个光头，期盼美好时代的愿望跃然雕像之上。

9月，首届世界川菜大会在成都双流开幕。

12月，在武汉醉江月酒店召开"楚菜特点研讨会"，二十多位专家、教授、学者、烹饪大师、行业协会领导参会，经反复讨论后达成一致共识，将楚菜特点表述为"鱼米之乡，蒸煨擅长，鲜香为本，融和四方"。

### 公元 2019 年

9月，蓝勇著《中国川菜史》由四川文艺出版社出版。

10月，江苏扬州被联合国教科文组织评为"世界美食之都"，成为中国继成都、顺德、澳门之后第四个"世界美食之都"。

12月，《中国楚菜大典》由湖北科技出版社出版。编撰《中国楚菜大典》是湖北省委、省人民政府交给湖北省商务厅的一项加强楚菜文化建设的重要任务。2018 年 7

月 21 日，湖北省人民政府办公厅发布了《关于推动楚菜创新发展的意见》，明确要求加强楚菜文化研究，集中力量出版一部《中国楚菜大典》及系列丛书。《中国楚菜大典》由湖北省商务厅、湖北经济学院主持编撰工作，仅一年半时间就完成近百万字的《中国楚菜大典》。

<h2 style="text-align:center">公元 2021 年</h2>

3 月，湖北云梦郑家湖墓地考古获取了一批中华文明瑰宝，极大丰富了秦文化的内涵，活化了秦汉帝国大一统进程中重要节点的历史场景。该项目 3 月 18 日入选 2021 年中国六大考古新发现，3 月 31 日入选 2021 年度全国十大考古新发现。

郑家湖墓地出土了较多植物遗存，反映了当时当地人民种水稻、喝果酒、吃淡水鱼螺的生活。湖北省文物考古研究院科技考古部从事植物考古研究的姚凌博士介绍，M225、M274、M277 墓均发现遍布棺底的水稻。"数量至少在上百斤。"姚凌说，将粮食铺于棺内的现象并不是首见，距离该墓地约 3000 米的云梦睡虎地墓地，也曾发现棺内铺有一层厚约 3 厘米的粟。他称，这些水稻均是未脱粒的，可能是墓主生前的主要食物，死后陪葬反映了古人事死如事生的观念；也可能为了防潮防臭，是一种特定葬俗。

郑家湖墓地还发现种类丰富的坚果、水果等果实和种子，板栗数量较多，另有甜瓜、桃、苹果等。一件漆奁打开后，映入眼帘的是满满一盒红枣，个个颗粒饱满。姚凌称，这些遗存一方面反映墓主生前喜好，另一方面也能反映出当时周边的植物生态。

中国科学技术大学杨玉璋教授团队对 M276 墓出土的两件蒜头壶做有机残留物检测时，发现该容器可能盛过某种果酒，有趣的是，墓葬确实也有苹果属植物遗存出土。这为先秦时期的酿酒技术和种类研究提供了新材料。

6 月，"川菜烹饪技艺"入选第五批国家级非遗名录。

8 月，姚伟钧著《荆楚饮食文化史》由湖北科学技术出版社出版。

10 月，中国川菜博览馆开馆。

11 月，江苏淮安被联合国教科文组织评为"世界美食之都"，这是继四川成都、广东顺德、澳门、江苏扬州获此称号后，中国第五个成功跻身"世界美食之都"的城市。

<h2 style="text-align:center">公元 2022 年</h2>

6 月，四川省川菜标准化技术委员会成立。

# 参考文献

## 古　籍

1.《周礼注疏》，《十三经注疏》整理委员会整理，北京：北京大学出版社，1999 年。

2.《春秋左传正义》，《十三经注疏》整理委员会整理，北京：北京大学出版社，1999 年。

3.《毛诗正义》，《十三经注疏》整理委员会整理，北京：北京大学出版社，1999 年。

4.《论语注疏》，《十三经注疏》整理委员会整理，北京：北京大学出版社，1999 年。

5.《孟子注疏》，《十三经注疏》整理委员会整理，北京：北京大学出版社，1999 年。

6.［清］阮元校刻：《十三经注疏》，北京：中华书局，1980 年影印本。

7.《战国策》，上海：上海古籍出版社，1985 年。

8.《墨子》，方勇译注，北京：中华书局，2011 年。

9.《吕氏春秋》，张双棣等注译，北京：北京大学出版社，2011 年。

10.《楚辞》，董楚平译注，上海：上海古籍出版社，1986 年。

11.［汉］刘安：《淮南子译注》，陈广忠译注，北京：中华书局，2012 年。

12.［汉］司马迁：《史记》，北京：中华书局，1963 年。

13.［汉］班固：《汉书》，北京：中华书局，1964 年。

14.《黄帝内经》，姚春鹏译注，北京：中华书局，2010 年。

15.［汉］许慎撰，［清］段玉裁注：《说文解字注》，上海：上海古籍出版社，1981 年。

16.［汉］杨孚：《异物志辑佚校注》，吴永章辑佚校注，广州：广东人民出版社，2010 年。

17.［汉］崔寔：《四民月令校注》，石声汉校注，北京：中华书局，1965 年。

18.［晋］陈寿：《三国志》，［南朝宋］裴松之注，北京：中华书局，1964 年。

19.［晋］张华：《博物志校证》，范宁校证，北京：中华书局，1980 年。

20.［晋］嵇含：《南方草木状》，广州：广东科技出版社，2009 年。

21.［东晋］葛洪：《神仙传》，胡守为校释，北京：中华书局，2010 年。

22.《抱朴子内篇》，张松辉译注，北京：中华书局，2011 年。

23. ［晋］葛洪辑：《西京杂记全译》，成林、程章灿译注，贵阳：贵州人民出版社，1993 年。

24. ［南朝宋］范晔：《后汉书》，［唐］李贤等注，北京：中华书局，1965 年。

25. ［南朝梁］沈约：《宋书》，北京：中华书局，1974 年。

26. ［南朝梁］萧子显：《南齐书》，北京：中华书局，1972 年。

27. ［南朝梁］萧统编：《文选》，［唐］李善注，上海：上海古籍出版社，1986 年。

28. ［南朝梁］宗懔：《荆楚岁时记译注》，谭麟译注，武汉：湖北人民出版社，1999 年。

29. ［北魏］贾思勰：《齐民要术校释》，缪启愉校释，缪桂龙参校，北京：农业出版社，1982 年。

30. ［北魏］贾思勰：《齐民要术》，崔祝、郭庆等编译，沈阳：沈阳出版社，1995 年。

31. ［唐］房玄龄等：《晋书》，北京：中华书局，1974 年。

32. ［唐］姚思廉：《梁书》，北京：中华书局，1973 年。

33. ［唐］李延寿：《南史》，北京：中华书局，1975 年。

34. ［唐］魏徵、令狐德棻：《隋书》，北京：中华书局，1973 年。

35. ［唐］欧阳询：《艺文类聚》，汪绍楹校，上海：上海古籍出版社，1982 年。

36. ［唐］常璩：《华阳国志校注》，刘琳校注，成都：巴蜀书社，1984 年。

37. ［唐］陆羽：《茶经》，武汉：湖北教育出版社，2020 年。

38. ［唐］封演：《封氏闻见记校注》，赵贞信校注，北京：中华书局，2005 年。

39. ［唐］韦绚：《刘宾客嘉话录》，陶敏、陶红雨校注，北京：中华书局，2019 年。

40. ［唐］李匡义：《资暇集》，北京：中华书局，1985 年。

41. ［日］真人元开：《唐大和上东征记》，汪向荣校注，北京：中华书局，1979 年。

42. ［后晋］刘昫等：《旧唐书》，北京：中华书局，1975 年。

43. ［宋］欧阳修、宋祁：《新唐书》，北京：中华书局，1975 年。

44. ［宋］李昉等：《太平御览》，北京：中华书局，1960 年。

45. ［宋］李昉等编：《太平广记》，北京：中华书局，1961 年。

46. ［宋］乐史：《太平寰宇记》，王文楚等点校，北京：中华书局，2007 年。

47. ［宋］梅尧臣：《梅尧臣集编年校注》，朱东润编年校注，上海：上海古籍出版社，1980 年。

48. ［宋］王安石：《王安石文集》，刘成国点校，北京：中华书局，2021 年。

49. ［宋］苏轼：《仇林笔记》，华东师范大学古籍研究所点校注释，上海：华东师范大学出版社，1983 年。

50. ［宋］苏颂：《本草图经》，尚志钧辑校，合肥：安徽科学技术出版社，1994 年。

51. ［宋］李焘：《续资治通鉴长编》，上海师范大学古籍整理研究所、华中师范大学古籍研究所点校，北京：中华书局，1995 年。

52. ［宋］洪迈：《夷坚志》，何卓点校，北京：中华书局，1981 年。

53. ［宋］陶谷：《清异录》，四库全书文渊阁本。

54. ［宋］庄绰：《鸡肋编》，萧鲁阳点校，北京：中华书局，1983 年。

55. ［宋］陆佃：《埤雅》，王敏红校点，杭州：浙江大学出版社，2008 年。

56. ［宋］王楙：《野客丛书》，王文锦点校，北京：中华书局，1987 年。

57. ［宋］朱长文：《吴郡图经续记》，金菊林校点，南京：江苏古籍出版社，1999 年。

58. ［宋］罗愿：《尔雅翼》，石云孙点校，合肥：黄山书社，1991 年。

59. ［宋］郭茂倩编：《乐府诗集》，北京：中华书局，1979 年。

60. ［宋］陆游：《剑南诗稿校注》，钱仲联校注，上海：上海古籍出版社，2015 年。

61. ［宋］吴自牧：《梦粱录》，杭州：浙江人民出版社，1980 年。

62. ［宋］叶绍翁：《四朝闻见录》戊集《韩墩梨》，尚成校点，上海：上海古籍出版社，2012 年。

63. ［宋］张世南：《游宦纪闻》，张茂鹏点校，北京：中华书局，1981 年。

64. ［宋］洪兴祖：《楚辞补注》，白化文等点校，北京：中华书局，1983 年。

65. ［宋］周密：《武林旧事》，杭州：浙江人民出版社，1984 年。

66. ［宋］韩彦直：《橘录》，文渊阁《四库全书》本。

67. ［宋］范成大：《吴船录》，知不足斋丛书本。

68. ［宋］庞元英：《文昌杂录》，北京：中华书局，1958 年。

69. ［元］王祯：《农书》，缪启愉、缪桂龙译注，济南：齐鲁书社，2009 年。

70. ［元］忽思慧：《饮膳正要》，刘玉书点校，北京：人民卫生出版社，1986 年。

71. ［明］徐光启：《农政全书校注》，石声汉校注，西北农学院古农学研究室整理，上海：上海古籍出版社，1979 年。

72. ［明］李贽：《焚书》，张建业译注，北京：中华书局，2018 年。

73. ［明］徐弘祖：《徐霞客游记校注》，朱惠荣校注，北京：中华书局，2017 年。

74. ［明］李时珍：《本草纲目》，北京：人民卫生出版社，2004 年。

75. ［明］田汝成辑撰：《西湖游览志余》，刘雄、尹晓宁点校，上海：上海古籍出版社，2018 年。

76. ［明］宋应星：《天工开物译注》，潘吉星译注，上海：上海古籍出版社，2013 年。

77. ［明］高濂：《遵生八笺》，成都：巴蜀书社，1985 年。

78. ［清］徐珂编撰：《清稗类钞》，北京：中华书局，1984 年。

79.〔清〕孙诒让：《周礼正义》，王文锦、陈玉霞点校，北京：中华书局，1987年。

80.〔清〕孙希旦：《礼记集解》，沈啸寰、王星贤点校，北京：中华书局，1989年。

81.〔清〕王文浩辑注：《苏轼诗集》，孔凡礼点校，北京：中华书局，1982年。

82.〔清〕陈梦雷编：《古今图书集成》，北京：中华书局，1934年影印本。

83.〔清〕陈世元：《金薯传习录》，北京：农业出版社，1982年。

84.〔清〕顾彩：《容美纪游》，吴柏森校注，武汉：湖北人民出版社，1998年。

85.〔清〕范锴：《汉口丛谈校释》，江浦等校译，武汉：湖北人民出版社，1999年。

86.〔清〕刘锦藻：《清朝续文献通考》，上海：商务印书馆，1936年。

87.〔清〕吴之振等辑：《宋诗钞》，北京：中华书局，1986年。

88.〔清〕章穆纂：《调疾饮食辨》，伊广谦点校，北京：中医古籍出版社，1987年。

89.〔清〕戴震：《方言疏证》，上海：上海古籍出版社，2017年。

90.〔清〕吴其濬：《〈植物名实图考〉校注》，侯士良等校注，郑州：河南科学技术出版社，2015年。

91.〔清〕曾懿撰：《中馈录》，陈光新注释，北京：中国商业出版社，1984年。

92.〔清〕李宝嘉：《官场现形记：注释本》，高书平注，武汉：崇文书局，2015年。

93.〔清〕黄式权：《淞南梦影录》，上海：上海古籍出版社，1989年。

94.〔清〕梁章钜：《归田琐记》，于亦时点校，北京：中华书局，1981年。

95.〔清〕袁枚：《随园食单》，周三金等注释，北京：中国商业出版社，1984年。

96.〔清〕厉鹗辑撰：《宋诗纪事》，上海：上海古籍出版社，1983年。

97.〔清〕薛福成：《出使英法义比四国日记》，长沙：岳麓书社，2008年。

98.〔清〕王韬：《弢园尺牍》，台北：文海出版社，1983年。

99.《三字经·百安姓·千字文·弟子规》，李逸安译注，北京：中华书局，2009年。

100.《全唐诗》，北京：中华书局，1999年。

101.《全唐文》，北京：中华书局，1983年。

## 地方志

1.〔宋〕谈钥：《嘉泰吴兴志》，嘉业堂刻本。

2.〔宋〕范成大：《吴郡志》，陆振岳校点，南京：江苏古籍出版社，1986年。

3.〔宋〕胡榘、罗濬纂修：《宝庆四明志》。

4.〔元〕脱因修，俞希鲁纂：《至顺镇江志》，清道光二十二年丹徒包氏刊本。

5.〔清〕马如龙修，杨鼐等纂：康熙《杭州府志》，康熙二十五年刻本。

6.〔清〕宋载纂修：乾隆《大邑县志》，乾隆二十年刻本。

7. ［清］邢澍等修，钱大昕等纂：嘉庆《长兴县志》，嘉庆十三年刻本。

8. ［清］阿克当阿修，［清］姚文田等纂：嘉庆《重修扬州府志》，扬州：广陵书社，2006 年。

9. ［清］王协梦修，罗德昆纂：道光《施南府志》，道光十七年刻本。

10. ［清］袁景晖纂修：道光《建始县志》，道光二十一年刻本。

11. ［清］王槐龄等补辑：道光《补辑石柱厅新志》，道光二十三年刻本。

12. ［清］张元澧修，王果纂：道光《内江县志要》，道光二十五年刻本。

13. ［清］聂光銮修，王柏心纂：同治《宜昌府志》，同治五年刻本。

14. ［清］崔培元修，龚绍仁纂：同治《宜都县志》，同治五年刊本。

15. ［清］松林、曾庆榕等纂修：同治《增修施南府志》，同治十年刻本。

16. ［清］查子庚修，熊文澜纂：同治《枝江县志》。

17. ［清］金大镛修：同治《东湖县志》。

18. ［清］张梓修，张光杰纂：同治《咸丰县志》。

19. ［清］何绍章等修，吕耀斗等纂：光绪《丹徒县志》，光绪五年刊本。

20. ［清］曾秀翘修，杨德坤等纂：光绪《奉节县志》，光绪十九年刻本。

21. ［清］孙云锦修，吴昆田、高廷第纂：《淮南府志》，光绪十年刻本，荀德麟、周平等点校，北京：方志出版社，2010 年。

22. 梁汝泽等纂修：《（民国）枣阳县志》，武汉：湖北教育出版社，2020 年。

23. 徐谦芳：《扬州风土记略》，蒋孝达、陈文和校点，南京：江苏古籍出版社，2002 年。

## 今人著作

1. 汪蔚林编：《孔尚任诗文集》，北京：中华书局，1962 年。

2. 郭宝钧：《中国青铜器时代》，北京：生活・读书・新知三联书店，1963 年。

3. ［美］马士：《中华帝国对外关系史第一卷：1834—1860 年冲突时期》，张汇文、章巽等合译，北京：商务印书馆，1963 年。

4. 中国科学院考古研究所编：《京山屈家岭》，北京：科学出版社，1965 年。

5. 范文澜：《中国通史》第三编，北京：人民出版社，1965 年。

6.

7. 罗振玉：《殷墟书契续编》，台北：艺文印书馆，1970 年。

8. ［俄］瓦西里・帕尔申：《外贝加尔边区纪行》，北京第二外国语学院俄语编译组译，北京：商务印书馆，1976 年。

9. 湖南农学院等：《长沙马王堆一号汉墓出土动植物标本的研究》，北京：文物出版社，1978 年。

10. 北京大学历史系考古教研室商周组编著：《商周考古》，北京：文物出版社，1979 年。

11.［英］贝尔纳：《历史上的科学》，伍况甫等译，北京：科学出版社，1981 年。

12. 王尧编著：《吐蕃金石录》，北京：文物出版社，1982 年。

13.

14. 中国社会科学院考古研究所编著：《新中国的考古发现和研究》，北京：文物出版社，1984 年。

15. 李璠编著：《中国栽培植物发展史》，北京：科学出版社，1984 年。

16. 章有义：《明清徽州土地关系研究》，北京：中国社会科学出版社，1984 年。

17. 张舜徽：《中国古代劳动人民创物志》，武汉：华中工学院出版社，1984 年。

18. 上海通社编：《上海研究资料》，上海：上海书店出版社，1984 年。

19. 陈椽编著：《茶叶通史》，北京：农业出版社，1984 年。

20. 程俊英：《诗经译注》，上海：上海古籍出版社，1985 年。

21.《藏族简史》，拉萨：西藏人民出版社，1985 年。

22. 国家文物局古文献研究室编：《马王堆汉墓帛书（肆）》，北京：文物出版社，1985 年。

23. 张起钧：《烹调原理》，北京：中国商业出版社，1985 年。

24. 周辉：《清波别志》，北京：中华书局，1985 年。

25. 萧致治、杨卫东编撰：《鸦片战争前中西关系纪事（1517—1840）》，武汉：湖北人民出版社，1986 年。

26. 湖北省饮食服务公司编：《中国小吃·湖北风味》，北京：中国财政经济出版社，1986 年。

27. 浙江民俗学会编：《浙江风俗简志》，杭州：浙江人民出版社，1986 年。

28. 胡朴安：《中华全国风俗志下编》，石家庄：河北人民出版社，1986 年。

29. 黎莹：《中国的食品》，北京：人民出版社，1987 年。

30. 庄晚芳编著：《中国茶史散论》，北京：科学出版社，1988 年。

31. 梁家勉主编：《中国农业科学技术史稿》，北京：农业出版社，1989 年。

32. 韩盈：《节令风俗故事》，上海：上海古籍出版社，1989 年。

33. 梁白泉主编：《国宝大观》，上海：上海文化出版社，1990 年。

34. 林永匡、王熹：《清代饮食文化研究》，哈尔滨：黑龙江教育出版社，1990 年。

35. 丁世良、赵放主编：《中国地方志民俗资料汇编》，北京：书目文献出版社，1991年。

36. 章开沅主编：《中外近代化比较研究丛书》，长沙：湖南出版社，1991年。

37. 严昌洪：《西俗东渐记——中国近代社会风俗的演变》，长沙：湖南出版社，1991年。

38. 杜恂诚：《民族资本主义与旧中国政府（1840—1937）》，上海：上海社会科学院出版社，1991年。

39. 鲁克才主编：《中华民族饮食风俗大观》，北京：世界知识出版社，1992年。

40. 皮明庥、欧阳植梁主编：《武汉史稿》，北京：中国文史出版社，1992年。

41. 王玲：《中国茶文化》，北京：中国书店，1992年。

42. ［日］田中静一：《中国食物事典》，曹章祺、洪光住译，北京：中国商业出版社，1993年。

43. 宋杰：《〈九章算术〉与汉代社会经济》，北京：首都师范大学出版社，1994年。

44. 丁日初主编，沈祖炜副主编：《上海近代经济史第一卷（1843—1894）》，上海：上海人民出版社，1994年。

45. 黄金贵：《古代文化词义集类辨考》，上海：上海教育出版社，1995年。

46. 宋公文、张君：《楚国风俗志》，武汉：湖北教育出版社，1995年。

47. 李学勤、徐吉军主编：《长江文化史》，南昌：江西教育出版社，1995年。

48. 周文英等：《江西文化》，沈阳：辽宁教育出版社，1995年。

49. 周勋初主编：《唐人轶事汇编》，上海：上海古籍出版社，1995年。

50. 韶山毛泽东纪念馆编：《毛泽东遗物事典》，北京：红旗出版社，1996年。

51. 罗养儒：《云南掌故》，李春龙等点校，昆明：云南民族出版社，1996年。

52. 谢国桢：《瓜蒂庵文集》，沈阳：辽宁教育出版社，1996年。

53. 丁剑、梅林编著：《江淮热土的民俗与旅游》，北京：旅游教育出版社，1996年。

54. 顾炳权编著：《上海洋场竹枝词》，上海：上海书店出版社，1996年。

55. 王仁湘主编：《中国史前饮食史》，青岛：青岛出版社，1997年。

56. 《古代经济专题史话》，北京：中华书局，1997年。

57. 陈无我：《老上海三十年见闻录》，上海：上海书店出版社，1997年。

58. 皮明庥、吴勇主编：《汉口五百年》，武汉：湖北教育出版社，1999年。

59. 黎虎：《魏晋南北朝史论》，北京：学苑出版社，1999年。

60. 任乃强：《西康图经》，拉萨：西藏古籍出版社，2000年。

61. 刘学治：《人间吃话——刘学治餐饮评论集》，乌鲁木齐：新疆科技卫生出版社；

参考文献

成都：四川科学技术出版社，2000年。

62. 赵荣光、谢定源：《饮食文化概论》，北京：中国轻工业出版社，2000年。

63. 刘勤晋：《茶文化学》，北京：中国农业出版社，2000年。

64. 顾炳权编著：《上海历代竹枝词》，上海：上海书店出版社，2001年。

65. 萧放：《岁时：传统中国民众的时间生活》，北京：中华书局，2002年。

66. 王英佳编著：《俄罗斯社会与文化》，武汉：武汉大学出版社，2002年。

67. 马世之：《中国史前古城》，武汉：湖北教育出版社，2003年。

68. 郭孟良：《中国茶史》，太原：山西古籍出版社，2003年。

69. 张宗祥辑录：《王安石〈字说〉辑》，曹锦炎点校，福州：福建人民出版社，2005年。

70. 逯耀东：《寒夜客来：中国饮食文化散纪之二》，北京：生活·读书·新知三联书店，2005年。

71. 傅崇矩：《成都通览》，成都：成都时代出版社，2006年。

72. 丁世忠主编：《重庆土家族民俗文化概况》，重庆：重庆出版社，2006年。

73. 李银桥、韩桂馨：《在毛泽东身边十五年》，石家庄：河北人民出版社，2006年。

74.《中国湘菜大典》，北京：中国轻工业出版社，2008年。

75. 姚伟钧、刘朴兵：《汉味之洞天：武汉食话》，武汉：武汉出版社，2008年。

76. 张舜徽：《说文解字约注》，武汉：华中师范大学出版社，2009年。

77. 徐中玉：《苏东坡文集导读》，北京：中国国际广播出版社，2009年。

78. 汪曾祺：《四方食事》，北京：中国文联出版社，2009年。

79. 欧阳晓东、陈先枢：《湖南老字号》，长沙：湖南文艺出版社，2010年。

80. 武汉市地方志办公室编：《（民国）夏口县志校注》，武汉：武汉出版社，2010年。

81. 华东师范大学古籍研究所整理：《顾炎武全集》，刘永翔校点，上海：上海古籍出版社，2011年。

82. 俞为洁：《中国食料史》，上海：上海古籍出版社，2011年。

83. 水利部长江水利委员会：《长江流域综合规划（2012—2030年）》，武汉：水利部长江水利委员会，2012年。

84. 孙燕京、张研主编：《民国史料丛刊续编》，郑州：大象出版社，2012年。

85. 方铁等：《中国饮食文化史·西南地区卷》，北京：中国轻工业出版社，2013年。

86. 孙中山：《建国方略》，北京：生活·读书·新知三联书店，2014年。

87. 徐海荣主编：《中国饮食史》，杭州：杭州出版社，2014年。

88. 任继周主编：《中国农业系统发展史》，南京：江苏凤凰科学技术出版社，2015年。

89. 杨伯峻编著：《春秋左传注》，北京：中华书局，2016年。

90. 李昕升：《中国南瓜史》，北京：中国农业科学技术出版社，2017年。

91. 瞿蜕园选注：《汉魏六朝赋选》，上海：上海古籍出版社，2019年。

92. 史智鹏：《黄州东坡赤壁文化》，武汉：武汉大学出版社，2019年。

93. 湖北省商务厅、湖北经济学院编著：《中国楚菜大典》，武汉：湖北科学技术出版社，2019年。

94. 杨华主编：《长江文明研究》，武汉：长江出版社，2020年。

95. 谢军、方八另：《湖湘饮食文化概要》，北京：现代出版社，2020年。

96. 关明等编：《昆明菜：滇池区域饮食文化圈的探索》，昆明：云南科技出版社，2022年。

97.《湖北文化简史》，武汉：湖北人民出版社，2023年。

98. 何杰：《湖南饮食文化地理及其与旅游业的关系》，武汉大学硕士学位论文，2000年。

99. 郑南：《美洲原产作物的传入及其对中国社会影响问题的研究》，杭州：浙江大学博士学位论文，2010年。

## 期刊报纸

1. 纪南城凤凰山一六八号汉墓发掘整理组：《湖北江陵凤凰山一六八号汉墓发掘简报》，《文物》1975年第9期。

2. 凤凰山一六七号汉墓发掘整理小组：《江陵凤凰山一六七号汉墓发掘简报》，《文物》1976年第10期。

3. 湖北省荆州地区博物馆：《湖北松滋县桂花树新石器时代遗址》，《考古》1976年第3期。

4. 吴汝祚：《山东胶县三里河遗址发掘简报》，《考古》1977年第4期。

5. 浙江省博物馆自然组：《河姆渡遗址动植物遗存的鉴定研究》，《考古学报》1978年第1期。

6. 张仲葛：《出土文物所见我国家猪品种的形成和发展》，《文物》1979年第1期。

7. 扬州市博物馆：《扬州西汉"妾莫书"木椁墓》，《文物》1980年第12期。

8. 陈祖全：《一九七九年纪南城古井发掘简报》，《文物》1980年第10期。

9. 王仁湘：《新石器时代葬猪的宗教意义——原始宗教文化遗存探讨札记》，《文物》1981年第2期。

10. 游修龄：《我国水稻品种资源的历史考证》，《农业考古》1981年第2期。

11. 陈振裕：《湖北农业考古概述》，《农业考古》1983 年第 1 期。

12. 后德俊：《从冰（温）酒器看楚国用冰》，《江汉考古》1983 年第 1 期。

13. 后德俊：《漆源之乡话楚漆》，《春秋》1985 年第 5 期。

14. 许怀林：《汉代江西的农业》，《农业考古》1987 年第 2 期。

15. 四川省博物馆：《四川彭县等地新收集到一批画像砖》，《考古》1987 年第 6 期。

16. 林奇：《楚墓中出土的植物果实小议》，《江汉考古》1988 年第 2 期。

17. 石河考古队：《湖北省石河遗址群 1987 年发掘简报》，《文物》1990 年第 8 期。

18. 华林甫：《唐代粟、麦生产的地域布局初探（续）》，《中国农史》1990 年第 3 期。

19. 姚伟钧：《茶与中国文化》，《华中师范大学学报》（哲社版）1995 年第 1 期。

20. 赵荣光：《上海与中国近代饮食文化》，《商业经济与管理》1995 年第 5 期。

21. 张海鹏：《〈徽州商帮〉序言》，《安徽师大学报》1995 年第 1 期。

22. 刘诗中：《江西仙人洞和吊桶环发掘获重要进展》，《中国文物报》1996 年 1 月 28 日第 1 版。

23. 袁家荣：《玉蟾岩获水稻起源重要新物证》，《中国文物报》1996 年 3 月 3 日第 1 版。

24. 姚伟钧：《中国稻作农业起源新探——兼析稻在先秦居民饮食生活中的地位》，《南方文物》1997 年第 3 期。

25. 裴安平：《澧县八十垱遗址出土大量珍贵文物》，《中国文物报》1998 年 2 月 8 日第 1 版。

26. 李群：《太湖地区畜牧发展史略》，《农业考古》1998 年第 3 期。

27. 向安强：《长江中游是中国稻作文化的发祥地》，《农业考古》1998 年第 1 期。

28. 姚伟钧：《近现代长江流域饮食文化的变化轨迹及其趋向》，《商业经济与管理》2000 年第 4 期。

29. 刘德银：《长江中游史前古城与稻作农业》，《江汉考古》2004 年第 3 期。

30. 张磊：《美国茶文化浅论》，《饮食文化研究》2004 年第 3 期。

31. 范琼：《俄罗斯茶文化的形成与特色》，《饮食文化研究》2004 年第 3 期。

32. 鲁明：《论中国茶文化与国际茶文化的再度沟通》，《饮食文化研究》2004 年第 3 期。

33. 邹振环：《西餐引入与近代上海城市文化空间的开拓》，《史林》2007 年第 4 期。

34. 贺孝贵：《恩施社节》，《民族大家族》2008 年第 1 期。

35. 姚伟钧：《武汉徽馆与大中华酒楼》，《武汉文史资料》2011 年第 5 期。

36. 林贤东：《屈家岭文化的"中国高度"解读》，《文物鉴定与鉴赏》2018年第2期。

37. 西尾：《江西美食漫谈》，《餐饮世界》2022年第2期。

38. 杨昌雄：《试论苗族稻田养鱼是对楚国传统养鱼方法的继承》，未刊稿。

39. 蓝勇：《中国辛辣文化与辣椒革命》，《南方周末》2002年1月25日。

40. 张忠家：《创建"长江学"，为长江经济带高质量发展提供学术支撑》，《中国社会科学报》2019年12月26日。

41. 路彩霞：《长江文化研究四十年概述》，《中国社会科学报》2019年12月26日。

42. 明海英：《武汉大学长江文明考古研究院院长刘礼堂：长江流域是稻作农业的重要起源地》，中国社会科学网社科专访，2021年5月28日。

43. 张毅等：《保护好中华民族精神生生不息的根脉——习近平总书记关于加强历史文化遗产保护重要论述综述》，《人民日报》2022年3月20日。

44. 新华社专稿：《动物考古揭开5000年前"良渚人"的餐桌美食》，2022年5月9日。

45. 王珏、王者：《"考古中国"重大项目发布一批成果》，《人民日报》2022年9月29日第11版。

46.《"2023年中国考古新发现"揭晓 屈家岭遗址、辽上京遗址等六个项目入选》，人民网2024年1月30日电。

## 析出文献

1.［汉］王褒：《僮约》，引自［清］严可均辑：《全汉文》卷42，任雪芳审订，北京：商务印书馆，1999年。

2.［三国魏］曹植：《籍田赋》，引自［清］严可均辑：《全三国文》卷13，马志伟审订，北京：商务印书馆，1999年。

3.［三国魏］曹植：《转封东阿王谢春》，引自［清］严可均辑：《全三国文》卷15，北京：商务印书馆，1999年。

4.［唐］张又新：《煎茶水记》，载胡山源编：《古今茶事》，上海：上海书店，1985年。

5.［宋］罗叔韶修，常棠纂：《澉水志》，见《宋元方志丛刊》第五册，北京：中华书局，1990年。

6.［宋］赵不悔修，罗愿纂：《新安志》，见《宋元方志丛刊》第八册，北京：中华书局，1990年。

7.［元］欧阳玄：《登赭山》，载朱世英、高兴：《古人笔下的安徽胜迹》，合肥：

安徽人民出版社，1982年。

8.［清］王士禛：《东园记》，载顾一平编：《扬州名园记》，扬州：广陵书社，2011年。

9.［清］宋荦：《资政大夫刑部尚书阮亭王公暨配张宜人墓志铭》，载氏著：《西陂类稿》，北京：国家图书馆出版社，2014年。

10.［德］恩格斯：《家族、私有制和国家的起源》，载中共中央马克思恩格斯列宁斯大林著作编译局编：《马克思恩格斯选集》第4卷，北京：人民出版社，1972年。

11.［德］恩格斯：《劳动在从猿到人转变过程中的作用》，载中共中央马克思恩格斯列宁斯大林著作编译局编：《马克思恩格斯全集》第20卷，北京：人民出版社，1974年。

12.叶静渊：《从杭州历史上的名产"黄芽菜"看我国白菜的起源、演化与发展》，载中国农业遗产研究室编：《太湖地区农史论文集》，南京：南京农业大学，1985年。

13.邱庞同：《一江之隔味不同》，载熊四智、李秀松等：《烹调小品集·苏扬编》，北京：中国展望出版社，1986年。

14.李春生：《湖南盐话》，载中国人民政治协商会议邵阳市委员会文史资料研究委员会编：《邵阳文史》第十二辑，邵阳：邵阳资江印刷厂印刷，1989年。

15.张崇明：《旧武汉的茶馆、餐馆、旅馆及其文化、经济功能》，载杨蒲林、皮明庥主编：《武汉城市发展轨迹——武汉城市史专论集》，天津：天津社会科学院出版社，1990年。

16.郑土有：《冲突·并存·交融·创新：上海民俗的形成与特点》，载上海民间文艺家协会编：《中国民间文化》第三集《上海民俗研究》，上海：学林出版社，1991年。

17.周三金：《旧上海饮食业的风俗》，载上海民间文艺家协会编：《中国民间文化》第八集《都市民俗学发凡》，上海：学林出版社，1992年。

18.吴祖德：《商品经济冲击下的都市节日——上海市区岁时信仰习俗》，载上海民间文艺家协会编：《中国民间文化》第五集《稻作文化与民间信仰调查》，上海：学林出版社，1992年。

19.欧粤：《上海市郊岁时信仰习俗调查》，载上海民间文艺家协会编：《中国民间文化》第五集《稻作文化与民间信仰调查》，上海：学林出版社，1992年。

20.廖康清：《鄂西土家食俗探源》，载方培元主编：《楚俗研究》（第2集），武汉：湖北美术出版社，1995年。

21.王大煜：《川菜史略》，载全国政协文史资料委员会编：《中华文史资料文库》第13卷《经济工商编·商业·川菜史略》，北京：中国文史出版社，1996年。

22.方爱平：《巴、楚饮食风俗之比较》，载彭万廷、屈定富主编：《巴楚文化研究》，北京：中国三峡出版社，1997年。

23.曹聚仁：《扬州庖厨》，载范用编：《文人饮食谈》，北京：生活·读书·新知三联书店，2004年。

24.吴其昌：《甲骨金文中所见的殷代农稼情况》，载胡适等著：《张菊生先生七十生日纪念论文集》，北京：商务印书馆，2012年。

25.杨权喜：《楚文化与长江流域的开发》，载氏著《荆楚文化考古探溯与研究：杨权喜论文选集》，上海：上海古籍出版社，2021年。

26.卢永良、方爱平：《楚菜特点论略》，载《楚菜论丛》（第一辑），武汉：湖北科学技术出版社，2021年。

## 网络文献

1.《对话四位海外中餐从业者：让外国民众爱上中华饮食文化》，环球网2021年8月9日。

2.尧育飞：《〈湘绮楼日记〉中的饮食地图》，《澎湃新闻》2021年9月14日，https://www.thepaper.cn/newsDetail_forward_14470483。

3.黄可乐：《中国吃肉地图》，网易数读（ID：datablog163）2021年10月17日，https://m.thepaper.cn/baijiahao_14945790。

4.风物菌：《中国吃菜第一大省，凭什么是江苏？》，《地道风物》（微信公众号）2022年5月30日。

# 后　记

长江源自雪域高原，奔腾直下，融汇历史的厚重，以无尽的慷慨，滋养了云贵高原的旖旎、巴山蜀水的灵秀、荆楚大地的丰饶，以及江淮吴越的温婉。在这片广袤的土地上，各地文化如百川归海，相互融合，共同孕育了长江文化——一个包容万象、开放多元、共生共荣的文化瑰宝。因此，记载与颂扬长江，不仅是对历史与自然之美的探索，更是对那份浸润在血脉中的长江文化精神的礼赞。我生于长江之畔的武汉，自幼便沐浴在这条悠悠长河的无尽恩泽之中。作为长江的子孙，我们有责任也有义务，将这份深沉而博大的长江文化精神传承并发扬光大，让其在新的时代里绽放出更加璀璨的光芒。

在过去一个相当长的时间里，学术界对长江文化的重视是不够的，认为黄河流域是中国文化的发源地。但是，随着近几十年来，长江流域的一系列考古发现，许多学者认识到中国文化的起源是多元的，著名考古学家苏秉琦先生曾经说过：中华文明的起源"不似一支蜡烛，而像满天星斗"。费孝通先生亦持此见，强调文化起源的多元性。于是，长江流域的文化瑰宝，尤其是其饮食文化，逐渐成为全球瞩目的焦点。考古资料证明，长江流域在距今八九千年以前就进入农业社会，这里不仅是中国农业文明的发祥地，还出现了一系列脍炙人口的万千风味，绘就了人与美味和谐相生的画卷。深入探讨长江流域饮食文化的兴起、演变、发展及其深远影响，不仅是对历史的尊重，更是对未来文化繁荣的期许，本书正是基于此愿景而产生。

关于长江流域的饮食文化研究，已有一些成果，这些成果多为各个地区性的，本书在撰写过程中多有参考和引用。例如，武汉大学方爱平教授、浙江省社科院徐吉军研究员、河南焦作师范学院刘朴兵教授、河南师范大学鞠明库教授、四川旅游学院王胜鹏教授、南京农业大学吴昊博士、杨鹏博士。他们的智慧之光，为本书增添了许多光彩。同时，本书还得到了湖北省炎黄文化研究会的支持与资助，以及刘玉堂、倪晓钟等先生的关心帮助，这是本书得以顺利完成的不可或缺的力量。在此，我向所有给予帮助与支持的师长、朋友们致以最诚挚的谢意。

在本书即将面世之际，我还要向长江出版社的赵冕社长、张琼主任及王重阳编辑致以最深的谢意。赵冕社长凭借深厚的专业素养和独到的眼光，看到了这本书的价值，

并决定将其纳入长江出版社的出版计划。在我撰写书稿的过程中，王重阳编辑始终保持着耐心和细致，对文稿中的每一处细节都进行了认真的审校和打磨。可以说，没有赵冕社长、张琼主任的慧眼识珠和王重阳编辑的默默奉献，就没有《长江饮食文化史》这本书的诞生。在此，我想对他们表示衷心的感谢，并祝愿长江出版社在未来能够推出更多高质量的作品，为推动长江文化的保护与发展作出更大的贡献。

　　作为首部全面审视长江流域饮食文化史的尝试，本书难免存在诸多不足与遗憾。由于时间与条件所限，我未能亲赴长江流域各地进行详尽的实地考察，只能依据现有资料与部分代表性地区的探访，勾勒出一幅大致的长江流域饮食文化史图谱。因此，我深知书中内容一定存在偏颇、疏漏之处，诚挚地希望大家不吝赐教，共同推动长江流域饮食文化研究的深入与发展。

姚伟钧

2024 年大暑之日于武汉

**图书在版编目（CIP）数据**

长江饮食文化史 / 姚伟钧著 . -- 武汉：长江出版社，2025.6
（长江专门史丛书 . 第二辑）
ISBN 978-7-5492-9354-4

Ⅰ . ①长… Ⅱ . ①姚… Ⅲ . ①长江流域－饮食－文化
史 Ⅳ . ① TS971.202.5

中国国家版本馆 CIP 数据核字（2024）第 034874 号

长江饮食文化史
CHANGJIANGYINSHIWENHUASHI
姚伟钧　著

责任编辑：　张艳艳　王重阳
装帧设计：　刘斯佳
出版发行：　长江出版社
地　　址：　武汉市江岸区解放大道 1863 号
邮　　编：　430010
网　　址：　https://www.cjpress.cn
电　　话：　027-82926557（总编室）
　　　　　　027-82926806（市场营销部）
经　　销：　各地新华书店
印　　刷：　湖北金港彩印有限公司
规　　格：　787mm×1092mm
开　　本：　16
印　　张：　33.5
彩　　页：　32
字　　数：　691 千字
版　　次：　2025 年 6 月第 1 版
印　　次：　2025 年 6 月第 1 次
书　　号：　ISBN 978-7-5492-9354-4
定　　价：　328.00 元